教育部高等学校电子信息类专业教学指导委员会规划教材

高等学校电子信息类专业系列教材

Modern Communication Principles, Second Edition

现代通信原理

（第2版）

赵恒凯 邹雪妹 余小清 李颖洁 张舜卿 王涛 编著

Zhao Hengkai Zou Xuemei Yu Xiaoqing Li Yingjie Zhang Shunqing Wang Tao

清华大学出版社

北京

内 容 简 介

本书主要介绍现代通信的基本原理、分析方法及传输技术，为通信技术研究和通信系统开发提供专业理论基础。以原理、知识的逻辑性来推进全书的内容编排。

全书共10章，包括绪论、预备基础知识、随机信号分析、模拟调制系统、模拟信号数字化、数字基带传输系统、数字信号的频带传输、数字信号的最佳接收技术、同步原理、先进的数字通信技术，每章后面给出思考题和习题。另外，附录还提供了常用数学函数表和数学公式。

本书可作为高等院校通信工程、电子信息、计算机等专业的教材，也可供专业技术人员参考使用。

图书在版编目(CIP)数据

现代通信原理/赵恒凯等编著. —2版. —北京：清华大学出版社，2021.6(2023.11重印)
高等学校电子信息类专业系列教材
ISBN 978-7-302-54559-0

Ⅰ. ①现… Ⅱ. ①赵… Ⅲ. ①通信原理—高等学校—教材 Ⅳ. ①TN911

中国版本图书馆CIP数据核字(2019)第290397号

责任编辑：赵 凯
封面设计：李召霞
责任校对：梁 毅
责任印制：丛怀宇

出版发行：清华大学出版社
网　　址：http://www.tup.com.cn，http://www.wqbook.com
地　　址：北京清华大学学研大厦A座　　**邮　　编**：100084
社 总 机：010-83470000　　**邮　　购**：010-62786544
投稿与读者服务：010-62776969，c-service@tup.tsinghua.edu.cn
质量反馈：010-62772015，zhiliang@tup.tsinghua.edu.cn
课件下载：http://www.tup.com.cn，010-83470236
印 装 者：北京鑫海金澳胶印有限公司
经　　销：全国新华书店
开　　本：185mm×260mm　　**印　　张**：21.75　　**字　　数**：526千字
版　　次：2007年5月第1版　2021年7月第2版　　**印　　次**：2023年11月第3次印刷
印　　数：2001～2500
定　　价：69.00元

产品编号：083027-01

第2版前言

PREFACE

本书第1版成书已有十多年时间。这期间，随着信息科技的深度发展，通信领域衍生出大量的新应用，通信技术的外延范畴有了许多扩展。因此，系统地梳理出通信技术所涉及的基础理论和知识，成为本次改版的主旨之一。基于这一出发点，在第1版《现代通信原理》上、下两册的基础上，凝练了通信的基本原理与核心技术，合编成为第2版的单册本。

本书在内容编排上沿用了第1版的层次结构，以原理、知识的逻辑性来推进全书内容。

全书正文共10章。第1章～第3章是基础知识部分。第1章绪论，概述了通信的系统结构、基础概念与基本问题，引导读者形成通信系统的初步认识。第2章预备基础知识、第3章随机信号分析，分别给出通信信号、噪声的分析方法，为后续章节建立信号分析与处理的基础知识。

第4章模拟调制系统，阐述了模拟调制的原理、信号的时频特性、抗噪声性能等。虽然模拟调制不是现今的主流通信技术，但是，对于其技术方法和信号特性的理解，可为学习后续的数字调制提供基础。第5章模拟信号数字化，介绍了模拟信号与数字信号之间的转换原理及其实现技术，从而解释了数字通信系统与现实信号之间的结合方法。

从第6章开始，进入数字通信内容。第6章数字基带传输系统，以基带数字信号为研究对象，讨论了数字信号的时域表达和频谱特性，重点阐述了如何设计恰当的数字信号传输特性，以消除码间干扰。这一章内容也是后续的数字频带传输的理论基础之一。第7章数字信号的频带传输，先通过最基本的二进制数字调制，使读者掌握数字信号的幅度、频率、相位等的调制原理和传输特性。之后，介绍了多进制数字调制方式以及多种改进的数字调制技术，使读者系统地理解数字频带传输的技术方法。作为数字通信技术方法的发展，第8章论述了数字信号的最佳接收，包括数字最佳接收机、匹配滤波器等的最佳接收方法，以及最佳基带传输系统的实现。

第9章同步原理，阐述了通信中的同步问题，系统性地讨论了载波同步、位同步、群同步等的基本同步功能，以及面向应用而出现的网同步、扩频同步等的扩展同步功能。同步是通信系统中必不可少的，但是，由于其自成体系而相对独立，容易被初学者忽略。因此，掌握同步理论，对于通信原理的完整性把握显得很重要。

第10章先进的数字通信技术，结合通信领域的新发展，讨论了典型的数字通信应用技包括中继无线通信技术、OFDM技术、扩频多址技术、交换技术等，以帮助读者将通信原实际通信技术相融合。

问题的研究分析比较倚重于数学工具，除了普遍使用时域-频域积分变换之外，还些特殊数学函数的求解，诸如误差函数、概率积分函数、贝塞尔函数等。为此，本出相关数学函数表，以便于读者在学习过程中查阅。

本书可作为各类高校通信、电子、计算机等专业的教材，也可供专业技术人员作为参考书。本书参考学时为50～80学时。学时数的选择视先修课程基础、授课内容侧重点等因素而确定，详见本书的教学建议。

李颖洁编写了第1章的1.1节和第3章；邹雪妹编写了第2章、第4章和第5章；赵恒凯编写了第6章、第7章和第9章；余小清编写了第1章的1.2节、1.3节和第8章；张舜卿编写了第10章的10.1节、10.4节、10.5节和10.6节；王涛编写了第10章的10.2节和10.3节。

郑国莘教授审核了全书。

本书的编写得到上海市教委本科重点课程建设项目“通信原理(1)/(2)”、上海大学本科教材建设项目的支持，特此致谢。

限于编者的水平，虽经再版编写，仍难免有不妥或错误之处，恳请广大读者批评指正。

编　者

2021年3月

于上海大学

第1版前言

PREFACE

随着通信工程学科的飞速发展，相关的通信理论也不断更新充实，其应用也越来越广泛。广大读者迫切需要一本适应学科发展和教学改革要求的高水平的教科书。本套教材正是朝着这个目标所做的努力和尝试。

本套教材共分上、下两册，全面介绍现代通信系统的基本原理、基本性能和分析方法以及现代通信系统中的最新的相关技术。本套书将传统的通信原理讲授的内容大部分安排在了上册，把新的技术知识和部分加深的内容安排在了下册。这样的安排一方面是从信息传输的角度很好地将原理和技术分开，更能保证知识的逻辑性和连贯性；另外也便于读者了解通信原理课程的体系结构及内在联系，更方便组织教学。上册书主要讲述信息传输系统的基本原理。全书分为7章，包括绪论、预备基础知识、随机信号分析、模拟调制系统、模拟信号数字化和数字信号的基带传输和频带传输系统。下册书主要讲述信息传输的相关技术，分为6章，包括数字信号的最佳接收、同步原理、信源编码、信道编码、先进的通信技术和通信网概论。

在上册书中，第1章是本书的绪论，介绍了通信系统的基本知识，包括通信系统的组成和分类、信号与信息、信道与噪声等，为后续的学习奠定必要的基础。为了读者学习时可以方便地查阅到有关的基础知识，本书第2章介绍预备知识，其中涉及了信号的频谱分析、信号的能量和功率以及卷积和相关运算等重要的基础知识。通信系统的一个特性就是存在不确定性。这种不确定性一部分是由于系统中不可避免地存在着噪声，另一个主要原因是由于信息本身的不可预测性。因此对通信系统的分析需要使用概率与随机过程的分析方法。第3章着重介绍随机过程的分析方法及其在通信系统中的应用。

从第4章开始进入通信系统原理的具体论述。模拟调制技术是学习调制原理的基础，所以在本书中仍然以一章的篇幅对其进行介绍，但重点是对其性能的分析。数字通信是目前的主流方向，本书从模拟信号的数字化开始，共分三章详细介绍了数字信号的基带传输和频带传输原理。并在第7章的结尾对数字调制技术在现代通信中的改进和发展进行了论述。使得读者可以在掌握了基本理论后对最新的进展有所了解。

在下册书中，重点放在了信息传输的相关技术领域。

由于信道特性的不理想以及信道中存在噪声等不利因素，都将直接作用到接收端，从而对信号接收产生影响，因此，对于一个通信系统的质量而言，接收系统的性能非常关键。第8章以接收问题作为研究对象，着重分析从噪声中如何用最好的策略提取有用信号，即着重讨论数字信号最佳接收的基本原理以及基本方法。

无论是模拟通信系统或是数字通信系统，都要解决一个重要的实际问题——收发双方的同步。同步问题关系到通信能否正常进行并直接影响通信质量的好坏。第9章分别介绍了载波同步、位同步、群同步（帧同步）和网同步等理论知识。

第10章和第11章分别介绍了信源编码和信道编码的有关内容。第10章首先介绍了编码基本概念,然后介绍了无记忆信源等长编码、不等长编码的方法;阐述了无失真信源编码定理(即香农(Shannon)第一定理);最后给出最佳无失真信源编码的具体方法。第11章首先介绍了纠错编码的常用方法,接着论述了几种常用的简单信道编码,详细介绍了线性分组码、循环码、卷积码和Turbo码的有关原理的实现方法。

第12章选择了现代通信中几个常见的数字通信技术进行介绍。包括交换技术、扩频通信、正交频分复用(OFDM)技术和多址技术四部分内容。

最后第13章论述了有关通信网的基础知识,包括通信网的分类、组成及功能、网络体系结构、传输协议以及几种专用通信网,电话网、数据网和移动通信网的基本概念和原理以及有关NGN的发展情况。

作为高等教育电子信息类的核心技术基础课教材,本书在编写中遵循以下的原则。本书既介绍模拟通信,又介绍数字通信,但以数字通信为主。既讲述通信系统的基本知识和基本原理,又注重通信技术在实际系统中的应用,特别注意吸收新技术和新的通信系统。本书讲述力求简明透彻,重点突出。书中大量的数学推导和计算以小字体呈现,既不影响课堂的重点讲授,又方便读者参考阅读时的需要;教材的宏观体系是,先基础知识,后系统介绍;先模拟通信系统,后数字通信系统;先基本原理学习,后相关技术介绍。每章后设有思考题和习题,便于教师组织教学和学生自学。

本套书参考学时为80学时,上册、下册各占一半,非常适合短学期制的高校使用。选用本书作为教材可根据具体情况自由取舍,灵活讲授。如先修课已学过“高频电子线路”的,模拟调制系统一章可以少讲或不讲;教材中打*的章节或内容属加深、拓宽内容,可以不讲或少讲。

李颖洁编写了本书上册的第1章的1.1节和第3章,以及下册的第12章和第13章;邹雪妹编写了本书上册的第2章、第4章和第5章;赵恒凯编写了本书上册的第6章和第7章,以及下册的第9章;余小清负责编写了上册的第1章的1.2节和1.3节,以及下册的第8章、第10章和第11章。郑国莘教授审阅了全书。

作者在编写本书和承担上海大学精品课程“通信原理”的课程建设中得到了学校教务处、通信与信息工程学院的关心和支持,教材的出版还受到了学校教材编写的资助,在此向他们表示衷心的感谢!在本书的编写过程中始终得到了上海大学副校长汪敏教授、通信与信息工程学院副院长郑国莘教授、副院长陈泉林副教授的热情关心和支持,在本书出版之际,谨向几位教授致以最诚挚的谢意。

此外,还有很多朋友和同学积极参与到了教材的资料搜集和整理活动中。上海电信的张智宏工程师和中兴通讯上海研究所的臧美燕工程师为本书下册的第12章和第13章编写了部分内容并提供了大量的资料。上海大学的石菁、郭利敏、王修远、顾晓辉、董欣、胡文潇、刘曾生、朱春妍、浦明煌、陈智琼、马磊、许丽红、丁祥、赉俊等同学以及2004级通信8班的全体同学为本书的资料搜集、电子版的排版等方面做了大量的工作,在此也向他们表示感谢。

本书既适于各类高校通信、电子、计算机应用等专业作为教材选用,也可作为成人高等学校有关专业参考教材,还可供IT类专业工程技术人员参考。限于作者的水平,不妥及错误之处在所难免,恳切希望读者给予批评指正。

编　者
2007年3月
于上海大学

教学建议

教学内容	学习要点及教学要求	课时安排	
		全部讲授	部分选讲
第1章　绪论	• 掌握模拟通信系统、数字通信系统的模型及各组成部件的基本功能 • 了解通信系统的分类方法、各种通信方式及其特点 • 掌握信息的概念及其度量方法 • 了解恒参信道特性的一般结论及其对信号传输的影响，了解随参信道特性的一般结论 • 理解信道加性噪声的特性 • 掌握信道容量的概念及其计算方法 • 掌握信息传输系统的主要性能指标	6	3～6
第2章　预备基础知识	• 掌握傅里叶变换，了解常用信号的频谱特性 • 掌握卷积运算及时域-频域变换关系 • 了解能量和功率的概念，了解能量谱和功率谱的概念 • 了解相关运算的概念和分析方法 • 了解希尔伯特变换方法	6	2～6
第3章　随机信号分析	• 掌握随机过程的基本概念和一般分析方法，掌握随机过程的概率分布函数、数字特征等 • 了解平稳随机过程、各态历经过程的特性，掌握高斯过程的统计平均量求解方法 • 掌握随机过程功率谱密度、相关函数的计算方法，掌握功率谱密度与相关函数之间的变换关系 • 了解窄带过程和正弦波加窄带过程的分析方法，以及它们的包络统计特性和相位统计特性 • 掌握白噪声的功率谱密度、自相关函数的特点 • 理解随机过程通过线性系统的分析方法	9	3～9
第4章　模拟调制系统	• 理解线性调制和非线性调制的概念 • 掌握 AM、DSB、SSB、VSB 信号的产生方法，理解幅度调制和解调的基本原理。掌握各种幅度调制信号的频谱特点 • 理解幅度调制信号的抗噪声性能的分析方法，掌握各种幅度调制信号的抗噪声性能 • 理解角度调制的基本原理和抗噪声性能的分析方法。掌握频率调制的频谱特性、抗噪声性能 • 掌握幅度调制和频率调制在频带宽度、抗噪声性能等方面的差别 • 掌握频分复用的原理	9	6～9

续表

教学内容	学习要点及教学要求	课时安排	
		全部讲授	部分选讲
第5章　模拟信号数字化	• 掌握奈奎斯特抽样定理及带通型信号的抽样原理 • 理解PAM的原理,了解自然抽样信号、平顶抽样信号的频谱特点 • 掌握量化概念和基本的量化参数,理解均匀量化和非均匀量化的差异,了解μ压缩律、A压缩律的非均匀量化方法 • 掌握PCM、ΔM的原理和实现方法,掌握A律13折线编码的实现过程 • 了解DPCM、ADPCM的原理和实现方法 • 掌握TDM的概念	10	6～10
第6章　数字基带传输系统	• 掌握数字基带传输系统的基本结构 • 掌握数字基带信号的典型表示方法及其码型特点 • 了解数字基带信号的功率谱特性 • 掌握码间串扰的概念,掌握奈奎斯特第一准则及基带信号传输特性的设计方法 • 了解奈奎斯特第二准则及部分响应系统的概念 • 掌握基带传输系统抗噪声性能的分析方法,掌握眼图的概念 • 了解频域均衡和时域均衡的概念	8	6～8
第7章　数字信号的频带传输	• 掌握二进制数字调制系统的基本原理,掌握2ASK、2FSK、2PSK、2DPSK等的调制与解调方法 • 掌握2ASK、2FSK、2PSK、2DPSK等调制方式的功率谱特性、抗噪声性能 • 理解2ASK、2FSK、2PSK、2DPSK等数字通信系统的优缺点 • 了解多进制数字调制的基本概念,理解APK调制原理,理解多进制数字调制的有效性、可靠性的特点 • 了解数字调制技术的改进方法	8	6～8
第8章　数字信号的最佳接收	• 掌握最佳接收的概念,掌握似然比判决准则、最大似然准则的应用方法 • 掌握二进制最佳接收机的设计方法 • 了解二进制随机信号的最佳接收原理和分析方法。了解二进制起伏信号的最佳接收原理和分析方法 • 掌握最佳接收机的性能,理解实际接收机与最佳接收机之间的性能差异 • 掌握匹配滤波器的原理和实现方法。掌握匹配滤波器在最佳接收中的应用方法 • 理解最佳基带传输系统	8	6～8
第9章　同步原理	• 掌握载波同步的方法,重点为直接提取法 • 了解载波同步系统的性能分析方法 • 了解载波相位误差对解调性能的影响 • 掌握位同步的分析方法,重点为直接法 • 掌握位同步系统的性能分析方法和对系统性能的影响 • 了解群同步的概念,掌握其基本实现方法 • 了解扩频同步的技术方法 • 了解网同步的主要方式	8	6～8

续表

教学内容	学习要点及教学要求	课时安排	
		全部讲授	部分选讲
第10章　先进的数字通信技术	• 了解数字通信技术的发展，重点是无线通信技术 • 理解中继无线通信技术的应用模型 • 掌握OFDM技术原理和主要优点 • 了解多址接入的典型技术方法及其特点 • 理解扩频通信的工作原理和技术特点 • 了解信号交换技术	8	6～8
	教学总学时建议	80	50～80

说明：(1) 本书用作通信专业“通信原理”课程教材，理论授课学时数为70～80学时，可根据先修课程基础的不同对教材内容进行适当取舍。

(2) 本书用作非通信专业“通信原理”课程教材，理论授课学时数为50～80学时，不同专业根据不同的教学要求和计划教学时数可酌情对教材内容进行适当取舍。

(3) 本书理论授课学时数中包含习题课、课堂讨论等必要的课内教学环节。

符号列表

符号	含义
A	A 律压扩参数
A/D	模数转换
ADPCM	自适应差分脉冲编码调制
AM	常规调幅
AMI	交替极性码
APK	振幅相位联合键控
ASK	振幅键控
B	带宽
C	信道容量
CMI	传号反转码
C_n	傅里叶级数系数
D/A	数模转换
DPCM	差分脉冲编码调制
DPSK	差分移相键控
DSB	双边带信号
DSB-SC	抑制载波的双边带调制
E	信号能量
e_k	预测误差值
$\tilde{e}_k$	e_k 的量化值
$\mathrm{erf}(x)$	误差函数
$E[x]$	数学期望
f_B	码元重复频率(与传码率数值相等)
FDM	频分复用
f_H	调制信号最高频率
f_L	调制信号最低频率
FM	频率调制
f_s	抽样频率
FSK	移频键控
FSOQ	频移交错正交调制
$f_s(y)$	似然函数
$F(\omega)$	信号 $f(t)$的傅里叶变换(即频谱函数)
$f_0(x)$	"0"码的一维概率密度函数
f_1	FSK 载波频率 1
$f_1(x)$	"1"码的一维概率密度函数
f_2	FSK 载波频率 2
G	调制制度增益
GMSK	高斯最小频移键控
$G(\omega)$	信号功率谱密度
$G(f)$	频谱函数
$H, H(X)$	信息熵
$H_C(\omega)$	信道的传递函数
HDB_3	三阶高密度双极性码
$H_R(\omega)$	接收滤波器的传递函数
H_t	时间熵
$H_T(\omega)$	发送滤波器的传递函数
$h(t)$	冲激响应
$H(\omega)$	系统传递函数
I	信息量
I_s	输入编码器样值脉冲
I_w	编码器权值电流
$I_0(u)$	零阶修正贝塞尔函数
$J_n(m_f)$	第一类 n 阶贝塞尔函数
K_F	频偏常数
K_P	相移常数
K_v	锁相环路直流增益
$K_X(t_1, t_2)$	协方差函数
LSSB	下边带单边带信号
MASK	M 进制数字振幅调制
MFSK	M 进制数字频率调制
M	量化电平数
m_a	幅度调制指数或调制度
m_f	调频指数或调制指数
m_k	$m(t)$在 KT_s 时刻的抽样值
$\tilde{m}_k$	m_k 的量化值
$\hat{m}_k$	m_k 的预测值
MPSK	M 进制数字相位调制

符号	含义
$m_q(kT_s)$	$m(kT_s)$的量化输出信号
MQAM	M进制正交幅度调制
MSK	最小频移键控
$m_X(t)$	随机过程 X 的数学期望
N	噪声功率
$n_e(t)$	信道加性噪声
N_e	误码噪声功率
$n_i(t)$	输入噪声
$n_o(t)$	输出噪声
$n_q(t)$	量化噪声
N_q	量化噪声功率
NRZ	单极性不归零码
n_0	噪声的单边功率谱密度
$n_{(t)}$	噪声
OQPSK	交错正交相移键控
P	概率
PAM	脉冲振幅调制
P_c	码元传输正确的概率
PCM	脉冲编码调制
PDH	准同步数字体系
P_e	传输差错概率,误码率
$P_E(f)$	已调信号的功率谱密度
PM	相位调制
$P_s(f)$	基带信号的功率谱密度
PSK	移相键控
$P(0)$	“0”码概率
$P(0/1)$	“1”码被误判为“0”码的概率
$P(1)$	“1”码概率
$P(1/0)$	“0”码被误判为“1”码的概率
$P(\omega)$	功率谱密度
Q	品质因素
QAM	正交幅度调制
QDPSK	四相相对移相控键
q_i	第 i 个量化级的量化输出电平
QPSK	四相绝对移相键控
R_b	信息传输速率
R_B	码元传输速率
RZ	单极性归零码
$R_X(t_1,t_2)$	时刻点 t_1、t_2 的相关函数
$R(\tau)$	时间间隔 τ 的相关函数
S	信号功率
$\mathrm{Sa}(x)$	抽样函数
SDH	同步数字体系
SFSK	正弦频移键控
$\mathrm{sgn}(\omega)$	符号函数
SNR,r	信噪比
SSB	单边带调制
$S(\omega)$	信号能量谱密度
T_b	位时隙
T_B	码元宽度
t_c	同步保持时间
T_c	路时隙
TDM	时分复用
TFM	平滑调频
T_F	帧周期
t_s	同步建立时间
T_s	抽样脉冲的周期
T_0	信号周期
$T(\omega)$	均衡滤波器的传递函数
USSB	上边带单边带信号
$u_{(t)}$	交变波
VCO	压控振荡器
V_d	判决门限
V_d^*	最佳判决门限
VSB	残留边带调制
$X_c(t)$	窄带随机过程的同相分量
$X_s(t)$	窄带随机过程的正交分量
2ASK	二进制幅度键控
2DPSK	二进制差分移相键控
2FSK	二进制移频键控
2PSK	二进制移相键控
$\delta_T(t)$	周期性单位冲激序列
$\delta(t)$	单位冲激信号
μ	μ 律压扩参数
μ_k	k 阶中心矩
ρ	互相关系数
σ	增量调制量化台阶
σ^2	方差

σ_e^2	预测误差 e_k 的方差
$\sigma_X(t)$	标准差
$\sigma_X^2(t)$	随机过程 X 的方差
σ_ξ^2	随机过程 ξ 的方差
τ	脉冲宽度
$\upsilon_{(t)}$	稳态波
ω_c	载波信号角频率
ω_0	滤波器中心角频率
Δ	最小量化间隔
ΔM	增量调制
Δv	量化间隔,量化台阶
Ω	样本空间
$\Leftrightarrow$	傅里叶变换对
$\overline{(\cdot)}$	时间平均
$\vert\Delta f_{\max}\vert$	调频信号最大频率偏移

目录

CONTENTS

第1章 绪 论

CHAPTER 1

1.1 引言

当今,通信已经渗透到了社会生活的方方面面。人们日常使用的电话、收音机、电视机、连接网络的计算机等都是通信技术的现实体现。我们的日常生活,交通、物流、气象预报乃至日常购物,无一不需要通信的支持。可以毫不夸张地说,通信构成了当今社会生活的神经系统,就像人离不开自己的大脑,没有通信的世界将难以想象。

1.1.1 通信过程

1. 定义

一般地说,通信就是成功地将信息从一地传输到另一地的过程。通信的目的是实现消息的有效传输。消息具有不同的形式,例如:语言、文字、数据、图像、符号等。随着社会的发展,消息的种类越来越多,人们对传递消息的要求和手段也越来越高。通信系统中传输的具体对象是消息,而消息的传送是通过信号来进行的,如:红绿灯信号、电压、电流信号等。信号是消息的载体。在各种各样的通信方式中,利用“电信号”来承载消息的通信方法称之为电通信,这种通信具有迅速、准确、可靠等特点,而且几乎不受时间、地点、空间、距离的限制,因而得到了飞速发展和广泛应用。如今,在自然科学中,“通信”与“电通信”几乎是同义词了。本书中所说的通信,均指电通信。据此,通信可以定义为:利用电子等技术手段,借助电信号(含光信号)实现从一地向另一地进行消息的有效传递称为通信。

通信从本质上讲就是实现信息传递功能的一门科学技术,它要将有用的信息无失真、高效率地进行传输,同时还要在传输过程中将无用信息和有害信息抑制掉。当今的通信不仅要有效地传递信息,而且还要有存储、处理、采集及显示等功能,通信已成为信息科学技术的一个重要组成部分。

2. 通信的目的

1820年,安培(A. M. Ampère)发明电报通信标志着近代通信技术的开始。到1844年,当美国人塞缪尔·莫尔斯(Samuel Morse)鼓动美国国会架设了第一条电报线路,从华盛顿(Washing D. C.)到巴尔的摩(Baltimore, Maryland),发出了第一条电报“What Hath God Wrought(上帝创造何等奇迹)”,电报通信被推向实际应用,通信也开始了它漫长的历史进程。从莫尔斯电码发明至今,通信技术已经发展了100多年的历史。通信作为电子学中最古老的一门学科,在漫长的一个世纪里,人们一直在研究和关注的问题是什么?虽然涉及通信系统的指标有很多,但以信息传输为根本目的的通信系统要解决的两个最根本的问题是有效性和可靠性。所谓有效性是指通信的效率问题,即如何在有限的通信资源条件下尽可能多地传输信息;可靠性是指通信的质量问题,即如何保证信息无失真地传输到目的地。两者缺一不可,但又相互矛盾。在实际设计通信系统时,必须兼顾考虑。本章1.1.3节将针对具体的性能指标进行介绍。

3. 通信系统模型

不考虑通信过程的具体形式,一般地,通信系统包括以下几个主要的部分,如图1.1.1所示。信息源、发送器、信道、接收器和受信者组成了一般的通信系统。其中发送器、信道和接收器是系统的核心部分。信息源将要传输的消息转换为电信号,发送器负责将此电信号转换为适合信道传输的发送信号。然而发送信号经过信道时总是不可避免地受到信道特性的影响,同时还有噪声和其他干扰叠加到信道输出上,因此在接收端就必须有接收器来对接收信号进行恢复和重建,以使得受信者(用户)可以识别。

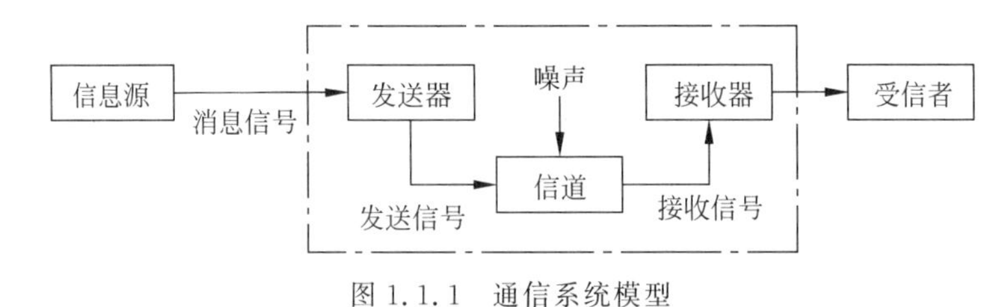

图1.1.1 通信系统模型

以固定电话通信为例,要传送的信息是语音,信息源是话筒(将通话者的语音信号转换为原始电信号),发送器是电话,信道是固态媒介(电话线或光纤),接收器是电话,受信者是喇叭,噪声源是传输中的系统内的电磁噪声总和。

4. 通信模式

通信模式有很多,但最基本的有两种:

① 广播(broadcasting):这种通信模式下,发送端是单个功能强大的发送设备,而接收端是多个相对低廉的接收机。这种模式下,信息流是单向的,即由发送端到接收端。例如,广播和电视都是采用这种通信模式。

② 点对点通信(point to point communication):指通信过程发生在一个发送器和一个接收器之间的链路上。例如,电话就是典型的点对点通信模式。本书主要学习的就是这种通信模式的工作原理,它是其他通信模式的基础。

按消息传送的方向与时间的关系,点对点通信又可分为:单工、半双工及全双工通信。所谓单工通信是指消息只能单方向传输的工作方式,如遥控;半双工通信是指通信双方都能收发信息,但不能同时进行收发的工作方式,如使用同一载频工作的无线电对讲机;而全双工通信是指通信双方可同时进行收发消息的工作方式,如生活中使用的普通电话就是最常见的全双工通信方式。

数字通信中,按照数字信号码元排列方法不同,有串行传输和并行传输两种方式。

例如,计算机中的串行接口,经常简称为“串口”,常用的如COM(Cluster Communication Port)口、通用串行总线(Universal Serial Bus,USB)。计算机内部多采用并行传输,而远距离通信多采用串行传输。

1.1.2 通信系统类型

1. 信息源

消息是有待于传输的文字、符号、数据和语音、图片等。信息是指消息中包含的有意义的内容。信号是经过处理的信息，通常是时间的函数。信号可以是一维的，比如声音、计算机数据；也可以是二维的，比如图片；还可以是三维的，如视频数据。

通信环境中最重要的四种信息源是语音、音乐、图片和计算机数据。语音是人类最基本的通信方式，语音的通信过程包括从将说话人的话音信息发送出去到听话人收到语音为止。如果将这个完整的过程对应到图1.1.1通信系统模型中，则说话人通过话筒将自己的语音消息转换为电信号，然后由发送器发送到传输信道上去，最后在接收端通过接收设备将接收到的信息转换为能被听话人识别的语音信号。其他的几种信息源同样广泛地存在于现实社会中，例如，JPEG(Joint Photographic Experts Group)是一种常见的图像压缩格式，MPEG(Moving Picture Experts Group)是一种视频压缩格式。这里的压缩就是为了满足通信传输的要求而进行的信息源的变换。

2. 模拟通信和数字通信

分类方法不同，通信系统的种类也不同。按消息的物理特征分类，分为电报、电话、数据通信、图像通信；按调制方式分类，分为基带传输和频带传输；按传输媒介分类，分为有线通信系统、无线通信系统；按信号特征分类，可分为模拟通信系统和数字通信系统。最常见的是按信号的特征来分类。本书从第4章开始将对以上各种类型的通信系统分别介绍。

在模拟通信系统中，传输的是连续的模拟波形。数字通信系统中，传输的是离散参量的数字波形。图1.1.2(a)和(b)分别是模拟通信系统和数字通信系统的模型框图。

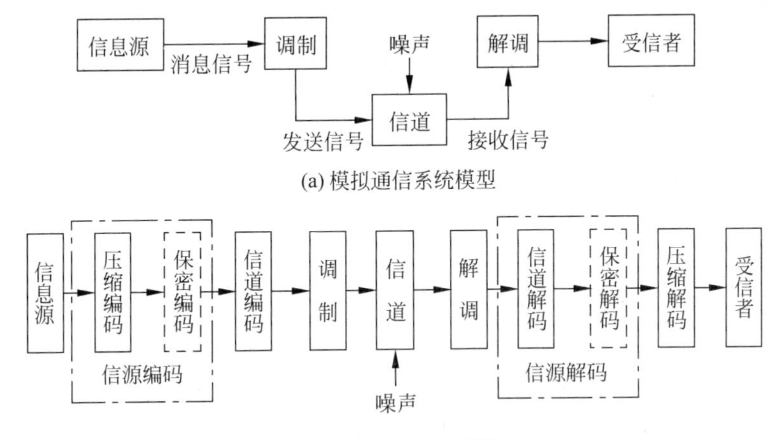

图1.1.2 模拟通信系统模型和数字通信系统模型

与图1.1.1通信系统模型比较可见，模拟通信系统中的发送器即是调制设备，对应的接收器是解调设备。在数字通信系统中，在发送端增加了信源编码和信道编码，接收端对应地增加了信源解码和信道解码。

所谓信源编码主要是为了完成信源的信息压缩，以减小数字信号的冗余度，提高其有效性；当然如果信源是模拟的，还需要进行模数转换；此外，部分数字系统中信源编码还包括加密功能，因此还需要进行保密编码。

信道编码的目的是为了提高信号传输的可靠性。所谓信道编码，通常是通过在信源编码后的数字信号中增加具有特定规律的冗余符号来实现，这样使得接收端可以根据这些特征来自动识别或纠正传输中发生的错误[①]。

在数字通信系统中，除了要进行信源和信道的编解码外，也要进行调制和解调。

3. 调制

如前所述，通信的根本目的是完成信息的传输。要想实现这个目的，就必须在发信端将要发送的信息转换为适合信道传输的形式。调制的一个重要作用就是对信号实施这种变换。由于在很多通信系统中，调制体现了不可替代的特殊功能，因此无论是模拟系统还是数字系统(参见图1.1.2)，调制在通信中都占据了重要的地位与作用。具体地，调制主要具有以下几种功能。

(1) 完成频谱变换

为了信息的有效与可靠传输，对于指定的信息类型，往往需要将低频信号的基带频谱搬移到适当的或指定的频段。例如，音频信号或基带数字代码的直接传输，因较大的损耗不适于长距离传送，如果利用无线信道或分配的频段实施通信，则都需要将基带频谱通过某种频谱变换搬移到高频波段，即经过调制过程。这样可以提高传输性能，以较小的发送功率与较短的天线来辐射电磁波。根据天线理论，如果天线高度为辐射信号波长的四分之一，更便于发挥天线的辐射能力。于是民用广播分配的频段为535～1605kHz(中频段)，对应波长为187～560m，天线需要几十米到上百米。而移动通信手机天线不可能过长，实际中只不过几厘米。这些广播与移动通信中都必须进行某种调制，而将话音或编码基带频谱搬移到应用频段。这也是调制的最本质的一个作用。

(2) 实现信道复用

为了使多个用户的信号共同利用同一个有较大带宽的信道，可以采用各种复用技术，有关知识在本册书后面的章节将作进一步介绍。如模拟电话长途传输是通过利用不同频率的载波进行调制，将各用户话音每隔4kHz搬移到高频段进行传输，这种载波电话系统采用的是频率复用。如将基带话音进行数字化——脉冲编码调制(Pulse Code Modulation，PCM)，30个用户数字话音可由时间复用而利用同一条基带信道。

(3) 提高抗干扰能力

不同的调制方式，在提高传输的有效性和可靠性方面各有优势。如调频广播系统，它采用的频率调制技术，付出多倍带宽的代价，由于抗干扰性能的增强，其音质比只占10kHz带宽的调幅广播要好得多。作为提高可靠性的一个典型系统是扩频通信，它是通过大大扩展信号传输带宽，以达到有效抗拒外部干扰和短波信道多径衰落的特殊调制方式。

以上概括的几项调制功能，将在以后各章节中进行具体介绍与分析。

1.1.3 主要性能指标

在通信系统中，发射功率和信道带宽是两个最基本的资源。发射功率即发送信号的平

---

① 有关编码的详细内容，可参见本书的1.3节。

均功率，信道带宽是指消息信号在传输中所占的频带宽度。

在设计或评估通信系统时，往往要涉及通信系统的主要性能指标，否则就无法衡量其质量的好坏。通信系统的性能指标涉及通信系统的有效性、可靠性、适应性、标准性、经济性及维护使用等。如果考虑所有这些因素，那么通信系统的设计就要包括很多项目，系统性能的评述工作也就很难进行。

尽管对通信系统可以有很多的实际要求，但是，从消息的传输角度来说，通信的有效性与可靠性将是主要的矛盾。这里所说的有效性主要是指消息传输的“速度”问题，而可靠性主要是指消息传输的“质量”问题。显然，这是两个相互矛盾的问题，这对矛盾通常只能依据实际要求取得相对的统一。有效性，是指要求系统高效地传输消息，是讨论怎样以最合理、最经济的方法来传输最大数量的信息。可靠性，是指要求系统可靠地传输消息。由于干扰的影响，收到的和发出的消息并不完全相同。可靠性是一种量度，用来表示收到消息和发出消息的符合程度。

1. 模拟通信系统

对于模拟通信系统而言，有效性可以采用有效传输频带来衡量，可靠性可采用接收端最终输出信噪比衡量。

信噪比(Signal-to-Noise Ratio，SNR)是衡量模拟系统性能的一个重要指标。信噪比的定义并不唯一，通常，我们可以定义 SNR 为信号平均功率和噪声平均功率之比。需要说明的是，这里的信号和噪声的功率需要从系统中同一点得到的。一般的，我们用 dB 来描述 SNR，即 $(\mathrm{SNR})_{\mathrm{dB}}=10\log_{10}(\mathrm{SNR})$。例如，信噪比是 100、1000 时，对应的 dB 值分别为 20dB、30dB。实际中，电话要求输出信噪比为 20～40dB，电视则要求 40dB 以上。在相同的条件下，系统的输出端的信噪比越大，则系统抗干扰的能力越大，就称其通信质量越好。如 FM 比 AM 通信质量好，但它占用的频带比较宽。可见两者是一对矛盾。

2. 数字通信系统

对于数字通信系统，由于传输的是数字信号，因此有效性和可靠性可分别用传输速率和差错率来衡量。

(1) 有效性指标——传输速率

传输速率主要有两种：传码率和传信率。

传码率：即波形(码元)传输速率，每秒钟传输的码元个数。常表示为 R_{B}，单位为波特(Baud)。

$$R_{\mathrm{B}}=\frac{1}{T}(\mathrm{Baud}) \tag{1.1.1}$$

T 是每个码元占有的时间长度。

传信率：即信息传输速率，每秒钟传输的信息量。常表示为 R_{b}，单位是比特/秒(bit/s 或 bps)。

对于二进制码元，传码率和传信率数值相等，但单位不同。对于多进制码元，两者不同，但可以通过下列公式进行转换。

$$R_{\mathrm{b}}=R_{\mathrm{B}}\cdot\log_2 N(\mathrm{bit/s}) \tag{1.1.2}$$

例如，二进制信号的码元速率为 1200B，则对应信息速率为 1200bps，若以相同的传信率传输八进制信号，码元速率为 400B。

(2) 可靠性指标——差错率

误码率(P_e)是指错误接收的码元数在传送总码元数中所占的比例,或者更确切地说,误码率是码元在传输系统中被传错的概率。即

$$P_e = 错误接收码元数目 / 传输码元总数目 \tag{1.1.3}$$

例如,八进制信号以 20000B 速率传送,若误码率为 10^{-6},则 100s 的错码数为 2。

误信率(P_b)又称误比特率,是指错误接收的信息量在传送信息总量中所占的比例,或者说,它是码元的信息量在传输系统中被丢失的概率。即

$$P_b = 错误接收比特数 / 传输总比特数 \tag{1.1.4}$$

1.2 信息及其度量

传递信息是通信的目的。日常生活中经常遇到消息和信号,所谓消息,是指符号、语言、文字、图形、图像及数据等(例如,人们说话所用的语言,黑板上写的文字、画的图形等);信号则是传输消息的手段,是消息的表现形式,也可看作是消息的载体(例如,光信号、声信号、电信号等);信息是包含在消息中有意义的内容。消息、信号及信息三者的关系为:信息包含在消息中,消息是以具体信号形式表现出来的,又是通过信号来传输的。不同形式的消息,可以包含相同的信息。

1.2.1 离散信源的信息度量

信息作为通信系统所要传递的主要内容,它有以下几个特征:

① 信息在收到之前,它的内容是未知的。

② 信息可以产生、消失、被携带、贮存及处理。

③ 信息可以使认识主体逐渐了解和认识某一未知事物。

④ 信息可以度量,信息量有多少之分。

从信息的以上几个主要特征中,可以进一步发现,信息包含在未知事件当中。在以信息为主要特征的现代社会当中,如何有效地存储信息、处理与传递信息成为人们所要研究的主要问题。通常,获取信息的目的是为了逐渐了解某一未知事物,从信息的不断积累当中,逐渐发现一些未知事物的运动规律,从而达到完全了解与认识这一事物。因此,获取信息是人类了解自然、认识自然的唯一途径。从人的感知角度上讲,信息显然是有大小之分,一个很少发生的事情,当它突然发生的时候,给人的冲击是巨大的,这说明该事件的发生所包含的信息量巨大,反之,经常发生的事情给人的映像很淡。信息有量的大小之分,因此,首先要搞清楚信息是如何度量的。

对信息的研究是在信息可以度量的基础之上进行的。这里将首先给出信息量的定义,并介绍离散信源的自信息量和互信息量,然后再给出离散信源集合的平均信息量等概念。

1. 离散信源的自信息量

离散信源的自信息量又称为非平均自信息量,它是指离散信源符号集合 X 中某一个符号 x_i 作为一条消息发出时对外提供的信息量。人们知道,一个事件出现的不确定性越大,从中所获得的信息就越大,而不确定性可用概率来描述,则有

$$I = f[P(x_i)] \tag{1.2.1}$$

$P(x_i)$越大，确定性越大，信息量就越少；$P(x_i)$越小，确定性越小，信息量就越多。可见某个符号的信息量与该符号出现的概率大小呈反比。另外，当该符号出现的概率为1时，它所携带的信息量为零；而当该符号出现的概率为零时，它所携带的信息量最大，趋于无穷。由此，对于符号x_i的自信息量可具体定义如下：

$$I(x_i) = -\log_a P(x_i) = \log_a [1/P(x_i)] \tag{1.2.2}$$

式中，$P(x_i)$为x_i出现的概率。

式(1.2.2)中的自信息量单位取决于对数底a的取值，具体单位如表1.2.1所示。

表1.2.1　信息量的单位

对数底a的取值	$I(x_i)$的单位	对数底a的取值	$I(x_i)$的单位
2	bit(比特)	10	hartley(哈特莱)
e	nat(奈特)		

通过单位换算可以得到：1nat=1.443bit，1hartley=3.322bit。以nat和bit的换算关系举例如下：

例1.1　离散消息x_i所含的自信息量可以分别表示为：$-\log_e P(x_i)$nat，或$-\log_2 P(x_i)$bit。显然，这两个信息量是相等的，所以有

$$-\log_e P(x_i)\text{nat} = -\log_2 P(x_i)\text{bit}$$

或写成

$$\begin{aligned} 1\text{nat} &= [\log_2 P(x_i)/\log_e P(x_i)]\text{bit} = [\log_2 P(x_i)/(\log_2 P(x_i)/\log_2 \text{e})]\text{bit} \\ &= (\log_2 \text{e})\text{bit} = 1.443\text{bit} \end{aligned}$$

所以

$$1\text{nat} = 1.443\text{bit}$$

为了进一步理解自信息量的概念，再来看下面的例子。

例1.2　设信源只含有两个符号"0"和"1"，且它们以消息形式向外发送时均以等概率出现，求它们各自的自信息量。

解　因为

$$P(0) = P(1) = 0.5$$

所以，由式(1.2.2)可得

$$I(0) = I(1) = -\log_2 0.5 = \log_2 2 = 1(\text{bit})$$

由上例可以看到，二进制码以等概率出现时，每个码元所含的信息量是1bit。

2. 独立事件的信息量

由多个独立事件构成的消息，其总信息量为各独立事件信息量的总和。设离散信源符号集合X由$x_1, x_2, \cdots, x_M$组成，并且互相独立，每个符号出现的概率为$P(x_1), P(x_2), \cdots, P(x_M)$，且$\sum P(x_i) = 1$，则有

$$I = I_1 + I_2 + \cdots + I_M = \sum_{i=1}^{M} \log_a \left[\frac{1}{P(x_i)}\right] \tag{1.2.3}$$

若式(1.2.3)中每个符号等概出现，即$P(x_1) = P(x_2) = \cdots = P(x_M) = \dfrac{1}{M}$，则

$$I = MI_i = M\log_a\left[\frac{1}{P(x_i)}\right] = M\log_a(M) \tag{1.2.4}$$

其中,每个符号所含有的信息量为

$$I_i = \log_a\left[\frac{1}{P(x_i)}\right] = \log_a(M) \tag{1.2.5}$$

若令 $a=2, M=2^K$,则每个符号所含有的信息量为

$$I_i = \log_a(M) = K(\text{bit}) \tag{1.2.6}$$

1.2.2 离散信源的熵

1. 离散信源的熵

对于单个符号消息,我们已经知道了如何求其信息量的方法。然而,在大多数情况下,我们更关心的是离散信源符号集合的平均信息量问题,即信源中平均每个符号对外所能提供的信息量问题。我们将离散信源符号集合的平均信息量定义为熵,可表示为

$$H(X) = \sum_X P(x)I(x) = -\sum_X P(x)\log_a P(x) \tag{1.2.7}$$

式中,X 为离散信源符号集合。$H(X)$的单位取决于对数底 a 的取值,通常情况下取 $a=2$,这时,$H(X)$的单位为 bit/符号。

若离散信源 X 中只有 M 个符号,则式(1.2.7)又可以表示为

$$H(X) = -\sum_{i=1}^{M} P(x_i)\log_a P(x_i) \tag{1.2.8}$$

为了进一步理解熵的概念,我们来看以下两例。

例 1.3 设离散信源含 26 个英文字母,且每个字母均以等概率出现,求信源熵。

解 已知信源概率分布为

$$P(x_i) = 1/26 \quad i = 1,2,\cdots,26$$

由信源熵定义式(1.2.8)可得

$$\begin{aligned} H(X) &= -\sum_{i=1}^{26} P(x_i)\log_2 P(x_i) \\ &= -\sum_{i=1}^{26} (1/26)\log_2(1/26) \\ &= \log_2 26 = 4.7(\text{bit/ 符号}) \end{aligned}$$

即信源的每个符号的平均不确定度为 4.7bit,换句话说,信源的平均每个符号所能提供的信息量为 4.7bit。

例 1.4 设信源 X 只有两个符号 x_1, x_2,各符号的出现概率分别为 $P(x_1)=q, P(x_2)=1-q$,求信源熵 $H(X)$。

解 根据信源熵的定义式(1.2.8)可得

$$\begin{aligned} H(X) &= -\sum_{i=1}^{2} P(x_i)\log_2 P(x_i) \\ &= -q\log_2 q - (1-q)\log_2(1-q)(\text{bit/ 符号}) \end{aligned} \tag{1.2.9}$$

根据式(1.2.9),可以画出信源熵随参数 q 的变化曲线,如图 1.2.1 所示。

① 当 $q=1/2$ 时,有 $P(x_1)=P(x_2)=1/2$,将 q 代入式(1.2.9)可得

$$H(X)=-\frac{1}{2}\log_2\left(\frac{1}{2}\right)-\frac{1}{2}\log_2\left(\frac{1}{2}\right)$$
$$=\log_2 2=1(\text{bit/符号})$$

显然，当 $q=1/2$ 时，信源符号为等概率分布，从图 1.2.1 中可以看到，此时信源熵达到最大值，这并不是偶然的。**对任何离散信源，当其中的符号等概率分布时，信源熵均达到最大值**，即此时信源对外提供的平均信息量最大。

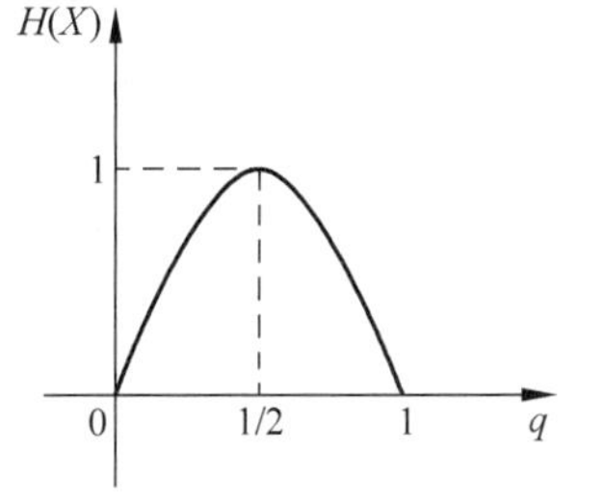

图 1.2.1　信源熵随参数 q 的变化曲线

② 当 $q=0$ 时，有 $P(x_1)=0, P(x_2)=1$，将 q 代入式(1.2.9)得

$$H(X)=-\lim_{q\to 0}(q\log_2 q)-\log_2 1$$
$$=-\lim_{q\to 0}(q\log_2 q)=0(\text{bit/符号})$$

同样，当 $q=1$ 时，有 $P(x_1)=1, P(x_2)=0$，可以证明此时也有 $H(X)=0$bit/符号。可以看到，无论是 $q=0$ 还是 $q=1$，信源中的一个符号总是出现，而另一个符号总是不出现，即信源中消息的出现是完全确定的，这已经不是随机变量了，所以这样的信源已经不可能提供任何信息量。

例 1.5　设信源 X 由 4 个符号 a、b、c、d 组成，各符号出现概率分别为 1/4、3/8、1/4、1/8，每个符号的出现是独立的，求：①信源熵 $H(X)$；②一个消息 bcaddabbcdcaabdcbabccdabbcaba 的信息量 I。

解　① 信源熵 $H(X)$ 为

$$H(X)=-\frac{1}{4}\log_2\frac{1}{4}-\frac{3}{8}\log_2\frac{3}{8}-\frac{1}{4}\log_2\frac{1}{4}-\frac{1}{8}\log_2\frac{1}{8}=1.906(\text{bit/符号})$$

② 该消息所含的信息量为

$$I=29\times 1.906\approx 55.27(\text{bit})$$

若按算术平均的方法，求解过程如下：

出现一次 a 的信息量为 $\log_2 4=2$bit

出现一次 b 的信息量为 $\log_2 8/3=1.43$bit

出现一次 c 的信息量为 $\log_2 4=2$bit

出现一次 d 的信息量为 $\log_2 8=3$bit

则该消息所含的信息量 I' 为

$$I'=8\times 2+9\times 1.43+7\times 2+5\times 3=57.87(\text{bit})$$

平均一个符号的信息量应为

$$\bar{I}=\frac{I'}{\text{符号数}}=\frac{57.87}{29}=1.995(\text{bit/符号})$$

可以看出，由于上面平均处理的方法不同，所得的结果有所差别，按算术平均的方法求出的 $\bar{I}$ 可能存在误差，该误差会随着消息中的符号数增加而减少。

1.2.3　连续信源的熵(相对熵)

连续信源的信息量可用概率密度来描述。设连续消息出现的概率密度为 $f(x)$，则它的平均信息量为

$$H_1(x)=\int_{-\infty}^{+\infty} f(x)\log_e[1/f(x)]\mathrm{d}x \tag{1.2.10}$$

式(1.2.10)又称为连续消息的相对熵。详细证明可参阅参考文献,在此不再叙述。

1.3 通信信道及噪声

1.3.1 信道的分类及特性

一般来说,信道是指传输信息的物理媒质,如:双绞线、同轴电缆、光缆、微波、电离层反射,甚至磁盘、书籍等。但在本课程中,我们不准备去研究具体的物理传输媒质的特性,而是关心由这些物理传输媒质及相应的调制解调器组成的编码信道的特性,或者更进一步,是要去研究由编码信道与信道编译码器和信源编译码器组成的等效信道的特性。如图 1.3.1 所示,其中的编码器包括信源编码器和信道编码器,而译码器则包括信道译码器和信源译码器。

1. 信道的定义

狭义信道——把传输的物理媒体称为信道。例如:电缆、光缆、自由空间等。

广义信道——按照它所包含的功能,可以划分为调制信道与编码信道。

调制信道是指图 1.3.1 中调制器输出端到解调器输入端的部分,是频带传输通道。

编码信道是指图 1.3.1 中编码器输出端到译码器输入端的部分,是基带波形传输通道。

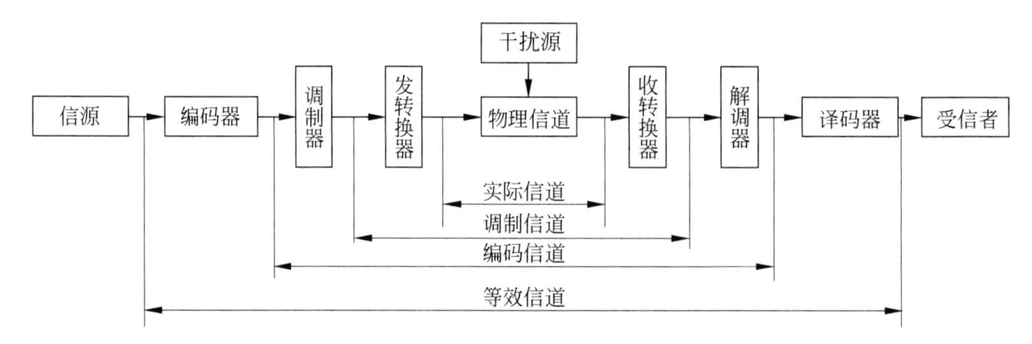

图 1.3.1 通信系统模型及其信道

2. 信道的模型

(1) 调制信道模型

调制信道可以看作是一种模拟信道。如果我们只关心调制信道的输出信号与输入信号之间的关系,可以发现它具有这样的共性:

- 有一对输入端和一对输出端(称为二对端)或多对输入端和多对输出端。
- 绝大多数信道是线性的,满足叠加原理。
- 信号通过信道有一定的延迟,还会受到损耗(该损耗可能是固定的,也可能是时变的)。
- 即使没有信号输入,受噪声的影响,在信道输出端仍有一定的功率输出。

因此可以用一个线性时变网络来描述调制信道,如图 1.3.2 所示。

若是二对端的信道模型,输入与输出的关系可表示为

$$e_0(t)=\Re[e_i(t)]+n(t) \tag{1.3.1}$$

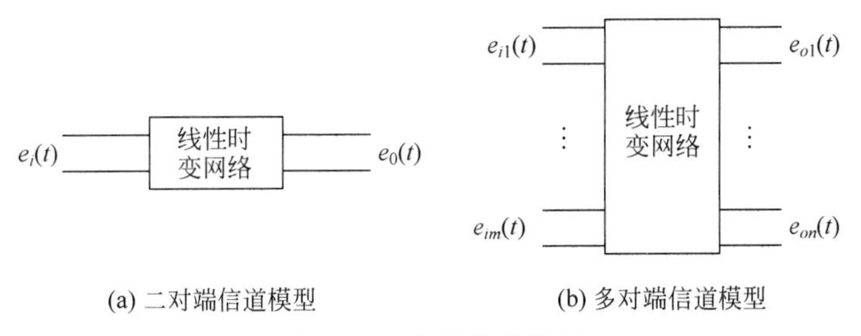

(a) 二对端信道模型　　(b) 多对端信道模型

图 1.3.2　调制信道模型

式中，$e_i(t)$为信道的输入信号；$e_0(t)$为信道的输出信号；$n(t)$为信道的加性噪声，它与输入信号互相独立；而$\Re[e_i(t)]$表示输入信号通过信道所发生的线性(时变)变换。

(2) 编码信道模型

编码信道可看成是一种数字信道。它对信号的影响可以看成是把一种数字序列变成另一种数字序列，而输出的数字将以某种概率发生错误。信道特性越不理想，加性噪声越严重，则发生错误的概率就越大。因此编码信道模型可用数字的转移概率来描述。

以二进制数字传输系统为例，设信道是无记忆信道，即每个输出码元的错误发生是相互独立的，其编码信道模型如图 1.3.3 所示。其中，$P(0/0)$与$P(1/1)$是正确转移概率，$P(1/0)$与$P(0/1)$是错误转移概率，合之称为信道转移概率，完全由编码信道的特性所决定。按照概率的性质有

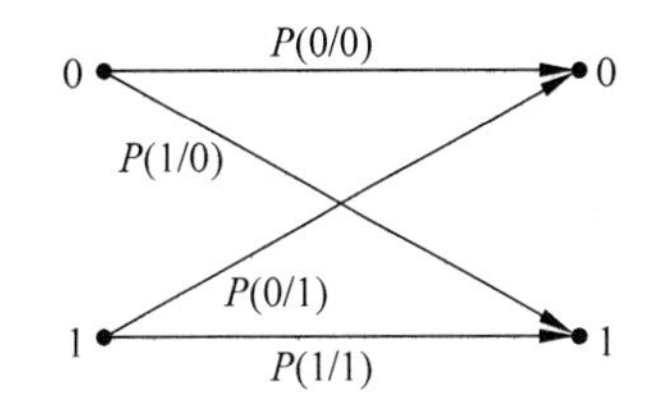

图 1.3.3　二进制编码信道模型

$$P(0/0)=1-P(1/0) \tag{1.3.2}$$

$$P(1/1)=1-P(0/1) \tag{1.3.3}$$

3. 信道的特征分类

根据图 1.3.1 中所示的等效信道，可以对信道进行多种分类。

据信道输入和输出空间的连续与否进行分类，也即根据信源输出消息集合与信宿输入消息集合的连续与否进行分类，可以分成以下三种不同的信道。

① **离散信道**：是指信道输入消息集合 X 与输出消息集合 Y 均为离散消息集合。集合中的消息个数可以是有限的，也可以是无限可数的。前者称为有限离散信道，后者称为无限离散信道，又称数字信道。

② **连续信道**：指信道输入输出消息集合 X 和 Y 均为连续消息集合，又称模拟信道。

③ **半连续信道**：指信道输入输出消息集合 X 和 Y 中，一个是离散的，另一个是连续的。

据信道输入输出消息集合的个数分类，可以分成以下两种。

① **两端信道**：指信道的输入和输出端中，每一端只有一个消息集合，即只有一对用户在信道两端进行单向通信，又称单向单路信道。

② **多端信道**：指信道的输入和输出端中，至少有一端具有一个以上的消息集合。又称为多用户信道。

根据信道上是否存在干扰进行分类，可以分成以下两种。

① **无扰信道**：指信道上没有干扰。这种信道虽然很少，如像计算机与其外设之间的数据传输信道，但有相当一部分干扰较小的信道可以简化成这种无扰信道来进行分析。

② **有扰信道**：指信道上存在干扰。实际信道大多数都是有扰信道。

根据信道的统计特性进行分类，可以分成以下六种。

① **无记忆信道**：信道某一时刻的输出消息只与当时的输入消息有关，而与前面时刻的输入消息无关。

② **有记忆信道**：信道某一时刻的输出消息，不仅与当时的输入消息有关，而且还与前面时刻的输入消息有关。如果此刻的输出只与前面有限时间段上的输入有关，称此信道为有限记忆信道。

③ **恒参信道**：信道的统计特性不随时间变化，又称平稳信道。如，卫星信道在某种意义下可近似为恒参信道。

④ **随参信道**：指信道统计特性随时间变化的信道。如，短波信道。

⑤ **对称信道**：信道的统计特性对于输入输出端而言具有对称性。

⑥ **非对称信道**：信道的统计特性对于输入输出端而言不具备对称性。

根据信道传输特性和限制因素的不同进行分类，可以分成以下三类。

① 线性与非线性信道特征类型。

② 时变与时不变信道特征类型。

③ 带宽受限与功率受限信道特征类型。

本书重点分析的是线性时不变特征的以及带宽受限特征的信道。

4. 恒参信道和随参信道

恒参信道是指由明线、电缆、中长波地波传播，超短波及微波视距传播，人造卫星中继，光导纤维以及光波视距传播等传输媒质所构成的信道。其特点为对信号传输的影响是确定的，或者是变化极其缓慢的，可以等效成一个非时变的线性网络。恒参信道的频率特性较为理想，损耗 $K(\omega)$ 与延迟 $t_d(\omega)$ 基本为常数，即传输特性为

$$H(\omega)=K(\omega)e^{-j\omega \cdot t_d(\omega)} \approx K e^{-j\omega \cdot t_d} \tag{1.3.4}$$

随参信道(或称衰落信道)是指包括短波电离层反射，超短波流星余迹散射，超短波及微波对流层散射，超短波电离层散射，以及超短波超视距绕射等传输媒质所构成的信道，对信号传输的影响主要是传输媒质，具有三个特点：

① 对信号的衰耗随时间而变化。

② 传输的延时随时间而变化。

③ 多径传播。

随参信道的频率特性较为复杂，损耗 $K(\omega)$ 与延迟 $t_d(\omega)$ 随频率及工作时间而变化，即传输特性为

$$H(\omega,\tau)=K(\omega,\tau)e^{-j\omega \cdot t_d(\omega,\tau)} \tag{1.3.5}$$

5. 通信频段的划分

信号在无线信道中的传输是通过空间的电磁波传播实现的。在实际中，针对不同的应用，需要将电磁波划分为若干不同的频段，具体划分如表 1.3.1 所示。

表 1.3.1 频段划分

频率范围	名 称	波 长	主要应用
30～300Hz	特低频(ELF)	$(10^4\sim10^3)$km	水下通信,电报
0.3～3kHz	音频(VF)	$(10^3\sim10^2)$km	远程通信,实线电话
3～30kHz	甚低频(VLF)	$(10^2\sim10)$km	导航,电报电话,声纳
30～300kHz	低频(LF)	(10～1)km	导航,电力通信
0.3～3MHz	中频(MF)	$(10^3\sim10^2)$m	广播,业余无线电通信,移动通信
3～30MHz	高频(HF)	$(10^2\sim10)$m	国际定点通信,军用通信,远程广播
30～300MHz	甚高频(VHF)	(10～1)m	电视,调频广播,移动通信
0.3～3GHz	特高频(UHF)	$(10^2\sim10)$cm	电视,雷达,遥控遥测
3～30GHz	超高频(SHF)	(10～1)cm	卫星和空间通信,微波接力
30～300GHz	极高频(EHF)	(10～1)mm	射电天文,科学研究
300GHz～3THz	亚毫米波	(1～0.1)mm	未划分,实验用
43～430THz	红外	(7～0.7)μm	光通信系统
430～750THz	可见光	(0.7～0.4)μm	光通信系统
750～3000THz	紫外线	(0.4～0.1)μm	光通信系统

6. 无线传播的特点

电磁波传播方式可分为三种：地波、天波和空间波。地波是几百千赫到数兆赫范围的信号,在空中传播是环绕地球跳跃爬行传输的,经过多次的地球反射和吸收衰减到达接收端,其传播距离一般在几十千米到上千千米。天波是几兆赫到几十兆赫的电磁波,利用地球上空几十千米到数百千米的大气电离层反射进行传播,传播距离均可达到近千千米。空间波又叫视线波,是数百兆赫到数个吉赫以上的电磁波,可穿透电离层到达卫星,属点与点之间的直线传播,受地面曲率的影响,其地面传播距离不过几十千米,故称“视距”通信。

1.3.2 信道中的噪声

1. 噪声的定义

任何有害于信号传输、并对信号的恢复和接收会造成损害的,都称为干扰。干扰按照其来源可分为三大类：

① 信道干扰：由信道的非线性、时变以及衰落等引起的较为复杂的干扰。像无线短波通信信号就存在这种干扰。

② 外界干扰：是指人类活动或自然界所产生的一些突发强干扰。例如,电钻和电气开关瞬态造成的电火花、自然界的闪电等。

③ 内部干扰：主要是指信道中各种电子器件产生的热噪声。

在信道中,**所有非传输信号的电信号都可称为噪声**。噪声对传输信号的影响,分为乘性干扰噪声和加性干扰噪声。信道中乘性噪声所引起的码间干扰,通常可以采用均衡的方法来补偿,而加性噪声所产生的影响,则要从调制制度、解调方法、发送功率,以及纠错控制等方面来考虑。

2. 常见的随机噪声

类似于信号的分类,可以将噪声分为确知的和随机的。对于电源哼声、自激振荡、各种内部的谐波干扰等噪声,可以看作是确知噪声,这种噪声,在原理上是可以消除或基本消除的；窄带噪声、脉冲噪声以及起伏噪声则属于随机噪声，它们的波形往往不能准确预测，因此消除也有一定的难度，是本书关心的重点。

窄带噪声：是一种连续波的干扰，可以看作是一个已调的正弦波，它的幅度、频率或相位是事先不能预知的，一般来源于相邻电台或其他电子设备。这种噪声并不是在所有的通信系统中都存在，其频率特性是占有极窄的频带，可以实测其在频率轴上的位置。

脉冲噪声：是无规则突发的短促噪声，其脉冲幅度大、持续时间短、间隔的安静期很长，一般来源于闪电、偶然的碰撞、工业的点火辐射以及电器开关通断等。它具有较宽的频谱，而且频率越高，其频谱强度就越小。由于这种噪声并不是普遍地、持续地存在，因此，对话音通信的影响较小，但对数字通信影响较大。

起伏噪声：是指热噪声、电子管内产生的散弹噪声以及宇宙噪声等。这种噪声无论是在频域还是在时域都是普遍存在的，是不可避免的，对通信系统造成的影响最大，是本书研究的重点。

3. 起伏噪声的基本性质

(1) 热噪声

热噪声是由电阻类导体中自由电子的布朗运动引起的噪声。导体中的电子由于其热能而不断运动，和其他粒子碰撞，其运动的途径是随机的和曲折的，因此，这种电子运动所形成的电流的大小和方向也是随机的，其平均值为零，但是所产生的交流成分不为零，称其为热噪声。

热噪声在 $0\sim10^{12}$ Hz 的频率范围内是均匀分布的，其等效的噪声电流功率谱密度为 $2kTG$。其中 k 是玻尔兹曼常数($k=1.3805\times10^{-23}$ J/K)，T 是热噪声源的绝对温度(K)；G 是电阻 R 的电导。在频带宽度为 B 的范围，电阻 R 两端产生的热噪声电压有效值为

$$V=\sqrt{4kTRB} \tag{1.3.6}$$

因为在一般通信系统的工作频率范围内热噪声的频谱是均匀分布的，好像白光的频谱一样，所以又称其为白噪声。

(2) 散粒噪声

散粒噪声是由真空电子管和半导体器件中电子发射的不均匀性所引起的。在不超过 100MHz 的频率范围内，散粒噪声电流的功率谱密度等于 qI_0，其中 I_0 是平均电流值，q 是电子的电荷($q=1.6\times10^{-19}$C)。分析表明，散粒噪声电流是一个高斯随机过程。

(3) 宇宙噪声

宇宙噪声是天体辐射波对接收机形成的噪声。它在整个空间的分布是不均匀的。实测表明，在频率为 20～300MHz 内，其强度与频率的三次方成反比。宇宙噪声是服从高斯分布的，在一般的工作频率范围内，也具有平坦的功率谱密度。

众所周知，如果噪声在整个频率范围内具有平坦的功率谱密度，则称其为白噪声。可见上述三种起伏噪声都可被表述为高斯白噪声，而且对通信系统的影响，表现为加性噪声，是本书分析的重点内容。

1.3.3 信道容量的概念

1. 无扰离散信道

采用无扰离散信道进行通信的数字通信系统模型如图 1.3.4 所示。下面我们将给出无

扰离散信道的两个基本性能参数的定义。

图 1.3.4 无扰离散信道数字通信系统简化模型

(1) 信息传输速率 R

信息传输速率是指信道单位时间内所传输的平均信息量。它与信源直接相关,即信源单位时间内对外提供的信息量大,则信道的信息传输速率高。因此,无扰离散信道的信息传输速率定义为信源的时间熵,即

$$R = H_t \tag{1.3.7}$$

(2) 信道容量 C

信道容量是指在传输信息不失真的条件下,信道的最大信息传输速率,即

$$C = R_{\max} = H_{\mathrm{tmax}} \tag{1.3.8}$$

例 1.6 已知信源 X 含有两个符号 x_1, x_2,它们的出现概率分别为 $p(x_1)=q, p(x_2)=1-q$,设信源每秒钟向信道发出 100 个符号,求此无扰离散信道的信道容量。

解:因为

$$\begin{aligned} H(X) &= -\sum_{i=1}^{2} p(x_i)\log_2 p(x_i) \\ &= -q\log_2 q - (1-q)\log_2(1-q)(\text{bit/ 符号}) \end{aligned} \tag{1.3.9}$$

已知信源每秒钟发出 100 个符号,所以信源符号是等长的,且为 0.01s,这样

$$H_t = \frac{H(X)}{0.01} = 100[-q\log_2 q - (1-q)\log_2(1-q)](\text{bit/s}) \tag{1.3.10}$$

对式(1.3.10)求其针对 q 的最大值,可得,当 $q=1/2$ 时,H_t 达到最大值 $H_{\mathrm{tmax}}=100(\text{bit/s})$,因此信道容量为

$$C = H_{\mathrm{tmax}} = 100(\text{bit/s})$$

或写为

$$C' = 1(\text{bit/ 符号时间})$$

2. 有噪离散信道

(1) 有噪离散信道的统计特性

有扰离散信道的信道模型见图 1.3.5。设输入的消息集合为 $X=\{x_1, x_2, \cdots, x_M\}$,即输入消息数共有 M 条。输出消息集合为 $Y=\{y_1, y_2, \cdots, y_L\}$,即输出消息数共有 L 条。由于信道上存在干扰,通常情况下 $L \neq M$。

有扰离散信道的统计特性常用信道输入消息与输出消息之间的转移概率来描述,即用 $\{p(y_j/x_i)\}(1\leqslant i\leqslant M, 1\leqslant j\leqslant L)$ 来描述。显然当信道没有干扰的时候,以下等式成立:

$$p(y_j/x_i) = \begin{cases} 1, & i=j \\ 0, & i\neq j \end{cases} \tag{1.3.11}$$

并且输出消息数与输入消息数相等,即 $L=M$。而当信道上存在干扰时,则有以下不等式成立:

$$\begin{cases} p(y_j/x_i) < 1, & i=j \\ p(y_j/x_i) \ll 1, & i\neq j \end{cases} \tag{1.3.12}$$

为了分析起来方便,常用信道转移矩阵来描述信道的统计特性。一个具有 M 个输入和 L 个输出的有扰离散信道的转移矩阵可以表示为

$$\boldsymbol{\pi}=\begin{bmatrix} p(y_1/x_1) & p(y_2/x_1) & \cdots & p(y_j/x_1) & \cdots & p(y_L/x_1) \\ p(y_1/x_2) & p(y_2/x_2) & \cdots & p(y_j/x_2) & \cdots & p(y_L/x_2) \\ \vdots & \vdots & & \vdots & & \vdots \\ p(y_1/x_i) & p(y_2/x_i) & \cdots & p(y_j/x_i) & \cdots & p(y_L/x_i) \\ \vdots & \vdots & & \vdots & & \vdots \\ p(y_1/x_M) & p(y_2/x_M) & \cdots & p(y_j/x_M) & \cdots & p(y_L/x_M) \end{bmatrix}$$

$$=\begin{bmatrix} p_{11} & p_{21} & \cdots & p_{j1} & \cdots & p_{L1} \\ p_{12} & p_{22} & \cdots & p_{j2} & \cdots & p_{L2} \\ \vdots & \vdots & & \vdots & & \vdots \\ p_{1i} & p_{2i} & \cdots & p_{ji} & \cdots & p_{Li} \\ \vdots & \vdots & & \vdots & & \vdots \\ p_{1M} & p_{2M} & \cdots & p_{jM} & \cdots & p_{LM} \end{bmatrix} \tag{1.3.13}$$

其中,矩阵中的第 i 行,对应于信道输入消息为 x_i 时,信道输出为所有消息时的转移概率。而矩阵中的第 j 列对应于信道输入为所有消息时,信道输出为 y_j 时的转移概率。当矩阵中的每一行元素集合相同,每一列元素集合也相同时,称此信道为对称信道。

例 1.7 典型的具有两个输入两个输出的二元对称信道如图 1.3.5 所示。它的信道转移矩阵可以表示为

$$\boldsymbol{\pi}=\begin{bmatrix} 1-\varepsilon & \varepsilon \\ \varepsilon & 1-\varepsilon \end{bmatrix} \tag{1.3.14}$$

式中,ε 是一个很小的正数,在这里是二元对称信道的交叉转移概率。

性质 1.1 设信道输入消息为$\{x_i\}(1\leqslant i\leqslant M)$,信道输出消息为$\{y_j\}$,$(1\leqslant j\leqslant L)$,则对于对称有扰离散信道,有下式成立:

$$H(Y/X)=H(Y/X_i),\quad 1\leqslant i\leqslant M \tag{1.3.15}$$

(2) 有噪离散信道的信息传输速率

所谓信道的信息传输速率是指信道单位时间内所传输的信息量。由于信源每符号对外提供的平均信息量为 $H(X)$,在信道没有干扰的情况下,信道每符号时间内所传输的平均信息量就等于 $H(X)$。

由于有扰信道上存在干扰,当信宿收到 Y 后,信源仍然有 $H(X/Y)$的信息量未能传至信宿。因此,由于干扰的影响,信道实际每符号时间内所传输的信息量是

$$H(X)-H(X/Y)=I(X;Y)$$

也即信道每符号时间内所传输的信息量是平均互信息。如果已知信道每秒钟能传 n 个这样的符号,则信道上的信息传输速率为

$$R=I(X;Y)\times n(\text{bit/s}) \tag{1.3.16}$$

例 1.8 已知信源含有两个符号 x_1、x_2,且它们以等概率出现,有扰离散信道如图 1.3.6 所示,设信道每秒钟能传输 1000 个符号,求消息通过该信道的信息传输速率。

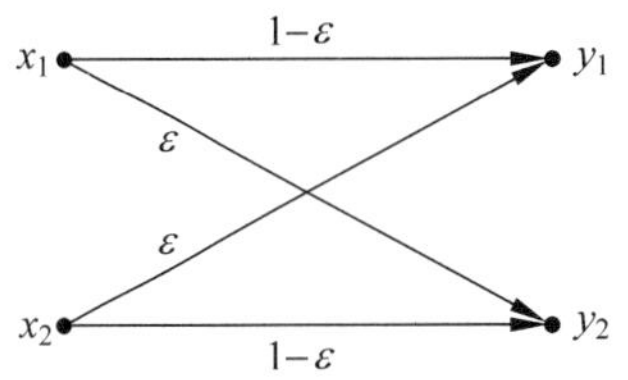

图 1.3.5 二元对称信道示意图

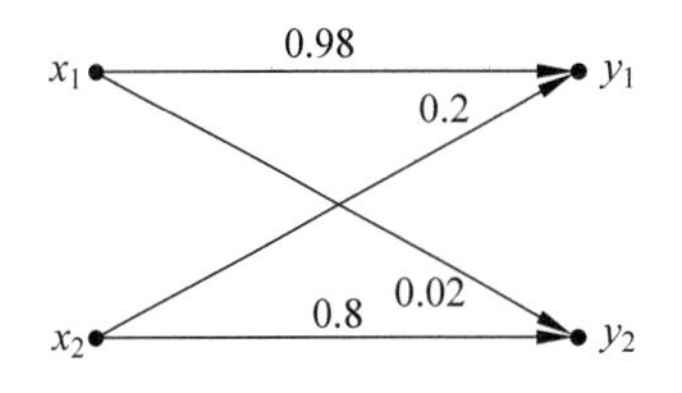

图 1.3.6 有扰离散信道

解 已知信源消息的概率分布为

$$p(x_1)=p(x_2)=\frac{1}{2}$$

由图 1.3.7,可知信道的转移矩阵为

$$\boldsymbol{\pi}=\begin{bmatrix}0.98 & 0.02\\ 0.2 & 0.8\end{bmatrix}=\begin{bmatrix}p(y_1/x_1) & p(y_2/x_1)\\ p(y_1/x_2) & p(y_2/x_2)\end{bmatrix}$$

利用前面平均互信息的求法,即

$$I(X;Y)=H(X)+H(Y)-H(XY)$$

先应该求出 $H(X)$,$H(Y)$以及 $H(XY)$。由于信源符号等概率分布,因此,信源熵达到最大为 $H(X)=\log_2 2=1$(bit/符号)。为了求解 $H(Y)$,先应求出信宿符号的概率分布,即求出 $p(y_j)$,$1\leqslant j\leqslant 2$,因为

$$p(x_1y_1)=p(x_1)p(y_1/x_1)=0.5\times 0.98=0.49$$
$$p(x_1y_2)=p(x_1)p(y_2/x_1)=0.5\times 0.02=0.01$$
$$p(x_2y_1)=p(x_2)p(y_1/x_2)=0.5\times 0.2=0.1$$
$$p(x_2y_2)=p(x_2)p(y_2/x_2)=0.5\times 0.8=0.4$$

所以,

$$\begin{aligned}p(y_1)&=p(y_1)\sum_{i=1}^{2}p(x_i/y_1)=\sum_{i=1}^{2}p(y_1)p(x_i/y_1)=\sum_{i=1}^{2}p(x_iy_1)\\&=p(x_1y_1)+p(x_2y_1)=0.49+0.1=0.59\end{aligned}$$

$$p(y_2)=p(x_1y_2)+p(x_2y_2)=0.01+0.4=0.41(\text{bit/符号})$$

$$H(Y)=-\sum_{j=1}^{2}p(y_j)\log_2 p(y_j)=0.98(\text{bit/符号})$$

$$H(XY)=-\sum_{i=1}^{2}\sum_{j=1}^{2}p(x_iy_j)\log_2 p(x_iy_j)=1.43(\text{bit/双符号})$$

$$I(X;Y)=H(X)+H(Y)-H(XY)=1+0.98-1.43=0.55(\text{bit/符号})$$

$$R=I(X;Y)\times n=0.55\times 1000=550(\text{bit/s})$$

即该信道的信息传输速率为 550bit/s。

除以上的求法,也可以直接由平均互信息的定义式来求,即

$$\begin{aligned}I(X;Y)&=\sum_{XY}p(xy)I(x;y)=\sum_{XY}p(xy)\log_2\frac{p(x/y)}{p(x)}\\&=\sum_{i=1}^{2}\sum_{j=1}^{2}p(x_iy_j)\log_2\frac{p(x_i/y_j)}{p(x_i)}\end{aligned}$$

其中的后验概率为

$$p(x_i/y_j)=p(x_iy_j)/p(y_j)$$

即得：

$$p(x_1/y_1)=p(x_1y_1)/p(y_1)=0.49/0.59=0.83$$
$$p(x_1/y_2)=p(x_1y_2)/p(y_2)=0.01/0.41=0.024$$
$$p(x_2/y_1)=p(x_2y_1)/p(y_1)=0.1/0.59=0.169$$
$$p(x_2/y_2)=p(x_2y_2)/p(y_2)=0.4/0.41=0.976$$

所以，

$$\begin{aligned}I(X;Y)&=\sum_{j=1}^{2}p(x_1y_j)\log_2\frac{p(x_1/y_j)}{p(x_1)}+\sum_{j=1}^{2}p(x_2y_j)\log_2\frac{p(x_2/y_j)}{p(x_2)}\\&=p(x_1y_1)\log_2\frac{p(x_1/y_1)}{p(x_1)}+p(x_1y_2)\log_2\frac{p(x_1/y_2)}{p(x_1)}\\&\quad+p(x_2y_1)\log_2\frac{p(x_2/y_1)}{p(x_2)}+p(x_2y_2)\log_2\frac{p(x_2/y_2)}{p(x_2)}\\&=0.55(\text{bit/符号})\end{aligned}$$

$$R=I(X;Y)\times n=0.55\times 1000=550(\text{bit/s})$$

(3) 有噪离散信道的信道容量

信道容量是指信道在传递消息不发生失真的情况下的最大信息传输速率。由例1.8中对信道信息传输速率的求解可以看出，信息传输速率取决于两类参数，一类是信源概率分布，另一类则是信道转移概率分布。显然，对某一特定信道，信道的统计特性是已经确定了的，即信道转移概率已经不能变动了。那么要使信道的信息传输速率达到最大从而求出信道容量，只能改变信源的概率分布，即调整信源的概率分布使其成为最佳分布从而使平均互信息量达到最大值。因此，有扰离散无记忆信道的信道容量定义为：

$$C=R_{\max}=\max_{p(x)}[I(X;Y)\times n]=n\times\max_{p(x)}[I(X;Y)](\text{bit/s}) \tag{1.3.17}$$

通常情况下，信道容量公式中将 n 省去，而写成

$$C'=\max_{p(x)}[I(X;Y)](\text{bit/ 符号时间}) \tag{1.3.18}$$

一般情况下，信道容量的求解是相当困难的，下面以 K 元对称信道为例来说明求解信道容量的过程。

由式(1.3.18)可知，一般信道的信道容量是可以表示成

$$C'=\max_{p(x)}[I(X;Y)]=\max_{p(x)}[H(Y)-H(Y/X)] \tag{1.3.19}$$

对于对称信道，由性质1.1可知

$$H(Y/X)=H(Y/X_i)$$

即噪声熵只与信道的转移概率有关，而与信源概率无关，因此式(1.3.19)可以写成：

$$C'=\max_{p(x)}[H(Y)]-H(Y/x_i)$$

对于对称信道，要使信宿熵 $H(Y)$ 达到最大，只需信源熵达到最大，即要求信源等概率分布，此时信宿也必是等概率分布。

设信源符号个数为 M，信宿符号个数为 L，则无记忆对称信道的信道容量可以表示为

$$C'_{sc}=\log_2 L+\sum_{j=1}^{L}p(y_j/x_i)\log_2 p(y_j/x_i)\ (\text{bit/符号时间}) \tag{1.3.20}$$

式中 i 的取值范围为 $1\leqslant i\leqslant M$。

例 1.9　已知二元对称无记忆信道如图 1.3.7 所示，求其信道容量。

解　由图 1.3.7，可知信道转移概率分别为

$$p(y_1/x_1)=1-\varepsilon,\quad p(y_2/x_1)=\varepsilon$$
$$p(y_1/x_2)=\varepsilon,\quad p(y_2/x_2)=1-\varepsilon$$

由式(1.3.20)可得，二元对称信道的信道容量为：

$$\begin{aligned}C_{\text{BSC}}&=\log_2 2+\sum_{j=1}^{2}p(y_j/x_i)\log_2 p(y_j/x_i)\\&\xlongequal{i=1}\log_2 2+\sum_{j=1}^{2}p(y_j/x_1)\log_2 p(y_j/x_1)\\&=1+(1-\varepsilon)\log_2(1-\varepsilon)+\varepsilon\log_2\varepsilon(\text{bit/符号时间})\end{aligned}\tag{1.3.21}$$

图 1.3.8 画出了二元对称无记忆信道容量与信道错误传输概率 ε 之间的关系曲线。

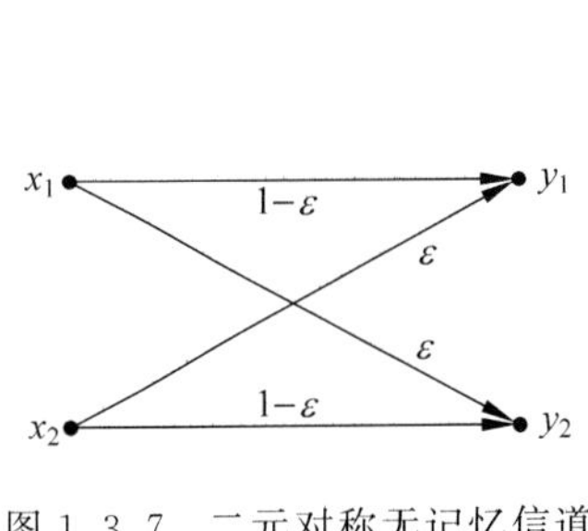

图 1.3.7　二元对称无记忆信道

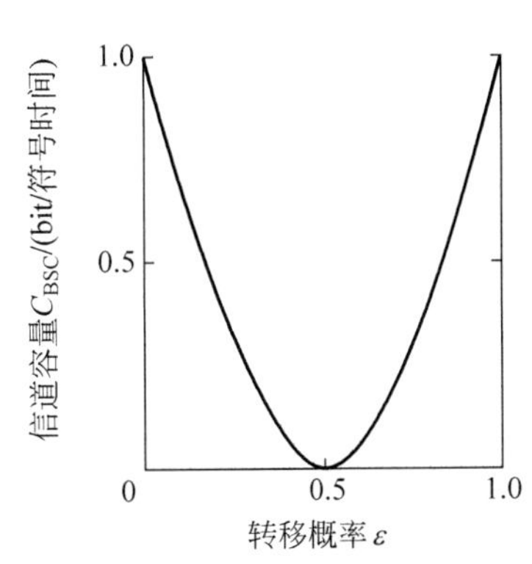

图 1.3.8　二元对称信道容量

由图 1.3.8 可以看出，当 $\varepsilon=0$ 时，信道容量达到最大，即 CBSC=1 bit/符号时间。因为此时信道没有干扰存在。随着干扰的加大，即 ε 的增大，信道容量逐渐减小，至 $\varepsilon=\dfrac{1}{2}$时，因为信道正确传输与错误传输的概率相等，接收端无法对收到的消息进行正确判断，信道容量为 0，即此时信道已无传输能力。

当 $\varepsilon>\dfrac{1}{2}$时，信道容量逐渐增加，至 $\varepsilon=1$ 时，信道容量又达到最大，因为此时接收端可以用取反的方法来正确接收消息。

关于对称信道的概念，这里需要补充说明几点。前面提到的对称信道是指信道转移矩阵中的每行元素集合都相同，每列元素集合也相同。如果信道矩阵中每行元素集合相同，但每列元素集合不同时，我们称此信道为关于输入对称的信道。如信道矩阵为

$$\boldsymbol{\pi}=\begin{bmatrix}1/3 & 1/6 & 1/6 & 1/3\\1/6 & 1/3 & 1/6 & 1/3\end{bmatrix}$$

的信道；如果信道矩阵中每列元素集合相同，但每行元素集合不相同，称此信道为关于输出对称的信道。

4. 连续信道的信道容量

连续信道的信道容量,由著名的香农(Shannon)公式[5]确定,其内容为:假设信道的带宽为 B(Hz),信道输出的信号功率为 S(W),输出的加性带限高斯白噪声功率为 N(W),则该信道的信道容量为

$$C = B\log_2(1 + S/N) \quad (\text{bit/s}) \tag{1.3.22}$$

若噪声的单边功率谱密度为 n_0,则有噪声功率为 $N = n_0 B$,可得香农公式的另一种形式

$$C = B\log_2[1 + S/(n_0 B)] \quad (\text{bit/s}) \tag{1.3.23}$$

其中,B、n_0、S 称为信道容量的"三要素"。

值得注意的是,当信道噪声不是高斯白噪声时,香农公式需要加以修正。

1.4 思考题

1.4.1 简述通信的根本目的。

1.4.2 简述调制的主要功能。

1.4.3 简述通信系统的性能指标,从信息传输的角度,哪些是主要指标?对于模拟和数字通信系统,具体的性能指标是哪些?

1.4.4 一个符号的信息量与该符号出现的概率大小具有怎样的关系?

1.4.5 信息量单位有几种?简述其与对数底 α 的关系。

1.4.6 什么是信源的熵?在什么情况下信源的熵达到最大?

1.4.7 什么是连续信源的相对熵?

1.4.8 什么是调制信道?什么是编码信道?

1.4.9 什么是随机信道?什么是突发信道?什么是混合信道?

1.4.10 常见的随机噪声有哪几类?分别简述。

1.4.11 无噪声信道容量的定义是什么?与信源概率有什么关系?

1.4.12 什么是连续信道的香农(Shannon)公式?信道容量与信道带宽及信噪比具有怎样的关系?

1.5 习题

1.5.1 已知离散信源含有两个符号 x_1,x_2,若信源符号间无记忆,且各自的出现概率分别为 $p(x_1)=0.3$,$p(x_2)=0.7$,求信源熵。

1.5.2 设信源 X 由 4 个符号 a、b、c、d 组成,各符号出现概率分别为 3/8、1/4、1/8、1/4,每个符号的出现是独立的。求:

① 信源熵 $H(X)$。

② 一个消息 babcacaddabbcdcaabdcb 的信息量 I。

1.5.3 一个信源有 M 种可能出现的消息,求此信源的最大熵。

1.5.4 八进制数字信号在 3min 内共传送 72000 个码元,求码元速率和每个码元所含

的信息量。

1.5.5　已知信源 X 含有两个符号 x_1，x_2，它们的出现概率分别为 $p(x_1)=q$，$p(x_2)=1-q$，设信源每秒钟向信道发出1000个符号，求此无扰离散信道的信道容量。

1.5.6　已知一个二进制对称信道的转移概率 $p=1/4$，其信源是等概的，求该无记忆离散信道的信道容量。

1.5.7　对于二进制数字信号，若每秒传送600个码元，求码速率 R_B 等于多少？若该二进制数字信号是独立等概的，求传信率 R_b 等于多少？

第2章 预备基础知识

CHAPTER 2

2.1 引言

现代通信传输的电信号是由要传递的信息转换而来。因此，描述电信号特征的频谱、功率谱和能量等是研究通信技术的基础。本章关于信号分析和处理的大部分内容在先修课程中学过，这里仅将本课程需要的有关结论做一扼要叙述。

2.2 信号的分类

通常，通信系统是通过发送、传输、接收电信号，将需要传递的信息送到目的地，完成通信任务。因此，被传送的信号一般表现为随时间变化的某种物理量，而信息就包含在这些变化的物理量中。信号在数学上一般用函数描述，也可以用图形、测量数据或统计数据表示。根据信号的不同特性，我们可以对信号进行如下分类。

1. 确定信号与随机信号

确定信号和随机信号是通信的两大类基本信号。如果信号可由特定的时间函数完全确定，即对于指定的某一时刻，可确定一相应的函数值，这种信号就称为确定信号。例如，信号

$$f(t)=A\sin(\omega_0 t+\varphi)\quad(-\infty<t<+\infty)\tag{2.2.1}$$

是我们熟悉的正弦信号，其中 A、ω_0 和 φ 是常数。

如果信号在任何时刻的取值都是随机的，即具有不可预知性，无法用确切的时间函数来表示，而必须用概率统计的方法描述其特性，这种信号称为随机信号。通信系统传输的信号一般都具有不确定性，是随机信号。同样，通信过程中的干扰和噪声也是具有随机特性的随机信号。

2. 连续信号与离散信号

按照时间函数取值的连续性与离散性可将信号划分为连续信号和离散信号。对于连续信号，在有定义的时间范围内，除若干不连续点外，对任意时间值都有确定的函数值。例如，正弦信号和矩形脉冲信号都是连续信号。

离散信号只在某些不连续的时间点上有函数值，在其他时间没有定义。所以离散信号是指时间上的离散。抽样信号是典型的离散信号。连续信号和离散信号的幅值可以是连续

的，也可以是离散的。

3. 模拟信号与数字信号

信号幅度的取值是连续的，即可由无限个数值表示，这种信号称为模拟信号。正弦信号是模拟信号。抽样信号即脉冲幅度调制信号，虽然其波形在时间上是不连续的，但其幅度取值是连续的，所以仍是模拟信号。

数字信号指幅度的取值是离散的，幅值表示被限制在有限个数值之内。通常对信号幅度进行量化后的信号是数字信号。模拟信号和数字信号在时间上可以是连续的，也可以是离散的，但数字信号通常在时间和幅度上都是离散的。

4. 周期信号与非周期信号

确定信号又可以分为周期信号与非周期信号。周期信号是时间域定义在$(-\infty,+\infty)$区间，每隔时间 T_0 按相同规律重复出现的信号，即信号 $f(t)$ 为周期信号的充分必要条件为

$$f(t+mT_0)=f(t)\quad(m=0,\pm1,\pm2,\cdots,-\infty<t<+\infty)\tag{2.2.2}$$

式中，常数 T_0 即为周期信号的最小周期。

信号 $f(t)$ 与时间有确定的函数关系，但取值不具有周期重复性，这种信号为非周期信号，即不满足式(2.2.2)的信号为非周期信号。

5. 能量信号与功率信号

根据信号的能量和功率是否有限，可以将信号分为能量信号和功率信号。信号 $f(t)$ 消耗在单位电阻上的总能量定义为

$$E=\lim_{T\to\infty}\int_{-T}^{+T}|f(t)|^2\mathrm{d}t\tag{2.2.3}$$

相应地，信号 $f(t)$ 消耗在单位电阻上的平均功率定义为

$$P=\lim_{T\to\infty}\frac{1}{2T}\int_{-T}^{+T}|f(t)|^2\mathrm{d}t\tag{2.2.4}$$

如果信号 $f(t)$ 的能量满足 $0<E<+\infty$，则信号的能量有限，称其为能量信号；如果信号 $f(t)$ 的功率满足 $0<P<+\infty$，能量 $E=+\infty$，则信号的功率有限，能量无限，称其为功率信号。

2.3 信号的频谱分析

一个确知信号在时域可用时间函数 $f(t)$ 描述，在频域可用频谱函数 $F(\omega)$ 描述。它们表示了一个信号在两个方面的不同特性。当信号仅含有低频率成分时，这个信号随时间的变化就趋于缓慢，相反如果仅含有高频率成分则以短周期(时间变化快)作变动。可见，信号 $f(t)$ 与这个信号的频谱 $F(\omega)$ 之间是有密切关系的。在通信系统中，我们经常需要对信号的时域和频域特性进行研究。而它们之间的相互转换可以通过傅里叶变换和逆变换完成。

2.3.1 傅里叶级数

对于信号 $f(t)$，如果对所有整数 n 值都满足如下关系，

$$f(t)=f(t\pm nT_0)$$

称 $f(t)$ 是周期为 T_0 的周期函数。如果 $f(t)$ 在区间 $\left[-\frac{T_0}{2},\frac{T_0}{2}\right]$ 上又绝对可积，则可展为

傅里叶级数

$$f(t)=a_0+2\sum_{n=1}^{\infty}(a_n\cos n\omega_0 t+b_n\sin n\omega_0 t),\quad \left(-\frac{T_0}{2}\leqslant t\leqslant\frac{T_0}{2}\right) \tag{2.3.1}$$

其中，

$$a_n=\frac{1}{T_0}\int_{-T_0/2}^{T_0/2}f(t)\cos n\omega_0 t\,\mathrm{d}t\quad (n=0,1,2,\cdots) \tag{2.3.2}$$

$$b_n=\frac{1}{T_0}\int_{-T_0/2}^{T_0/2}f(t)\sin n\omega_0 t\,\mathrm{d}t\quad (n=1,2,\cdots) \tag{2.3.3}$$

$$\omega_0=\frac{2\pi}{T_0}$$

式(2.3.1)表示 $f(t)$可分解为无限多个正弦项与余弦项之和。

令

$$A_0=a_0,$$

$$A_n=\sqrt{a_n^2+b_n^2} \tag{2.3.4}$$

$$\varphi_n=-\arctan\frac{b_n}{a_n} \tag{2.3.5}$$

则 $f(t)$可表示为

$$f(t)=A_0+2\sum_{n=1}^{\infty}A_n\cos(n\omega_0 t+\varphi_n)\quad \left(-\frac{T_0}{2}\leqslant t\leqslant\frac{T_0}{2}\right) \tag{2.3.6}$$

式(2.3.1)和式(2.3.6)是傅里叶级数的三角级数表示形式。如果使用复指数，可将式(2.3.1)的傅里叶级数以更为简洁的形式写出。将正弦函数和余弦函数用指数形式(欧拉公式)表示

$$\cos n\omega_0 t=\frac{\mathrm{e}^{\mathrm{j}n\omega_0 t}+\mathrm{e}^{-\mathrm{j}n\omega_0 t}}{2}\quad \sin n\omega_0 t=\frac{\mathrm{e}^{\mathrm{j}n\omega_0 t}-\mathrm{e}^{-\mathrm{j}n\omega_0 t}}{2\mathrm{j}} \tag{2.3.7}$$

将上式代入式(2.3.1)

$$f(t)=a_0+\sum_{n=1}^{\infty}[(a_n-\mathrm{j}b_n)\mathrm{e}^{\mathrm{j}n\omega_0 t}+(a_n+\mathrm{j}b_n)\mathrm{e}^{-\mathrm{j}n\omega_0 t}] \tag{2.3.8}$$

令 c_n 是与 a_n 及 b_n 有关的复数系数，如下式所示：

$$C_n=\begin{cases}a_n-\mathrm{j}b_n & (n>0)\\ a_0 & (n=0)\\ a_n+\mathrm{j}b_n & (n<0)\end{cases} \tag{2.3.9}$$

由此可将式(2.3.8)化简为

$$f(t)=\sum_{n=-\infty}^{\infty}C_n\mathrm{e}^{\mathrm{j}n\omega_0 t}\quad \left(-\frac{T_0}{2}\leqslant t\leqslant\frac{T_0}{2}\right) \tag{2.3.10}$$

上式是 $f(t)$的傅里叶级数复指数形式。式中，

$$C_n=\frac{1}{T_0}\int_{-T_0/2}^{T_0/2}f(t)\mathrm{e}^{-\mathrm{j}n\omega_0 t}\,\mathrm{d}t\quad (n=0,\pm1,\pm2,\cdots) \tag{2.3.11}$$

由式(2.3.10)可看出，一个周期性信号所含有的各个频率(正与负)与基频成谐波关系。负频率的出现，仅是用于描述信号的数学模型需要的结果。$|C_n|$确定了周期性信号 $f(t)$的第 n 次谐波分量的幅度，故由$|C_n|$与频率关系波形可得到此信号的离散幅度频谱。

傅里叶级数展开，实际上是把周期函数的频率作为基本频率 $\omega_0=2\pi/T_0$，用具有整数倍频率的正弦波成分对 $f(t)$进行分解。这时，$|n|=1$ 的成分称为基波，$|n|>1$ 的成分称为高次谐波，$|n|=0$ 的成分称为直流成分。

根据 $f(t)$的波形特点，可得到下列结论：

① 如果 $f(t)=f(-t)$为偶函数，此时傅氏级数中只含有余弦项(直流项是任意的)。

② 如果 $f(t)=-f(-t)$为奇函数，此时傅氏级数中只含有正弦项。

③ 如果 $f(t+T_0/2)=f(t)$，则只含有偶次谐波。

④ 如果 $f(t+T_0/2)=-f(t)$，则只含有奇次谐波。

2.3.2 傅里叶变换

非周期信号不能直接利用傅里叶级数去研究，然而可以把它看作周期 $T_0\to\infty$的一种极限情况。这就是傅里叶变换。

1. 傅里叶变换

设函数 $f(t)$满足：① $\int_{-\infty}^{+\infty}|f(t)|\,\mathrm{d}t<+\infty$；

② $f(t)$ 在$(-\infty,+\infty)$ 内分段光滑，即导数只有第一类间断点；

则 $f(t)$的傅里叶变换存在，可用下式表示

$$F(\omega)=F[f(t)]=\int_{-\infty}^{+\infty}f(t)\mathrm{e}^{-\mathrm{j}\omega t}\,\mathrm{d}t \tag{2.3.12}$$

$F(\omega)$的傅里叶反变换为

$$f(t)=F^{-1}[F(\omega)]=\frac{1}{2\pi}\int_{-\infty}^{+\infty}F(\omega)\mathrm{e}^{\mathrm{j}\omega t}\,\mathrm{d}\omega \tag{2.3.13}$$

通常把 $F(\omega)$叫作 $f(t)$的频谱密度，或简称频谱。信号 $f(t)$与其频谱 $F(\omega)$之间是一一对应的关系。因此，信号既可以用时间函数描述，也可以用它的频谱 $F(\omega)$描述。傅里叶变换提供了信号在频率域和时间域之间的相互变换关系。

信号 $f(t)$与其频谱 $F(\omega)$组成一对傅里叶变换对，记作

$$f(t)\Leftrightarrow F(\omega) \tag{2.3.14}$$

2. 傅里叶变换的常用特性

平移特性：
$$F[f(t\pm t_0)]=F(\omega)\mathrm{e}^{\pm\mathrm{j}\omega t_0} \tag{2.3.15}$$

$$F^{-1}[F(\omega\pm\omega_0)]=f(t)\mathrm{e}^{\mp\mathrm{j}\omega_0 t} \tag{2.3.16}$$

微分特性：
$$F\left[\frac{\mathrm{d}^n f(t)}{\mathrm{d}t^n}\right]=(\mathrm{j}\omega)^n F(\omega) \tag{2.3.17}$$

$$F^{-1}\left[\frac{\mathrm{d}^n F(\omega)}{\mathrm{d}\omega^n}\right]=(-\mathrm{j}t)^n f(t) \tag{2.3.18}$$

对称特性：
$$F[F(t)]=2\pi f(-\omega) \tag{2.3.19}$$

卷积特性：
$$F[f_1(t)*f_2(t)]=F[f_1(t)]\cdot F[f_2(t)]=F_1(\omega)\cdot F_2(\omega) \tag{2.3.20}$$

$$F[f_1(t)\cdot f_2(t)]=\frac{1}{2\pi}[F_1(\omega)\cdot F_2(\omega)] \tag{2.3.21}$$

式中，

$$f_1(t) * f_2(t) = \int_{-\infty}^{+\infty} f_1(\tau) \cdot f_2(t-\tau)\mathrm{d}\tau = \int_{-\infty}^{+\infty} f_1(t-\tau) \cdot f_2(\tau)\mathrm{d}\tau$$

积分特性：
$$F\left[\int_{-\infty}^{t} f(\tau)\mathrm{d}\tau\right] = \frac{1}{\mathrm{j}\omega}F(\omega) + \pi F(0)\delta(\omega) \tag{2.3.22}$$

2.3.3 常用信号的频谱

1. 周期矩形脉冲信号的频谱

幅度为 A 脉宽为 τ，周期为 T_0 的周期矩形脉冲信号的波形如图 2.3.1 所示。其傅里叶级数的系数为

$$C_n = \frac{1}{T_0}\int_{-T_0/2}^{T_0/2} f(t)\mathrm{e}^{-\mathrm{j}n\omega_0 t}\mathrm{d}t = \frac{A\tau}{T_0} \cdot \frac{\sin(n\pi\tau/T_0)}{n\pi\tau/T_0} = \frac{A\tau}{T_0}\mathrm{Sa}(n\pi\tau/T_0) \tag{2.3.23}$$

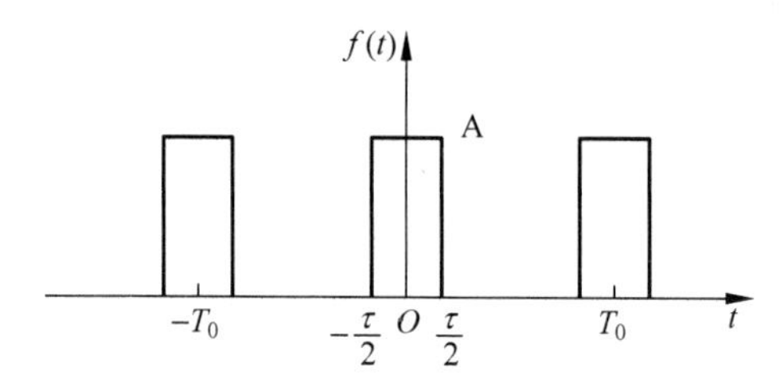

图 2.3.1 周期矩形脉冲波形

函数 $\mathrm{Sa}(x) = \dfrac{\sin x}{x}$，称为抽样函数。将式(2.3.23)代入式(2.3.10)，得到周期矩形脉冲信号的傅里叶级数表达式：

$$f(t) = \sum_{n=-\infty}^{\infty} \frac{A\tau}{T_0}\mathrm{Sa}(n\pi\tau/T_0)\mathrm{e}^{\mathrm{j}n\omega_0 t} \tag{2.3.24}$$

因为
$$\cos n\omega_0 t = \frac{\mathrm{e}^{\mathrm{j}n\omega_0 t} + \mathrm{e}^{-\mathrm{j}n\omega_0 t}}{2}$$

所以
$$f(t) = \frac{A\tau}{T_0} + \sum_{n=1}^{\infty} \frac{2A\tau}{T_0}\mathrm{Sa}(n\pi\tau/T_0)\cos n\omega_0 t \tag{2.3.25}$$

当 $\dfrac{\tau}{T_0} = \dfrac{1}{2}$ 时，$f(t) = \dfrac{A}{2} + \displaystyle\sum_{n=1}^{\infty} A\,\mathrm{Sa}(n\pi/2)\cos n\omega_0 t$

因为
$$\mathrm{Sa}(n\pi/2) = \begin{cases} 2/\pi, -2/3\pi, 2/5\pi, -2/7\pi, \cdots & (n \text{ 为奇数}) \\ 0 & (n \text{ 为偶数}) \end{cases}$$

所以
$$f(t) = A\left[\frac{1}{2} + \frac{2}{\pi}\left(\cos\omega_0 t - \frac{1}{3}\cos 3\omega_0 t + \frac{1}{5}\cos 5\omega_0 t - \frac{1}{7}\cos 7\omega_0 t + \cdots\right)\right] \tag{2.3.26}$$

根据式(2.3.26)我们可得到周期矩形脉冲信号 $f(t)$ 的频谱如图 2.3.2(a)所示。从图中可以看到，周期信号的频谱是离散的。同理，当 $\dfrac{\tau}{T_0} = \dfrac{1}{5}$ 时的 $f(t)$ 的频谱如图 2.3.2(b)所示。

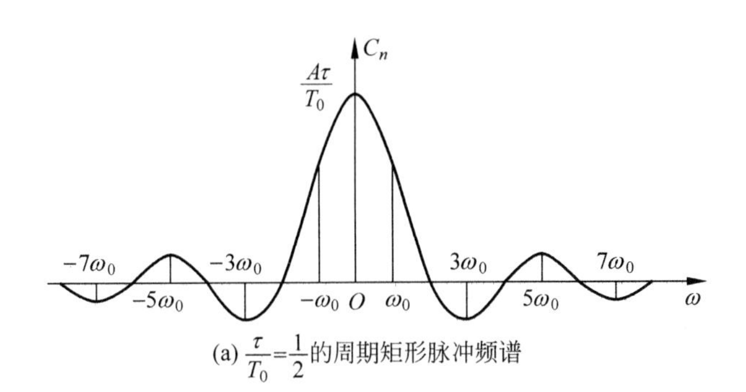

(a) $\frac{\tau}{T_0}=\frac{1}{2}$的周期矩形脉冲频谱

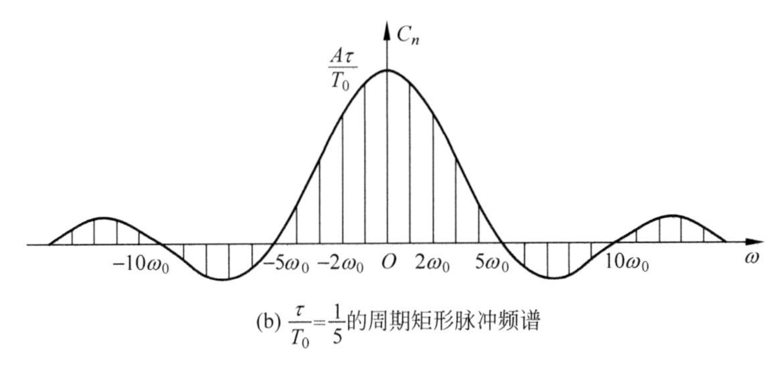

(b) $\frac{\tau}{T_0}=\frac{1}{5}$的周期矩形脉冲频谱

图 2.3.2　周期矩形脉冲频谱

比较图 2.3.2 的频谱特性，对应$\frac{\tau}{T_0}=\frac{1}{2}$的 $f(t)$在时域上脉冲占据的时间较宽，相应的频谱宽度较窄，离散谱之间的间隔较小。对应$\frac{\tau}{T_0}=\frac{1}{5}$的 $f(t)$在时域上脉宽较窄，但对应的频谱宽度较宽，离散谱之间的间隔也较大。因此，时域的压缩对应着频谱的展宽，说明提高传信率是以牺牲频带宽度为代价的。

周期函数的频谱还可由对周期信号 $f(t)$的傅里叶级数表达式取傅里叶积分变换求得。设 $f(t)$是一个周期为 T_0 的周期信号，其傅里叶级数可用式(2.3.10)表示，则 $f(t)$的傅里叶变换为

$$F(\omega)=F[f(t)]=F\left[\sum_{n=-\infty}^{\infty}C_n\mathrm{e}^{\mathrm{j}n\omega_0 t}\right]=\sum_{n=-\infty}^{\infty}C_nF[\mathrm{e}^{\mathrm{j}n\omega_0 t}]$$

$$=2\pi\sum_{n=-\infty}^{\infty}C_n\delta(\omega-n\omega_0)=\sum_{n=-\infty}^{\infty}C_n\delta(f-nf_0) \tag{2.3.27}$$

由上式可知，一个周期信号的傅里叶变换由发生在原信号基波频率整数倍(谐波)频率处的冲激所组成。应用式(2.3.27)，对式(2.3.24)的周期矩形脉冲信号进行傅里叶变换得到

$$F(\omega)=2\pi\sum_{n=-\infty}^{\infty}\frac{A\tau}{T_0}\mathrm{Sa}(n\pi\tau/T_0)\delta(\omega-n\omega_0) \tag{2.3.28}$$

由式(2.3.28)画出的 $f(t)$频谱与图 2.3.2 是一致的。

2. 门函数的频谱

门函数是幅度为 A，脉宽为 τ 的单个矩形脉冲，是非周期函数。其时域表达式为

$$g(t)=\begin{cases}A & (|t|\leqslant\tau/2)\\0 & (|t|>\tau/2)\end{cases}\tag{2.3.29}$$

$g(t)$的时域波形如图2.3.3(a)所示。因为是非周期信号,其频域特性必须用下式的傅里叶变换表示

$$g(t)\Leftrightarrow F(\omega)=\int_{-\infty}^{+\infty}g(t)\mathrm{e}^{-\mathrm{j}\omega t}\mathrm{d}t=\int_{-\tau/2}^{\tau/2}A\mathrm{e}^{-\mathrm{j}\omega t}\mathrm{d}t=A\tau\mathrm{Sa}\left(\frac{\omega\tau}{2}\right)\tag{2.3.30}$$

相应的频谱特性如图2.3.3(b)所示。从图中可以看到,非周期信号的频谱是连续的。

门函数$g(t)$的第一零点频带宽度为

$$B=\frac{1}{\tau}(\mathrm{Hz})\tag{2.3.31}$$

由式(2.3.31)可得到,脉冲宽度越窄,信号的频带宽度越宽。

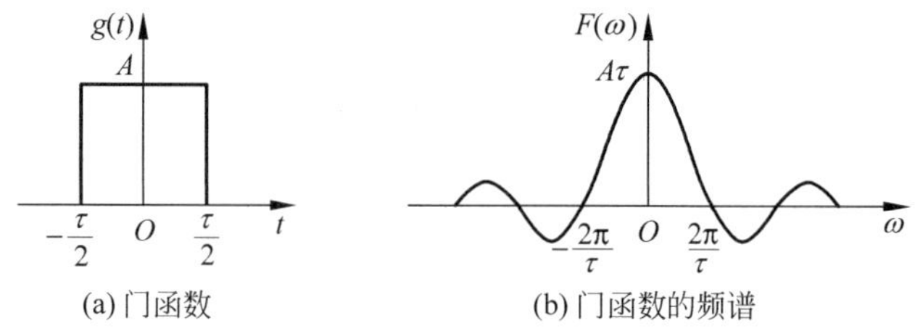

图2.3.3 门函数及其频谱

3. 单位冲激函数的频谱

单位冲激函数又称狄拉克函数。其幅值无限大,脉冲宽度为0,面积为1。根据单位冲激函数的定义有

$$\delta(t)=\begin{cases}\infty & (t=0)\\0 & (t\neq 0)\end{cases}$$

且

$$\int_{-\infty}^{+\infty}\delta(t)\mathrm{d}t=1$$

$$\int_{-\infty}^{+\infty}x(t)\delta(t-t_0)\mathrm{d}t=x(t_0)\tag{2.3.32}$$

式(2.3.32)是单位冲激函数的采样特性,表明单位冲激乘法器选取了函数$x(t)$在$t=t_0$时的样值。

单位冲激函数的傅里叶变换为

$$\delta(t)\Leftrightarrow\delta(\omega)=\int_{-\infty}^{+\infty}\delta(t)\mathrm{e}^{-\mathrm{j}\omega t}\mathrm{d}t=1\tag{2.3.33}$$

单位冲激函数的波形和频谱示于图2.3.4。由频谱图可知,如果$\delta(t)$是冲激噪声,则其能量均匀分布在整个频带。例如,当其他电器插入电源时,开着的半导体收音机会收到“喳……”的干扰声,而与收音机在哪个波段无关。

4. 周期冲激序列的频谱

周期冲激序列在分析取样理论和脉冲调制时,是一个特别重要的函数。这一函数可以表示为在$-\infty<t<+\infty$内定义的无穷和,即

$$\delta_T(t)=\sum_{n=-\infty}^{+\infty}\delta(t-nT_0)\tag{2.3.34}$$

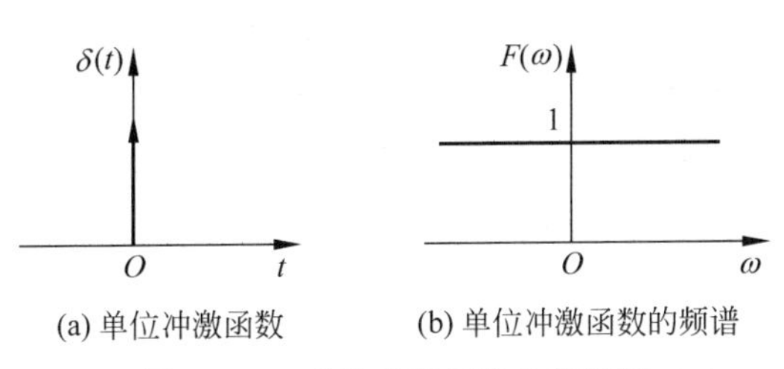

(a) 单位冲激函数 (b) 单位冲激函数的频谱

图 2.3.4 单位冲激函数及其频谱

如图 2.3.5(a)所示。因为是周期函数,因此可以表示为傅里叶级数。由式(2.3.11)得到其傅里叶级数的系数为

$$C_n=\frac{1}{T_0}\int_{-T_0/2}^{T_0/2}\delta_T(t)\mathrm{e}^{-\mathrm{j}n\omega_0 t}\,\mathrm{d}t=\frac{1}{T_0}\int_{-T_0/2}^{T_0/2}\delta(t)\mathrm{e}^{-\mathrm{j}n\omega_0 t}\,\mathrm{d}t=\frac{1}{T_0}$$

由式(2.3.10)得傅里叶级数展开式

$$\delta_T(t)=\frac{1}{T_0}\sum_{n=-\infty}^{+\infty}\mathrm{e}^{-\mathrm{j}n\omega_0 t}$$

应用式(2.3.27),得到 $\delta_T(t)$ 的傅里叶变换式

$$\delta_T(t)\Leftrightarrow\delta_T(\omega)=\frac{2\pi}{T_0}\sum_{n=-\infty}^{+\infty}\delta(\omega-n\omega_0)\tag{2.3.35}$$

式(2.3.25)说明时域内的一个周期冲激序列,其傅里叶变换在频率域内也是一个周期冲激序列,但冲激强度增加 $2\pi/T_0$ 倍,如图 2.3.5(b)所示。周期冲激序列的这一独特性质在计算周期波形的频谱时是很有用的。

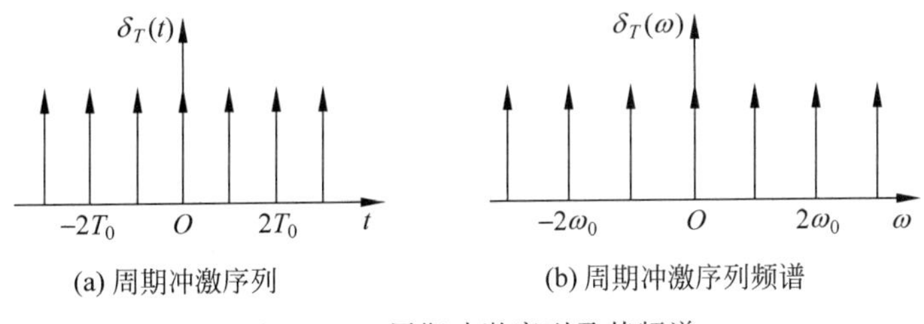

(a) 周期冲激序列 (b) 周期冲激序列频谱

图 2.3.5 周期冲激序列及其频谱

2.4 能量和功率

通信系统的性能依赖于接收信号的能量。大能量信号可以比小能量信号获得较可靠的检测。而功率是能量传递的速率,它决定着发射机发送信号的电磁场强度。因此,信号的功率和能量在通信系统中是用来测度信号大小的很重要的参数。

通常,能量用于描述能量信号,功率用于描述功率信号。我们把在所有时间上的能量不为零且有限($0<E<+\infty$)的信号称为能量信号。非周期的确定信号是一个有界的、持续时间有限的信号,其信号能量为有限值,全部时间的平均功率为零。因此,非周期的确定信号是能量信号。把具有功率不为零且有限($0<P<+\infty$)的信号称为功率信号。周期信号在 $-\infty$ 到 $+\infty$ 的全部时间内周而复始、无始无终,有无限的能量,但是,它的平均功率为有限值。所以周期信号是功率信号。随机信号也是能量无限的功率信号。能量信号和功率信号

是互不相容的,能量信号的能量有限而平均功率为零,功率信号的平均功率有限而能量无限。系统中的波形要么具有能量值,要么具有功率值。

能量谱密度和功率谱密度用来表示信号的能量或功率密度在频率轴上随频率而变化的情况,它们对研究信号的能量或功率的分布以及决定信号所占频带的宽度等问题有着重要的作用。

2.4.1 信号能量与能量谱密度

设能量信号 $f(t)$是在 1Ω 电阻上的电压或电流。在信号出现的全部时间内,电阻消耗的总能量可用时域信号表示为

$$E=\int_{-\infty}^{+\infty}|f(t)|^2\mathrm{d}t \tag{2.4.1}$$

从频域的角度来研究信号的能量,可采用能量密度频谱函数,简称能量谱密度。它用来表示信号能量在频域中的分布状况。设 $f(t)$的能量密度频谱函数为 $S(\omega)$,则在整个频域范围内的全部能量为

$$E=\frac{1}{2\pi}\int_{-\infty}^{+\infty}S(\omega)\mathrm{d}\omega \tag{2.4.2}$$

由能量守恒原理可知,信号的时域总能量应该等于频域总能量,即

$$E=\int_{-\infty}^{+\infty}|f(t)|^2\mathrm{d}t=\frac{1}{2\pi}\int_{-\infty}^{+\infty}S(\omega)\mathrm{d}\omega \tag{2.4.3}$$

已知能量信号 $f(t)$的傅里叶变换为 $F(\omega)$,那么 $F(\omega)$与 $S(\omega)$应该具有怎样的关系?下面我们来导出它们的关系式。由傅里叶变换定义

$$f(t)=\frac{1}{2\pi}\int_{-\infty}^{+\infty}F(\omega)\mathrm{e}^{\mathrm{j}\omega t}\mathrm{d}\omega$$

将上式代入到式(2.4.1),得

$$E=\int_{-\infty}^{+\infty}|f(t)|^2\mathrm{d}t=\int_{-\infty}^{+\infty}f(t)\left[\frac{1}{2\pi}\int_{-\infty}^{+\infty}F(\omega)\mathrm{e}^{\mathrm{j}\omega t}\mathrm{d}\omega\right]\mathrm{d}t$$

互换积分次序,

$$E=\int_{-\infty}^{+\infty}|f(t)|^2\mathrm{d}t=\frac{1}{2\pi}\int_{-\infty}^{+\infty}F(\omega)\left[\int_{-\infty}^{+\infty}f(t)\mathrm{e}^{\mathrm{j}\omega t}\mathrm{d}t\right]\mathrm{d}\omega=\frac{1}{2\pi}\int_{-\infty}^{+\infty}F(\omega)\cdot F(-\omega)\mathrm{d}\omega$$

对于实函数 $f(t)$,有

$$F(\omega)F(-\omega)=F(\omega)F^*(\omega)=|F(\omega)|^2$$

所以

$$E=\int_{-\infty}^{+\infty}|f(t)|^2\mathrm{d}t=\frac{1}{2\pi}\int_{-\infty}^{+\infty}|F(\omega)|^2\mathrm{d}\omega \tag{2.4.4}$$

式(2.4.4)为非周期能量信号的帕什瓦尔能量定理,也称为能量等式。它表示在时域中求得的信号能量与在频域中求得的信号能量应该相等。而且,能量信号的总能量等于各个频率分量单独贡献出来的能量的连续和。比较式(2.4.3)和式(2.4.4),可得

$$S(\omega)=|F(\omega)|^2 \tag{2.4.5}$$

式(2.4.5)即为 $f(t)$的能量谱密度。它反映了各频率分量的相对能量大小。由式(2.4.5)可知,$S(\omega)$是 ω 的偶函数,为连续谱,它的大小只取决于频谱函数的模量而与相角无关。$S(\omega)$表示了单位角频率内信号含有的能量,其单位是焦[耳]/(弧度/秒)(J/(rad·s^{-1}))。

2.4.2 信号功率与功率谱密度

设信号 $f(t)$是在 1Ω 电阻上的一个周期性电压或电流。电阻消耗的瞬时功率用时域信号可表示成

$$p = |f(t)|^2 \tag{2.4.6}$$

在 $f(t)$的一个周期 T_0 内的平均功率(简称功率)是

$$P = \frac{1}{T_0}\int_{-T_0/2}^{T_0/2} |f(t)|^2 \mathrm{d}t \tag{2.4.7}$$

式(2.4.7)也称作归一化平均功率。利用下列关系式

$$|f(t)|^2 = f(t) \cdot f^*(t)$$

并将 $f(t)$的傅里叶级数复指数形式式(2.3.10)代入,则式(2.4.7)可写成

$$P = \frac{1}{T_0}\int_{-T_0/2}^{T_0/2} f^*(t) \cdot \sum_{n=-\infty}^{+\infty} C_n \mathrm{e}^{\mathrm{j}n\omega_0 t} \mathrm{d}t$$

交换积分与求和次序,得

$$P = \frac{1}{T_0}\sum_{n=-\infty}^{+\infty} C_n \int_{-T_0/2}^{T_0/2} f^*(t) \cdot \mathrm{e}^{\mathrm{j}n\omega_0 t} \mathrm{d}t = \frac{1}{T_0}\sum_{n=-\infty}^{+\infty} C_n \cdot T_0 \cdot C_n^* = \sum_{n=-\infty}^{+\infty} |C_n|^2$$

所以

$$P = \frac{1}{T_0}\int_{-T_0/2}^{T_0/2} |f(t)|^2 \mathrm{d}t = \sum_{n=-\infty}^{\infty} |C_n|^2 \tag{2.4.8}$$

式(2.4.8)说明,一个周期信号的归一化平均功率等于此信号所包含的各个谐波分量幅度平方之和。式(2.4.8)称作帕什瓦尔功率定理。$|C_n|^2$ 是周期信号 $f(t)$关于 $n\omega_0$ 分量的功率谱密度的幅度。利用冲激函数 $\delta(\omega)$的抽样特性,$|C_n|^2$ 可表示为

$$|C_n|^2 = \int_{-\infty}^{+\infty} |C_n|^2 \delta(\omega - n\omega_0) \mathrm{d}\omega$$

代入式(2.4.8)

$$P = \sum_{n=-\infty}^{+\infty} |C_n|^2 = \sum_{n=-\infty}^{\infty} \int_{-\infty}^{+\infty} |C_n|^2 \delta(\omega - n\omega_0) \mathrm{d}\omega$$

互换求和与积分次序得到

$$P = \int_{-\infty}^{+\infty} \sum_{n=-\infty}^{+\infty} |C_n|^2 \delta(\omega - n\omega_0) \mathrm{d}\omega \tag{2.4.9}$$

定义周期信号的功率谱密度 $G(\omega)$为

$$G(\omega) = 2\pi \sum_{n=-\infty}^{+\infty} |C_n|^2 \delta(\omega - n\omega_0) \tag{2.4.10}$$

式(2.4.10)为加权冲激函数序列,因而周期信号的功率谱密度是频率的离散函数,也是非负实偶函数。$G(\omega)$表示了各频率分量的相对功率大小。应用式(2.4.10),可以得到信号平均功率的另一表示形式:

$$P = \frac{1}{2\pi}\int_{-\infty}^{+\infty} G(\omega) \mathrm{d}\omega = \frac{1}{\pi}\int_{0}^{+\infty} G(\omega) \mathrm{d}\omega \tag{2.4.11}$$

式(2.4.11)表明,信号的功率等于 $G(\omega)$曲线下的总面积。因此,$G(\omega)$是功率谱密度的测度。

若 $f(t)$是非周期信号，就不能用傅里叶级数来表示；若是非周期功率信号(能量无限)，也不能进行傅里叶变换，但可以在极限意义下表示其功率谱密度。在间隔$(-T/2,T/2)$内对非周期功率信号 $f(t)$进行截短，得到的函数 $f_T(t)$是能量有限的，因而具有傅里叶变换形式 $F_T(\omega)$。根据帕什瓦尔能量等式(2.4.4)

$$E=\int_{-\infty}^{+\infty}|f_T(t)|^2\mathrm{d}t=\frac{1}{2\pi}\int_{-\infty}^{+\infty}|F_T(\omega)|^2\mathrm{d}\omega$$

根据平均功率的定义得

$$P=\lim_{T\to\infty}\frac{1}{T}\int_{-T/2}^{T/2}|f_T(t)|^2\mathrm{d}t=\frac{1}{2\pi}\int_{-\infty}^{+\infty}\lim_{T\to\infty}\frac{|F_T(\omega)|^2}{T}\mathrm{d}\omega \tag{2.4.12}$$

将式(2.4.12)与式(2.4.11)比较，可以得到非周期信号功率谱密度的极限表达式为

$$G(\omega)=\lim_{T\to\infty}\frac{1}{T}|F_T(\omega)|^2 \tag{2.4.13}$$

式(2.4.13)代表了非周期信号的功率在频率域的分布情况，它的单位为瓦/(弧度/秒)($\mathrm{W/(rad\cdot s^{-1})}$)。

2.5 卷积和相关

2.5.1 卷积积分

卷积定理表示了时域和频域在运算上的关系，它对于分析系统对激励信号的响应是十分有用的工具之一。

给定两个函数 $f_1(t)$和 $f_2(t)$，定义它们的卷积为

$$f(t)=\int_{-\infty}^{+\infty}f_1(\tau)f_2(t-\tau)\mathrm{d}\tau \tag{2.5.1}$$

用符号记为

$$f(t)=f_1(t)*f_2(t)$$

时域卷积定理：

设

$$f_1(t)\Leftrightarrow F_1(\omega)$$

$$f_2(t)\Leftrightarrow F_2(\omega)$$

则

$$f_1(t)*f_2(t)\Leftrightarrow F_1(\omega)\cdot F_2(\omega) \tag{2.5.2}$$

上式表明：时域中两个信号的卷积等效于频域中它们各自傅里叶变换的乘积。

频域卷积定理：

$$f_1(t)\cdot f_2(t)\Leftrightarrow\frac{1}{2\pi}F_1(\omega)*F_2(\omega) \tag{2.5.3}$$

上式表明：时域中两个信号相乘等效于频域中它们各自傅里叶变换的卷积。

卷积运算符合如下代数定律，

交换律：$f_1(t)*f_2(t)=f_2(t)*f_1(t)$

分配律：$f_1(t)*[f_2(t)+f_3(t)]=f_1(t)*f_2(t)+f_1(t)*f_3(t)$

结合律：$f_1(t)*[f_2(t)*f_3(t)]=[f_1(t)*f_2(t)]*f_3(t)$

含冲激函数的卷积：函数 $f(t)$ 与单位冲激函数 $\delta(t)$ 的卷积运算十分简便而有用，其结果仍然是函数 $f(t)$ 本身，即

$$f(t)*\delta(t)=\int_{-\infty}^{+\infty}f(\tau)\delta(t-\tau)\mathrm{d}\tau=f(t)$$

由此可推广得到：

$$f(t)*\delta(t-T)=f(t-T)$$

$$f(t-t_1)*\delta(t-t_2)=f(t-t_1-t_2)$$

$$\delta(t-t_1)*\delta(t-t_2)=\delta(t-t_1-t_2)$$

2.5.2　相关函数

相关函数在现代通信系统的信号检测和分析中是非常有用的工具。也是在时域上描述信号特征的一种重要方法，并和傅里叶变换有密切的联系。它是信号波形之间相似性或关联性的一种测度。当波形代表电压或电流时，其相关函数的傅里叶变换能够描述周期波形的平均功率频谱分布，以及包含有限能量的非周期波形的能量密度频谱分布。

相关函数有互相关函数和自相关函数。互相关函数表征两个不同的信号波形在不同时刻的相互关联或相似程度。自相关函数则表征信号与其本身在时移 τ 后的关联或相似程度。

1. 互相关函数

两个信号 $f_1(t)$ 和 $f_2(t)$ 之间的相关函数称为互相关函数。若 $f_1(t)$ 和 $f_2(t)$ 是非周期的功率信号，它们的截短函数分别为 $f_{1T}(t)$ 和 $f_{2T}(t)$，则 $f_1(t)$ 与 $f_2(t)$ 的互相关函数定义为

$$R_{12}(\tau)=\lim_{T\to\infty}\frac{1}{T}\int_{-T/2}^{T/2}f_{1T}^{*}(t)f_{2T}(t+\tau)\mathrm{d}t \tag{2.5.4}$$

如果对任何 τ 值，有 $R_{12}(\tau)=0$，则信号 $f_1(t)$ 和 $f_2(t)$ 是不相关的。反之，相关函数值越大，说明这两个信号波形的关联性越大。$f_2(t)$ 与 $f_1(t)$ 的互相关函数定义为

$$R_{21}(\tau)=\lim_{T\to\infty}\frac{1}{T}\int_{-T/2}^{T/2}f_{2T}^{*}(t)f_{1T}(t+\tau)\mathrm{d}t$$

由以上定义式看出，互相关函数中的下标 1 与 2 的次序不能颠倒。因为它们一般不满足交换律。对于我们所讨论的实信号，它们的相互关系为

$$R_{12}(\tau)=R_{21}^{*}(-\tau)$$

若 $f_1(t)$ 和 $f_2(t)$ 是两个周期性功率信号，且有相同的周期 T_0 时，式(2.5.4)成为

$$R_{12}(\tau)=\frac{1}{T_0}\int_{-T_0/2}^{T_0/2}f_1^{*}(t)f_2(t+\tau)\mathrm{d}t \tag{2.5.5}$$

如果 $f_1(t)$ 和 $f_2(t)$ 是非周期的能量信号，它们的相关函数为

$$R_{12}(\tau)=\int_{-\infty}^{+\infty}f_1^{*}(t)f_2(t+\tau)\mathrm{d}t \tag{2.5.6}$$

对于实信号有

$$f^{*}(t)=f(t)$$

2. 自相关函数

当 $f_1(t)=f_2(t)=f(t)$，即为同一信号时，其相关函数称为自相关函数，式(2.5.4)～

式(2.5.6)可分别改写为：

对非周期的功率信号，

$$R(\tau)=\lim_{T\to\infty}\frac{1}{T}\int_{-T/2}^{T/2}f_T^*(t)f_T(t+\tau)\mathrm{d}t \tag{2.5.7}$$

对于周期性功率信号，

$$R(\tau)=\frac{1}{T_0}\int_{-T_0/2}^{T_0/2}f^*(t)f(t+\tau)\mathrm{d}t \tag{2.5.8}$$

对于非周期能量信号，

$$R(\tau)=\int_{-\infty}^{+\infty}f^*(t)f(t+\tau)\mathrm{d}t \tag{2.5.9}$$

自相关函数具有如下性质：

① 当 $\tau=0$ 时：

对非周期的功率信号，有

$$R(0)=\lim_{T\to\infty}\frac{1}{T}\int_{-T/2}^{T/2}[f_T(t)]^2\mathrm{d}t=P \tag{2.5.10}$$

对周期性的功率信号，有

$$R(0)=\frac{1}{T_0}\int_{-T_0/2}^{T_0/2}[f(t)]^2\mathrm{d}t=P \tag{2.5.11}$$

式(2.5.10)、式(2.5.11)表明：功率信号的自相关函数($\tau=0$)等于该信号的平均功率。

对非周期的能量信号

$$R(0)=\int_{-\infty}^{+\infty}[f(t)]^2\mathrm{d}t=E \tag{2.5.12}$$

即能量信号的自相关函数($\tau=0$)等于该信号的能量。

② $R(0)\geqslant R(\tau)$，即自相关函数在原点有最大值。

③ $R(\tau)=R^*(-\tau)$，即自相关函数 $R(\tau)$ 具有共轭对称性。若 $f(t)$ 为实函数，则 $R(\tau)$ 是位移 τ 的偶函数。

④ 功率信号 $f(t)$ 的自相关函数 $R(\tau)$ 与功率谱密度 $G(\omega)$ 是一对傅里叶变换对，即

$$R(\tau)\Leftrightarrow G(\omega) \tag{2.5.13}$$

证明：对非周期的功率信号 $f(t)$，其截短信号 $f_T(t)\Leftrightarrow F_T(\omega)$，则

$$\begin{aligned}R(\tau)&=\lim_{T\to\infty}\frac{1}{T}\int_{-T/2}^{T/2}f_T^*(t)f_T(t+\tau)\mathrm{d}t\\&=\lim_{T\to\infty}\frac{1}{T}\int_{-\infty}^{+\infty}f_T^*(t)\left[\frac{1}{2\pi}\int_{-\infty}^{+\infty}F_T(\omega)\mathrm{e}^{\mathrm{j}\omega(t+\tau)}\mathrm{d}\omega\right]\mathrm{d}t\end{aligned}$$

互换 ω 与 t 的积分次序

$$\begin{aligned}R(\tau)&=\lim_{T\to\infty}\frac{1}{T}\cdot\frac{1}{2\pi}\int_{-\infty}^{+\infty}F_T(\omega)\left[\int_{-\infty}^{+\infty}f_T^*(t)\mathrm{e}^{\mathrm{j}\omega t}\mathrm{d}t\right]\mathrm{e}^{\mathrm{j}\omega\tau}\mathrm{d}\omega\\&=\lim_{T\to\infty}\frac{1}{T}\cdot\frac{1}{2\pi}\int_{-\infty}^{+\infty}F_T(\omega)F_T^*(\omega)\mathrm{e}^{\mathrm{j}\omega\tau}\mathrm{d}\omega\\&=\frac{1}{2\pi}\int_{-\infty}^{+\infty}\lim_{T\to\infty}\frac{1}{T}|F_T(\omega)|^2\mathrm{e}^{\mathrm{j}\omega\tau}\mathrm{d}\omega\end{aligned}$$

将式(2.4.13)代入

$$R(\tau)=\frac{1}{2\pi}\int_{-\infty}^{+\infty}G(\omega)\mathrm{e}^{\mathrm{j}\omega\tau}\mathrm{d}\omega$$

所以

$$R(\tau)\Leftrightarrow G(\omega)=\lim_{T\to\infty}\frac{1}{T}|F_T(\omega)|^2 \tag{2.5.14}$$

这就是维纳-辛钦定理。这一变换关系为信号功率谱,尤其对随机信号功率谱的计算开拓了另一条重要的途径。即利用自相关函数进行傅里叶变换来求得功率谱密度。

对周期性功率信号 $f(t)$,当采用傅里叶级数复指数形式表示时,$f(t)$是一个复信号。这时,其自相关函数为

$$R(\tau)=\frac{1}{T_0}\int_{-T_0/2}^{T_0/2}f^*(t)f(t+\tau)\mathrm{d}t$$

将 $f(t)$用式(2.3.10)的傅里叶级数复指数形式代入,得到

$$\begin{aligned}R(\tau)&=\frac{1}{T_0}\int_{-T_0/2}^{T_0/2}\left(\sum_{n=-\infty}^{+\infty}C_n^*\mathrm{e}^{-\mathrm{j}n\omega_0t}\right)\left(\sum_{n=-\infty}^{+\infty}C_n\mathrm{e}^{\mathrm{j}n\omega_0(t+\tau)}\right)\mathrm{d}t\\&=\frac{1}{T_0}\sum_{n=-\infty}^{+\infty}C_n^*C_n\int_{-T_0/2}^{T_0/2}\mathrm{e}^{\mathrm{j}n\omega_0\tau}\mathrm{d}t=\sum_{n=-\infty}^{+\infty}|C_n|^2\mathrm{e}^{\mathrm{j}n\omega_0\tau}\end{aligned}$$

$$F[R(\tau)]=2\pi\sum_{n=-\infty}^{\infty}|C_n|^2\delta(\omega-n\omega_0)$$

与式(2.4.10)比较,所以有

$$R(\tau)\Leftrightarrow G(\omega)=2\pi\sum_{n=-\infty}^{+\infty}|C_n|^2\delta(\omega-n\omega_0) \tag{2.5.15}$$

证毕。

能量信号 $f(t)$的自相关函数 $R(\tau)$与能量谱密度 $S(\omega)$是一对傅里叶变换对,即

$$R(\tau)\Leftrightarrow S(\omega) \tag{2.5.16}$$

证明:

$$\begin{aligned}F[R(\tau)]&=\int_{-\infty}^{+\infty}\left[\int_{-\infty}^{+\infty}f^*(t)f(t+\tau)\mathrm{d}t\right]\mathrm{e}^{-\mathrm{j}\omega\tau}\mathrm{d}\tau\\&=\int_{-\omega}^{\omega}f^*(t)\left[\int_{-\infty}^{+\infty}f(t+\tau)\mathrm{e}^{-\mathrm{j}\omega\tau}\mathrm{d}\tau\right]\mathrm{d}t\end{aligned}$$

根据傅里叶变换的平移特性,上式中方括号里的积分为

$$\int_{-\infty}^{+\infty}f(t+\tau)\mathrm{e}^{-\mathrm{j}\omega\tau}\mathrm{d}\tau=F(\omega)\mathrm{e}^{\mathrm{j}\omega t}$$

将上式代入,得

$$\begin{aligned}F[R(\tau)]&=\int_{-\infty}^{+\infty}f^*(t)F(\omega)\mathrm{e}^{\mathrm{j}\omega t}\mathrm{d}t=F(\omega)\int_{-\infty}^{+\infty}f^*(t)\mathrm{e}^{\mathrm{j}\omega t}\mathrm{d}t\\&=F(\omega)\cdot F^*(\omega)=|F(\omega)|^2=S(\omega)\end{aligned}$$

所以

$$R(\tau)\Leftrightarrow S(\omega)=|F(\omega)|^2 \tag{2.5.17}$$

证毕。

式(2.5.14)、式(2.5.15)和式(2.5.17)表明信号的自相关函数与功率谱密度或能量谱密度组成一对傅里叶变换对,并且自相关函数只与信号的幅度谱有关,而与信号的相位谱 $\theta(\omega)$无关。由此得到如下结论,对于不同的信号,如果它们的幅度谱相同而只是相位谱不

同,则它们有相同的自相关函数。也就是说,对于给定的一个信号,只有唯一的一个自相关函数与之对应,但一个自相关函数却不能唯一地确定信号的波形。

2.6 信号通过线性系统传输

用于传输信号的系统模型可以用图2.6.1表示。设系统输入的激励信号为$x(t)$,系统输出响应信号为$y(t)$,$h(t)$用来描述系统的时域特性,而系统的频域特性用$H(\omega)$表示。满足叠加原理的系统我们称为线性系统,所谓叠加原理是指线性系统对同时多个输入激励信号的输出响应等于系统对各个激励的响应之和。如果系统是时不变的,则无论激励信号何时送入系统,系统的响应都是相同的。下面我们对线性时不变系统进行讨论。

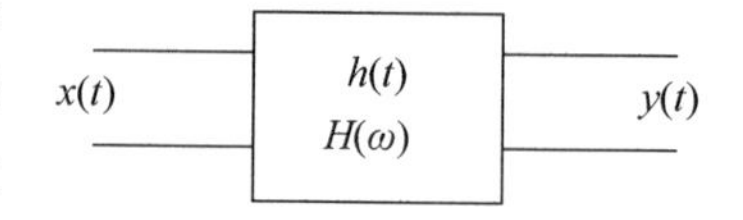

图2.6.1 传输信号的系统模型

2.6.1 冲激响应

如图2.6.1所示,若系统输入为任意激励$x(t)$,则系统的响应$y(t)$可表示为

$$y(t)=x(t)\cdot h(t)=\int_{-\infty}^{+\infty}x(\tau)\cdot h(t-\tau)\mathrm{d}\tau=\int_{-\infty}^{+\infty}x(t-\tau)\cdot h(\tau)\mathrm{d}\tau \tag{2.6.1}$$

当输入信号为单位冲激函数$\delta(t)$时,即把$x(t)=\delta(t)$代入式(2.6.1),根据式(2.3.32),我们可以得到输出

$$y(t)=h(t)$$

显然,系统时域特性是在单位冲激激励下的系统响应输出。因此,定义连续时间系统的冲激响应为:在系统初始状态为零的条件下,以冲激信号$\delta(t)$激励系统所产生的输出响应,称为系统的冲激响应。冲激响应完全由系统本身的特性所决定,与系统的激励源无关,是用时间函数表示系统特性的一种常用方式。

2.6.2 频域传递函数

设$x(t)$的傅里叶变换为$X(\omega)$,$y(t)$的傅里叶变换为$Y(\omega)$,$h(t)$的傅里叶变换为$H(\omega)$。因为

$$y(t)=x(t)*h(t)$$

对上式两边进行傅里叶变换,并根据式(2.5.2)的时域卷积定理,得到

$$Y(\omega)=X(\omega)\cdot H(\omega) \tag{2.6.2}$$

或

$$H(\omega)=\frac{Y(\omega)}{X(\omega)} \tag{2.6.3}$$

所以,线性系统冲激响应的傅里叶变换是该系统的频域传递函数。一般情况下,$H(\omega)$是一个复数,可以表示为

$$H(\omega)=|H(\omega)|\mathrm{e}^{\mathrm{j}\theta(\omega)} \tag{2.6.4}$$

式中,$|H(\omega)|$为线性系统的幅频响应,$\theta(\omega)$为相频响应。一个特殊情况是,当线性系统的冲激响应$h(t)$为实函数时,其频域传递函数是共轭对称的,即

$$|H(\omega)|=|H(-\omega)| \tag{2.6.5}$$

是频率的偶函数，而相位频率特性满足

$$\theta(\omega)=-\theta(-\omega) \tag{2.6.6}$$

是频率的奇函数。

2.6.3 无失真传输条件

如果线性系统的输出响应波形与对应的激励信号波形不同，则该系统在信号传输过程中产生了失真。线性系统引起信号失真是由两个因素造成的：一是系统对信号中各频率分量的幅度产生了不同程度的衰减或放大，使响应信号中各频率分量的相对幅度发生变化，导致幅度失真；另一个是系统对各频率分量产生的相移与频率不成正比，使响应信号中各频率分量在时间轴上的相对位置产生变化，造成相位失真。线性系统的幅度失真与相位失真都不会使输出信号产生新的频率分量，因此是线性失真。

一个线性系统应该满足哪些条件才能实现无失真传输呢？我们知道，如果一个系统是理想的，则通过该系统传输的输入与输出信号波形相同，且一般会有一定的时间延迟和幅度按比例的变化，但没有失真。因此，可以定义无失真传输的输出响应与输入激励的关系为

$$y(t)=Kx(t-t_0) \tag{2.6.7}$$

式中，K 和 t_0 都为常数；K 是信号幅度变化的比例系数；t_0 是输出信号的延迟量。对式(2.6.7)两边取傅里叶变换，得到

$$Y(\omega)=KX(\omega)\mathrm{e}^{-\mathrm{j}\omega t_0} \tag{2.6.8}$$

把式(2.6.2)代入式(2.6.8)，并与式(2.6.4)比较，可得到无失真传输的系统传递函数为

$$H(\omega)=|H(\omega)|\mathrm{e}^{\mathrm{j}\theta(\omega)}=K\mathrm{e}^{-\mathrm{j}\omega t_0} \tag{2.6.9}$$

因此，为了实现任意信号无失真地通过线性系统，该系统应满足以下两个理想条件

$$\begin{cases}|H(\omega)|=K\\ \theta(\omega)=-\omega t_0\end{cases} \tag{2.6.10}$$

即线性系统的幅频响应是常数，相频响应是频率的线性函数。式(2.6.10)的波形如图2.6.2所示。

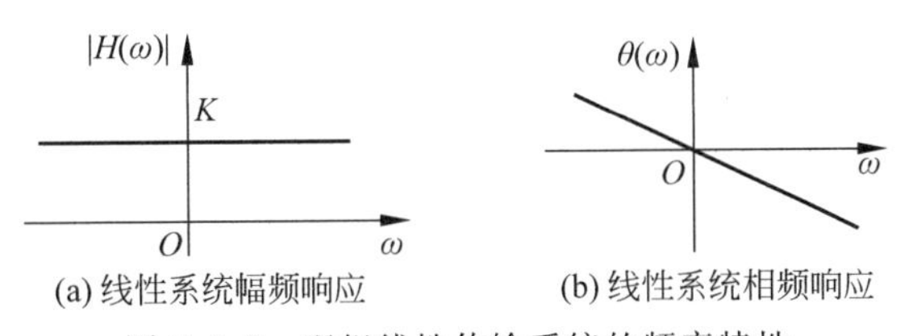

(a) 线性系统幅频响应　(b) 线性系统相频响应

图 2.6.2　理想线性传输系统的频率特性

对于传输具有有限频带宽度的信号时，显然上述理想条件可以放宽，只要在信号频带范围内系统能够满足上述理想条件即可。

2.7 信号带宽

在通信系统中，用于传输信息的信道带宽一般都是有限的。这意味着在定义的信道带宽之外不能有信号功率或能量。但带宽严格受限的信号，其时域波形的持续时间是无限的，

为不可实现信号。而可实现的持续时间有限的信号,其傅里叶变换分布于整个频率轴上,因而也是不可行的。总之,所有带宽有限的信号都是无法实现的,而所有可实现的波形其绝对带宽又是无限的。实信号的数学描述不可能既是持续时间有限,又是带宽有限。因此,我们只能选择那些能量或功率相对集中,在带宽外分布尽可能小的波形作为传输信号。这就存在如何定义信号带宽的问题。

显然,研究信号能量谱密度 $S(\omega)$ 和功率谱密度 $G(\omega)$ 在频域内的分布规律,可以合理地选择信号的通频带,以便对传输电路提出恰当的频带要求,尽量做到在信号不失真或失真不大的条件下提高信噪功率比。

适合数字信号的矩形脉冲及其频谱如图 2.3.3 所示,其频谱表达式为

$$F(\omega)=A\tau\mathrm{Sa}(\omega\tau/2) \tag{2.7.1}$$

从它的频谱函数图可见,频谱是很宽的,可以说是无穷宽的。但信号的主要能量(功率)集中在一个不太宽的频率范围以内。通信中绝大部分实用信号都具有这样的特性。因此,根据信号能量(功率)集中的情况,可以恰当地定义信号的带宽 B。下面是一些常用的带宽定义方式。

1. 以集中一定百分比的能量(功率)来定义带宽

对能量信号,可由

$$\frac{2\int_0^B |F(\omega)|^2\mathrm{d}f}{E}=\gamma \tag{2.7.2}$$

求出 B。其中,

$$E=\frac{1}{2\pi}\int_{-\infty}^{+\infty}|F(\omega)|^2\mathrm{d}\omega=\int_{-\infty}^{+\infty}|F(\omega)|^2\mathrm{d}f=2\int_0^{\infty}|F(\omega)|^2\mathrm{d}f \tag{2.7.3}$$

带宽 B 是指正频率区域,不计负频率区域。如果信号是低频信号,那么能量集中在低频区域。$2\int_0^B |F(\omega)|^2\mathrm{d}f$ 就是在 $0\sim B$ 频率范围内的能量。

同样对于功率信号,可由下式

$$\frac{2\int_0^B\left[\lim\limits_{T\to\infty}\frac{|F_{\mathrm{T}}(\omega)|^2}{T}\right]\mathrm{d}f}{P}=\gamma \tag{2.7.4}$$

求出 B。

这里百分比 γ 可以取 90%、95%或 99%等。

2. 半功率带宽

对于频率轴上具有单峰形状(或者一个明显主峰)的能量(功率)谱密度的信号 $f(t)$,通常用能量(功率)谱密度下降 3dB 对应的频率间隔作为其带宽的标准,也称为 3dB 带宽或最小带宽。例如,峰值位于 $f=0$ 处的信号,如图 2.7.1 所示,则信号带宽 B 为正频率轴上 $S(\omega)$ 或 $G(\omega)$ 下降到 3dB(半功率点)处的相应频率间隔。由

$$S(2\pi f_1)=\frac{1}{2}S(0)\quad 或\quad G(2\pi f_1)=\frac{1}{2}G(0) \tag{2.7.5}$$

得到信号带宽为

$$B=f_1 \tag{2.7.6}$$

其中,$S(\omega)$ 和 $G(\omega)$ 参见式(2.4.5)、式(2.4.9)和式(2.4.13)。

以具有低通特性的钟形脉冲信号为例，计算其3dB带宽。钟形脉冲的时域信号和频谱可以表示为

$$f(t)=\mathrm{e}^{-\alpha^2 t^2}\Leftrightarrow F(\omega)=\frac{\sqrt{\pi}}{\alpha}\mathrm{e}^{-\frac{\omega^2}{4\alpha^2}}$$

由式(2.7.5)和式(2.4.5)得到

$$S(\omega_1)=|F(\omega_1)|^2=\frac{1}{2}|F(0)|^2,\quad \mathrm{e}^{-\frac{\omega_1^2}{4\alpha^2}}=\frac{1}{\sqrt{2}},\quad \omega_1=\alpha\sqrt{2\ln 2}$$

所以，钟形脉冲信号的3dB带宽为

$$f_1=\frac{\alpha}{\pi}\sqrt{\frac{\ln 2}{2}}=0.1874\alpha$$

3. 第一零点带宽

实际应用中一些常见的脉冲信号，比如矩形脉冲信号，如图2.3.3所示。由于其功率或者能量主要集中在频谱的主峰即第一个过零点$1/\tau$（τ是脉冲宽度）之内，所以，常取其主峰的宽度$1/\tau$作为其带宽，即

$$B=\frac{1}{\tau} \tag{2.7.7}$$

按照式(2.7.7)定义的信号带宽称为第一零点带宽。数字通信中通常采用第一零点带宽讨论信号的传输。

如果基带脉冲信号的带宽为$1/\tau$，经过调制后，如ASK或PSK调制，信号频谱会搬移到载频f_c附近，并以f_c为中心，两边对称，这时定义已调信号的第一零点带宽为$2/\tau$。

4. 等效矩形带宽

用一个矩形的频谱代替信号的频谱，矩形频谱具有的能量与信号的能量相等。矩形频谱的幅度与信号频谱幅度的最大值（一般基带信号在$f=0$处）相等，如图2.7.2所示。

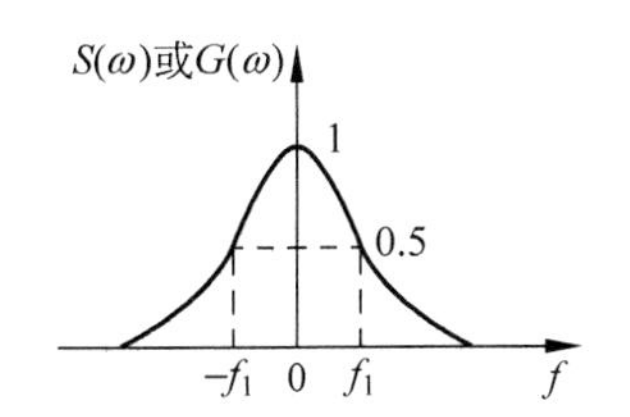

图2.7.1 信号的半功率带宽

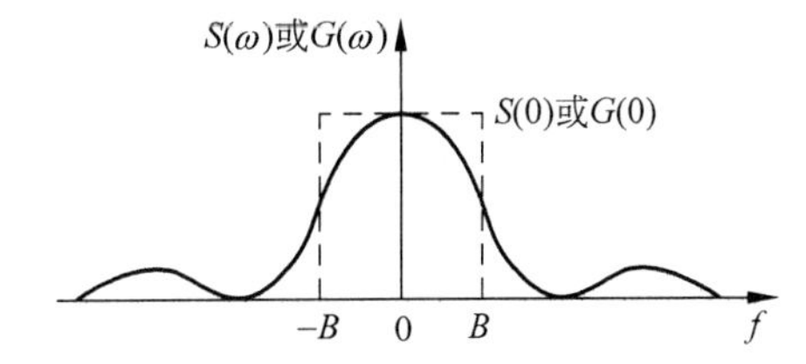

图2.7.2 信号的等效矩形带宽

由

$$2BS(0)=\int_{-\infty}^{+\infty}S(\omega)\mathrm{d}f \tag{2.7.8(a)}$$

或

$$2BG(0)=\int_{-\infty}^{+\infty}G(\omega)\mathrm{d}f \tag{2.7.8(b)}$$

得

$$B=\frac{\int_{-\infty}^{+\infty}S(\omega)\mathrm{d}f}{2S(0)} \tag{2.7.9(a)}$$

或

$$B=\frac{\int_{-\infty}^{+\infty}G(\omega)\mathrm{d}f}{2G(0)} \tag{2.7.9(b)}$$

等效矩形带宽的一个典型应用是计算理想白噪声通过低通滤波器后的噪声等效带宽。设理想白噪声的均值为零、双边功率谱密度为 $n_0/2$,将其输入到频谱传递函数为 $H(\omega)$的低通滤波器,则平均输出噪声功率为

$$N_o=\frac{n_0}{2}\int_{-\infty}^{+\infty}|H(\omega)|^2\mathrm{d}f \tag{2.7.10}$$

相应地,白噪声通过零频响应为 $H(0)$、带宽为 B 的理想低通滤波器(等效矩形)后输出的平均噪声功率为

$$N_o=n_0BH^2(0) \tag{2.7.11}$$

根据等效矩形带宽的定义,式(2.7.10)与式(2.7.11)应该相等,于是可以定义理想白噪声通过低通滤波器后的噪声等效带宽为

$$B=\frac{\int_{-\infty}^{+\infty}|H(\omega)|^2\mathrm{d}f}{2H^2(0)} \tag{2.7.12}$$

5. 有界功率谱密度带宽

指在确定带宽之外的任意频率处,信号能量(功率)谱密度必须比带宽中的最大值低一个确定数,典型的衰减电平值为35dB或50dB。

6. 绝对带宽

指在该带宽之外的频谱全为零的频率间隔。该定义在理论上很有用,但对于可实现信号,绝对带宽为无穷大。

2.8 希尔伯特变换

希尔伯特变换在通信系统中可用于分析某些特殊的滤波器和信号的调制,是一个有用的数学工具。

1. 希尔伯特变换

定义信号 $f(t)$的希尔伯特变换为 $\hat{f}(t)$,记作 $H[f(t)]$,即

$$\hat{f}(t)=H[f(t)]=\frac{1}{\pi}\int_{-\infty}^{+\infty}\frac{f(\tau)}{t-\tau}\mathrm{d}\tau \tag{2.8.1}$$

由 $\hat{f}(t)$恢复原信号 $f(t)$是希尔伯特反变换,记作 $H^{-1}[f(t)]$,它们的关系是

$$f(t)=H^{-1}[\hat{f}(t)]=-\frac{1}{\pi}\int_{-\infty}^{+\infty}\frac{\hat{f}(\tau)}{t-\tau}\mathrm{d}\tau \tag{2.8.2}$$

$f(t)$与 $\hat{f}(t)$两者组成了希尔伯特变换对。不难看出,式(2.8.1)、式(2.8.2)可写成时间域的卷积运算形式如下:

$$\hat{f}(t)=f(t)*\frac{1}{\pi t} \tag{2.8.3}$$

$$f(t)=\hat{f}(t)*\left(-\frac{1}{\pi t}\right) \tag{2.8.4}$$

式(2.8.3)、式(2.8.4)表明，信号 $f(t)$ 的希尔伯特变换相当于该信号通过一个冲激响应为 $1/\pi t$ 的系统后得到的信号，而 $\hat{f}(t)$ 通过冲激响应为 $-1/\pi t$ 的系统后可得到原信号 $f(t)$。因为 $1/\pi t$ 的傅里叶变换为

$$\frac{1}{\pi t}\Leftrightarrow -\mathrm{jsgn}(\omega) \tag{2.8.5}$$

式中

$$\mathrm{sgn}(\omega)=2U(\omega)-1=\begin{cases}1 & (\omega>0)\\ -1 & (\omega<0)\end{cases} \tag{2.8.6}$$

是符号函数。因此，冲激响应为 $1/\pi t$ 的系统传递函数为

$$h_{\mathrm{h}}(t)=\frac{1}{\pi t}\Leftrightarrow H_{\mathrm{h}}(\omega)=\begin{cases}-\mathrm{j} & (\omega>0)\\ \mathrm{j} & (\omega<0)\end{cases} \tag{2.8.7}$$

由此可见：一个信号经希尔伯特变换后，在频域上，正频率分量移相$-90°$，负频率分量移相$90°$。因此，我们可将希尔伯特变换理解为是一个理想带宽的$90°$相移全通网络，其传输函数为$-\mathrm{jsgn}(\omega)$，而冲激响应为 $1/\pi t$。我们称具有这种持性的网络为希尔伯特滤波器。图2.8.1表示这种滤波器的传输特性，图2.8.2表示这种滤波器的激励与响应之间的关系。

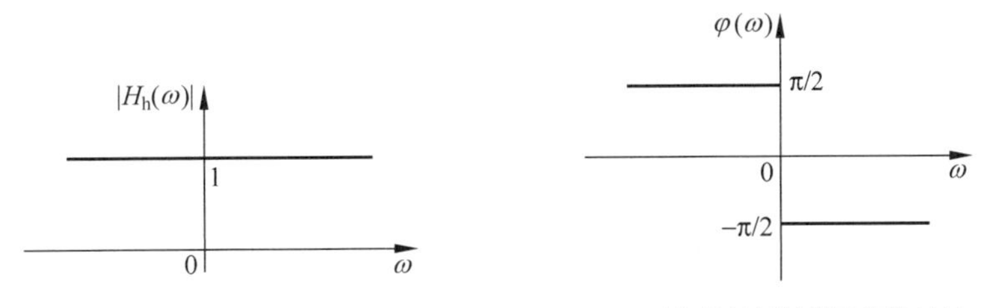

(a) 希尔伯特滤波器的幅频特性　(b) 希尔伯特滤波器的相位特性

图2.8.1　希尔伯特滤波器的传输特性

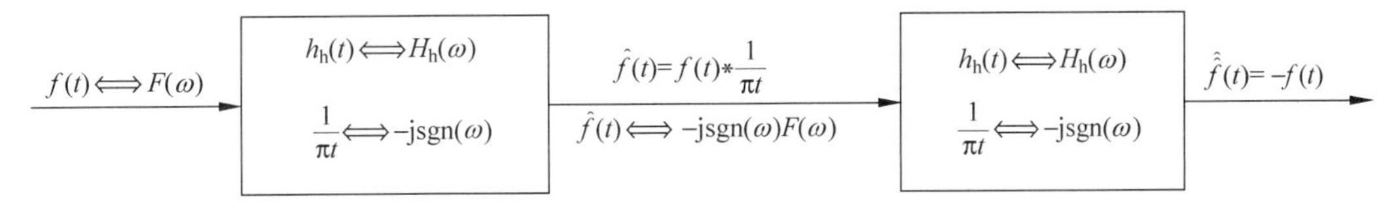

图2.8.2　希尔伯特滤波器的激励与响应关系

从图2.8.2中看到，信号 $f(t)$ 经过两个级联的相位滞后 $\pi/2$ 的网络即两级希尔伯特滤波器，总相位滞后 π，得到输出信号 $-f(t)$，与原来信号反相。可用下式表示

$$H\{H[f(t)]\}=-f(t) \tag{2.8.8}$$

2. 希尔伯特变换主要性质

设信号 $f(t)$ 的傅里叶变换为 $F(\omega)$，$f(t)$ 的希尔伯特变换为 $\hat{f}(t)$，其傅里叶变换为 $\hat{F}(\omega)$。则希尔伯特变换有如下主要性质：

(1) 能量律

信号 $f(t)$ 与希尔伯特变换 $\hat{f}(t)$ 具有相同的能量密度谱或功率密度谱，亦即

$$\int_{-\infty}^{+\infty} f^2(t)\mathrm{d}t = \int_{-\infty}^{+\infty} \hat{f}^2(t)\mathrm{d}t \tag{2.8.9}$$

证:

$$|\hat{F}(\omega)|^2 = |-\mathrm{j}\operatorname{sgn}(\omega)|^2 |F(\omega)|^2 = |F(\omega)|^2 \tag{2.8.10}$$

从概念来说,希尔伯特变换只改变信号 $f(t)$ 的相位,其幅度谱为1,因而不会带来能量或功率的变化。因此式(2.8.10)成立,同理,式(2.8.9)也成立。

(2) 自相关函数

信号 $f(t)$ 与希尔伯特变换 $\hat{f}(t)$ 具有相同的自相关函数。这是性质(1)的必然结果。因为自相关函数与能量谱形成一对傅里叶变换。

(3) 正交律

信号 $f(t)$ 与其希尔伯特变换 $\hat{f}(t)$ 互为正交。

证明:

在时间轴上 $f(t)$ 与 $\hat{f}(t)$ 互为正交的条件为两个函数的内积为零,即

$$\int_{-\infty}^{+\infty} f(t)\hat{f}(t)\mathrm{d}t = 0 \tag{2.8.11}$$

当 $f(t)$ 是一个实函数时,$\hat{f}(t)$ 也是一个实函数,即有 $\hat{f}(t) = \hat{f}^*(t)$,因此

$$\int_{-\infty}^{+\infty} f(t)\hat{f}(t)\mathrm{d}t = \int_{-\infty}^{+\infty} f(t)\hat{f}^*(t)\mathrm{d}t = \int_{-\infty}^{+\infty} f(t)\hat{f}^*(t+\tau)\mathrm{d}t\Big|_{\tau=0} = R_{12}(0)$$

因为
$$R_{12}(\tau) \Leftrightarrow F(\omega)\hat{F}^*(\omega)$$
$$R_{12}(0) = \frac{1}{2\pi}\int_{-\infty}^{+\infty} F(\omega)\hat{F}^*(\omega)\mathrm{d}\omega$$

又
$$\hat{F}^*(\omega) = \mathrm{j}\operatorname{sgn}(\omega)F^*(\omega)$$

所以
$$\int_{-\infty}^{+\infty} f(t)\hat{f}(t)\mathrm{d}t = \frac{1}{2\pi}\int_{-\infty}^{+\infty} \mathrm{j}\operatorname{sgn}(\omega)|F(\omega)|^2\mathrm{d}\omega$$

上式右侧被积函数为奇函数 $\mathrm{j}\operatorname{sgn}(\omega)$ 与偶函数 $|F(\omega)|^2$ 的乘积,仍然是一个奇函数,其积分为零,因此 $f(t)$ 与 $\hat{f}(t)$ 满足正交条件。

例 2.1 求 $f(t)=m(t)\mathrm{e}^{\mathrm{j}\omega_c t}$ 的希尔伯特变换 $\hat{f}(t)$,其中 $m(t)$ 的频谱 $M(\omega)$ 是有界的,频率范围为 $-\omega_H \leqslant \omega \leqslant \omega_H$,且 $\omega_H < \omega_c$。

解 由傅里叶变换的频移特性和 $M(\omega)$ 的频率有界,可得到

$$f(t) = m(t)\mathrm{e}^{\mathrm{j}\omega_c t} \Leftrightarrow F(\omega) = \begin{cases} M(\omega-\omega_c) & (\omega_c-\omega_H \leqslant \omega \leqslant \omega_c+\omega_H) \\ 0 & \text{其他} \end{cases}$$

根据式(2.8.3)和式(2.8.7),$\hat{f}(t)$ 的傅里叶变换 $\hat{F}(\omega)$ 为

$$\hat{f}(t) = f(t) \cdot \frac{1}{\pi t} \Leftrightarrow \hat{F}(\omega) = \begin{cases} -\mathrm{j}M(\omega-\omega_c) & (\omega_c-\omega_H \leqslant \omega \leqslant \omega_c+\omega_H) \\ 0 & \text{其他} \end{cases}$$

其傅里叶反变换为

$$\hat{f}(t) = \frac{1}{2\pi}\int_{-\infty}^{+\infty} \hat{F}(\omega)\mathrm{e}^{\mathrm{j}\omega t}\mathrm{d}\omega = \frac{-\mathrm{j}}{2\pi}\int_{\omega_c-\omega_H}^{\omega_c+\omega_H} M(\omega-\omega_c)\mathrm{e}^{\mathrm{j}\omega t}\mathrm{d}\omega$$

令 $u=\omega-\omega_c$，则

$$\hat{f}(t)=-\mathrm{j}\left[\frac{1}{2\pi}\int_{-\omega_H}^{\omega_H} M(u)\mathrm{e}^{\mathrm{j}ut}\mathrm{d}u\right]\mathrm{e}^{\mathrm{j}\omega_c t}=-\mathrm{j}m(t)\mathrm{e}^{\mathrm{j}\omega_c t}$$

表 2.8.1 给出了常见的“希尔伯特变换对”。表中，2 和 3 是对 1 的实部和虚部分别相等而得到的。而 4、5 和 6 分别是对应 1、2 和 3 的 $m(t)=1$ 的情况。特别是 4、5、6 都是单频 f_c 的函数，直观地说明了希尔伯特变换在 f_c 上引入了(−90°)的相移。

表 2.8.1 常见的希尔伯特变换对

序　号	$f(t)$	$\hat{f}(t)$
1	$m(t)\mathrm{e}^{\mathrm{j}\omega_c t}$	$-\mathrm{j}m(t)\mathrm{e}^{\mathrm{j}\omega_c t}$
2	$m(t)\cos\omega_c t$	$m(t)\sin\omega_c t$
3	$m(t)\sin\omega_c t$	$-m(t)\cos\omega_c t$
4	$\mathrm{e}^{\mathrm{j}\omega_c t}$	$-\mathrm{j}\mathrm{e}^{\mathrm{j}\omega_c t}$
5	$\cos\omega_c t$	$\sin\omega_c t$
6	$\sin\omega_c t$	$-\cos\omega_c t$

2.9 习题

2.9.1 将如下以周期 T 作重复的三角波展开为傅里叶级数。

$$f(t)=1-\frac{2\,|\,t\,|}{T}\quad\left(|\,t\,|\leqslant\frac{T}{2}\right)$$

2.9.2 试确定图 2.9.1 中周期性信号的离散频谱。提示：将此信号视为两个简单脉冲串之差。

2.9.3 在通信系统中有时要用到一种叫作升余弦脉冲的信号。图 2.9.2 所示为这种脉冲在等间隔下的一个周期性脉冲串 $f(t)$。试证明 $f(t)$ 的傅里叶级数展开式的前三项为

$$f(t)=\frac{1}{2}+\frac{8}{3\pi}\cos(\pi t)+\frac{1}{2}\cos(2\pi t)+\cdots$$

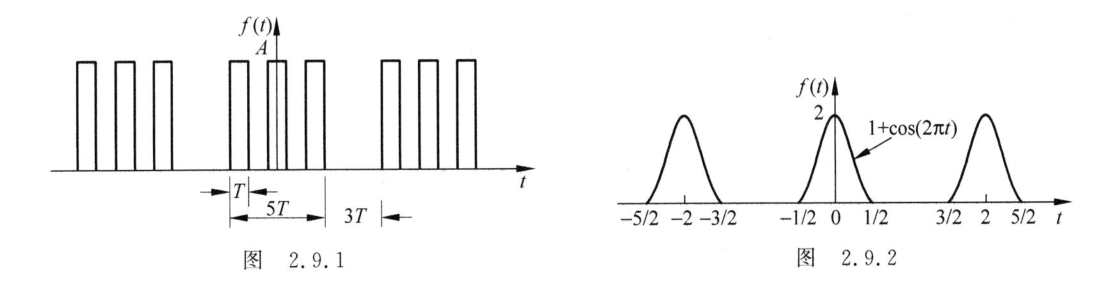

图 2.9.1　　　　图 2.9.2

2.9.4 ① 试写出图 2.9.3(a)所示方波波形的复数傅里叶级数表示式。

② 用①中所得结果写出图 2.9.3(b)所示三角形波的复数傅里叶级数表示式。

2.9.5 给出下列傅里叶变换对。试利用对它的时间微分来确定脉冲波形 $t\exp(-at)u(t)$ 的傅里叶变换。

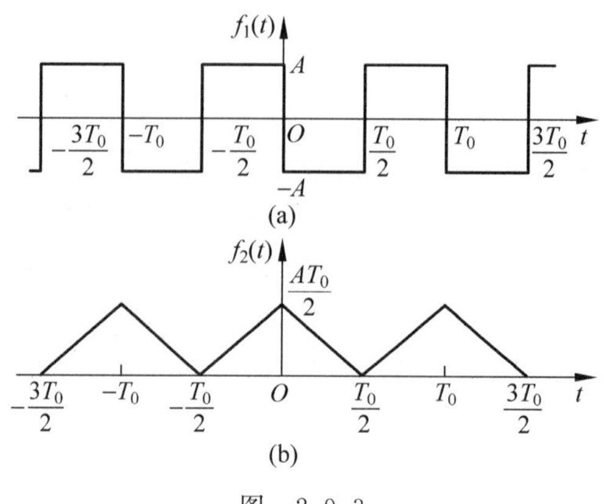

图 2.9.3

$$\exp(-at)u(t) \Leftrightarrow \frac{1}{a+\mathrm{j}2\pi f}$$

2.9.6 写出矩形脉冲 $g(t)=A\mathrm{rect}\left(\frac{t}{T}-\frac{1}{2}\right)$的偶部与奇部,并求此脉冲的偶部及奇部的傅里叶变换。

2.9.7 利用傅里叶变换的性质,求下列傅里叶变换。设 $f(t)\Leftrightarrow F(\omega)$。

① $(t-6)f(t-3)$　　② $(t-2)f(t)\mathrm{e}^{\mathrm{j}\omega_0(t-3)}$

③ $\int_{-\infty}^{t+6} f(t')\mathrm{d}t'$　　④ $3f(t)+6\frac{\mathrm{d}f(t)}{\mathrm{d}t}+2f(t-1)$

2.9.8 试确定图 2.9.4 中由三个矩形脉冲所组成的信号 $f(t)$的傅里叶变换,并绘出 $\tau \ll T_0$ 时信号的幅度频谱。

提示:先考虑一个幅度为 A、宽度为 τ 的矩形脉冲,然后利用傅里叶变换的线性与时移性质进行求解。

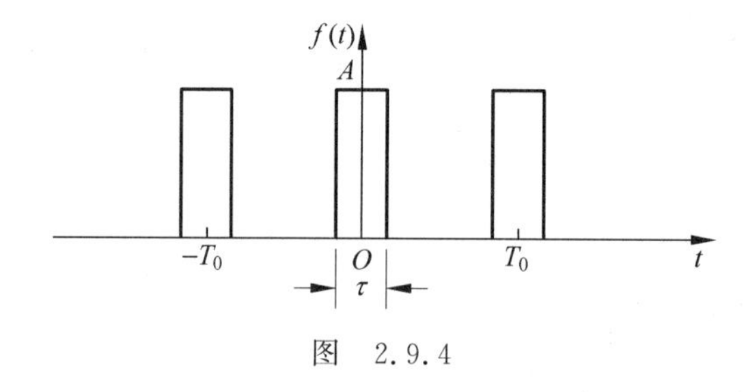

图 2.9.4

2.9.9 已知 $f(t)$的频谱函数如图 2.9.5 所示,画出 $f(t)\cos\omega_0 t$ 的频谱函数图,设 $\omega_0=5\omega_\tau$。

2.9.10 求单个脉冲信号 $f(t)$的能量谱密度和能量。

① $f(t)=A\mathrm{rect}\left(\frac{t}{\tau}\right)$　　② $f(t)=A\mathrm{rect}\left(\frac{t-T}{\tau}\right)$

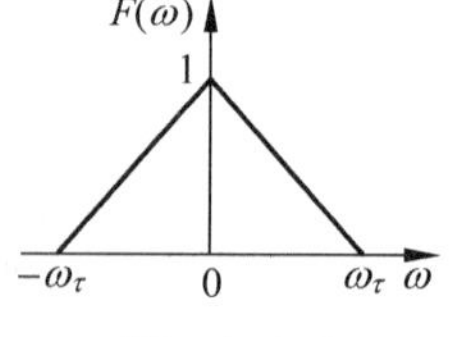

图 2.9.5

2.9.11 给出一个幅度为 A、宽度为 τ、周期为 T_0 的周期性矩形波脉冲串 $f(t)$。设占空比 τ/T_0 为 0.2。

① 试确定 $f(t)$的总平均功率。

② 试确定 $f(t)$ 落在 $-5/T_0$ 至 $5/T_0$ 的频段中各谐波产生的平均功率与总功率的百分比。

2.9.12 根据帕塞瓦尔定理，分别在时域、频域，并通过计算自相关函数，求下列时间信号的功率或能量，并指出各用哪种计算方法较简单。

① $f_1(t)=10\sin 1000t$ ② $f_2(t)=\text{rect}\left(\frac{t}{2}\right)\cos 10t$

2.9.13 用帕塞瓦尔定理计算下列积分：

① $\int_{-\infty}^{+\infty}\left(\frac{\sin x}{x}\right)^2 \mathrm{d}x$ ② $\int_{-\infty}^{+\infty}\frac{1}{a^2+x^2}\mathrm{d}x$ ③ $\int_{-\infty}^{+\infty}\frac{1}{(a^2+x^2)^2}\mathrm{d}x$

2.9.14 设信号 $f(t)$ 的功率密度谱为

$$G(\omega)=\pi[\mathrm{e}^{-|\omega|}+\delta(\omega-2)+\delta(\omega+2)]$$

将此信号加在 1Ω 电阻两端，试求：

① 在 $\omega<1$rad/s 的带宽内的平均功率。

② 在 0.99～1.01rad/s 带宽内的平均功率。

③ 在 1.99～2.01rad/s 带宽内的平均功率。

④ $f(t)$ 的总平均功率。

2.9.15 设将给定的电压信号 $f(t)=4\cos 20\pi\cdot t+2\cos 30\pi\cdot t$，加在 1Ω 电阻两端。

① 求 $f(t)$ 的功率谱密度 $G(\omega)$。

② 绘制 $G(\omega)$ 的图形。

③ 在时域和频域分别计算 $f(t)$ 的归一化平均功率，再用自相关函数求此功率值。

2.9.16 已知某信号的自相关函数 $R(\tau)=\frac{1}{4}\mathrm{e}^{-2|\tau|}$，求它的能量谱密度函数 $S(\omega)$ 和能量 E。

2.9.17 信号 $f(t)=2\mathrm{e}^{-t}u(t)$，通过截止角频率 $\omega_c=1$rad/s 的理想低通滤波器。试确定滤波器输出的能量密度谱，并确定输出信号和输入信号的能量。

2.9.18 信号 $g_1(t)$ 以下式表示，其中 $a>0$：

$$g_1(t)=\exp(-at)u(t)$$

① 求 $g_1(t)$ 与其本身的卷积 $g_2(t)$。

② 求 $g_2(t)$ 的傅里叶变换。

2.9.19 已知平稳随机过程的相关函数：

① $R(\tau)=\mathrm{e}^{-a|\tau|}(1+a|\tau|)$，$(a>0)$ ② $R(\tau)=\mathrm{e}^{-a|\tau|}\cos\beta\tau$，$(a>0)$

求相应的功率谱。

2.9.20 已知平稳随机过程的功率谱：

① $G(\omega)=\begin{cases} a & (|\omega|\leqslant b) \\ 0 & (|\omega|>b) \end{cases}$ ② $G(\omega)=\begin{cases} c^2 & (\omega_0\leqslant|\omega|\leqslant 2\omega_0) \\ 0 & \text{其他} \end{cases}$ $(\omega_0>0)$

求相关函数。

2.9.21 将一双边指数电压 $f(t)=10\mathrm{e}^{-|t|}$ 加到一个 50Ω 的电阻上，

① 求该电阻所耗散的总能量。

② 求在 0～1rad/s 的频带内耗散的能量占总耗散能量的百分比。

2.9.22 试确定图2.9.6中两个矩形脉冲的互相关函数$R_{12}(\tau)$,并绘出它的图形,试问$R_{21}(\tau)$之值为多少?

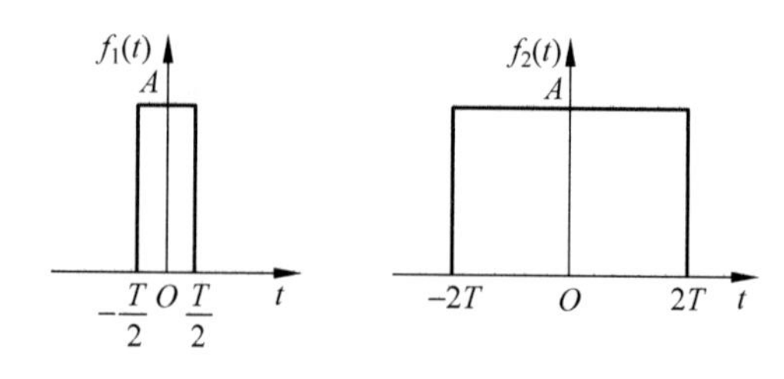

图 2.9.6

2.9.23 试确定图2.9.7中三角脉冲与双流脉冲的互相关函数$R_{12}(\tau)$,并绘出它的图形。试问$R_{21}(\tau)$之值为多少?

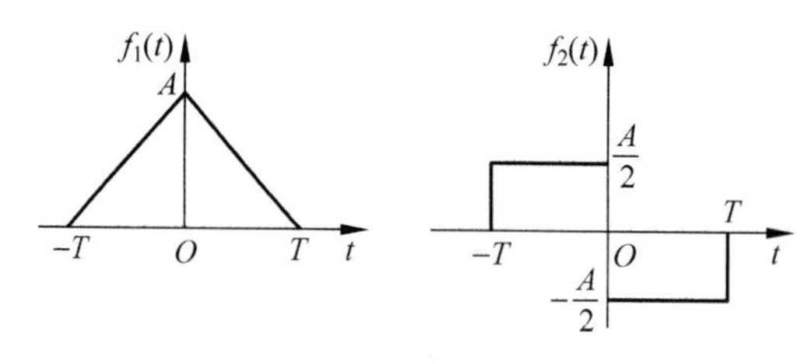

图 2.9.7

2.9.24 脉冲信号$g_1(t)$与$g_2(t)$可能取复数值,以$R_{11}(\tau)$与$R_{22}(\tau)$分别表示$g_1(t)$与$g_2(t)$的自相关函数,$R_{12}(\tau)$表示它们的互相关函数,试证明:

$$\int_{-\infty}^{+\infty} | g_1(t) - g_2(t) |^2 \mathrm{d}t = R_{11}(0) + R_{22}(0) - 2R_e[R_{12}(0)]$$

2.9.25 试确定以下各指数脉冲的自相关函数,并画出它们的图形。

① $g(t)=\exp(-at)u(t)$

② $g(t)=\exp(-a|t|)$

③ $g(t)=\exp(-at)u(t)-\exp(at)u(-t)$

2.9.26 已知$f(t)$的波形如图2.9.8所示。

① 如果$f(t)$为电压加在1Ω电阻上,求消耗的能量多大。

② 求能量谱密度$S(\omega)$。

③ 求$f(t)*f(t)$。

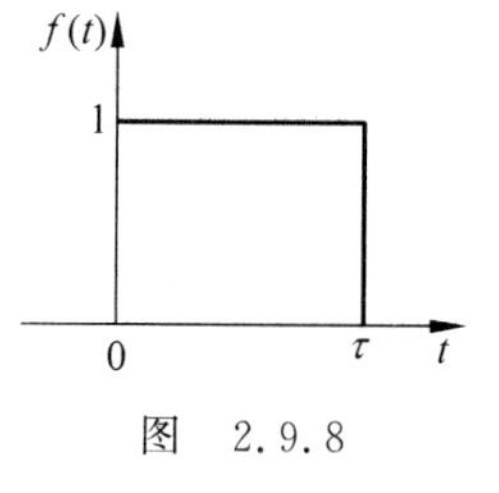

图 2.9.8

2.9.27 已知功率信号$f(t)=A\cos(200\pi t)\sin(2000\pi t)$,试求:

① 该信号的平均功率; ② 该信号的功率谱密度; ③ 该信号的自相关函数。

2.9.28 已知某信号的频谱函数为$\mathrm{Sa}^2\left(\frac{\omega\tau}{2}\right)$,求该信号的能量。

2.9.29 试计算电压$v(t)=\mathrm{Sa}(\omega t)$在100Ω电阻上消耗的总能量。

2.9.30 周期为T的冲激脉冲序列$\delta_T(t)=\sum\limits_{n=-\infty}^{\infty}\delta(t-nT)$通过一个线性网络后,再经过相乘器输出为$f_2(t)$,如图2.9.9(a)所示。若网络的冲激响应$h(t)$为如图2.9.9(b)所示的三角波,其传输函数为

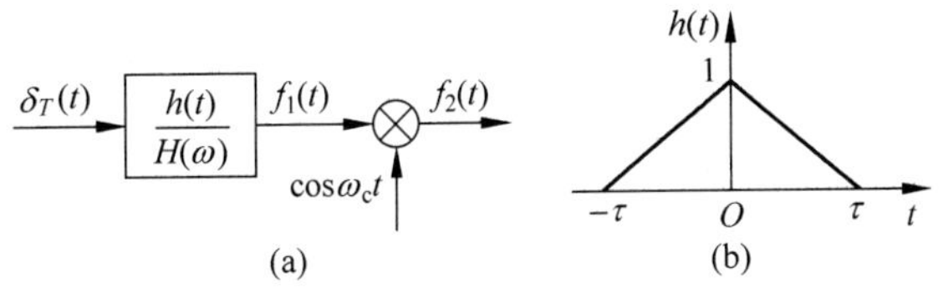

图　2.9.9

$$H(\omega)=\tau \mathrm{Sa}^2\left(\frac{\omega\tau}{2}\right)$$

试求：① 输入信号 $\delta_T(t)$的频谱函数 $\delta_T(\omega)$。

② 网络输出响应 $f_1(t)$的表示式及其频谱函数 $F_1(\omega)$。

③ 相乘器输出响应 $f_2(t)$的表示式及其频谱函数 $F_2(\omega)$。

④ 画出 $\delta_T(t)$，$f_1(t)$，$f_2(t)$的波形和它们的频谱函数图。(假设 $T=3\tau$，$\omega_c\gg 2\pi/\tau$)。

2.9.31　试确定下列各种脉冲的矩形等效带宽：

① $g(t)=\dfrac{1}{\tau}\exp\left(-\dfrac{\pi\cdot t^2}{\tau^2}\right)$

② $g(t)=\exp(-at)u(t)$

③ $g(t)=\exp(-a|t|)$

④ $g(t)=\begin{cases}at & (0\leqslant t\leqslant T)\\ 0 & 其他时间值\end{cases}$

⑤ $g(t)=\begin{cases}\cos\left(\dfrac{\pi\cdot t}{2T}\right) & (-T\leqslant t\leqslant T)\\ 0 & 其他\end{cases}$

⑥ $g(t)=\begin{cases}\cos^2\left(\dfrac{\pi\cdot t}{2T}\right) & (-T\leqslant t\leqslant T)\\ 0 & 其他\end{cases}$

2.9.32　以 $\hat{g}(t)$表示实数信号 $g(t)$的希尔伯特变换，以 $\hat{R}_g(\tau)$表示 $g(t)$自相关函数的希尔伯特变换，试证明 $g(t)$与 $\hat{g}(t)$的互相关函数将如下式所示：

$$R_{g\hat{g}}(\tau)=-\hat{R}_g(\tau)$$

$$R_{\hat{g}g}(\tau)=\hat{R}_g(\tau)$$

2.9.33　试求：① $f(t)=A\,\mathrm{Sa}(Wt)$的希尔伯特变换。

② $z(t)=f(t)+\mathrm{j}\hat{f}(t)$的幅度。

2.9.34　设用 $\hat{h}(t)$表示 $h(t)$的希尔伯特变换，$\hat{x}(t)$表示 $x(t)$的希尔伯特变换，试证明：

$$\int_{-\infty}^{+\infty}h(t)x(t)\mathrm{d}t=\int_{-\infty}^{+\infty}\hat{h}(t)\hat{x}(t)\mathrm{d}t$$

2.9.35　以 $\hat{f}(t)$表示 $f(t)$的 H 变换，试求出下列函数的 H 变换：

① $\dfrac{\sin t}{t}$　　② $\delta(t)$　　③ $\dfrac{1}{1+t^2}$

第3章 随机信号分析

CHAPTER 3

3.1 引言

在客观世界尤其是在通信系统中广泛存在着随机演变的过程(包括信号和噪声),学习和研究随机信号的分析方法和理论对于掌握系统工作原理是非常必要的。本章将从以下几个方面学习有关内容,首先对概率论中的随机变量的概念作一个简单的回顾;然后在此基础上着重建立随机过程的基本概念,理解它的数字特征和统计特性;进而掌握通信系统中普遍存在的平稳过程、高斯过程和窄带随机过程的基本概念;最后在简单回顾线性系统分析方法的基础上,学习随机信号和噪声通过线性系统的分析方法。在本章的结尾还对通信系统中常用的马尔可夫过程进行了介绍。

3.2 随机变量

概率论是研究随机现象规律性的学科,随机变量是概率论中的一个重要概念,也是学习随机过程的一个基础。本节着重学习随机变量的概念以及其概率分布等内容。

3.2.1 基本概念

1. 定义

由概率论我们知道,有的事情通过一系列实验或观察,会得到不同的结果。对几种结果呈现出一种偶然性和随机性,我们称这种现象为随机现象。而随机现象的每种结果,称为随机事件。随机事件是样本点的一个集合,而样本空间总是和某一随机试验相联系,随机变量就可以看作是试验结果中能取得不同数值的量。例如,电话用户在某一段时间内电话呼叫的次数,就是一个随机的数值。又如经典的概率事件,投硬币和掷骰子等随机事件。在骰子事件中,骰子可能出现的点数也是一个随机出现的数值,这个数值总是骰子的六种可能结果之一,只是在每次投掷前我们并不确知将会出现哪一种结果。从数学的观点看,就是每个变量都可以随机地取得不同的数值,而且重要的是,在试验以前只知其可能的取值而无法预知该变量的确知取值。一般地,在随机试验中若存在一个变量,它依试验出现的结果改变而取不同的值,则称此变量为**随机变量**。由于随机试验出现的结果带有随机性,因而随机变量的取值也带有随机性。

若对于随机试验 E 而言，有概率空间(Ω,A,P)，其中样本空间 Ω 给出了所有可能的试验结果，A 给出了由这些可能结果组成的各种各样的事件，而 P 代表每一事件发生的概率。随机变量是定义在样本空间上的函数，只不过这个函数有一些约束条件。这样，可以给出随机变量的数学定义[1]：

定义 设 $X=X(\omega)$是定义在样本空间 Ω 上的函数，如果对任一实数 x，有 Ω 中的子集$(\omega:X(\omega)\leqslant x)\in A$，那么称 $X(\omega)$是概率空间(Ω,A,P)上的随机变量。简记为 X。

随机变量这一概念的引入，使得我们可以更好地使用数学工具来描述随机现象的规律特性。例如检测产品可能出现的两个结果，可以用一个随机变量 X 来描述

$$X(\omega)=\begin{cases}0 & \text{正品}\\ 1 & \text{次品}\end{cases}$$

这种随机变量的取值是有限个数的或是无限可列的，我们称其为离散型的随机变量。又如电脑的寿命也可以用一个随机变量 Y 来描述，它可能是一个时间范围内的任何值，是连续的随机变量。一般地，根据随机变量的取值，可分为离散随机变量和连续随机变量。通常随机变量可以用大写的 $X,Y,Z\cdots$表示，也可以用小写的希腊字母 $\xi,\eta,\zeta\cdots$表示。

2. 特性

随机变量作为样本空间到随机事件的一个映射，具有如下的特点：

定义域，总是在事件域 Ω。

随机性，随机变量 X 的可能取值不止一个，试验前只能预知它的可能取值，但不能预知取哪个值。

概率特性，X 以一定的概率取某个值。

引入随机变量后，可以用随机变量的等式或不等式来表示随机事件。例如，$(X>100)$表示“电话用户某天 8:00—10:00 电话呼叫的次数超过 100 次”这一事件。

在同一个样本空间可以定义多个随机变量。各个随机变量之间可能有某种关系，也可能相互独立。例如：$\Omega=\{$飞机在空中的位置 $\omega\}$；$X(\omega)$——横坐标；$Y(\omega)$——纵坐标；$Z(\omega)$——高度坐标。

3.2.2 概率分布

随机变量概念的产生，使概率论的研究对象由事件转变为随机变量。研究随机变量不仅要知道它可能取哪些值，还必须知道会以什么概率取这些值，这时就需要掌握随机变量的概率分布情况。因此对于随机变量，概率分布是一个很重要的概念。

定义 设(Ω,A,P)是概率空间，而 $X=X(\omega)$是(Ω,A,P)上的随机变量。对任意一个实数 x，有概率 $F(x)=P(\omega:X(\omega)\leqslant x)$或简写为 $F(x)=P(X\leqslant x)$，则称 $F(x)$是随机变量 X 的分布函数。

前面已经提到，常见的随机变量可分为离散(型)随机变量和连续(型)随机变量①。不同的随机变量对应的概率分布也不同。

① 实际上，除了这两种随机变量外，还有其他类型的随机变量，如混合型随机变量。

1. 离散随机变量及其分布

若存在有限个或可列多个实数集合$(x_1,x_2,\cdots)$,使随机变量 X 有

$$P\{X\in(x_1,x_2,\cdots)\}=1 \tag{3.2.1}$$

则称 X 是离散(型)随机变量。而 $p_k=P\{X=x_k\},k=1,2,\cdots$,称为离散随机变量 X 的概率分布列。

要表示离散随机变量的概率分布,常用横轴上的点表示随机变量的可能取值 $x_1,x_2,\cdots$,而用纵轴上的点表示随机变量取得各值的概率 $p_1,p_2,\cdots$,由此得到离散随机变量的概率分布图。显然,$F(x)$的图形呈阶梯状,如图 3.2.1 所示。

由分布函数的定义,不难推得分布函数具有如下的性质

$$F(\infty)=1,F(0)=0,F(b)-F(a)=P[a<X(\omega)\leqslant b] \tag{3.2.2}$$

常见的离散随机变量的分布类型有二项式分布和泊松分布,详细内容此处不再赘述。

2. 连续随机变量及其分布

对于连续随机变量,其代表的试验结果可以是某一区间的任何数值,因此在描述其概率分布情况时,就不可能像离散随机变量那样把所有的可能都列出来。而要如下定义:

若对任意实数 x,存在非负实函数 $f(x)$,使随机变量 X 的分布函数 $F(x)$有

$$F(x)=P[X\leqslant x]=\int_{-\infty}^{x}f(x)\mathrm{d}x \tag{3.2.3}$$

则称 X 是连续(型)随机变量。又称 $f(x)$为连续随机变量 X 的概率密度函数或分布密度函数。概率密度函数具有如下的性质:

① 概率密度函数是非负函数,对于一切 x,存在 $f(x)\geqslant 0$。

②
$$\int_{-\infty}^{+\infty}f(x)\mathrm{d}x=F(\infty)=1 \tag{3.2.4}$$

③ 随机变量 X 落在区间$[x_1,x_2]$内的概率为

$$P[x_1\leqslant X\leqslant x_2]=\int_{x_1}^{x_2}f(x)\mathrm{d}x \tag{3.2.5}$$

常见的连续随机变量的分布类型有,均匀分布、高斯分布、韦布尔分布和对数正态分布等。其中高斯分布是通信技术中最常见,也是最重要的分布,又称正态分布,其概率密度函数满足式(3.2.6)。其中 σ_x 是随机变量 X 的方差,m_x 是 X 的数学期望。图 3.2.2 是高斯分布的概率密度函数。

$$f(x)=\frac{1}{\sqrt{2\pi}\sigma_x}\exp\left[-\frac{(x-m_x)^2}{2\sigma_x^2}\right] \tag{3.2.6}$$

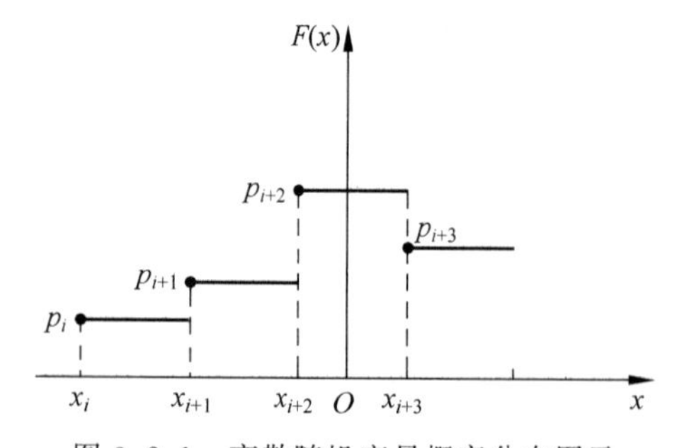

图 3.2.1 离散随机变量概率分布图示

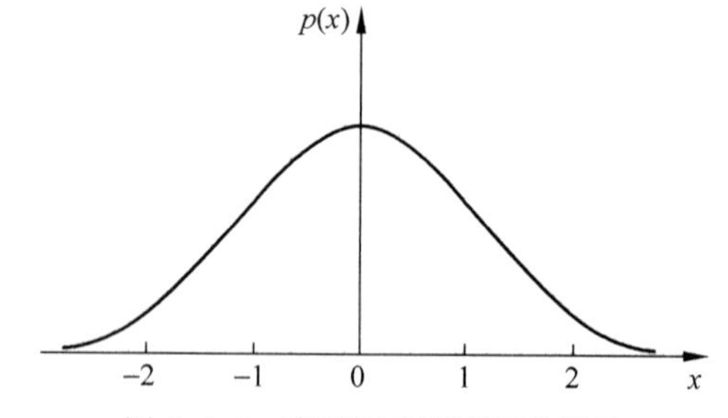

图 3.2.2 高斯概率密度函数图示

实际中，除了我们上面讨论的单个随机变量的情况，还常常会碰到需要几个随机变量，才能较好地描述某一试验或现象的情况。例如，前面提到的飞机在空中的位置，就需要 3 个随机变量来描述。又如，儿童的发育情况，需要知道（身高，体重，头围），即(X,Y,Z)3 个随机变量构成。我们称这种 n 个随机变量 $X_1,X_2,\cdots,X_n$ 的总体 $X=(X_1,X_2,\cdots,X_n)$为多维随机变量。$n=1$ 就是我们前面已经讨论过的一维随机变量。在本书中，多维随机变量的内容就不详细讲解了，请参考有关文献。

3.2.3 数字特征

理论上，随机变量的概率分布是可以进行完整描述的，但实际应用中，要完全确定随机变量的概率分布却不是那么容易的事。如何解决这个问题，随机变量的数字特征给我们提供了很好的选择。而且在很多实际问题中，我们也不需要完全知道分布函数，仅需要知道其数字特征就足够了。

所谓随机变量的数字特征，是指联系于它的分布函数的某些数字，如平均值，最大可能值等。它们反映随机变量的某方面的特征。例如在测量某物体的长度时，测量的结果是一个随机变量，在实际工作中，我们往往以测量结果的平均值来表征这一物体的长度。随机变量数字特征已经具有理论和实际的重要意义。本节我们简单回顾几个重要的数字特征，包括数学期望、方差和各阶矩。

1. 数学期望或均值

对于离散随机变量 X，定义它的均值或数学期望为

$$E[X]=\sum_{k=1}^{\infty}x_k p_k \tag{3.2.7}$$

对于连续随机变量 X，定义它的均值或数学期望为

$$E[X]=\int_{-\infty}^{+\infty}xf(x)\mathrm{d}x \tag{3.2.8}$$

这里假定式(3.2.7)级数和式(3.2.8)积分绝对收敛。

2. 方差

对于离散随机变量 X，定义其方差为

$$D[X]=\sum_{k=1}^{\infty}[x_k-E[X]]^2 p_k \tag{3.2.9}$$

对于连续随机变量 X，定义其方差为

$$D[X]=E[X-E[X]]^2=\int_{-\infty}^{+\infty}(x-E[X])^2 f(x)\mathrm{d}x \tag{3.2.10}$$

这里同样假定式(3.2.9)级数和式(3.2.10)积分绝对收敛。

实际进行运算时，常运用方差和期望的关系，如下式

$$D[X]=E\{[X-E[X]]^2\}=E[X^2]-E^2[X] \tag{3.2.11}$$

直接求解方差。

3. 矩

数学期望和方差是随机变量中很重要的基本概念，在实际应用中还常用到矩的概念。由于离散随机变量和连续随机变量的表达式可以互推，因此这里只列出连续随机变量的各

阶矩的定义式。

定义随机变量 X 的 k 阶原点矩 m_k 为

$$m_k = E[X^k] = \int_{-\infty}^{+\infty} x^k f(x) \mathrm{d}x \quad (k=1,2,\cdots) \tag{3.2.12}$$

定义随机变量 X 的 k 阶中心矩 μ_k 为

$$\mu_k = E[(X - E[X])^k] = \int_{-\infty}^{+\infty} (x - E[X])^k f(x) \mathrm{d}x \quad (k=1,2,\cdots) \tag{3.2.13}$$

定义随机变量 X 和 Y 的$(i+j)$阶混合中心矩 μ_{ij},又称联合矩为

$$\mu_{ij} = E[(X - E[X])^i (Y - E[Y])^j] \tag{3.2.14}$$

根据矩的定义,可以知道,均值(数学期望)是一阶原点矩,方差是二阶中心矩。而二阶混合中心矩称之为“协方差”。

4. 数字特征的物理意义

数学期望,就是一阶原点矩,它大致描述了概率分布的中心;方差,二阶中心矩为概率分布的离散程度提供了一种度量;协方差则是描述随机现象中,随机变量 X 和 Y 概率相关的程度,知道 X 后,并不能确切地知道 Y 的取值,但可以知道 X 和 Y 有某种相应的趋势。当然这种趋势只遵守平均规律,允许其中存在个例。

以上基本概念都各自有很多重要的性质,由于篇幅限制,本书就不展开学习了,详细内容请参考有关文献。

3.3 随机过程

在客观世界中有些随机现象表示的是事物随机变化的过程,用单一的随机变量来描述已不能满足要求。例如上节提到电话用户在某一段时间内电话呼叫的次数,就是一个随机变量。若设这段时间是上午 8:00—10:00,那么每天测得的数值都是一个随时间变化的随机变量 X,而且每天的结果都是随机出现的。要想了解该用户每天的这段时间的呼叫情况,只有一次的试验结果显然是不够的,必须做很多次同样的试验,以寻找其中的统计规律。这时,一个随机变量就不能满足需求,而需要多次重复试验的结果。这样最终会得到一族随时间变化的随机变量,这种随着时间变化的随机变量我们称之为随机过程。图 3.3.1 是假设每接到一个电话就加 1 后得到的该随机过程试验结果图,每个折线代表一次试验的结果。

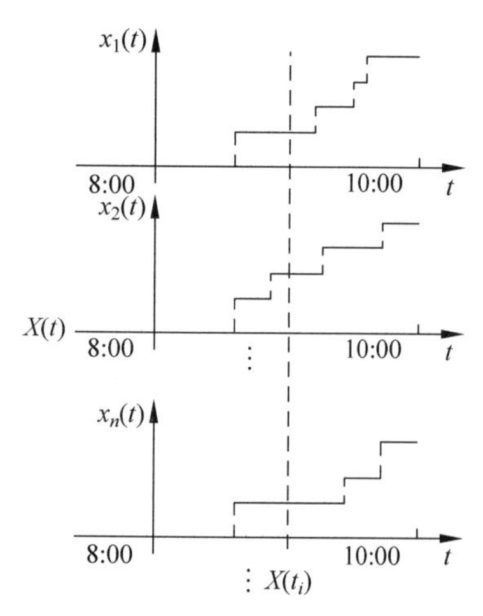

图 3.3.1　随机过程示例图

随机过程在我们的日常生活中经常碰到,在通信领域更是普遍存在,熟悉并掌握随机过程的特性和研究方法是研究通信原理的必备基础。本节我们就来学习有关随机过程的定义、数字特征和统计特性等,以及重要的平稳随机过程、各态历经过程以及随机过程的频域分析方法。

3.3.1 基本概念

1. 含义

通过上面的例子，我们初步了解了随机过程的概念。如果将一次试验结果用一个函数来表示，我们称之为样本函数或一个实现。它可以是任何参量的函数，研究最多的是时间 t 的函数。在一次试验结果中，随机过程必须取一个确定的样本，但是究竟取哪一个样本，是随机的。换句话说，在试验前是无法预知取哪个样本的，但在大量的试验观察中它是具有统计规律的。因此，随机过程既是时间 t 的函数（因为样本函数随时间 t 变化），也是随机试验可能结果 ζ 的函数，可记作 $X(t,\zeta)$，简记为 $X(t)$。为了防止混淆，通常用大写的 $X(t)$，$Y(t)$，$Z(t)$…来表示随机过程，而用小写字母 $x(t)$，$y(t)$，$z(t)$…来表示其样本函数。采用有下标的 $X(t_i)$，$Y(t_i)$，$Z(t_i)$…表示某个时刻的随机变量。图 3.3.1 的例子中，就采用了这种标示方法。今后，本书中将统一采用这样的标示。

更进一步地，可以总结出随机过程四种不同角度下的含义，以帮助我们更好地理解它的概念：

① 总体上是一个时间函数族或随机变量族（t 和 ζ 都是变量）。

② 某个样本是一个确知的时间函数，即样本函数（t 是变量，ζ 固定）。

③ 某个时刻是一个随机变量（t 固定，ζ 是变量）。

④ 某个样本的某个时刻是一个确定值（t 和 ζ 都固定）。

2. 概率分布

既然随机过程是一族（无穷多个）随机变量，那么类似地，也可以用概率分布来描述其统计特性。

随机过程 $X(t)$ 在任一特定时刻 $t_1 \in T$ 的取值 $X(t_1)$ 是一维随机变量。概率 $P\{X(t_1) \leqslant x_1\}$ 是取值 x_1、时刻 t_1 的函数。记为

$$F_X(x_1,t_1)=P\{X(t_1)\leqslant x_1\} \tag{3.3.1}$$

称作随机过程的一维分布函数。

如果 $F_X(x_1,t_1)$ 对 x_1 的偏导数存在，则有

$$f_X(x_1,t_1)=\frac{\partial F_X(x_1,t_1)}{\partial x_1} \tag{3.3.2}$$

$f_X(x_1,t_1)$ 称作随机过程 $X(t)$ 的一维概率密度。

显然，一维分布函数和一维概率密度只能描述随机过程在任一孤立时刻取值的统计特性，而不能反映其在各个时刻状态之间的关系。

若随机过程 $X(t)$ 在任意 n 个时刻 $t_1,t_2,\cdots,t_n$ 的取值 $X(t_1),X(t_2),\cdots,X(t_n)$ 构成 n 维随机变量。用类似上面的方法，我们可以定义随机过程 $X(t)$ 的 n 维分布函数和 n 维概率密度为

$$F_X(x_1,x_2,\cdots,x_n;t_1,t_2,\cdots,t_n)=P\{X(t_1)\leqslant x_1,X(t_2)\leqslant x_2,\cdots,X(t_n)\leqslant x_n\} \tag{3.3.3}$$

$$f_X(x_1,x_2,\cdots,x_n;t_1,t_2,\cdots,t_n)=\frac{\partial F_x(x_1,x_2,\cdots,x_n;t_1,t_2,\cdots,t_n)}{\partial x_1\partial x_2\cdots\partial x_n} \tag{3.3.4}$$

显然，随机过程的 n 维概率分布给出了更细致的描述，比低维的概率密度包含更多的

信息。但是 n 越大,问题的复杂程度就越大,因此在实际解决问题时,往往只取二维就可以了。

3. 数字特征

和随机变量一样,虽然随机过程的概率分布族能完整地描述随机过程的统计特性,但实际中,要确定其概率分布族是非常困难的事情。因此,随机过程中也采用了和随机变量一样的方法,即数字特征来描述其统计特性。类似地,随机过程常用的数字特征有数学期望、方差和相关函数等。

(1) 数学期望

我们已经知道,随机过程在任意一个时刻的取值就是一个随机变量。若将其取值简记为 x,根据随机变量的数学期望的定义,可得

$$m_X(t)=E[X(t)]=\int_{-\infty}^{+\infty} x f_X(x;t)\mathrm{d}x \tag{3.3.5}$$

它是时间 t 的确定函数,称它为随机过程的数学期望,用 $m_X(t)$或 $E[X(t)]$表示。实际上,$m_X(t)$是随机过程的所有样本(集合)的任一时刻 t 的函数的平均值,是一种统计平均,又称集(合)平均。所以,数学期望经常被称为均值。随机过程的各样本函数以均值为中心上下起伏。

如果讨论的随机过程 $X(t)$是接收机输出端的电压,那么这时的数学期望 $m_X(t)$就是此噪声电压的瞬时统计平均值,也就是噪声电压的直流分量。我们通常用这个实例来描述随机过程的物理意义。

(2) 均方值与方差

均值仅仅描述了随机过程诸样本函数在其上下起伏的趋势,而随机过程的方差则说明了诸样本函数在各个 t 时刻对 $m_X(t)$的分散程度或者说偏离程度,相同数学期望的随机过程可以有不同的方差。可得

$$\sigma_X^2(t)=D[X(t)]=E[X(t)-m_X(t)^2] \tag{3.3.6}$$

称之为随机过程 $X(t)$的方差。它也是 t 的确定函数,是随机过程的二阶中心矩。方差的平方根又称为标准差,记为 $\sigma_X(t)$。

类似地,如果随机过程 $X(t)$是噪声电压,则方差 $\sigma_X^2(t)$或 $D[X(t)]$的物理意义在于表示消耗在单位电阻上的瞬时交流功率的统计平均值。

在工程中,还有一个概念很有用,称为均方值,记作 $\psi_X^2(t)$。其物理意义表示消耗在单位电阻上的瞬时功率的统计平均值。定义为

$$\psi_X^2(t)=E[X^2(t)]=\int_{-\infty}^{+\infty} x^2 f_X(x;t)\mathrm{d}x \tag{3.3.7}$$

它是 t 的确定函数,是随机过程的二阶原点矩。

显然,存在式(3.3.8)的关系,与它们的物理意义相吻合。

$$\psi_X^2(t)=D[X(t)]+m_X^2(t) \tag{3.3.8}$$

(3) 自相关函数

随机过程的均值和方差只反映了随机过程在任一时刻状态的数字特征,并没有反映出随机过程内在的联系。例如,图 3.3.2 所示的两个随机过程 $X(t)$和 $Y(t)$。从直观上看,它们具有相似的数学期望和方差;但是,两者的内部结构却有着很大的差别。$X(t)$随时间的

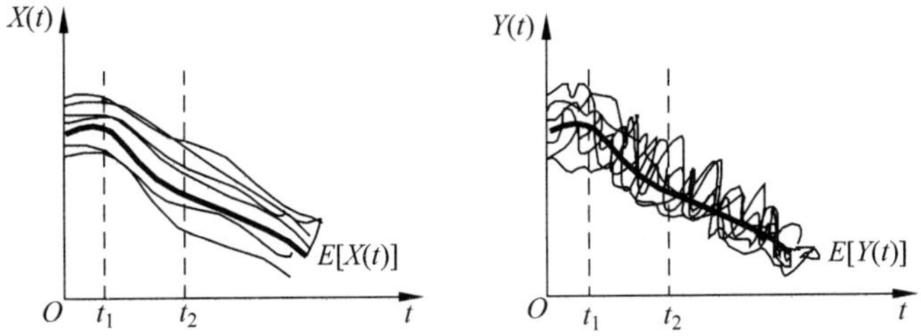

图 3.3.2 具有相同数学期望和方差的不同的随机过程示例图

变化慢，而 $Y(t)$ 随时间的变化要急剧得多。

自相关函数就是用来描述随机过程任意两个时刻之间的联系的重要特征。定义实随机过程的自相关函数 $R_X(t_1,t_2)$ 为

$$R_X(t_1,t_2)=E[X(t_1)X(t_2)]=\int_{-\infty}^{+\infty}\int_{-\infty}^{+\infty}x_1x_2f_X(x_1,x_2;t_1,t_2)\mathrm{d}x_1\mathrm{d}x_2 \quad (3.3.9)$$

它就是随机过程 $X(t)$ 在两个不同时刻 t_1、t_2 的取值 $X(t_1)$ 和 $X(t_2)$ 之间的二阶混合原点矩。它反映了随机过程 $X(t)$ 任意两个时刻的状态之间相关程度。

有时，也用随机过程 $X(t)$ 在两个不同时刻 t_1、t_2 的取值 $X(t_1)$ 和 $X(t_2)$ 之间的二阶混合中心矩来定义相关函数，记为 $K_X(t_1,t_2)$：

$$\begin{aligned}K_X(t_1,t_2)&=E\{[X(t_1)-m_X(t_1)][X(t_2)-m_X(t_2)]\}\\&=\int_{-\infty}^{+\infty}\int_{-\infty}^{+\infty}[x_1-m_X(t_1)][x_2-m_X(t_2)]f_X(x_1,x_2;t_1,t_2)\mathrm{d}x_1\mathrm{d}x_2\end{aligned} \quad (3.3.10)$$

为了与 $R_X(t_1,t_2)$ 相区别，我们常称 $K_X(t_1,t_2)$ 为自协方差函数，简称协方差函数。它反映了随机过程在任意两个时刻的起伏值之间的相关程度。

虽然随机过程具有多个数字特征，但它们都可以用数学期望和相关函数来表征，因此数学期望和相关函数是一般随机过程的两个基本特征。

3.3.2 平稳随机过程

1. 基本概念

在通信系统中，经常遇到一类占重要地位的特殊的随机过程即平稳随机过程。例如，我们经常提到的噪声电压，就属于这样的随机过程。它是由电路中电子的热运动引起的，这种运动不随时间而变。类似的例子还有很多。概括地说，所谓平稳随机过程是指那一类统计特性不随时间推移而改变的随机过程。更准确地，是指随机过程的 n 维概率分布函数或 n 维概率密度函数与时间 t 的起始位置无关。

(1) 定义

定义 设有随机过程 $X(t)$，若它的 n 维概率密度(或 n 维分布函数) $f_X(x_1,x_2,\cdots,x_n;t_1,t_2,\cdots,t_n)$ 不随时间起点的选择不同而改变，对于任何的 n 和 ε，它的 n 维概率密度满足

$$\begin{aligned}&f_X(x_1,x_2,\cdots,x_n;t_1,t_2,\cdots,t_n)\\&=f_X(x_1,x_2,\cdots,x_n;t_1+\varepsilon,t_2+\varepsilon,\cdots,t_n+\varepsilon)\end{aligned} \quad (3.3.11)$$

则称 $X(t)$ 为平稳随机过程。

所谓与时间起始位置无关，换句话说，就是指不同时间得到的随机过程的统计特性

相同。例如,上午测得的某接收机的噪声电压的统计特性与下午测得的统计特性完全相同。

(2) 统计特性

下面来讨论平稳过程的数字特征,看它是如何与时间起始位置无关的。假定其一、二阶矩存在,可以得出平稳过程的数学期望和相关函数的性质。

- 若 $X(t)$是平稳随机过程,则它的一维概率密度与时间无关。

由定义式(3.3.11),并假设 $\varepsilon=-t_1$,可以得出一维的概率密度

$$f_X(x_1;t_1)=f_X(x_1;t_1+\varepsilon)=f_X(x_1;0)=f_X(x_1) \tag{3.3.12}$$

与时间无关。

进而可容易求出该过程的均值、方差和均方值皆为与时间无关的**常数**,记为 m_X、σ_X^2 和 ψ_X^2。

- 平稳随机过程 $X(t)$的二维概率密度只与 t_1、t_2 的时间间隔有关,而与时间起点无关。

由定义式(3.3.11),并假设 $\varepsilon=-t_1$,$\tau=t_2-t_1$,则二维概率密度

$$\begin{aligned} f_X(x_1,x_2;t_1,t_2) &= f_X(x_1,x_2;t_1+\varepsilon,t_2+\varepsilon)=f_X(x_1,x_2;0,t_2-t_1) \\ &= f_X(x_1,x_2;\tau) \end{aligned} \tag{3.3.13}$$

仅依赖于时间差 $\tau=t_2-t_1$,而与具体的时刻 t_1、t_2 无关。

进而可求出该过程的自相关函数仅与时间间隔 τ 有关,记为 $R_X(\tau)$,是与 t 无关的一元函数。

2. 广义平稳过程和狭义平稳过程

平稳性的重要意义在于,对于一个平稳过程而言,无论何时进行试验,都会得到相同的结果,这就大大方便了我们的工作,也使得问题的分析大为简化。对于富含平稳随机过程的通信领域而言,研究平稳随机过程更是非常重要和有意义的。

但是在实际应用中,由于很难确定该过程的 n 维概率密度(或 n 维分布函数),所以往往很难用上式来判定某个过程的平稳性。实际中,我们通常只在一定范围内研究随机过程的平稳性,这样就有了广义平稳和狭义平稳之分。

对于严格符合定义式(3.3.11)的随机过程,我们称之为狭义平稳随机过程,也称严平稳过程或强平稳过程。如果只需要了解随机过程的一维和二维统计特性,则可以采用广义平稳随机过程的概念。

具体地,若随机过程 $X(t)$的数学期望是一个常数,其相关函数只与时间间隔 $\tau=t_2-t_1$ 有关,且它的均方值有限,即满足

$$\left.\begin{aligned} & E[X(t)]=m_X \\ & R_X(t_1,t_2)=E[X(t_1)X(t_2)]=R_X(\tau) \\ & E[X^2(t)]<\infty \end{aligned}\right\} \tag{3.3.14}$$

则称 $X(t)$为广义平稳随机过程(或广义平稳过程),也称为宽平稳或弱平稳过程。式(3.3.12)常被用来作为直接判定一个随机过程是否平稳的条件。人们还把只涉及一、二阶矩的平稳过程理论称为**平稳过程的相关理论**。

如果狭义平稳过程的一、二阶矩存在,则其必定是广义平稳的。但反过来却不一定成立。即广义平稳不一定是狭义平稳的。不过有一个特例,是正态随机过程(高斯过程)。下一节将详细讨论有关高斯过程的内容。

广义平稳随机过程是无线通信技术中经常遇到的一种最重要的随机过程。在很多实际应用中,大多数情况都可以视为广义平稳过程,就可以利用相关理论来研究平稳过程的重要数字特征,了解其统计特性。

今后,本书凡是提到平稳过程一词时,如果没有特殊的说明,都是指广义平稳过程。

3.3.3　各态历经过程

从上面的讨论中,我们知道要想确定一个随机过程的数学期望和相关函数,一种最自然的办法就是进行多次试验得到多个样本函数。然后用某个固定时刻的集合平均值去近似数学期望。可以想象,试验的次数越多,这种近似就越精确,但工作的复杂度也就越大。尤其是工程实际中,大量的试验会使得成本加大。那么,是否有一种方法既能很好地近似真实结果又无须通过大量的试验来实现呢?答案是肯定的。苏联的数学家辛钦(Khinchine)证明:在具备一定的补充条件下,对平稳随机过程的一个样本函数取时间平均(观察时间足够长),就从概率意义上趋近于此过程的统计(集合)均值。对于这样的随机过程,我们说它具备**各态历经特性或遍历性(ergodic)**。由于只需要一个样本函数就能充分地代表整个随机过程的特性,使得实际工作大大简化。因此研究各态历经过程具有很重要的意义。

1. 基本概念

(1) 时间平均

在给出具体定义前,先学习一下时间平均的概念,通常用$\overline{(\cdot)}$表示求时间平均。

如果式(3.3.15)

$$\overline{X(t)}=\lim_{T\to\infty}\frac{1}{T}\int_0^T X(t)\mathrm{d}t=\overline{m_X} \tag{3.3.15}$$

的极限存在,则称$\overline{X(t)}$是$X(t)$的时间均值。

如果式(3.3.16)

$$\overline{X(t)X(t+\tau)}=\lim_{T\to\infty}\frac{1}{T}\int_0^T X(t)X(t+\tau)\mathrm{d}t=\overline{R_X(\tau)} \tag{3.3.16}$$

的极限存在,则称$\overline{R_X(\tau)}$为$X(t)$的时间自相关函数。可见,时间自相关函数也是时间间隔τ的函数。

(2) 广义各态历经(遍历)过程

对于随机过程的各态历经性,可以理解为随机过程的各个样本函数都同样地经历了随机过程的各种可能状态,因此从任何一个样本函数都能够得到随机过程的全部统计信息,任何一个样本函数的特性都能充分地代表整个随机过程的特性。具备各态历经性的随机过程称为各态历经过程。

各态历经过程也分为狭义遍历和广义遍历过程。前者要求随机过程的所有时间平均在概率意义上趋于相应的集合平均。实际应用中,通常只需要在相关理论范围内讨论问题,因此,我们这里着重学习广义各态历经(遍历)过程。

定义　设$X(t)$是一个平稳随机过程。

① 如果

$$\overline{X(t)}=E[X(t)]=m_X \tag{3.3.17}$$

依概率1成立,则称过程$X(t)$的均值具有遍历性。

② 如果

$$\overline{X(t)X(t+\tau)}=E[X(t)X(t+\tau)]=R_X(\tau) \tag{3.3.18}$$

依概率1成立,则称过程 $X(t)$ 的自相关函数具有遍历性。若在 $\tau=0$ 时,式(3.3.18)成立,则称过程 $X(t)$ 的均方值具有遍历性。

③ 如果过程 $X(t)$ 的均值和自相关函数都具有遍历性,则称 $X(t)$ 是广义(或宽)遍历性过程,简称遍历过程。也称各态历经过程。

定义中"依概率1成立"是对所有样本函数的要求。今后,本书凡提到"遍历过程"或"各态历经过程"一词时,如无特殊说明,都指广义遍历过程。

(3) 实际意义

各态历经过程诸样本函数的时间平均实际上可以认为是相同的,因此,各态历经过程的时间平均可以直接用它的任一个样本函数的时间平均来代替。这样研究一个随机过程的统计特性就转化为研究一个样本函数的统计特性,故有

$$E[X(t)]=\lim_{T\to\infty}\frac{1}{T}\int_0^T x(t)\mathrm{d}t \tag{3.3.19}$$

$$R_X(\tau)=\lim_{T\to\infty}\frac{1}{T}\int_0^T x(t)x(t+\tau)\mathrm{d}t \tag{3.3.20}$$

只要给一个样本函数取足够长的时间,一定可以得到满足要求的结果。这给实际工作带来了很大的方便,也是各态历经过程最有意义之处。

2. 与平稳随机过程的关系

我们用一个例子来说明各态历经过程与平稳随机过程的关系。

例3.1 随机过程 $X(t)=A\cos(t+\theta)$,式中初相 θ 为随机变量,θ 在 $(0,2\pi)$ 之间均匀分布。讨论以下两种情况下过程 $X(t)$ 的各态历经性。

① 振幅 A 是随机变量,且与 θ 两者统计独立。② 振幅 A 不是随机变量。

解 ① 振幅 A 是随机变量。

根据各态历经的定义,首先求得过程的集合均值和集合自相关函数,分别为:

$$E[X(t)]=E[A\cos(t+\theta)]=E[A]\int_{-\infty}^{+\infty}x(t)f_\theta(\theta)\mathrm{d}\theta=E[A]\int_0^{2\pi}\cos(t+\theta)\frac{1}{2\pi}\mathrm{d}\theta=0$$

$$\begin{aligned}R_X(t,t+\tau)&=E[X(t)X(t+\tau)]=E[A^2\cos(t+\theta)\cos(t+\tau+\theta)]\\&=E[A^2]E[\cos(t+\theta)\cos(t+\tau+\theta)]\\&=\frac{1}{2}E[A^2]\cos\tau\end{aligned}$$

$$E[X^2(t)]=R_X(0)=\frac{1}{2}E[A^2]<\infty$$

所以,该过程为广义平稳随机过程。

下面根据式(3.3.14)和式(3.3.15),求该过程的时间均值和时间自相关函数,分别为:

$$\overline{m_X}=\overline{X(t)}=\lim_{T\to\infty}\frac{1}{T}\int_0^T X(t)\mathrm{d}t=0$$

$$\overline{R_X(\tau)}=\overline{X(t)X(t+\tau)}=\lim_{T\to\infty}\frac{1}{T}\int_0^T X(t)X(t+\tau)\mathrm{d}t$$

$$=\lim_{T\to\infty}\frac{1}{T}\int_0^T A^2\cos(t+\theta)\cos(t+\theta+\tau)\mathrm{d}t$$

$$=\frac{A^2}{2}\lim_{T\to\infty}\frac{1}{T}\int_0^T\cos(\tau)\cos(2t+2\theta+\tau)\mathrm{d}t$$

$$=\frac{A^2}{2}\cos\tau$$

显然，$R_X(\tau)\neq\overline{R_X(\tau)}$，该过程满足平稳性的条件，但并不具备各态历经性。

② 振幅 A 不是随机变量。

可容易得到，$R_X(\tau)=\overline{R_X(\tau)}$。因此，恒振幅随机相位信号既是平稳过程，也是各态历经过程。

小结：各态历经过程一定是平稳随机过程，但平稳随机过程不一定都是各态历经过程。虽然很多实际的过程都是各态历经的，但要从理论上严格地验证一个随机过程是否是各态历经的，却并非易事。因此实际应用中，人们往往凭经验先假设其具有遍历性，然后通过实验去验证这个假设是否合理。

3.3.4　平稳随机过程的相关函数

在 3.3.1 中我们已经提到，数学期望和相关函数是一般随机过程的基本特征。对于平稳随机过程而言，由于其数学期望已经是一个不随时间变化的常量，因此，其基本特征实际上就是相关函数。此外，相关函数不仅揭示了随机过程任意两个时刻状态之间的内在联系，同时它还展现了随机过程的频谱特性，是随机信号分析中非常有力的工具。本小节着重介绍平稳随机过程的自相关函数的性质。

对于实平稳随机过程 $X(t)$，它的自相关函数具有如下性质：

① $$R_X(0)=E[X^2(t)]=\psi_X^2\geqslant 0 \tag{3.3.21}$$

即平稳过程的均方值就是自相关函数在 $\tau=0$ 时的非负数。其物理意义是 $X(t)$ 的总平均功率。

② $$R_X(\tau)=R_X(-\tau) \tag{3.3.22}$$

即自相关函数是变量 τ 的偶函数。

③ $$R_X(0)\geqslant|R_X(\tau)| \tag{3.3.23}$$

即自相关函数在 $\tau=0$ 时达到最大值。可由任何正函数的数学期望恒为非负数推演得出。同时可以证明，自协方差函数也在 $\tau=0$ 达到最大值。需要注意的是，这个结论并不排除自相关函数和自协方差在 $\tau\neq 0$ 时出现同样的最大值。

④ 若平稳过程中不含有任何周期分量，则有

$$\lim_{|\tau|\to\infty}R_X(\tau)=R_X(\infty)=E^2[X(t)]=m_X^2 \tag{3.3.24}$$

这是因为，对于非周期平稳过程，当 $|\tau|$ 增大时，$X(t)$ 和 $X(t+\tau)$ 的相关性会逐渐减弱；当 $|\tau|\to\infty$ 的极限情况下，两者统计独立。其物理意义是 $X(t)$ 的直流功率。

⑤ 由性质①和性质④还容易得出

$$R_X(0)-R_X(\infty)=D[X(t)]=\sigma_X^2 \tag{3.3.25}$$

其物理意义也很明显，即总功率－直流功率＝交流功率(方差)。

互相关函数的性质本书不再赘述，可参考有关文献(汪荣鑫，《随机过程》)。

3.3.5 高斯过程

高斯过程又叫正态随机过程。由概率论知道，正态分布是实际工作中最常遇到的、最重要的分布。同样在电子通信系统中遇到最多的过程就是正态随机过程，如电子系统中的热噪声。而且更重要的，在信号检测、通信系统和电子测量等许多应用中，它常被用作通信信道噪声的理论模型，是我们研究的主要对象之一。

1. 基本概念

在前面 3.2 节中我们曾经提到过高斯分布的随机变量，现在可以将其推广到随机过程中去。

定义 如果随机过程 $X(t)$ 的任意 $n(n=1,2,\cdots)$ 维概率分布都是正态分布，即满足式(3.3.25)则称它为正态随机过程或高斯随机过程，简称正态过程或高斯过程。

$$
\begin{aligned}
& f_{\mathrm{X}}(x_1,x_2,\cdots,x_n;t_1,t_2,\cdots,t_n) \\
& =\frac{1}{(2\pi)^{n/2}\,|\boldsymbol{K}|^{1/2}}\exp\left[-\frac{(\boldsymbol{x}-\boldsymbol{m}_{\mathrm{X}})^{T}K^{-1}(\boldsymbol{x}-\boldsymbol{m}_{\mathrm{X}})}{2}\right]
\end{aligned}
\tag{3.3.26}
$$

式中，$\boldsymbol{x}$ 和 $\boldsymbol{m}_{\mathrm{X}}$ 是 n 维向量，$\boldsymbol{K}$ 是 n 维协方差矩阵。

$$
\begin{aligned}
|\boldsymbol{K}| &= \begin{vmatrix} K_{11} & K_{12} & \cdots & K_{1n} \\ K_{21} & K_{21} & \cdots & K_{2n} \\ \vdots & \vdots & \ddots & \vdots \\ K_{n1} & K_{n2} & \cdots & K_{nn} \end{vmatrix}, \qquad \text{其中 } K_{ik}=K_{\mathrm{X}}(t_i,t_k) \\
&= E[(X_i-m_i)(X_k-m_k)]=r_{ik}\sigma_i\sigma_k
\end{aligned}
$$

由式(3.3.25)可见，正态随机过程的 n 维概率分布仅取决于其一、二阶矩函数，即仅取决于它的数学期望、方差和相关系数。因此，根据前面 3.3.2 节中的相关理论，只要运用相关理论就可以解决正态过程的有关问题。

2. 高斯过程的性质

① 若高斯过程是广义平稳的，则它也是狭义平稳的。

② 若高斯过程 $X(t)$ 在 n 个不同时刻 $t_1,t_2,\cdots,t_n$ 采样，所得的一组随机变量 $X_1,X_2,\cdots,X_n$ 为两两互不相关，即 $K_{ik}=K_{\mathrm{X}}(t_i,t_k)=E[(X_i-m_i)(X_k-m_k)]=0(i\neq k)$ 时，则这些随机变量也是相互独立的。(证明略，参见樊昌信撰写的《通信原理》)

故对于一个高斯过程来说，不相关和独立是等价的。此结论还可以推广到多个正态过程中去，若两个正态过程互不相关，则它们也是相互独立的。

③ 平稳高斯过程 $X(t)$ 与确定信号 $s(t)$ 之和的概率分布仍为正态分布。若干个高斯过程之和的过程仍是高斯型。

在通信系统中，从噪声 $X(t)$ 背景中接收、检测有用信号 $s(t)$ 时，我们往往会遇到噪声与信号叠加在一起的合成随机信号问题，如图 3.3.3。因此，此性质在通信系统中很重要。

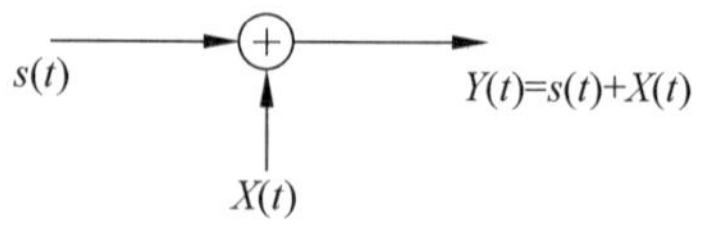

④ 高斯过程经过线性变换(或通过线性系统)后的过程仍是高斯过程。

s(t)
Y(t)=s(t)+X(t)
X(t)

图 3.3.3 通信系统信道模型

3.4 平稳随机过程谱分析

在信号与系统分析中，我们已经知道可以利用傅里叶变换(Fourier Transform，FT)这一有效的工具来确立频域和时域的关系。从而在很多情况下，可以使用频域分析方法使得分析工作大大简化。然而，过去在应用傅里叶变换时，研究对象都是确定性函数，那么现在对象由确定信号转为随机信号后，是否还能够延用频域分析方法呢？回答是肯定的，但是需要附加一些额外的条件。而且肯定的是，对于随机信号采用频域分析方法后，仍然可以使得分析工作大大简化。因此，研究平稳随机过程的谱分析具有很重要的实际意义。

3.4.1 功率谱密度函数

1. 确定信号的功率谱密度(简单回顾)

对于确定性信号来说，若 $x(t)$ 是时间 t 的非周期实函数，则其傅里叶变换存在的充要条件是：

① 在 $(-\infty,+\infty)$ 范围满足狄利克雷条件。

② 绝对可积：$\int_{-\infty}^{+\infty}|x(t)|\mathrm{d}t<+\infty$。

③ 总能量有限：$\int_{-\infty}^{+\infty}|x(t)|^2\mathrm{d}t<+\infty$。

满足以上三个条件：就存在 $x(t)\Leftrightarrow X(\omega)$。即傅里叶变换和傅里叶逆变换

$$X(\omega)=\int_{-\infty}^{+\infty}x(t)\mathrm{e}^{-\mathrm{j}\omega t}\mathrm{d}t \tag{3.4.1}$$

$$x(t)=\frac{1}{2\pi}\int_{-\infty}^{+\infty}X(\omega)\mathrm{e}^{\mathrm{j}\omega t}\mathrm{d}\omega \tag{3.4.2}$$

$X(\omega)$ 就是 $x(t)$ 的频谱，它通常是复函数。当 $x(t)$ 代表电压(电流)时，$X(\omega)$ 就表示电压(电流)按频率的分布。由式(3.4.1)和式(3.4.2)容易得出帕塞瓦尔(Parseval)等式：

$$\int_{-\infty}^{+\infty}x^2(t)\mathrm{d}t=\frac{1}{2\pi}\int_{-\infty}^{+\infty}|X(\omega)|^2\mathrm{d}\omega \tag{3.4.3}$$

当 $x(t)$ 代表电压(电流)时，式(3.4.3)左边就代表 $x(t)$ 在 $(-\infty,+\infty)$ 区间的总能量，因此 $|X(\omega)|^2$ 反映的是信号 $x(t)$ 的能量按频率分布的情况，故称为**能量谱密度**。

对于确定周期信号而言，总能量是无限的，但其平均功率往往是有限的，称之为功率信号。利用傅里叶级数展开，可以得到其平均功率。

对于随机信号而言，它是非周期信号，同时又是能量无限的。因此它的任何一个非零样本函数显然是不满足傅里叶变换的绝对可积和能量可积的条件的。也就是说，随机过程(信号)的傅里叶变换不存在。那么如何来研究其频域特性呢？

2. 随机过程的功率谱密度

虽然随机过程的任一样本函数都不是能量有限的，但却是功率有限的，满足

$$P=\lim_{T\to\infty}\frac{1}{2T}\int_{-T}^{T}|x(t)|^2\mathrm{d}t<\infty \tag{3.4.4}$$

它说明电压(电流)消耗在单位时间单位电阻上的能量。由此提示我们，可以研究随机过程

的功率谱。

为了将傅里叶变换方法应用于随机过程，必须对它采取措施，最简单的就是应用截取函数，将一个无限长的随机过程的样本函数，截取为有限长的一段。

如果对随机过程 $X(t)$ 的任一样本函数 $x(t)$ 截取长为 $2T$ 的一段，记为 $x_T(t)$，称 $x_T(t)$ 为 $x(t)$ 的截取函数，见图 3.4.1。满足

$$x_T(t)=\begin{cases}x(t) & (|t|\leqslant T\leqslant\infty)\\ 0 & (|t|>T)\end{cases} \tag{3.4.5}$$

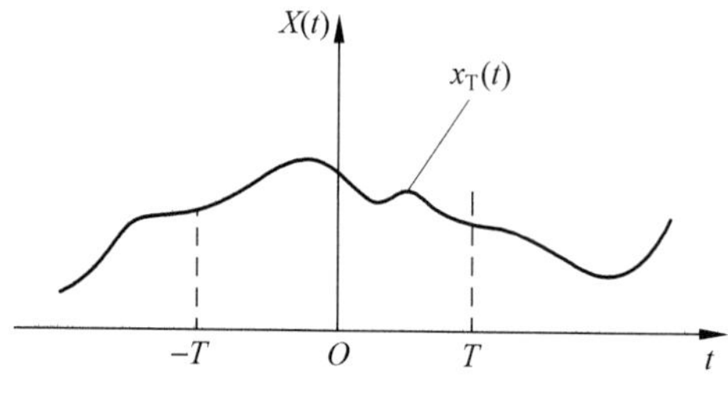

图 3.4.1　$x(t)$ 及其截取函数 $x_T(t)$

显然，当 T 为有限值时，截取函数 $x_T(t)$ 满足傅里叶变换的条件，因此可以对截取函数应用傅里叶变换，同样利用帕塞瓦尔公式，就得到样本函数 $x(t)$ 在时间区间 $(-T,T)$ 内的平均(时间平均)功率

$$\frac{1}{2T}\int_{-T}^{T}x^2(t)\mathrm{d}t=\frac{1}{4\pi T}\int_{-\infty}^{+\infty}|X(T,\omega)|^2\mathrm{d}\omega \tag{3.4.6}$$

由于式(3.4.6)只是一个样本函数的结果，要考虑诸样本函数的共同作用以得到整个随机过程的平均功率，需对上式取集合平均，可以得到

$$E\left[\frac{1}{2T}\int_{-T}^{T}x^2(t)\mathrm{d}t\right]=E\left[\frac{1}{4\pi T}\int_{-\infty}^{+\infty}|X(T,\omega)|^2\mathrm{d}\omega\right]$$

事实上，随机过程是没有时间限制的，所以令 $T\to\infty$，取极限，并交换数学期望和积分的次序，就可以得到随机过程的**平均功率**

$$\lim_{T\to\infty}\frac{1}{2T}\int_{-T}^{T}E[x^2(t)]\mathrm{d}t=\frac{1}{2\pi}\int_{-\infty}^{+\infty}\lim_{T\to\infty}\frac{E[|X(T,\omega)|^2]}{2T}\mathrm{d}\omega \tag{3.4.7}$$

可见，此处的"平均"是既包含时间平均又包含集合平均的双重平均。今后，如无特别说明，我们将简称为随机过程的**功率**，记为 $P_X(\omega)$。再把上式写为

$$P_X(\omega)=\lim_{T\to\infty}\frac{1}{2T}\int_{-T}^{T}E[x^2(t)]\mathrm{d}t=\frac{1}{2\pi}\int_{-\infty}^{+\infty}S_X(\omega)\mathrm{d}\omega \tag{3.4.8}$$

式中，

$$S_X(\omega)=\lim_{T\to\infty}\frac{E[|X(T,\omega)|^2]}{2T} \tag{3.4.9}$$

即为随机过程 $X(t)$ 的**平均功率谱密度**，简称随机过程的功率谱。

由于功率谱是定义在整个 ω 轴上的，因此也称之为**双边功率谱密度函数**；如果只考虑正频率轴，则可得到对应的**单边功率谱密度函数**

$$G_X(\omega)=\begin{cases}2S_X(\omega) & (\omega\geqslant 0)\\ 0 & 其他\end{cases} \tag{3.4.10}$$

由式(3.4.8)可以得到以下结论：

① 随机过程的平均功率可以通过对过程的均方值求时间平均来得到。

② 随机过程的功率谱密度应看作是每一个样本函数的功率谱的集合(统计)平均。

③ $S_X(\omega)$描述了随机过程$X(t)$的功率在各个不同频率上的分布；对$S_X(\omega)$在$X(t)$的整个频率范围内积分，便可得到$X(t)$的功率$P_X(\omega)$。

3.4.2 平稳随机过程功率谱的主要性质

功率谱密度是平稳随机过程的重要统计参量，有必要对它的性质进行总结和学习。

① 功率谱密度非负，即

$$S_X(\omega) \geqslant 0 \tag{3.4.11}$$

② 功率谱密度是ω的实函数，不再是随机变量。

③ 功率谱密度是ω的偶函数，即

$$S_X(\omega) = S_X(-\omega) \tag{3.4.12}$$

④ 功率谱密度可积，即

$$\int_{-\infty}^{+\infty} S_X(\omega)\mathrm{d}\omega < \infty \tag{3.4.13}$$

由平稳随机过程相关函数性质知，$E[x^2(t)] = \frac{1}{2\pi}\int_{-\infty}^{+\infty} S_X(\omega)\mathrm{d}\omega$

说明功率谱密度下面的总面积，即随机过程的功率，等于过程的均方值。平稳随机过程的均方值是有限的，所以功率谱密度可积。

简言之，平稳随机过程的功率谱是一个非负、实偶、可积的函数。

3.4.3 功率谱密度与自相关函数——维纳-辛钦定理

我们已经知道，对于确定信号$x(t)$来说，$x(t)$和它的频谱函数$X(\omega)$构成傅里叶变换对。对于随机信号来说，自相关函数$R_X(\tau)$和功率谱密度$S_X(\omega)$分别是它在时域和频域的两个最重要的统计特性。它们之间存在怎样的关系呢？

美国学者维纳和苏联学者辛钦联合推出，平稳过程的自相关函数和功率谱密度是一对傅里叶变换对，这一结论我们称之为**维纳-辛钦(Wiener-Khinchine)定理或维纳-辛钦公式**，如下表达

$$S_X(\omega) = \int_{-\infty}^{+\infty} R_X(\tau)\mathrm{e}^{-\mathrm{j}\omega\tau}\mathrm{d}\tau \tag{3.4.14}$$

$$R_X(\tau) = \frac{1}{2\pi}\int_{-\infty}^{+\infty} S_X(\omega)\mathrm{e}^{\mathrm{j}\omega\tau}\mathrm{d}\omega \tag{3.3.15}$$

这是随机信号分析中非常著名的也是最重要、最基本的一个结论，由于大部分的随机信号处理类书籍上都对这个定理进行了详细的证明，本书将不再证明。有兴趣的读者，可以参阅有关文献。

两点说明：

① 由傅里叶变换分析可知，时域信号$R_X(\tau)$必须满足绝对可积的条件，

$$\int_{-\infty}^{+\infty} |R_X(\tau)| \mathrm{d}\tau < \infty$$

才存在频域表达式 $S_X(\omega)$。但是对于某些周期性随机信号，虽然不满足绝对可积的条件，却存在其功率谱。

② 维纳-辛钦定理仅对平稳过程成立。

下面我们举例说明。

例 3.2 设平稳过程的相关函数是 $R_X(\tau)=S_0\delta(\tau)$，其中常数 $S_0>0$，见图 3.4.2(a)，试计算其功率谱密度 $S_X(\omega)$。

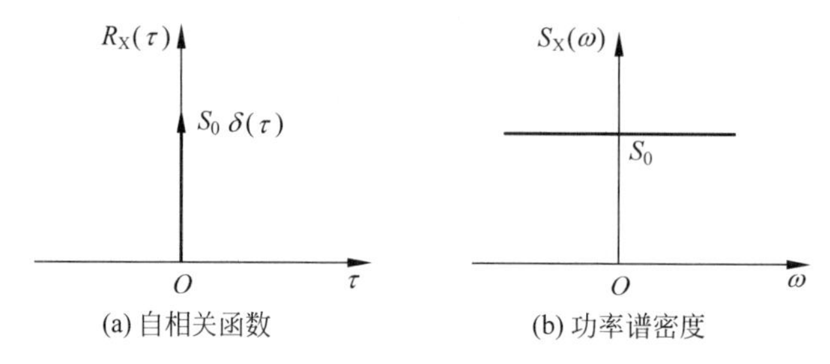

(a) 自相关函数　(b) 功率谱密度

图 3.4.2　平稳过程

解　由式(3.4.14)有

$$S_X(\omega)=\int_{-\infty}^{+\infty}R_X(\tau)\mathrm{e}^{-\mathrm{j}\omega\tau}\mathrm{d}\tau=S_0\int_{-\infty}^{+\infty}\delta(\tau)\mathrm{e}^{-\mathrm{j}\omega\tau}\mathrm{d}\tau=S_0\mathrm{e}^{\mathrm{j}\omega 0}=S_0$$

结果为一个常数，见图 3.4.2(b)。

事实上，我们把这种功率谱密度为常数的平稳过程称为**白噪声**。这个名称来自白色光的光谱大致是均匀的这一现象。后面的章节将会对它进行进一步的学习。

例 3.3 随机电报信号是广义平稳过程，具有自相关函数 $R_X(\tau)=A\mathrm{e}^{-\beta|\tau|}$，式中 $A>0$，$\beta>0$，如图 3.4.3(a)所示。求过程的功率谱密度 $S_X(\omega)$。

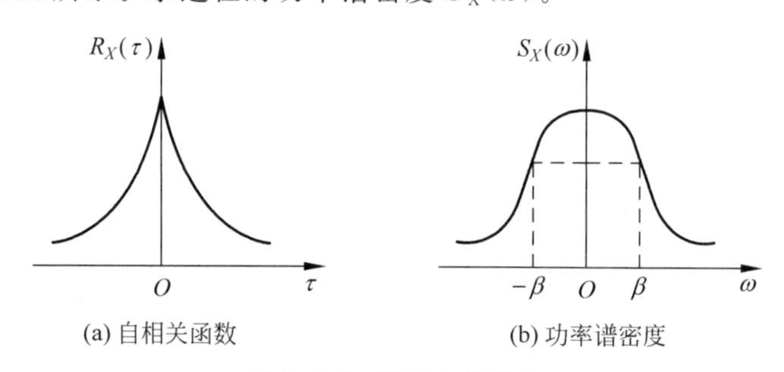

(a) 自相关函数　(b) 功率谱密度

图 3.4.3　随机电报信号

解　根据维纳-辛钦定理，可得

$$\begin{aligned}S_X(\omega)&=\int_{-\infty}^{0}A\mathrm{e}^{\beta\tau}\mathrm{e}^{-\mathrm{j}\omega\tau}\mathrm{d}\tau+\int_{0}^{\infty}A\mathrm{e}^{-\beta\tau}\mathrm{e}^{-\mathrm{j}\omega\tau}\mathrm{d}\tau\\&=A\left.\frac{\mathrm{e}^{(\beta-\mathrm{j}\omega)\tau}}{\beta-\mathrm{j}\omega}\right|_{-\infty}^{0}+A\left.\frac{\mathrm{e}^{-(\beta+\mathrm{j}\omega)\tau}}{-(\beta+\mathrm{j}\omega)}\right|_{0}^{\infty}\\&=A\left[\frac{1}{\beta-\mathrm{j}\omega}+\frac{1}{\beta+\mathrm{j}\omega}\right]\\&=\frac{2A\beta}{\beta^2+\omega^2}\end{aligned}$$

计算出来的结果示于图 3.4.3(b)。

3.5 窄带随机过程

一个平稳过程,若它的功率谱带宽为有限值,那么称它为限带过程。在电子通信系统中所遇到的随机过程几乎都是限带过程。例如,无线广播系统中的中频信号及噪声。在限带过程中,根据其功率谱分布区域不同,又可分为低通过程(图 3.5.1(a))和带通过程(图 3.5.1(b))两大类。若带通过程中,满足 $\Delta\omega \ll \omega_c$,则称之为高频窄带随机过程,简称窄带随机过程。它是通信系统中非常重要的一种随机过程,本节来详细学习它的分析方法。

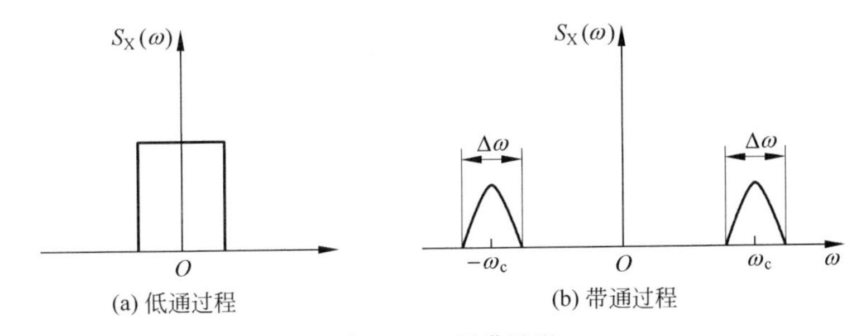

图 3.5.1 限带过程

3.5.1 基本概念

具体地,若平稳随机过程 $X(t)$的功率谱密度 $S_X(\omega)$满足下式:

$$S_X(\omega)=\begin{cases}S_X(\omega) & \omega_c-\Delta\omega/2 \leqslant |\omega| \leqslant \omega_c+\Delta\omega/2 \\ 0 & \text{其他}\end{cases} \tag{3.5.1}$$

波形的频带宽度为 $\Delta\omega$,中心频率为 ω_c,且 $\Delta\omega \ll \omega_c$,则称其为高频窄带随机过程。简称窄带随机过程。图 3.5.1(b)是典型窄带随机过程的功率谱密度图示。

在通信、雷达等系统中,常常用一个宽平稳随机过程去激励一个窄带滤波器,这样在滤波器的输出端得到的就是一个窄带随机过程。若用一个示波器来观测此波形,则可看到,它接近于一个正弦波,但此正弦波的幅度和相位都在缓慢地随机变化,如图 3.5.2 所示。如何来理解这两个“缓慢变化”呢?

假如不将频带搬移到高频处,那么“窄带”之所以为窄,可以理解为低频分量。而低频分量在时域上就意味着缓慢变化(高频就意味着快速变化)。现在假设我们利用调制将频带搬移到高频处:如果是调幅(数学上可以表示为 $a(t)\cos\omega_c t$),即调制载波的幅度,那么这个缓慢变化就表现为载波幅度的“缓慢变化”;如果是调相(可表示为 $\cos[\omega_c t+\varphi(t)]$),即调制载波的相位,那么这个缓慢的变化就表现为相位的“缓慢变化”。归根到底,“缓慢变化”之所以缓慢是因为其变化的频率一定远远小于载波 ω_c 的频率。下面将从数学表达上证明这个缓慢变化。

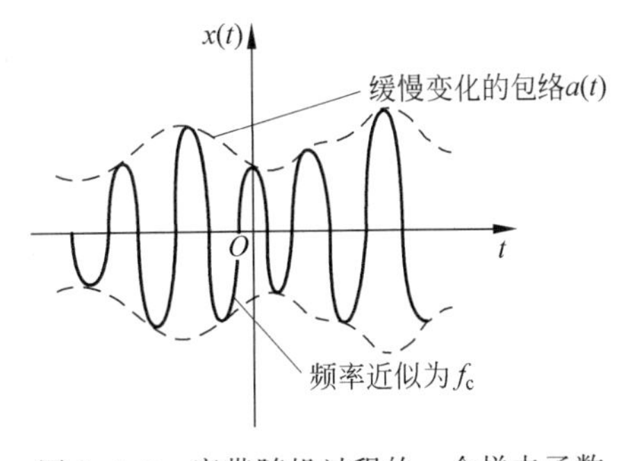

图 3.5.2 窄带随机过程的一个样本函数

3.5.2 窄带随机过程的数学表示

1. 同相-正交表示法(莱斯表达式)

可以证明(参见朱华撰写的《随机信号分析》),任何一个实平稳窄带随机过程 $X(t)$都可以表示为

$$X(t)=X_c(t)\cos(\omega_c t)-X_s(t)\sin(\omega_c t) \tag{3.5.2}$$

其中,$X_c(t)$和 $X_s(t)$是两个随机过程,通常称之为同相分量和正交分量,称这种表示法为同相-正交表示法或莱斯(Rice)表达式。

由希尔伯特(Hilbert)变换,可以将两分量表示为:

$$\begin{aligned}X_c(t)&=X(t)(\cos\omega_c t)+\hat{X}(t)(\sin\omega_c t)\\X_s(t)&=-X(t)(\sin\omega_c t)+\hat{X}(t)(\cos\omega_c t)\end{aligned} \tag{3.5.3}$$

其中,$\hat{X}(t)$是 $X(t)$的希尔伯特变换。

2. 包络相位表示法(准正弦振荡)

窄带随机过程还可以仿照高频窄带信号的表示方法,表示成为

$$X(t)=A_X(t)\cos[\omega_c t+\varphi_X(t)],A_X(t)\geqslant 0 \tag{3.5.4}$$

其中,ω_c 是固定值,通常是窄带随机过程的中心频率或称载波频率。式中幅度 $A_X(t)\geqslant 0$ 并不是必需的条件,而是对幅度的一个假设,它和相位 $\varphi_X(t)$都是慢变化的随机过程,因此我们常称幅度为包络。采用其包络函数和随机相位函数来表示随机过程,简称为包络相位表示法或准正弦振荡表示。

3. 同相分量、正交分量和包络、相位的关系

利用希尔伯特变换,不难得出以下关系式

$$X_c(t)=A_X(t)\cos\varphi_X(t) \tag{3.5.5}$$

$$X_s(t)=A_X(t)\sin\varphi_X(t) \tag{3.5.6}$$

$$A_X(t)=\sqrt{X_c^2(t)+X_s^2(t)} \tag{3.5.7}$$

$$\varphi_X(t)=\arctan[X_s(t)/X_c(t)] \tag{3.5.8}$$

可以用极坐标表示如图 3.5.3 所示,如果 $X_c(t)$、$X_s(t)$都是慢变化的过程,则 $A_X(t)$和 $\varphi_X(t)$也必定是慢变化的过程。

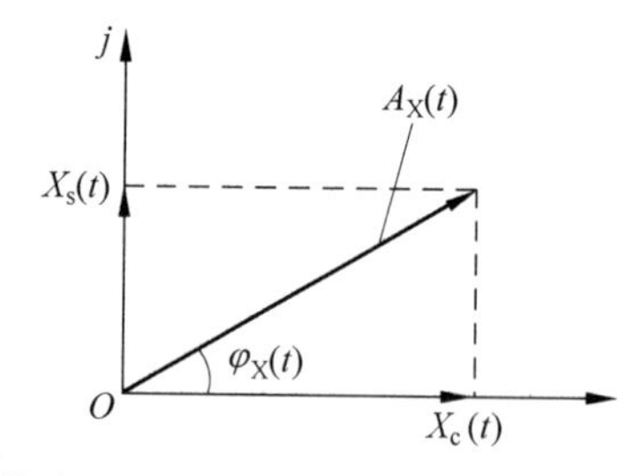

图 3.5.3 窄带随机过程的 $A_X(t)$、$\varphi_X(t)$和 $X_c(t)$、$X_s(t)$的关系

既然随机过程 $X(t)$可以分别由以上四个随机过程表示,可知 $X(t)$的统计特性可以由 $X_c(t)$、$X_s(t)$、$A_X(t)$和 $\varphi_X(t)$的统计特性决定。那么,已知 $X(t)$的统计特性,如何确定 $X_c(t)$、$X_s(t)$、$A_X(t)$和 $\varphi_X(t)$的统计特性?下面我们围绕这四个量来学习一个典型窄带过

程——零均值、平稳高斯窄带随机过程的统计特性。

3.5.3 零均、平稳高斯窄带过程的统计特性

假设 $X(t)$为零均值、平稳高斯窄带随机过程,则具有以下的一些统计特性。

1. 正交分量 $X_s(t)$和同相分量 $X_c(t)$的统计特性

(1) 都是高斯随机过程

利用式(3.5.3),同时根据希尔伯特变换的线性变换特性,容易证明,由于 $X(t)$是高斯过程,则 $X_s(t)$和 $X_c(t)$都是高斯随机过程。

(2) 均值皆为零

$$E[X(t)]=E[X_c(t)]\cos\omega_c t-E[X_s(t)]\sin\omega_c t \tag{3.5.9}$$

因为假设零均值,说明对于任意时刻 t 都有 $E[X(t)]=0$。所以可以得到两分量均值都为0,即

$$E[X_c(t)]=E[X_s(t)]=0 \tag{3.5.10}$$

(3) 都是广义平稳随机过程

根据平稳过程自相关函数定义和式(3.5.9),可得

$$\begin{aligned}R_X(\tau)&=R_X(t,t+\tau)=E[X(t)X(t+\tau)]\\&=E[X_c(t)X_c(t+\tau)]\cos\omega_c t\cos\omega_c(t+\tau)\\&\quad-E[X_c(t)X_s(t+\tau)]\cos\omega_c t\sin\omega_c(t+\tau)\\&\quad-E[X_s(t)X_c(t+\tau)]\sin\omega_c t\cos\omega_c(t+\tau)\\&\quad+E[X_s(t)X_s(t+\tau)]\sin\omega_c t\sin\omega_c(t+\tau)\end{aligned} \tag{3.5.11}$$

可以进一步简化如下

$$\begin{aligned}R_X(\tau)&=R_{X_c}(t,t+\tau)\cos\omega_c t\cos\omega_c(t+\tau)\\&\quad-R_{X_cX_s}(t,t+\tau)\cos\omega_c t\sin\omega_c(t+\tau)\\&\quad-R_{X_sX_c}(t,t+\tau)\sin\omega_c t\cos\omega_c(t+\tau)\\&\quad+R_{X_s}(t,t+\tau)\sin\omega_c t\sin\omega_c(t+\tau)\end{aligned} \tag{3.5.12}$$

既然 $X(t)$为零均值,平稳的随机过程,则其自相关函数与具体的时间无关。因此若令 $t=0$(则 $\sin\omega_c t=0$),式(3.5.12)仍应成立。有下式

$$\begin{aligned}R_X(\tau)&=[R_{X_c}(t,t+\tau)]\big|_{t=0}\cos\omega_c\tau\\&\quad-[R_{X_cX_s}(t,t+\tau)]\big|_{t=0}\sin\omega_c\tau\end{aligned} \tag{3.5.13}$$

若要此式仅与时间间隔 τ 有关,则要求下式恒等

$$\begin{aligned}R_{X_c}(t,t+\tau)&=R_{X_c}(\tau)\\R_{X_cX_s}(t,t+\tau)&=R_{X_cX_s}(\tau)\end{aligned} \tag{3.5.14}$$

因此得出 $t=0$ 时,下式成立

$$R_X(\tau)=R_{X_c}(\tau)\cos\omega_c\tau-R_{X_cX_s}(\tau)\sin\omega_c\tau \tag{3.5.15}$$

同理可以得出 $t=\pi/2\omega_c$ 时,下式成立

$$R_X(\tau)=R_{X_s}(\tau)\cos\omega_c\tau+R_{X_sX_c}(\tau)\sin\omega_c\tau \tag{3.5.16}$$

由随机过程的正交分量和同相分量的统计特性知,均值为零,自相关函数仅与时间间隔有关,可见,零均值平稳随机过程 $X(t)$其正交分量 $X_s(t)$和同相分量 $X_c(t)$也是广义平

稳的。

(4) 其他主要性质

利用式(3.5.3),还能证明正交分量和同相分量的一些重要性质,这里由于篇幅关系,只给出结论,有兴趣的读者可以参考相关文献。

$$R_{X_c}(0)=R_{X_s}(0)=R_X(0) \tag{3.5.17}$$

或

$$E[X^2(t)]=E[X_c^2(t)]=E[X_s^2(t)] \tag{3.5.18}$$

$$\sigma_{X_c}^2=\sigma_{X_s}^2=\sigma_X^2 \tag{3.5.19}$$

$$R_{X_cX_s}(\tau)=-R_{X_sX_c}(\tau) \tag{3.5.20}$$

$$R_{X_cX_s}(\tau)=-R_{X_cX_s}(-\tau) \tag{3.5.21}$$

$$R_{X_cX_s}(0)=0(\text{互相关函数为 }0) \tag{3.5.22}$$

即,在同一时刻,正交分量 $X_s(t)$和同相分量 $X_c(t)$互不相关。

结论 1 一个均值为零的窄带平稳高斯过程,它的正交分量 $X_s(t)$和同相分量 $X_c(t)$也是广义平稳高斯过程,且其均值都为零,方差也相同。另外,同时刻的 $X_s(t)$和 $X_c(t)$互不相关或统计独立。

2. 包络 $A_X(t)$和相位 $\varphi_X(t)$一维分布函数

我们知道,利用 $X_c(t)$、$X_s(t)$、$A_X(t)$和 $\varphi_X(t)$之间的关系,可以由(X_s,X_c)的二维概率密度 $f(X_s,X_c)$求出(A_X,φ_X)的二维概率密度函数。进而再通过边沿概率密度来推导出 $A_X(t)$、$\varphi_X(t)$的一维概率密度。

(1) (X_s,X_c)的二维概率密度 $f(X_s,X_c)$

由 $X_s(t)$和 $X_c(t)$在同一时刻相互独立,且服从高斯分布,可得出

$$\begin{aligned}f(X_s,X_c)&=f(X_s)\cdot f(X_c)\\&=\frac{1}{2\pi\sigma_X^2}\exp\left(-\frac{X_s^2+X_c^2}{2\sigma_X^2}\right)\\&=\frac{1}{2\pi\sigma_X^2}\exp\left(-\frac{A_X^2}{2\sigma_X^2}\right)\end{aligned} \tag{3.5.23}$$

(2) (A_X,φ_X)的二维概率密度 $f(A_X,\varphi_X)$

根据 $X_s(t)$、$X_c(t)$与 $A_X(t)$、$\varphi_X(t)$的关系及概率论知识,可得到 $A_X(t)$、$\varphi_X(t)$的二维分布函数密度。

$$f(A_X,\varphi_X)=f(X_s,X_c)\cdot|J|=\frac{A_X}{2\pi\sigma_X^2}\exp\left(-\frac{A_X^2}{2\sigma_X^2}\right) \tag{3.5.24}$$

其中 J 为雅可比因子,$|J|=\begin{vmatrix}\dfrac{\partial X_c}{\partial A_X} & \dfrac{\partial X_s}{\partial A_X}\\ \dfrac{\partial X_c}{\partial \varphi_X} & \dfrac{\partial X_s}{\partial \varphi_X}\end{vmatrix}=\begin{vmatrix}\cos\varphi_X & \sin\varphi_X\\ -A_X\sin\varphi_X & A_X\cos\varphi_X\end{vmatrix}=A_X$

(3) 包络 $A_X(t)$和相位 $\varphi_X(t)$一维分布函数

根据边际分布知识,可分别求得包络和相位的一维分布函数 $f(A_X)$和 $f(\varphi_X)$。

$$f(A_X)=\int_{-\infty}^{+\infty}f(A_X,\varphi_X)\mathrm{d}\varphi_X=\frac{A_X}{\sigma_X^2}\exp\left[-\frac{A_X^2}{2\sigma_X^2}\right]\quad(A_X\geqslant 0) \tag{3.5.25}$$

式(3.5.25)给出了包络 $A_X(t)$ 的一维概率密度函数，通常称之为瑞利(Rayleigh)分布，如图 3.5.4。

$$f(\varphi_X)=\int_{-\infty}^{+\infty}f(A_X,\varphi_X)\mathrm{d}A_X=\frac{1}{2\pi}\quad(0\leqslant\varphi_X\leqslant 2\pi)\tag{3.5.26}$$

随机相位在(0,2π)区间呈均匀分布。

此外，由式(3.5.24)～式(3.5.26)还容易得出，在同一时刻 t，包络和相位相互独立，或者说就一维分布而言，包络 $A_X(t)$ 和相位 $\varphi_X(t)$ 统计独立。但注意，这不意味着随机过程 $A_X(t)$ 和 $\varphi_X(t)$ 相互独立。

结论 2　一个均值为零，方差为 σ_X^2 的平稳高斯窄带随机过程，其包络 $A_X(t)$ 的一维分布服从瑞利分布，而其相位 $\varphi_X(t)$ 的一维分布服从均匀分布，且就一维分布而言两者统计独立。

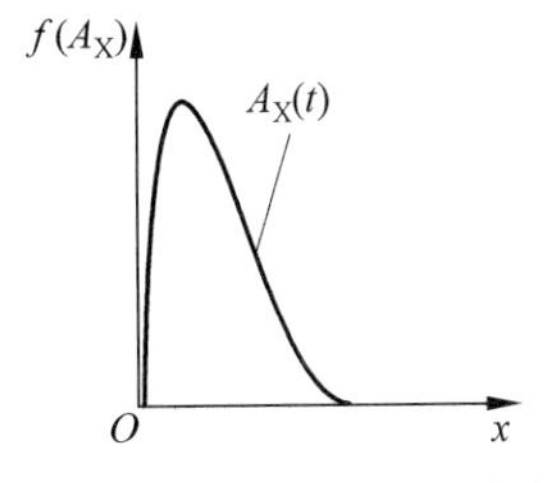

图 3.5.4　包络的一维概率密度符合瑞利分布

3.5.4　正弦波加窄带高斯过程

在通信系统中，正弦波加窄带高斯噪声是经常碰到的情况，本小节来讨论这种情况下的随机过程的概率分布特性。

1. 数学表示式

设被考查的混合信号形式如下：

$$\begin{aligned}r(t)&=A\cos(\omega_c t-\theta)+n(t)\\&=[A\cos\theta+x(t)]\cos\omega_c t-[x(t)\sin\theta+y(t)]\sin\omega_c t\\&=z\cos(\omega_c t+\varphi)\end{aligned}\tag{3.5.27}$$

其中，$n(t)=x(t)\cos\omega_c t-y(t)\sin\omega_c t$ 表示零均值窄带高斯噪声；θ 在(0,2π)区间内均匀分布；z 为包络随机变量；φ 为相位随机变量。利用上节的方法，可以得出以下结论。

2. 分布特性

(1) 包络的概率密度

$$f(z)=\frac{z}{\sigma^2}\exp\left[-\frac{1}{2\sigma^2}(z^2+A^2)\right]I_0\left(\frac{Az}{\sigma^2}\right),\quad(z\geqslant 0)\tag{3.5.28}$$

这个概率密度函数称为**广义瑞利分布**，也称莱斯密度函数。若 $A=0$，则式(3.5.28)就是式(3.5.25)的**瑞利分布**，此时 $r(t)$ 不含有正弦波，只有窄带高斯噪声。

(2) 相位的概率密度

以相位 θ 为条件的相位 φ 的**概率密度**为 $f(\varphi/\theta)$

$$f(\varphi/\theta)=\frac{1}{2\pi}\mathrm{e}^{-\gamma}\left[1+2\sqrt{\pi\gamma}\cos\varphi\cdot\Phi(\sqrt{2\gamma}\cos\varphi)\exp(\gamma\cos^2\varphi)\right]\tag{3.5.29}$$

式中，$\gamma=\dfrac{A^2}{2\sigma^2}$，是信号平均功率与高斯窄带过程的平均功率之比。

图 3.5.5 绘出了特定 $A^2/2\sigma^2$ 下 $f(z)$ 及 $f(\varphi/\theta)$ 曲线。可见 $r(t)$ 的包络和相位变化大致规律：

① $f(z)$ 随着其信噪比 γ 的增加，逐步从瑞利分布($\gamma=0$)到广义瑞利分布，再趋向正态分布($\gamma\gg 1$)；而且其包络可能的取值也逐步增大，即曲线右移。

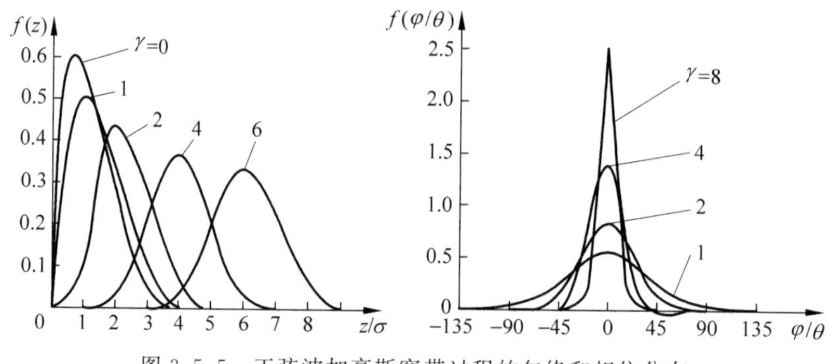

图 3.5.5 正弦波加高斯窄带过程的包络和相位分布

② $f(\varphi/\theta)$随着其信噪比 γ 的增加,其相位随机变量变化范围愈来愈小,并逐步趋近于零相位(即信号本身的相位),而当 $\gamma \to 0$ 时其趋近于均匀分布。

从以上分析可见,增大信噪比,可以减小噪声对信号包络和相位的干扰影响。

3.5.5 宽带过程——白噪声

随机过程通常可按它的概率密度和功率谱密度的函数形式来分类。就概率密度而言,前面学习过的高斯分布(正态分布)的随机过程占有重要的地位;就功率谱密度而言,则是具有均匀功率谱密度的白噪声非常重要。此外,从频带的角度说,白噪声又是相对于窄带过程的一种宽带过程,本小节就来学习它的特性。

1. 理想白噪声

在 3.4.3 节的例 3.2 中已经提到过白噪声的概念,即一种零均值的平稳随机过程,其功率谱密度在整个频域内都是均匀分布的噪声,被称为白噪声。并且已经求得了它的功率谱密度 $S_X(\omega)$和自相关函数 $R(\tau)$,通常其 $S_X(\omega)$和 $R(\tau)$可表示为

$$S_X(\omega) = \frac{n_0}{2} \ (\text{W/Hz}) \tag{3.5.30}$$

$$R(\tau) = \frac{n_0}{2}\delta(\tau) \tag{3.5.31}$$

由图 3.4.2 可见,白噪声的自相关函数仅在 $\tau=0$ 时才不为零;对于其他时刻都为零。这意味着,白噪声只在 $\tau=0$ 才相关,而在其他任意时刻上的随机变量都是不相关的。我们把满足以上条件的白噪声称为**理想白噪声**。

根据其定义,理想白噪声的均方值为无限大。而物理上存在的随机过程,其均方值总是有限的。在实际工作中,当所研究的随机过程通过某一系统时,只要过程的功率谱密度在一个比系统带宽大得多的频率范围内近似均匀分布,就可以把它作为白噪声来处理。电子设备中的许多起伏过程都可以认为是白噪声,如电阻热噪声、晶体管的散粒噪声等。

2. 带限白噪声

带限白噪声是另外一个常用的概念。若一个具有零均值的平稳随机过程 $X(t)$,其功率谱密度在某一个有限频率范围内均匀分布,而在此范围外为零,则称这个过程为带限白噪声。

当白噪声被限制在$(-f_0, f_0)$之内,则称为低通型带限白噪声,即

$$S_X(\omega)=\begin{cases} n_0/2 & (|f|<f_0) \\ 0 & 其他 \end{cases} \tag{3.5.32}$$

其自相关函数为

$$R(\tau)=2f_0\frac{n_0}{2}\frac{\sin\omega_0\tau}{\omega_0\tau} \tag{3.5.33}$$

式中，$\omega_0=2\pi f_0$。如图3.5.6可见，带限白噪声只有在$k/2f_0(k=1,2,3,\cdots)$上得到的随机变量才不相关。

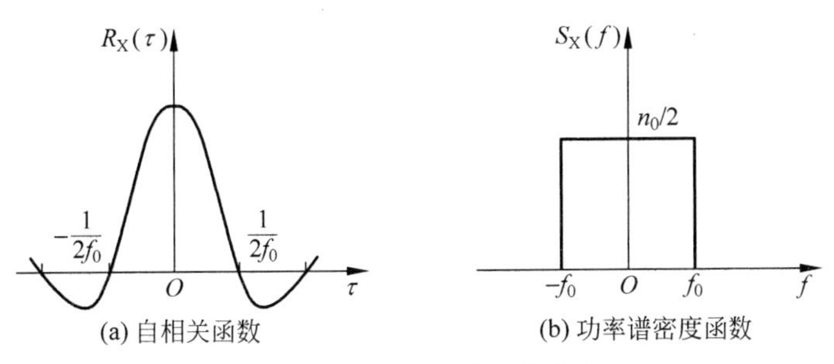

图3.5.6 低通型带限白噪声

对于带通型带限白噪声，请读者自己去学习。

3.6 随机过程通过线性系统

通常把各种电子系统分为线性和非线性系统两大类，有关非线性的内容不属于本书的范畴，这里就不作讲述了。本节将要学习的是随机过程通过线性系统的分析。线性系统分析的中心问题是给定一个输入信号求输出响应。对于确定性信号输入的情况，我们已经在其他课程中进行了详细地学习，通常可以得到响应和输出的明确表达式。而对于随机信号而言，要想得到明确的输出的表达式是不大可能的。不过通过前面的学习我们已经知道，对于随机过程来说，我们可以很方便地通过其相关函数、功率谱密度等统计特性来描述。因此，本节要研究的就是如何根据输入随机信号的统计特性和该系统的传递特性，来确定系统输出的统计特性。首先我们先来简单回顾一下有关确定信号线性系统分析的内容。

3.6.1 线性系统分析（简单回顾）

以连续时不变线性系统为例，设$x(t)$是连续时不变线性系统的输入，则系统输出$y(t)$由卷积积分得到

$$y(t)=\int_{-\infty}^{+\infty}x(t-\tau)h(\tau)\mathrm{d}\tau=\int_{-\infty}^{+\infty}x(\tau)h(t-\tau)\mathrm{d}\tau=x(t)*h(t) \tag{3.6.1}$$

式中，$h(t)$是单位冲激函数$\delta(t)$作用于系统后的输出，称为系统的单位冲激响应。

如果存在

$$x(t)\Leftrightarrow X(\omega)=\int_{-\infty}^{+\infty}x(t)\mathrm{e}^{-\mathrm{j}\omega t}\mathrm{d}\omega$$

$$h(t)\Leftrightarrow H(\omega)=\int_{-\infty}^{+\infty}h(t)\mathrm{e}^{-\mathrm{j}\omega t}\mathrm{d}\omega \tag{3.6.2}$$

则称该系统是稳定的。$H(\omega)$称作系统的传递函数,它与$h(t)$是一对傅里叶变换对。

则有系统输出满足

$$y(t) \Leftrightarrow Y(\omega)=H(\omega)\cdot X(\omega) \tag{3.6.3}$$

考虑系统是物理可实现的,即因果系统,则式(3.6.1)可写为

$$y(t)=\int_0^{\infty} x(t-\tau)h(\tau)\mathrm{d}\tau=\int_{-\infty}^{t} x(\tau)h(t-\tau)\mathrm{d}\tau \tag{3.6.4}$$

3.6.2 平稳随机过程通过线性系统

可以证明,随机过程通过线性系统时,在给定系统的条件下,输出均值、相关函数及功率谱密度仅取决于输入均值、相关函数及功率谱密度,而与输入信号的其他统计特性无关。设输入是平稳随机过程$X(t)$,下面我们来分析系统的输出过程$Y(t)$的统计特性——数学期望、方差、相关函数和功率谱密度函数以及输出过程的概率分布。

1. 输出过程

具体地,由式(3.6.4)假设稳定的线性系统输入的是随机过程的一个实现(某个实验结果的一个样本函数)$x_i(t)$,则必将得到一个系统响应$y(t)$。我们可以将其看作是输出随机过程$Y(t)$的一个实现。则可以得到

$$Y(t)=\int_0^{\infty} X(t-\tau)h(\tau)\mathrm{d}\tau=h(t)*X(t) \tag{3.6.5}$$

对于具有有界随机输入信号的连续系统,式(3.6.5)可以确定其输出过程。

2. 输出均值——数学期望

由式(3.6.5),容易得出

$$\begin{aligned} m_{\mathrm{Y}}(t) &= E[Y(t)]=E\left[\int_0^{\infty} X(t-\tau)h(\tau)\mathrm{d}\tau\right] \\ &= \int_0^{\infty} E[X(t-\tau)]h(\tau)\mathrm{d}\tau \\ &= h(t)*E[X(t)] \\ &= h(t)*m_{\mathrm{X}}(t) \end{aligned} \tag{3.6.6}$$

又因为根据平稳性假设,有$E[X(t-\tau)]=E[X(t)]$,再者

$$H(0)=H(\omega)\big|_{\omega=0}=\int_0^{\infty} h(\tau)\mathrm{d}\tau \tag{3.6.7}$$

所以

$$m_{\mathrm{Y}}(t)=m_{\mathrm{X}}(t)\cdot H(0) \tag{3.6.8}$$

可见,输出过程的数学期望与t无关。

3. 输出的自相关函数

根据自相关函数的定义,以及输入过程的平稳性假设,容易求出

$$\begin{aligned} R_{\mathrm{Y}}(t_1,t_1+\tau) &= E[Y(t_1)Y(t_1+\tau)] \\ &= E\left[\int_0^{\infty} h(\alpha)X(t_1-\alpha)\mathrm{d}\alpha\int_0^{\infty} h(\beta)X(t_1+\tau-\beta)\mathrm{d}\beta\right] \\ &= \int_0^{\infty}\int_0^{\infty} h(\alpha)h(\beta)E[X(t_1-\alpha)X(t_1+\tau-\beta)]\mathrm{d}\alpha\,\mathrm{d}\beta \end{aligned}$$

$$
\begin{aligned}
&= \int_0^{\infty}\int_0^{\infty} h(\alpha)h(\beta)R_X(\tau+\alpha-\beta)\mathrm{d}\alpha\,\mathrm{d}\beta \\
&= R_X(\tau) * h(\tau) * h(-\tau) \\
&= R_Y(\tau)
\end{aligned}
\tag{3.6.9}
$$

可见，输出过程的自相关函数仅与时间间隔有关。所以，平稳随机过程通过因果线性时不变系统的输出过程也是平稳的。

4. 输出的功率谱密度

利用维纳-辛钦公式和式(3.6.9)，以及傅里叶变换的频域卷积定理，容易求得

$$
S_Y(\omega) = S_X(\omega)H(\omega)H(-\omega) = |H(\omega)|^2 S_X(\omega) \tag{3.6.10}
$$

式中，$H(\omega)$是系统的传输函数，其幅频特性的平方$|H(\omega)|^2$称为系统的功率传输函数。这个结论非常重要，今后在通信系统性能分析中会经常用到。

5. 高斯输入过程的输出过程的分布

在3.3.5节讲解高斯过程中，我们曾经提到高斯过程具有这样的性质“高斯过程经过线性变换(或通过线性系统)后的过程仍是高斯过程”。本书不对此作出证明，详细的证明请参见文献(朱华撰写的《随机信号分析》)。这里需要特别指出的是，线性变换前后虽然保持了随机过程的高斯特性，但它们的一、二阶矩均发生了变化，不再与输入相同。

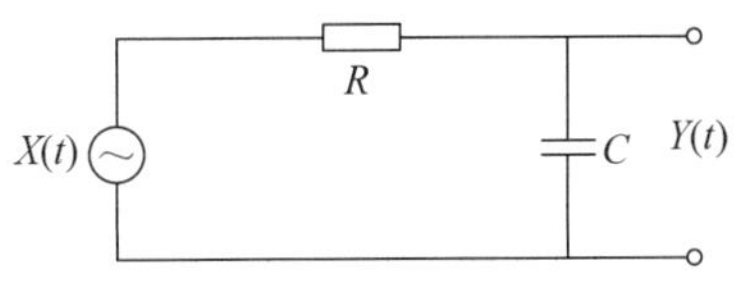

图 3.6.1 RC 低通滤波器

例 3.4 试求功率谱密度为$S_X(\omega)=n_0/2$的白噪声通过图3.6.1所示的RC低通滤波器后的功率谱密度$S_Y(\omega)$、自相关函数$R_Y(\tau)$及噪声功率P_Y。

解 已经该电路的传输函数为

$$
H(\omega)=\frac{b}{b+\mathrm{j}\omega},\quad b=\frac{1}{RC}
$$

则电路的功率传输函数为

$$
|H(\omega)|^2=\frac{b^2}{b^2+\omega^2}
$$

由式(3.6.10)可得，输出功率谱密度为

$$
S_Y(\omega)=|H(\omega)|^2 S_X(\omega)=\frac{n_0 b^2}{2(b^2+\omega^2)}
$$

由维纳-辛钦公式可得出输出自相关函数为

$$
R_Y(\tau)=\frac{1}{2\pi}\int_{-\infty}^{+\infty} S_Y(\omega)\mathrm{e}^{\mathrm{j}\omega\tau}\mathrm{d}\omega=\frac{n_0 b}{4}\mathrm{e}^{-b|\tau|}
$$

噪声功率，即输出过程的平均功率为

$$
P_Y=R_Y(0)=\frac{n_0 b}{4}\mathrm{e}^{-b|0|}=\frac{n_0 b}{4}
$$

上例中利用功率谱密度的关系来分析的方法称为**频域分析法**。本例也可以采用**时域分析法**，即根据已知的功率谱密度求出输入噪声的自相关函数，然后利用式(3.6.9)求得输出端的自相关函数，最后类似地，利用维纳-辛钦公式也可以求出输出的功率谱密度和总的平均功率，读者可以自行去求解，结果与上面给出的结果是相同的。当然，本例中时域分析法显然没有频域分析法简便。实际中，两种方法在不同的情况下各有优势，要根据具体情况具体分析。

*3.7 马尔可夫(Markov)过程

马尔可夫过程是电子通信系统中最常见到的一种随机过程,它在信息处理、自动控制、近代物理、计算机科学以及公用事业等很多方面都有非常重要的应用,例如常常提到的泊松过程和维纳过程就是两种特殊的马尔可夫过程。本节将简要介绍其基本概念,包括定义和特性。然后以实际应用中的例子来学习有关马尔可夫过程。

3.7.1 基本概念

马尔可夫过程是一种无后效的随机过程。所谓**无后效性**是指,当过程在时刻 t_m 所处的状态为已知时,过程在大于 t_m 的时刻所处状态的概率特性只与过程 t_m 时刻所处的状态有关,而与过程在 t_m 时刻以前的状态无关。又称这种特性为**马尔可夫性**。

例如,电话交换站在 t 时刻前来到的呼叫数 $X(t)$(即时间$[0,t]$内来到的呼叫次数)是一个随机过程。已知现在 t_m 时刻以前的呼叫次数,未来时刻 $t(t>t_m)$前来到的呼叫数只依赖于 t_m 时刻以前的呼叫次数,而$[t_m,t]$内来到的呼叫数与 t_m 时刻以前的呼叫次数相互独立。因此,$X(t)$具有无后效性,属于一种马尔可夫过程。

马尔可夫过程按照参数集和状态空间(值域)的情况一般可分为四大类:时间离散、状态连续的马尔可夫过程称为**马尔可夫序列**;时间离散、状态离散的马尔可夫过程,通常称之为**马尔可夫链**,简称马氏链;时间连续、状态离散的马尔可夫过程称为**可列马尔可夫**过程;时间连续、状态连续的称为马尔可夫过程。上面的例子就是一种可列马尔可夫过程,而物理上熟知的布朗运动(Brown)则属于最后一种马尔可夫过程。下面我们对其中应用最广泛的马尔可夫序列和马氏链进行介绍。其他内容请参考相关文献。

3.7.2 马尔可夫序列

1. 定义

设随机变量序列 $X_1,X_2,\cdots,X_n$ 是随机过程 $X(t)$在 t 为整数时刻的采样值,则有如下定义。

定义 若对于任意的 n,有

$$F_X(x_n \mid x_{n-1},x_{n-2},\cdots,x_1)=F_X(x_n \mid x_{n-1}) \tag{3.7.1}$$

即,如果在条件 $x_{n-1},x_{n-2},\cdots,x_1$ 之下,x_n 的条件分布等于仅在条件 x_{n-1} 之下 x_n 的条件分布,则称此随机变量序列为马尔可夫序列。这一分布函数常被称为转移分布。

2. 性质

① 马尔可夫的子序列仍为马尔可夫序列。

② 一个马尔可夫序列,按其反序列组成的逆序列仍为马尔可夫序列。

③ 由定义式(3.7.1),有

$$E[X_n \mid x_{n-1},x_{n-2},\cdots,x_1]=E(X_n \mid x_{n-1}) \tag{3.7.2}$$

④ 在一个马尔可夫序列中,我们可以说,若现在已知,则未来和过去无关。

⑤ 马尔可夫序列的概念可以推广。满足式(3.7.1)的序列为1重马尔可夫序列,而对任意 n 满足

$$F_X(x_n \mid x_{n-1}, x_{n-2}, \cdots, x_1) = F_X(x_n \mid x_{n-1}, x_{n-2}) \tag{3.7.3}$$

的序列称为 2 重马尔可夫序列。依此类推,可以得到多重马尔可夫序列。

⑥ 一个马尔可夫序列的转移概率密度满足

$$f_X(x_n \mid x_s) = \int_{-\infty}^{+\infty} f_X(x_n \mid x_r) f_X(x_r \mid x_s) \mathrm{d}x_r \tag{3.7.4}$$

其中,$n > r > s$ 为任意整数。此式就是著名的切普曼-柯尔莫哥洛夫(Chapman-Kolmogorov)方程。

3.7.3 马尔可夫链

1. 定义

定义 假定随机过程 $X(t)$在每个时刻 $t_n(n=1,2,\cdots)$的采样为 $X_n=X(t_n)$,X_n 所可能取的状态为 $a_1,a_2,\cdots,a_N$ 之一,而且过程只在 $t_1,t_2,\cdots,t_n$ 时刻发生状态转移。在这一情况下,若过程在时刻 t_{m+k} 变成任一状态 $a_{i(m+k)}$ 的概率,只与过程在 t_m 时刻的状态有关,而与过程在 t_m 时刻以前的状态无关,可用公式表示为

$$\begin{aligned} & P\{X_{m+k} = a_{i_{m+k}} \mid X_m = a_{i_m}, X_{m-1} = a_{i_{m-1}}, \cdots, X_1 = a_{i_1}\} \\ & = P(X_{m+k} = a_{i_{m+k}} \mid X_m = a_{i_m}) \end{aligned} \tag{3.7.5}$$

则称此随机过程为马尔可夫链,简称马氏链。实际上,它是状态离散的随机序列 X_n。

2. 马氏链的转移概率及其矩阵

式(3.7.5)中右边条件概率形式为

$$p_{ij}(m, m+k) = P\{X_{m+k} = a_j \mid X_m = a_i\} \tag{3.7.6}$$

即我们以 $p_{ij}(m,m+k)$表示马氏链"在 t_m 时刻出现 $X_m=a_i$ 条件下,t_{m+k} 时刻出现 $X_{m+k}=a_j$ 的条件概率"。式中,$i,j=1,2,\cdots,N$;m,k 皆为正整数。我们称 $p_{ij}(m,m+k)$为马氏链的转移概率。

一般而言,$p_{ij}(m,m+k)$不仅依赖于 i、j、k,而且依赖于 m。如果 $p_{ij}(m,m+k)$与 m 无关,则称之为齐次马尔可夫链,或者时齐马氏链。这种马氏链的状态转移概率仅与转移的出发状态 i、转移步数 k、转移到达状态 j 有关,而与转移的起始时刻 m 无关。此时,k 步转移概率可记为 $p_{ij}(k)$。

当 $k=1$ 时,$p_{ij}(1)$称为一步转移概率,简记为 p_{ij}。

3.7.4 应用举例

例 3.5 在某数字通信系统中传递 0、1 两种信号,且传递要经过若干级。因为系统中有噪声,各级将会造成错误。若某级输入 0、1 数字信号后,其输出不产生错误的概率为 p(即各级正确传递信息的概率),产生错误的概率为 $q=1-p$,则该级输入状态和输出状态构成了一个两状态的马氏链,它的一步转移概率矩阵为

$$\boldsymbol{P} = \begin{bmatrix} p & q \\ q & p \end{bmatrix}$$

则二维转移概率矩阵为

$$\boldsymbol{P}(2) = (\boldsymbol{P})^2 = \begin{bmatrix} p & q \\ q & p \end{bmatrix} \begin{bmatrix} p & q \\ q & p \end{bmatrix} = \begin{bmatrix} p^2+q^2 & 2pq \\ 2pq & p^2+q^2 \end{bmatrix}$$

3.8 思考题

3.8.1 简述随机过程的基本概念,说明它和随机变量的关系。

3.8.2 试分析随机过程的数字特征,均值、方差、均方值和自相关函数之间的关系,并说明为什么数学期望和相关函数是随机过程的基本数字特征。

3.8.3 什么是平稳随机过程?广义和狭义如何区分?

3.8.4 说明平稳随机过程的自相关函数具有怎样的性质。

3.8.5 何谓各态历经性,它在实际工作中意义是什么?

3.8.6 什么是高斯噪声?什么是白噪声?什么是加性高斯白噪声?它们各自具有怎样的特点?

3.8.7 窄带随机过程有哪几种数学表达方式?彼此有什么关系?

3.8.8 什么是窄带高斯噪声?它的包络与相位各服从什么分布?在此噪声上叠加正弦波后,包络与相位又服从什么概率分布?

3.8.9 平稳随机过程通过线性系统时,输出随机过程和输入随机过程的功率谱密度之间有什么关系?

3.8.10 说明马尔科夫过程的无后效性,并举例说明其应用。

3.9 习题

3.9.1 已知随机过程 $X(t)$ 总共有两条样本曲线,$x_1(t)=a\cos\omega_1 t$,$x_2(t)=-a\cos\omega_2 t$。其中常数 $a>0$,且随机变量的概率 $P(\omega_1)=2/3$,$P(\omega_2)=1/3$,试求 $X(t)$ 的数学期望 $m_X(t)$ 和相关函数 $R_X(t_1,t_2)$。

3.9.2 为什么说各态历经过程一定是平稳过程?

3.9.3 试证明平稳过程自相关函数的性质。

3.9.4 试证明高斯过程的性质,即高斯过程广义平稳,则狭义平稳。

3.9.5 对热噪声 $X(t)$ 进行等时间间隔采样,便得到一个随机序列 $X(n)(n=0,\pm1,\pm2,\cdots)$,它具有如下性质:

① $|X(n)|$ 相互独立; ② $X(n)$ 服从 $N(0,\sigma^2)$ 分布。

试讨论序列 $X(n)$ 的平稳性。

3.9.6 已知平稳过程的功率谱密度如下:

$$S_X(\omega)=\frac{\omega^2+1}{\omega^4+10\omega^2+9}$$

求它的相关函数 $R_X(\tau)$ 和平均功率 $P_X(\omega)$。(提示:将 $S_X(\omega)$ 化解为部分分式后再求傅里叶反变换)

3.9.7 有一随机过程 $\zeta(t)$ 按概率 1/2、1/4、1/4 取常值 1、2、3。求 $\zeta(t)$ 的均值 $E[\zeta(t)]$、方差 $D[\zeta(t)]$、自相关函数 R_ζ 和平均功率 P。

3.9.8 已知随机过程 $X(t)=A\cos\omega_0 t+B\sin\omega_0 t$,式中 ω_0 为常数;A 与 B 是两个具有不同概率密度的独立的随机变量,且它们的均值为 0、方差为 σ^2。证明 $X(t)$ 是宽平稳的随机过程，而不是严平稳的随机过程。

3.9.9　若系统的输入 $X(t)$ 为平稳随机过程，系统的输出为 $Y(t)=X(t)+X(t-T)$（如图 3.9.1 所示）。试证明过程 $Y(t)$ 的功率谱密度为 $S_Y(\omega)=2S_X(1+\cos\omega T)$。

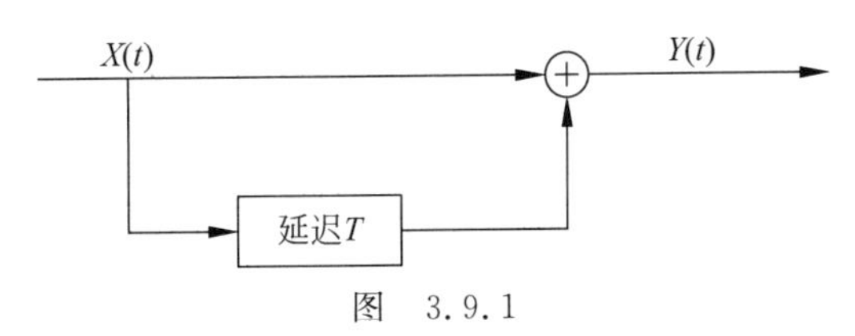

图　3.9.1

3.9.10　设式 $X(t)=a(t)\cos\omega_0 t-b(t)\sin\omega_0 t$ 所表示的窄带随机过程的功率谱密度 $S_X(f)$，如图 3.9.2 所示。若在 $S_X(f)$ 频带内分别选择 f_0 为 100Hz 和 98Hz。试求这两种情况下的 $a(t)$ 的 $S_a(f)$ 和 $R_a(\tau)$。

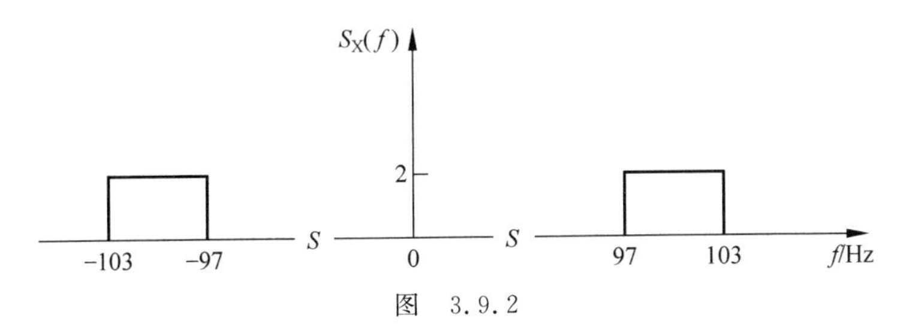

图　3.9.2

3.9.11　设某信号处理器方框图如图 3.9.3 所示，其输入为窄带平稳随机信号 $S(t)$。已知低通滤波器的宽带远小于窄带信号的中心频率，模数转换器 A/D 在 $t=nT$ 时刻进行采样，同相支路数字滤波器 $H(e^{j\omega})$ 的输入与其输出 $X(n)$ 之间的关系为：

$$w(n)=X(n)-2X(n-1)-X(n-2)$$

试求同相支路输出 $W(n)$ 的功率谱密度。

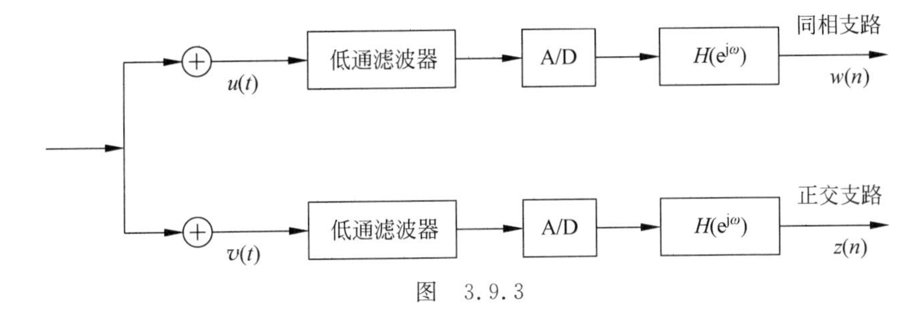

图　3.9.3

3.9.12　对于零均值、δ^2 方差的窄带平稳高斯过程为

$$X(t)=a(t)\cos\omega_0 t-b(t)\sin\omega_0 t=A\cos[\omega_0 t+\varphi(t)]$$

试证明包络 $A(t)$ 在任意时刻所给出的随机变量 A_t 的均值和方差分别为

$$E[A_t]=\sqrt{\frac{\pi}{2}}\delta,\quad \delta_{A_t}^2=\left(2-\frac{\pi}{2}\right)\delta$$

3.9.13　两个相互独立的随机电压信号 $X_1(t)$ 与 $X_2(t)$ 施加于如图 3.9.4 所示的 RC 网络上。已知 $S_{X_1}(\omega)=K$，$S_{X_2}(\omega)=\dfrac{2a}{a^2+\omega^2}$，假设电路中的电阻是无噪的，求系统输出自

相关函数 $R_Y(\tau)$和功率谱密度 $S_Y(\omega)$。

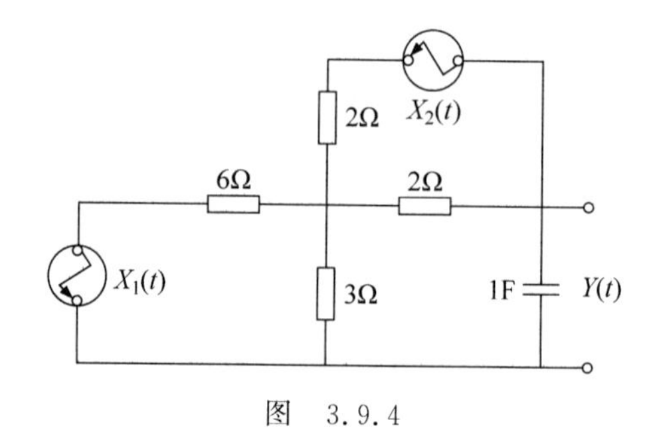

图 3.9.4

3.9.14 若电路如图 3.9.5 所示,已知输入白噪声 $X(t)$的单边功率谱密度为 $n_0/2$,试分别求图 3.9.5(a)和图 3.9.5(b)中输出 $Y(t)$的功率谱密度和自相关函数。

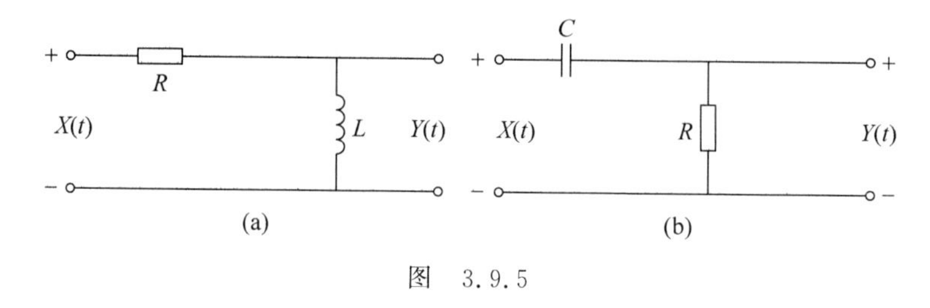

图 3.9.5

第4章 模拟调制系统

CHAPTER 4

4.1 引言

一般把由消息转换过来的原始电信号称为基带信号。通常基带信号不适合在大多数信道中直接传输。因此在发送端需要将基带信号的频谱搬移到适合信道传输的频率范围，而在接收端，再将它们搬回到原来的频率范围。这就需要由调制和解调来完成。

当模拟基带信号对高频正弦波的某个参量(幅度、频率或相位)进行控制，使这个参量按照基带信号的规律变化，称这个过程为模拟调制。被调制的高频正弦波起着运载原始信号的作用，称为载波。调制后得到的信号称为已调信号。显然，已调信号带有原始信号的信息。调制可分为线性调制和非线性调制。所谓线性调制是实现基带信号频谱的线性搬移，而非线性调制在实现频谱搬移过程中还会产生新的频率分量。幅度调制是线性调制，角度调制属于非线性调制。

调制在通信系统中具有十分重要的作用。通过调制，不仅可以搬移频谱，使之适合信道传输或实现多路复用，而且它对系统传输的有效性和可靠性有着很大的影响。可以说，所采用的调制方式往往就决定了一个通信系统的性能。

本章首先讨论了常见模拟调制解调的原理，并着重分析了它们的抗噪声性能，最后介绍了频分复用及多级调制的概念。

4.2 幅度调制原理

4.2.1 幅度调制的一般模型

高频载波的振幅随调制信号瞬时值而改变的过程叫作调幅。调幅的方法主要有：常规调幅(Amplitude Modulation，AM)、抑制载波的双边带调制(Double-Sideband Modulation of Suppressed-Carrier，DSB-SC)、单边带调制(Single Sideband Modulation，SSB)和残留边带调制(Vestigial Sideband Modulation，VSB)。设调制信号 $m(t)$ 的频谱为 $M(\omega)$，正弦载波为

$$s(t)=A\cos(\omega_c t+\varphi_0) \tag{4.2.1}$$

式中，A、ω_c、φ_0 分别是载波的幅度、角频率、初始相位。为方便起见，取载波振幅 $A=1$，载波初相位 $\varphi_0=0$。则幅度调制信号的时域表达式为

$$s_m(t)=m(t)\cos\omega_c t \tag{4.2.2}$$

对式(4.2.2)取傅里叶变换可得到已调信号 $s_m(t)$ 的频谱 $S_m(\omega)$，即

$$S_m(\omega)=\frac{1}{2}[M(\omega-\omega_c)+M(\omega+\omega_c)] \tag{4.2.3}$$

式(4.2.3)表明，幅度已调信号的波形幅度随基带信号的幅度成比例地变化，其频谱完全是基带信号频谱的简单搬移，即在频谱图上同时向左右移动了 ω_c，而频谱结构并没有变化。因此，这种幅度调制也称作线性调制。根据式(4.2.2)我们可以得到产生幅度调制信号的一般模型，如图4.2.1所示。图中，$h(t)$ 是一个频率响应为 $H(\omega)$ 的带通滤波器。适当选择 $H(\omega)$ 的特性，可以得到我们在下面将要讨论的各种幅度调制。幅度调制一般模型的输出信号频谱可表示为

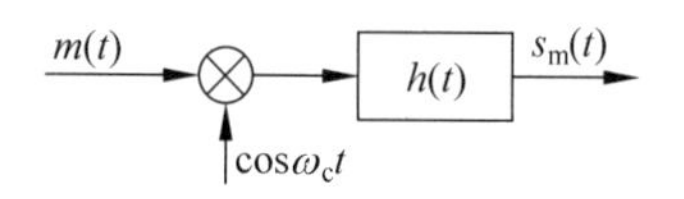

图 4.2.1 线性调制器的一般模型

$$S_m(\omega)=\frac{1}{2}[M(\omega-\omega_c)+M(\omega+\omega_c)]H(\omega) \tag{4.2.4}$$

其时域表示式的一般形式为

$$s_m(t)=[m(t)\cos\omega_c t]*h(t)=\int_{-\infty}^{+\infty}h(\tau)m(t-\tau)\cos\omega_c(t-\tau)\mathrm{d}\tau \tag{4.2.5}$$

4.2.2 常规调幅(AM)

当调制信号不仅具有交流分量 $m_p(t)$ 还含有直流分量 m_0，即有如下形式

$$m(t)=m_0+m_p(t) \tag{4.2.6}$$

而且输出滤波器 $H(\omega)$ 为式(4.2.7)所示的理想带通滤波器时，调制器输出的已调信号是含有载波的双边带信号，通常称为常规调幅(AM)。

$$H(\omega)=\begin{cases}1, & (\omega_c-\omega_H\leqslant|\omega|\leqslant\omega_c+\omega_H)\\ 0, & \text{其他}\end{cases} \tag{4.2.7}$$

AM信号的时域和频域表达式分别为

$$\begin{aligned}s_m(t)&=m(t)\cos\omega_c t=[m_0+m_p(t)]\cos\omega_c t\\&=m_0\cos\omega_c t+m_p(t)\cos\omega_c t\end{aligned} \tag{4.2.8}$$

$$S_m(\omega)=\pi m_0[\delta(\omega-\omega_c)+\delta(\omega+\omega_c)]+\frac{1}{2}[M_p(\omega-\omega_c)+M_p(\omega+\omega_c)] \tag{4.2.9}$$

式中，$m_p(t)\Leftrightarrow M_p(\omega)$。常规调幅信号的波形及频谱如图4.2.2所示。由图我们可以得到以下几点：

① 已调波的包络完全按照 $m_p(t)$ 的规律作线性变化。但为了实现不失真的调幅，必须满足下列二个条件：

- 对于所有 t 必须满足

$$|m_p(t)|_{\max}\leqslant m_0 \tag{4.2.10}$$

或

$$m_a=\frac{|m_p(t)|}{m_0}\leqslant 1 \tag{4.2.11}$$

以保证 $m_0+m_p(t)$ 总是正的，使已调波的包络和 $m_p(t)$ 的形状完全相同。否则，将会出现过调

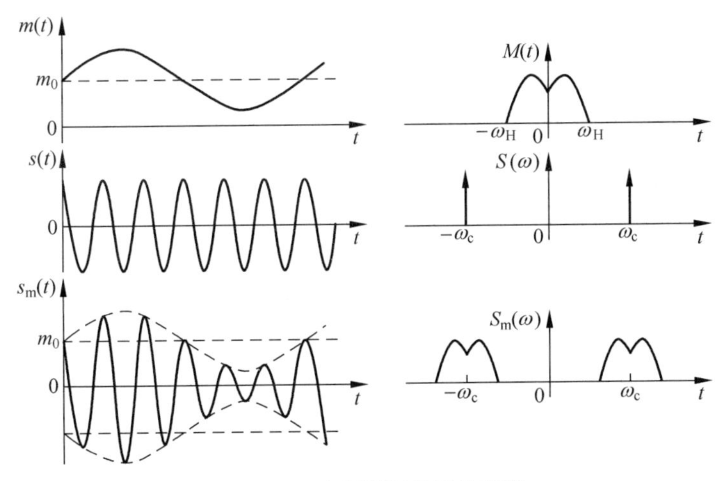

图 4.2.2 常规调幅波形及频谱

制，此时在 $m_0+m_p(t)=0$ 处使载波相位产生 180°的反转，因而形成包络失真。式(4.2.11)中的 m_a 称作调制指数或调制度，表示 AM 波形中振幅的改变量，通常用百分数表示。

- 载波频率应远大于 $m_p(t)$的最高频谱分量 ω_H，即

$$\omega_c \gg \omega_H \tag{4.2.12}$$

否则会出现频谱交叠，此时的包络形状一定会产生失真。

② 已调信号频谱是原始频谱 $M_p(\omega)$搬移了$\pm\omega_c$ 的结果，且幅度谱对原点是偶对称的。对正频率而言，有用信息频谱由高于 ω_c 的上边带频谱和低于 ω_c 的下边带频谱组成，且上边带频谱与下边带频谱对称于 ω_c。在$\pm\omega_c$ 处，有载波分量的离散谱。

③ AM 波的带宽是调制信号带宽的两倍，即

$$B_{AM}=2f_H \tag{4.2.13}$$

4.2.3 抑制载波的双边带调幅(DSB-SC)

在常规调幅波中，载波本身并不携带信息，却占到发送功率的一半以上，使得传输效率大大降低，这是常规调幅的最大缺点。为了克服这个缺点，可以将不携带消息的载波分量完全抑制掉，使全部功率用到边带传输上去。这就是抑制载波的双边带调制(DSB-SC)。

在式(4.2.6)中，令输入调制信号的直流分量为零，仅有交流分量 $m_p(t)$，即 $m(t)=m_p(t)$，且 $H(\omega)$为理想带通滤波器，如式(4.2.7)所示，则调制器输出的已调信号是抑制载波的双边带信号，简称双边带信号(DSB)。其时域和频域表达式即为式(4.2.2)式和式(4.2.3)，相应的波形和频谱如图 4.2.3 所示。

由图 4.2.3 的波形可见，在 $m_p(t)$改变极性的时刻，载波相位出现倒相点，故其包络形状不再与 $m_p(t)$的形状相同，而是按$|m_p(t)|$的规律变化。这就是说，信息包含在振幅和相位两者之中。因此，在接收端恢复 $m_p(t)$时必须同时提取振幅信息和相位信息，而不能像 AM 那样采用简单的包络检波器来解调 DSB 信号，必须采用相干解调。

DSB 信号的带宽与 AM 信号的带宽相同，是调制信号带宽的两倍，即

$$B_{DSB}=2f_H \tag{4.2.14}$$

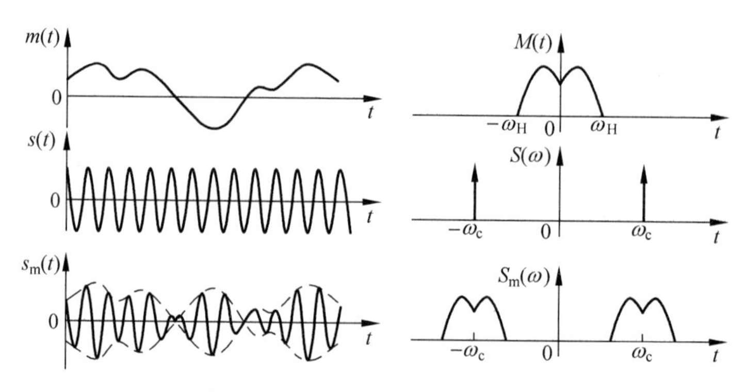

图 4.2.3 DSB 信号波形及频谱

4.2.4 单边带调制(SSB)

在抑制载波的双边带信号中,包含一个上边带和一个下边带。从信息传输的角度来说,这两个边带信号携带的信息是相同的。因此,只需传送一个边带就够了。单边带调制就是基于这种思想的一种调制方式,用 SSB 表示。它的最大优点是比 AM 和 DSB 的带宽减小一半,因而提高了信道利用率。同时由于不发送载波而仅发送一个边带,所以更节省功率。因此,在通信中获得了广泛的应用。

根据图 4.2.1 的调制器的一般模型,将带通滤波器设计成如图 4.2.4 所示的传输特性就可以产生单边带信号。采用图 4.2.4(a)可以产生上边带单边带信号(Upper Single Sideband Modulation,USSB),采用图 4.2.4(b)则可以产生下边带单边带信号(Lower Single Sideband Modulation,LSSB)。单边带调制的信号频谱如图 4.2.5 所示。在只传输上边带时,USSB 波的幅度频谱如图 4.2.5(b)所示。同样,在只传输下边带时,LSSB 波的幅度频谱如图 4.2.5(c)所示。下面以下边带单边带调制为例,导出 LSSB 信号的频域和时域数学表示式。

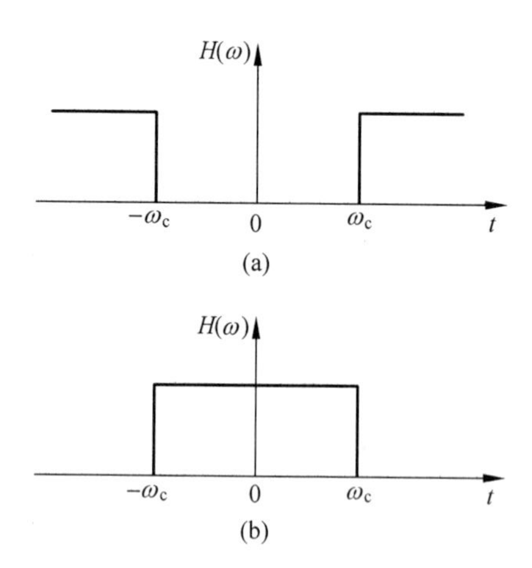

图 4.2.4 形成单边带信号的滤波器特性

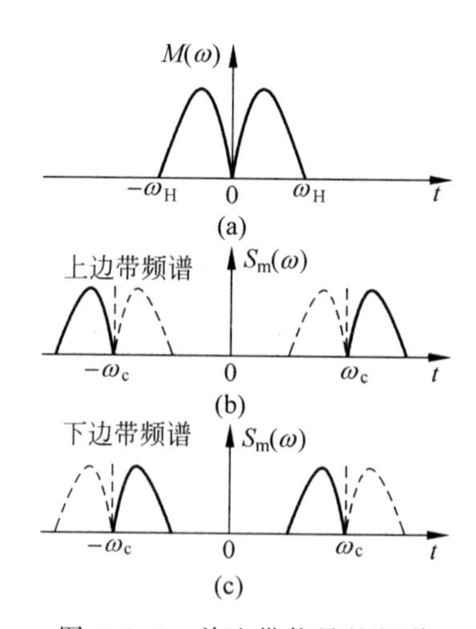

图 4.2.5 单边带信号的频谱

LSSB 信号可以由一个 DSB 信号通过图 4.2.4(b)所示的理想低通滤波器获得。理想低通滤波器的特性可表示为

$$H(\omega)=\begin{cases}1, & |\omega|\leqslant\omega_c\\ 0, & 其他\end{cases}=\frac{1}{2}[\mathrm{sgn}(\omega+\omega_c)-\mathrm{sgn}(\omega-\omega_c)] \tag{4.2.15}$$

式中，$\mathrm{sgn}(\omega)=\begin{cases}1, & \omega\geqslant 0\\ -1, & \omega<0\end{cases}=2U(\omega)-1$

称为符号函数。根据式(4.2.4)，可得 LSSB 信号的频谱

$$\begin{aligned}S_m(\omega)&=\frac{1}{2}[M(\omega-\omega_c)+M(\omega+\omega_c)]H(\omega)\\&=\frac{1}{4}[M(\omega+\omega_c)+M(\omega-\omega_c)]\\&\quad+\frac{1}{4}[M(\omega+\omega_c)\mathrm{sgn}(\omega+\omega_c)-M(\omega-\omega_c)\mathrm{sgn}(\omega-\omega_c)]\end{aligned} \tag{4.2.16}$$

对上式取傅里叶反变换，得 LSSB 信号的时域表示式

$$s_m(t)=\frac{1}{2}m(t)\cos\omega_c t+\frac{1}{2}\hat{m}(t)\sin\omega_c t \tag{4.2.17}$$

式中，$\hat{m}(t)$是 $m(t)$的希尔伯特变换。同理可得 USSB 信号的时域表示式

$$s_m(t)=\frac{1}{2}m(t)\cos\omega_c t-\frac{1}{2}\hat{m}(t)\sin\omega_c t \tag{4.2.18}$$

由图 4.2.5 的 SSB 信号频谱可得到单边带信号与调制信号有相同的带宽，即

$$B_{SSB}=f_H \tag{4.2.19}$$

4.2.5 残留边带调制(VSB)

在图 4.2.5 的单边带调制信号频谱图中可以看到，输出低通或高通滤波器要将输入的 DSB 信号的上、下两个边带完全分离，输入调制信号的频谱必须在 0 与数百赫[兹]之间没有能量。语音信号能满足这个条件，故可以采用单边带传输。但如果基带信号像电视信号那样有直流成分，又在其附近含有低频成分时，则有一定过渡带的滤波器难于只取出一边的边带，因而不能使用 SSB 方式。在这种情况下，采用具有如图 4.2.6 所示频率特性的滤波器，使一个边带几乎被全部发送，而另一个边带只传输残留的一部分。这是一种介于 SSB 与 DSB 之间的调幅方法，称作残留边带调制(VSB)。它既没有双边带调制信号占用频带宽的缺点，又克服了实现单边带调制需要十分陡峭滤波器特性的难点。一般地，所发送的残留部分应可补偿另一边带所去掉的部分，使之在载频附近具有互补对称特性。图 4.2.6(a)是残留部分下边带时的滤波器特性，图 4.2.6(b)是残留部分上边带时的滤波器特性。下面我们来导出该滤波器频率特性应该满足怎样的条件，才能准确解调原信号。

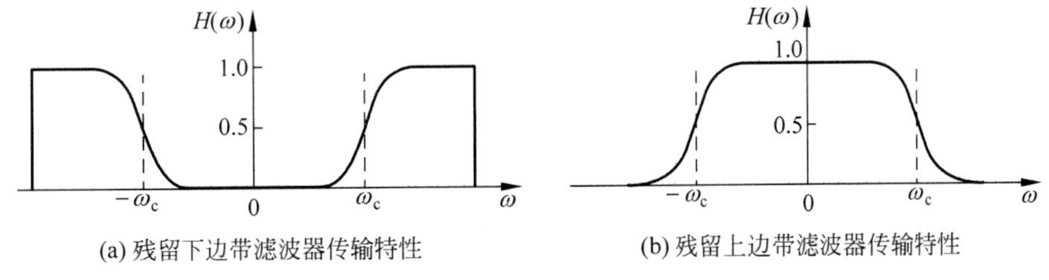

图 4.2.6 残留边带滤波器传输特性

残留边带调制器仍然采用图 4.2.1 的形式，因此残留边带信号 $s_{\mathrm{VSB}}(t)$ 的频谱应该是

$$S_{\mathrm{VSB}}(\omega)=S_{\mathrm{DSB}}(\omega)H_{\mathrm{VSB}}(\omega)=\frac{1}{2}[M(\omega-\omega_{\mathrm{c}})+M(\omega+\omega_{\mathrm{c}})]H_{\mathrm{VSB}}(\omega) \quad (4.2.20)$$

设残留边带信号的解调采用如图 4.2.7 所示的相干解调方式，图中乘法器的输出信号 $s_{\mathrm{p}}(t)$ 为

$$s_{\mathrm{p}}(t)=s_{\mathrm{VSB}}(t)\cdot\cos\omega_{\mathrm{c}}t \quad (4.2.21)$$

对上式取傅里叶变换，得到 $s_{\mathrm{p}}(t)$ 的频谱

$$s_{\mathrm{p}}(t)\Leftrightarrow S_{\mathrm{p}}(\omega)=\frac{1}{2}[S_{\mathrm{VSB}}(\omega-\omega_{\mathrm{c}})+S_{\mathrm{VSB}}(\omega+\omega_{\mathrm{c}})] \quad (4.2.22)$$

将式(4.2.20)代入式(4.2.22)，得

$$S_{\mathrm{p}}(\omega)=\frac{1}{4}H_{\mathrm{VSB}}(\omega-\omega_{\mathrm{c}})[M(\omega-2\omega_{\mathrm{c}})+M(\omega)]+\frac{1}{4}H_{\mathrm{VSB}}(\omega+\omega_{\mathrm{c}})[M(\omega)+M(\omega+2\omega_{\mathrm{c}})]$$

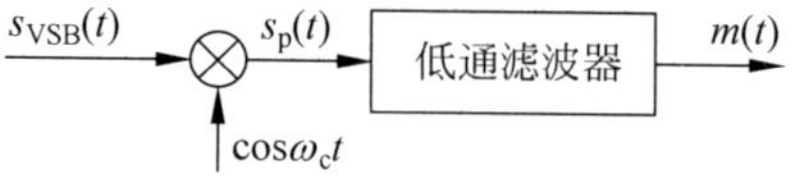

图 4.2.7 残留边带信号的相干解调

选择合适的解调输出低通滤波器的截止频率，使 $M(\omega)$ 搬移到 $\pm2\omega_{\mathrm{c}}$ 处的频谱滤除。则低通滤波器的输出频谱 $S_{\mathrm{o}}(\omega)$ 为

$$S_{\mathrm{o}}(\omega)=\frac{1}{4}M(\omega)[H_{\mathrm{VSB}}(\omega-\omega_{\mathrm{c}})+H_{\mathrm{VSB}}(\omega+\omega_{\mathrm{c}})] \quad (4.2.23)$$

由式(4.2.23)可知，为了无失真地恢复调制信号 $m(t)$，必须要求

$$H_{\mathrm{VSB}}(\omega-\omega_{\mathrm{c}})+H_{\mathrm{VSB}}(\omega+\omega_{\mathrm{c}})=\text{常数} \quad |\omega|\leqslant\omega_{\mathrm{H}} \quad (4.2.24)$$

式(4.2.24)就是残留边带调制输出滤波器传输特性应该满足的条件。我们以残留部分上边带即图 4.2.6(b)所示的 $H_{\mathrm{VSB}}(\omega)$ 传输特性为例，说明式(4.2.24)的几何意义。式中，$H_{\mathrm{VSB}}(\omega-\omega_{\mathrm{c}})$ 和 $H_{\mathrm{VSB}}(\omega+\omega_{\mathrm{c}})$ 分别是 $H_{\mathrm{VSB}}(\omega)$ 从原点搬移到 ω_{c} 和 $-\omega_{\mathrm{c}}$ 处的传输特性，分别示于图 4.2.8(b)和图 4.2.8(c)，两者之和 $H_{\mathrm{VSB}}(\omega-\omega_{\mathrm{c}})+H_{\mathrm{VSB}}(\omega+\omega_{\mathrm{c}})$ 如图 4.2.8(d)所示。由图可以看出，为了在 $|\omega|\leqslant\omega_{\mathrm{H}}$ 内保证 $H_{\mathrm{VSB}}(\omega-\omega_{\mathrm{c}})+H_{\mathrm{VSB}}(\omega+\omega_{\mathrm{c}})$ 为常数，则 $H_{\mathrm{VSB}}(\omega-\omega_{\mathrm{c}})$ 和 $H_{\mathrm{VSB}}(\omega+\omega_{\mathrm{c}})$ 在 $\omega=0$ 处必须具有互补对称的滚降截止特性，而这即意味着要求 $H_{\mathrm{VSB}}(\omega)$ 对于 $\pm\omega_{\mathrm{c}}$ 是互补对称的。

满足互补对称的滚降特性可以有许多，但目前应用最多的是直线滚降和余弦滚降。它们分别在模拟电视信号传输和数据信号传输中得到应用。

残留边带信号的带宽与 $H_{\mathrm{VSB}}(\omega)$ 传输特性的滚降程度有关。如果滚降特性比较陡峭，残留部分逐渐缩小，已调信号就会接近单边带信号，这时残留边带信号的带宽减小，但相应的残留边带滤波器就难以制作；如果滤波器滚降持性比较平缓，残留部分逐渐扩展，则已调信号就会接近双边带信号，信号带宽也会随之增大。因此，在残留边带信号的带宽和滤波器实现之间应有合适的选择。一般，取

$$B_{\mathrm{VSB}}=1.25f_{\mathrm{H}} \quad (4.2.25)$$

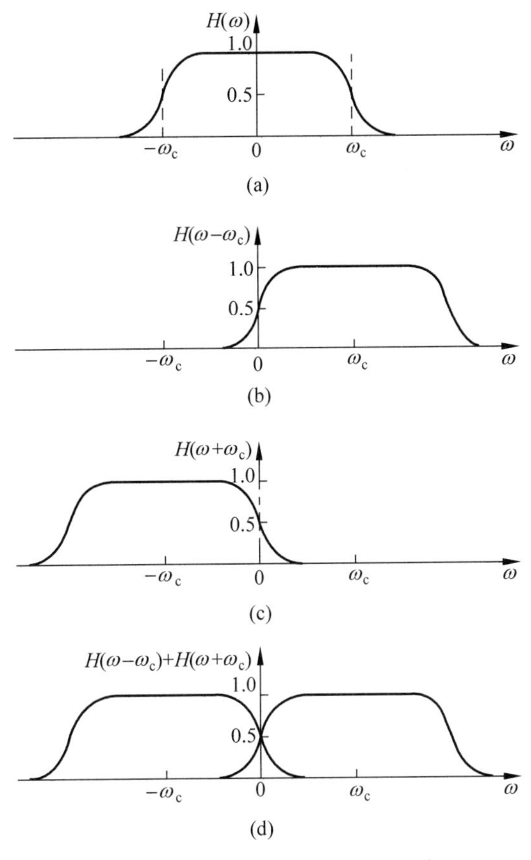

图 4.2.8 残留边带滤波器的几何意义

4.3 幅度调制系统的抗噪声性能

4.3.1 幅度调制系统抗噪声性能的分析模型

信道是通信系统的重要组成部分。信号在信道中传输会受到噪声和干扰的影响,它们使通信质量下降。根据噪声和干扰的性质不同,通常可分为两类:乘性噪声(干扰)和加性噪声(干扰)。乘性噪声是由于通信系统的非理想传输特性而引起的,通常随信号的消失而消失,它的存在将引起信号的各种畸变。加性噪声是一种独立于信号而存在的噪声,它与信号是相叠加的。故在其作用下,不会产生新的频率分量,而且信号所含频率分量的振幅、相位关系不会发生改变。但加性噪声的存在将使通信系统输出端的信号噪声功率比下降,严重时甚至使信号淹没于噪声中而无法得到有用信号。

根据加性噪声的性质,又可以将它分成两大类。一类是脉冲干扰,它对信号造成的影响是突发性的,主要来源于闪电、各种工业电火花和电器开关的通断等。另一类是起伏干扰,是具有各态历经的平稳高斯白噪声,它对信号的影响是连续的,主要来源于有源器件中电子或载流子运动的起伏变化、电阻的热噪声和天体辐射造成的宇宙噪声等。起伏干扰是无法消除的,也是在信道中对信号影响起主要作用的,因此,我们主要考虑对已调信号有持续影响的起伏干扰。

由于加性噪声只对信号的接收产生影响，因而调制系统的抗噪声性能可以用解调器的抗噪声性能来衡量。对于模拟调制系统而言，通信质量主要用信噪比来衡量。这里的信噪比是指信号平均功率与噪声平均功率之比。

分析解调器抗噪声性能的模型如图4.3.1所示。图中输入信号$s_m(t)$是已调信号，$n(t)$是传输过程中叠加于信号的高斯白噪声，信道用相加器表示。带通滤波器的作用是滤除已调信号频带以外的噪声。因此，经过带通滤波器后的信号仍然是$s_m(t)$，而高斯白噪声$n(t)$则变成了带通型噪声$n_i(t)$。由随机过程理论可知，平稳高斯白噪声通过窄带滤波器后可得到平稳窄带高斯噪声。所以$n_i(t)$为窄带高斯噪声，它的表示式由式(3.5.2)得到

$$n_i(t)=n_c(t)\cos\omega_c t-n_s(t)\sin\omega_c t \tag{4.3.1}$$

或者

$$n_i(t)=V(t)\cos[\omega_c t+\theta(t)] \tag{4.3.2}$$

$n_i(t)$的包络$V(t)$的一维概率密度分布为瑞利分布，相位$\theta(t)$的一维概率密度分布是均匀分布。根据式(3.5.19)还可知，$n_i(t)$、$n_c(t)$及$n_s(t)$有相同的平均功率，即

$$\sigma_{n_i}^2=\sigma_{n_c}^2=\sigma_{n_s}^2$$

记为

$$\overline{n_i^2(t)}=\overline{n_c^2(t)}=\overline{n_s^2(t)} \tag{4.3.3}$$

式中，“——”表示统计平均(对随机信号)或时间平均(对确知信号)。

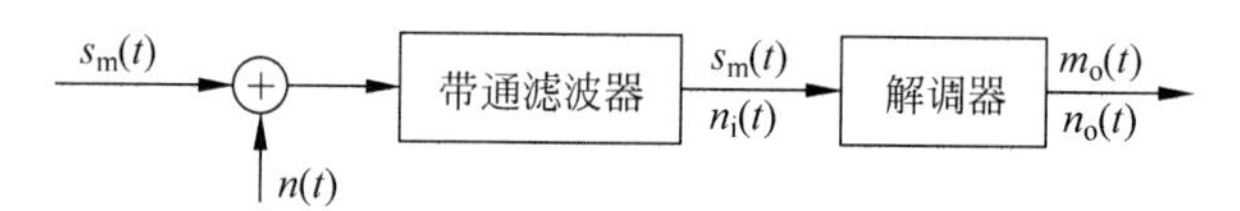

图4.3.1 调幅系统抗噪声性能分析模型

如果平稳高斯白噪声的双边功率谱密度为$n_0/2$，带通滤波器的带宽为B，其传输特性为理想矩形，则解调器输入噪声平均功率为

$$N_i=\overline{n_i^2(t)}=n_0 B \tag{4.3.4}$$

为了使已调信号能无失真地进入解调器，同时又最大限度地抑制噪声，带通滤波器的带宽应等于已调信号的频带宽度。

设解调器输出的有用基带信号为$m_o(t)$，解调器输出噪声为$n_o(t)$，则解调器输出信噪比定义为

$$\frac{S_o}{N_o}=\frac{\overline{m_o^2(t)}}{\overline{n_o^2(t)}}=\frac{\text{解调器输出有用信号的平均功率}}{\text{解调器输出噪声的平均功率}} \tag{4.3.5}$$

输出信噪比可以用来度量输出信号的绝对优劣，它不仅与解调器性能有关，还与解调器输入信噪比有关。因此，要对解调器的抗噪声性能作出评估，还需要知道解调器的输入信噪比。通常采用解调器的输出信噪比与输入信噪比之比值G来衡量解调器的抗噪声性能。

$$G=\frac{S_o/N_o}{S_i/N_i}=\frac{\text{输出信噪比}}{\text{输入信噪比}} \tag{4.3.6}$$

G称为调制制度增益。显然，G越大，解调器的抗噪声性能越好。

4.3.2 DSB 调制系统的抗噪声性能

抑制载波的双边带信号的解调必须采用相干解调或称同步解调方法，其组成框图如图 4.2.7 所示。在解调器输入端，输入信号是 DSB 信号，由式(4.2.2)得到

$$s_m(t)=m(t)\cos\omega_c t \tag{4.3.7}$$

其平均功率为

$$S_i=\overline{s_m^2(t)}=\frac{1}{2}\overline{m^2(t)} \tag{4.3.8}$$

解调器输入端的噪声功率由式(4.3.4)得

$$N_i=n_0 B_{DSB} \tag{4.3.9}$$

相干解调可以使输入信号和噪声分别解调，因而信号与载波相乘后得到

$$s_m(t)\cos\omega_c t=m(t)\cos^2\omega_c t=\frac{1}{2}m(t)[1+\cos 2\omega_c t]$$

解调器低通滤波器的带宽与调制信号带宽相同即 ω_H，上式中 $2\omega_c$ 分量被滤除，因此可得到解调器输出信号为

$$m_o(t)=\frac{1}{2}m(t) \tag{4.3.10}$$

输出信号平均功率为

$$S_o=\overline{m_o^2(t)}=\frac{1}{4}\overline{m^2(t)} \tag{4.3.11}$$

同样，解调器输入端噪声与载波相乘后，可得到

$$\begin{aligned}n_i(t)\cos\omega_c t&=[n_c(t)\cos\omega_c t-n_s(t)\sin\omega_c t]\cos\omega_c t\\&=\frac{1}{2}n_c(t)+\frac{1}{2}[n_c(t)\cos 2\omega_c t-n_s(t)\sin 2\omega_c t]\end{aligned}$$

经过低通滤波器滤除 $2\omega_c$ 分量后，得到解调器输出噪声

$$n_o(t)=\frac{1}{2}n_c(t) \tag{4.3.12}$$

输出噪声功率为

$$N_o=\overline{n_o^2(t)}=\frac{1}{4}\overline{n_c^2(t)}$$

将式(4.3.3)和式(4.3.4)代入，得

$$N_o=\frac{1}{4}\overline{n_i^2(t)}=\frac{1}{4}N_i=\frac{1}{4}n_0 B_{DSB} \tag{4.3.13}$$

据此，解调器的输入、输出信噪比分别为

$$\frac{S_i}{N_i}=\frac{\frac{1}{2}\overline{m^2(t)}}{n_0 B_{DSB}} \tag{4.3.14}$$

$$\frac{S_o}{N_o}=\frac{\frac{1}{4}\overline{m^2(t)}}{\frac{1}{4}N_i}=\frac{\overline{m^2(t)}}{n_0 B_{DSB}} \tag{4.3.15}$$

将式(4.3.14)和式(4.3.15)代入式(4.3.6),得到 DSB 信号相干解调器的调制制度增益为

$$G=\frac{S_o/N_o}{S_i/N_i}=2 \tag{4.3.16}$$

由此可以得到结论:DSB 信号相干解调器使信噪比改善一倍即 3dB,这是因为相干解调使输入噪声中的正交分量 $n_s(t)$被消除所致。

4.3.3 SSB 调制系统的抗噪声性能

用于解调单边带信号的解调器组成框图与解调 DSB 信号有相同的形式,也是相干解调,如图 4.2.7 所示。但解调 SSB 信号的输入带通滤波器只需让一个边带通过,所以它的带宽是解调 DSB 信号时的一半。设解调器输入端是上边带的 SSB 信号,所以由式(4.2.18)得

$$s_m(t)=\frac{1}{2}m(t)\cos\omega_c t-\frac{1}{2}\hat{m}(t)\sin\omega_c t \tag{4.3.17}$$

输入已调信号的平均功率为

$$\begin{aligned}S_i&=\overline{s_m^2(t)}=\frac{1}{4}\overline{[m(t)\cos\omega_c t-\hat{m}(t)\sin\omega_c t]^2}\\&=\frac{1}{4}\overline{\left[\frac{1}{2}m^2(t)+\frac{1}{2}m^2(t)\cos2\omega_c t+\frac{1}{2}\hat{m}^2(t)-\frac{1}{2}\hat{m}^2(t)\cos2\omega_c t-m(t)\hat{m}(t)\sin2\omega_c t\right]}\\&=\frac{\overline{m^2(t)}}{8}+\frac{\overline{\hat{m}^2(t)}}{8}\end{aligned}$$

因为 $\hat{m}(t)$是 $m(t)$的希尔伯特变换,即将 $m(t)$通过一个传输函数为$-\mathrm{jsgn}(\omega)$的线性滤波器便可获得 $\hat{m}(t)$。该传输函数的幅度平方对所有频率等于 1。所以,两者具有相同的功率谱密度或相同的平均功率。由此,上式成为

$$S_i=\frac{1}{4}\overline{m^2(t)} \tag{4.3.18}$$

解调器输入端的噪声功率由式(4.3.4)得

$$N_i=n_0B_{\mathrm{SSB}} \tag{4.3.19}$$

下面求解 SSB 解调器的输出信号。上边带 SSB 信号与载波相乘后有

$$\left[\frac{1}{2}m(t)\cos\omega_c t-\frac{1}{2}\hat{m}(t)\sin\omega_c t\right]\cos\omega_c t=\frac{1}{4}m(t)(1+\cos2\omega_c t)-\frac{1}{4}\hat{m}(t)\sin2\omega_c t$$

经过低通滤波器滤除 $2\omega_c$ 分量后,输出信号为

$$m_o(t)=\frac{1}{4}m(t) \tag{4.3.20}$$

相应的输出信号功率为

$$S_o=\overline{m_o^2(t)}=\frac{1}{16}\overline{m^2(t)} \tag{4.3.21}$$

SSB 解调器输出噪声功率的求解与 DSB 的相同,因此由式(4.3.13)得

$$N_o=\frac{1}{4}N_i=\frac{1}{4}n_0B_{\mathrm{SSB}} \tag{4.3.22}$$

由此可得 SSB 解调器的输入、输出信噪比分别为

$$\frac{S_i}{N_i}=\frac{\frac{1}{4}\overline{m^2(t)}}{n_0 B_{SSB}} \tag{4.3.23}$$

$$\frac{S_o}{N_o}=\frac{\frac{1}{16}\overline{m^2(t)}}{\frac{1}{4}N_i}=\frac{\overline{m^2(t)}}{4n_0 B_{SSB}} \tag{4.3.24}$$

将式(4.3.23)和式(4.3.24)代入式(4.3.6)，得到SSB信号相干解调器的调制制度增益为

$$G=\frac{S_o/N_o}{S_i/N_i}=1 \tag{4.3.25}$$

比较式(4.3.16)和式(4.3.25)可以得到以下两点：

(1) 双边带信号解调器的调制制度增益是单边带信号解调器的二倍，即DSB解调器的信噪比改善是SSB解调器的二倍。这是因为SSB信号中的$\hat{m}(t)\sin\omega_c t$分量被解调器的低通滤波器滤除了，导致输出信号幅度减半。

(2) 虽然DSB的G是SSB的二倍，但两者的解调性能是相同的。这是因为SSB的带宽是DSB的一半，如果在解调的输入端有相同的噪声功率谱密度和输入信号功率，则SSB解调使信号损失一半，输出噪声功率也减小一半，因此两者在解调器输出端的信噪比是相同的。

4.3.4　AM调制系统的抗噪声性能

常规调幅AM信号可以采用相干解调也可以采用包络检波的方法得到调制信号。不同的解调方法，其输出信噪比一般是不同的。下面分别进行讨论。

1. 相干解调的AM系统性能

AM信号相干解调器框图如图4.2.7所示。解调器输入信号由式(4.2.8)得到

$$s_m(t)=[m_0+m_p(t)]\cos\omega_c t \quad (m_0 \geqslant |m_p(t)|_{max}) \tag{4.3.26}$$

设$m_p(t)$是均值为零的各态历经平稳随机过程，因而输入信号平均功率为

$$S_i=\overline{s_m^2(t)}=\frac{1}{2}[m_0^2+\overline{m_p^2(t)}] \tag{4.3.27}$$

解调器输入噪声功率由式(4.3.4)得

$$N_i=n_0 B_{AM} \tag{4.3.28}$$

所以，AM解调器的输入信噪比为

$$\frac{S_i}{N_i}=\frac{m_0^2+\overline{m_p^2(t)}}{2n_0 B_{AM}} \tag{4.3.29}$$

输入解调器的AM信号与乘法器相乘后得到

$$s_m(t)\cos\omega_c t=[m_0+m_p(t)]\cos^2\omega_c t=\frac{1}{2}[m_0+m_p(t)]\cdot(1+\cos 2\omega_c t)$$

经过解调器低通滤波器后输出的有用信号是

$$m_o(t)=\frac{1}{2}m_p(t) \tag{4.3.30}$$

输出信号平均功率

$$S_o=\overline{m_o^2(t)}=\frac{1}{4}\overline{m_p^2(t)} \tag{4.3.31}$$

AM 解调器输出噪声功率的求解与 DSB 的相同,因此由式(4.3.13)得

$$N_o=\frac{1}{4}N_i=\frac{1}{4}n_0B_{AM} \tag{4.3.32}$$

那么,AM 解调器的输出信噪比为

$$\frac{S_o}{N_o}=\frac{\frac{1}{4}\overline{m_p^2(t)}}{\frac{1}{4}N_i}=\frac{\overline{m_p^2(t)}}{n_0B_{AM}} \tag{4.3.33}$$

调制制度增益为

$$G=\frac{S_o/N_o}{S_i/N_i}=\frac{2\overline{m_p^2(t)}}{m_0^2+\overline{m_p^2(t)}} \tag{4.3.34}$$

由式(4.3.34)看到,AM 系统的性能不仅与调制信号的交流功率有关,还与调制信号直流功率有关,而且直流功率越大即调制深度减小,解调器抗噪声性能越差。

2. 包络检波的 AM 系统性能

与相干解调比较,包络检波方法解调 AM 信号在实现上更为简单,因而得到了更加广泛的应用。由于 AM 信号的包络与调制信号成正比,因此采用线性包络检波器可以使它的输出电压正比于输入信号的包络变化,从而实现解调。

采用包络检波方法的解调器组成框图如图 4.3.2 所示。解调器输入端的信号、噪声表示式与 AM 信号相干解调器的输入相同,如式(4.3.26)~式(4.3.29)所示。输入噪声是窄带高斯噪声,它的表示式由式(4.3.1)得

$$n_i(t)=n_c(t)\cos\omega_c t-n_s(t)\sin\omega_c t \tag{4.3.35}$$

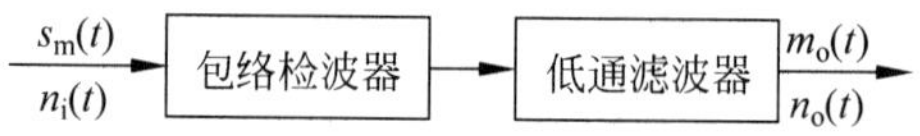

$s_m(t)$, $n_i(t)$ → 包络检波器 → 低通滤波器 → $m_o(t)$, $n_o(t)$

图 4.3.2 AM 信号的包络检波解调器

则由式(4.3.26)和式(4.3.35)得到检波器输入端信号加噪声的合成形式

$$\begin{aligned}s_m(t)+n_i(t)&=[m_0+m_p(t)]\cos\omega_c t+n_c(t)\cos\omega_c t-n_s(t)\sin\omega_c t\\&=E(t)\cos[\omega_c t+\psi(t)]\end{aligned} \tag{4.3.36}$$

其中

$$E(t)=\sqrt{[m_0+m_p(t)+n_c(t)]^2+n_s^2(t)} \tag{4.3.37}$$

$$\psi(t)=\arctan\left[\frac{n_s(t)}{m_0+m_p(t)+n_c(t)}\right] \tag{4.3.38}$$

式(4.3.38)中,$E(t)$是已调信号的包络,包络检波器即是对该信号检波输出,但从式(4.3.37)中可看到,信号和噪声存在非线性关系,无法完全分离。这给计算输出信噪比带来了困难。下面对两种特殊情况,在适当的近似条件下进行讨论。

(1) 大信噪比情况

大信噪比时输入信号幅度远大于噪声幅度,即满足下列条件:

$$m_0+m_p(t)\gg n_i(t) \tag{4.3.39}$$

根据式(4.3.39)，并利用近似公式

$$\sqrt{1+x} \approx 1+\frac{x}{2} \quad \text{当} \mid x \mid \ll 1 \text{时} \tag{4.3.40}$$

可将式(4.3.37)化简为

$$\begin{aligned} E(t) &= \sqrt{[m_0+m_p(t)]^2+2[m_0+m_p(t)]n_c(t)+n_c^2(t)+n_s^2(t)} \\ &\approx \sqrt{[m_0+m_p(t)]^2+2[m_0+m_p(t)]n_c(t)} \\ &= [m_0+m_p(t)]\sqrt{1+\frac{2n_c(t)}{m_0+m_p(t)}} \\ &\approx [m_0+m_p(t)] \cdot \left[1+\frac{n_c(t)}{m_0+m_p(t)}\right] \\ &= m_0+m_p(t)+n_c(t) \end{aligned} \tag{4.3.41}$$

式中，m_0 是直流分量；$m_p(t)$是解调器输出的有用信号；$n_c(t)$是输出噪声。因此，包络检波器输出的信号平均功率和噪声功率分别为

$$S_o = \overline{m_p^2(t)} \tag{4.3.42}$$

$$N_o = \overline{n_c^2(t)} = \overline{n_i^2(t)} = n_0 B_{AM} \tag{4.3.43}$$

输出信噪比

$$\frac{S_o}{N_o} = \frac{\overline{m_p^2(t)}}{n_0 B_{AM}} \tag{4.3.44}$$

由式(4.3.29)和式(4.3.44)可得包络检波器在大输入信噪比条件下的调制制度增益

$$G = \frac{S_o/N_o}{S_i/N_i} = \frac{2\overline{m_p^2(t)}}{m_0^2+\overline{m_p^2(t)}} \tag{4.3.45}$$

比较式(4.3.34)及式(4.3.45)，可以看到对常规调幅信号，相干解调与大输入信噪比的包络检波的 G 值是相同的，也就是说它们具有相同的抗噪声性能。但相干解调的调制制度增益与信号幅度和噪声幅度的相对大小无关，而包络检波的性能随着输入信噪比的下降而下降，G 也下降。

(2) 小信噪比情况

小信噪比是指噪声幅度远大于信号幅度，即满足条件

$$m_0+m_p(t) \ll n_i(t)$$

应用上述条件，将式(4.3.37)化简为

$$\begin{aligned} E(t) &\approx \sqrt{n_c^2(t)+n_s^2(t)+2[m_0+m_p(t)]n_c(t)} \\ &= \sqrt{[n_c^2(t)+n_s^2(t)]\left\{1+\frac{2[m_0+m_p(t)]n_c(t)}{n_c^2(t)+n_s^2(t)}\right\}} \end{aligned} \tag{4.3.46}$$

令

$$R(t) = \sqrt{n_c^2(t)+n_s^2(t)} \tag{4.3.47}$$

$$\theta(t) = \arctan\left[\frac{n_s(t)}{n_c(t)}\right] \tag{4.3.48}$$

则有

$$\cos\theta(t)=\frac{n_c(t)}{R(t)} \tag{4.3.49}$$

将式(4.3.47)、式(4.3.49)代入式(4.3.46),并利用式(4.3.40)的近似公式,有

$$\begin{aligned}E(t)&=R(t)\sqrt{1+\frac{2[m_0+m_p(t)]}{R(t)}\cos\theta(t)}\\&\approx R(t)\left[1+\frac{m_0+m_p(t)}{R(t)}\cos\theta(t)\right]\\&=R(t)+[m_0+m_p(t)]\cos\theta(t)\end{aligned} \tag{4.3.50}$$

从式(4.3.50)可看到,包络检波器输出 $E(t)$ 中没有单独的信号项,$R(t)$ 是噪声的包络,有用信号 $m_p(t)$ 依赖于随机噪声 $\cos\theta(t)$,当噪声大到一定值时,$m_p(t)\cos\theta(t)$ 只能被看作噪声,即包络检波器把有用信号扰乱成噪声,或者说有用信号被淹没在噪声中。这时输出信噪比不是按比例地随输入信噪比下降,而是急剧恶化。我们把这种现象,即当包络检波器的输入信噪比降低到某个特定值时,输出信噪比急剧恶化的现象称作门限效应。而开始出现门限效应的输入信噪比称为门限值。门限效应是由包络检波器的非线性解调作用引起的。需要指出的是,常规调幅信号的相干解调不存在门限效应,这是因为相干解调的输出信号和噪声是线性叠加的,因而总是存在单独的有用信号项。

大多数情况下,常规调幅信号的解调输入信噪比都是比较高的,尤其是在我国应用广泛的中波无线电广播,为了保证收听质量,发射功率都是比较大的,因而可以采用容易实现的包络检波,一般都可工作在大信噪比下,避免出现门限效应。

4.4 角度调制原理

上节我们讨论了线性调制方式,即把基带信号频谱线性地进行搬移,这种调制方式是通过改变载波的幅度达到的。本节介绍非线性调制,这种调制方式,虽然也需要完成频谱搬移,但它所形成的信号频谱不再保持原来基带信号频谱的结构,而是基带信号与已调信号频谱之间存在着非线性变换关系,产生出新的频率分量,即频率调制(frequency modulation, FM)和相位调制(phase modulation, PM)。频率调制是用调制信号去控制载波振荡的频率,使载波的瞬时频率按调制信号的规律变化。相位调制是用调制信号去控制载波振荡的相位,使载波的瞬时相位按调制信号的规律变化。这两种调制都表现为载波振荡的总相角受到调制,而幅度保持不变,故统称为角度调制。

4.4.1 角度调制信号的数学表达式

设调制信号为 $m(t)$,载波为 $c(t)=A\cos\omega_c t$,则角度调制信号的一般表示式为

$$s_m(t)=A\cos[\omega_c t+\varphi(t)] \tag{4.4.1}$$

式中,A、ω_c 是常数,分别为载波的幅度和频率;$\varphi(t)$ 是已调信号的瞬时相位偏移,$\mathrm{d}\varphi(t)/\mathrm{d}t$ 为已调信号的瞬时频率偏移。

1. 相位调制(PM)

载波信号的瞬时相位偏移随调制信号成比例变化的调制称相位调制。这时已调信号的相位按下式变化

$$\varphi(t)=K_{\mathrm{P}}m(t) \tag{4.4.2}$$

式中，K_{P} 为比例常数或称相移常数，它反映了相位调制的灵敏度。根据式(4.4.2)，相位调制信号表达式可写成

$$s_{\mathrm{m}}(t)=A\cos[\omega_{\mathrm{c}}t+K_{\mathrm{P}}m(t)] \tag{4.4.3}$$

2. 频率调制(FM)

载波信号的瞬时频率偏移随调制信号成比例变化的调制称频率调制。这时已调信号的频率按下式变化

$$\frac{\mathrm{d}\varphi(t)}{\mathrm{d}t}=K_{\mathrm{F}}m(t) \tag{4.4.4}$$

或写成已调信号的相位变化形式

$$\varphi(t)=\int_{-\infty}^{t}K_{\mathrm{F}}m(\tau)\mathrm{d}\tau \tag{4.4.5}$$

式中，K_{F} 为比例常数或称频偏常数，它反映了频率调制的灵敏度。根据式(4.4.5)，频率调制信号表达式可写成

$$s_{\mathrm{m}}(t)=A\cos\left[\omega_{\mathrm{c}}t+\int_{-\infty}^{t}K_{\mathrm{F}}m(\tau)\mathrm{d}\tau\right] \tag{4.4.6}$$

4.4.2 角度调制信号的频谱结构与带宽

由于调频波和调相波有密切的联系，这里我们只对调频波进行分析。同时，为分析简单起见，设调制信号为单一频率的余弦信号，如式(4.4.7)所示

$$m(t)=|m(t)|_{\max}\cos\omega_{\mathrm{H}}t \tag{4.4.7}$$

将式(4.4.7)代入式(4.4.6)，得

$$\begin{aligned}s_{\mathrm{m}}(t)&=A\cos\left[\omega_{\mathrm{c}}t+\frac{K_{\mathrm{F}}}{\omega_{\mathrm{H}}}|m(t)|_{\max}\sin\omega_{\mathrm{H}}t\right]\\&=A\cos[\omega_{\mathrm{c}}t+m_{\mathrm{f}}\sin\omega_{\mathrm{H}}t]\end{aligned} \tag{4.4.8}$$

其中

$$m_{\mathrm{f}}=\frac{K_{\mathrm{F}}}{\omega_{\mathrm{H}}}|m(t)|_{\max} \tag{4.4.9}$$

称调频指数或调制指数，它表示了角度调制波的最大相位偏移。又

$$|\Delta\omega_{\max}|=K_{\mathrm{F}}|m(t)|_{\max} \tag{4.4.10}$$

表示了角度调制波的最大频率偏移。于是调频指数又可表示为

$$m_{\mathrm{f}}=\frac{|\Delta\omega_{\max}|}{\omega_{\mathrm{H}}}=\frac{|\Delta f_{\max}|}{f_{\mathrm{H}}} \tag{4.4.11}$$

将式(4.4.8)用三角函数展开

$$s_{\mathrm{m}}(t)=A\cos\omega_{\mathrm{c}}t\cdot\cos(m_{\mathrm{f}}\sin\omega_{\mathrm{H}}t)-A\sin\omega_{\mathrm{c}}t\cdot\sin(m_{\mathrm{f}}\sin\omega_{\mathrm{H}}t) \tag{4.4.12}$$

根据贝塞尔函数理论，有下列关系式

$$\cos(m_{\mathrm{f}}\sin\omega_{\mathrm{H}}t)=J_{0}(m_{\mathrm{f}})+2\sum_{n=1}^{+\infty}J_{2n}(m_{\mathrm{f}})\cos2n\omega_{\mathrm{H}}t \tag{4.4.13}$$

$$\sin(m_{\mathrm{f}}\sin\omega_{\mathrm{H}}t)=2\sum_{n=1}^{+\infty}J_{2n-1}(m_{\mathrm{f}})\sin(2n-1)\omega_{\mathrm{H}}t \tag{4.4.14}$$

式(4.4.13)、式(4.4.14)中 $J_n(m_f)$ 称为第一类 n 阶贝塞尔函数,其值可按下式计算

$$J_n(m_f)=\sum_{m=0}^{\infty}\frac{(-1)^m\left(\dfrac{1}{2}m_f\right)^{n+2m}}{m!(n+m)!} \tag{4.4.15}$$

贝塞尔函数还具有以下性质:

① $(-1)^n J_n(m_f)=J_{-n}(m_f)$ (4.4.16)

② 当 m_f 很小,即频偏很小时,有:

$$J_0(m_f)\approx 1;\quad J_1(m_f)\approx\frac{1}{2}m_f;\quad J_n(m_f)\approx 0\quad (n>1) \tag{4.4.17}$$

③ 对任意 m_f 值,各阶贝塞尔函数的平方和恒等于1,即

$$\sum_{n=-\infty}^{\infty}J_n^2(m_f)=1 \tag{4.4.18}$$

将式(4.4.13)、式(4.4.14)以贝塞尔函数为系数的三角级数展开式代入式(4.4.12),并利用贝塞尔函数性质①的关系式 $(-1)^n J_n(m_f)=J_{-n}(m_f)$ 化简,我们可以得到在单频余弦信号调制下的调频信号时域表达式

$$s_m(t)=A\sum_{n=-\infty}^{\infty}J_n(m_f)\cos(\omega_c+n\omega_H)t \tag{4.4.19}$$

相应的频域表达式为

$$S_m(\omega)=\pi A\sum_{n=-\infty}^{\infty}J_n(m_f)[\delta(\omega-\omega_c-n\omega_H)+\delta(\omega+\omega_c+n\omega_H)] \tag{4.4.20}$$

从式(4.4.19)、式(4.4.20)可以看到:调频信号的频谱并不是把调制信号频谱作简单搬移的结果,而是由载频分量 ω_c 和频率为 $\omega_c\pm n\omega_H$ 的无限多对上下边频分量之和组成的。其中,n 为任意正整数。第 n 对边频分量的振幅为 $A_n=AJ_n(m_f)$。下面我们来看调频信号的功率分布情况。由式(4.4.19)可得到调频信号的自相关函数

$$R_{FM}(\tau)=E[s_m(t)\cdot s_m(t+\tau)]=\frac{A^2}{2}\sum_{n=-\infty}^{\infty}J_n^2(m_f)\cos(\omega_c+n\omega_H)\tau \tag{4.4.21}$$

其功率谱密度为

$$G_{FM}(\omega)=\frac{\pi A^2}{2}\sum_{n=-\infty}^{\infty}J_n^2(m_f)[\delta(\omega-\omega_c-n\omega_H)+\delta(\omega+\omega_c+n\omega_H)] \tag{4.4.22}$$

则调频信号的总功率是

$$P_{FM}=\int_{-\infty}^{+\infty}\frac{1}{2\pi}G_{FM}(\omega)d\omega=\frac{A^2}{2}\sum_{n=-\infty}^{\infty}J_n^2(m_f)=\frac{A^2}{2}=R_{FM}(0) \tag{4.4.23}$$

由贝塞尔函数性质③可知,调频信号中所有频率分量(含载波)的平均功率之和是常数。因此,当 $m_f=0$ 即不调制时,根据贝塞尔函数性质②有 $J_0(0)=1$,这时只有载波功率且功率为 $A^2/2$;当 $m_f\neq 0$ 时,$J_0(m_f)<1$,这时载波功率下降转为各边频功率,但总功率不变,仍然为 $A^2/2$。

虽然,在理论上调频波的边频分量是无限多的,但是实际上各边频分量随 n 的增大而下降,高次边频分量可略去不计,因而其实际占有的有效频带还是有限的。当边频分量幅度大于等于未调制载波幅度百分之一,即

$$|J_n(m_f)|\geqslant 0.01$$

时，该边频分量不可忽略不计。所以，在调频信号带宽中调频波功率应该占总功率的99%以上。又根据贝塞尔函数性质②：

$$\text{当}\ n > m_f + 1\ \text{时}，\quad J_n(m_f) \approx 0$$

因而，调频信号带宽只需计算 m_f+1 对的谱线宽度，即

$$B_{FM} = 2(m_f + 1)f_H = 2(\Delta f_{max} + f_H) \tag{4.4.24}$$

称式(4.4.24)B_{FM} 为卡森公式。式中，Δf_{max} 是最大频偏。

4.5 角度调制系统的抗噪声性能

因为频率调制和相位调制在本质上没有多大区别，所以在分析角度调制系统的抗噪声性能时只要选择其中之一即可。本节仍选择常用的调频系统进行讨论。

采用非相干解调的调频信号解调方框图如图4.5.1所示。带通滤波器的作用是抑制信号带宽以外的噪声而让信号通过。信道中引入的加性噪声为高斯白噪声，其单边功率谱密度是 n_0。限幅器是对调频信号的幅度放大、限幅，使已调信号幅度一致。鉴频器是解调器的核心，典型的鉴频特性曲线如图4.5.2所示，其数学表示式为

$$U = K_D(\omega - \omega_c) \tag{4.5.1}$$

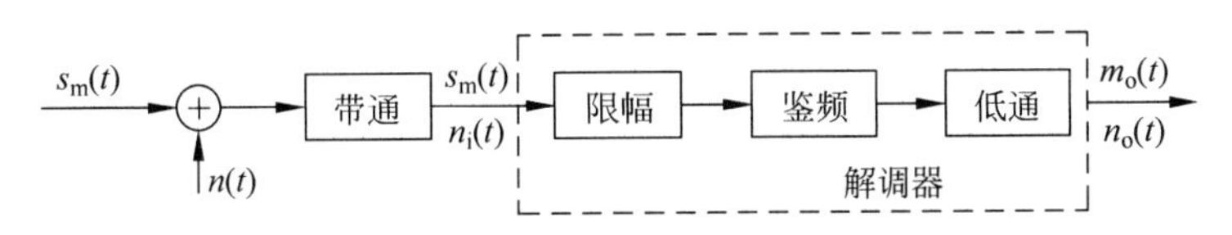

图4.5.1 调频系统抗噪声性能分析模型

式中，K_D 是常数，它反映了鉴频器的鉴频灵敏度。式(4.5.1)说明解调输出信号的电压正比于输入调频信号的频率，因此可以恢复原调制信号。

与幅度调制系统抗噪声性能分析方法相同，角度调制系统的抗噪声性能也采用调制制度增益来衡量，所以我们要分别计算调频信号解调器的输入、输出信噪比。

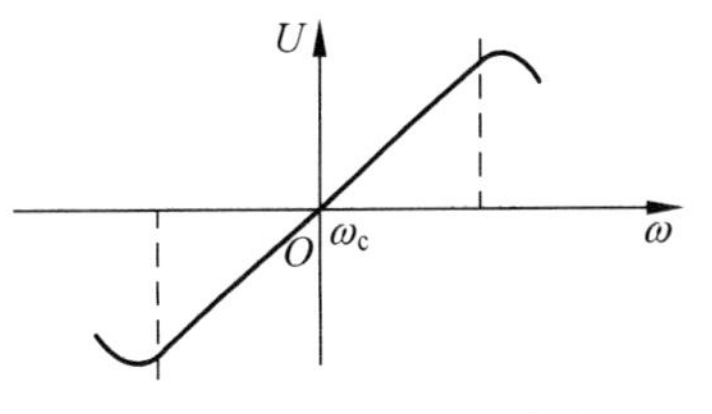

图4.5.2 鉴频特性曲线

图4.5.1所示调频信号解调器的带通滤波器输出是频率调制的已调信号与窄带高斯白噪声的叠加，即

$$s_m(t) + n_i(t) = A\cos[\omega_c t + \varphi(t)] + V(t)\cos[\omega_c t + \theta(t)] = V'(t)\cos\psi(t) \tag{4.5.2}$$

其中频率已调信号是

$$s_m(t) = A\cos[\omega_c t + \varphi(t)]$$

式中，$\varphi(t) = \int_{-\infty}^{t} K_F m(\tau)\mathrm{d}\tau$。

因而解调器输入信号功率为

$$S_i = \frac{1}{2}A^2 \tag{4.5.3}$$

输入噪声功率为

$$N_i = n_0 B_{FM} \tag{4.5.4}$$

由此可得解调器的输入信噪比为

$$\frac{S_i}{N_i}=\frac{A^2}{2n_0 B_{FM}} \tag{4.5.5}$$

式(4.5.2)所示的解调器输入信号通过限幅器后使输出信号的幅度恒定,这时限幅器输出信号可写成 $V_0\cos\psi(t)$,显然,调制信号的信息包含于 $\psi(t)$ 中,而与信号幅度无关。因此我们需要求得 $\psi(t)$。令

$$\begin{cases}A\cos[\omega_c t+\varphi(t)]=a_1\cos\phi_1\\V(t)\cos[\omega_c t+\theta(t)]=a_2\cos\phi_2\\a_1\cos\phi_1+a_2\cos\phi_2=a\cos\phi\end{cases} \tag{4.5.6}$$

根据式(4.5.6)以及三角函数的矢量表示法,可以将式(4.5.6)的关系用图4.5.3(a)表示。由图可以得到下列关系式

$$\tan(\phi-\phi_1)=\frac{\overline{BC}}{\overline{OB}}=\frac{a_2\sin(\phi_2-\phi_1)}{a_1+a_2\cos(\phi_2-\phi_1)}$$

$$\phi=\phi_1+\arctan\frac{a_2\sin(\phi_2-\phi_1)}{a_1+a_2\cos(\phi_2-\phi_1)} \tag{4.5.7}$$

比较式(4.5.2)、式(4.5.6)及式(4.5.7)可得

$$\psi(t)=\omega_c t+\varphi(t)+\arctan\frac{V(t)\sin[\theta(t)-\varphi(t)]}{A+V(t)\cos[\theta(t)-\varphi(t)]} \tag{4.5.8}$$

同理,互换 a_1 与 a_2 及 ϕ_1 与 ϕ_2,由图4.5.3(b)可得 ϕ 及 $\psi(t)$ 的另一表示式

$$\phi=\phi_2+\arctan\frac{a_1\sin(\phi_1-\phi_2)}{a_2+a_1\cos(\phi_1-\phi_2)} \tag{4.5.9}$$

$$\psi(t)=\omega_c t+\theta(t)+\arctan\frac{A\sin[\varphi(t)-\theta(t)]}{V(t)+A\cos[\varphi(t)-\theta(t)]} \tag{4.5.10}$$

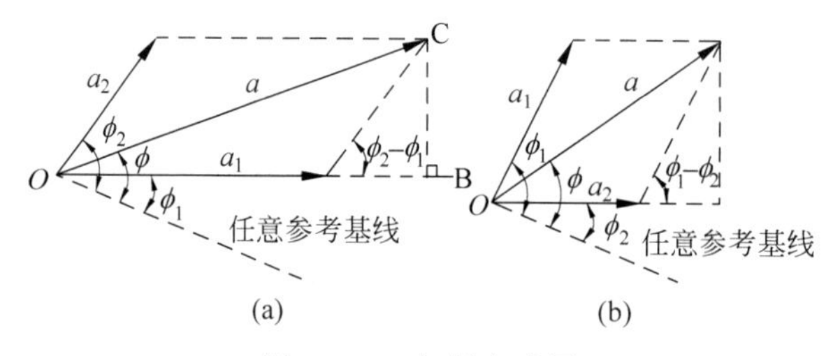

图4.5.3 矢量合成图

解调器的鉴频器对 $\psi(t)$ 鉴频,解调出正比于瞬时频率偏移的调制信号。由于式(4.5.8)和式(4.5.10)表示的 $\psi(t)$ 不具备这样简单的线性关系,因而直接由 $\psi(t)$ 求解调器输出信号功率和噪声功率是有困难的。下面分两种特殊情况进行讨论。

(1) 大信噪比情况

大信噪比,即输入信噪比很高,这时有关系式 $A\gg V(t)$。在此条件下,式(4.5.8)可以近似为

$$\psi(t)\approx\omega_c t+\varphi(t)+\frac{V(t)}{A}\sin[\theta(t)-\varphi(t)] \tag{4.5.11}$$

鉴频器输出为

$$U_o(t)=\frac{1}{2\pi}\frac{d\psi(t)}{dt}-f_c$$
$$=\frac{1}{2\pi}\frac{d\varphi(t)}{dt}+\frac{1}{2\pi A}\frac{d}{dt}\{V(t)\sin[\theta(t)-\varphi(t)]\} \tag{4.5.12}$$

式(4.5.12)中,第一项为有用信号项,第二项可视作噪声项。因此解调器输出的有用信号为

$$m_o(t)=\frac{1}{2\pi}\frac{d\varphi(t)}{dt}$$

因为

$$\varphi(t)=\int_{-\infty}^{t}K_F m(\tau)d\tau$$

所以

$$m_o(t)=\frac{K_F}{2\pi}m(t) \tag{4.5.13}$$

则解调器输出信号功率为

$$S_o=\overline{m_o^2(t)}=\frac{K_F^2}{4\pi^2}\overline{m^2(t)} \tag{4.5.14}$$

解调器输出的噪声为

$$n_o(t)=\frac{1}{2\pi A}\frac{d}{dt}\{V(t)\sin[\theta(t)-\varphi(t)]\}=\frac{1}{2\pi A}\frac{dn_s(t)}{dt}=\frac{1}{2\pi A}n'_s(t) \tag{4.5.15}$$

式中,$n_s(t)=V(t)\sin[\theta(t)-\varphi(t)]$,它是载频为零的窄带高斯噪声的正交分量,因而与 $n_i(t)$ 有相同的功率谱密度 n_0,即 $n_s(t)$ 的功率谱密度为

$$G_i(\omega)=\begin{cases}n_0 & |f|\leqslant\frac{B_{FM}}{2}\\ 0 & \text{其他}\end{cases}$$

由式(4.5.15)可知,解调器输出噪声与 $n_s(t)$ 的微分成正比,而理想微分网络的功率传递函数为

$$|H(\omega)|^2=|j\omega|^2=\omega^2$$

因此,解调器输出噪声的功率谱密度为

$$G_o(\omega)=\frac{|H(\omega)|^2}{(2\pi A)^2}G_i(\omega)=\frac{\omega^2}{(2\pi A)^2}n_0=\frac{n_0f^2}{A^2}\quad |f|\leqslant\frac{B_{FM}}{2} \tag{4.5.16}$$

式(4.5.16)表明,输出噪声功率谱密度在频带内不再是均匀的,而是与频率的平方成正比,如图 4.5.4 所示。鉴频器输出噪声经输出低通滤波器后滤除调制信号频带以外的噪声,因而解调器输出噪声功率为

$$N_o=\overline{n_o^2(t)}=\int_{-f_H}^{f_H}G_o(\omega)df=\frac{2n_0}{3A^2}\cdot f_H^3 \tag{4.5.17}$$

可以看到,解调器输出噪声功率与输入信号的幅度 A 呈反比,与调制信号频率的 3 次方呈正比。根据式(4.5.14)和式(4.5.17),可得到解调器在大输入信噪比条件下的输出信噪比

$$\frac{S_o}{N_o}=\frac{3A^2K_F^2}{8\pi^2n_0f_H^3}\overline{m^2(t)} \tag{4.5.18}$$

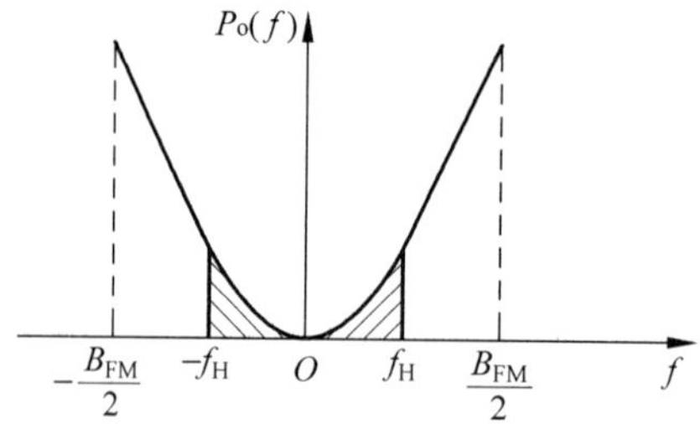

图 4.5.4 调频信号非相干解调输出噪声功率谱

由式(4.4.10),调频信号的最大频偏

$$|\Delta f_{max}| = \frac{1}{2\pi} K_F |m(t)|_{max} \tag{4.5.19}$$

将式(4.5.19)代入式(4.5.18),得

$$\frac{S_o}{N_o} = \frac{3A^2}{2n_0 f_H} \left(\frac{\Delta f_{max}}{f_H}\right)^2 \frac{\overline{m^2(t)}}{|m(t)|_{max}^2} \tag{4.5.20}$$

由式(4.5.5)和式(4.5.20)可得到调频系统的调制制度增益为

$$G = \frac{S_o/N_o}{S_i/N_i} = 3\left(\frac{\Delta f_{max}}{f_H}\right)^2 \frac{\overline{m^2(t)}}{|m(t)|_{max}^2} \frac{B_{FM}}{f_H} \tag{4.5.21}$$

为了得到更简明的形式,我们取调制信号为单一频率的余弦波,即

$$m(t) = |m(t)|_{max} \cos\omega_H t$$

则

$$\overline{m^2(t)} = \frac{1}{2}|m(t)|_{max}^2 \tag{4.5.22}$$

相应的解调器输入信号为

$$s_m(t) = A\cos[\omega_c t + m_f \sin\omega_H t]$$

式中

$$m_f = \frac{|\Delta f_{max}|}{f_H} \tag{4.5.23}$$

将式(4.5.22)、式(4.5.23)代入式(4.5.20)和式(4.5.21)得到

$$\frac{S_o}{N_o} = \frac{3}{2} m_f^2 \frac{A^2/2}{n_0 f_H} \tag{4.5.24}$$

$$G = \frac{S_o/N_o}{S_i/N_i} = \frac{3}{2} m_f^2 \frac{B_{FM}}{f_H} \tag{4.5.25}$$

因为

$$B_{FM} = 2(\Delta f_{max} + f_H)$$

所以,调频系统的调制制度增益又可写成

$$G = 3m_f^2 \frac{\Delta f_{max} + f_H}{f_H} = 3m_f^2 (m_f + 1) \tag{4.5.26}$$

由式(4.5.26)可知,调频系统的调制制度增益与调频指数的 3 次方呈正比。如果取调频广播中常采用的 $m_f = 5$,这时 $G = 450$,可见其解调信噪比的增益是很高的。

下面我们将非相干解调的调频系统与包络检波的常规调幅系统作一比较。设调频与调幅信号均为单频调制,两者有相同的未调制时的载波信号幅度 A 和信道单边噪声功率谱密

度 n_0，调幅信号为100%调制。那么，在大信噪比下包络检波的AM解调输出信噪比为

$$\left(\frac{S_o}{N_o}\right)_{AM} = \frac{\overline{m^2(t)}}{n_0 B_{AM}} \tag{4.5.27}$$

因为在单频余弦、100%调制且与调频系统有相同载波信号幅度时，$m(t)$ 的平均功率为

$$\overline{m^2(t)} = \frac{1}{2}A^2$$

又因为调幅信号的带宽为

$$B_{AM} = 2f_H \tag{4.5.28}$$

因而

$$\left(\frac{S_o}{N_o}\right)_{AM} = \frac{A^2/2}{2n_0 f_H} \tag{4.5.29}$$

由式(4.5.29)及式(4.5.24)，可得

$$\frac{(S_o/N_o)_{FM}}{(S_o/N_o)_{AM}} = 3m_f^2 \tag{4.5.30}$$

若 $m_f=5$，则调频系统的输出信噪比是调幅系统输出信噪比的75倍。由此可见，调频系统的抗噪声性能远优于调幅系统。但是必须指出，调频系统的这一优势是以增加系统传输带宽为代价的。由式(4.4.24)和式(4.5.28)，

$$B_{FM} = 2(m_f+1)f_H = (m_f+1)B_{AM} \tag{4.5.31}$$

若 $m_f=5$，则 $B_{FM}=6B_{AM}$。可见，在 $m_f=5$ 时，调频系统的传输带宽是调幅系统的6倍，远超过调幅系统的传输带宽。由式(4.5.31)

$$m_f = \frac{B_{FM}}{B_{AM}} - 1$$

将上式代入式(4.5.30)，得

$$\frac{(S_o/N_o)_{FM}}{(S_o/N_o)_{AM}} = 3\left(\frac{B_{FM}}{B_{AM}} - 1\right)^2 \tag{4.5.32}$$

式(4.5.32)说明，调频系统输出信噪比相对于调幅的改善近似正比于它们带宽之比的平方。因此，调频系统通过增加其传输带宽可以改善系统的抗噪声性能。调频方式的这个特点给系统设计带来了灵活性，可以让设计者在传输带宽和系统抗噪声性能之间作出合理选择。

(2) 小信噪比情况

小信噪比情况下满足关系式 $A \ll V(t)$，这时式(4.5.10)可以简化为

$$\psi(t) = \omega_c t + \theta(t) + \frac{A}{V(t)}\sin[\varphi(t) - \theta(t)]$$

式中没有单独存在的有用信号项，信号淹没于噪声中，解调器输出由噪声决定。这意味着调频系统解调器与常规调幅包络检波器相似，也存在“门限效应”。当输入信噪比下降到门限值以下时，会出现解调器输出信噪比急剧下降的现象，如图4.5.5所示。图中，双边带(DSB)和单边带(SSB)信号的同步检测性能曲线是一条通过原点的直线，它们没有门限效应。但在未发生门限效应时，在输入信噪比相同的条件下，调频解调输出信噪比优于DSB、SSB的输出信噪比。而且FM的输出信噪比随调频指数 m_f 的加大而增加。同时，发生门限效应的门限值也随 m_f 的加大而提高。这说明FM系统的信噪比改善与门限效应发生是互相矛盾的。

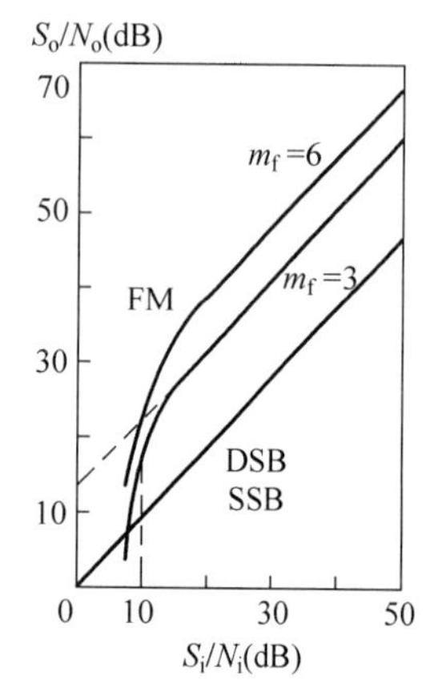

图 4.5.5 调频信号非相干解调的门限效应

实践和理论计算均表明,采用普通鉴频器解调 FM 信号时,门限效应大约发生在输入信噪比 $S_i/N_i=10$dB 处。

改善门限效应的方法有许多种。目前应用较多的有锁相环路鉴频法及反馈解调法,具体内容可参考有关文献。

预加重和去加重是调频系统最常用的技术,它可以改善解调器输出信噪比。发送端对输入信号高频分量的提升称为预加重,解调后对高频分量压低称为去加重。预加重和去加重网络及频率特性如图 4.5.6 所示。对调制信号而言,发送端的高频提升可以通过接收端的去加重恢复基带信号原来的频谱特性。但对噪声而言,由于在解调器输入端,其单边功率谱仍然为 n_0,是高斯白噪声,而在解调后 FM 系统的输出噪声功率谱是抛物线状,如图 4.5.4 所示,呈现高频端噪声大的特点,通过去加重网络后可以使噪声的高频分量减小。因此,预加重和去加重技术的应用可以改善调频解调器的输出信噪比。实际上,等效于改善了频率调制的门限。

与常规调幅包络检波器一样,调频系统的门限效应是由解调器的非线性解调作用引起的。在实际应用中,应该尽量降低门限值并使系统工作在门限值以上。

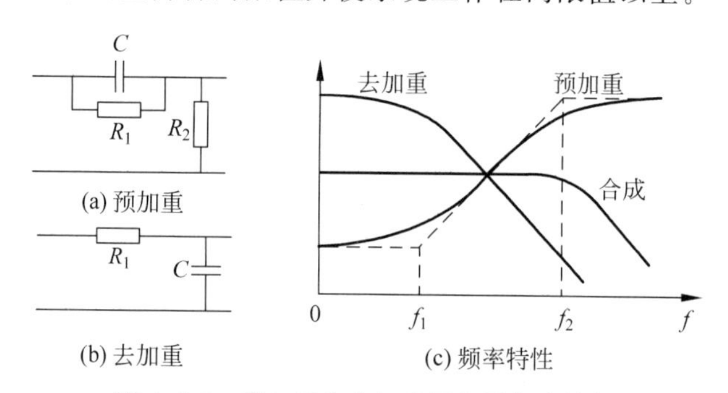

图 4.5.6 预加重和去加重网络及频率特性

4.6 频分复用

将若干个彼此独立的信号合并为一个可在同一信道中传输的方法称多路复用,简称复用。常用的复用方法有两种:将各路信号分别调制到传输信道的不同频段上称频分复用(Frequency Division Multiplexing,FDM);各路信号分别在不同的时间段进行传输称时分复用(Time Division Multiplexing,TDM)。一般,模拟信号采用频分复用方式实现多路传输,数字信号采用时分复用方式实现多路传输。

在通信系统中,信道所能提供的频带带宽往往比传输一路信号所需要的频带宽度要宽许多。因此,可以将信道的可用频带分成若干个互不交叠的频段,每路信号占据其中一个频段,在接收端用适当的滤波器将它们分割开来,分别解调接收。这样可以有效地利用频带。

n 路信号频分复用的原理框图如图 4.6.1 所示。输入基带信号通过低通滤波器将信号的最高频率限制在 f_H 内,以免高于 f_H 的信号分量调制后对其他信号干扰。调制器可以是线性调制,也可以采用非线性调制。各路信号所用的载波频率是不同的,为了防止邻路信号

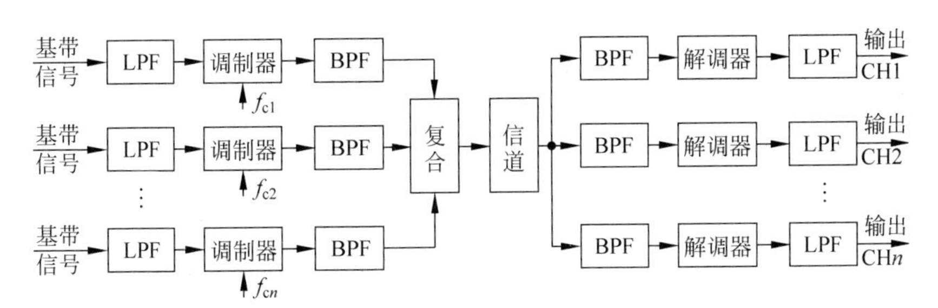

图 4.6.1　频分复用原理框图

间的相互干扰，在选择载频时除应考虑信号边带频谱宽度，还要留有一定的防护频带。各路已调信号在相加合并送入信道之前，为了避免它们的频谱互相交叠，还要经过输出带通滤波器。接收端带通滤波器的作用是各自从频分多路复用信号中提取本路要接收解调的信号，最后经解调、低通滤波器后输出恢复的基带信号。

合并后的频分复用信号原则上可以在信道中传输，但有时为了更好地利用信道的传输特性，可以进行再一次或更多次的调制，这是多级调制的概念。这里各级调制的调制方式可以是相同的，也可以是不同的。在实际通信系统中，常用的二级调制方式有 SSB/SSB、SSB/FM、FM/FM 等。

频分多路复用的主要问题是各路信号之间的相互串扰。引起串扰的原因主要是系统非线性使已调信号频谱展宽所致。其中，调制非线性产生的串扰可由发送端带通滤波器部分消除，但信道传输非线性产生的串扰无法消除。因此，频分多路复用对系统线性度要求高并要合理选择载波频率，使各路频谱之间留有一定的保护间隔。

频分复用系统的最大优点是提高了信道利用率。它是模拟通信中最主要的一种复用方式，在有线、广播和微波通信中应用十分广泛。下面是采用频分复用技术的实例。

1. 载波电话

多路载波电话系统采用单边带调制频分复用方式。每路电话信号频带范围为 300～3400Hz，考虑保护间隔和滤波器过渡带，两路信号间留 600Hz 的防护频带，因此每路电话信号实际取 4kHz 为标准频带。载波电话的基群由 12 路电话构成，其频分复用过程及频谱如图 4.6.2 所示。基群信号的带宽为

$$B = 4\text{kHz} \times 12\text{路} = 48\text{kHz}$$

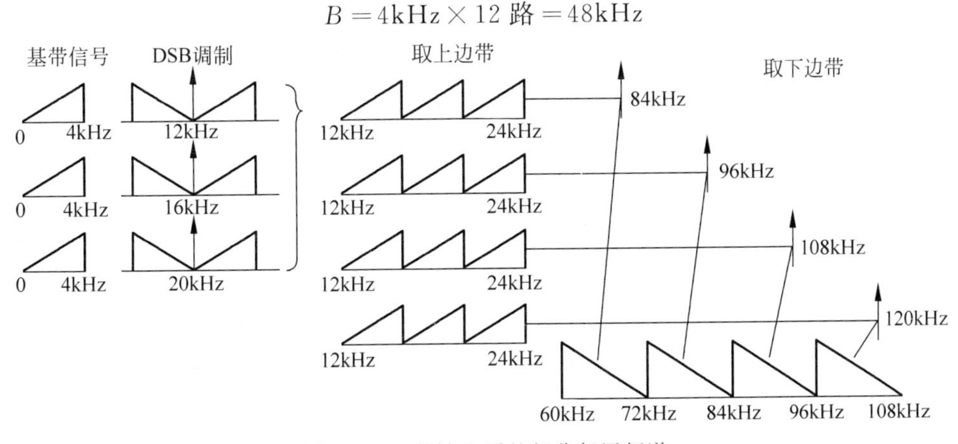

图 4.6.2　载波电话的频分复用频谱

复用后的基群信号频带为 60～108kHz。

载波电话的其他群路信号的形成方法与基群信号形成基本相同，是由低一等级群路信号通过再次单边带调制方式的频分复用形成高一等级的群路信号。

2. 广播电视

一路模拟电视信号频谱如图 4.6.3 所示。图像信号因为低频分量丰富而采用残留边带调制(VSB)。图像信号的最高频率是 6MHz。伴音信号采用调频，其最高频率是 15kHz，最大频偏为 25kHz，则带宽为

$$B=2(\Delta f_{\max}+f_{\mathrm{H}})=2(25+15)=80$$

图像载频与伴音载频相差 6.5MHz，它们以频分复用方式合成一个总信号。二路色差信号对彩色副载波 4.43MHz 进行正交的抑制载波双边带调制(DSB-SC)。含保护带在内的每路电视信号总频带为 8MHz。

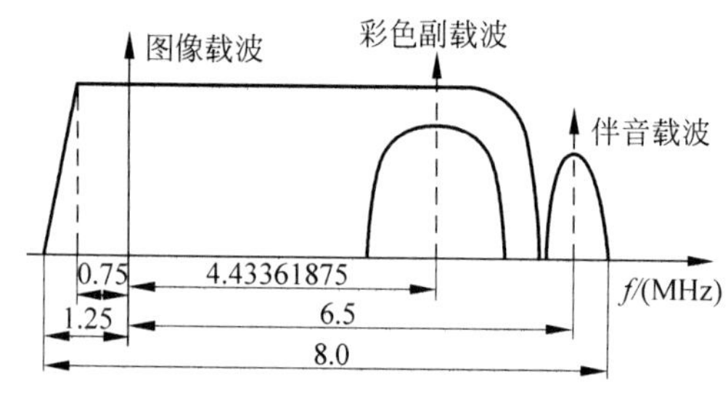

图 4.6.3 模拟电视信号频谱

3. 调频广播

用于立体声广播的基带信号频谱如图 4.6.4 所示。左右两个声道信号之和($L+R$)的频带是 0～15kHz。左右两个声道信号之差($L-R$)的信号采用抑制载波双边带调制方式实现与($L+R$)的频分复用。调制后的($L-R$)置于 23～53kHz 的频率范围内，其调制载波频率为 38kHz。19kHz 的单频信号用于立体声指示和接收端的载波提取。上述基带信号最后是通过频率调制实现多路频分复用并发送的。

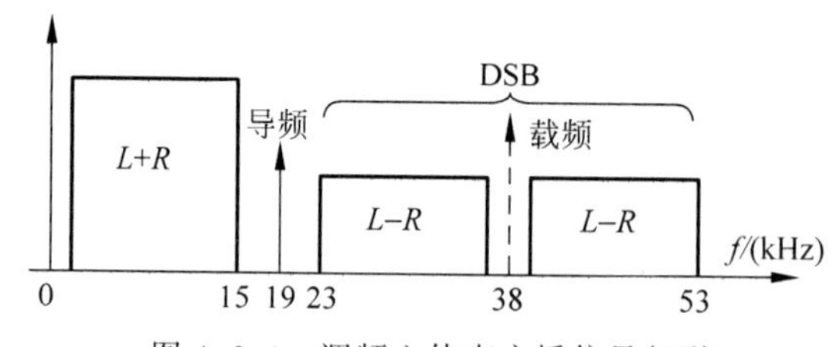

图 4.6.4 调频立体声广播信号频谱

对于普通调频广播，系统只发送($L+R$)信号，调频最大频偏为 75kHz，则每路已调信号带宽为

$$B=2(\Delta f_{\max}+f_{\mathrm{H}})=2(75+15)=180(\mathrm{kHz})$$

调频广播信道的频率范围为 88～108MHz，每路信号频率间隔是 200kHz。

4.7 思考题

4.7.1 通信系统中为什么要将基带信号经过调制后再传输？

4.7.2 什么是线性调制？什么是非线性调制？常见的线性调制和非线性调制有哪些？

4.7.3 包络检波适合哪些已调信号的解调？为什么？

4.7.4 DSB、SSB、VSB调制是基于什么思想提出的？它们各适合哪些基带信号的调制？为什么？

4.7.5 对VSB调制输出滤波器特性的要求是什么？为什么？

4.7.6 调制制度增益是用来衡量什么性能的？它的物理意义是什么？

4.7.7 DSB、SSB、VSB调制信号为什么只能采用相干解调？

4.7.8 DSB调制系统与SSB调制系统的抗噪声性能是否相同？为什么？

4.7.9 调频指数、调相指数、调幅指数的物理意义是什么？

4.7.10 从抗噪声性能和传输带宽上比较AM调制和FM调制的性能。

4.7.11 什么是门限效应？为什么会产生门限效应？相干解调方式会产生门限效应吗？为什么？

4.7.12 什么是频分复用？什么是多级调制？

4.8 习题

4.8.1 已知调制信号 $f(t)=A_m\sin 2000\pi t$，载波 $c(t)=A_0\cos 12000\pi t$。

① 试写出DSB调制波的表达式并画出时域波形及频谱图。

② 试写出常规调幅波(AM波)表达式，画出时域波形(设 $m_a=0.8$)及频谱图。

4.8.2 根据图4.8.1所示的调制信号波形，试画出DSB及AM信号的波形图，设 $m_a=1$，并画出它们分别通过包络检波器后的波形，比较它们的差别。

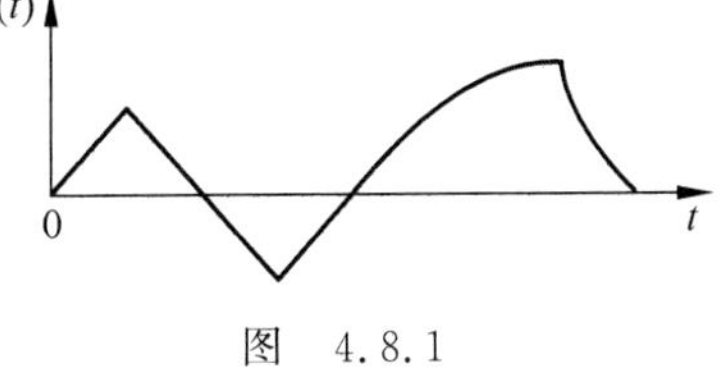

图 4.8.1

4.8.3 试写出双音调制时双边带(DSB)信号和单边带(SSB)信号的表达式并画出它们的频谱组成，其中调制信号 $f_1(t)=A\cos\omega_m t$，$f_2(t)=A\cos 2\omega_m t$，载波 $c(t)=\cos\omega_0 t$，且 $\omega_0=5\omega_m=10^4\pi$。

4.8.4 某调幅波，未调载波功率 $P_c=1\text{kW}$，调制信号是幅度为 A_m 的单音振荡。分别求以下两种情况时的已调波总功率、峰值功率和边带功率：

① $m_a=50\%$，　　② $m_a=100\%$。

4.8.5 设一双边带信号 $s_m(t)=m(t)\cos\omega_0 t$，用相干解调恢复 $m(t)$，本地载波为 $\cos(\omega_0 t+\varphi)$。如果所恢复的信号是其最大可能值的90%，相位 φ 的最大允许值是多少？

4.8.6 若残留边带滤波器具有斜切互补对称的滚降特性，如图4.8.2所示。且 $f(t)=A[\cos(500\pi t)+\cos(4000\pi t)]$，载波信号为 $c(t)=\cos(2\pi\times 10^4 t)$。试确定所得残留边带信号的时域表达式并画出其频谱。

4.8.7 设某信道具有均匀的双边噪声功率谱密度 $P_n(f)=0.5\times 10^{-3}\text{W/Hz}$，在该信

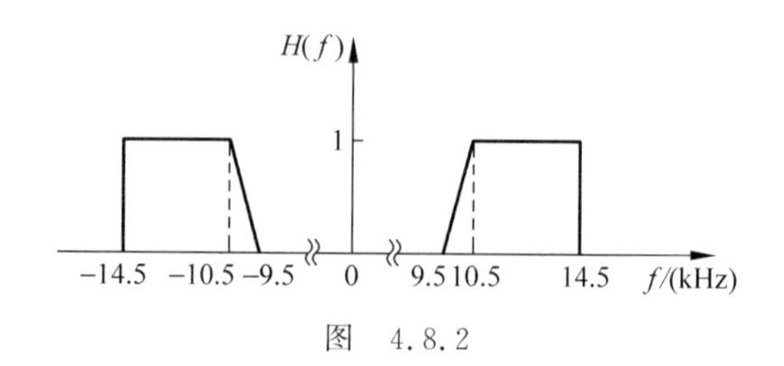

图 4.8.2

道中传输抑制载波的双边带信号，并设调制信号 $m(t)$ 的频带限制在 5kHz，而载波为 100kHz，已调信号的功率为 10kW。若接收机的输入信号在加至解调器之前，先经过带宽为 10kHz 的一理想带通滤波器滤波，试问：

① 该理想带通滤波器的中心频率为多大？

② 解调器输入端的信噪功率比为多少？

③ 解调器输出端的信噪功率比为多少？

④ 求出解调器输出端的噪声功率谱密度，并用图形表示出来。

4.8.8 若题 4.8.7 中信道中传输的是抑制载波的单边带(上边带)信号，解调器之前的理想带通滤波器的带宽为 5kHz，其他条件不变，重复计算题 4.8.7 的①、②、③。

4.8.9 试证明图 4.8.3 方案能够解调 AM 信号 $s_{AM}(t)=A_0[1+m_af(t)]\cos\omega_0 t$，并确定此方案中 LPF 的截止频率。设 $|m_af(t)|<1$，且基带信号 $f(t)$ 限带为 $|\omega|\leqslant\omega_m$，载频 $\omega_0>2\omega_m$。

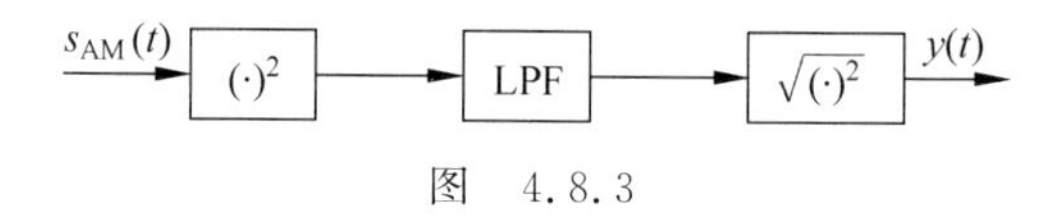

图 4.8.3

4.8.10 在图 4.8.4 中设 $c_1(t)=\sin\omega_c t$，$c_2(t)=\cos(\omega_0-\omega_c)t$，带通滤波器(BFF)的中心频率为 $(\omega_0-\omega_c)$，带宽为 $2\omega_m$。试求输入下列信号情况下每一支路的输出 $y_1(t)$ 和 $y_2(t)$：

① 输入 AM 波，$s_m(t)=A_0(1+m_a\sin\omega_m t)\sin\omega_0 t$。

② 输入 DSB 波，$s_m(t)=A_0\sin\omega_m t\cdot\sin\omega_0 t$。

③ 输入 SSB 波，$s_m(t)=A_0\cos(\omega_0-\omega_m)t$。

④ 如果改为 $c_1(t)=\cos\omega_c t$，情况如何？

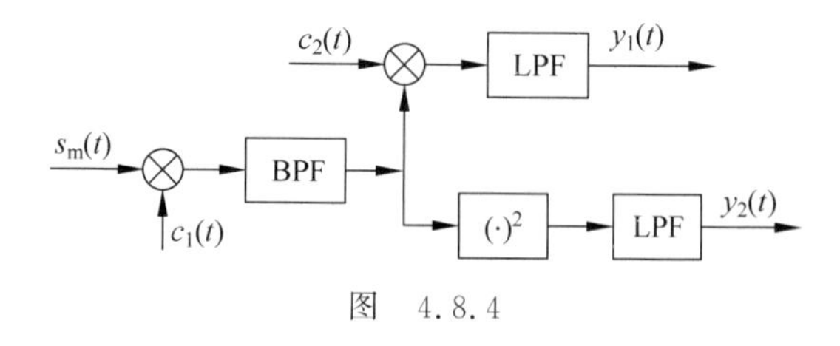

图 4.8.4

4.8.11 设一调幅信号 $s_{AM}(t)=A[1+f(t)]\cos(\omega_0 t+\theta)$，其中 $f(t)$ 的最高频率为 ω_m，且 $|f(t)|\leqslant1$，$\omega_m\ll\omega_0$，LPF 的带宽为 ω_m。试求图 4.8.5 中 a～f 各点的信号，并证明此方案能解调出 $f(t)$。

4.8.12 用相干解调器来接收双边带信号 $A_m\cos\omega_m t\cos\omega_0 t$。已知 $f_m=2$kHz，信道噪声 $\sqrt{n_0}=100\mu$V/Hz，试求在保证输出信噪功率比为 20dB 的条件下，要求 A_m 值为多少？

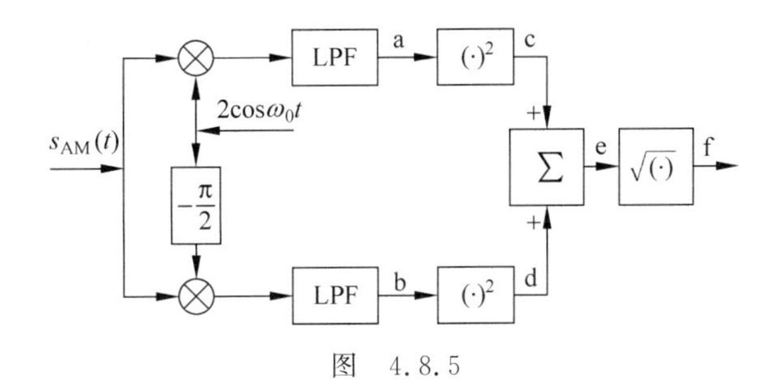

图　4.8.5

4.8.13　单音振荡 1kHz 信号，以 SSB 方式进行传输。已知解调输出信噪功率比为 20dB，输出噪声功率为 $N_o=10^{-9}$W，试求：

① 输入信号功率 S_i。　　② 信道高斯白噪声功率谱 n_0。

4.8.14　某接收机的输出信噪功率比是 20dB，输出噪声功率为 10^{-9}W，由发射机到接收机之间总的传输损耗为 100dB，试问双边带信号的发射功率应为多少？改用单边带调制后发射功率应是多少？

4.8.15　调制信号 $f(t)=\cos[2\pi\times10^4 t]$，现分别采用 AM($m_a=0.5$)、DSB 及 SSB 进行传输，已知信道衰减为 40dB，信道单边噪声功率谱 $n_0=10^{-10}$W/Hz。

① 求各种调制方式时的已调波功率 P_{AM}，P_{DSB} 及 P_{SSB}。

② 若在相干解调器输入端采用相同的信号功率值 $\overline{f^2(t)}$ 作为标准，求各系统输出信噪功率比。

③ 若各系统均以 SSB 的接收输入信号功率 S_{SSB} 为标准，计算各系统输出信噪功率比。

④ 比较②与③两种结果的不同处及其原因。

4.8.16　已知：$s_{SSB}(t)=A_1\cos(\omega_0+\omega_m)t$

$$s_{DSB}(t)=A_2\cos\omega_m t\cos\omega_0 t$$

$$s_{AM}(t)=A_3(1+\cos\omega_m t)\cos\omega_0 t$$

比较 SSB、DSB 和 AM 信号的幅度关系，即 A_2/A_1、A_3/A_2 和 A_1/A_3，使它们的边带平均功率都相等。

4.8.17　已知某调角波为 $s(t)=A_0\cos(\omega_0 t+100\cos\omega_m t)$。

① 如果它是调相波，并且 $K_P=2$，试求调制信号 $f(t)$。

② 如果它是调频波，并且 $K_F=2$，试求调制信号 $f(t)$。

③ 它们的最大频偏为多少？

4.8.18　已知某一角度调制的信号，其载波频率为 10MHz，幅度为 5V，调制信号 $f(t)=2\cos2\pi\times3\times10^3 t$，产生的最大频偏为 6kHz，求：

① 进行调频时，调频波的时间表示式。

② 进行调相时，调相波的时间表示式。

4.8.19　已知 $f(t)=5\cos2\pi\times10^3 t$，$f_0=1$MHz，$K_F=1$kHz/V。求：

① m_f。

② 写出 $s_{FM}(t)$ 表达式及其频谱式。

③ 最大频偏 $|\Delta f_{max}|$。

④ 画出该调频信号的有效边频幅度频谱图（取相对值，设载波幅度为 A_0）。

4.8.20　80MHz的载波与4kHz的正弦波进行频率调制。这时FM波的频偏为40kHz。试求下面各值：

① 此FM波的最高频率及最低频率。

② 此FM波的调制指数 m_f。

③ 所占有的带宽B。

4.8.21　某调频波是用单音信号2kHz来调制的，产生的最大频偏为6kHz。现在将调制信号的幅度压缩3倍，频率降为1kHz，试求先后两种调频波的频带宽度各为多少？

4.8.22　用一频率为2.5kHz的正弦信号去对一个频率为10MHz的载波进行调频，若调频带宽为9.95～10.05MHz，求该调频波的调频指数 m_f，最大频偏 Δf_{FM} 为何值？

4.8.23　某调相波用幅度为10V的单音信号来调制，欲获得最大相位偏移为20rad，试问调相器的灵敏度 K_P 应为多少？希望它的最大频偏为300kHz，则调制信号的频率应等于多少？

4.8.24　如果采用调制信号频率为1kHz的单音信号来调相，已知载波频率为1MHz，幅度为1V，$K_P=1\text{rad/V}$，调制信号幅度为2V，试写出该调相波的时间表示式，并求调相指数 m_p，最大相位偏移 $\Delta\theta_{PM}$，最大频率偏移 Δf_{PM} 各为何值？

4.8.25　某发射机由放大器、倍频器和变频器所组成，如图4.8.6所示。已知输入为2MHz调频波，调制频率为10kHz，最大频偏为300kHz。试求两个放大器的中心频率和要求的通带宽度各为多少？(变频后取和频)。

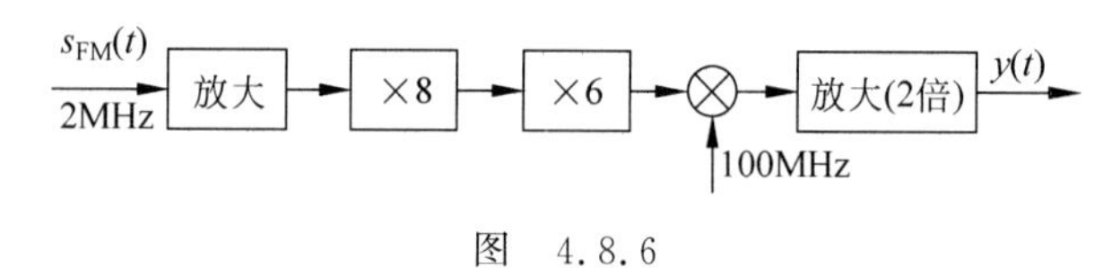

图　4.8.6

4.8.26　音频信号 $x(t)$，用射频信道传输，接收机输出信噪功率比应大于50dB，若射频信号的信道衰减为60dB(功率衰减)，信道双边噪声功率谱密度为 $n_0/2=10^{-12}\text{W/Hz}$，且 $|x(t)|_{max}=1$，$x(t)$的最高频率 $f_{max}=15\text{kHz}$。试计算下列传输带宽及平均发射功率：

① DSB调制。

② 常规调幅AM，且 $m_a=1$。

③ 调频FM频偏与调制信号频率之比为 $m_f=\Delta f/f_{max}=5$。

4.8.27　给定接收机的输出信噪功率比为50dB，信道中 $n_0=10^{-10}\text{W/Hz}$。单音调制信号频率为10kHz。试求：

① 在90%调幅时需要调幅波的输入信噪功率比和载波幅度为多少？

② 在最大频偏为75kHz时需要调频波的输入信噪功率比和幅度为多少？

4.8.28　设一频率调制系统，载波振幅为100V，频率为100MHz。调制信号 $m(t)$ 的频带限制于5kHz。$\overline{m^2(t)}=5000\text{V}^2$，$K_F=500\pi\text{rad/(s·V)}$，最大频偏 $\Delta f=25\text{kHz}$，并设信道中噪声功率谱密度是均匀的，其 $P_n(f)=10^{-3}\text{W/Hz}$(单边谱)。试求：

① 接收机输入端理想带通滤波器的传输特性 $H(\omega)$。

② 解调器输入端的信噪功率比。

③ 解调器输出端的信噪功率比。

④ 若 $m(t)$以振幅调制($m_a=1$)方法传输,并以包络检波器检波,试比较在输出信噪比和所需带宽方面与频率调制系统有何不同?

4.8.29 类似于AM/FM立体声系统,现设所需传输单音信号 $f_m=15\text{kHz}$,先进行单边带SSB调制,取下边频,然后进行调频,形成SSB/FM发送信号。已知调幅所用载波为38kHz,调频后发送信号的幅度为200V,而信道给定的匹配带宽为184kHz,信道衰减为60dB,$n_0=4\times10^{-9}\text{W/Hz}$,传输载频设为 ω_0,求:

① 写出已调波表达式。

② 鉴频器输出信噪功率比 S_o/N_o。

③ 最后解调信噪功率比是多少?能否满意收听?

4.8.30 设有一个频分多路复用系统,副载波用DSB/SC调制,主载波用FM调制。现有60路等幅的音频输入通道,每路频带限制在3.3kHz以下,防护频带为0.7kHz。

① 如果最大频偏为800kHz,试求传输信号的带宽。

② 假定检频器输入的噪声是白噪声,且解调器中无去加重电路。试分析第60路与第1路相比,输出信噪比降低多少dB?

第5章 模拟信号数字化

CHAPTER 5

5.1 引言

数字通信由于自身固有的各种优点已得到广泛的应用。但常见的通信业务如电话、传真、电视等，这些信源输出的都是模拟信号。因此，如何实现从模拟信源到数字信源的转换是实现通信系统全数字化的一个重要环节。

在通信系统的发送端把模拟信号转换成数字信号是波形编码，简称“模/数转换(Analog to Digital Conversion，A/D)”，它包括三个基本步骤：抽样、量化和编码。最终变换为二元数字序列。在接收端为了恢复原来的模拟信号则应包括一个“数/模转换(Digital to Analog Conversion，D/A)”装置。

采用抽样、量化、编码等方法使模拟信号不但在时间上离散化，而且在幅度上用有限个数字量来表示，这便是模拟信号数字化。最常用的模拟信号数字化方法是脉冲编码调制(Pulse Code Modulation，PCM)。PCM的系统原理框图如图5.1.1所示。图中，输入模拟信号$m(t)$通过抽样后成为时间上离散、幅度上连续的模拟信号，称为脉冲振幅调制(Pulse Amplitude Modulation，PAM)信号。PAM信号经过量化后输出的是时间上和幅度上都离散的数字信号。编码是将量化输出的数字信号按一定的规则用二进制数字序列表示。接收端译码器进行与编码相反的变换，低通滤波器输出的是恢复的模拟信号。

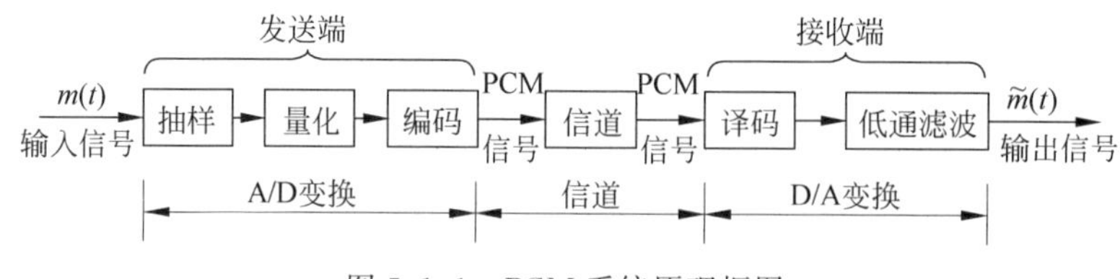

图5.1.1 PCM系统原理框图

本章在介绍抽样定理的基础上，以最常见的电话业务中的模拟语音信号为例，讨论了模拟信号数字化的基本原理和方法，即脉冲编码调制(PCM)、增量调制(Delta Modulation，ΔM)和差分脉码调制(Differential Pulse Code Modulation，DPCM)。然后介绍了时分复用的概念和多路数字电话系统。

5.2 抽样定理

将时间上连续的模拟信号处理成时间上离散的信号,这一过程称之为抽样或采样、取样。如何使抽样值能完全表示原信号的全部信息,也就是由离散的抽样序列能不失真地恢复出原模拟信号则可由抽样定理来确定。因此,抽样定理是模拟信号数字化的理论基础,也就是说,抽样定理为模拟信号与数字序列之间的可转换性奠定了理论基础。这对数字通信来说是十分重要的。

抽样定理告诉我们:如果对某一带宽有限的时间连续的模拟信号进行抽样,且抽样速率达到一定数值时,由这些抽样值就能准确地确定原信号。这意味着:如果要传输时间连续的模拟信号,不一定要传输模拟信号本身,只要传输按抽样定理得到的抽样值,在接收端就能恢复出该模拟信号。抽样定理将连续信号和相应的时间离散信号本质地联系了起来。

那么,究竟以怎样的抽样频率进行抽样才能在接收端恢复原信号呢?下面分别就低通型信号和带通型信号来讨论这个问题。

5.2.1 低通型信号抽样定理

一个频带限制在$(0,f_H)$内的低通型模拟信号$m(t)$,它完全由以速率$f_s \geqslant 2f_H$对其等间隔抽样的抽样值所确定。这就是说$m(t)$中所含的全部信息都包含在抽样值中而没有丢失,因此,$m(t)$完全可以用抽样值代替。这就是奈奎斯特抽样定理或低通型波形信号的均匀抽样定理。由该定理我们可以知道,无失真地恢复原信号的最低抽样速率是$f_s=2f_H$,称为奈奎斯特速率。相应的最大抽样时间间隔$T_s=\dfrac{1}{2f_H}$称为奈奎斯特间隔。事实上,若$f_s<2f_H$恢复原信号时就会产生混叠失真。下面我们从频域和时域上来证明抽样定理。

假设频带限于$(0,f_H)$内的被抽样模拟信号$m(t)$的傅里叶变换为$M(\omega)$,抽样脉冲是周期性单位冲激序列$\delta_T(t)$,即

$$\delta_T(t)=\sum_{n=-\infty}^{+\infty}\delta(t-nT_s) \tag{5.2.1}$$

式中,T_s为抽样脉冲的周期。$\delta_T(t)$的傅里叶变换为

$$\delta_T(t)\Leftrightarrow\delta_T(\omega)=\frac{2\pi}{T_s}\sum_{n=-\infty}^{+\infty}\delta(\omega-n\omega_s) \tag{5.2.2}$$

式中,$\omega_s=\dfrac{2\pi}{T_s}$为抽样频率。根据图5.2.1所示的抽样模型,我们可以得到抽样后输出信号

$$m_s(t)=m(t)\cdot\delta_T(t) \tag{5.2.3}$$

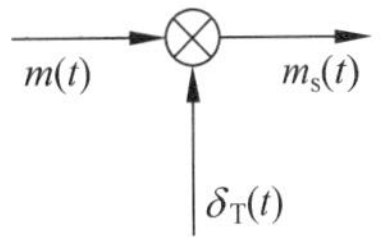

图5.2.1 抽样模型

由傅里叶变换的卷积定理,$m_s(t)$的傅里叶变换$M_s(\omega)$可写成

$$\begin{aligned}M_s(\omega)&=\frac{1}{2\pi}[M(\omega)*\delta_T(\omega)]=\frac{1}{T_s}\Big[M(\omega)*\sum_{n=-\infty}^{+\infty}\delta(\omega-n\omega_s)\Big]\\&=\frac{1}{T_s}\sum_{n=-\infty}^{+\infty}M(\omega-n\omega_s)\end{aligned} \tag{5.2.4}$$

上式表明 $M_s(\omega)$ 是由无穷多个间隔为 ω_s 的 $M(\omega)$ 相叠加而成，也就是 $M_s(\omega)$ 的频谱是由 $M(\omega)$ 频谱的周期性重复构成，重复周期是抽样频率 ω_s。如果 $\omega_s \geqslant 2\omega_H$，即 $T_s \leqslant \frac{1}{2f_H}$，$M(\omega)$ 就周期性地重复而不重叠构成 $M_s(\omega)$，因而从频域上看，可由 $M_s(\omega)$ 通过采用理想低通滤波器来恢复 $M(\omega)$；如果 $\omega_s < 2\omega_H$，$M_s(\omega)$ 是 $M(\omega)$ 的周期性重复但存在重叠或称混叠，则不能由 $M_s(\omega)$ 恢复 $M(\omega)$。图 5.2.2 示出了抽样过程中信号的时间波形和频谱。由图 5.2.2(f) 看到，当满足抽样定理时原信号完全可由抽样信号通过低通滤波器取出，也就是抽样值包含了原信号的全部信息。

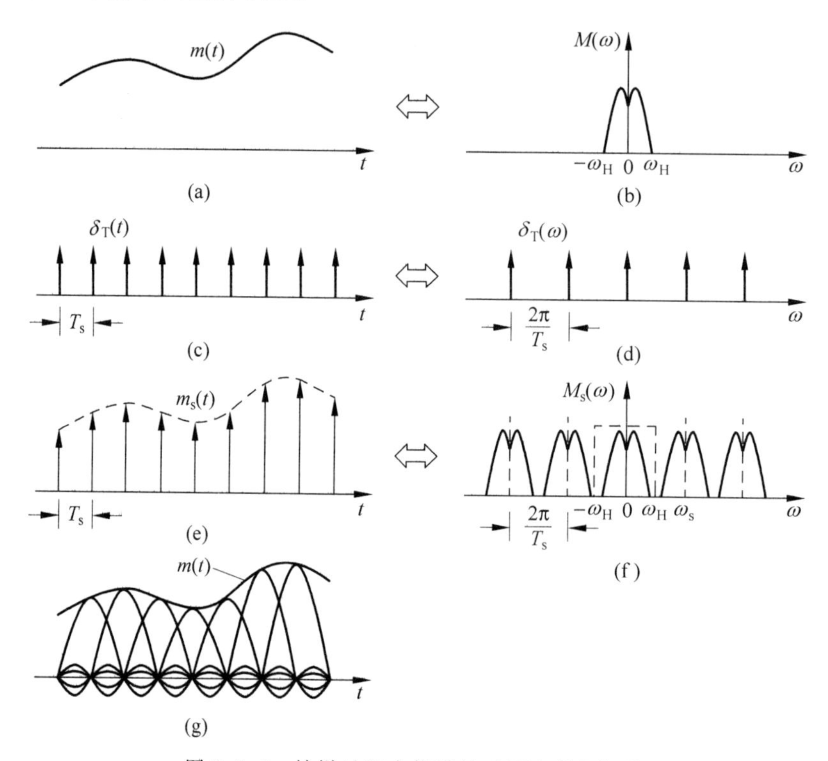

图 5.2.2 抽样过程中信号的时间波形和频谱

上面我们从频域上证明了抽样定理的正确性，即从频域上说明了抽样信号频谱与原信号频谱的关系。下面从时域上来分析抽样信号 $m_s(t)$ 与原信号 $m(t)$ 的关系，也就是 $m(t)$ 如何由 $m_s(t)$ 来恢复。我们以最低抽样速率对信号 $m(t)$ 抽样，即取 $f_s = 2f_H$，把它代入式(5.2.4)，得到

$$M_s(\omega) = \frac{1}{T_s}\sum_{n=-\infty}^{+\infty} M(\omega - 2n\omega_H) \tag{5.2.5}$$

为了得到 $M(\omega)$，将 $M_s(\omega)$ 通过如下的理想低通滤波器

$$H(\omega) = \begin{cases} T_s & (|\omega| \leqslant \omega_H) \\ 0 & (|\omega| > \omega_H) \end{cases} \tag{5.2.6}$$

其冲激响应为

$$H(\omega) \Leftrightarrow h(t) = \mathrm{Sa}(\omega_H t) \tag{5.2.7}$$

当式(5.2.5)表示的抽样信号通过式(5.2.6)的理想低通时，只有 $n=0$ 这一项可以通过，其

余项都被低通滤波器滤除，因此有

$$M_s(\omega)\cdot H(\omega)=\frac{1}{T_s}M(\omega)\cdot H(\omega)=M(\omega) \tag{5.2.8}$$

由卷积定理可求得 $M(\omega)$ 的时域表达式为

$$m(t)=m_s(t)*h(t)=m_s(t)*\mathrm{Sa}(\omega_H t) \tag{5.2.9}$$

因为

$$\begin{aligned}m_s(t)&=m(t)\cdot\delta_T(t)=m(t)\cdot\sum_{n=-\infty}^{\infty}\delta(t-nT_s)\\&=\sum_{n=-\infty}^{\infty}m_n\delta(t-nT_s)\end{aligned} \tag{5.2.10}$$

式中，m_n 是 $m(t)$ 的第 n 个抽样值。将式(5.2.10)代入式(5.2.9)中，因此有

$$\begin{aligned}m(t)&=\sum_{n=-\infty}^{\infty}m_n\delta(t-nT_s)*\mathrm{Sa}(\omega_H t)=\sum_{n=-\infty}^{\infty}m_n\mathrm{Sa}[\omega_H(t-nT_s)]\\&=\sum_{n=-\infty}^{\infty}m_n\mathrm{Sa}(\omega_H t-n\pi)\end{aligned} \tag{5.2.11}$$

式(5.2.11)表明：将每个抽样值 m_n 与相对应的抽样函数相乘，并将所得的全部波形相加，即得到原信号 $m(t)$，如图 5.2.2(g)所示。这也说明了原信号完全可由抽样值来恢复。

5.2.2 带通型信号抽样定理

上面我们讨论了低通型连续信号的抽样频率应该不低于 $2f_H$。那么对于带宽比最低频率分量小的带通型信号来说，是否还需要至少以信号最高频率两倍的抽样速率对其抽样呢？下面将对这个问题进行讨论。

如果一个信号的最高频率为 f_H，最低频率是 f_L，带宽为 $B=f_H-f_L$，通常将 $f_L<B$ 的信号定义为低通型信号，而将 $f_L\geqslant B$ 的信号称为带通型信号。带通型信号 $m(t)$ 的频谱 $M(\omega)$ 如图 5.2.3(a)所示，将 f_H 表示成

$$f_H=nB+kB\quad(0<k<1) \tag{5.2.12}$$

式中，n 为不超过比值 $\frac{f_H}{B}$ 的最大整数。带通抽样定理告诉我们，抽样后不发生波形混叠失真的抽样频率应满足下列关系式：

$$f_s\geqslant 2B\left(1+\frac{k}{n}\right) \tag{5.2.13}$$

图 5.2.3 示出了当 $f_H=4B+0.5B$，$f_s=2B\left(1+\frac{0.5}{4}\right)=2.25B$ 时的已抽样信号频谱波形。从图中可看到频谱波形不发生混叠且波形中间有 $0.25B$ 的空隙，$M(\omega)$ 的频谱成分包含其中，因此用带通滤波器完全可以准确地恢复 $m(t)$。一个特别的情况是当 $k=0$，也就是信号最高频率是信号带宽的整数倍，即 $f_H=nB$ 时，这时所需的采样频率最低，最小等于 $2B$，即最低采样频率是信号带宽的 2 倍，并与信号的最高频率取值无关。这时图 5.2.3(c)的抽样信号频谱波形之间将没有空隙。

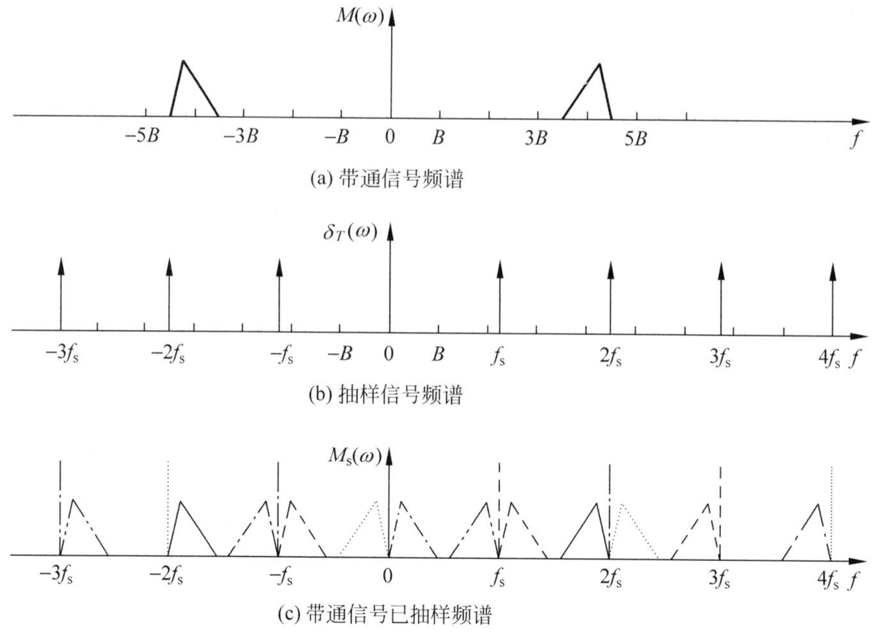

图 5.2.3　$f_H=4.5B$ 时带通信号的抽样频谱

根据式(5.2.13)画出的曲线如图 5.2.4 所示。图中示出了最低取样频率与带通信号所含最低频率的关系。可以看到,不论信号所处的频段位置如何,恢复信号所需的最低取样频率总是在 $2B$ 与 $4B$ 之间。而且,随着 n 的增加,采样频率 f_s 趋向于 $2B$。在实际中得到广泛应用的高频窄带信号一般都满足 $f_H \gg B$,也就是 n 的值都比较大,所以其抽样频率常用 $2B$ 来近似。

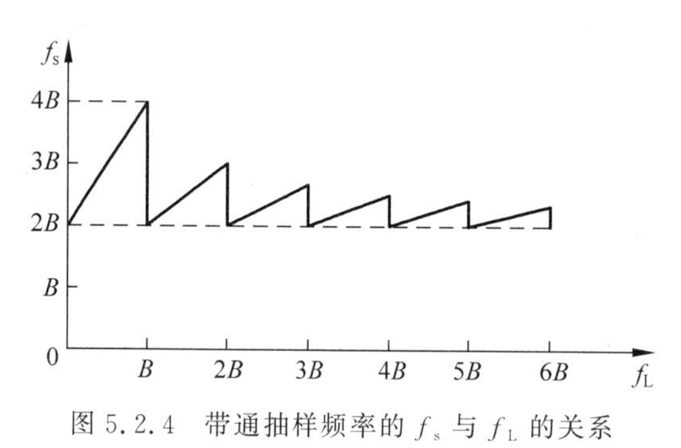

图 5.2.4　带通抽样频率的 f_s 与 f_L 的关系

最后需要指出的是抽样定理也适用于频带受限的广义平稳随机信号。

5.2.3　自然抽样与平顶抽样

在前面讨论抽样定理时,采用的抽样脉冲序列是周期性理想单位冲激序列 $\delta_T(t)$,这样的抽样称为理想抽样。理想冲激序列在实际中不能实现。因此,实际抽样电路中采用的抽样脉冲总是具有一定的持续时间,也就是具有一定的脉冲宽度,这样的抽样称为实际抽样。根据抽样脉冲脉宽持续时间内的幅度是否随被抽样信号而变化,实际抽样又可以分为自然抽样和平顶抽样。由实际抽样得到的已抽样信号也称为脉冲振幅调制(PAM)信号。

1. 自然抽样

在抽样脉冲持续期间,抽样脉冲幅度随被抽样信号而变化的抽样称自然抽样,又称曲顶抽样。设抽样脉冲序列 $s(t)$ 是幅度为 A,脉宽为 τ,周期为 T_s 的周期矩形脉冲序列,其傅里叶级数可表示为

$$s(t)=\frac{A\tau}{T_s}\sum_{n=-\infty}^{+\infty}\mathrm{Sa}\left(\frac{n\omega_s\tau}{2}\right)\cdot \mathrm{e}^{\mathrm{j}n\omega_s t} \tag{5.2.14}$$

式中,$\omega_s=\dfrac{2\pi}{T_s}$。由上式得到 $s(t)$ 的傅里叶变换为

$$S(\omega)=\frac{2\pi A\tau}{T_s}\sum_{n=-\infty}^{+\infty}\mathrm{Sa}\left(\frac{n\omega_s\tau}{2}\right)\cdot \delta(\omega-n\omega_s) \tag{5.2.15}$$

被抽样基带信号 $m(t)$ 的傅里叶变换为 $M(\omega)$,信号的最高频率为 ω_H,则自然抽样后得到的信号为

$$m_s(t)=m(t)\cdot s(t) \tag{5.2.16}$$

根据卷积定理,式(5.2.16)的频谱表达式为

$$\begin{aligned}M_s(\omega)&=\frac{1}{2\pi}[M(\omega)*S(\omega)]\\&=\frac{A\tau}{T_s}\sum_{n=-\infty}^{+\infty}\mathrm{Sa}\left(\frac{n\omega_s\tau}{2}\right)\cdot M(\omega-n\omega_s)\end{aligned} \tag{5.2.17}$$

将式(5.2.17)与式(5.2.4)比较,可看到自然抽样与理想抽样信号的频谱分量形状相似,仅有幅度大小的差异且前者每一个 $M(\omega-n\omega_s)$ 频谱幅度随 n 增大按 $\mathrm{Sa}(x)$ 函数逐渐衰减。据此,自然抽样也能用低通滤波器从 $M_s(\omega)$ 中取出 $M(\omega)$,因此两者的抽样和恢复过程是一样的。

2. 平顶抽样

抽样值的幅度是抽样时刻信号的瞬时值,而且在抽样脉冲持续期间样值幅度保持不变,这样的抽样称为平顶抽样,又称瞬时抽样。由于每个抽样脉冲顶部不随信号变化,在实际应用中可采用抽样保持电路来实现。为方便分析,可以把平顶抽样看成是理想抽样后再经过一个冲激响应是矩形的网络形成的,如图 5.2.5(a)所示。图中的乘法器完成理想抽样,其输出信号的频谱 $M_s(\omega)$ 如式(5.2.4),脉冲形成电路的冲激响应 $h(t)$ 和频率特性 $H(\omega)$ 分别为

$$h(t)=\begin{cases}A & \left(|t|\leqslant\dfrac{\tau}{2}\right)\\0 & 其他\end{cases} \tag{5.2.18}$$

$$H(\omega)=A\tau\mathrm{Sa}\left(\frac{\omega\tau}{2}\right) \tag{5.2.19}$$

那么,平顶抽样电路输出信号的频谱为

$$\begin{aligned}M_H(\omega)&=M_s(\omega)\cdot H(\omega)=\frac{1}{T_s}\sum_{n=-\infty}^{+\infty}M(\omega-n\omega_s)\cdot H(\omega)\\&=\frac{A\tau}{T_s}\sum_{n=-\infty}^{+\infty}\mathrm{Sa}\left(\frac{\omega\tau}{2}\right)\cdot M(\omega-n\omega_s)\end{aligned} \tag{5.2.20}$$

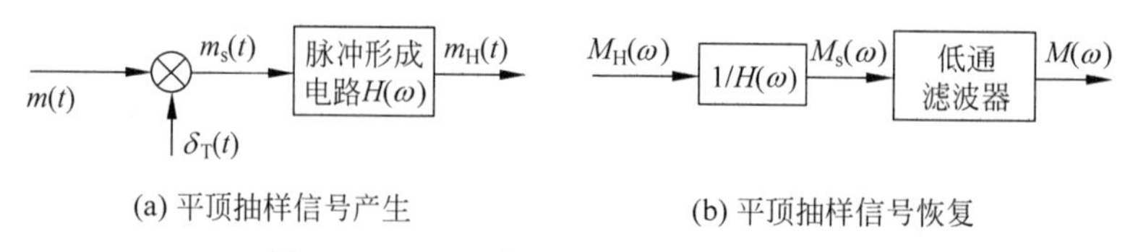

(a) 平顶抽样信号产生　　(b) 平顶抽样信号恢复

图 5.2.5　平顶信号产生和恢复原理框图

式中，频谱幅度加权项 $\mathrm{Sa}\left(\frac{\omega\tau}{2}\right)$ 是频率的函数，它使原信号频谱 $M(\omega-n\omega_s)$ 的频率分量发生了变化，是频谱失真项。因此，在接收端不能直接由低通滤波器从 $M_H(\omega)$ 取出 $M(\omega)$，而应在低通滤波器前采用频率响应为 $1/H(\omega)$ 的网络来进行频谱补偿，如图 5.2.5(b)所示，以抵消上述失真项。

以上讨论的实际抽样都是采用矩形窄脉冲序列为抽样脉冲，这是实际中采用比较多的一种形式，但原理上只要能够反映瞬时抽样值的任意脉冲形式都是可以采用的。

5.3　量化与信号量化噪声功率比

模拟信号经抽样后，样值脉冲的幅度变化仍是连续的，其取值的数目是无限的。显然，如果传输这样的时间离散、幅度连续的抽样信号仍然会受到干扰噪声的直接影响。因此，还必须对抽样信号进行幅度离散化即量化。所谓量化就是用有限个电平来表示幅度取值连续的模拟抽样值。也就是对信号变化范围内的电平作分层处理，层与层之间为量化间隔称为量化台阶，用 Δv 表示，每一个量化台阶表示一个量化级或一个量化电平。按量化台阶用取整的方法将抽样值用最接近的量化级代替。

量化由量化器完成，如图 5.3.1(a)所示。若量化器输入抽样信号 $m(kT_s)$ 满足

$$m_{i-1} \leqslant m(kT_s) \leqslant m_i \tag{5.3.1}$$

则量化器输出为

$$m_q(kT_s) = q_i \quad (i=1,2,\cdots,M) \tag{5.3.2}$$

式中，m_{i-1}、m_i 分别为量化器第 i 个量化间隔的起始和终点电平，q_i 为量化器第 i 个量化间隔的量化输出电平，如图 5.3.1(b)所示，其大小为量化间隔的中点电平，即

$$q_i = \frac{m_i + m_{i-1}}{2} \tag{5.3.3}$$

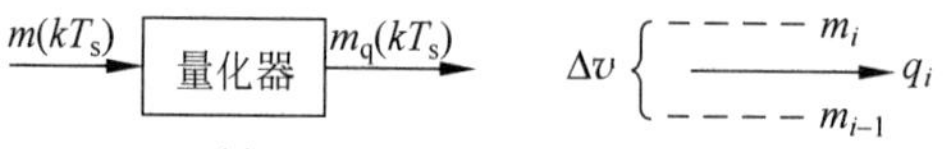

$m(kT_s)$ → 量化器 → $m_q(kT_s)$　　Δv：m_i，q_i，m_{i-1}

(a)　　(b)

图 5.3.1　量化器及第 i 个量化间隔电平

经过量化的信号与原信号存在一定的误差，称为量化误差。这是因为量化输出信号只能取有限个量化电平之一，所以量化过程不可避免地会造成误差。由于量化误差产生的影响类似于干扰和噪声，故又称其为量化噪声。量化误差可表示为

$$\Delta V = m(kT_s) - m_q(kT_s) \tag{5.3.4}$$

量化误差一般在 $\pm\Delta v/2$ 内变化。由于量化实际上是用离散随机变量 $m_q(kT_s)$ 来近似表示

连续随机变量 $m(kT_s)$，所以量化噪声功率 N_q 可用均方误差 $E\{[m(kT_s)-m_q(kT_s)]^2\}$ 来度量，即

$$N_q=E\{[m(kT_s)-m_q(kT_s)]^2\} \tag{5.3.5}$$

因而，用来衡量量化器性能的主要技术指标——信号量化噪声功率比可定义为

$$\frac{S_o}{N_q}=\frac{E[m^2(kT_s)]}{E\{[m(kT_s)-m_q(kT_s)]^2\}} \tag{5.3.6}$$

根据对电平分层是否均匀，量化可分为均匀量化和非均匀量化两种。

5.3.1 均匀量化

把输入信号的取值域按等距离分割的量化称为均匀量化。当信号是均匀分布（如图像信号）时，均匀量化器是最佳量化器。设量化器输入信号的最大值为 b，最小值为 a，量化电平数为 M，那么均匀量化的量化间隔为

$$\Delta v=\frac{b-a}{M} \tag{5.3.7}$$

当 $m_{i-1}\leqslant m(kT_s)\leqslant m_i$ 时，量化器输出

$$m_q(kT_s)=q_i=\frac{m_i+m_{i-1}}{2}=a+i\Delta v-\frac{\Delta v}{2} \tag{5.3.8}$$

第 i 个量化间隔的终点电平可写成

$$m_i=a+i\Delta v \tag{5.3.9}$$

均匀量化器的量化噪声功率为

$$\begin{aligned}N_q&=E\{[m(kT_s)-m_q(kT_s)]^2\}=\int_a^b[x-m_q(kT_s)]^2f(x)\mathrm{d}x\\&=\sum_{i=1}^{M}\int_{m_{i-1}}^{m_i}(x-q_i)^2f(x)\mathrm{d}x\end{aligned} \tag{5.3.10}$$

式中，$f(x)$是输入随机信号的概率密度函数。输入信号功率为

$$S_o=E[m^2(kT_s)]=\int_a^b x^2f(x)\mathrm{d}x \tag{5.3.11}$$

下面我们来具体求解一个均匀量化器的信号量化噪声功率比。假定输入信号取值的概率分布在区间$[-a,a]$内是均匀的，量化器量化级数为 M，那么信号的概率密度函数为

$$f(x)=\frac{1}{2a}\quad -a\leqslant x\leqslant a$$

由式(5.3.8)得到量化器第 i 个量化间隔的输出电平

$$q_i=-a+i\Delta v-\frac{\Delta v}{2}$$

由式(5.3.9)得到量化器第 i 个量化间隔的终点电平

$$m_i=-a+i\Delta v$$

将上面的关系式代入式(5.3.10)，得到

$$\begin{aligned}N_q&=\sum_{i=1}^{M}\int_{m_{i-1}}^{m_i}(x-q_i)^2f(x)\mathrm{d}x\\&=\sum_{i=1}^{M}\int_{-a+(i-1)\Delta v}^{-a+i\Delta v}\left(x+a-i\Delta v+\frac{\Delta v}{2}\right)^2\frac{1}{2a}\mathrm{d}x\end{aligned}$$

令 $y=x+a-i\Delta v+\frac{\Delta v}{2}$，有

$$N_q=\sum_{i=1}^{M}\int_{-\Delta v/2}^{\Delta v/2}y^2\cdot\frac{1}{2a}\cdot dy=\sum_{i=1}^{M}\frac{1}{2a}\cdot\frac{(\Delta v)^3}{12}=\frac{M(\Delta v)^3}{24a}$$

将 $M\cdot\Delta v=2a$ 代入上式，求得均匀量化器的量化噪声功率为

$$N_q=\frac{(\Delta v)^2}{12} \tag{5.3.12}$$

由式(5.3.11)求得信号功率为

$$S_o=\int_{-a}^{a}x^2\frac{1}{2a}dx=\frac{a^2}{3}=\frac{M^2}{12}(\Delta v)^2 \tag{5.3.13}$$

将式(5.3.12)和式(5.3.13)代入式(5.3.6)，得到均匀量化器的信号量化噪声功率比为

$$\frac{S_o}{N_q}=M^2 \tag{5.3.14}$$

用分贝表示

$$\left(\frac{S_o}{N_q}\right)_{dB}=10\log\frac{S_o}{N_q}=20\log M \tag{5.3.15}$$

由式(5.3.15)可见，信号量化噪声功率比与量化级数的平方成正比。在相同信号功率下，通过增加量化级数或减小量化间隔可以减小量化噪声，使信号量噪比得到提高。但量化电平数的增加会使编解码设备复杂度增加，当采用二进制编码时，编码位数将增加，用于传输的信道带宽也将增加。

由式(5.3.12)可看到均匀量化时的量化噪声功率与输入抽样信号的大小无关，仅与量化间隔有关。对于均匀量化，在量化区间内，大、小信号的量化间隔是相同的。因此，当量化间隔确定后，量化噪声功率是不变的。这就容易导致小信号的信号量噪比下降而不能满足要求，如在数字话音通信系统中要求信号量噪比≥26dB，大信号的信号量噪比却远远超出系统要求的指标。这时为了满足系统的要求或者是对最小允许输入信号提出要求，使输入信号动态范围减小；或者增加量化电平数即减小量化间隔，使小信号时能满足信号量噪比的要求。这是均匀量化存在的一个主要缺点，克服的方法是采用下面将讨论的非均匀量化。

5.3.2 非均匀量化

根据信号取值的不同区间来确定不同量化间隔的方法称为非均匀量化。非均匀量化可以实现在不增加量化级数 M 的前提下，利用降低大信号的信号量噪比来提高小信号的信号量噪比。也就是信号幅度小时，量化间隔小，其量化误差也小；信号幅度大时，量化间隔大，其量化误差也大。对具有非均匀概率密度分布的信号，通过非均匀量化还可以得到较高的平均信号量噪比。例如，话音信号，其信号取值的概率密度分布可近似地用拉普拉斯分布来表示，即

$$p(u)=\frac{1}{\sigma_u\sqrt{2}}\cdot e^{-\frac{\sqrt{2}|u|}{\sigma_u}} \tag{5.3.16}$$

相应的概率密度分布曲线如图 5.3.2 所示，图中 U 为过载电压。由图可见，话音信号为小

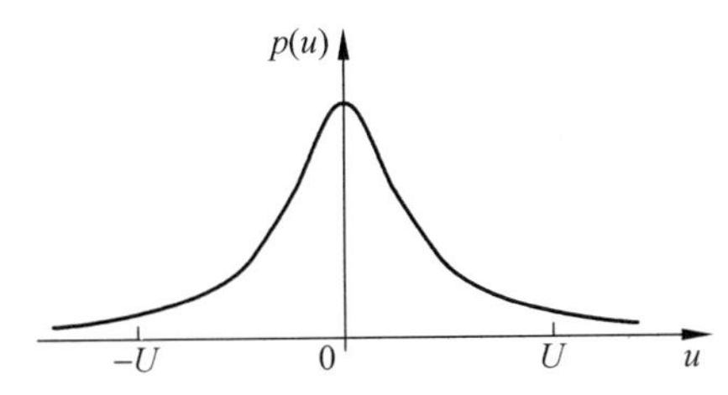

图 5.3.2　话音信号概率密度分布曲线

信号时出现的概率大，大信号时出现的概率小且随着信号幅度的增加，其概率密度分布按指数规律衰减。因此，对话音信号采用非均匀量化既可以使小信号时的信号量噪比得到改善，又由于小信号出现的概率大使得信号量噪比改善概率增大而得到较高的平均信号量噪比。下面我们就语音信号来分析非均匀量化的方法。

实现非均匀量化的方法之一是采用压缩扩张技术，即在发送端对输入量化器的抽样信号先进行压缩处理再均匀量化、编码，在接收端进行相应的解码和扩张处理。压缩特性是对小信号放大，对大信号压缩，扩张特性正好与压缩特性相反。非均匀量化的原理框图如图 5.3.3 所示。

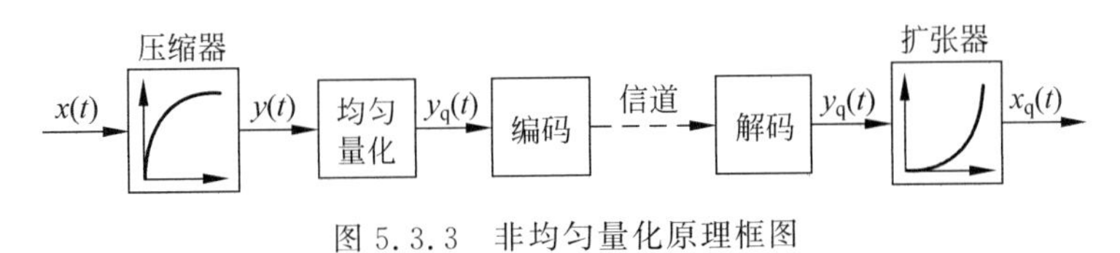

图 5.3.3　非均匀量化原理框图

实际中采用的主要压缩方法是近似对数压缩，它包括 μ 压缩律和 A 压缩律。

1. μ 压缩律

μ 压缩律主要用于美国、加拿大和日本等国的 PCM-24 路基群中。其压缩特性具有如下的关系式

$$y=\frac{\ln(1+\mu x)}{\ln(1+\mu)}\quad 0\leqslant x\leqslant 1 \tag{5.3.17}$$

式中，x，y 分别为归一化的压缩器输入、输出电压，定义为：

$$x=\frac{\text{压缩器输入电压}}{\text{压缩器可能的最大输入电压}}$$

$$y=\frac{\text{压缩器输出电压}}{\text{压缩器可能的最大输出电压}}$$

μ 是压扩参数，表示压缩的程度。μ 增大，压缩效果明显；$\mu=0$ 时，$y=x$，表示输入、输出信号无压缩。μ 律压缩特性曲线如图 5.3.4(a)所示。它是以原点奇对称的，这里仅画出了正向部分。由图可见，压缩器特性曲线在小信号时斜率大于 1，大信号时斜率小于 1，说明压缩器对小信号是放大，对大信号是压缩。接收端的扩张特性应该与压缩特性正好相反，以与压缩器的作用相互抵消，使最终输出信号除量化误差外没有失真。μ 律扩张特性曲线如图 5.3.4(b)所示。下面我们来具体分析 μ 压缩律的信号量噪比的改善程度。对式(5.3.17)求导

$$y'=\frac{\mu}{(1+\mu x)\cdot\ln(1+\mu)} \tag{5.3.18}$$

因为压缩器输出 y 是均匀分级的，由于压缩反映到输入信号 x 就成为非均匀了，因此设非

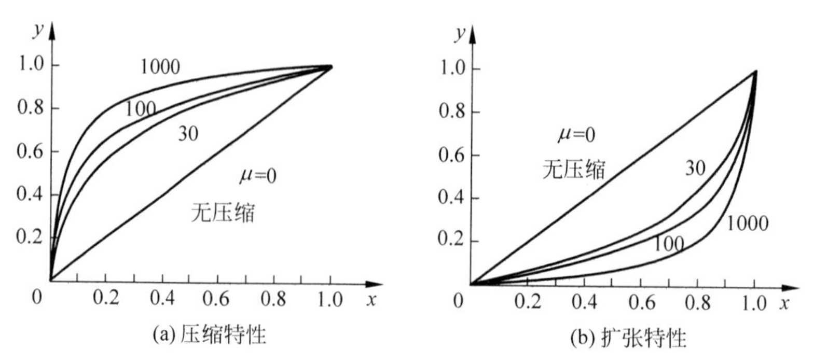

图 5.3.4 μ 律压扩特性曲线

均匀量化间隔为 Δx，当量化级数 M 很大即量化分层很密时，有

$$\frac{\Delta y}{\Delta x}=\frac{\mathrm{d}y}{\mathrm{d}x}=y'$$

那么，量化误差为

$$\frac{\Delta x}{2}=\frac{1}{y'}\cdot\frac{\Delta y}{2}=\frac{(1+\mu x)\cdot\ln(1+\mu)}{\mu}\cdot\frac{\Delta y}{2}$$

因为 $\Delta y/2$ 与 $\Delta x/2$ 的比值，即 $y'=\Delta y/\Delta x$ 表示信号压缩后的放大倍数，或者说量化精度的提高倍数，也就是非均匀量化相对于均匀量化的信号量噪比改善程度。所以用分贝表示的信号量噪比改善程度为

$$Q_{\mathrm{dB}}=20\lg\left(\frac{\Delta y}{\Delta x}\right)=20\lg\left(\frac{\mathrm{d}y}{\mathrm{d}x}\right) \tag{5.3.19}$$

小信号($x\to0$)时，取 $\mu=100$，由式(5.3.18)和式(5.3.19)得到信号量噪比的改善程度为

$$\left.\frac{\mathrm{d}y}{\mathrm{d}x}\right|_{x\to0}=\frac{\mu}{\ln(1+\mu)}=\frac{100}{\ln(1+100)}=21.67$$

$$Q_{\mathrm{dB}}=20\lg\left(\frac{\mathrm{d}y}{\mathrm{d}x}\right)=20\lg21.67=26.72(\mathrm{dB})$$

大信号($x=1$)时，信号量噪比的改善程度为

$$\left.\frac{\mathrm{d}y}{\mathrm{d}x}\right|_{x=1}=\frac{\mu}{(1+\mu)\ln(1+\mu)}=\frac{100}{(1+100)\ln(1+100)}=0.2145$$

$$Q_{\mathrm{dB}}=20\lg\left(\frac{\mathrm{d}y}{\mathrm{d}x}\right)=20\lg0.2145=-13.37(\mathrm{dB})$$

由上述计算可知，小信号时信号量噪比改善了 26.72dB，而大信号时信号量噪比损失了 13.37dB。归一化输入信号电平与信号量噪比改善程度的具体数据如表 5.3.1 所示。表中，$Q_{\mathrm{dB}}>0$ 表示提高的信噪比，$Q_{\mathrm{dB}}<0$ 表示损失的信噪比，取 $\mu=100$。图 5.3.5 画出了有无压扩的比较曲线。图中，$\mu=0$ 和 $\mu=100$ 分别是无压扩和有压扩的归一化输入信号与输出信号量噪比的曲线。由图可见，无压扩时，信噪比随输入信号的减小而迅速下降，为满足信噪比大于 26dB 的系统要求，输入信号必须大于 −18dB；有压扩时，信噪比随输入信号的减小而下降较缓慢，若要使信噪比大于 26dB，输入信号只要大于 −36dB 即可。因此，压扩技术提高了小信号的信噪比，也相当于扩大了输入信号的动态范围。

实际中 μ 的取值在早期是 $\mu=100$，现在国际标准是 $\mu=255$。

表 5.3.1 输入信号电平与信号量噪比改善程度的关系

输入信号电平							
	x	1	0.316	0.1	0.0312	0.01	0.003
	x(dB)	0	−10	−20	−30	−40	−50
Q_{dB}		−13.3	−3.5	5.8	14.4	20.6	24.4

2. A 压缩律

A 压缩律主要用于英、法、德等欧洲各国及我国的 PCM-30/32 路基群中。其压缩特性具有如下的关系式

$$y=\begin{cases}\dfrac{Ax}{1+\ln A}, & 0\leqslant x\leqslant \dfrac{1}{A}\\[2ex] \dfrac{1+\ln Ax}{1+\ln A}, & \dfrac{1}{A}<x\leqslant 1\end{cases}\tag{5.3.20}$$

式中，x、y 分别为归一化的压缩器输入、输出电压；A 是压扩参数，表示压缩的程度。A 律压缩特性曲线如图 5.3.6 所示。它也是以原点奇对称的，这里仅画出了正向部分。由图可见，在 $0\leqslant x\leqslant 1/A$ 范围内，y 是一段直线，也就是说是均匀量化特性；在 $1/A<x\leqslant 1$ 范围内，是对数特性曲线，为非均匀量化。当 $A=1$ 时，无压扩，为均匀量化。现行国际标准取 $A=87.6$。

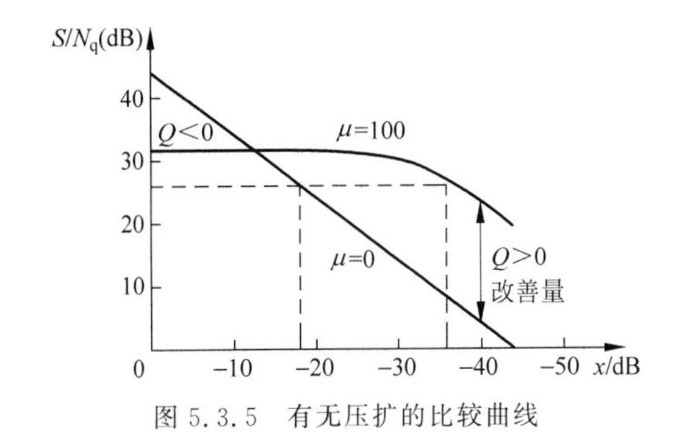

图 5.3.5 有无压扩的比较曲线

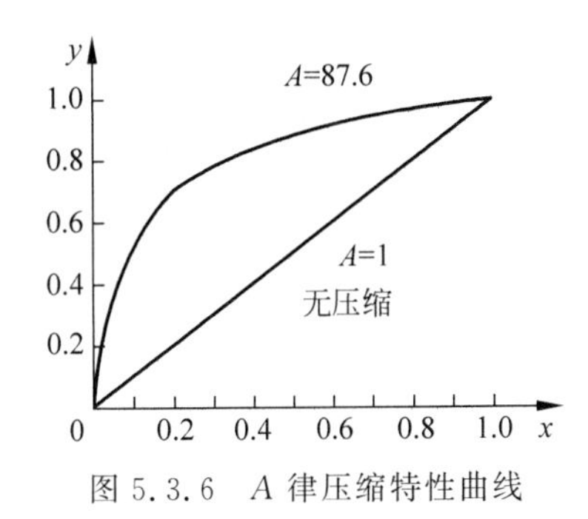

图 5.3.6 A 律压缩特性曲线

A 律与 μ 律压缩性能基本相似，小信号时 μ 律的信噪比改善优于 A 律。A 律和 μ 律是 CCITT 建议 G711 中共存的两个国际标准。

3. 对数压缩特性的实现

由式(5.3.17)和式(5.3.20)表示的 μ 律和 A 律压扩特性都是连续的曲线。如果用电子电路来实现这样的函数规律是相当复杂的，特别是要保证压缩特性的一致性与稳定性以及压缩与扩张的匹配是很困难的。一般采用折线段来近似表示对数压缩特性。这样，它基本上保持了连续压扩特性曲线的优点，又便于用数字电路来实现近似 A 律和 μ 律特性的折线压扩特性。一般采用 13 折线法来逼近 A 律($A=87.6$)压扩特性；采用 15 折线法来逼近 μ 律($\mu=255$)压扩特性。

图 5.3.7 是 A 压缩律的 13 折线实现。具体实现方法是：对 x 轴在 0～1(归一化)范围内以 2 倍递增规律分成 8 个不均匀段，即取 0～1/128 之间作为第一段，取 1/128～1/64 之间作为第二段，取 1/64～1/32 之间作为第三段，依次下去，直到 1/2～1 为第八段；对 y 轴在 0～1(归一化)范围内均匀地分成八段，每段间隔长度为 1/8，因此它们的分段点是 1/8，2/8，3/8，4/8，5/8，6/8，7/8；将坐标点(1/128，1/8)与原点相连构成第一段直线，再将点

(1/64,2/8)与点(1/128,1/8)相连构成第二段直线,依次下去,直到点(1,1)与点(1/2,7/8)相连形成第八段直线。这样就可以得到由上述八段直线连成的一条折线。由于第一、二段的直线斜率相等,所以实际上只有七段直线。又由于压缩特性对原点奇对称,负方向也有七段直线,而负方向的第一段直线与正方向的第一段直线斜率是相同的,因此,共有13段直线构成,故称其为13折线。各段折线的斜率及 x、y 的起止坐标如表5.3.2所示。

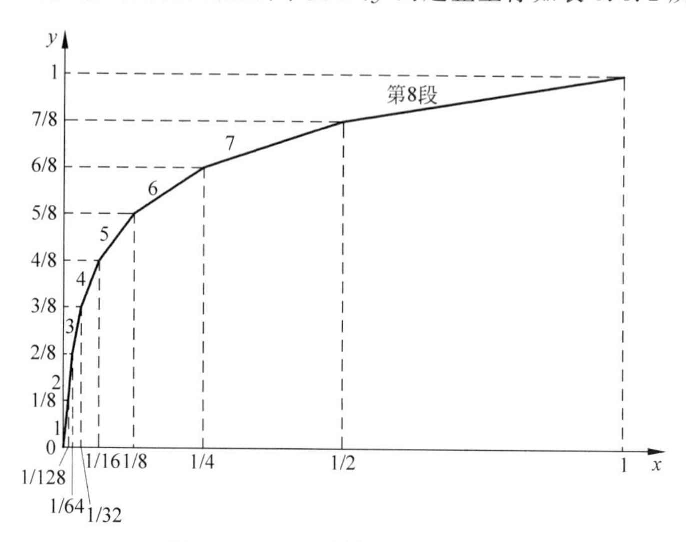

图5.3.7 A 压缩律的13折线实现

表5.3.2 A律13折线压缩特性各段落折线的斜率

段落	1	2	3	4	5	6	7	8
x 范围	$0\sim\frac{1}{128}$	$\frac{1}{128}\sim\frac{1}{64}$	$\frac{1}{64}\sim\frac{1}{32}$	$\frac{1}{32}\sim\frac{1}{16}$	$\frac{1}{16}\sim\frac{1}{8}$	$\frac{1}{8}\sim\frac{1}{4}$	$\frac{1}{4}\sim\frac{1}{2}$	$\frac{1}{2}\sim1$
y 范围	$0\sim\frac{1}{8}$	$\frac{1}{8}\sim\frac{2}{8}$	$\frac{2}{8}\sim\frac{3}{8}$	$\frac{3}{8}\sim\frac{4}{8}$	$\frac{4}{8}\sim\frac{5}{8}$	$\frac{5}{8}\sim\frac{6}{8}$	$\frac{6}{8}\sim\frac{7}{8}$	$\frac{7}{8}\sim1$
折线斜率	16	16	8	4	2	1	1/2	1/4

13折线与式(5.3.20)表示的 $A=87.6$ 的压缩特性是十分接近的。首先,13折线和 A 律曲线在原点处的斜率是相等的,这是通过选择合适的 A 参数达到的,即原点处折线的斜率为

$$\frac{1/8}{1/128}=16$$

A 律曲线在原点处的斜率是

$$\frac{A}{1+\ln A}$$

令两者相等,可以得到 $A=87.6$。这就是为什么取 $A=87.6$ 的原因。13折线和 A 律曲线在原点处的斜率相等说明两者对小信号信号量噪比的改善程度是相当的。下面具体分析它们的近似程度。式(5.3.20)表示的 A 律曲线由两段组成,它们的相切点坐标为 $x=1/87.6$,y 由式(5.3.20)求得

$$y=\frac{Ax}{1+\ln A}=\frac{1}{1+\ln 87.6}\approx 0.183$$

因此，当 $y \leqslant 0.183$ 时，A 律曲线的 x 值应按式(5.3.20)的第一式计算，即

$$x=\frac{1}{A}(1+\ln A)y=\frac{1}{87.6}(1+\ln 87.6)y \approx 0.0625y \tag{5.3.21}$$

当 $y>0.183$ 时，A 律曲线的 x 值应按式(5.3.20)的第二式计算，即

$$\ln Ax=(1+\ln A)y-1$$

$$x=\frac{1}{(\mathrm{e}A)^{1-y}} \tag{5.3.22}$$

根据式(5.3.21)和式(5.3.22)计算的 A 律曲线($A=87.6$)的 x 值和按折线分段的 x 值分别列于表5.3.3中。显然，表中对应于 $y \leqslant 1/8$ 的 A 律曲线 x 值是按式(5.3.21)计算的，对应于 $y \geqslant 2/8$ 的 A 律曲线 x 值是按式(5.3.22)计算的。由表可见，对应于同一 y 值的两个 x 值基本上是近似相等的，这说明按2倍递增规律进行非均匀分段的折线与 $A=87.6$ 的 A 律压缩特性是十分逼近的。同时，x 按2的幂次分割有利于数字化。

表 5.3.3　A 律曲线($A=87.6$)x 计算值与按 13 折线分段的 x 值比较

y	0	1/8	2/8	3/8	4/8	5/8	6/8	7/8	1
A 律曲线 x 计算值	0	1/128	1/60.6	1/30.6	1/15.4	1/7.79	1/3.93	1/1.98	1
按折线分段的 x 值	0	1/128	1/64	1/32	1/16	1/8	1/4	1/2	1

用折线逼近 μ 律特性曲线的方法与 A 律一样，但它是采用15折线来近似的。具体方法是：y 轴在0～1(归一化)范围内仍然是均匀地分割成八段，每段间隔长度为1/8，分段点的坐标是 $i/8(i=0,1,2,\cdots,8)$，相应的 x 分段点坐标由式(5.3.17)计算得到，即

$$x=\frac{256^{y}-1}{255}=\frac{256^{i/8}-1}{255}=\frac{2^{i}-1}{255}$$

其具体的段落区间坐标及斜率如表5.3.4所示。15折线的形成类似于 A 律13折线。由表5.3.4可见，各段落折线的斜率都是以1/2倍递减。由于压缩特性曲线的奇对称性，其正负方向各有8段直线，共16段直线。但正方向的第一段直线斜率与负方向的第一段直线斜率是相同的，所以整个 μ 压缩律由15段直线形成，故称其为 μ 律15折线。原点处的斜率为

$$\frac{1/8}{1/255}=31.875$$

它是 A 律13折线在原点处的斜率的近2倍，因此，小信号的信号量噪比改善量也将比 A 律13折线大近一倍，但其大信号的信号量噪比要比 A 律的差。

表 5.3.4　μ 律 15 折线压缩特性各段落折线的斜率

段落	1	2	3	4	5	6	7	8	
折线端点 i	0	1	2	3	4	5	6	7	8
$y=\frac{i}{8}$	0	$\frac{1}{8}$	$\frac{2}{8}$	$\frac{3}{8}$	$\frac{4}{8}$	$\frac{5}{8}$	$\frac{6}{8}$	$\frac{7}{8}$	1
$x=\frac{2^i-1}{255}$	0	$\frac{1}{255}$	$\frac{3}{255}$	$\frac{7}{255}$	$\frac{15}{255}$	$\frac{31}{255}$	$\frac{63}{255}$	$\frac{127}{255}$	1
折线斜率 $\frac{8}{255}\left(\frac{\Delta y}{\Delta x}\right)$	1	$\frac{1}{2}$	$\frac{1}{4}$	$\frac{1}{8}$	$\frac{1}{16}$	$\frac{1}{32}$	$\frac{1}{64}$	$\frac{1}{128}$	

接收端的扩张过程是发送端压缩的逆过程，两者特性曲线的合成等效于信号通过线性系统而没有失真。扩张的原理类似于压缩原理，因此，这里不再赘述。

5.4 脉冲编码调制(PCM)

模拟信源经过抽样、M 级电平量化后，可以作为 M 进制数字信号直接传输，但更一般的是采用编码方式将每个量化电平变换成较低进制数的代码后进行传输，通常是采用二进制代码来表示。发送时代码用一定的脉冲序列代替。我们将模拟信号抽样量化，然后变换成代码的过程称为脉冲编码调制(Pulse Code Modulation，PCM)。脉冲编码调制最典型的应用是将模拟语音信号变换成数字信号。下面以语音信号为例，对 PCM 编码的原理和系统性能加以讨论。

5.4.1 PCM 编码原理

脉冲编码调制中的抽样和量化已经在前面讨论过，这里主要讨论将已抽样量化的语音信号如何变换成二进制代码，也就是编码、译码原理。

1. 码型选择

在 PCM 中，把信号量化值转换成二进制码组称为编码。其相反过程称为解码或译码。码型指的是量化后的所有量化级，按其量化电平的大小次序排列起来，并由按一定规则变化的各个码字表示，这些码字的全体就称为码型。显然，码字变化规则不同，码型就不同。理论上，任何一种可逆的二进制码型都可以用于 PCM 编码。常用的二进制码型有自然二进码和折叠二进码两种，对应的编码规律如表 5.4.1 所示。表中，用 4 位二进制码表示 16 个量化级。这 16 个量化级可分成两部分：0～7 的 8 个量化级对应负极性样值脉冲；8～15 的 8 个量化级对应正极性样值脉冲。从表中可以看到，自然二进码的码值随信号从小到大依次增大，其上、下两部分的码字无任何相似之处。对于折叠二进码，除最高位外，上半部分与下半部分呈倒影关系，也就是折叠关系。上半部分的最高位为全“1”，表示正信号；下半部分的最高位为全“0”，表示负信号。

表 5.4.1 常用二进码型

样值脉冲极性	自然二进码	折叠二进码	量化级
正极性部分	1111	1111	15
	1110	1110	14
	1101	1101	13
	1100	1100	12
	1011	1011	11
	1010	1010	10
	1001	1001	9
	1000	1000	8

续表

样值脉冲极性	自然二进码	折叠二进码	量化级
负极性部分	0111	0000	7
	0110	0001	6
	0101	0010	5
	0100	0011	4
	0011	0100	3
	0010	0101	2
	0001	0110	1
	0000	0111	0

语音信号的 PCM 编码采用折叠二进码。这是因为折叠二进码与自然二进码比较有下列两个优点：①对双极性信号(语音信号通常具有这样的特点)，可用最高位表示信号的正、负极性，而用其余的码表示信号的绝对值大小。这意味着对正、负极性信号，只要它们的绝对值相同，则可进行相同的编码。也就是说，用第一位码表示信号极性后，双极性信号可以采用单极性编码方法。因此，采用折叠二进码可以使编码过程大为简化。②信号在传输过程中如果出现误码，对小信号的影响较小。例如，当大信号 1111 误为 0111 时，对自然二进码而言，其解码后得到的幅度误差为 8 个量化级，也就是信号最大幅度值的 1/2；而对于折叠二进码，误差是 15 个量化级。因此，大信号时误码对折叠二进码影响大。但如果由小信号的 1000 误为 0000 时，对于自然二进码产生的误差还是 8 个量化级，这在小信号的电话中能听到清晰的"咔嚓"干扰声；而对于折叠二进码，其误差要小得多，只有一个量化级。因为语音信号中小信号出现的概率大，所以从统计的观点看，折叠二进码的这一特性有利于减小误码产生的均方误差功率。

根据上述讨论可以看到，在语音信号的 PCM 编码中用折叠二进码比用自然二进码优越。

2. 码长选择

编码位数即码长不仅关系到通信质量的好坏，而且还关系到通信设备的复杂程度。码位数由量化电平数确定。设量化电平数为 M，当用二进制编码时，码位数 N 由下式确定

$$N=[\log_2 M] \tag{5.4.1}$$

式中，$[x]$表示若 x 有小数，则小数一律进位，再取 x 的整数。

当输入信号变化范围一定时，用于表示信号的码位数越多，量化分层就越细，量化噪声也越小，相应的通信质量也越好，但码位数的增加会使系统总的传输码率增加，这就会占用更多的频率资源，而且使设备的复杂性增加。因此，应该合理选择编码位数。对于语音信号，当采用非均匀量化的 A 或 μ 律编码时，一般选择 7～8 位码长即可满足 CCITT 规定的通信质量要求。

3. 码位安排

国际标准的 A 律 13 折线 PCM 编码规则规定其正、负非均匀量化是以原点奇对称的，共有 16 个量化段落，每一个量化段落内又均匀等分成 16 个量化级。所以，共有量化级数

$$M=8(\text{段})\times 16(\text{等分})\times 2(\text{正、负值})=256$$

根据式(5.4.1)可以得到编码位数为 $N=\log_2 256=8$ 位。这8位码的安排如下：

C_1	$C_2C_3C_4$	$C_5C_6C_7C_8$
极性码	段落码	段内码

第一位码 C_1 是极性码，用来表示抽样量化值的极性。当输入信号为正极性时，$C_1=1$，为负极性时，$C_1=0$。其余7位码则表示抽样量化值的绝对大小。由此我们可以看到，这里的PCM编码采用的是8位折叠二进码。第二至第四位码 $C_2C_3C_4$ 称段落码，用来表示13折线中正(或负)的8个非均匀量化段落。段落码与8个段落之间的关系以及各个段落的起始电平如表5.4.2所列。第五至第八位码 $C_5C_6C_7C_8$ 称段内码，表示任一段落内的16个均匀量化电平值。段内码与16个量化级之间的关系见表5.4.3所列。在每段内16个量化电平是等间隔的，但因段落长度不等，故不同段落的量化间隔是不同的。对于第一、二段落，它们的归一化段落长度是1/128(见表5.3.2)，再将它等分成16小段，则每小段的长度为

$$\Delta=\frac{1}{128}\times\frac{1}{16}=\frac{1}{2048}$$

Δ 是最小量化间隔。根据非均匀分割方法可知，第八段落的归一化长度最长，为1/2，将它等分成16小段后得每一小段的长度为 $1/32=64\Delta$，它是最大量化间隔。按照上述同样的方法，可以计算出各段落的量化间隔大小，其结果列于表5.4.2中。从表中可以看到，除第一、二段落具有相同的量化间隔外，其余段落的量化间隔大小是随段落序号的增加而以两倍递增。

表5.4.2 段落码及其对应电平

段落序号	电平范围(Δ)	段落码($C_2C_3C_4$)	段落起始电平(Δ)	量化间隔(Δ)
8	1024～2048	111	1024	64
7	512～1024	110	512	32
6	256～512	101	256	16
5	128～256	100	128	8
4	64～128	011	64	4
3	32～64	010	32	2
2	16～32	001	16	1
1	0～16	000	0	1

表5.4.3 段内码

段内量化级序号	段内码	段内量化级序号	段内码
16	1111	8	0111
15	1110	7	0110
14	1101	6	0101
13	1100	5	0100
12	1011	4	0011
11	1010	3	0010
10	1001	2	0001
9	1000	1	0000

具有对数特性的非均匀量化 PCM 得到了广泛的应用，但在信号处理中常需要将它转换成均匀量化的 PCM。在非均匀量化下，表示信号幅度绝对值大小的有 8 个段落，每个段落有 16 级，总共有 16×8=128 个量化级。因此需要 7 位码编码。这 7 位码就是 8 位非均匀量化编码中除表示极性的最高位外的其余 7 位码。对于均匀量化，设以非均匀量化时的最小量化间隔 Δ 为单位作均匀量化，则从 13 折线的第一段到第八段总共有(1+1+2+4+8+16+32+64)×16=2048Δ 个均匀量化间隔。因此，均匀量化需要编 11 位码。在非线性码(7 位)转换成线性码(11 位)时，需要注意的是 7 位码表示的输出电平是段内量化间隔的 1/2 处。将非线性码与线性码比较，可以看到，在小信号时由于非均匀量化与均匀量化的量化间隔相同，它们的性能也相同。但前者编码位数少，相应的设备简单，所需系统传输带宽也小。

4. 逐次比较型编码器

PCM 编码器的种类大体上可分为三种：逐次比较(反馈)型、折叠级联型和混合型。但在 PCM 通信中常用的编码器是逐次比较型编码器。它根据输入样值脉冲信号编出相应的 8 位二进制代码。除第一位极性码外，其他 7 位代码是通过逐次比较确定的。

逐次比较型编码的原理与天平称重的方法类似。样值脉冲信号相当于被测物，数值各不相同的预先规定好的作为比较标准的权值电流相当于天平各种重量规格的砝码。权值电流的个数与编码位数有关。当样值脉冲 I_s 输入编码器后，用逐步逼近的方法有规律地与各标准权值电流 I_w 比较，每比较一次出一位代码。当 $I_s>I_w$ 时，出代码“1”；反之，出“0”码。直至 I_w 与样值脉冲 I_s 逼近为止，完成对输入抽样值的非线性量化和编码。

实现 A 律 13 折线压扩特性的逐次比较型编码器的原理方框图如图 5.4.1 所示。它由极性判决、整流、保持电路、比较器及本地译码器等组成。

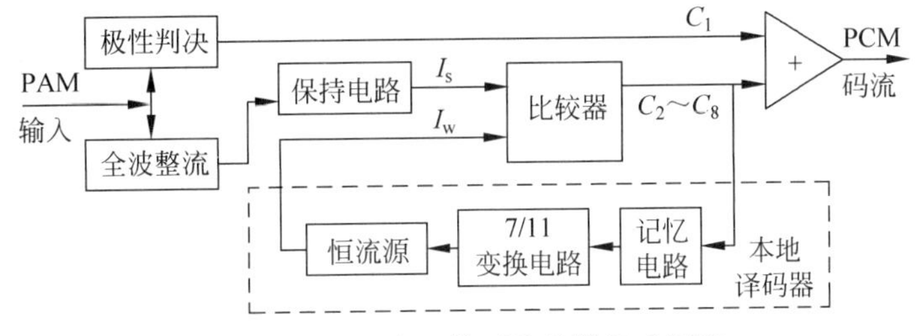

图 5.4.1　逐次比较型编码器组成框图

极性判决首先对输入样值脉冲信号的极性进行判决，编出第一位码(极性码)。样值脉冲为正时，出“1”码；样值脉冲为负时，出“0”码。

整流器的作用是将双极性脉冲变换成单极性脉冲，以便进行折叠二进制编码。

逐次比较型编码器对每一个输入样值脉冲要编出 7 位码，需要将样值信号 I_s 与权值电流 I_w 比较 7 次。保持电路的作用就是使输入信号的抽样值在整个比较过程中保持不变。

比较器是将输入样值信号电流 I_s 与本地译码输出的标准权值电流 I_w 比较，每比较一次输出一位二进制代码。当 $I_s-I_w>0$ 时，判决输出“1”；当 $I_s-I_w<0$ 时，判决输出“0”。对 A 律 13 折线法，一个输入样值脉冲需要比较 7 次才能得到 PCM 信号的 7 位段落码和段内码。

本地译码器包括记忆电路、7/11 变换电路和恒流源。在编码过程中，除第一次比较用

的权值电流 I_w 为一定值外，其余各次比较用的 I_w 是由前几位比较的结果来确定相应权值电流的。因此，7 位码组中的前 6 位码值状态需要由记忆电路寄存下来。恒流源有 11 个基本的权值电流支流，它要求有 11 个控制脉冲对其控制。而 A 律 13 折线只编 7 位码，加至记忆电路的码也只有 7 位。因此，需要 7/11 位逻辑变换电路将 7 位非线性码转换成 11 位线性码。恒流源用来产生各种标准权值电流 I_w，它由若干个基本权值电流构成。恒流源中基本权值电流的数目与量化级数有关。对 A 律 13 折线编码器，编 7 位码需要 1,2,4,8,16,32,64,128,256,512,1024 共 11 个基本权值电流支路。每个支路均有一个控制开关，每次比较该由哪几个开关接通组成比较用的标准权值电流 I_w，由前面的比较结果经 7/11 变换后得到的控制信号来控制。

具体编码过程可以通过下面的一个例题来说明。

例 5.1 设输入信号抽样值为＋1270 个量化单位，采用逐次比较型编码器将它按照 13 折线 A 律特性编成 8 位码并求量化误差和对应于非线性 7 位码的线性 11 位码。

解 设编成的 8 位码分别为 $C_1C_2C_3C_4C_5C_6C_7C_8$。

(1) 确定极性码 C_1

由于输入抽样值为正，故极性码 $C_1=1$。

(2) 确定段落码 $C_2C_3C_4$

根据表 5.6 所列的段落码和段落起始电平可知，C_2 是用来表示输入信号抽样值处于 13 折线正半部分 8 个段落的前四段还是后四段，故有

第一次比较　　$I_w=128\Delta$

因为　　$I_s=1270\Delta>I_w=128\Delta$　所以　$C_2=1$

它表示输入信号抽样值处于 8 个段落中的 5～8 段。C_3 用来进一步确定抽样值属于 5～6 段还是 7～8 段，故有

第二次比较　　$I_w=512\Delta$

因为　　$I_s=1270\Delta>I_w=512\Delta$　所以　$C_3=1$

它表示输入信号抽样值处于 8 个段落中的 7～8 段。同理

第三次比较　　$I_w=1024\Delta$

因为　　$I_s=1270\Delta>I_w=1024\Delta$　所以　$C_4=1$

因此，段落码 $C_2C_3C_4$ 为 111，I_s 属于第 8 段。

(3) 确定段内码 $C_5C_6C_7C_8$

从表 5.7 所示的段内码与量化级之间的关系可以看到，C_5 是用来确定输入信号抽样值处于段内 16 个量化级的前 8 个量化级还是后 8 个量化级。又信号处于第 8 段，该段落的起始电平为 1024，段中的 16 个均匀量化级的间隔为 64 个量化单位，故 C_5 的标准权值电流为

第四次比较　　$I_w=1024+8\times64=1536\Delta$

因为　　$I_s=1270\Delta<I_w=1536\Delta$　所以　$C_5=0$

它表示输入信号抽样值处于第 8 段落中的 1～8 量化级。同理

第五次比较　　$I_w=1024+4\times64=1280\Delta$

因为　　$I_s=1270\Delta<I_w=1280\Delta$　所以　$C_6=0$

说明输入信号抽样值处于第 8 段落中的 1～4 量化级。

第六次比较　　$I_w=1024+2\times64=1152\Delta$

因为　　　　　　$I_s = 1270\Delta > I_w = 1152\Delta$　所以　$C_7 = 1$

说明输入信号抽样值处于第 8 段落中的 3～4 量化级。

第七次比较　　　$I_w = 1024 + 3 \times 64 = 1216\Delta$

因为　　　　　　$I_s = 1270\Delta > I_w = 1216\Delta$　所以　$C_8 = 1$

说明输入信号抽样值处于第 8 段落中的第 4 量化级。

经过上述七次比较，逐次比较型编码器输出的 8 位码为 11110011。它表示输入信号抽样值处于第 8 段落中的第 4 量化间隔。

(4) 量化误差

因为第 8 段落中第 4 量化间隔的量化电平为

$$I'_s = 1024 + 3 \times 64 + 32 = 1248\Delta$$

所以，量化误差为

$$\Delta I_s = I_s - I'_s = 1270 - 1248 = 22\Delta$$

(5) 对应于 7 位非线性码的 11 位线性码

将第 8 段落中第 4 量化间隔的量化电平 1248Δ 用二进制代码表示即为 11 位线性码，故对应于 7 位非线性码 1110011 的 11 位线性码为 10011100000。

5. 译码器

译码就是把收到的 PCM 码还原为发送端的抽样脉冲幅值，这就是数/模转换(D/A)。译码器大致可分为三种类型：电阻网络型、级联型和级联-网络混合型等。在 PCM 通信中常用的译码器是电阻网络型译码器。其原理框图如图 5.4.2 所示。从原理框图上看，接收端电阻网络型译码器与发送端逐次比较型编码器中的本地译码器基本相似，都要使数字信号变为模拟信号。它也有记忆电路、恒流源及 7/11 变换电路部分。但编码器中的译码，只译出信号的幅度，不译出极性；而接收端的译码器在译出信号幅度的同时，还要恢复出信号的极性。此外在接收端译码器中还增加了一个寄存读出器。

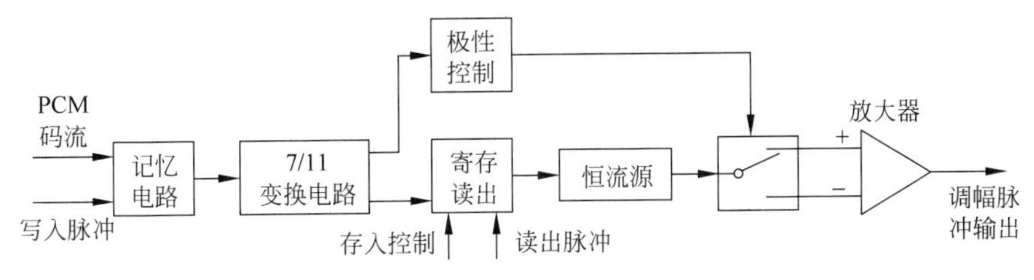

图 5.4.2　电阻网络型译码器框图

电阻网络型译码器中的记忆电路的作用是将接收到的 PCM 串行码变换为并行码，故又称串/并变换电路。7/11 变换电路是将表示信号幅度的 7 位非线性码变换成 11 位线性码。寄存读出电路的作用是把存入的信号在一定的时刻并行读出到恒流源中的译码逻辑电路中，使它产生各种所需要的逻辑脉冲去控制恒流源的开关，从而驱动权值电流电路产生译码输出，完成 D/A 转换。

由上述电阻网络型译码器各部分电路的作用，我们可以知道该译码器的译码过程就是根据所收到的码组，由后七位幅值码产生相应的控制脉冲去控制恒流源的基本权值电流支路，从而输出一个与发送端原抽样值接近的脉冲；由第一位极性码经极性控制电路后输出的信号去控制译码输出脉冲的极性。

以上介绍了PCM压扩编码原理和详细的编码过程。这种压扩编码器又称PCM非线性编码器。对于PCM通信系统的体制,CCITT推荐了两种标准。对基群而言,一种是30/32路采用13折线A律($A=87.6$)压扩特性编码;另一种是24路采用15折线μ律($\mu=255$)压扩特性编码。这种近似对数的非线性编码对提高小信号信噪比,扩大系统动态范围是必须而有效的。

5.4.2 PCM系统的抗噪声性能

下面我们来分析图5.1.1所示PCM系统的抗噪声性能。在PCM通信系统中,使重建信号失真的噪声主要来源于量化器的量化噪声$n_q(t)$以及信道的加性噪声$n_e(t)$。因此,接收端低通滤波器的输出为

$$\tilde{m}(t)=m_o(t)+n_q(t)+n_e(t) \tag{5.4.2}$$

式中,$m_o(t)$为输出信号成分;$n_q(t)$为由量化噪声引起的输出噪声;$n_e(t)$为由信道加性噪声引起的输出噪声。

PCM系统的抗噪声性能通常用系统输出端的信噪比来衡量。根据式(5.4.2),可以定义接收端低通滤波器输出的总信噪比为

$$\frac{S_o}{N_o}=\frac{E[m_o^2(t)]}{E[n_q^2(t)]+E[n_e^2(t)]} \tag{5.4.3}$$

式中,E为求统计平均。

PCM系统中的量化噪声和信道加性噪声由于来源不同,它们互相统计独立,故可以分别讨论它们单独存在时的系统性能。

1. PCM系统输出端平均信号量化噪声功率比

假设:

a. 发送端输入信号$m(t)$在区间$[-a,a]$内具有均匀分布,$m(t)$的最高频率为f_H;

b. 对$m(t)$采用理想冲激抽样,抽样频率为$f_s=2f_H=1/T_s$;

c. 采用均匀量化,量化级数为M,量化间隔为Δv;

d. 接收端低通滤波器的传递函数为

$$H_R(f)=\begin{cases}1 & (|f|\leqslant f_H)\\ 0 & \text{其他}\end{cases} \tag{5.4.4}$$

理想抽样的输出信号为

$$m_s(t)=m(t)\sum_{k=-\infty}^{+\infty}\delta(t-kT_s)$$

量化后的信号可以表示为

$$\begin{aligned}m_{sq}(t)&=\sum_{k=-\infty}^{+\infty}m_q(kT_s)\delta(t-kT_s)=\sum_{k=-\infty}^{+\infty}[m(kT_s)+m_q(kT_s)-m(kT_s)]\cdot\delta(t-kT_s)\\&=\sum_{k=-\infty}^{+\infty}[m(kT_s)+e_q(kT_s)]\cdot\delta(t-kT_s)\end{aligned} \tag{5.4.5}$$

式中,$e_q(kT_s)=m_q(kT_s)-m(kT_s)$,是由量化引起的误差。因为$m(t)$均匀分布且采用均匀量化,所以可以根据式(5.3.12)得到量化噪声功率为

$$E[e_q^2(kT_s)]=\frac{(\Delta v)^2}{12} \tag{5.4.6}$$

$e_q(kT_s)$的功率谱密度为(参见文献[23]附录 A：411～415)。

$$G_{e_q}(f)=\frac{1}{T_s}E[e_q^2(kT_s)] \tag{5.4.7}$$

将式(5.4.6)代入上式，得到

$$G_{e_q}(f)=\frac{1}{T_s}\cdot\frac{(\Delta v)^2}{12} \tag{5.4.8}$$

式(5.4.8)表示了接收端低通滤波器输入端的量化噪声功率谱密度。根据式(3.6.10)，$G_{e_q}(f)$通过低通滤波器后的功率谱密度为

$$G_{n_q}(f)=G_{e_q}(f)\cdot|H_R(f)|^2$$

将式(5.4.4)及式(5.4.8)代入上式，得到

$$G_{n_q}(f)=\begin{cases}\dfrac{1}{T_s}\cdot\dfrac{(\Delta v)^2}{12}, & |f|\leqslant f_H\\ 0, & 其他\end{cases}$$

因此，接收端低通滤波器输出端的量化噪声功率为

$$N_q=E[n_q^2(t)]=\int_{-f_H}^{f_H}G_{n_q}(f)\mathrm{d}f=\frac{1}{T_s^2}\cdot\frac{(\Delta v)^2}{12} \tag{5.4.9}$$

由式(5.2.8)得到，接收端低通滤波器输出信号为

$$m_o(t)=\frac{1}{T_s}m(t) \tag{5.4.10}$$

$m(t)$是量化器输入信号，其功率可由式(5.3.13)得到

$$\overline{m^2(t)}=\frac{M^2}{12}\cdot(\Delta v)^2$$

把上述结果代入式(5.4.10)，得到接收端低通滤波器输出信号功率为

$$S_o=E[m_o^2(t)]=\frac{1}{T_s^2}\cdot\frac{M^2(\Delta v)^2}{12} \tag{5.4.11}$$

由此得到 PCM 系统输出端的平均信号量化噪声功率比为

$$\frac{S_o}{N_q}=\frac{E[m_o^2(t)]}{E[n_q^2(t)]}=M^2 \tag{5.4.12}$$

对于二进制编码，有 $M=2^N$，则式(5.4.12)可写成

$$\frac{S_o}{N_q}=2^{2N} \tag{5.4.13}$$

式(5.4.13)表明，随着编码位数 N 的增加，S_o/N_q 按指数增加。对于一个频带限制在 f_H 的信号，当按最低抽样频率 $f_s=2f_H$ 的速率抽样时，系统每秒必须传输 $2Nf_H$ 个二进制脉冲。这时系统理论最小传输带宽 $B=Nf_H$。因此，式(5.4.13)还可以写成如下形式

$$\frac{S_o}{N_q}=2^{\left(\frac{2B}{f_H}\right)} \tag{5.4.14}$$

可见，PCM 系统输出端的平均信号量化噪声功率比与系统带宽成指数关系。

2. PCM 系统输出端误码信噪比

信道中加性噪声的干扰将使 PCM 系统的接收端发生误判，导致恢复的抽样信号失真。这一情况可以用 PCM 系统误码信噪比来度量。

假设：

a. 采用自然二进码编码，码长为 N，量化间隔为 Δv；

b. 噪声为加性高斯白噪声，各误码的出现是相互独立的，系统误码率为 P_e；

c. 一个码组中只有一位码元发生错误，而且码组中各码元出错的可能性相同。

对于一个自然编码组，其各编码位与相应的权值关系为

编码位序号	N	…	i	…	2	1
权值	2^{N-1}	…	2^{i-1}	…	2^1	2^0

因此，第 i 位码对应的抽样值为 $2^{i-1}\Delta v$。如果第 i 位码发生误码，则产生的误差电平为 $e_e=\pm(2^{i-1}\Delta v)$。显然，误码发生在最高位时造成的误差最大，为 $\pm(2^{N-1}\Delta v)$，在最低位时的误差为最小，只有 $\pm\Delta v$。所以当一个码组中只有一位误码时，由此在译码器输出端造成的平均误差功率为

$$E[e_e^2]=\frac{1}{N}\sum_{i=1}^{N}(2^{i-1}\Delta v)^2=\frac{(\Delta v)^2}{N}\sum_{i=1}^{N}(2^{i-1})^2$$

$$=\frac{2^{2N}-1}{3N}\cdot(\Delta v)^2\approx\frac{2^{2N}}{3N}\cdot(\Delta v)^2 \tag{5.4.15}$$

对于一个误码率为 P_e 的系统，出现错误码元的平均间隔为 $1/P_e$ 个码元，如果用码组来度量，则错误码组之间的平均间隔为 $1/NP_e$ 个码组，那么出现错误码元或码组的平均间隔时间为

$$T_a=\frac{T_s}{NP_e}$$

由于已假定发送端采用理想抽样，因此，根据式(5.4.7)同样的方法可以得到接收译码器输出端由误码引起的误差功率谱密度为

$$G_{e_e}(f)=\frac{1}{T_a}E[e_e^2]=\left(\frac{NP_e}{T_s}\right)\cdot\left[\frac{2^{2N}}{3N}(\Delta v)^2\right] \tag{5.4.16}$$

$G_{e_e}(f)$通过式(5.4.4)所示的低通滤波器后的输出误码噪声功率谱密度为

$$G_{n_e}(f)=G_{e_e}(f)\cdot|H_R(f)|^2=\begin{cases}G_{e_e}(f) & (|f|\leqslant f_H)\\ 0 & 其他\end{cases} \tag{5.4.17}$$

故接收端低通滤波器输出误码噪声功率为

$$N_e=E[n_e^2(t)]=\int_{-f_H}^{f_H}G_{n_e}(f)\mathrm{d}f=\frac{2^{2N}P_e(\Delta v)^2}{3T_s^2} \tag{5.4.18}$$

由式(5.4.11)及式(5.4.18)，我们得到仅考虑信道加性噪声时的 PCM 系统输出端误码信噪比为

$$\frac{S_o}{N_e}=\frac{1}{4P_e} \tag{5.4.19}$$

可见，由误码引起的信噪比与误码率成反比。

3. PCM 系统输出端总平均信噪功率比

将式(5.4.9)、式(5.4.11)及式(5.4.18)代入式(5.4.3)，得到 PCM 系统输出端总平均信噪功率比为

$$\frac{S_o}{N_o}=\frac{E[m_o^2(t)]}{E[n_q^2(t)]+E[n_e^2(t)]}=\frac{M^2}{1+4P_e2^{2N}}=\frac{2^{2N}}{1+4P_e2^{2N}} \tag{5.4.20}$$

当接收输入端为大输入信噪比时，即满足条件 $4P_e 2^{2N} \ll 1$ 时，式(5.4.20)成为

$$\frac{S_o}{N_o} \approx 2^{2N} \tag{5.4.21}$$

式(5.4.21)与式(5.4.13)相同，说明大输入信噪比时，PCM 系统的输出信噪比主要取决于信号量噪比。当接收输入端为小输入信噪比时，即满足条件 $4P_e 2^{2N} \gg 1$ 时，式(5.4.20)近似为

$$\frac{S_o}{N_o} \approx \frac{2^{2N}}{4P_e 2^{2N}} = \frac{1}{4P_e} \tag{5.4.22}$$

式(5.4.22)与式(5.4.19)相同，说明在小输入信噪比的条件下，PCM 系统的输出信噪比主要由误码信噪比确定。在基带传输的 PCM 系统中，通常能够使误码率达到 $P_e = 10^{-6}$，这时 PCM 系统的性能可以按式(5.4.22)来估算。

5.5　差分脉冲编码调制(DPCM)

采用 A 律或 μ 律对数压扩方法的 PCM 编码，其在满足长途电话质量标准的条件下，每路语音的标准传输速率是 64kb/s。传输该信号所需要的二进制基带系统最小理论带宽为 32kHz，而模拟单边带多路载波电话占用的频带仅 4kHz。显然，PCM 占用频带要比模拟单边带通信系统宽很多倍。这使得它在频带受限的通信系统中的应用受到了很大限制。基于这个原因，一直以来人们都在致力于压缩数字语音信号频带的研究工作，也就是在保证通信质量指标的条件下，努力降低数字语音信号的数码率，以提高数字通信系统的频带利用率。大量研究表明，自适应差分脉冲编码调制(Adaptive Differential Pulse Code Modulation，ADPCM)能以 32kb/s 速率传输符合长途电话质量标准的话音信号。现在 ADPCM 体制已经形成 CCITT 标准，作为长途电话传输中一种国际通用的语音压缩编码方法。ADPCM 是以差分脉冲编码调制(DPCM)为基础发展而来的，为此，下面主要介绍 DPCM 系统的工作原理。

前面所讲的 PCM 编码是将各样点幅值单独编码，认为各样值是互相独立、互不相关的。这样对样点幅值编码需要较多位数，导致数字化后的信号带宽大大增加。但是，实际上大部分信号源按奈奎斯特速率或更高速率抽样，各样点值有紧密的依赖性，也就是相邻的两个样值不会发生迅速变化，它们之间的相关性很强，有很大的冗余度。利用信源的这种相关性，根据线性均方差估值理论，可以用前面的 p 个样点值来预测当前的样点值，然后传送当前样值与预测值之差值的量化、编码信号。这样在量化台阶不变的情况下，可以使编码位数减少，信号带宽大大压缩。这种编码方法就称为差分脉冲编码调制。如果编码位数保持不变，则 DPCM 的信号量噪比显然优于 PCM 系统。

DPCM 系统的工作原理是基于如下的基本思想。把信号样值分成两部分，一部分与过去的样值有关，因而是可以预测的；另一部分是不可预测的。可预测的成分(也就是相关部分)可由过去的一些样值经适当加权后得到，不可预测的成分(也就是非相关部分)可看成是预测误差，简称差值。因为这种差值序列的信息可以代替原始序列中的有效信息，故不必直接传送原始信息抽样序列。又由于样值差值的动态范围比样值本身的动态范围小得多，因而可以在保证质量要求下，降低数码率。信号的相关性越强，压缩率就越大。在接收端，只

要把收到的差值信号序列叠加到预测序列上,就可以恢复原始的信号序列。

图 5.5.1 示出了 DPCM 系统的原理框图。图中,输入信号 m_k 是信源信号 $m(t)$ 在 kT_s 时刻的抽样值。e_k 是信号样值与其预测值 $\hat{m}_k$ 之差值,即

$$e_k = m_k - \hat{m}_k \tag{5.5.1}$$

称 e_k 为预测误差值。它经过量化后得到 $\tilde{e}_k$,一路通过编码后送入 DPCM 信道到接收端解码,另一路与预测值相加恢复出信号样值 m_k 的量化值 $\tilde{m}_k$,即

$$\tilde{m}_k = \hat{m}_k + \tilde{e}_k \tag{5.5.2}$$

$\tilde{m}_k$ 作为预测器的输入,用来对下一个信号样值作预测。预测器的输入、输出关系满足

$$\hat{m}_k = \sum_{i=1}^{p} a_i \tilde{m}_{k-i} \tag{5.5.3}$$

式中,a_i 是预测系数,p 为预测阶数,它们都为常数。式(5.5.3)表示 $\hat{m}_k$ 是前 p 个样值的适当线性加权组合。

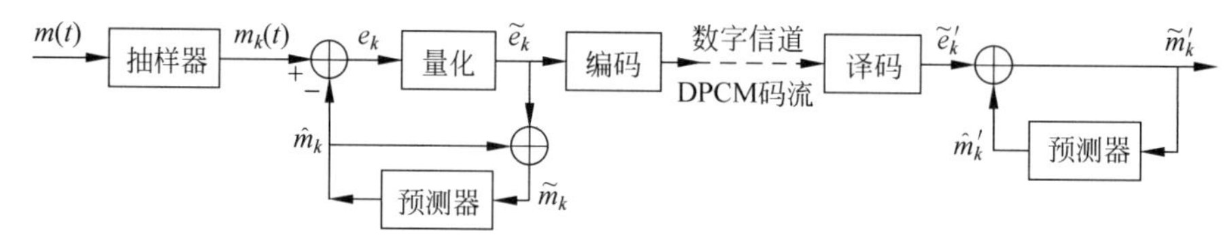

图 5.5.1 DPCM 系统原理框图

应当正确选择预测系数 a_i,使预测误差 e_k 在均方误差意义下最小,即

$$E[(m_k - \hat{m}_k)^2] = E[e_k^2] \tag{5.5.4}$$

最小。设信号是均值为零的广义平稳随机过程,则 $E[e_k^2]$即为预测误差的方差,表示为

$$\sigma_e^2 = E[e_k^2] = E\left[\left(m_k - \sum_{i=1}^{p} a_i \tilde{m}_{k-i}\right)^2\right]$$

为方便分析,忽略样值的量化误差,即令 $\tilde{m}_k = m_k$,则上式可写成

$$\begin{aligned}\sigma_e^2 &= E[m_k^2] - 2\sum_{i=1}^{p} a_i E[m_k m_{k-i}] + \sum_{i=1}^{p}\sum_{j=1}^{p} a_i a_j E[m_{k-i} m_{k-j}] \\ &= R(0) - 2\sum_{i=1}^{p} a_i R(i) + \sum_{i=1}^{p}\sum_{j=1}^{p} a_i a_j R(i-j)\end{aligned} \tag{5.5.5}$$

式中,$R(m)$是样值序列的自相关函数。为选择最佳 a_i,使 σ_e^2 最小,由 σ_e^2 对 a_i 求导,并令其为零,则得到求解 a_i 的线性方程为

$$\sum_{i=0}^{p} a_i R(i-j) = R(j) \quad (j = 1, 2, 3, \cdots, p) \tag{5.5.6}$$

这个求解预测系数的方程组称为标准方程,又称尤里-沃克方程(Yule-Walker equations),求解此方程的方法可参考文献[5]。

接收端解码器的加法器、预测器组成结构与编码端的完全一致,用来恢复原信号。如果信道传输没有误码,则有 $\tilde{e}'_k = \tilde{e}_k$,$\tilde{m}'_k = \tilde{m}_k$,解码器输出的重建信号与编码器的 $\tilde{m}_k$ 完全相同。DPCM 系统的量化误差定义为输入信号样值 m_k 与解码器输出的重建信号 $\tilde{m}_k$ 之差,即

$$q_k = m_k - \tilde{m}_k = (e_k + \hat{m}_k) - (\tilde{e}_k + \hat{m}_k) = e_k - \tilde{e}_k \tag{5.5.7}$$

由式(5.5.7)可见,DPCM 系统的量化误差只与差值的量化误差有关,也就是等于量化器的输入与输出之差。因此,DPCM 系统的信号量化噪声功率比可以定义为

$$\frac{S_o}{N_q}=\frac{E[m_k^2]}{E[q_k^2]} \tag{5.5.8}$$

在 DPCM 基础上,为进一步改善性能,一方面可以将固定预测器改为自适应的,即 a_i 可以随信号的统计特性而自适应变化;另一方面用自适应量化取代固定量化,也就是用预测值去控制量化间隔,使量化台阶 Δ 随信号动态范围改变。这就是自适应差分脉冲编码调制(ADPCM)。它可以大大提高输出信噪比和编码动态范围。一种最简单实用的 ADPCM 方案是用前一个样点值来控制量化台阶,即 $\Delta_k=\Delta_{k-1}m_{k-1}$。需要指出的是 ADPCM 不仅应用于语音信号的编码,而且还普遍应用于图像信号的数字压缩编码中。

5.6　增量调制(ΔM)

增量调制(ΔM)是由法国工程师 De Loraine 在 1946 年首先提出来的又一种模拟信号数字化的方法。它用一位二进制码表示相邻抽样值的相对大小,简化了模拟信号的数字化方法。

在 PCM 系统中,信号抽样值是用多位二进制码表示的。为了减小量化噪声,提高编码质量,一般需要较长的代码,使编译码设备复杂。而 ΔM 调制对每个抽样值只用一位二进制码代表,它表示了相邻样值的增减变化,在接收端也只需要用一个线性网络便可恢复出原模拟信号。

5.6.1　增量调制原理

可以把增量调制看成是脉冲编码调制的一个特例,因为它们都是用二进制代码表示模拟信号。但 ΔM 只用一位编码,而且这一位码不是用来表示信号抽样值的大小,而是表示抽样时刻信号波形的变化趋势,也就是用一个阶梯波形去逼近一个模拟信号,如图 5.6.1 所示。这是 ΔM 与 PCM 的本质区别。图中,把横轴 t 按抽样时间间隔 T_s 划分成许多相等的时间段,把代表信号幅度大小的纵轴也分成许多相等的小间隔 σ。由图中波形可以看到,如果 T_s 很小,则一个频带有限的模拟信号 $m(t)$ 在相邻抽样时刻上得到的值的差别也将很小。这时,如果 σ 的取值合适,那么,该模拟信号 $m(t)$ 就可以用图中所示的阶梯波形 $\tilde{m}(t)$ 去逼近。由于阶梯波形相邻间隔上的幅度差为 $\pm\sigma$,因此,可以用二进制的“1”码表示 $\tilde{m}(t)$ 在给定时刻上升一个台阶 σ,用“0”表示 $\tilde{m}(t)$ 下降一个台阶。这样,$m(t)$ 就可以被一个二进码的序列所表征。图 5.6.1 中表征 $m(t)$ 的二进码序列是 01010111111100。

另外,从图 5.6.1 所示的差分脉冲编码调制系统看增量调制,当 DPCM 系统的量化电平数取为 2,预测器是一个延迟为 T_s 的延迟线时,该 DPCM 系统即为增量调制系统。因此,可以得到 ΔM 编解码原理框图和量化特性,如图 5.6.2 所示。在每个抽样时刻,输入抽样值 m_k 与本地预测值即前一抽样时刻的阶梯波形取值 $\tilde{m}_{k-1}$ 之差值进行比较。若 $e_k=m_k-\tilde{m}_{k-1}>0$,则差分值 e_k 被量化器量化成 $+\sigma$,即 $\tilde{e}_k=+\sigma$,并被编为“1”码;若 $e_k=m_k-\tilde{m}_{k-1}<0$,则 e_k 被量化成 $-\sigma$,即 $\tilde{e}_k=-\sigma$,并被编为“0”码。σ 值称为量化台阶。在解码端,ΔM 的“延迟单元-相加器”结构与发送端的完全相同。如果传输无误码,则 $\tilde{m}'_k=\tilde{m}_k$。当接

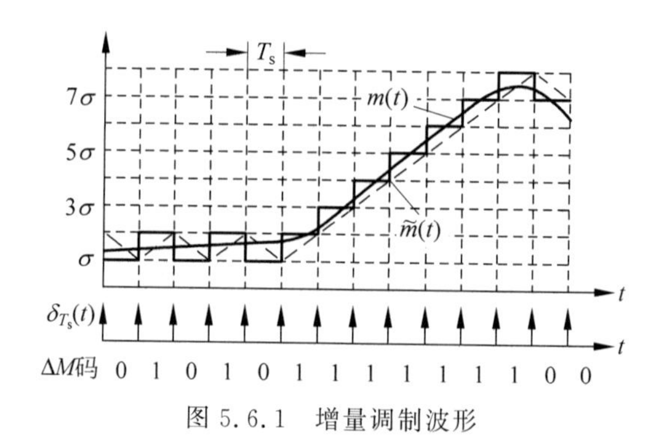

图 5.6.1 增量调制波形

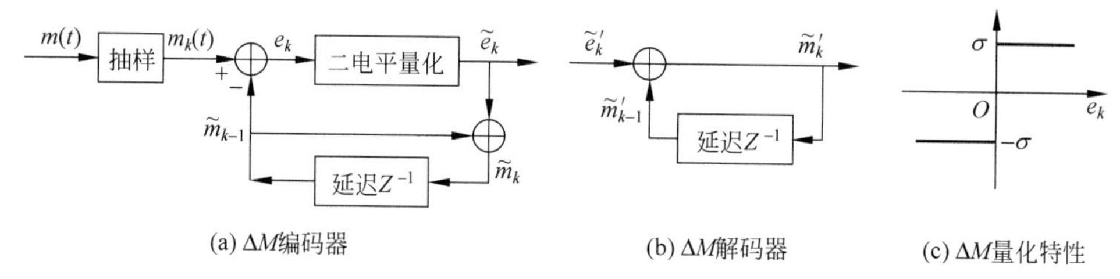

图 5.6.2 增量调制原理框图及量化特性

收到"1"码时，解码器输出 $\tilde{m}_k=\tilde{m}_{k-1}+\sigma$，输出波形上升一个台阶；接收到"0"码时，解码器输出 $\tilde{m}_k=\tilde{m}_{k-1}-\sigma$，输出波形下降一个台阶。可以看出，只要抽样频率足够高，台阶电压合适，这些上升和下降 σ 的累积就能近似地恢复原信号。

实现上述累积功能的最简单的电路是"积分器"。因此，图 5.6.2 中的"延迟单元-相加器"环路可以用一个积分器替代。图 5.6.3 示出了硬件实现时实际 ΔM 系统的方框图。编码器由比较器(相减器)、抽样判决器、发端译码器(积分器和脉冲产生器)及抽样脉冲发生器组成。收端包括与发端完全相同的译码器和低通滤波器两部分。由图看到，ΔM 的编译码设备通常要比 PCM 的简单。

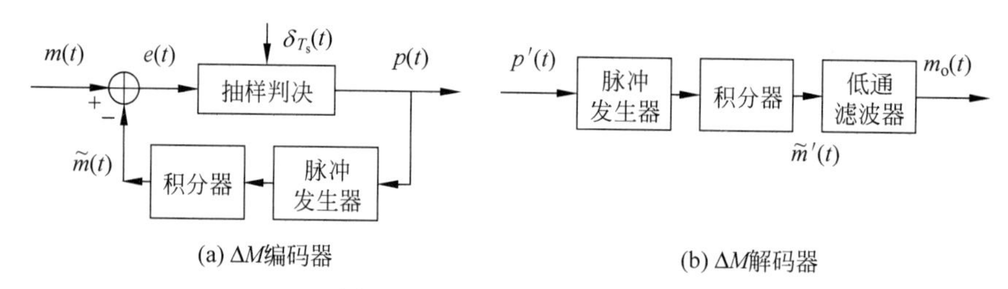

图 5.6.3 ΔM 硬件实现框图

图 5.6.3 的编解码器工作过程如下：输入模拟信号 $m(t)$ 与积分器输出的阶梯波形 $\tilde{m}(t)$ 进行比较，即相减得到差值信号 $e(t)$，然后在抽样脉冲作用下对 $e(t)$ 的极性进行判决，如果在给定抽样时刻 t_k 有

$$e(t_k)=m(t_k)-\tilde{m}(t_k)>0$$

则判决器输出"1"码；如果

$$e(t_k)=m(t_k)-\tilde{m}(t_k)<0$$

则输出"0"码。这里 $m(t_k)$ 是模拟信号在当前 t_k 时刻的抽样值，即第 k 个抽样值，而 $\tilde{m}(t_k)$

则表示积分器根据判决器在前一时刻 t_{k-1} 的判决结果而输出的阶梯波形值。由于这个阶梯波形值在下一次新的判决结果出现之前一直保持不变，因此，在 t_k 抽样时刻得到的 $\tilde{m}(t_k)$ 是阶梯波形第$(k-1)$个值。由抽样判决器输出的增量调制二进码序列 $p(t)$一方面送入信道传输到接收端译码器，另一方面加到本地的脉冲发生器。脉冲发生器根据输入 $p(t)$是"1"码，还是"0"码，分别产生正和负的脉冲。积分器收到正脉冲就使输出上升一个 σ；如果收到负脉冲，则下降一个 σ。故积分器的输出是接近输入模拟信号的阶梯波形。积分器输出信号的另一形式是折线近似的积分波形，如图 5.6.1 中虚线所示。两种波形在相邻抽样时刻的幅度变化都只增加或减少一个固定的量化台阶 σ，它们没有本质的区别，只是实现的方法不同。接收端的译码器功能与发送端的完全一样。但积分器输出往往还包含不必要的高次谐波分量，所以在接收输出端需要加一低通滤波器对积分输出信号平滑，使输出信号更接近于原始输入模拟信号。

5.6.2 增量调制系统中的量化噪声

ΔM 系统中的量化噪声有两种形式：一种称为一般量化噪声，另一种称为过载量化噪声(简称过载噪声)。一般量化噪声与 PCM 编码中的量化噪声类似，是由于 ΔM 系统中信号量化按固定的台阶 σ 进行的，所以译码器输出信号与原模拟信号之间存在一定的误差，如图 5.6.4(a)所示。这种由量化误差造成的失真称为一般量化噪声。过载量化噪声发生在输入模拟信号斜率陡变或信号频率过高时。这是因为量化台阶 σ 固定，取决于抽样频率的每秒内台阶数也是确定的，当输入信号发生上述情况时，译码器输出信号就会出现跟不上信号变化的现象，形成失真很大的阶梯波形，如图 5.6.4(b)所示。这种现象称为过载现象，由此产生的失真称过载量化噪声。

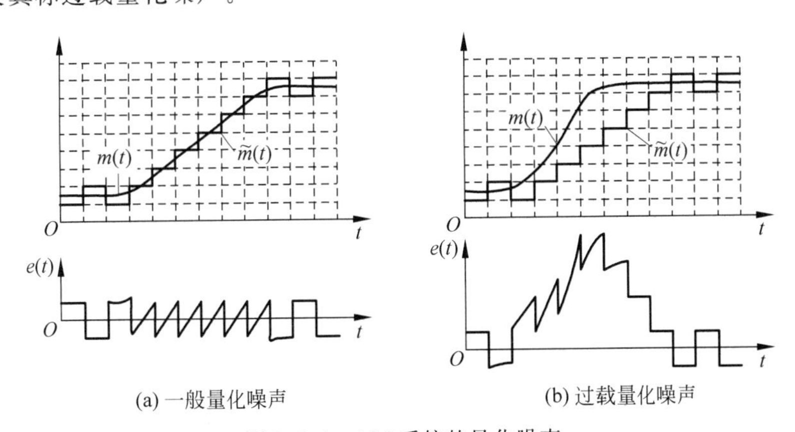

(a) 一般量化噪声　　(b) 过载量化噪声

图 5.6.4　ΔM 系统的量化噪声

由图 5.6.4(a)看到，ΔM 系统的输入模拟信号 $m(t)$与输出阶梯波形 $\tilde{m}(t)$的误差为

$$e(t)=m(t)-\tilde{m}(t)$$

显然，在无过载的情况下，误差信号 $e(t)$在$\pm\sigma$ 区间内变化，而不像 PCM 编码那样，由于四舍五入使误差在$\pm\Delta/2$ 内变化。设 $e(t)$在区间$(-\sigma,+\sigma)$上均匀分布，则其一维概率密度函数 $f(e)$可表示为

$$f(e)=\frac{1}{2\sigma}\quad(-\sigma\leqslant e\leqslant+\sigma)$$

因而可得到 $e(t)$ 的平均功率，即译码积分器输出端的一般量化噪声功率

$$E[e^2(t)]=\int_{-\sigma}^{+\sigma}e^2 f(e)\mathrm{d}e=\frac{1}{2\sigma}\int_{-\sigma}^{+\sigma}e^2\mathrm{d}e=\frac{\sigma^2}{3} \tag{5.6.1}$$

由式(5.6.1)看出，ΔM 系统的一般量化噪声与量化台阶的平方成正比，这就是说 σ 越小，一般量化噪声就越小。但是，从图5.6.4(b)可以看到，当抽样频率一定时，减小量化台阶会使译码器跟踪输入信号斜率的能力下降，导致产生更大的过载量化噪声。因此，应该合理选择量化台阶的大小。

过载量化噪声在正常工作状态下是必须而且可以避免的。那么，应该满足怎样的条件才能不产生过载失真？下面我们就来分析这个问题。

设增量调制器的量化间隔为 σ、采样速率为 f_s，则 ΔM 系统能跟踪输入信号的最大斜率为

$$K=\frac{\sigma}{T_s}=\sigma\cdot f_s \tag{5.6.2}$$

式中，T_s 为抽样时间间隔；σ/T_s 为临界过载情况下的译码器最大跟踪斜率。当输入信号 $m(t)$ 的实际斜率超过这个最大跟踪斜率时，将产生过载噪声。因此，为了不发生过载现象，要求

$$\left|\frac{\mathrm{d}m(t)}{\mathrm{d}t}\right|\leqslant K=\frac{\sigma}{T_s}=\sigma\cdot f_s \tag{5.6.3}$$

若输入信号为 $m(t)=A\sin\omega_0 t$，其斜率变化由下式确定

$$\left|\frac{\mathrm{d}m(t)}{\mathrm{d}t}\right|=A\omega_0\cos\omega_0 t$$

可见，最大斜率值为 $A\omega_0$。因此，在正弦信号的情况下，不发生过载的条件为

$$A\omega_0\leqslant\frac{\sigma}{T_s}=\sigma\cdot f_s \tag{5.6.4}$$

由式(5.6.4)看出，当输入信号幅度增大或频率过高时，容易引起过载失真。为了提高 ΔM 系统的抗过载能力，又为了使一般量化噪声小，量化台阶不能取得大，所以只能提高采样频率 f_s，或者使信号幅度随频率的增加而下降。根据式(5.6.4)，临界过载时信号有最大振幅 $A_{\max}$，它的大小由下式确定

$$A_{\max}=\frac{\sigma\cdot f_s}{\omega_0} \tag{5.6.5}$$

可见，在 ΔM 系统中，临界振幅与量化台阶 σ 和抽样频率 f_s 成正比，与信号频率 ω_0 成反比。这意味着频率每增加一倍，幅度将下降6dB，ΔM 系统的最大输出信噪比将随频率增高而下降。

根据上述分析可知，ΔM 系统的最大允许编码电平是 $A_{\max}=\sigma\cdot f_s/\omega_0$，那么它的最小编码电平即起始编码电平是多少？我们知道，当输入交流信号峰-峰值小于 σ 时，增量调制器输出的二进码序列为“0”和“1”交替的码序列，它并不随 $m(t)$ 的变化而变化；只有当输入交流信号单峰值大于 $\sigma/2$(即峰-峰值大于 σ)时，输出二进码序列才开始随 $m(t)$ 而变化。故增量调制器的起始编码电平是 $A_{\min}=\sigma/2$。

5.6.3 增量调制系统的抗噪声性能

下面我们对图5.6.3所示的 ΔM 系统的抗噪声性能进行分析。增量调制是把模拟信

号变换为数字信号的一种方法，它和 PCM 一样必定带来因量化而产生的量化噪声。量化噪声对系统的影响可以用系统输出端的信号量化噪声功率比 S_o/N_q 来衡量。这里我们分析存在量化噪声时的系统性能，也就是认为信道加性噪声很小，没有对传输信号造成误码，其影响可以忽略。这时接收端收到的信号等于发送端发送的信号，即 $p'(t)=p(t)$。接收端译码积分器的输出为

$$\tilde{m}(t)=m(t)+e(t)$$

式中，$m(t)$为输出信号成分；$e(t)$为量化误差成分。

根据式(5.6.1)，在译码积分器输出端由 $e(t)$形成的一般量化噪声平均功率为

$$E[e^2(t)]=\frac{\sigma^2}{3}$$

观察图 5.6.4(a)中的 $e(t)$波形，可以粗略地看出：$e(t)$的变化频率最高可以达到采样频率 f_s，最低可以从 0 开始。因此，上述量化噪声功率谱应在$(0,f_s)$频带内按某一规律分布。为简单起见，假定功率谱在$(0,f_s)$频率范围内是均匀分布的，则 $e(t)$的功率谱密度 $G_e(f)$可近似认为

$$G_e(f)=\frac{\sigma^2}{3f_s}\quad(0<f<f_s)\tag{5.6.6}$$

在接收端译码后还要经过低通滤波器。设接收端输出低通滤波器的截止频率为 f_H，则通过低通滤波器之后的量化噪声功率为

$$N_q=G_e(f)f_H=\frac{\sigma^2 f_H}{3f_s}\tag{5.6.7}$$

由此可见，在未过载条件下，ΔM 系统输出的量化噪声功率与量化台阶 σ 及比值(f_H/f_s)有关，而与输入信号的幅度无关。这是因为系统工作于无过载情况下，式(5.6.7)表示的量化噪声不含有过载噪声，所以输出量化噪声功率与信号的幅度无关。

在临界过载条件下，系统有最大的输出信号功率。若输入是正弦信号，由式(5.6.5)可知临界过载下的信号功率为

$$S_o=\frac{A_{max}^2}{2}=\frac{\sigma^2 f_s^2}{2\omega_0^2}=\frac{\sigma^2 f_s^2}{8\pi^2 f_0^2}\tag{5.6.8}$$

由式(5.6.7)及式(5.6.8)求得系统的最大信号量化噪声功率比

$$\frac{S_o}{N_q}=\frac{3}{8\pi^2}\frac{f_s^3}{f_0^2 f_H}\tag{5.6.9}$$

式(5.6.9)表明：ΔM 系统的最大信号量化噪声功率比(S_o/N_q)与抽样频率 f_s 的三次方成正比，即抽样频率每提高一倍，信号量化噪声功率比提高 9dB；与信号频率 f_0 的平方成反比，即信号每提高一倍频率，信号量化噪声功率比下降 6dB。因此，对于 ΔM 系统，提高采样频率将能明显地提高信号与量化噪声的功率比，而对高频段的语音信号，信号量噪比将下降。

5.7 时分复用(TDM)

前面我们在介绍各种模拟信号数字化方法时都是用一路模拟信号来说明它们的编解码方法的。但在实际的数字通信系统中，一般都是采用时分复用(TDM)方式来提高信道的传输效率。

如利用同一根同轴电缆传输1920路电话。因此,如何实现时分复用多路通信是至关重要的。

所谓复用是指多路信号利用同一信道传输而互不干扰。实现多路复用的方法主要有时分多路复用和我们在第四章已介绍过的频分多路复用。频分复用(FDM)是把可用的频带划分成若干频隙,各路信号占有各自的频隙在同一信道中互相独立、互不影响地传输;而时分复用是把时间帧分成若干时隙,各路信号占有各自的时隙在同一信道上实现多路传输。因此,频分复用信号在频域上各路信号的频谱是分割开的,但在时域上是混叠在一起的;时分复用信号在时域上各路信号的波形是分开的,但在频域上各路信号频谱是混叠的。通常,FDM用于模拟多路通信;TDM用于数字多路通信。

5.7.1 时分复用原理

n 路基带信号如话音信号,分别在具有相同抽样频率 f_s 但在时间上依次错开的抽样脉冲作用下,得到在时间上分开的各路样值序列,经合路后,各路抽样值顺序地置入各自的时隙,形成一个可以在一个信道中传输的群路信号,如图5.7.1所示。我们把 n 路信号依次抽样一次所组成的序列称为1帧,所需要的时间称为帧周期,用 T_F 表示;把每路信号在一帧中所占有的时间间隔称为路时隙或时隙,用 T_c 表示。显然,一帧时间由抽样周期 $T_s=1/f_s$ 确定,即 $T_F=T_s$;一帧中含有 n 个路时隙,每个时隙容纳一个抽样值或其编码的一个码组。如果 n 个路时隙在一帧中具有相同的时隙宽度,则有 $T_c=T_F/n$。如果一个抽样值在传输前被编成 N 位码,那么其中1位码所占用的时间称为位时隙,用 T_b 表示,它的大小为

$$T_b=\frac{T_c}{N}=\frac{T_F}{nN} \tag{5.7.1}$$

由此可得到信道中的码元传输速率为

$$R_B=\frac{1}{T_b}=n\cdot N\cdot f_s \tag{5.7.2}$$

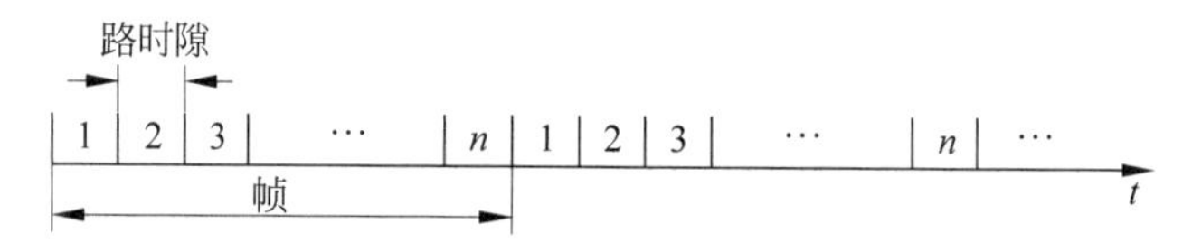

图5.7.1 n 路TDM信号的时隙分配

实现TDM的系统示意框图如图5.7.2所示。n 路输入信号 $m_1(t),m_2(t),\cdots,m_n(t)$ 分别通过截止频率为 f_H 的低通滤波器,将信号频带限制在 f_H 以内,以防止高于 f_H 的信号通过,避免抽样后的PAM信号产生折叠噪声。然后各路信号去"发旋转开关"S_T,又称采样开关。S_T 以符合抽样定理要求的速率对各路信号按顺序采样,并把在时间上周期地互相错开的各样值脉冲按顺序串行送入传输系统。这里,旋转开关同时完成抽样和信号合路功能,且每秒钟旋转 f_s 次(旋转频率等于抽样频率),并在一周旋转期内轮流对各输入信号提取一个样值(旋转周期等于帧周期或单路信号抽样周期)。如果传输话音信号,抽样频率规定为8000Hz,故一帧时间为125μs。若旋转开关的抽样是理想的,则开关输出信号可表示为

$$\begin{aligned}x(t)=\sum_{k=-\infty}^{\infty}[&m_1(kT_s)\delta(t-kT_s)+m_2(kT_s+T_c)\delta(t-kT_s-T_c)+\cdots\\&+m_n(kT_s+nT_c)\delta(t-kT_s-nT_c)]\end{aligned} \tag{5.7.3}$$

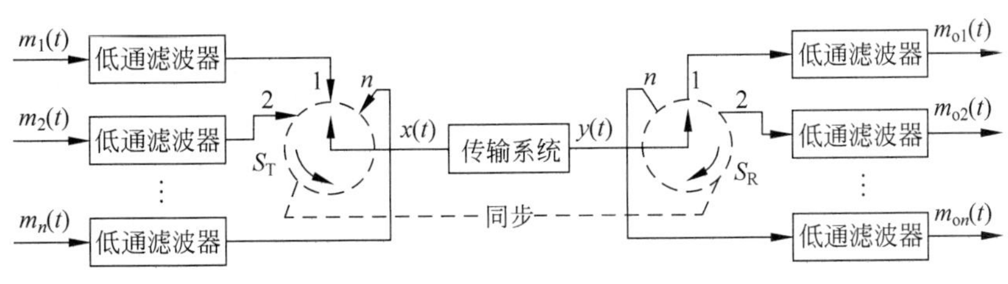

图 5.7.2 TDM 系统示意框图

图 5.7.2 中的“传输系统”包括量化、编码、调制解调、传输媒质和译码等。如果传输中的信道干扰噪声很小，不引起误码，则在接收端“收旋转开关”S_R 处的信号 $y(t)$ 应该等于发端信号 $x(t)$。收旋转开关又称分路器，它将收到的时分复用信号 $y(t)$ 中的各路信号样值序列分离并送到相应的通路上，即分离成各通路的 PAM 信号，它们可以分别表示为

$$\begin{cases} y_1(t)=\sum\limits_{k=-\infty}^{\infty} m_1(kT_s)\delta(t-kT_s) \\ y_2(t)=\sum\limits_{k=-\infty}^{\infty} m_2(kT_s+T_c)\delta(t-kT_s-T_c) \\ y_3(t)=\sum\limits_{k=-\infty}^{\infty} m_3(kT_s+2T_c)\delta(t-kT_s-2T_c) \end{cases} \tag{5.7.4}$$

上述各路信号如果满足抽样定理条件，则分别通过输出低通滤波器后可恢复发端原始模拟信号，其中第 i 路的输出信号为 $m_{oi}(t)=m_i(t)$。

为了在接收端能正确接收或者说能正确区分每一路信号，时分多路复用系统中的收、发两端必须保持严格同步，主要包括位同步和帧同步(正确识别各路信号的排队次序)。要做到位同步，即保证收、发码元的节拍一致，以正确识别每一位码元，在图 5.7.2 中，相当于要求收、发两端旋转开关的旋转速度保持相同。为了做到帧同步，即保证收、发两端相应各话路要对准，以正确区分每一路信号，这相当于要求收、发两端旋转开关的起始位置要相同。通常，在每个帧的第一个时隙安排标志码(即帧同步码)，以便接收端识别判断帧的开始位置是否与发端的相对应。因为每帧内各路信号的位置是固定的，如果能把每帧的首尾辨别出来，就可正确区分每一路信号，即实现帧同步。而位同步可以通过时钟同步来实现。

上面 TDM 系统中的合路信号 $x(t)$ 是 PAM 多路信号，但它也可以是已量化和编码的多路 PCM 信号或增量调制信号。时分多路 PCM 系统有各种各样的应用，最重要的一种是 PCM 电话系统。下面我们概略介绍 PCM 时分多路数字电话系统。

5.7.2 时分多路数字电话通信系统

根据 CCITT 建议，国际上通用的 PCM 话音通信有两种标准化制式，即 PCM30/32 路制式(A 律压扩特性)和 PCM24 路制式(μ 律压扩特性)，并规定国际通信时以 PCM30/32 路制式为标准。我国规定采用 PCM30/32 路制式。

1. TDM 电话通信系统的组成

PCM 时分多路数字电话通信系统基本组成框图如图 5.7.3 所示。图中，用户话音信号的发与收是采用二线制传输，但端机的发送支路与接收支路是分开的，即发与收是采用四线制传输的，因此用户的话音信号需经 2/4 线的变换。完成这个功能的是图中的输入、输出混

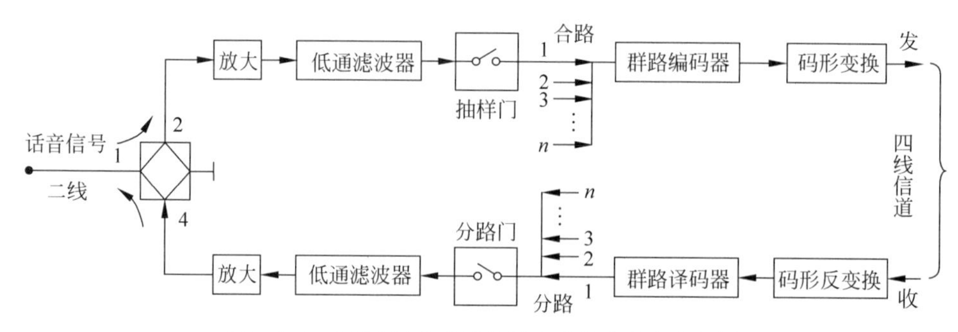

图 5.7.3 PCM 时分多路数字电话通信系统方框图

合线圈。图 5.7.3 所示 PCM 电话系统的基本工作过程是：输入话音信号从二线进入，经混合线圈的 1→2 端送入 PCM 系统的发送端。经过放大(调节话音电平)、低通滤波(限制话音频带，防止折叠噪声的产生)及抽样合路，形成时分复用的 PAM 信号。然后在群路编码器中一起被量化和编码，将 PAM 信号变成 PCM 信号。最后经码型变换电路将 PCM 信号变换成适合于信道传输的码型送往信道。在接收端首先将接收到的信号进行整形再生，然后由码型反变换电路恢复出原始的 PCM 信号并送到译码器，译码器把 PCM 信号转换成 PAM 信号，分路器分离出每一路 PAM 信号，各路 PAM 信号经各自的输出低通滤波器恢复成模拟话音信号，最后经放大、混合线圈的 4→1 端输出，送至用户。

图 5.7.3 示出的是采用群路编译码器的 PCM 多路数字电话系统。它给信号的上、下路带来很大不便。近年来，随着大规模集成电路技术的发展，PCM 数字电话系统中的编译码器已由原来的群路编译码器改用单路编译码器。也就是每一路话音单独采用一片编译码集成电路。典型的单路 PCM 编译码器产品有 Intel 2911、MK5156 等。这种编译码器利用大规模集成技术的 NMOS 工艺在一块芯片上实现了 A 律 13 折线压扩的 8 比特 PCM 编码和译码功能。图 5.7.4 是采用单路编译码器的 PCM 数字电话系统框图。由图看到，发送端低通滤波器输出的模拟信号直接加到单路编译码器，而在单路编译码器的 D_x 端便可获得已编码的 PCM 数字信号。各个单路编译码器的输出线 D_x 均接至发送总线，构成多路 PCM 信号输出。接收端来自 PCM 收信总线的信号进入单路编译码器的 D_R 端，在 VF_R 端便能得到还原的模拟信号，再经输出低通滤波器和混合线圈送至用户。现在已有将系统中的低通滤波器一起集成进单路编译码器的产品，如 Intel 2913/14、MT8961/63/65、MC14400/01/02/03/05、TLC32044 等。单路编译码器的采用可以大大降低设备的功耗，缩减设备的体积和重量，从而使通信系统的可靠性大大提高。

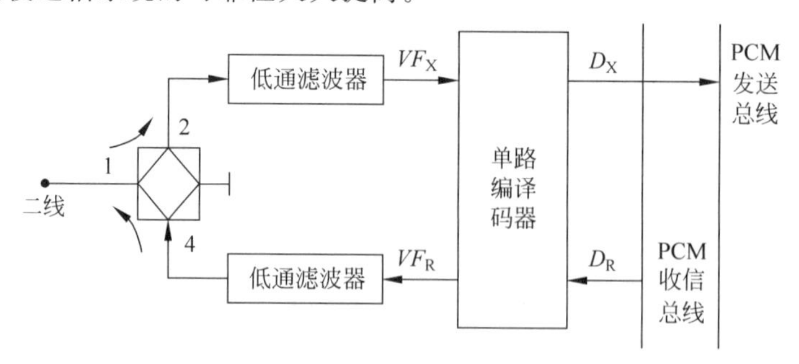

图 5.7.4 采用单路编译码器的 PCM 数字电话系统方框图

如果多路数字电话系统采用增量调制方式，其系统组成与 PCM 数字电话系统基本相同，而且也采用单路编译码方式。单路增量调制编译码集成电路产品有 MC3417/18 等。

2. PCM30/32 路系统帧结构和传码率

我国采用的 PCM30/321 路系统（又称基群或一次群）帧结构如图 5.7.5 所示。它采用 A 律 13 折线编码，语音信号抽样频率 f_s 为 8kHz，抽样周期为 $T_s=125\mu s$，所以一帧的时间（即帧周期）$T_F=T_s=125\mu s$。每一帧由 32 个路时隙组成，每个时隙对应一个样值，所有时隙都采用 8 位二进制码。其中，

（1）30 个话路时隙（TS0～TS15，TS17～TS31）

TS0～TS15 分别传送第 1～15 路（CH1～CH15）话音信号，TS17～TS31 分别传送第 16～30 路（CH16～CH30）话音信号。

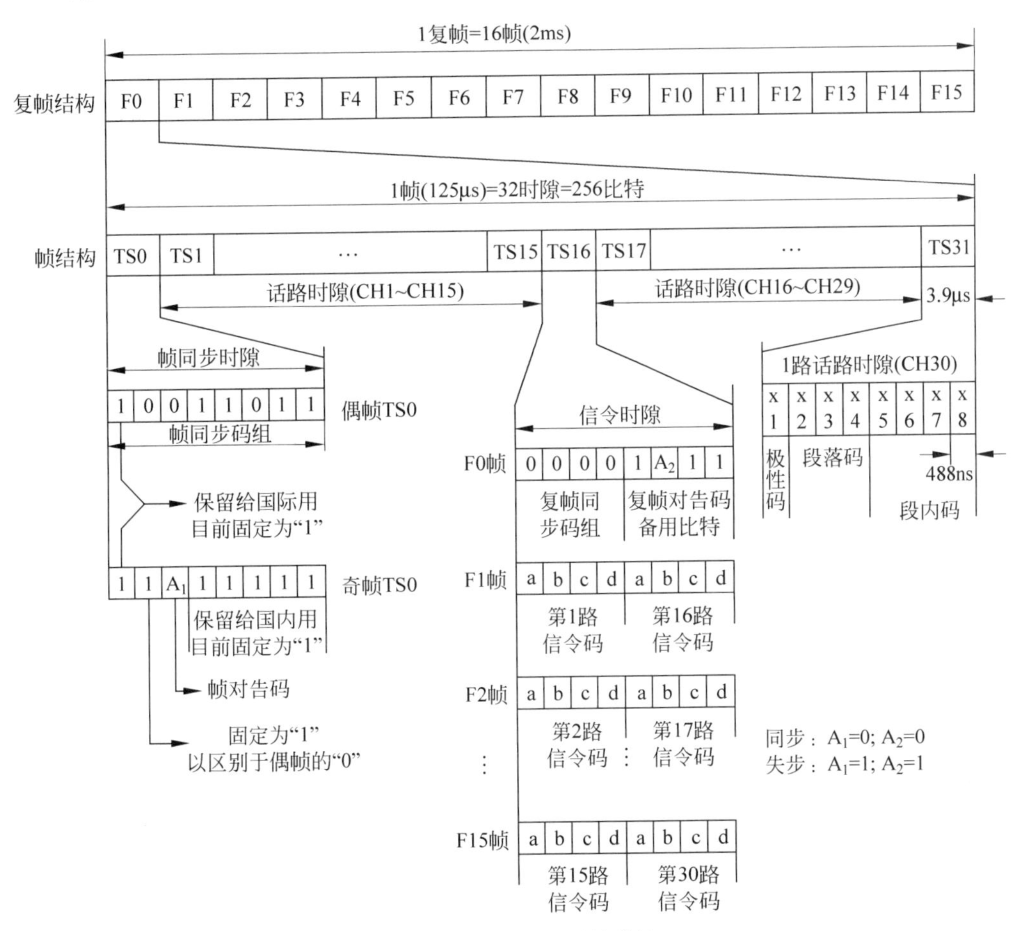

图 5.7.5　PCM 基群帧结构

（2）帧同步时隙（TS0）

偶数帧的 TS0 用于发送帧同步码，其码组为 ∗0011011。接收端根据此码组建立正确的路序，即实现帧同步。其中第一位码元“∗”保留作国际通信用，目前暂固定为 1，后 7 位为帧同步码。

奇数帧的 TS0 用于发送帧失步告警码，其码组为 $*1A_1 11111$。第 1 位码的作用与偶数

帧 TS0 的第一位相同；第 2 位码元固定为 1，以区别于偶帧对应位的 0，便于接收端区分是偶帧还是奇帧；第 3 位是帧失步告警码，简称对告码，用于将本端的同步状况告诉对端，$A_1=0$ 表示同步，$A_1=1$ 表示失步；第 4～第 8 位码可用于传送其他信息，未使用时固定为 1。

(3) 信令与复帧同步时隙(TS16)

TS16 用来传送复帧同步和局间话路信令信息等，如振铃、拨号脉冲、被叫摘机、主叫挂机等信号信息。由于信令信号的频率很低，故其抽样频率取 500Hz，相应的抽样周期为 $1/500=16\times125\mu s=16T_F$，这说明对于每个话路信令，只要每隔 16 帧传输一次就够了。因此，将这 16 个帧(F0～F15)构成一个更大的帧，称之为复帧。其中 15 个帧(F1～F15)的 TS16 用来传送 30 个话路的信令码，每路信令占 4 位码，即每个 TS16 含两路信令。

为了保证收、发两端各路信令码在时间上对准，每个复帧需要一个复帧同步码。复帧中 F0 帧的 TS16 用来传送复帧同步和复帧失步告警码，其码组为 $00001A_211$。前 4 位码是复帧同步码；第 6 位码是复帧失步告警码，$A_2=0$ 为复帧同步，$A_2=1$ 为失步；第 5,7,8 位码可用于传送其他信息，未使用时固定为 1。

根据以上帧结构，我们可以得到以下几个数据：

- 复帧周期 16(帧)$\times T_F=16\times125\mu s=2ms$，复帧频率 500 复帧/秒；
- 帧周期 $T_F=125\mu s$，帧频 8000 帧/秒，帧长度 32(时隙)×8(bit)=256(bit)；
- 路时隙 $T_c=\dfrac{T_F}{n}=\dfrac{125\mu s}{32(\text{时隙})}=3.91\mu s$($n$：一帧中所含时隙数)；
- 位时隙 $T_b=\dfrac{T_c}{N}=\dfrac{3.91\mu s}{8(\text{bit})}=488ns$($N$：一个时隙内所含码元数)；
- PCM30/32 系统传码率

$$R_{BP}=n\cdot N\cdot f_s=32\times8\times8000=2.048(MB) \tag{5.7.5}$$

- PCM30/32 系统传信率

因为是二进制码元，传信率在数值上等于传码率，所以有

$$R_{bP}=2.048(\text{Mbit/s}) \tag{5.7.6}$$

- PCM30/32 系统最小信道带宽

$$B_{min}=\frac{1}{2}\cdot R_{BP}=\frac{1}{2}\cdot n\cdot N\cdot f_s=1.024(\text{MHz}) \tag{5.7.7}$$

时分复用增量调制系统，目前尚无国际标准，但有一种国内外应用较多的 DM32 路制式。该制式中，抽样频率为 32kHz，即帧周期为 31.25μs，每个时隙含一个比特。TS0 为帧同步时隙，TS1 为信令时隙，TS2 为勤务电话时隙，TS3、TS4、TS5 为数据时隙，TS6～TS31 为用户电话时隙。显然，该系统传信率为

$$R_{bDM}=f_s\times n=32000\times32=1.024(\text{Mbit/s}) \tag{5.7.8}$$

60 路 ADPCM 系统已有国际标准，它的帧结构类似于 PCM30/32 系统。根据 CCITTG.761 建议规定，其帧周期为 125μs，分成 32 个时隙，每个时隙置入两路 ADPCM 信号(每路用 4 位码编码)。TS0 时隙用于传输同步等信息，TS16 时隙作为信令时隙，其他 30 个时隙可用来传输 60 个用户信息。显然，该系统的传信率为 2.048Mb/s，与基群比特率相同。

3. 数字通信系统的高次群

通信技术的发展和通信需求的增长，使得数字通信容量不断增大。前面讨论的

PCM30/32 或 PCM 24 路时分复用系统称为数字基群即一次群。由若干个基群通过数字复接技术,汇合成更高速的数字信号是 PCM 通信的扩容方法。目前,PCM 通信通过由低向高逐级复接,其高次群已形成了一个系列,按传输速率不同分别称为二次群、三次群、四次群等,如表 5.7.1 所示。四次及四次群以下的高次群,都是采用准同步方式按位复接的,称为准同步数字体系(plesiochronous digital hierarchy,PDH)。

表 5.7.1 TDM 数字复接系列

<table>
<tr><th></th><th colspan="5">准同步数字体系 PDH</th><th colspan="4">同步数字体系 SDH</th></tr>
<tr><th>国家</th><th>单位</th><th>基群</th><th>二次群</th><th>三次群</th><th>四次群</th><th>STM-1</th><th>STM-4</th><th>STM-16</th><th>STM-64</th></tr>
<tr><td rowspan="2">北美</td><td>kb/s</td><td>1544</td><td>6312</td><td>44736</td><td>274176</td><td rowspan="6">155.52 Mb/s</td><td rowspan="6">622.08 Mb/s</td><td rowspan="6">2488.32 Mb/s</td><td rowspan="6">9953.28 Mb/s</td></tr>
<tr><td>路数</td><td>24</td><td>96</td><td>672</td><td>4032</td></tr>
<tr><td rowspan="2">日本</td><td>kb/s</td><td>1544</td><td>6312</td><td>32064</td><td>97728</td></tr>
<tr><td>路数</td><td>24</td><td>96</td><td>480</td><td>1440</td></tr>
<tr><td>欧洲</td><td>kb/s</td><td>2048</td><td>8448</td><td>34368</td><td>139264</td></tr>
<tr><td>中国</td><td>路数</td><td>30</td><td>120</td><td>480</td><td>1920</td></tr>
</table>

随着光纤通信技术的发展,四次群速率已不能满足大容量、高速率传输的要求。为此,CCITT 又制定了 TDM 制 150Mb/s 以上的同步数字体系(synchronous digital hierarchy,SDH)标准,以满足宽带业务传输和全球通信发展的需要。SDH 的第一级速率规定为 155.52Mb/s,记作 STM-1。四个 STM-1 按字节同步复接得到 STM-4,比特率是 STM-1 的 4 倍即 622.08Mb/s,依次类推,具体见表 5.8。

PCM 系统所使用的传输介质与传输速率有关。基群 PCM 的传输介质一般采用市话对称电缆,也可以在市郊长途电缆上传输。可以传输电话、数据或可视电话信号。二次群速率较高,需采用对称平衡电缆、低电容电缆或微型同轴电缆。可传送可视电话、会议电视或电视信号。三次群以上的传输需采用同轴电缆或毫米波波导等,可传送彩色电视。如果采用光纤、卫星通信,则可以得到更大的通信容量。

5.8 思考题

5.8.1 抽样定理的主要内容是什么?在什么情况下抽样频谱会产生频谱混叠或折叠噪声?

5.8.2 什么是理想抽样、自然抽样和平顶抽样?它们对已抽样信号的频谱各有什么影响?

5.8.3 什么是均匀量化?什么是非均匀量化?采用非均匀量化的目的是什么?

5.8.4 量化区间内最大量化误差等于多少?均匀量化时的信号量化噪声功率比与哪些因素有关?

5.8.5 PCM 编码中为什么要采用折叠二进码?

5.8.6 A 律压缩特性是如何对信号压扩的?A 代表什么意义?它对压缩特性有什么影响?

5.8.7 什么是差分脉冲编码调制?什么是增量调制?它们与脉冲编码调制有何异同?

5.8.8 与PCM系统比较，为什么DPCM系统既能使信号频带压缩，又不影响通信质量？

5.8.9 为了不发生过载噪声，增量调制系统应满足怎样的条件？该系统的输出信号量化噪声功率比与哪些因素有关？

5.8.10 什么是时分复用？它与频分复用有什么区别？一般模拟、数字通信系统各采用什么方法进行多路复用？

5.8.11 数字电话通信系统的基群信号是由多少路信号时分复用而成的？其帧频是由什么决定的？

5.9 习题

5.9.1 已知一低通信号 $m(t)$ 的频谱为

$$M(f)=\begin{cases}1-\dfrac{|f|}{200} & (|f|\leqslant 200\text{Hz})\\ 0 & \text{其他}\end{cases}$$

① 假设以 $f_s=300\text{Hz}$ 的速率对 $m(t)$ 进行理想抽样，试画出已抽样信号 $m_s(t)$ 的频谱图。

② 若用 $f_s=400\text{Hz}$ 的速率抽样，重做上题。

5.9.2 信号 $f(t)=10\cos 20\pi t\cdot\cos 200\pi t$，以每秒250次速率抽样。

① 要求给出抽样样值序列的频谱。

② 若用理想低通恢复 $f(t)$，则低通滤波器的截止频率为何值？

③ 如把 $f(t)$ 看作是低通信号，则最低抽样速率是多少？

④ 如把 $f(t)$ 看作是带通信号.则最低抽样速率又是多少？

5.9.3 已知某信号 $m(t)$ 的频谱 $M(\omega)$ 如图5.9.1(a)所示。将它通过传递函数特性示于图5.9.1(b)的滤波器后再进行理想抽样，如图5.9.1(c)所示。

① 最低抽样速率应为多少？

② 若设抽样速率 $f_s=3f_1$，试画出已抽样信号 $m_s(t)$ 的频谱。

③ 接收端的接收网络(图5.9.1(d))应具有怎样的传输函数 $H_2(\omega)$，才能由 $m_s(t)$ 不失真地恢复 $m(t)$。

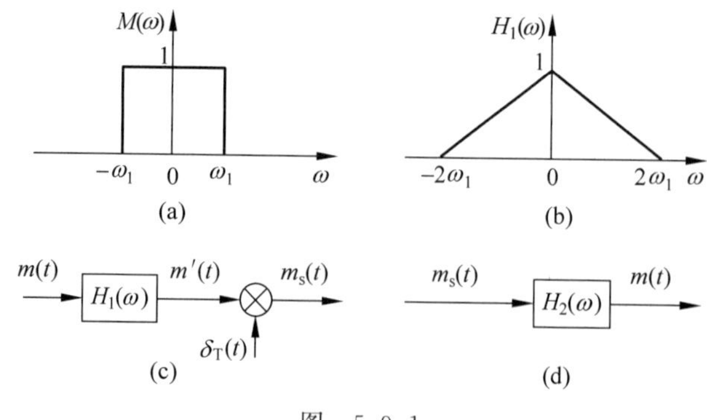

图 5.9.1

5.9.4 设以每秒400次的速率对信号 $g(t)=10\cos 60\pi t\cdot\cos^2 106\pi t$ 抽样，试确定由抽样波形恢复 $g(t)$ 时所用理想低通滤波器的截止频率允许范围。

5.9.5 一个基带信号 $m(t)$，其频谱如图5.9.2所示。如果 $m(t)$ 被抽样，并且要保证无失真地恢复原信号，试问最低的抽样频率是多少？

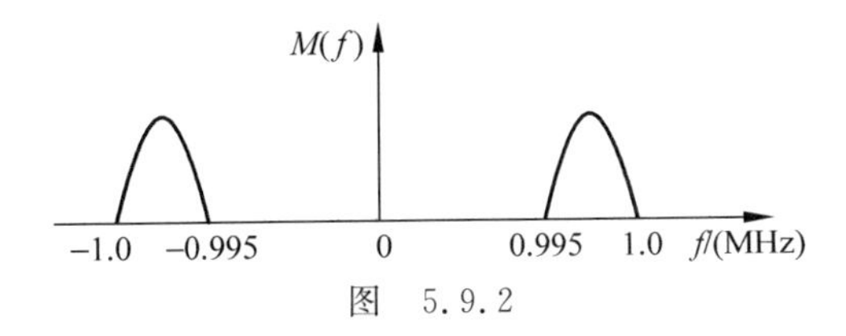

图 5.9.2

5.9.6 已知信号 $m(t)$ 的最高频率为 f_m，其频谱 $M(\omega)$ 如图5.9.3(a)所示。若用图5.9.3(b)所示的抽样信号 $q(t)$ 对 $m(t)$ 进行自然抽样，试确定已抽样信号频谱的表达式，并画出其示意图。

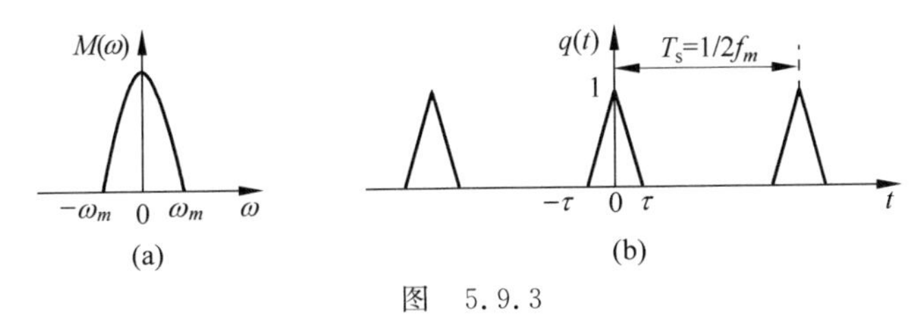

图 5.9.3

5.9.7 如果传送信号是 $A\sin\omega t$，$A\leqslant 10\text{V}$，按线性PCM编码，分成64个量化级，试问：

① 需要用多少位二进制码？

② 信号量化噪声功率比？

5.9.8 信号 $f(t)=\sin\omega_0 t$ 以最小信号量噪比30dB被数字化，设采用线性PCM编码。问所需的最小量化间隔是多少？每样值用二进制编码时所需的编码位数是多少？

5.9.9 设一信号 $m(t)=10+A\cos\omega t$，其中 $A\leqslant 10\text{V}$。若 $m(t)$ 被均匀量化为40个电平，试求：

① 用二进制编码时，所需的编码位数 N 和量化间隔 Δv。

② 若量化器量化范围是0～20V，量化后的最高、最低电平是多少？

5.9.10 某信号的幅度概率分布是

$$p(u)=\frac{1}{0.8\sqrt{2}}\mathrm{e}^{-|u|\frac{\sqrt{2}}{0.8}}$$

若考虑非过载范围 $|u|\leqslant 8\text{V}$，对该信号用5位码进行PCM线性编码，求编码的量化噪声功率及信号量噪比。

5.9.11 某信号的最高频率为3.4kHz，采用线性PCM方式传输，其信号的最大幅度为±0.64V，量化级差为10mV，编码信号中除音频信号外还另加1bit为同步信号，试求码元的最大持续时间是多少？若用占空比为50%的归零码，其信号脉冲的持续时间是多少？

5.9.12 按 A 律压扩特性

$$y=\begin{cases}\dfrac{Ax}{1+\ln A} & \left(0\leqslant x\leqslant\dfrac{1}{A}\right)\\[2ex] \dfrac{1+\ln Ax}{1+\ln A} & \left(\dfrac{1}{A}\leqslant x\leqslant 1\right)\end{cases}$$

式中 $x=\frac{u}{V}$，为归一化输入信号电平，$A=87.6$。求 $x=0\text{dB}$ 和 $x=-40\text{dB}$ 非均匀量化时的信噪比改善量。

5.9.13　采用13段折线 A 律编码，最小量化级为一个单位，已知样值脉冲为+635个单位。

① 试求编码器输出码组。

② 写出对应于该7位码(不含极性码)的均匀量化11位码(采用自然二进制码)。

③ 接收端译码器输出信号值为多少？与发端抽样脉冲值相比量化误差为多少？

5.9.14　采用13折线 A 律编码，设最小量化级为1个单位，已知抽样脉冲值为−95单位。

① 试求此时编码器输出的码组，并计算量化误差(段内码用折叠二进制码)。

② 写出对应于该7位码(不含极性码)的均匀量化11位自然二进制码。

5.9.15　采用13折线 A 律编码电路，设接收端收到的码组为"01010011"，最小量化间隔为1个量化单位。

① 试问译码器输出为多少量化单位？

② 写出对应于该7位码(不含极性码)的均匀量化11位自然二进码。

③ 求编码器输入端信号抽样值的范围。

5.9.16　采用13段折线 A 律编码电路，设接收端收到的码组为"01010011"，最小量化间隔为1个量化单位，并已知段内码改用折叠二进码。

① 试问译码器输出为多少量化单位？

② 写出对应于该7位码(不含极性码)的均匀量化11位自然二进码。

5.9.17　如果 A 律13段折线编码器的过载电压为±4.096V。

① 试对 $\text{PAM}_1=3.01\text{V}$，$\text{PAM}_2=-0.003\text{V}$ 编PCM 8位码。

② 经线路传送到接收端，求译码后的PAM值。

5.9.18　已知线性PCM系统的量化电平数为32，计算系统误码率分别为 $P_e=10^{-3}$ 和 $P_e=10^{-6}$ 时的PCM系统输出信噪比。

5.9.19　已知语音信号的最高频率 $f_m=3400\text{Hz}$，今用线性PCM系统传输，要求信号量化噪声比 S_o/N_q 不低于30dB。试求此PCM系统所需的理论最小基带频宽。

5.9.20　对信号 $f(t)=M\sin(2\pi f_0 t)$ 进行简单增量调制 ΔM，若量化台阶 σ 和抽样频率 f_s 选择保证既不过载，又不小于最小编码电平。试证明此时要求：$f_s>\pi f_0$。

5.9.21　对信号 $f(t)$ 进行简单增量调制。采样频率 $f_s=40\text{kHz}$，量化台阶为 σ。

① 若 $f(t)=A\sin(\omega t)$，求不发生过载的条件。

② 能保证系统正常工作的最低码元速率是多少？

5.9.22　已知 ΔM 调制系统中，低通滤波器的截止频率为3400Hz，采用的抽样频率 $f_s=32\text{kHz}$。求在不过载条件下，信号频率为300Hz时，该系统输出的最大信噪比 S_o/N_q。

5.9.23　设一般语音信号动态范围为40dB，语音信号最高截止频率 $f_H=3400\text{Hz}$，若要求语音信号的最低输出信噪比为16dB，试计算 ΔM 调制中，在信号频率 $f=800\text{Hz}$ 时满足动态范围的最低采样频率 f_s 是多少？

5.9.24　一个频带限制在 $f_m=4\text{kHz}$ 的信号分别通过PCM系统与 ΔM 系统，如果要求输出信号量噪比都满足 30dB 的要求，比较信号频率 $f_k=1\text{kHz}$ 时的 PCM 系统与 ΔM 系统所需的带宽。

5.9.25　对 24 路最高频率均为 4kHz 的信号进行时分复用，采用 PAM 方式传输。假定所用的脉冲为周期性矩形脉冲，脉冲的宽度为 τ，占空比为 0.5。求此 24 路 PAM 信号的第一零点带宽和传输该信号所需的最小信道带宽。

5.9.26　对 12 路语音信号(每路信号的最高频率均为 4kHz)进行抽样和时分复用，抽样速率为 8kHz，以 PCM 方式传输。设传输信号的波形是矩形脉冲，其宽度为 τ，且占空比为 1。

① 抽样后信号按 8 级量化，求 PCM 基带信号第一零点带宽。

② 若抽样后信号按 128 级量化，PCM 基带信号第一零点带宽又为多少？

5.9.27　有 24 路 PCM 信号，每路信号的最高频率为 4kHz，量化级为 128，每帧增加 1bit 作为帧同步信号，试求传码率和信道传输带宽。如果 32 路 PCM 信号，每路 8bit，同步信号已包括在内，量化级为 256，试求传码率和信道传输带宽。

5.9.28　设有 6 个带宽分别为 W、W、$2W$、$2W$、$3W$、$3W$ 的独立信息源，采用时分复用方式共用一条信道传输，每路信源均采用 8 位 PCM 编码。

① 设计该系统的帧结构和总时隙数，使各个信源信号可按各自的奈奎斯特速率取样。

② 求每个时隙占有的时隙宽度以及脉冲宽度。

③ 求信道最小传输带宽。

第 6 章 数字基带传输系统

CHAPTER 6

6.1 引言

直接来自于数字信号源的数字信号，如数字电话终端的 PCM 信号，往往包含很低的频率分量，甚至直流分量，它所占有的频带为基本频带。这种信号就是基带信号。

在数字通信的一些场合中，基带信号可以不经过载波调制和解调过程而直接进行传输。例如，利用中继方式在长距离上直接传输 PCM 信号。这种不使用载波解调装置而直接传送基带信号的系统，称为基带传输系统，它的基本结构如图 6.1.1 所示。该结构由信道信号形成器、信道、接收滤波器以及抽样判决器组成。这里的信道信号形成器用来产生适合于信道传输的基带信号；信道是可以允许基带信号通过的媒介(例如，能够通过从直流至高频的有线线路等)；接收滤波器用来接收信号和尽可能排除信道噪声及其他干扰；抽样判决器则是在噪声背景下判定并再生基带信号。

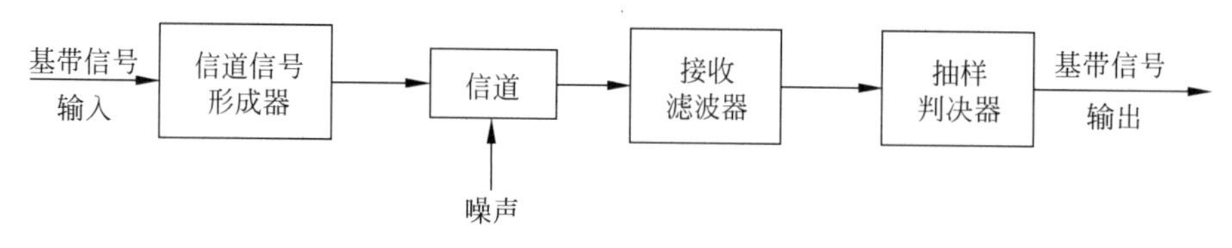

图 6.1.1 基带传输系统的基本结构

数字信号除直接以基带形式传输外，也可以被调制到高频载波上传输，称为频带传输，如图 6.1.2 所示。

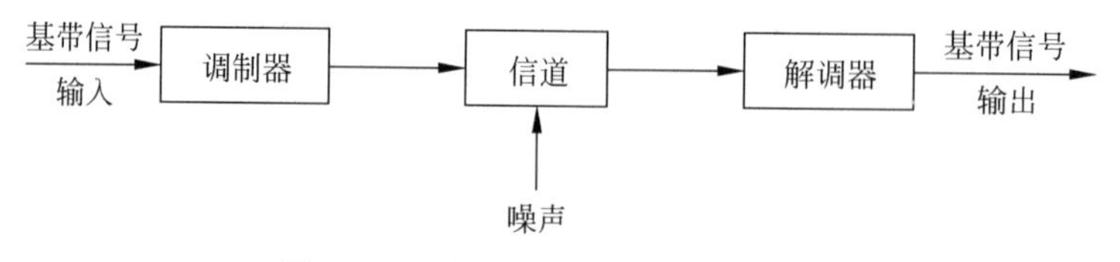

图 6.1.2 频带传输系统的基本结构

在实际使用的数字通信系统中，虽然基带传输不如频带传输那样广泛，但是，对于基带传输系统的研究仍然是十分有意义的。这是因为：第一，由图 6.1.1 及图 6.1.2 可以看出，频带传输也同样存在基带传输问题，也就是说，基带传输系统的许多问题也是频带传输系统必须考虑的问题；第二，随着数字通信技术的发展，基带传输这种方式也有迅速发展的趋势，目前，它不仅用于低速数据传输，而且还用于高速数据传输；第三，理论上也可以证明，任何一个采用线性调制的频带传输系统，总是可以由一个等效的基带传输系统所替代。因此，本章先介绍数字基带传输系统，而数字频带传输系统（即数字载波调制系统）将在下一章介绍。

6.2　基带信号的表示

在实际基带传输系统中，并非所有原始数字基带信号都适合在信道中传输，例如，含有丰富直流和低频成分的基带信号在信道中传输可能造成信号严重畸变。再如，一般基带传输系统都从接收到的基带信号流中提取定时信息，如果基带信号长时间地出现0电位，会使定时恢复系统难以保证收端定时信息的准确性。实际的基带传输系统还可能提出其他要求，从而导致对基带信号各种可能的要求。归纳起来，对传输用的基带信号的主要要求有两点：

①对各种代码的要求，期望将原始信息符号编制成适合传输用的码型；②对所选码型的电波形要求，期望电波形适宜于在信道中传输。前一问题称为传输码型的选择，后一问题称为基带脉冲波形的选择。这是两个既有独立性又有相互联系的问题，也是基带传输原理中重要的两个问题。本节讨论前一问题，基带脉冲波形选择问题在之后几节中讨论。

传输码（又称为线路码）的结构将取决于实际信道特性和系统工作的条件。在较为复杂的基带传输系统中，传输码的结构应具有下列主要特性：

① 能从基带信号中获取定时信息。

② 基带信号无直流成分和只有很小的低频成分。

③ 不受信源统计特性的影响，能适应信源的变化。

④ 尽可能地提高传输码型的传输效率。

⑤ 具有内在的检错能力。

满足或部分满足以上特性的传输码型种类繁多，这里介绍目前常见的几种。图6.2.1给出了它们的波形。

1. 单极性不归零码（Non-Return to Zero，NRZ）

二进制符号“1”“0”分别对应正电平和零电平，或负电平和零电平。在整个码元持续时间内，电压无须回到零，故称不归零码，该码型经常在近距离传输时被采用。

2. 双极性不归零码

此码型中，“1”“0”分别对应正、负电平，且在整个码元持续时间内，电压无需回到零。从统计平均角度来看，当“1”和“0”数目各占一半时，该码型相应的基带信号无直流分量。该码型常在CCITT的V系统接口标准或RS-232C接口标准中使用。

3. 单极性归零码（Return to Zero，RZ）

在传送“1”码时发送一个宽度小于码元持续时间的归零脉冲；在传送“0”码时不发送脉冲。其特征是所用脉冲宽度比码元宽度窄，即还没有到一个码元终止时刻就回到零值，因此，称其为单极性归零码。

与单极性不归零码比较，单极性归零码的主要优点是当出现连续“1”符号时仍然能够提取时钟信息，缺点是基带信号的频谱宽度增加。该码型通常供近距离内实行波形变换使用。

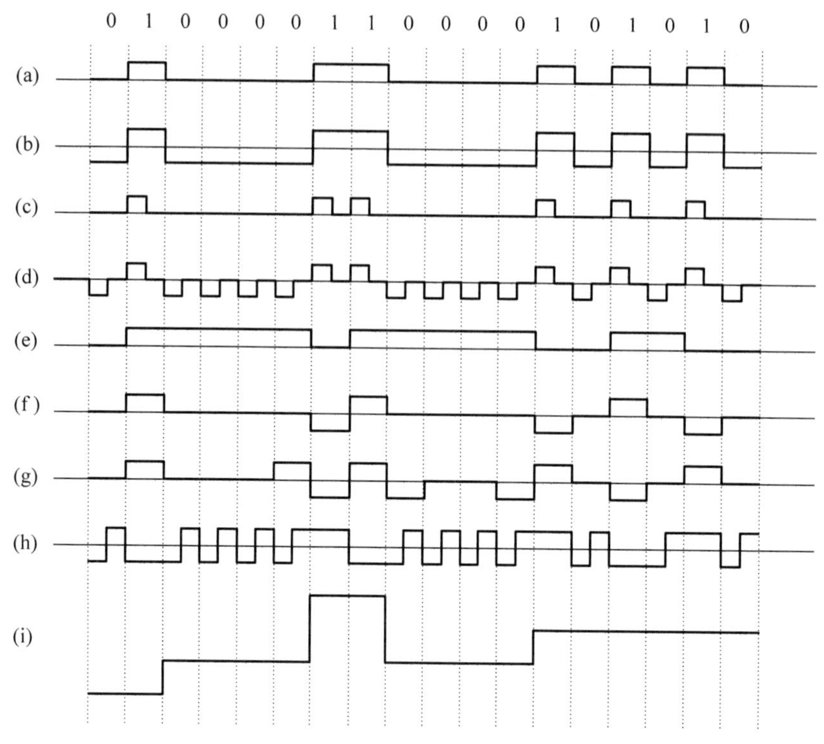

图 6.2.1　数字基带信号码型

(a) 单极性不归零码；(b) 双极性不归零码；(c) 单极性归零码；(d) 双极性归零码；(e) 差分码；(f) 交替极性码；(g) 三阶高密度双极性码；(h) 传号反转码；(i)多进制码

4. 双极性归零码

双极性归零码构成原理与单极性归零码相似，“1”和“0”分别用正、负脉冲表示，且脉冲宽度小于码元持续时间。双极性归零码也具有不含直流成分的优点。

5. 差分法

这是一种把信息符号“0”和“1”反映在相邻码元的相对变化上的码型。比如，以相邻码元的电位改变表示符号“1”，而以电位不改变表示符号“0”，如图 6.2.1(e)所示。上述规定也可以反过来。这种码型所代表的信息符号与码元本身电位或极性无关，仅与相邻码元的电位变化有关。差分码常在相位调制系统的码变换器中使用。

6. 交替极性码(Alternate Mark Inversion，AMI)

交替极性码也称传号交替反转码、双极方式码、平衡对称码等。此方式是单极性方式的变形，即把单极性方式中的“0”码仍与零电平对应，而“1”码对应极性交替的正、负电平，如图 6.2.1(f)所示。这种码型实际上把二进制脉冲序列变为三电平的符号序列，故称伪三元序列。其优点如下：

① 即使在“1”“0”码不等概率情况下也没有直流成分，且零频附近低频分量小。因此，对具有变压器或其他交流耦合的传输信道来说，不易受隔直特性影响。

② 若接收端收到的码元极性与发送端完全相反，也能正确判决。

③ 只要进行全波整流就可以变为单极性码。如果交替极性码是归零的，变为单极性归零码后就可提取同步信息。北美 PDH 系列的一、二、三次群接口码均使用经扰码后的

AMI 码。

7. 三阶高密度双极性码(High Density Bipolar of order 3 code,HDB_3)

前述 AMI 码有一个重要的缺点,即连“0”码过多时提取定时信号困难。有几种不同的措施可用来克服这一缺点。一种广泛为人们所接受的解决办法是采用高密度双极性码。HDB_3 码是一系列高密度双极性码(HDB_1、HDB_2、HDB_3 等)中最重要的一种。其编码原理是:“0”码与零电平对应,“1”码也同 AMI 一样采用极性交替反转。但当出现连续四个“0”码,将这四个连“0”变换成“000V”或“100V”,其中,“V”是破坏极性反转原则的符号“1”,用以标记对四个连“0”的这种变换。并且,要求相邻两个“V”符号的电平极性相反,因此,有“000V”和“100V”两种变换形式供选择,如图 6.2.1(g)所示。HDB_3 的优点是无直流成分,低频成分少,即使有长连“0”码时也能提取位同步信号。缺点是编译码电路比较复杂。HDB_3 是欧洲 PDH 系列一、二、三次群的接口码型。

8. 传号反转码(Coded Mark Inversion,CMI)

编码的规则是:当“0”码时,用“01”表示,当出现“1”码时,交替用“00”和“11”表示,图 6.2.1(h)给出了 CMI 码例子。它的优点是没有直流分量,且有频繁出现波形跳变,便于定时信息提取,具有误码监测能力。

由于 CMI 码具有上述优点,再加上编、译码电路简单,容易实现,因此,在高次群脉冲码调制终端设备中广泛用作接口码型,在速率低于 8448kb/s 的光纤数字传输系统中也被建议作为线路传输码型。国际电联(ITU)的 G.703 建议中,也规定 CMI 码为 PCM 四次群的接口码型。

9. 多进制码

上述各种信号都是一个二进制的符号对应一个脉冲码元。实际上还存在多进制符号的脉冲码元。例如,若令两个进制符号 00 对应－E,01 对应－3E,10 对应＋E,11 对应＋3E,则得到四进制码,如果图 6.2.1(i)所示。多进制码可获得较高的数据传输速率。

除上述码型之外,常见的还有曼彻斯特码(双相码)、密勒码、nBmB 码等,适用于不同的应用场合。

6.3 基带信号的频谱特性

实际的基带信号是一个随机的脉冲序列,我们从统计平均的角度来分析其频谱特性。

设二进制的随机脉冲序列 $s(t)$,如图 6.3.1 所示,其中,$g_1(t)$和 $g_2(t)$分别表示符号“0”和“1”,T_B 为一个码元的宽度。当然,$g_1(t)$和 $g_2(t)$可以是其他任意的脉冲波形。

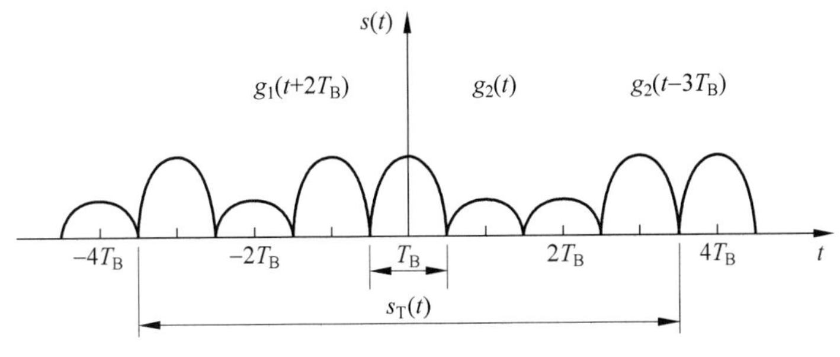

图 6.3.1　随机脉冲序列

如果对于任一码元，$g_1(t)$和$g_2(t)$出现的概率分别为P和$1-P$，并且，各码元的发生是相互独立的，则该序列$s(t)$可以表示成

$$s(t)=\sum_{-\infty}^{+\infty}s_n(t) \tag{6.3.1}$$

其中，

$$s_n(t)=\begin{cases}g_1(t-nT_B) & (\text{以概率 } P)\\ g_2(t-nT_B) & (\text{以概率 } 1-P)\end{cases} \tag{6.3.2}$$

相应地，以截取时间$T=(2N+1)T_B$将$s(t)$截短，所得到的截短信号$s_T(t)$为

$$s_T(t)=\sum_{n=-N}^{N}s_n(t) \tag{6.3.3}$$

可以把截短信号$s_T(t)$看成由一个稳态波$v_T(t)$和一个交变波$u_T(t)$构成。其中，稳态波$v_T(t)$是随机信号的平均分量，可表示成：

$$v_T(t)=\sum_{n=-N}^{N}[Pg_1(t-nT_B)+(1-P)g_2(t-nT_B)] \tag{6.3.4}$$

而交变波$u_T(t)$是从$s_T(t)$中去掉稳态波$v_T(t)$之后剩余的分量：

$$u_T(t)=s_T(t)-v_T(t)$$

$$=\begin{cases}\sum\limits_{n=-N}^{N}g_1(t-nT_B)-Pg_1(t-nT_B)-(1-P)g_2(t-nT_B) & (\text{以概率 } P)\\ \sum\limits_{n=-N}^{N}g_2(t-nT_B)-Pg_1(t-nT_B)-(1-P)g_2(t-nT_B) & (\text{以概率 } 1-P)\end{cases}$$

$$=\begin{cases}\sum\limits_{n=-N}^{N}(1-P)[g_1(t-nT_B)-g_2(t-nT_B)] & \text{以概率 } P\\ \sum\limits_{n=-N}^{N}-P[g_1(t-nT_B)-g_2(t-nT_B)] & \text{以概率 } 1-P\end{cases} \tag{6.3.5}$$

或者写成

$$u_T(t)=\sum_{n=-N}^{N}a_n[g_1(t-nT_B)-g_2(t-nT_B)] \tag{6.3.6}$$

其中

$$a_n=\begin{cases}1-P & (\text{以概率 } P)\\ -P & (\text{以概率 } 1-P)\end{cases} \tag{6.3.7}$$

如果

$$\lim_{T\to\infty}v_T(t)=v(t) \tag{6.3.8}$$

$$\lim_{T\to\infty}u_T(t)=u(t) \tag{6.3.9}$$

那么，随机脉冲序列$s(t)$即为

$$s(t)=v(t)+u(t) \tag{6.3.10}$$

相应地，$s(t)$的频谱是稳态波$v(t)$和交变波$u(t)$的频谱之和。下面，我们分别求它们的频谱特性。

1. 稳态波 $v(t)$ 的功率谱密度

当 $T\to\infty$ 时，式(6.3.4)的 $v_T(t)$ 成为 $v(t)$，有

$$v(t)=\sum_{n=-\infty}^{+\infty}[Pg_1(t-nT_B)+(1-P)g_2(t-nT_B)] \tag{6.3.11}$$

由于 $v(t+T_B)=v(t)$，即 $v(t)$ 是周期为 T_B 的周期性信号，于是，$v(t)$ 可展成傅里叶级数

$$v(t)=\sum_{m=-\infty}^{+\infty}C_m e^{j2\pi mf_Bt} \tag{6.3.12}$$

其中，

$$\begin{aligned}C_m&=\frac{1}{T_0}\int_{-\frac{T_B}{2}}^{\frac{T_B}{2}}v(t)e^{-j2\pi mf_Bt}dt\\&=f_B\sum_{n=-m}^{+\infty}\int_{-nT_B-\frac{T_B}{2}}^{-nT_B+\frac{T_B}{2}}[Pg_1(t)+(1-P)g_2(t)]e^{-j2\pi mf_B(t+nT_B)}dt\\&=f_B[PG_1(mf_B)+(1-P)G_2(mf_B)]\end{aligned}$$

并且

$$G_1(mf_B)=\int_{-\infty}^{+\infty}g_1(t)e^{-j2\pi mf_Bt}dt$$

$$G_2(mf_B)=\int_{-\infty}^{+\infty}g_2(t)e^{-j2\pi mf_Bt}dt$$

于是，$v(t)$ 的功率谱密度 $P_v(w)$ 为

$$P_v(w)=\sum_{m=-\infty}^{+\infty}|f_B[PG_1(mf_B)+(1-P)G_2(mf_B)]|^2\cdot\delta(f-mf_B) \tag{6.3.13}$$

其中，$f_B=1/T_B$，为码元重复频率。

2. 交变波 $u(t)$ 的功率谱密度

截短交变波 $u_T(t)$ 的频谱函数 $u_T(\omega)$ 可由傅里叶变换得到

$$\begin{aligned}u_T(\omega)&=\int_{-\infty}^{+\infty}u_T(t)e^{-j\omega t}dt=\sum_{n=-N}^{N}a_n\int_{-\infty}^{+\infty}[g_1(t-nT_B)-g_2(t-nT_B)]e^{-j2\pi ft}dt\\&=[G_1(f)-G_2(f)]\sum_{n=-N}^{N}a_n e^{-j2\pi fnT_B}\end{aligned} \tag{6.3.14}$$

其中

$$G_1(f)=\int_{-\infty}^{+\infty}g_1(t)e^{-j2\pi ft}dt$$

$$G_2(f)=\int_{-\infty}^{+\infty}g_2(t)e^{-j2\pi ft}dt$$

于是

$$\begin{aligned}|u_T(\omega)|^2=u_T(\omega)u_T^*(\omega)=&[G_1(f)-G_2(f)]\\&[G_1^*(f)-G_2^*(f)]\sum_{m=-N}^{N}\sum_{n=-N}^{N}a_ma_n e^{j2\pi f(n-m)T_B}\end{aligned} \tag{6.3.15}$$

其统计平均为

$$E[|u_T(\omega)|^2]=[G_1(f)-G_2(f)]^2\sum_{m=-N}^{N}\sum_{n=-N}^{N}E(a_ma_n)e^{j2\pi f(n-m)T_B} \tag{6.3.16}$$

由式(6.3.7),当 $m=n$ 时,$E(a_m a_n)=E(a_n)^2=P(1-P)^2+(1-P)(-P)^2=P(1-P)$;

当 $m\neq n$ 时

$$a_m a_n=\begin{cases}(1-P)^2 & (\text{以概率 } P^2)\\ P^2 & (\text{以概率}(1-P)^2)\\ -P(1-P) & (\text{以概率 } 2P(1-P))\end{cases}$$

所以

$$E[|u_T(\omega)|^2]=[G_1(f)-G_2(f)]^2\sum_{n=-N}^{N}P(1-P) \tag{6.3.17}$$

$u(t)$的功率谱密度 $P_u(\omega)$为

$$\begin{aligned}P_u(\omega)&=\lim_{T\to\infty}\frac{E[|u_T(\omega)|^2]}{T}=\lim_{N\to\infty}\frac{[G_1(f)-G_2(f)]^2\sum\limits_{n=-N}^{N}P(1-P)}{(2N+1)T_B}\\&=\lim_{N\to\infty}\frac{(2N+1)P(1-P)|G_1(f)-G_2(f)|^2}{(2N+1)T_B}=f_BP(1-P)|G_1(f)-G_2(f)|^2\end{aligned} \tag{6.3.18}$$

3. 随机基带脉冲序列 $s(t)$的功率谱密度

$s(t)$的功率谱密度 $P_s(\omega)$为稳态波 $v(t)$的功率谱密度 $P_v(\omega)$和交变波 $u(t)$的功率谱密度 $P_u(\omega)$之和

$$\begin{aligned}P_S(\omega)=P_u(\omega)+P_v(\omega)&=f_BP(1-P)|G_1(f)-G_2(f)|^2\\&+\sum_{m=-\infty}^{+\infty}|f_B[PG_1(mf_B)+(1-P)G_2(mf_B)]|^2\delta(f-mf_B)\end{aligned} \tag{6.3.19}$$

式(6.3.19)是双边的功率谱密度表示式。如果写成单边的,则有

$$\begin{aligned}P_s(\omega)&=2f_BP(1-P)|G_1(f)-G_2(f)|^2+f_B^2|PG_1(0)+(1-P)G_2(0)|^2\delta(f)\\&+2f_B^2\sum_{m=1}^{+\infty}|PG_1(mf_B)+(1-P)G_2(mf_B)|^2\delta(f-mf_B)\quad(f\geqslant 0)\end{aligned} \tag{6.3.20}$$

(1) 对于单极性波形

若设 $g_1(t)=0$,$g_2(t)=g(t)$,那么,随机脉冲序列的功率谱密度(双边)为

$$P_s(w)=f_BP(1-P)|G_1(f)|^2+\sum_{m=-\infty}^{+\infty}|f_B[(1-P)G(mf_B)]^2\delta(f-mf_B) \tag{6.3.21}$$

式中,$G(f)$是 $g(t)$的频谱函数。当 $P=1/2$,且 $g(t)$为矩形脉冲,即

$$g(t)=\begin{cases}1 & \left(|t|\leqslant\dfrac{T_B}{2}\right)\\ 0 & \text{其他}\end{cases}$$

其频谱函数为 $$G(f)=T_B\left[\frac{\sin\pi fT_B}{\pi fT_B}\right]$$

那么,式(6.3.21)变成

$$P_s(\omega)=\frac{1}{4}f_BT_B^2\left[\frac{\sin\pi fT_B}{\pi fT_B}\right]^2+\frac{1}{4}\delta(f)=\frac{T_B}{4}\mathrm{Sa}^2(\pi fT_B)+\frac{1}{4}\delta(f) \tag{6.3.22}$$

如图 6.3.2(a)所示，包含连续谱和离散谱。

(2) 对于双极性波形

若设 $g_1(t)=-g_2(t)=g(t)$，则有

$$P_B(\omega)=4f_BP(1-P)\mid G(f)\mid^2+\sum_{m=-\infty}^{\infty}\mid f_B[(2P-1)G(mf_B)]\mid^2\delta(f-mf_B) \tag{6.3.23}$$

当 $P=1/2$ 时，则式(6.3.23)变为

$$P_s(\omega)=f_B\mid G(f)\mid \tag{6.3.24}$$

若 $g(t)$为矩形脉冲，那么上式可写成

$$P_s(\omega)=f_B\left|T_B\frac{\sin\pi fT_B}{\pi fT_B}\right|^2=T_B\left[\frac{\sin\pi fT_B}{\pi fT_B}\right]^2=T_B\mathrm{Sa}^2(\pi fT_B) \tag{6.3.25}$$

如图 6.3.2(b)所示，仅含连续谱。

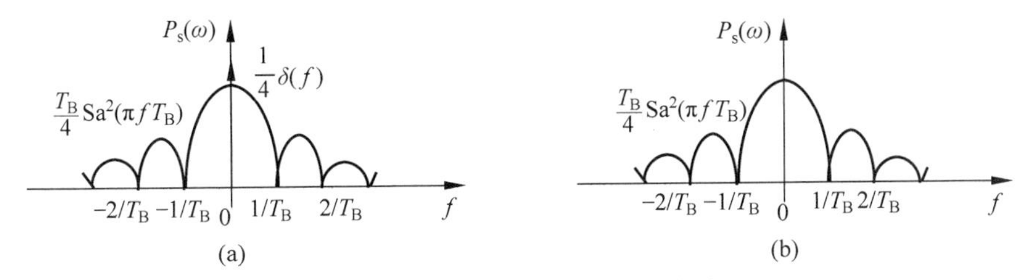

图 6.3.2 基带脉冲序列的功率谱

由式(6.3.25)分析可以看出，随机脉冲序列的功率谱密度可能包括两个部分：连续谱 $P_u(\omega)$及离散谱 $P_v(\omega)$。对于连续谱而言，代表数字信息的 $g_1(t)$及 $g_2(t)$不能完全相同，故 $G_1(f)\neq G_2(f)$，因而其功率谱 $P_u(\omega)$总是存在的；对于离散谱来说，在一般情况下，它也是存在的，但若 $g_1(t)$及 $g_2(t)$是双极性的脉冲，且波形出现概率相同($P=1/2$)，则式(6.3.20)中的第二、三项为零，故此时没有离散谱(即频谱图中没有线谱成分)。更一般地，当 $Pg_1(t)=-(1-P)g_2(t)$时，离散谱不存在。

上述结论很重要，它一方面能使我们了解随机脉冲序列频谱的特点，以及如何去具体地计算它的功率谱密度；另一方面利用离散谱是否存在这一特点，将使我们明确能否从脉冲序列中直接提取离散分量，以及采用怎样的方法可以从基带脉冲序列中获得所需的离散分量。这一点，在研究位同步、载波同步等问题时将是重要的。值得指出的是，由于以上的分析对 $g_1(t)$及 $g_2(t)$的波形没有加以限定，故即使它们不是基带波形，只要满足上述分析中的条件，那么利用上面的分析方法同样可以确定调制波形的功率谱密度。

6.4 无码间干扰的基带传输

6.4.1 基带传输模型

数字基带信号传输系统的模型如图 6.4.1 所示。在发送端，发送滤波器的作用是形成适合于信道传输的基带信号波形，同时也限制发送频带。基带信号在信道传输时会混入噪声 $n(t)$。由于信道一般不满足理想的传输条件，因此会引起传输波形的失真。接收端的接收滤波器一方面对失真波形进行均衡，另一方面滤除带外噪声。抽样和判决电路使数字基

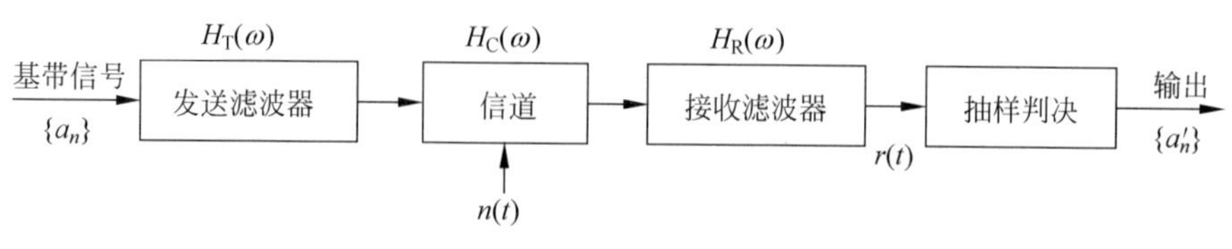

图 6.4.1 基带传输模型

带信号得到再生。由于判决门限的作用，抽样判决有进一步排除噪声干扰和提取有用信号的作用。然而，当噪声和由于传输特性(包括接收滤波器传输特性)不良引起的码间干扰较大时，仍将影响判决效果。

6.4.2 基带接收信号的定性分析

如图 6.4.1 所示，$\{a_n\}$为发送滤波器的输入符号序列。在二进制的情况下，a_n 可取值为 0、1 或 −1、+1。为分析方便，我们把这个序列对应的基带信号表示成

$$s(t)=\sum_{n=-\infty}^{\infty}a_n\delta(t-nT_B) \tag{6.4.1}$$

这个信号由时间间隔为 T_B 的一系列 $\delta(t)$所组成，而每一 $\delta(t)$的强度是 a_n。信号 $s(t)$通过信道时会产生波形畸变，同时还要叠加噪声。接收滤波器输出信号 $r(t)$可表示为

$$r(t)=\sum_{n=-\infty}^{+\infty}a_n g(t-nT_B)+n_0(t) \tag{6.4.2}$$

其中

$$g(t)=\frac{1}{2\pi}\int_{-\infty}^{+\infty}H_T(\omega)H_C(\omega)H_R(\omega)e^{j\omega t}\,d\omega \tag{6.4.3}$$

式中，$n_0(t)$是信道噪声 $n(t)$通过接收滤波器之后的输出波形。$H_T(\omega)$、$H_C(\omega)$、$H_R(\omega)$分别为发送滤波器、信道、接收滤波器的传输特性，$g(t)$是基带信号序列 $s(t)$通过这些部件之后在接收滤波器输出端的波形。

$r(t)$被送入判决电路，由该电路确定 a_n'的取值。判决电路对信号抽样的时刻是 kT_B+t_0，其中，k 代表相应的第 k 个时刻，t_0 是由信道特性和接收滤波器决定的时偏。为了确定第 k 个时刻 a_k'的值，需要依据式(6.4.2)确定该样点上 $r(t)$的值。

$$\begin{aligned}r(kT_B+t_0)&=\sum_n a_n g(kT_B+t_0-nT_B)+n_0(kT_B+t_0)\\&=a_k g(t_0)+\sum_{n\neq k}a_n g[(k-n)T_B+t_0]+n_0(kT_B+t_0)\end{aligned} \tag{6.4.4}$$

式中，第一项 $a_k g(t_0)$是第 k 个接收基本波形在上述抽样时刻上的取值，它是确定信息 a_k 的依据；第二项 $\sum\limits_{n\neq k}a_n g[(k-n)T_B+t_0]$是接收信号中除第 k 个以外的所有基本波形在第 k 个抽样时刻上的叠加，我们称这个值为码间干扰(也称符号间干扰)值。由于 a_n 是以某种概率出现的，故这个值通常是一个随机变量；第三项 $n_0(kT_B+t_0)$是噪声的随机干扰。由于码间干扰和噪声干扰的存在，故当 $r(kT_B+t_0)$加到判决电路时，对 a_k 取值的判决就可能判对也可能判错。例如，假设 a_k 的可能取值为 0 与 1，判决电路的判决门限为 V_0，则这时判决规则为：若 $r(kT_B+t_0)>V_0$ 成立，则判 a_k 为 1；反之，则判 a_k 为 0。显然，只有当码间干扰和噪声干扰很小时，才能保证上述判决的正确性；当干扰及噪声严重时，则判错的可能

性就很大。

由此可见，为使基带脉冲传输获得足够小的误码率，必须最大限度地减小码间干扰和随机噪声的影响。这也是研究基带脉冲传输的基本出发点。

6.4.3　无码间干扰的基带传输特性

由前面的分析得出，若要获得性能良好的基带传输系统，必须使码间干扰和噪声的综合影响足够小，使系统的误码率达到规定要求。由式(6.4.3)可知，系统响应 $g(t)$ 依赖于发送滤波器至接收滤波器的传输特性 $H(\omega)$，$H(\omega)$ 由下式决定

$$H(\omega)=H_{T}(\omega)H_{C}(\omega)H_{R}(\omega) \tag{6.4.5}$$

因此，码间干扰的大小由基带传输特性 $H(\omega)$ 决定。

如果基带传输系统的理想冲激响应为 $h(t)$，也就是 $H(\omega)$ 的傅氏反变换，则根据式(6.4.4)可以得出，基带信号经过传输后在抽样点上无码间干扰应满足下面的条件(为了分析方便，设 $t_0=0$)

$$h[(j-k)T_B]=\begin{cases}1(\text{或其他常数}) & (j=k)\\ 0 & (j\neq k)\end{cases} \tag{6.4.6}$$

式(6.4.6)也可化简成

$$h(kT_B)=\begin{cases}1(\text{或其他常数}) & (k=0)\\ 0 & (k\neq 0)\end{cases} \tag{6.4.7}$$

上述要求可以通过合理选择传输特性 $H(\omega)$ 来达到。下面从研究理想基带传输系统出发，得出无码间干扰传输的 $H(\omega)$ 应满足的条件，即奈奎斯特第一准则。

如果基带传输系统的传输特性 $H(\omega)$ 具有理想低通特性，即

$$H(\omega)=\begin{cases}1 & (|\omega|\leqslant\omega_H)\\ 0 & (|\omega|>\omega_H)\end{cases} \tag{6.4.8}$$

如图 6.4.2(a)所示，其带宽 $B=\frac{1}{2\pi}\omega_H=f_H$，作傅氏变换得到冲激响应

$$h(t)=\frac{1}{2\pi}\int_{-\infty}^{+\infty}H(\omega)e^{j\omega t}d\omega=2f_H\mathrm{Sa}(2\pi f_H t)=2B\mathrm{Sa}(2\pi Bt) \tag{6.4.9}$$

它是一个抽样函数，如图 6.4.2(b)所示。$h(t)$ 在 $t=0$ 时有最大值，而在 $t=\frac{k\pi}{\omega_H}=\frac{k}{2f_H}$ 时刻点上均为 0，因此，只要令码元宽度 $T_B=\frac{1}{2f_H}=\frac{1}{2B}$，也就是码元速率 $R_B=2f_H=2B$，就可以满足式(6.4.7)的要求，从而消除码间干扰。图 6.4.2(b)中的虚线波形是下一个冲激响应波形，其抽样时刻 $t=\frac{\pi}{\omega_H}=\frac{1}{2B}$ 恰好是其他脉冲响应的过零点，做到了无码间干扰。

从图中可以看出，$T_B=\frac{1}{2B}$ 是能够实现无码间干扰的最小码元宽度，而码速 $R_B=2B$ 则是无码间干扰的最高传码速率。这就是奈奎斯特第一准则所描述的内容，即带宽为 B 的系统所能够实现的最高的无码间干扰的符号传输速率为 $2B$ 波特，这个传输速率通常被称为奈奎斯特速率；相应地，系统的最大频带利用率为 2bit/Hz。

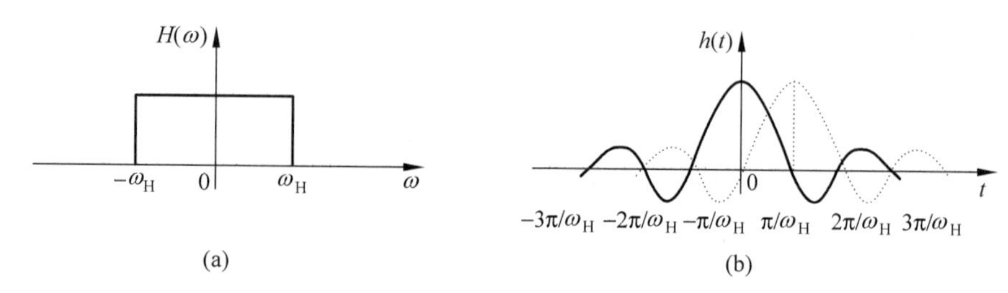

图 6.4.2 通过理想低通的冲激响应

奈奎斯特第一准则并不局限于理想低通这一特例，而是一种更为普遍的情况，即只要做到等效理想低通，使其冲激响应满足式(6.4.7)即可，下面我们推导这一等效方法。

因为

$$h(kT_B)=\frac{1}{2\pi}\int_{-\infty}^{+\infty}H(\omega)e^{j\omega kT_B}d\omega \tag{6.4.10}$$

现把上式的积分区间用角频率间隔 $2\pi/T_B$ 分割，则可得

$$h(kT_B)=\frac{1}{2\pi}\sum_i\int_{\frac{(2i-1)\pi}{T_B}}^{\frac{(2i+1)\pi}{T_B}}H(\omega)e^{j\omega t}d\omega$$

作变量代换：令 $\omega'=\omega-\frac{2i\pi}{T_B}$，则有 $\omega=\omega'+\frac{2i\pi}{T_B}$。且当 $\omega=\frac{(2i\pm1)\pi}{T_B}$，$\omega'=\pm\frac{\pi}{T_B}$。于是

$$\begin{aligned}h(kT_B)&=\frac{1}{2\pi}\sum_i\int_{-\pi/T_B}^{\pi/T_B}H\left(\omega'+\frac{2i\pi}{T_B}\right)e^{j\omega' kT_B}e^{j2\pi ik}d\omega'\\&=\frac{1}{2\pi}\sum_i\int_{-\pi/T_B}^{\pi/T_B}H\left(\omega'+\frac{2i\pi}{T_B}\right)e^{j\omega' kT_B}d\omega'\end{aligned}$$

设求和与积分的次序可以互换(当上式之和为一致收敛时)，上式即可写成

$$h(kT_B)=\frac{1}{2\pi}\int_{-\pi/T_B}^{\pi/T_B}\sum_i H\left(\omega+\frac{2i\pi}{T_B}\right)e^{i\omega kT_B}d\omega \tag{6.4.11}$$

这里，我们已经把变量 ω' 重新记为 ω。

由傅里叶级数可知，若 $F(\omega)$ 是周期为 ω_0 的频率函数，则可得

$$\begin{cases}F(\omega)=\sum_i f(n)e^{-j\frac{2\pi n\omega}{\omega_0}}\\f_n=\frac{1}{\omega_0}\int_{-\omega_0/2}^{\omega_0/2}F(\omega)e^{\frac{j2\pi n\omega}{\omega_0}}d\omega\end{cases}$$

令 $\omega_0=2\pi/T_B$，则

$$f_n=\frac{T_B}{2\pi}\int_{-\pi/T_B}^{\pi/T_B}F(\omega)e^{jn\omega T_B}d\omega \tag{6.4.12}$$

将式(6.4.12)与式(6.4.11)对照，我们发现，$h(kT_B)$ 是 $\frac{1}{T_B}\sum_i H\left(\omega+\frac{2\pi i}{T_B}\right)$ 的指数型傅里叶级数的系数，即有

$$h(kT_B)=\frac{T_B}{2\pi}\int_{-\pi/T_B}^{\pi/T_B}\frac{1}{T_B}\sum_i H\left(\omega+\frac{2i\pi}{T_B}\right)e^{i\omega kT_B}d\omega$$

而

$$\frac{1}{T_{\mathrm{B}}}\sum_{i}H\left(\omega+\frac{2\pi i}{T_{\mathrm{B}}}\right)=\sum_{k}h(kT_{\mathrm{B}})\mathrm{e}^{-\mathrm{j}\omega kT_{\mathrm{B}}} \tag{6.4.13}$$

在式(6.4.7)的要求下，我们得到无码间干扰时的基带传输特性应满足

$$\frac{1}{T_{\mathrm{B}}}\sum_{i}H\left(\omega+\frac{2\pi i}{T_{\mathrm{B}}}\right)=1\quad\left(|\omega|\leqslant\frac{\pi}{T_{\mathrm{B}}}\right) \tag{6.4.14}$$

或

$$\sum_{i}H\left(\omega+\frac{2\pi i}{T_{\mathrm{B}}}\right)=T_{\mathrm{B}}\quad\left(|\omega|\leqslant\frac{\pi}{T_{\mathrm{B}}}\right) \tag{6.4.15}$$

基带系统的总特性凡是能符合此要求的，均可消除码间干扰。这就为我们检验一个给定的系统特性是否会引起码间干扰提供了一种准则。

为了运用上述方法，我们来分析式(6.4.15)的物理意义。该式左边的 $\sum_{i}H\left(\omega+\frac{2\pi i}{T_{\mathrm{B}}}\right)$ 是 $H(\omega)$ 移位 $2\pi i/T_{\mathrm{B}}(i=0,\pm1,\pm2,\cdots)$ 再相加而成的，因而判断式(6.4.15)成立与否，只要观察在区间 $(-\pi/T_{\mathrm{B}},\pi/T_{\mathrm{B}})$ 上能否叠加出水平直线(即为一常数)，至于其值是否为 T_{B} 则无关紧要。现在我们来讨论满足式(6.4.15)的 $H(\omega)$ 应如何设计。

当 $H(\omega)$ 为前面所讨论的理想低通型时，显然是符合此要求的，而且达到系统传输效率的极限。然而这种理想的低通特性是无法实现的。而且，理想冲激响应 $h(t)$ 的拖尾衰减振荡幅度较大，在得不到严格的定时(即抽样时刻出现偏差)时，码间干扰可能达到很大的数值。

图 6.4.3 所示 $H(\omega)$ 是以 $\omega=\pi/T_{\mathrm{B}}$ 为奇对称的低通滤波器，可得到

$$\sum_{i}H\left(\omega+\frac{2\pi i}{T_{\mathrm{B}}}\right)=H\left(\omega-\frac{2\pi}{T_{\mathrm{B}}}\right)+H(\omega)+H\left(\omega+\frac{2\pi}{T_{\mathrm{B}}}\right)=T_{\mathrm{B}}\quad\left(|\omega|\leqslant\frac{\pi}{T_{\mathrm{B}}}\right)$$

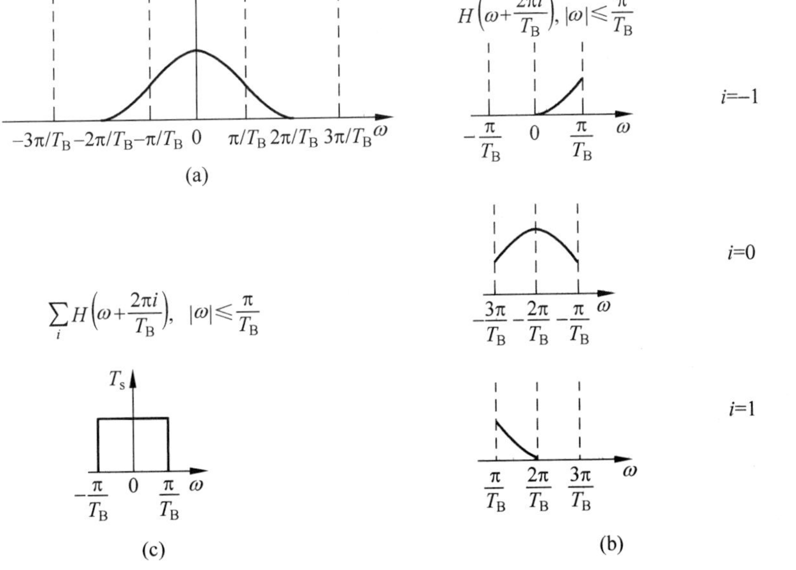

图 6.4.3 $H(\omega)$ 的等效特性的合成

满足式(6.4.15)的要求,所以是无码间干扰的 $H(\omega)$。

图 6.4.3 中的 $H(\omega)$ 可视为以限定条件将理想低通滤波特性圆滑的结果。这个限定条件是指如图 6.4.4(a)中的对频率 f_N 呈奇对称振幅特性。这种圆滑通常被称为滚降。图 6.4.4(b)给出了按余弦滚降的三种滚降特性。图中 $\alpha=f_1/f_N$,称为滚降系数,其中 f_N 是 $H(\omega)$ 所等效的理想低通滤波特效的截止频率,f_1 是滚降部分的频率宽度。

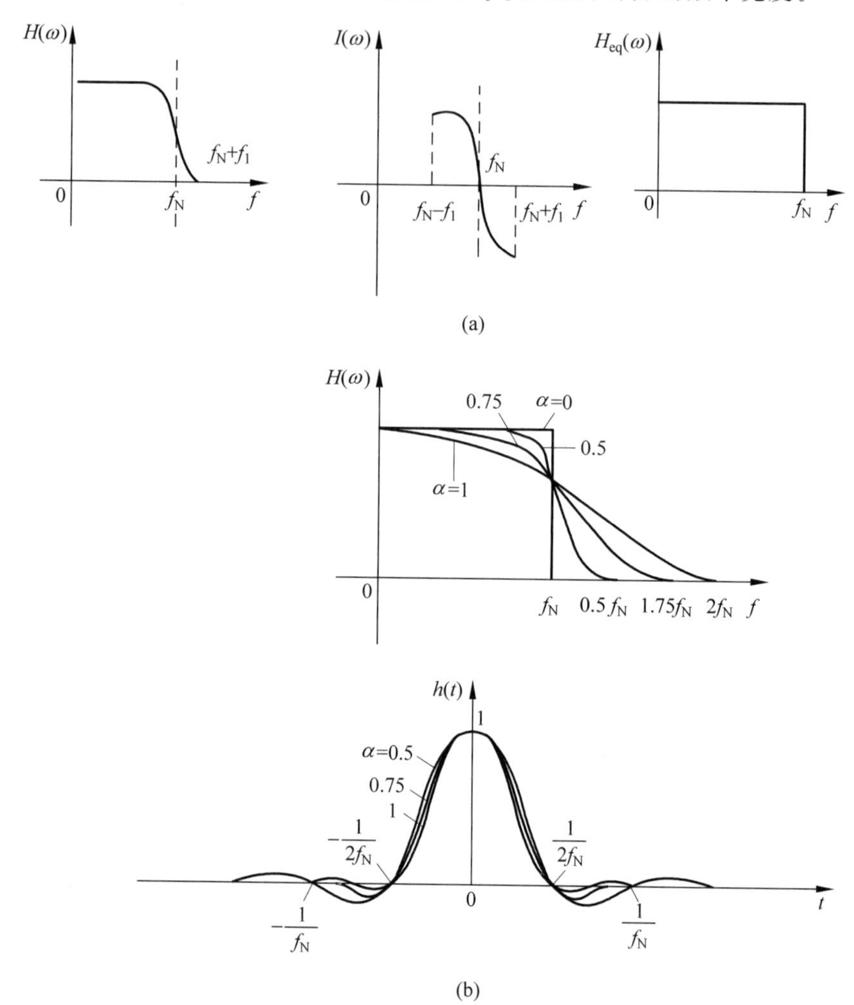

图 6.4.4 滚降特性构成及实例

考虑到实际滤波器的实现和对定时的需要等方面因素,常采用具有升余弦频谱特性的 $H(\omega)$,也就是图 6.4.4(b)中 $\alpha=1$ 的情况。这时,$H(\omega)$ 为

$$H(\omega)=\begin{cases}\dfrac{T_B}{2}\left(1+\cos\dfrac{\omega T_B}{2}\right) & \left(|\omega|\leqslant\dfrac{2\pi}{T_B}\right)\\ 0 & \left(|\omega|>\dfrac{2\pi}{T_B}\right)\end{cases} \tag{6.4.16}$$

相应的 $h(t)$ 为

$$h(t)=\frac{\sin\pi t/T_B}{\pi t/T_B}\,\frac{\cos\pi t/T_B}{1-4t^2/T_B^2} \tag{6.4.17}$$

值得注意，升余弦特性所形成的波形 $h(t)$，除抽样点 $t=0$ 时不为零外，其余所有抽样点上均为零值。不仅如此，它在两样点之间还有一个零点，而且它的“拖尾”衰减比较快（相对 $\sin x/x$ 波形来说）。这样，对于减小码间干扰及对定时提取都有利。但是，升余弦特性的频谱宽度比 $\alpha=0$（即理想低通滤波特性）时加宽了一倍，因而其频带利用为1bit/Hz。

当 α 取一般值时（$0<\alpha<1$），按余弦滚降的 $H(\omega)$ 可表示成

$$H(\omega)=\begin{cases} T_B & \left(|\omega|\leqslant\dfrac{(1-a)\pi}{T_B}\right) \\ \dfrac{T_B}{2}\left[1+\sin\dfrac{T_B}{2a}\left(\dfrac{\pi}{T_B}-\omega\right)\right] & \left(\dfrac{(1-a)\pi}{T_B}<|\omega|\leqslant\dfrac{(1+a)\pi}{T_B}\right) \\ 0 & \left(|\omega|>\dfrac{(1+a)\pi}{T_B}\right) \end{cases} \tag{6.4.18}$$

而相应的 $h(t)$ 为

$$h(t)=\frac{\sin\pi t/T_B}{\pi t/T_B}\,\frac{\cos\alpha\pi t/T_B}{1-4\alpha^2t^2/T_B^2} \tag{6.4.19}$$

实际的 $H(\omega)$ 可按不同的 α 来取。

最后顺便指出，在以上讨论中并没有涉及 $H(\omega)$ 的相移特性问题。但实际上它的相移特性一般不为零，故需要加以考虑。然而，在推导式(6.4.15)的过程中，我们并没有指定 $H(\omega)$ 是实函数，所以，式(6.4.15)对于一般特性的 $H(\omega)$ 均适用。

6.5 部分响应系统

符合奈奎斯特第一准则的基带传输系统中，理想低通特性虽然具有最大频带利用率，但冲激响应 $h(t)$ 的收敛速度慢，而且物理上也不可实现；频率滚降特性克服了这两个缺点，但是又降低了频带利用率。能否找到一种传输特性，其频带宽度与理想低通特性相同，并且响应波形的衰减又比较快？奈奎斯特第二准则给出了解答。该准则告诉我们：有控制地在抽样时刻引入固定的码间干扰，就能够使频带利用率提高到理论上的最大值，并且又降低了对定时精度的要求。通常把这种波形称为部分响应波形，相应地，利用部分响应波形进行传送的基带传输系统称为部分响应系统。

1. 余弦谱传输特性

将间隔为 T_B 的两个理想低通特性的冲激响应相加得到

$$h(t)=\frac{\sin\left[\dfrac{\pi}{T}\left(t+\dfrac{T_B}{2}\right)\right]}{\dfrac{\pi}{T}\left(t+\dfrac{T_B}{2}\right)}+\frac{\sin\left[\dfrac{\pi}{T}\left(t-\dfrac{T_B}{2}\right)\right]}{\dfrac{\pi}{T}\left(t-\dfrac{T_B}{2}\right)} \tag{6.5.1}$$

简化后得到

$$h(t)=\frac{4}{\pi}\left[\frac{\cos\left(\dfrac{\pi t}{T_B}\right)}{1-\dfrac{4t^2}{T_B^2}}\right] \tag{6.5.2}$$

它的频谱函数为

$$H(\omega)=\begin{cases}2T_{\mathrm{B}}\cos\dfrac{\omega T_{\mathrm{B}}}{2} & \left(|\omega|\leqslant\dfrac{\pi}{T_{\mathrm{B}}}\right)\\ 0 & \left(|\omega|>\dfrac{\pi}{T_{\mathrm{B}}}\right)\end{cases} \tag{6.5.3}$$

上述波形和波谱如图 6.5.1 所示。可见

$$\begin{cases}h(0)=\dfrac{4}{\pi}\\ h\left(\pm\dfrac{T_{\mathrm{B}}}{2}\right)=1\\ h\left(\dfrac{kT_{\mathrm{B}}}{2}\right)=0 \quad (k=\pm 3,\pm 5,\cdots)\end{cases} \tag{6.5.4}$$

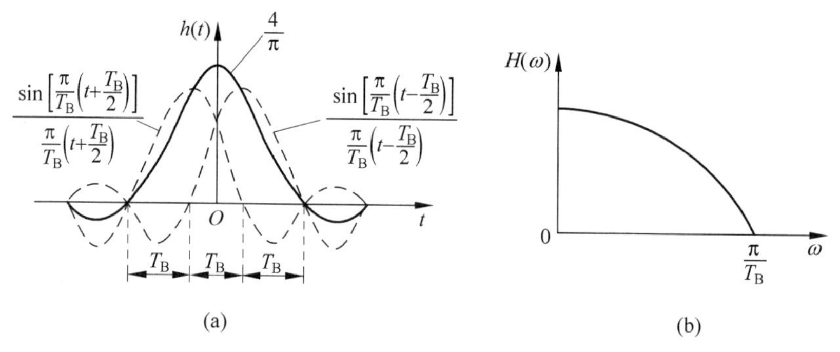

图 6.5.1 第Ⅰ类部分响应系统的冲激响应及传递函数

该响应有下述特点：①$h(t)$波形的“拖尾”在 t 比较大时基本上按$\dfrac{1}{t^2}$衰减，比$\dfrac{\sin x}{x}$波形收敛快。②用 $h(t)$作为传送波形，且传送码元间隔为 T_{B}，则在抽样时刻上只存在相邻码元之间的干扰，而与其他码元不发生干扰。③余弦谱系统带宽为$\dfrac{\pi}{T_{\mathrm{B}}}\left(B=\dfrac{f_{\mathrm{B}}}{2}\right)$，其频带利用率达到 2bit/Hz。

若输入的二进制码元序列为$\{a_k\}$，a_k 取值$+1$或-1。接收端在 $t=KT_{\mathrm{B}}+\dfrac{T_{\mathrm{B}}}{2}$时刻抽样，则获得的 c_k 值为

$$c_k=a_k+a_{k-1} \tag{6.5.5}$$

于是

$$a_k=c_k-a_{k-1} \tag{6.5.6}$$

其中，a_{k-1} 是前一码元的判决值。显然，前一码元 a_{k-1} 出错会影响到 a_k 的判决，这会造成误码的传播扩散。为了解决这个问题，实际的第Ⅰ类部分响应系统中，先将发送的码元 a_k 作预编码，得到 b_k

$$b_k=a_k\oplus b_{k-1} \tag{6.5.7}$$

同时有

$$a_k=b_k\oplus b_{k-1} \tag{6.5.8}$$

把$\{b_k\}$作为发送滤波器的输入码元序列，形成式(6.5.2)的响应序列 $h(t)$，如图 6.5.2 所

示。可得到

$$c_k = b_k + b_{k-1} \tag{6.5.9}$$

对 c_k 做代数的模 2 处理，有

$$c_k \text{MOD } 2 = (b_k + b_{k-1}) \text{MOD } 2 = b_k \oplus b_{k-1} = a_k \tag{6.5.10}$$

式(6.5.10)说明，对 c_k 做模 2 处理可直接得到 a_k，不需要前一时刻 a_{k-1} 参与运算，因而不存在错码的传播扩散。通常称式(6.5.7)为预编码，式(6.5.9)为相关编码。

图 6.5.2(a)是第Ⅰ类部分响应系统的简化原理图，图 6.5.2(b)是实际的系统组成框图。

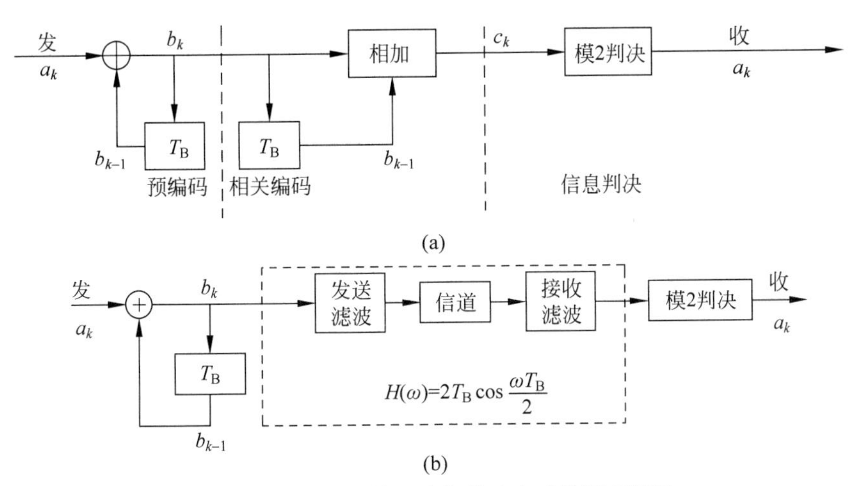

图 6.5.2　第Ⅰ类部分响应系统原理框图

其传输过程为

a_k	1	0	1	1	0	0	1	0	1
b_{k-1}	0	1	1	0	1	1	1	0	0
b_k	1	1	0	1	1	1	0	0	1
c_k	1	2	1	1	2	2	1	0	1
$a_k = c_k \text{MOD } 2$	1	0	1	1	0	0	1	0	1

2. 正弦谱传输特性

将间隔为 $2T_B$ 的两个理想低通特性的冲激响应相减得到

$$h(t) = \frac{\sin\left[\frac{\pi}{T_B}(t+T_B)\right]}{\frac{\pi}{T_B}(t+T_B)} - \frac{\sin\left[\frac{\pi}{T_B}(t-T_B)\right]}{\frac{\pi}{T_B}(t-T_B)} \tag{6.5.11}$$

简化后得到

$$h(t) = \frac{2}{\pi}\left[\frac{\sin[\pi t/T_B]}{t^2/T_B^2 - 1}\right] \tag{6.5.12}$$

相应的频谱 $H(\omega)$ 为

$$H(\omega) = \begin{cases} T_B(e^{j\omega T_B} + e^{-j\omega T_B}) = 2jT_B\sin(\omega T_B) & \left(|\omega| \leqslant \frac{\pi}{T_B}\right) \\ 0 & \left(|\omega| > \frac{\pi}{T_B}\right) \end{cases} \tag{6.5.13}$$

上述波形和频谱如图6.5.3所示。其特点为:①$h(t)$的波形“拖尾”在t较大时基本上按$\frac{1}{t^2}$衰减。②传送码元间隔为T_B时,只与相邻的第二个码元存在干扰,与其他码元无关。③系统带宽为$\frac{1}{2T_B}$,频带利用率达到2波特/Hz。④$\omega=0$时,$H(\omega)=0$,传输特性无直流响应。

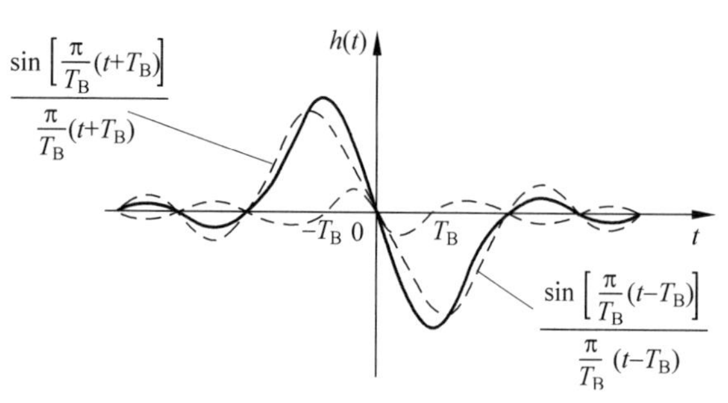

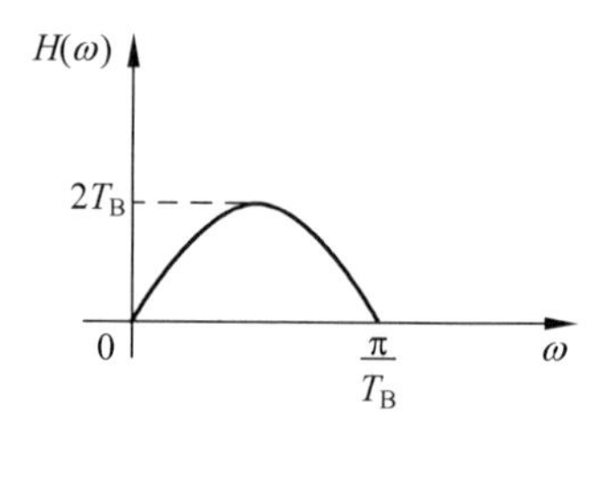

图6.5.3 正弦谱传输特性

3. 部分响应系统的一般形式

将上述例子作推广,一般地,部分响应波形为

$$h(t)=R_0\frac{\sin\frac{\pi}{T_B}t}{\frac{\pi}{T_B}t}+R_1\frac{\sin\left[\frac{\pi(t-T_B)}{T_B}\right]}{\frac{\pi}{T_B}(t-T_B)}+\cdots+R_N\frac{\sin\left[\frac{\pi(t-NT_B)}{T_B}\right]}{\frac{\pi}{T_B}(t-NT_B)} \tag{6.5.14}$$

其频谱函数$H(\omega)$为

$$H(\omega)=\begin{cases}T_B\sum_{m=0}^{N}R_m e^{-j\omega mT_B} & \left(|\omega|\leqslant\frac{\pi}{T_B}\right)\\ 0 & \left(|\omega|>\frac{\pi}{T_B}\right)\end{cases} \tag{6.5.15}$$

相应的相关编码形式

$$c_k=R_0a_k+Ra_{k-1}+\cdots+R_Na_{k-N} \tag{6.5.16}$$

式(6.5.16)表明c_k不仅与a_k有关,而且与a_k以前的N个码元有关,这就是相关编码的含义。c_k的电平数将依赖于a_k进制数L及R_N的取值。发送端的预编码为

$$a_k=R_0b_k\oplus R_1b_{k-1}\oplus\cdots\oplus R_Nb_{k-N} \tag{6.5.17}$$

然后对b_k进行相关编码,得到c_k的取值为

$$c_k=R_0b_k+R_1b_{k-1}+\cdots+R_Nb_{k-N} \tag{6.5.18}$$

再对c_k进行模L运算(MOD L),得到

$$c_k\,\mathrm{MOD}\,L=(R_0b_k+R_1b_{k-1}+\cdots+R_Nb_{k-N})\,\mathrm{MOD}\,L=a_k \tag{6.5.19}$$

部分响应波形能实现2波特/Hz的频率利用率,而且它们的“拖尾”衰减大、收敛快,还可以实现基带频谱结构的变化。表6.5.1给出了常见的五类部分响应波形,并将$\sin x/x$的理想取样函数归为0类。表中,各类的频谱$H(\omega)$在$1/2T_B$处为零,并且,第Ⅳ、Ⅴ类在零频率处也是零点。各类波形在频谱结构上的变化为实际系统提供了有利的条件,例如,没有零频率成分的波形便于载波线路传输,便于实现单边带调制,波形的频谱零点便于插入携带有同步信息的导频等,因而,第Ⅳ类部分响应在实际中有广泛应用。

表 6.5.1　五类部分响应波形及理想低通波形的比较

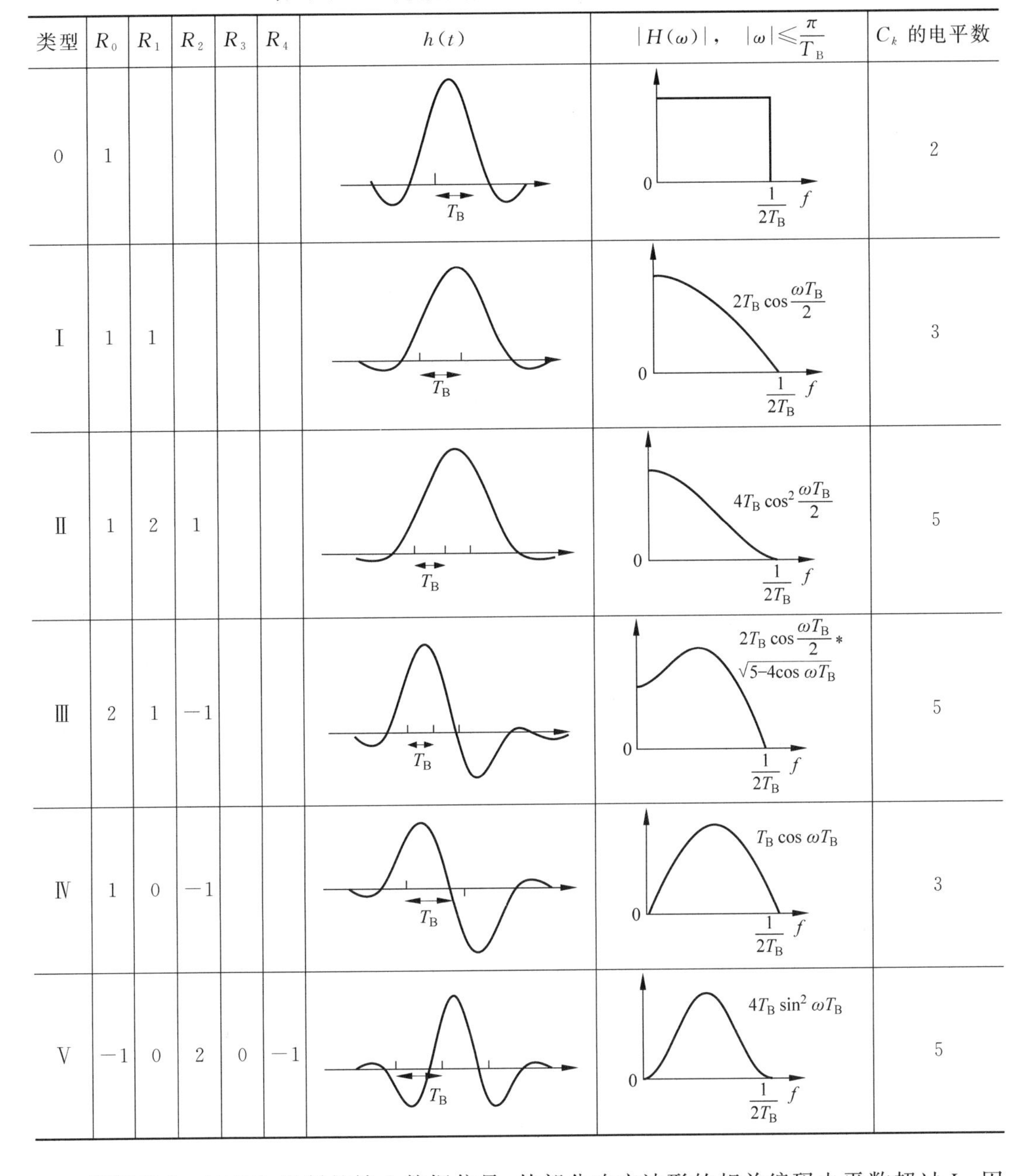

类型	R_0	R_1	R_2	R_3	R_4	$h(t)$	$\lvert H(\omega)\rvert$，$\lvert\omega\rvert\leqslant\frac{\pi}{T_B}$	C_k 的电平数
0	1					T_B	0，$\frac{1}{2T_B}$，f	2
Ⅰ	1	1				T_B	$2T_B\cos\frac{\omega T_B}{2}$，$0$，$\frac{1}{2T_B}$，$f$	3
Ⅱ	1	2	1			T_B	$4T_B\cos^2\frac{\omega T_B}{2}$，$0$，$\frac{1}{2T_B}$，$f$	5
Ⅲ	2	1	−1			T_B	$2T_B\cos\frac{\omega T_B}{2}*\sqrt{5-4\cos\omega T_B}$，$0$，$\frac{1}{2T_B}$，$f$	5
Ⅳ	1	0	−1			T_B	$T_B\cos\omega T_B$，0，$\frac{1}{2T_B}$，f	3
Ⅴ	−1	0	2	0	−1	T_B	$4T_B\sin^2\omega T_B$，0，$\frac{1}{2T_B}$，f	5

顺便指出，对于 L 进制的输入数据信号，其部分响应波形的相关编码电平数超过 L，因此，在相同的输入信噪比条件下，部分响应系统的抗噪声性能将比理想低通特性响应波形差。也就是，为获得部分响应系统的优点，需要付出可靠性下降的代价。

6.6　基带传输系统抗噪声性能及眼图

6.6.1　基带传输系统抗噪声性能

在前面几节内容中，我们讨论了码间干扰及其消除。然而，实际的基带传输系统即使消除了码间干扰,仍然会因为受到噪声的影响而导致误码的发生。在这里,我们来分析噪声对接收判决准确性的影响程度。

在二进制系统中,噪声影响所导致的误码有两种差错形式:发送“1”码,被判为“0”码;发送“0”码,被判为“1”。如图 6.6.1 所示,当噪声的叠加使得抽样时刻的信号电平越过判决门限时,就会发生误判。

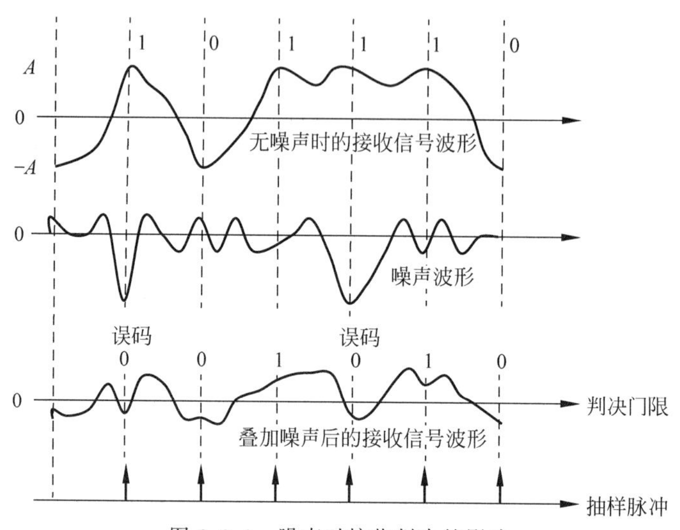

图 6.6.1 噪声对接收判决的影响

设发送“0”“1”的概率分别为 $P(0)$、$P(1)$,且在噪声干扰下“0”被误判为“1”、“1”被误判为“0”的概率分别为 $P(1/0)$、$P(0/1)$,则传输的误码率为

$$P_e = P(0)P(1/0) + P(1)P(0/1) \tag{6.6.1}$$

条件概率 $P(1/0)$、$P(0/1)$取决于噪声干扰的大小,下面求这两者的数值。

如果信道噪声 $n(t)$为加性高斯白噪声,则接收端的输入噪声 $n_R(t)$也是高斯噪声。为简明起见,设噪声 $n_R(t)$的均值为零、方差为 σ^2。当传输双极性基带信号,并且信号波形的电平为±,则抽样判决器输入端波形为

$$X(t) = \begin{cases} A + n_{R(t)} & (\text{发送“1”时}) \\ -A + n_{R(t)} & (\text{发送“0”时}) \end{cases} \tag{6.6.2}$$

于是,发送“1”时 $X(t)$的一维概率密度为

$$f_1(x) = \frac{1}{\sqrt{2\pi}\sigma}\exp\left[-\frac{(x-A)^2}{2\sigma^2}\right] \tag{6.6.3}$$

发送“0”时 $X(t)$的一维概率密度为

$$f_0(x) = \frac{1}{\sqrt{2\pi}\sigma}\exp\left[-\frac{(x+A)^2}{2\sigma^2}\right] \tag{6.6.4}$$

它们相应的曲线示于图 6.6.2。若判决门限为 V_d,则式(6.6.1)中的误判概率 $P(1/0)$、$P(0/1)$分别是

$$\begin{aligned} P(1/0) = P(x > V_d) &= \int_{V_d}^{+\infty} f_0(x)\mathrm{d}x = \int_{V_d}^{+\infty} \frac{1}{\sqrt{2\pi}\sigma}\exp\left[-\frac{(x+A)^2}{2\sigma^2}\right]\mathrm{d}x \\ &= \frac{1}{2} - \frac{1}{2}\mathrm{erf}\left(\frac{V_d + A}{\sqrt{2}\sigma}\right) \end{aligned} \tag{6.6.5}$$

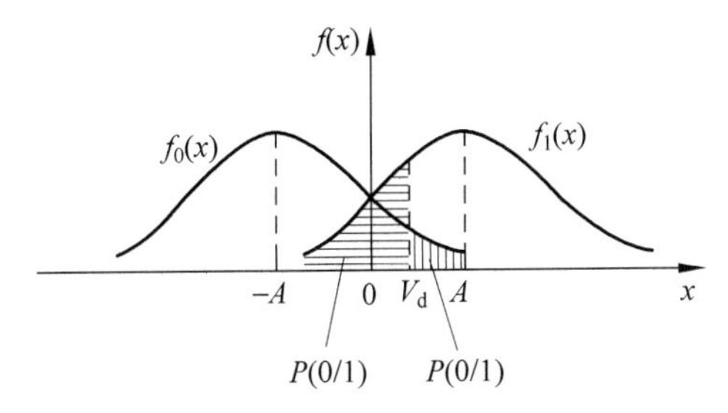

图 6.6.2 $x(t)$的概率密度曲线与接收判决区域的划分

$$P(0/1)=P(x<V_d)=\int_{-\infty}^{V_d} f_0(x)\mathrm{d}x=\int_{-\infty}^{V_d}\frac{1}{\sqrt{2\pi}\sigma}\exp\left[-\frac{(x-A)^2}{2\sigma^2}\right]\mathrm{d}x$$

$$=\frac{1}{2}+\frac{1}{2}\mathrm{erf}\left(\frac{V_d-A}{\sqrt{2}\sigma}\right) \tag{6.6.6}$$

显然,式(6.6.1)中的误码率 P_e 的数值与判决门限 V_d 的取值有关。使得 P_e 最小的最佳判别门限 V_d^* 值可由下式求出

$$\frac{\mathrm{d}P_e}{\mathrm{d}V_d}=0 \tag{6.6.7}$$

有

$$V_d^*=\frac{\sigma^2}{2A}\ln\frac{P(0)}{P(1)} \tag{6.6.8}$$

如果 $P(1)=P(0)=1/2$,相应的最佳判决门限电平为 $V_d^*=0$,这时,基带传输系统误码率为

$$P_e=\frac{1}{2}P(1/0)+\frac{1}{2}P(0/1)=\frac{1}{2}\left[1-\mathrm{erfc}\left(\frac{A}{\sqrt{2}\sigma}\right)\right]=\frac{1}{2}\mathrm{erfc}\left(\frac{A}{\sqrt{2}\sigma}\right) \tag{6.6.9}$$

可见,噪声所导致的误码率 P_e 与抽样时刻信号幅度值 A 对噪声均方根值的比值 σ 有关,A/σ 越大则 P_e 越小,其物理意义是显而易见的。

当对于单极性基带波形,求解过程与双极性基带波形类似,结果有

$$V_d^*=\frac{A}{2}+\frac{\sigma^2}{A}\ln\frac{P(0)}{P(1)} \tag{6.6.10}$$

$$P_e=\frac{1}{2}\left[1-\mathrm{erfc}\left(\frac{A}{2\sqrt{2}\sigma}\right)\right]=\frac{1}{2}\mathrm{erfc}\left(\frac{A}{2\sqrt{2}\sigma}\right) \tag{6.6.11}$$

式中,A 是单极性基带波形的幅度。由式(6.6.11)与式(6.6.9)的比较可见,噪声功率(均方根值 σ)相同时,单极性基带系统的抗噪声性能不如双极性基带系统。

下面简要讨论 AMI 码基带解调器的抗干扰性能,该系统如图 6.6.3 所示。系统输入为 AMI 码的高斯加性白噪声,白噪声经低通滤波器后输出噪声功率为 σ^2。低通滤波器输出的 AMI 信号在 kT_B 时刻的可能取值为 $+A$、0 或 $-A$。图中判决器的判决电平为 $-A/2$ 和 $A/2$。当 $x(kT_B)>A/2$ 或 $x(kT_B)<-A/2$ 时,判决器输出“1”电平;当 $-A/2<x(kT_B)<A/2$ 时,判决器输出“0”电平,至此,恢复出原始二进制信号。假设发端二进制信号源为独立等概念信源,现在求该系统传输误码率 P_e。

根据所给条件,显然有 $P(0)=1/2$,$P(A)=P(-A)=1/4$。该系统的总误码率可表示成

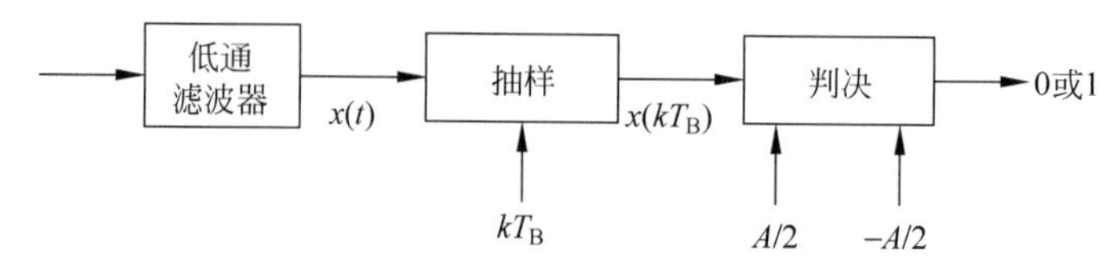

图 6.6.3 AMI 码解调

$$P_e = P(1)P(0/1) + P(0)P(1/0) \tag{6.6.12}$$

类同前面分析方法有

$$P(0/1) = \frac{1}{2}\mathrm{erfc}\left(\frac{A}{2\sqrt{2}\sigma}\right) - \frac{1}{2}\mathrm{erfc}\left(\frac{3A}{2\sqrt{2}\sigma}\right) \tag{6.6.13}$$

$$P(1/0) = \mathrm{erfc}\left(\frac{A}{2\sqrt{2}\sigma}\right) \tag{6.6.14}$$

所以

$$P_e = \frac{3}{4}\mathrm{erfc}\left(\frac{A}{2\sqrt{2}\sigma}\right) - \frac{1}{4}\mathrm{erfc}\left(\frac{3A}{2\sqrt{2}\sigma}\right) \tag{6.6.15}$$

式(6.6.15)即为 AMI 码解调误码率。

6.6.2 眼图

上述分析是在理想信道模型中的理论推导。实际系统中,由于信号、噪音的随机性和多样性,使得实现结果与理论上会存在差距,同时,定量分析也会比较困难。在实际工程中,有一种简便的方法用于直观观察和定性估计码间干扰及噪声影响,这就是用示波器观察数字基带信号的"眼图"。

观察眼图的方法是:将信号接至示波器,然后调整示波器水平扫描周期,使其与接收码元的周期同步,这时示波器上显示的图形就是眼图。在传输二进制信号时,它很像人的眼睛,因而得名。眼图的形成过程如图 6.6.4 所示。示波器的扫描周期被调整到码元的周期 T_B,这时,图中每一个码元都彼此重叠在一起。虽然基带波形是随机的,但由于荧光屏的余晖作用,许多码元的重叠使示波器显示出可见的迹线。图 6.6.4(a)为无码间干扰、无噪声时的情形,重叠的图形完全重合,示波器所显示的迹线又细又清晰。图 6.6.4(b)是存在码间干扰的情形,码元迹线不完全重合,眼图线条较粗、较模糊。比较图 6.6.4(a)和(b),当波形无码间干扰时,眼图像一只完全张开的眼睛,眼图中央的垂直线位置是最佳抽样时刻,眼图的横轴位置为最佳判决门限电平;当存在码间干扰时,眼图部分闭合。因此,可以用眼图的"眼睛"张开大小的程度来反映码间干扰的强弱。

当存在随机噪声时,噪声的进一步叠加会使眼图的迹线更不清晰,"眼睛"闭合得更小。不过,由于噪声的瞬态性,眼图的图形不能反映随机噪声的全部形态,只能大致估计噪声的强弱。

我们把实际眼图简化为图 6.6.5 所示的眼图模型。系统性能可以采用下述方法从眼图中判读:

① 最佳抽样时刻是"眼睛"张大的时刻。

② 图中央的横轴位置对应判决门限电平。

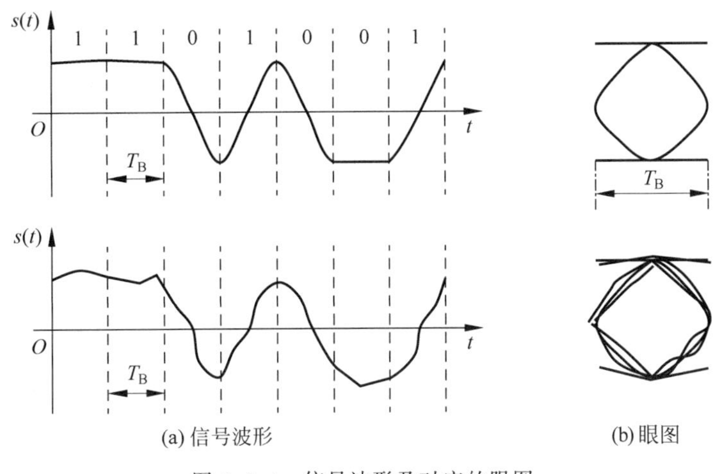

图 6.6.4　信号波形及对应的眼图

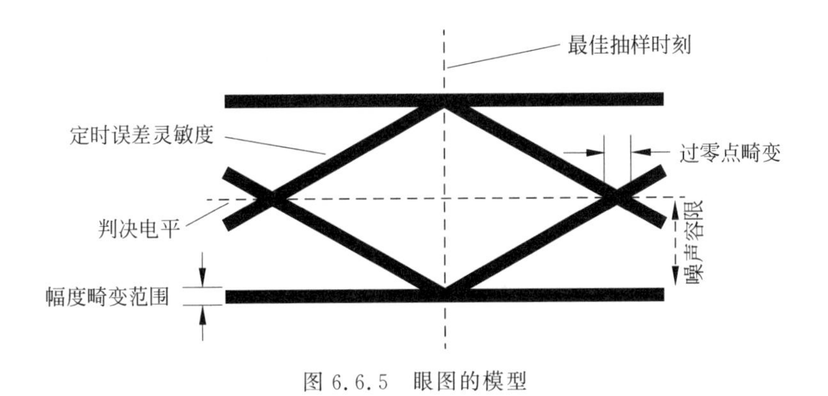

图 6.6.5　眼图的模型

③ 阴影区的垂直高度表示信号幅度畸变范围。

④ 在抽样时刻上，上下两阴影区间距之半为噪声容限(或称噪声边际)，即如果噪声瞬时值超过这个容限，就可能发生错误判决。

⑤ 对定时误差的灵敏度由眼图的斜边斜率决定，斜率越陡，对定时误差就越灵敏。

6.7　均衡

基带传输系统的实现中，由于信道特性的变化，实际的传输特性和所设计的理想特性之间往往存在误差，因而在抽样时刻上也会存在一定的码间干扰，使得系统性能下降。本节讨论如何消除由于信道特性的变化和基带形成滤波器的设计偏差所导致的码间干扰。目前，实践中普遍采用插入一种可调(或不可调)滤波器来减小码间干扰。这种起补偿作用的滤波器称为均衡器。所谓均衡也就是指对信道传输特性补偿和校正，以达到改善传输特性和减小码间干扰的目的。

均衡是针对基带传输系统的整体而进行的。目前，一般将均衡器归为频域均衡器和时域均衡器两大类。若均衡器是在频域上对系统的幅频、相频进行校正，就称其为频域均衡器；如果校正是在时域上进行的，则称为时域均衡器。频域均衡器是利用可调滤波器的频率特性去补偿信道幅频特性和相频特性的一种均衡法。频域均衡器可以设置在信道的输入端(发送端),也可以设置在信道的输出端(接收端),或在两端都有。频域均衡器包括幅度均衡器和相位均衡器(即群时延均衡器)两种类型。其中幅度均衡器用来补偿信道及接收滤波器的总的幅频特征,其实现方法又分为无源网络和有源网络两种;相位均衡器用来补偿系统的群时延特征,是一种没有幅度衰减而仅有相移的全通网络。

由于数字处理技术的应用与普及,时域均衡成为实际系统中的主要均衡方法,本节作详细讨论。

假设在插入时域均衡器之前的基带系统传输特性为 $H(\omega)$,不满足式(6.4.15)的要求,因而存在一定码间干扰。在接收之后插入传输特性为 $T(\omega)$的时域均衡滤波器,如图6.7.1所示,当

$$H'(\omega)=H(\omega)T(\omega) \tag{6.7.1}$$

满足式(6.4.15)的条件,即

$$\sum_i H'\left(\omega+\frac{2\pi i}{T_B}\right)=\sum_i H\left(\omega+\frac{2\pi i}{T_B}\right)T\left(\omega+\frac{2\pi i}{T_B}\right)=T_B, \quad |\omega|\leqslant\frac{\pi}{T_B} \tag{6.7.2}$$

那么,这个包括 $T(\omega)$在内的总特征 $H'(\omega)$就可以消除码间干扰。

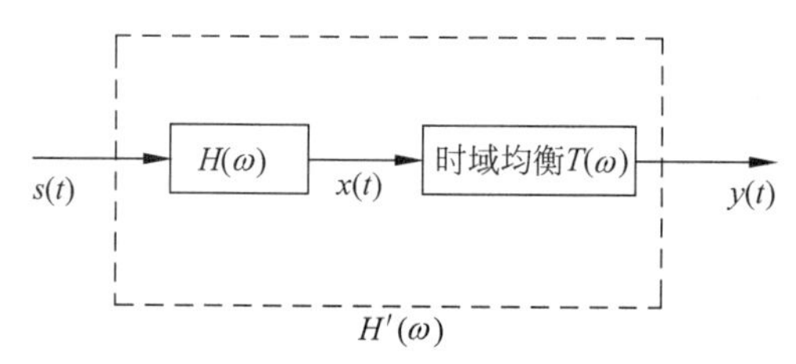

图 6.7.1 插入时域均衡滤波器

式(6.7.2)中,只有当 $T(\omega)$是以$\frac{2\pi}{T_B}$为周期的函数才能够保证等式成立,于是 $T(\omega)$在区间$(-\pi/T_B、\pi/T_B)$内有

$$T(\omega)=\frac{T_B}{\sum_i H\left(\omega+\frac{2\pi i}{T_B}\right)} \quad \left(|\omega|\leqslant\frac{\pi}{T_B}\right) \tag{6.7.3}$$

因此,$T(\omega)$可用傅里叶级数展成

$$T(\omega)=\sum_{n=-\infty}^{+\infty}C_n e^{-jnT_B\omega} \tag{6.7.4}$$

其中

$$C_n=\frac{T_B}{2\pi}\int_{-\pi/T_B}^{\pi/T_B}T(\omega)e^{jn\omega T_B}d\omega \tag{6.7.5}$$

也就是

$$C_n=\frac{T_B}{2\pi}\int_{-\pi/T_B}^{\pi/T_B}\frac{T_B}{\sum_i H\left(w+\frac{2\pi i}{T_B}\right)}e^{jnwT_B}d\omega \tag{6.7.6}$$

C_n 由 $H(\omega)$的特性决定。由式(6.7.4),$T(\omega)$的时域响应 $h_T(t)$为

$$h_T(t)=F^{-1}[T(\omega)]=\sum_{n=-\infty}^{+\infty}C_n\delta(t-nT_B) \tag{6.7.7}$$

按照式(6.7.7)构造的滤波器网络如图 6.7.2 所示。该网络是由无限多的横向排列的延迟单元及抽头系数组成的,因而称为横向滤波器。由于横向滤波器的均衡原理是建立在时域响应波形上的,所以把这种均衡称为时域均衡。时域均衡的功能是将输入端抽样时刻上的有码间干扰的响应波形变换成抽样时刻上无码间干扰的响应波形。

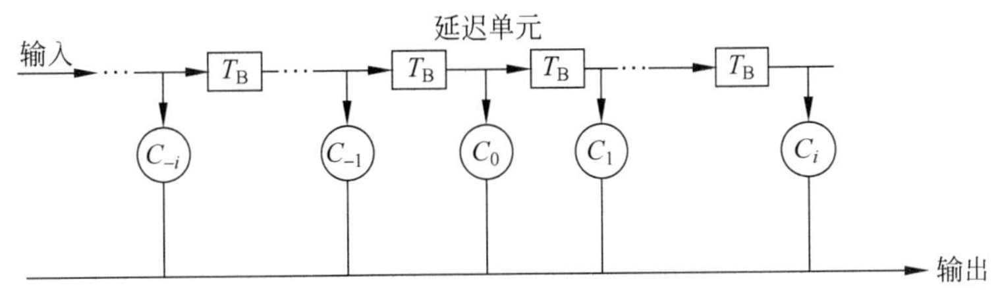

图 6.7.2　横向滤波器

显而易见,横向滤波器的特性取决于各抽头系数 C_i $(i=0,\pm1,\pm2,\cdots)$,改变 C_i 值可以获得不同特性的均衡器。因此,抽头系数被设计成可调整的,以适应对可变信道特性均衡的需要。

从理论上讲,具有无限多个延迟单元和抽头系数的横向滤波器可以完全消除码间干扰。但实际上只能做到有限长度,即

$$h_T(t)=\sum_{n=-N}^{N}C_n\delta(t-nT_B) \tag{6.7.8}$$

$$T(\omega)=\sum_{n=-N}^{N}C_n e^{-jnT_B\omega} \tag{6.7.9}$$

相应的横向滤波器输出 $y(t)$ 为

$$y(t)=x(t)*h_T(t)=\sum_{n=-N}^{N}C_n x(t-nT_B) \tag{6.7.10}$$

而抽样时刻点的输出

$$y(kT_B)=\sum_{n=-N}^{N}C_n x[(k-n)T_B] \tag{6.7.11}$$

或者简写成

$$y_k=\sum_{n=-N}^{N}C_n x_{k-n} \tag{6.7.12}$$

式中,y_k 是 $t=kT_B$ 抽样点的横向滤波器输出,x_k 是 $t=kT_B$ 的横向滤波器输入波形的值。

如果采用 $2N+1$ 个抽头系数的有限长度横向滤波器,则只能消除 $2N+1$ 个抽样点上的码间干扰。实际的均衡效果与所要求的理想结果之间总会有误差,为此,抽头系数 C_n 的选择是以均衡效果,即输出信号的失真度大小作为设计准则的。

反映均衡效果的指标主要有两种,即最小峰值畸变准则和最小均方畸变准则。

峰值畸变被定义为

$$D=\frac{1}{y_0}\sum_{\substack{k=-\infty\\k\neq0}}^{\infty}|y_k| \tag{6.7.13}$$

也就是,峰值畸变 D 是所有抽样时刻上得到的码间干扰最大可能值(峰值)与 $k=0$ 时刻上的样值之比。显然,对于完全消除码间干扰的均衡器而言,由于除 $k=0$ 外 $y_k=0$,所以 D

等于零；对于码间干扰不为零的场合，使得 D 值最小是我们所求的。

均方畸变被定义为

$$\varepsilon^2=\frac{1}{y_0^2}\sum_{\substack{k=-\infty\\k\neq 0}}^{\infty}y_k^2 \tag{6.7.14}$$

其表述方式与峰值畸变相类似，目的是使得码间干扰的功率电平值趋于最小。

最小峰值畸变准则的实用算法是迫零算法，即通过调整抽头系数 C_k 来迫使码间干扰 y_k 趋于零。迫零算法有多种，一种最简单的算法称为预置式自动均衡，如图 6.7.3 所示。具体实现方法是：各 C_n 值先被预置，之后，输入端每隔 T_B 时间接收一个测试单脉冲波形，其输出端的样值 $y_k(k=-N,-N+1,\cdots,N-1,N)$ 的极性作为调整相对应的抽头增益 C_k 值的依据。当 y_k 为正极性时，C_k 下降一个增量 Δ；若 y_k 为负极性时，C_k 增加一个增量 Δ。为了实现这个调整，在输出端对每个 y_k 依次进行抽样并进行极性判决(由图中抽样与峰值极性判决器完成)，判决结果输入到控制电路。在测试信号的终了时刻，控制电路将所有极性判决结果分别作用到相应的增益头上，使他们作增加 Δ 或下降 Δ 的改变。这样，经过多次调整而达到均衡目的。可以理解，这种均衡的精度与增量 Δ 的选择和允许调整时间有关。Δ 越小，精度就越高，但调整时间就越长。

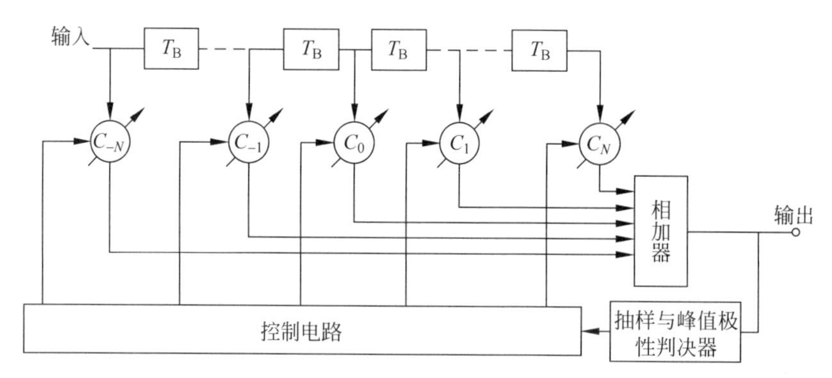

图 6.7.3 预置式自动均衡器的原理方框图

最小均方畸变准则的实际运用是自适应均衡器，它在传输过程中实时地调整 C_k 大小，图 6.7.4 为原理框图。设发送序列$\{a_k\}$，它通过基带系统传送，在均衡器的输出端获得样值序列$\{y_k\}$。由于 a_k 的取值是随机的，并且 y_k 也相应地是随机的，因此，均衡器输出的均方误差为

$$\overline{\varepsilon^2}=E(y_k-a_k)^2 \tag{6.7.15}$$

又因为

$$y_k=\sum_{i=-N}^{N}C_i x_{k-i} \tag{6.7.16}$$

所以有

$$\overline{\varepsilon^2}=E\left(\sum_{i=-N}^{N}C_i x_{k-i}-a_k\right)^2 \tag{6.7.17}$$

均方误差 $\overline{\varepsilon^2}$ 是各抽头增益 C_i 的函数，其对第 i 抽头增益 C_i 的偏导数

$$Q(C_i)=\frac{\partial\overline{\varepsilon^2}}{\partial C_i} \tag{6.7.18}$$

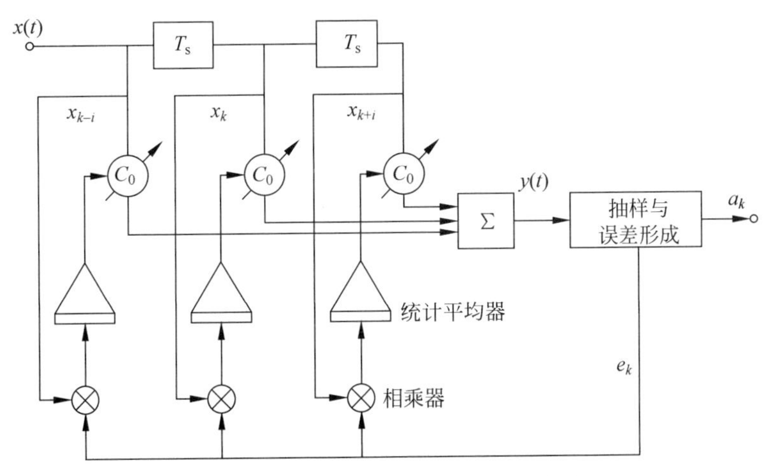

图 6.7.4 最小畸变准则自适应均衡器

可由式(6.7.17)求得

$$Q(C_i)=2E[e_k x_{k-i}] \tag{6.7.19}$$

其中

$$e_k=y_k-a_k \tag{6.7.20}$$

为使均方误差 ε^2 最小,就应使式(6.7.19)给出的 $Q(C_i)$ 等于零,于是,抽头增益 C_i 的调整可以借助于误差 e_k 和输入样值 x_{k-i} 累积的统计平均值来实现。通过增益调整使该统计平均值趋向于零,就得到最佳的抽头增益,而均衡效果也达到最佳。

6.8 扰码和解扰

在前面的分析中,我们一般假定基带系统中的"0"和"1"符号是等概率出现的,并且,某些基带码型也要求"0"和"1"符号交替出现以避免连续"0"或"1"而导致位定时信息的丢失。更进一步地,如果数字基带信号具有周期性,则信号频谱中将存在离散谱线,受传输电路的非线性作用,就可能对其他信道的通信造成串扰,因此也要求信号具备随机特性。一般地,由信源直接产生的信号不完全具备这些特征,为此,在基带系统中还需要采用扰码和解扰技术。

所谓扰码,就是在不增加符号冗余度而搅乱原始信号,改变数字信号统计特性,使其近似于白噪声统计特性的一种技术。这种技术的基础是建立在反馈移存器序列(或伪随机序列)理论之上的。解扰是扰码的逆过程,把被扰乱的信号还原成原始信号。加入扰码和解扰之后的基带系统如图 6.8.1 所示。

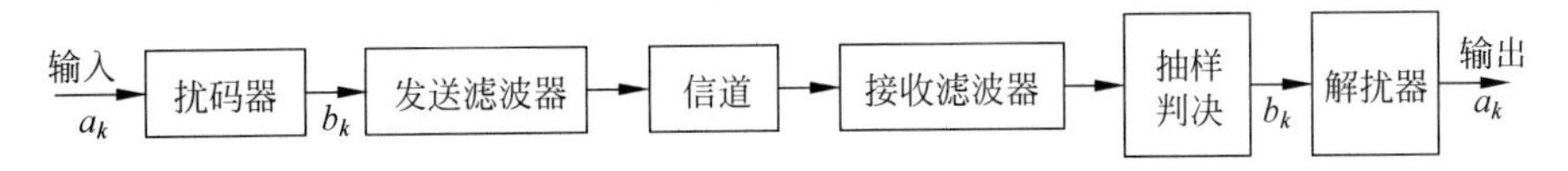

图 6.8.1 采用扰码技术的基带传输系统

扰码器、解扰器的原理图示例于图 6.8.2,是包含 5 级移存器和相应的模 2 加法单元的反馈电路。一般地,扰码器所产生的伪随机序列的重复周期长度取决于移存器级数。一个具有

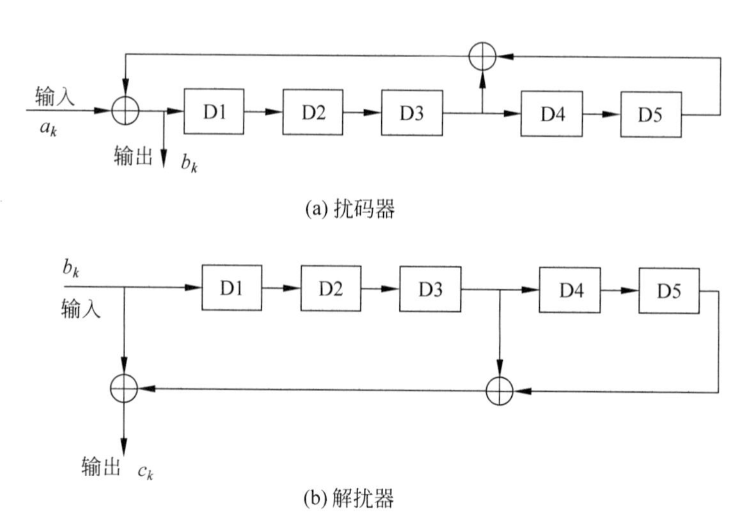

图 6.8.2 自同步扰码器和解扰器

n 级移存器的扰码器所产生的伪随机序列周期是 2^n-1,因此,级数越多,扰码效果越好。

设扰码器的输入数字序列为 $\{a_k\}$,输出为 $\{b_k\}$;解扰器的输入为 $\{b_k\}$,输出为 $\{c_k\}$。扰码器的输出

$$b_k = a_k \oplus b_{k-3} \oplus b_{k-5} \tag{6.8.1}$$

而解扰器的输出

$$c_k = b_k \oplus b_{k-3} \oplus b_{k-5} = a_k \tag{6.8.2}$$

可见,解扰器的序列与扰码前的序列相同。为了说明扰码器对周期性序列和长连"0"码的搅乱作用,我们用表 6.8.1 中的输入序列作为例子,这里假设移位寄存器的初始状态为"0"。经过扰码器的作用,短周期"10"和 5 个连"0"都被消除。

表 6.8.1 扰码器的效果

输入 a_k	1 0 1 0 1 0 1 0 0 0 0 0 0 1 1
b_{k-3}	0 0 0 1 0 1 1 1 0 0 0 1 1 0 1
b_{k-5}	0 0 0 0 0 1 0 1 1 1 0 0 0 1 1
输出 b_k	1 0 1 1 1 0 0 0 1 1 0 1 1 0 1

需要指出,在系统中插入扰码器会带来"差错传播"问题。传输过程中的一个差错可能在解扰器输出端引起多个差错,也就是误码增殖。在式(6.8.2)中,b_k 的系数多项式有三项,可能导致 a_k 出现三处误码,误码增殖为三倍。实际应用中,为了限制差错传播,移存器的级数不宜过多。不过,图 6.8.2 中解扰器是自同步的,因为如果传输出现错码,它的影响至多持续到错码位于移存器内的一段时间,即至多影响到第 5 个输出码元。

如果断开输入端,扰码器就成为一个反馈移存序列产生器,输出为一个周期性序列。一般都适当设计反馈抽头的位置,使其构成 m 序列产生器($m=2^n-1$,n 是移存器级数),因为它能最有效地搅乱输入序列,使输出数字码元之间相关性最小。

扰码器使得输出码元成为输入序列中许多码元的模 2 和,因此,扰码器是一种线性序列滤波器。同理,解扰器也是线性序列滤波器。

6.9　思考题

6.9.1　什么是数字基带传输系统？数字基带传输系统的基本结构如何？

6.9.2　数字基带传输对其传输码的特性有哪些要求？

6.9.3　数字基带信号的功率谱有什么特点？它的带宽主要取决于什么？

6.9.4　数字基带信号有哪些常见码型？各有哪些特点？

6.9.5　什么是码间干扰？它是如何产生的？为了消除码间干扰，基带传输系统的传输函数应满足什么条件？

6.9.6　若基带传输系统的传输特性是理想低通的，宽带为1500Hz，用它来传送速率为2000bit的数字基带信号，试问这时是否存在码间干扰？为什么？

6.9.7　什么是部分响应波形、部分响应系统？与无码间干扰基带传输系统相比较，部分响应系统有哪些优点？

6.9.8　数字基带传输系统中，存在哪两种不同产生机制的误码？

6.9.9　什么是最佳判决门限电平？当$P(1)=P(2)=1/2$时，单极性基带波形和双极性基带波形的最佳判决门限电平各是多少？

6.9.10　无码间干扰并且采用最佳判决门限电平时，单极性基带波形、双极性基带波形、AMI码的误码率各取决于什么？如何降低误码率？

6.9.11　什么是眼图？双极性不归零码与AMI的眼图有什么区别？

6.9.12　眼图可以说明基带传输系统的哪些性能？

6.9.13　均衡器的作用是什么？什么是频域均衡？什么是时域均衡？

6.9.14　时域均衡器的均衡效果是如何衡量的？什么是峰值畸变准则？什么是均方畸变准则？

6.9.15　扰码的作用是什么？

6.10　习题

6.10.1　设二进制符号序列为110010001110，试以矩形脉冲为例，分别画出相应的单极性不归零码、双极性不归零码、单极性归零码、双极性归零码、二进制差分码、八电平码的波形。

6.10.2　已知信息代码为1010000011000001000011，试确定相应的AMI码、HDB3码及CMI码的波形图。

6.10.3　设二进制随机脉冲序列由$g_1(t)$和$g_2(t)$组成，出现$g_1(t)$的概率为P，出现$g_2(t)$的概率为$(1-P)$。试证明：如果$P=\dfrac{1}{1-g_1(t)/g_2(t)}$，$P$与$t$无关，且$0<P<1$，则该脉冲序列无离散谱。

6.10.4　设随机二进制序列中的0和1分别由$g(t)$和$-g(t)$组成，它们的出现概率分别为P和$(1-P)$。

① 求其功率谱密度及功率。

② 若 $g(t)$为如图 6.10.1(a)所示波形,T_B 为码元宽度,问该序列是否存在离散分量 $f_B=1/T_B$?

③ 若 $g(t)$改为图 6.10.1(b),回答题②所问。

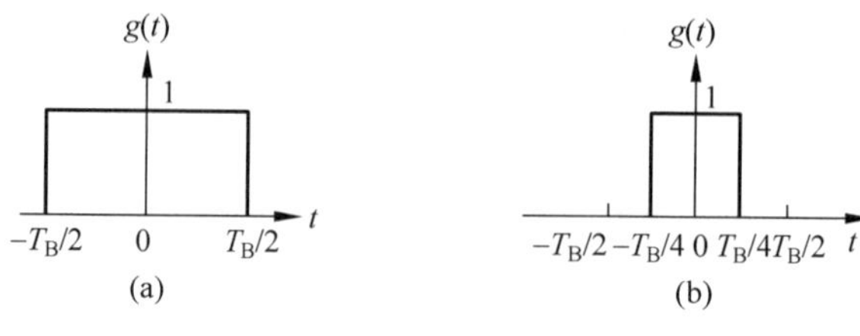

图 6.10.1

6.10.5 设某二进制数字基带信号的基本脉冲为三角形脉冲,如图 6.10.2 所示。图中 T_B 为码元间隔,数字信息“1”和“0”分别用 $g(t)$的有无表示,且“1”和“0”出现的概率相等。

① 求该数字基带信号的功率谱密度,并画出功率谱密度图。

② 能否从该数字基带信号中提取码元同步所需的频率 $f_B=1/T_B$ 的分量?若能,试计算该分量的功率。

6.10.6 某基带传输系统接收滤波器输出信号的基本脉冲为如图 6.10.3 所示的三角形脉冲。

① 求该基带传输系统的传输函数 $H(\omega)$。

② 假设信道的传输函数 $H(\omega)=1$,发送滤波器和接收滤波器具有相同的传输函数,即 $H_T(\omega)=H_R(\omega)$,试求这时 $H_T(\omega)$或 $H_R(\omega)$的表示式。

6.10.7 设某基带传输系统具有图 6.10.4 所示的三角形传输函数。

① 求该系统接收滤波器输出基本脉冲的时间表达式。

② 当数字基带信号的码率 $R_0=\omega_0/\pi$ 时,用奈奎斯特准则验证该系统能否实现无码间干扰传输?

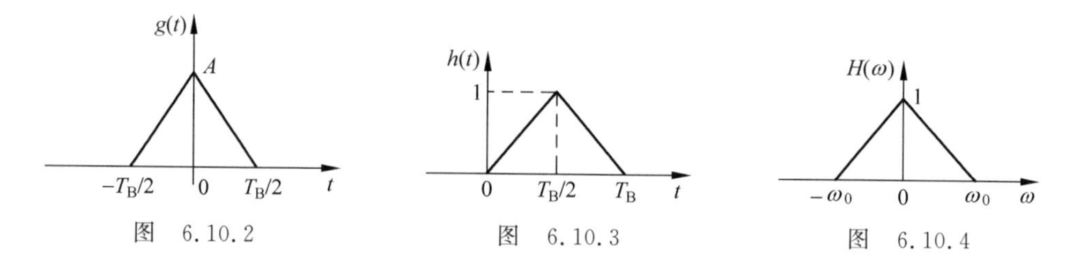

图 6.10.2　　图 6.10.3　　图 6.10.4

6.10.8 设基带传输系统的发送滤波器、信道及接收滤波器组成总特性为 $H(\omega)$,若要求以 $2/T_B$ 波特的速率进行数据传输,试检验图 6.10.5 各种 $H(\omega)$是否满足消除抽样点上码间干扰的条件?

6.10.9 设某数字基带传输的传输特性 $H(\omega)$如图 6.10.6 所示。其中 α 为某个常数($0\leqslant\alpha\leqslant1$)。

① 试检验该系统能否实现无码间干扰传输?

② 试求该系统的最大码元传输速度为多少?这时的系统频带利用率为多大?

6.10.10 为了传送码元速率 $R_B=10^3$(B)的数字基带信号,试问系统采用图 6.10.7 中所画的哪一种传输特性较好?并简要说明其理由。

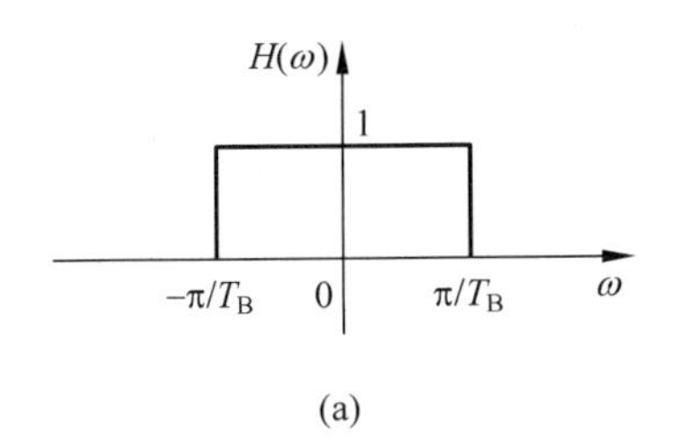

(a)

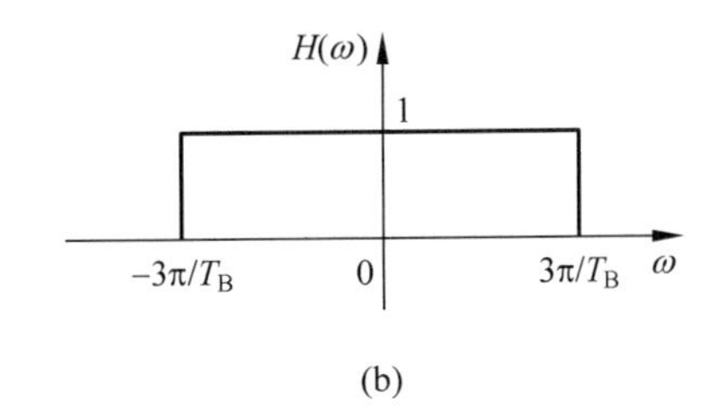

(b)

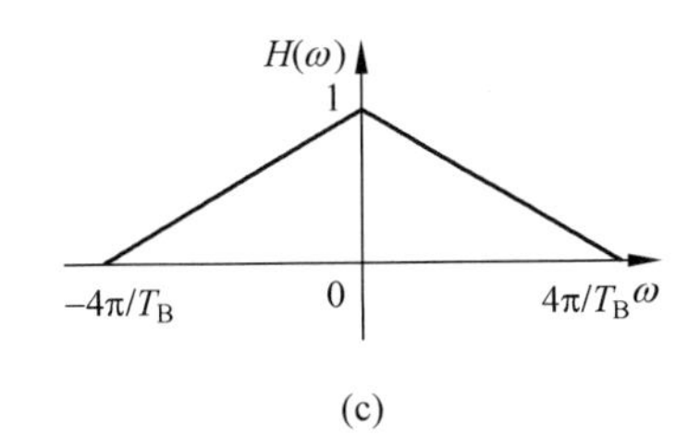

(c)

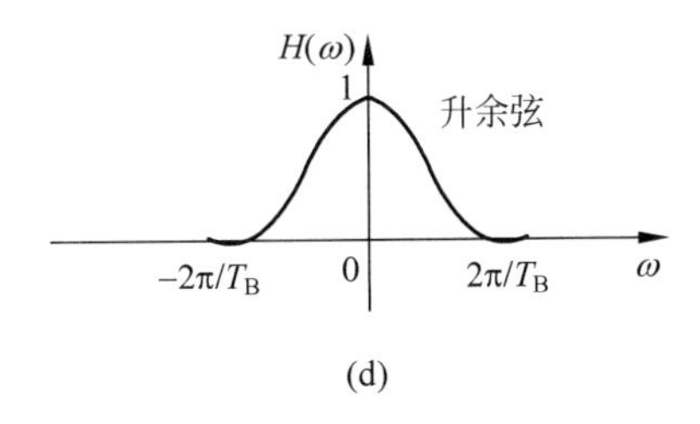

(d)

图 6.10.5

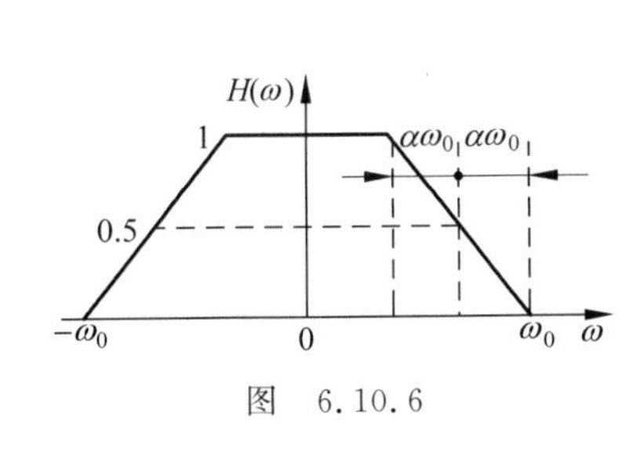

图 6.10.6

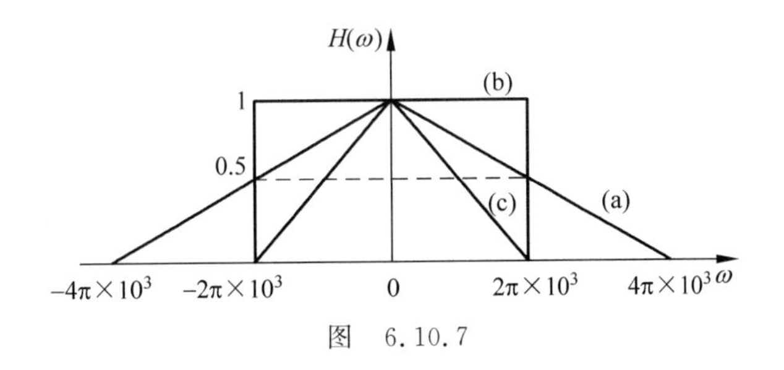

图 6.10.7

6.10.11 设二进制基带系统的传输特性 $H(\omega)=\begin{cases}\tau_0(1+\cos\omega\tau_0) & \left(|\omega|\leqslant\dfrac{\pi}{\tau_0}\right)\\ 0 & \text{其他}\end{cases}$，试确定该系统最高的码元传输速率 R_B 及相应码元间隔 T_B。

6.10.12 设一部分响应系统的传输特性可用图 6.10.8 来描述。图中，理想低通滤波器的截止频率为 $1/2T_B$，通带增益为 T。试求该系统的单位冲击响应和频率特性，并画出包括预编码在内的系统组成方框图。

6.10.13 若上题中输入数据为二进制，则相关编码电平数为多少？若数据为四进制，则相关编码电平数为多少？

6.10.14 若二进制基带系统如图 6.4.1 所示，并且 $H_c(\omega)=1$，$H_T(\omega)=H_R(\omega)=\sqrt{H(\omega)}$，已知

$$H(\omega)=\begin{cases}\tau_0(1+\cos\omega\tau_0) & \left(|\omega|\leqslant\dfrac{\pi}{\tau_0}\right)\\ 0 & \text{其他}\end{cases}$$

① 若 $n(t)$ 的双边功率谱密度为 $n_0/2$(W/Hz)，试求 $H_R(\omega)$ 的输出噪声功率。

② 若在抽样时刻上，接收滤波器的输出信号以相同概率取 0、A 电平，而输出噪声取值 v 为随机变量，服从概率密度分布 $f(v)=\dfrac{1}{2\lambda}\mathrm{e}^{-|v|/\lambda}$，$\lambda>0$。试求系统最小误码率 P_e。

6.10.15　某二进制数字基带系统所传送的是单极性基带信号，且数字信息“1”和“0”等概率。已知接收滤波器输出噪声是均值为0、均方根值为0.2V的高斯噪声。

① 若数字信息为“1”时，接收滤波器输出信号在抽样判决时刻的值 $A=1\text{V}$，试求这时的误码率 P_e。

② 若要求误码率 P_e 不大于 10^{-5}，试确定 A 至少应该是多少？

6.10.16　若将上题中的单极性基带信号改为双极性基带信号，而其他条件不变，重做上题中的各问。

6.10.17　一随机二进制序列为10110001…，符号“1”对应的基带波形为升余弦波形，持续时间为 T_B；符号“0”对应的基带波形恰好与“1”的相反。

① 当示波器扫描周期 $T_0=T_B$ 时，试画出眼图。

② 当 $T_0=2T_B$ 时，试重画眼图。

③ 比较以上两种眼图的下述指标：最佳抽样判决时刻、判决门限电平及噪声容限值。

6.10.18　设有一个三抽头的时域均衡器，如图6.10.9所示。$x(t)$ 在各抽样点的值依次为 $x_{-2}=1/8$，$x_{-1}=1/3$，$x_0=1$，$x_1=1/4$，$x_2=1/16$（在其他抽样点均为零）。试求输入波形 $x(t)$ 峰值的畸变值及时域均衡器输出波形 $y(t)$ 峰值的畸变值。

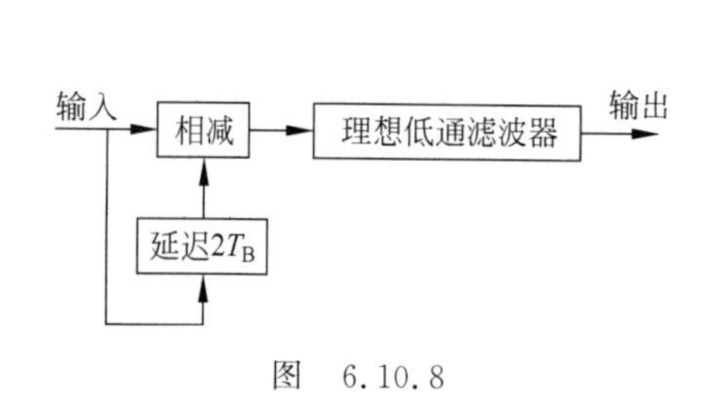

图　6.10.8

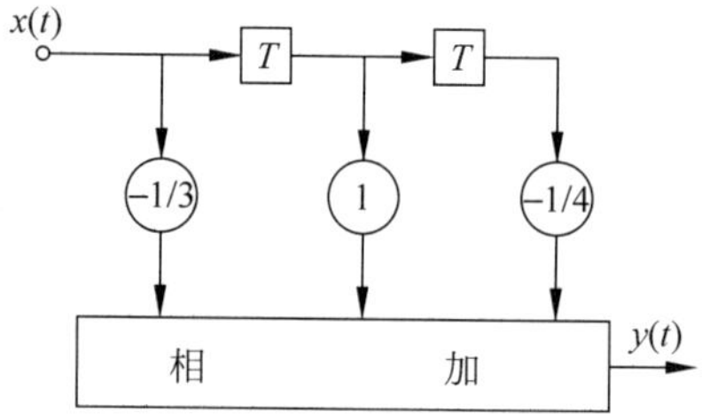

图　6.10.9

第7章 数字信号的频带传输

CHAPTER 7

7.1 引言

上一章我们详细地讨论了数字基带传输系统。然而，实际通信中往往要求数字信号在限定的频带内传送，典型的如频分复用系统；另一方面，实际的通信信道常具有带通特性，不能直接传送具有丰富低频成分的数字基带信号。因此，需要用基带信号调制高频率的载波，形成频带信号以进行传送。与模拟信号的载波调制相类似，数字载波调制是用数字基带信号对载波的某些参量进行控制，使载波的这些参量随基带信号的变化而变化，接收端通过检测这些参量的变化而调制出基带信号。本章讨论以正弦波作为载波的数字频带传输。

在大多数数字通信系统中，通常选择正弦波信号为载波，这是因为正弦波信号形式简单，便于产生及接收。与模拟调制相比较，数字调制的原理没有什么区别，基本形式是调幅、调频和调相，由此派生出多种其他形式。不过，模拟调制的载波信号参量是连续变化的；而数字调制则用载波信号参量的若干离散状态来表征所传送的信息，在接收端对载波信号的离散调制参量进行检测。由于这一原因，数字调制及解调有其自身的特点。一般地，数字调制技术可分为两种类型：①利用模拟方法去实现数字调制，即把数字基带信号当作模拟信号来处理；②利用数字信号的离散取值特点，键控载波参量实现数字调制。第二种技术通常称为键控法。键控法由数字电路来实现，具有调制变换速率快、调制测试方便、体积小、识别可靠性高等优点。在二进制时，对载波的振幅、频率及相位进行键控，从而有幅度键控(Amplitude Shift Keying，ASK)、移频键控(Frequency Shift Keying，FSK)和移相键控(Phase Shift Keying，PSK)三种基本信号形式。

依据已调信号的频谱结构特点，数字调制也可分为线性调制和非线性调制。在线性调制中，已调信号的频谱结构和基带信号的频谱结构相同，只不过频率位置作了搬移；在非线性调制中，已调信号的频谱结构与基带信号的频谱结构不同，不是简单的频谱搬移。与模拟调制相类似，幅度键控属于线性调制，而移频键控属于非线性调制。

数字频带传输系统的构成如图7.1.1所示。发送滤波器用来限制数字已调信号的频带，并形成适合于信道传输的频谱特性。接收滤波器滤除通带之外的噪声，提取已调载波信

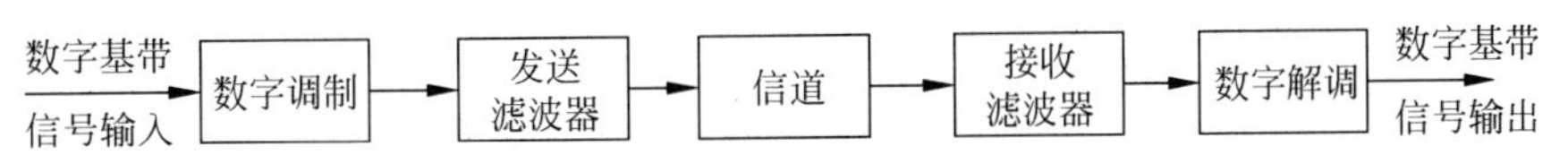

图7.1.1 数字频带传输系统

号。本章着重讨论数字调制、解调的原理及其抗噪声性能,重点是二进制数字调制系统,并简要介绍多进制数字调制,对几种派生的数字调制形式也作简单讨论。

7.2 二进制数字调制系统

二进制数字调制有二进制幅度键控、移频键控和移相键控三种基本形式。本节讨论它们的实现原理。

7.2.1 二进制幅度键控(2ASK)

二进制幅度键控方式是最早出现的数字调制,最初用于电报系统。它也是最简单的数字调制方式,但由于抗噪声能力比较差,实际较少使用。不过,2ASK 是研究其他数字调制方式的基础,因此我们首先了解它的原理。

与模拟幅度调制相似,二进制幅度键控信号可以表示成单极性矩形脉冲序列的基带信号与正弦载波的相乘

$$e_0(t)=\left[\sum_n a_n g(t-nT_B)\right]\cos\omega_c t \tag{7.2.1}$$

这里,$g(t)$是持续时间为码元宽度 T_B 的矩形脉冲。a_n 代表符号“0”“1”的取值,当符号“0”“1”出现的概率分别为 P、$1-P$,且彼此独立时,则 a_n 的值服从下述关系

$$a_n=\begin{cases}0 & (\text{以概率 } P)\\ 1 & (\text{以概率 } 1-P)\end{cases} \tag{7.2.2}$$

如果令

$$s(t)=\left[\sum_n a_n g(t-nT_B)\right] \tag{7.2.3}$$

则式(7.2.1)的 2ASK 时域表示式可写成

$$e_0(t)=s(t)\cos\omega_c t \tag{7.2.4}$$

如前文所述,二进制幅度键控信号的产生有两种方法,见图 7.2.1。图 7.2.1(a)是一般的模拟幅度调制方法,其中的 $s(t)$是式(7.2.3)所定义的离散信号;图 7.2.1(b)是键控法,开关电路受基带信号 $s(t)$控制;图 7.2.1(c)是调制的时间波形示例。由于二进制幅度键控信号之中的一个信号状态始终为零,相当于处在断开状态,因此又称为通断键控信号(on-off keying,OOK 信号)。

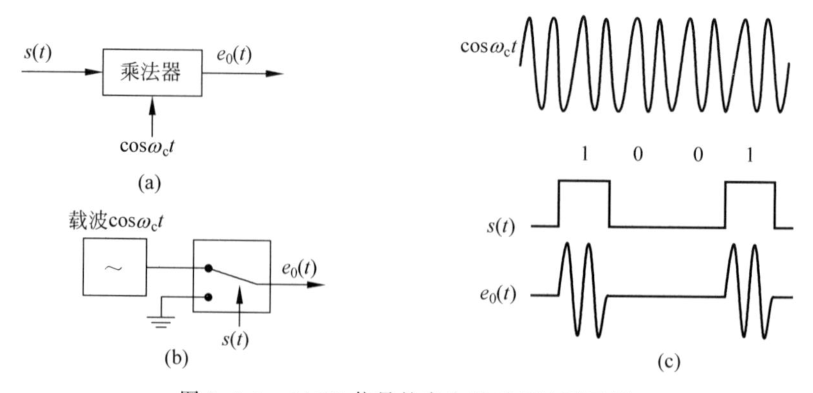

图 7.2.1 2ASK 信号的产生及时间波形示例

与模拟幅度调制信号的解调相类似，2ASK 信号也有两种基本的解调方法：非相干解调(包络检波法)和相干解调(同步检测法)。相应的接收系统结构示于图 7.2.2 中。与模拟幅度调制信号的接收系统相比较，这里增加了一个“抽样判决器”用于判定离散数字信息，它提高了数字传输的抗噪声性能。

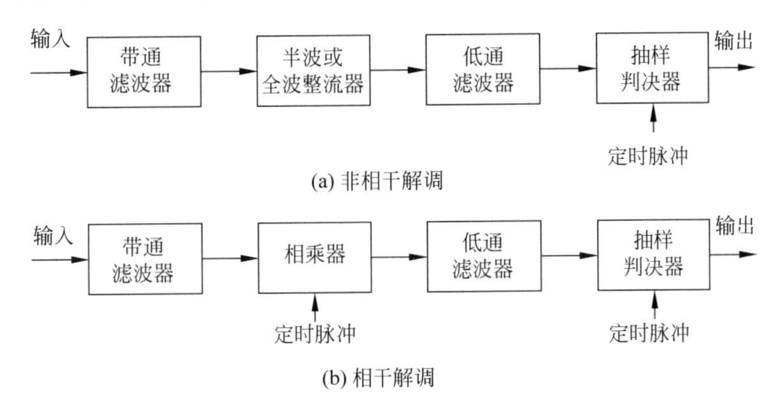

图 7.2.2　2ASK 信号的接收系统

由式(7.2.4)可以导出二进制幅度键控信号的频谱。由于二进制幅度键控信号是随机的功率信号，因此我们讨论它的功率谱密度。现设 $e_0(t)$ 的功率谱密度为 $P_E(f)$，$S(t)$ 的功率谱密度为 $P_S(f)$，则有

$$P_E(f)=\frac{1}{4}[P_S(f+f_C)+P_S(f-f_C)] \tag{7.2.5}$$

只要确定 $P_S(f)$ 就可以求得已调制信号功率谱 $P_E(f)$。

设 $G(f)$ 是矩形脉冲 $g(t)$ 的频谱函数，则单极性随机矩形脉冲序列 $S(t)$ 的功率谱可由前面章节的方法得到。

$$P_S(f)=f_BP(1-P)\mid G(f)\mid^2+f_B^2(1-P)^2\sum_{m=-\infty}^{\infty}\mid G(mf_B)\mid^2\delta(f-mf_B) \tag{7.2.6}$$

上式中，当 $m\neq 0$ 时，矩形脉冲 $g(t)$ 的频谱 $G(mf_B)=0$，因而有

$$P_S(f)=f_BP(1-P)\mid G(f)\mid^2+f_B^2(1-P)^2\mid G(0)\mid^2\delta(f) \tag{7.2.7}$$

于是

$$\begin{aligned}P_E(f)=&\frac{1}{4}f_BP(1-P)[\mid G(f+f_C)\mid^2+\mid G(f-f_C)\mid^2]\\&+\frac{1}{4}f_B^2(1-P)^2\mid G(0)\mid^2[\delta(f+f_C)+\delta(f-f_C)]\end{aligned} \tag{7.2.8}$$

如果“0”“1”出现的概率相等，即 $P=1-P=\frac{1}{2}$，式(7.2.8)成为

$$\begin{aligned}P_E(f)=&\frac{1}{16}f_B[\mid G(f+f_C)\mid^2+\mid G(f-f_C)\mid^2]\\&+\frac{1}{16}f_B^2\mid G(0)\mid^2[\delta(f+f_C)+\delta(f-f_C)]\end{aligned} \tag{7.2.9}$$

考虑到矩形脉冲 $g(t)$ 的频谱为

$$G(f)=T_{B}\left(\frac{\sin\pi f T_{B}}{\pi f T_{B}}\right)e^{-j\pi f T_{B}} \tag{7.2.10}$$

且

$$G(0)=T_{B} \tag{7.2.11}$$

代入式(7.2.9),可得

$$P_{E}(f)=\frac{T_{B}}{16}\left[\left|\frac{\sin\pi(f+f_{C})T_{B}}{\pi(f+f_{C})T_{B}}\right|^{2}+\left|\frac{\sin\pi(f-f_{C})T_{B}}{\pi(f-f_{C})T_{B}}\right|^{2}\right]+\frac{1}{16}[\delta(f+f_{C})+\delta(f-f_{C})] \tag{7.2.12}$$

式(7.2.12)所对应的功率谱如图 7.2.3 所示。

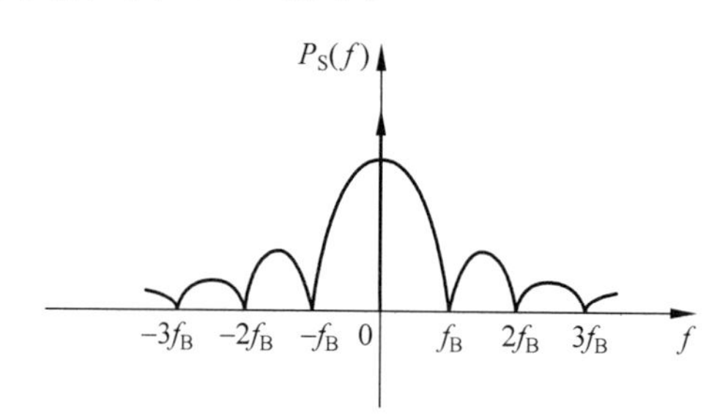

(a) 基带脉冲序列功率谱密度

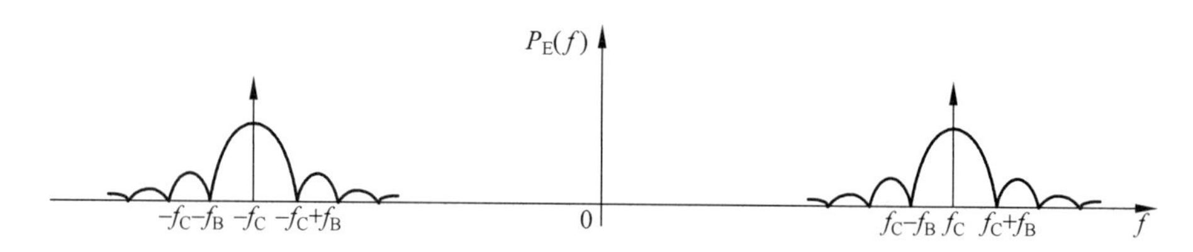

(b) 2ASK功率谱密度

图 7.2.3 2ASK 功率谱密度示意图

从以上分析可得出 2ASK 的功率谱具有以下特点:①2ASK 的功率谱由连续谱和离散谱两部分组成,其中,连续谱是基带信号经线性调制后的双边带谱,离散谱位于载频处。②2ASK 信号的带宽是基带脉冲波形带宽的两倍,如果以频谱的第一个零点来计算,2ASK 带宽 $B_{2ASK}=2f_B$,f_B 是基带码元重复频率,其数值与码元速率相等。此外,2ASK 的第一旁瓣峰值比主峰值衰减 14dB。

7.2.2 二进制移频键控(2FSK)

2FSK 是用两个不同频率的载波来传送二元数字信号,“0”符号对应于载频 ω_1,“1”符号对应载频 ω_2。2FSK 信号可用矩形脉冲序列对载波进行调频而得到,这也就是模拟调频实现法。其键控实现法是矩形脉冲序列控制开关电路对两个不同的独立调频源进行选通。图 7.2.4 给出了相应的原理框图。

2FSK 的时域信号可表示为

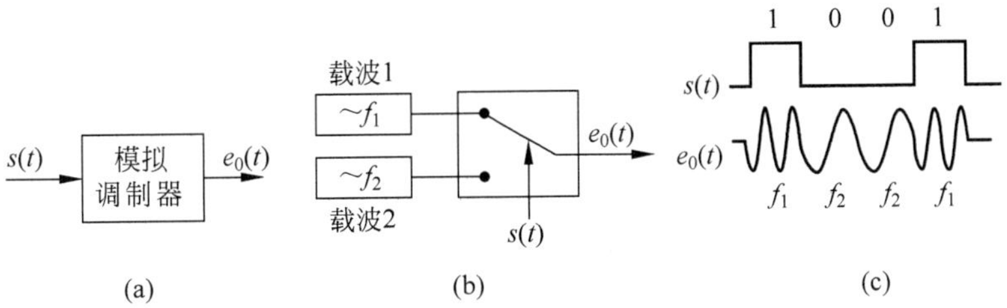

图 7.2.4　2FSK 信号的产生及时间波形示例

$$e_0(t)=\sum_n a_n g(t-nT_B)\cos(\omega_1 t+\varphi_n)+\sum_n \bar{a}_n g(t-nT_B)\cos(\omega_2 t+\theta_n) \tag{7.2.13}$$

式中，$g(t)$为单个矩形脉冲函数；a_n、$\bar{a}_n$ 代表“0”“1”符号取值，若“0”“1”出现概率分别为 P、$1-P$，则

$$a_n=\begin{cases}1 & (以概率 P)\\ 0 & (以概率 1-P)\end{cases} \tag{7.2.14}$$

a_n 的反码 $\bar{a}_n$ 为

$$\overline{a_n}=\begin{cases}1 & (以概率 1-P)\\ 0 & (以概率 P)\end{cases} \tag{7.2.15}$$

式(7.2.13)中，φ_n、θ_n 分别是“0”“1”符号所对应的载波信号的相位。一般地，采用模拟调频法实现时，两个载波信号由同一调频源产生，因而当 ω_1 与 ω_2 改变时，$e_0(t)$相位是连续的；当采用键控法时，φ_n 与 θ_n 之间无必然的联系，$e_0(t)$的相位在载波源发生切换时通常不连续。图 7.2.4(c)中所示属于模拟调频法的时间波形。

2FSK 信号的常用解调方法是通过检测载波频率而求得的数字信息，常见的有非相干检测法和相干检测法，如图 7.2.5 所示。其中，抽样判决器不设置门限电平，而是比较哪一路输入样值大，相应地就判断为该路所对应的符号。这样的判决方案有利于消除共模噪声干扰。

2FSK 信号还有其他解调方式，比如鉴频法、过零检测法及差分检波法等。鉴频法的原理与模拟调频信号的解调相似，只不过将鉴频器的输出再送至抽样判决器进行判决，如图 7.2.6 所示。

过零检测法是通过检测过零点个数的多少而得到关于频率的差异，如图 7.2.7 所示。输入信号 $e_i(t)$经带通滤波器后，得到波形(a)，(a)与 $e_i(t)$基本相同；(a)经限幅后产生矩形波序列(b)，再经微分和整流形成与频率变化相应的脉冲序列(c)和(d)，(d)序列代表调频波的过零点数。再将(d)变换成具有一定宽度的矩形波(e)，然后经过低通滤波器滤除高次谐波，就得到对应于原数字信号的基带脉冲信号(f)。

下面我们来分析 2FSK 信号的频谱。由于 2FSK 属于非线性调制，因此，其频谱特性比较复杂，目前还没有通用的分析方法。但在一定条件下可以近似地研究其频谱特征，常用的方法是将二进制移频键控信号看成两个幅度键控信号的叠加。也就是，将式(7.2.13)的 2FSK 信号写成两个 2ASK 信号之和

$$e_0(t)=s_1(t)\cos\omega_1 t+s_2(t)\cos\omega_2 t \tag{7.2.16}$$

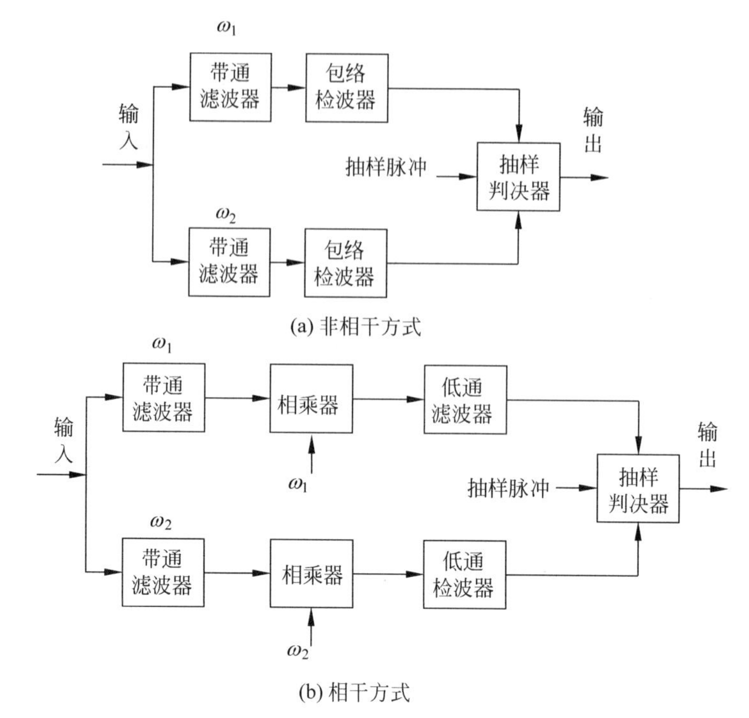

图 7.2.5 二进制移频键控信号常用的接收方式

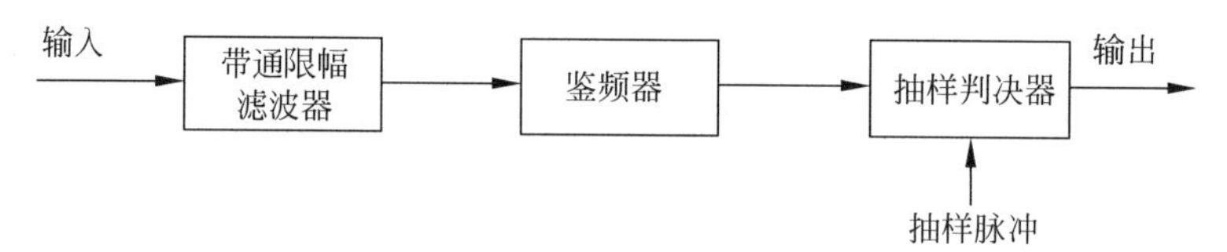

图 7.2.6 2FSK 信号的鉴频法解调原理图

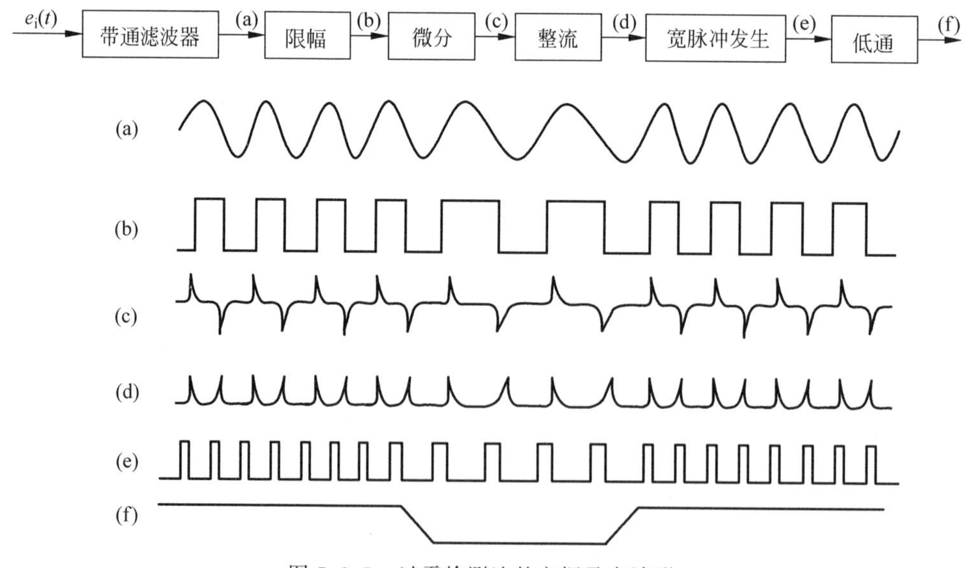

图 7.2.7 过零检测法的方框及点波形

其中

$$s_1(t)=\sum_n a_n g(t-nT_B) \tag{7.2.17}$$

$$s_2(t)=\sum_n \overline{a_n} g(t-nT_B) \tag{7.2.18}$$

则 2FSK 信号功率谱密度是这两个 2ASK 信号功率谱密度的相加

$$P_E(f)=\frac{1}{4}[P_{s_1}(f-f_1)+P_{s_1}(f+f_1)]+\frac{1}{4}[P_{s_2}(f-f_2)+P_{s_2}(f+f_2)] \tag{7.2.19}$$

这里的 $P_{s_1}(f)$和 $P_{s_2}(f)$分别是矩形脉冲序列 $s_1(t)$和 $s_2(t)$的功率频谱密度，将式(7.2.7)的结果代入式(7.2.19)，得到

$$\begin{aligned}P_E(f)=&\frac{1}{4}f_B P(1-P)[|G(f+f_1)|^2+|G(f-f_2)|^2]\\&+\frac{1}{4}f_B(1-P)[|G(f+f_2)|^2+|G(f-f_2)|^2]\\&+\frac{1}{4}f_B^2(1-P)^2|G(0)|^2[\delta(f+f_1)+\delta(f-f_1)]\\&+\frac{1}{4}f_B^2P^2|G(0)|^2[\delta(f+f_2)+\delta(f-f_2)]\end{aligned} \tag{7.2.20}$$

若“0”“1”等概率出现，即 $P=1-P=1/2$，上式可简化为

$$\begin{aligned}P_E(f)=&\frac{1}{16}f_B[|G(f+f_1)|^2+|G(f-f_1)|^2+|G(f+f_2)|^2+|G(f-f_2)|^2]\\&+\frac{1}{16}f_B^2|G(0)|^2[\delta(f+f_1)+\delta(f-f_1)+\delta(f+f_2)+\delta(f-f_2)]\end{aligned} \tag{7.2.21}$$

再将矩形脉冲频谱函数

$$|G(f)|=T_B\left|\frac{\sin\pi fT_B}{\pi fT_B}\right| \tag{7.2.22}$$

以及

$$|G(0)|=T_B$$

代入式(7.2.21)，得

$$\begin{aligned}P_E(f)=&\frac{T_B}{16}\left(\left|\frac{\sin\pi(f+f_1)T_B}{\pi(f+f_1)T_B}\right|^2+\left|\frac{\sin\pi(f-f_1)T_B}{\pi(f-f_1)T_B}\right|^2\right.\\&\left.+\left|\frac{\sin\pi(f+f_2)T_B}{\pi(f+f_2)T_B}\right|^2+\left|\frac{\sin\pi(f-f_2)T_B}{\pi(f-f_2)T_B}\right|^2\right)\\&+\frac{1}{16}[\delta(f+f_1)+\delta(f-f_1)+\delta(f+f_2)+\delta(f-f_2)]\end{aligned} \tag{7.2.23}$$

相应的功率谱密度示于图 7.2.8。

从以上分析可以看到：第一，2FSK 信号的功率谱同样由连续谱和离散谱组成。其中，连续谱由两个双边谱叠加而成，而离散谱出现在两个载频位置上；第二，若两个载频之差较小，比如小于 f_B，则连续谱出现单峰；若载频之差逐步增大，即 f_1 与 f_2 的距离增加，则连

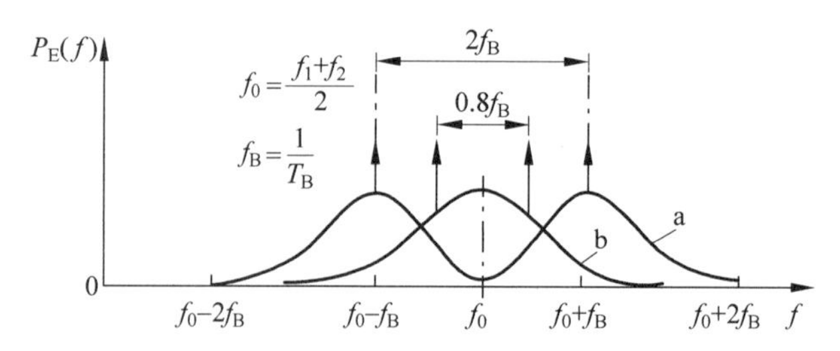

图 7.2.8 相位不连续 2FSK 信号的单边功率谱

续谱将出现双峰,这一点从图 7.2.8 可以看出;第三,由上面两个特点看到,传输 2FSK 信号所需的第一零点带宽 B 约为

$$B=|f_2-f_1|+2f_B \tag{7.2.24}$$

图 7.2.8 给出了 2FSK 信号的功率谱的单边谱示意图。曲线 a 对应的 $f_1=f_0+f_B$,$f_2=f_0-f_B$;曲线 b 对应的 $f_1=f_0+0.4f_B$,$f_2=f_0-0.4f_B$。

2FSK 是数字通信中用得较广的一种方式。在话音频带内进行数据传输时,原国际电报电话咨询委员会(CCITT)推荐在话音频带内低于 1200bit/s 数据率时使用 FSK 方式。在衰落信道中传输数据时,它也被广泛采用。

7.2.3 二进制移相键控(2PSK)及二进制差分移相键控(2DPSK)

二进制移相键控(2PSK)方式是载波相位受基带脉冲键控而改变的一种数字调制方式。通常用载波相位 0 和 π 分别表示符号"0"和"1",则 2PSK 的信号形式可写成

$$e_0(t)=\left[\sum_n a_n g(t-nT_B)\right]\cos\omega_c t \tag{7.2.25}$$

其中 $g(t)$是脉宽为 T_B 的单个矩形脉冲,a_n 对应于 0、1 的取值

$$a_n=\begin{cases}0 & (\text{以概率 } P)\\ 1 & (\text{以概率 } 1-P)\end{cases} \tag{7.2.26}$$

如果在一个码元持续时间 T_B 内观察,则 $e_0(t)$为

$$e_0(t)=\begin{cases}\cos\omega_c t & (\text{以概率 } P)\\ \cos\omega_c t=\cos(\omega_c t+\pi) & (\text{以概率 } 1-P)\end{cases} \tag{7.2.27}$$

也就是发送符号"0"时,a_n 取 1,$e_0(t)$载波相位取 0;发送符号"1"时,a_n 取-1,$e_0(t)$的载波相位取 π。这种以载波相位直接表示相应数字信息的移相键控,称为绝对移相方式。

2PSK 信号的产生可以采用模拟相乘器,也可以采用键控法选择相位,如图 7.2.9(a)(b)所示。图 7.2.9(c)是相应的已调制波形。对于 2PSK 信号的解调,容易想到的一种方法是相干解调,其相应的方框图如图 7.2.10(a)所示。又考虑到相干解调在这里实际上起鉴相作用,故相干解调中的"相乘-低通"又可用各种鉴相器替代,如图 7.2.10(b)所示。图中的解调过程,实质上是输入已调信号与本地载波信号进行极性比较的过程,故常称为极性比较法解调。图 7.2.10(c)是 2PSK 相干解调过程的各点信号波形图。

但是,2PSK 方式中,发送端相位变化是以载波相位作为参考基准的,因而在接收系统中也必须有这样一个相同相位基准的载波作为调制参照,正如我们在图 7.2.10 中所看到的那样。如果参考相位本身发生变动,则恢复的数字信息就会产生"0"和"1"反向判决错误,这

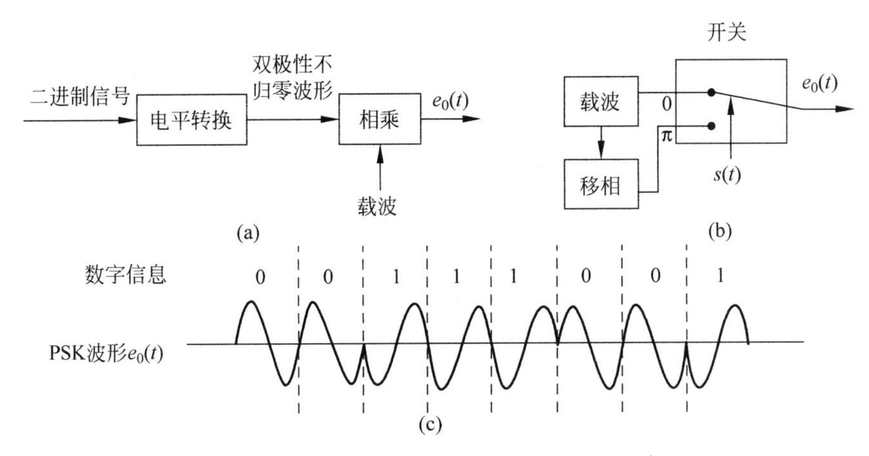

图 7.2.9 2PSK 调制方框图及时间波形示例

种现象常称为 2PSK 方式的“倒 π”现象或“反向工作”现象。实际通信时参考基准相位的随机跳变是可能的,也不易被发觉,并且接收系统中的锁相环路、分频器等也可能出现状态的转移,这样,采用 2PSK 就会在接收端发生错误的恢复。为此,实际系统中又常采用一种相对移项方式,即差分移相键控(differential phase shift keying,DPSK)。

二进制差分移相键控(2DPSK)是利用前后相邻码元的相对载波相位值表示数字信息。例如,假设用前后码元相位偏移 $\Delta\varphi=\pi$ 来表示数字信息“1”,$\Delta\varphi=0$ 表示数字信息“0”,则所对应的 2DPSK 波形如图 7.2.11(a)所示。从图中可看出,2DPSK 波形的同一相位并不对应相同的数字信息符号,而前后码元相位的相对差值才唯一决定信息符号。这说明,解调 2DPSK 信号时并不依赖于某一固定的载波相位参考值,只要前后码元的相对相位关系不破坏,则鉴别这个相位关系就可以正确恢复数字信息,这就避免了 2PSK 方式中的倒 π 现象发生。同时我们还看出,单纯从波形上看,2DPSK 与 2PSK 是无法分辨的,比如图 7.2.11 中 2DPSK 也可以是另一符号序列(见图中下部的序列,称为相对码)经绝对移相而形成的。这说明,一方面,只有已知移相键控方式是绝对的还是相对的,才能正确判定原信息;另一方面,相对移相信号可以看作是把数字信息序列(绝对码)变换成相对码,然后再根据相对码进行绝对移相而形成。例如,图中的相对码就是按相邻符号不变表示原数字信息“0”、相邻符号改变表示数字信息“1”的规律由绝对码变换而来的。这里的相对码概念就是前面介绍过的差分码。

根据上面的分析,我们可以得到 2DPSK 的信号产生方法如图 7.2.11(b)、(c)所示,(b)是产生 2DPSK 信号的模拟调制法框图,(c)是键控法框图。与 2PSK 比较,2DPSK 的调制增加了一个码变换器,码变换器完成绝对码波形到相对码波形的变换。

同理,2DPSK 信号可采用与 2PSK 相似的极性比较法解调。但必须把输出序列再变换成绝对码序列,如图 7.2.12(a)所示。此外,2DPSK 也可采用如图 7.2.12(b)所示的差分相干解调,它是直接比较前后码元的相位差而实现的,故又称为相位比较法解调。这种方法在比较相位差的同时已完成码变换作用,因而无须另加码变换器。图中,延迟电路将前一码元载波信号送至相乘器,与本时刻码元的载波相位进行比较。图 7.2.12(c)给出了差分相干解调过程中信号的演变经过。

我们还可以用码元的载波矢量图来说明数字调相信号,如图 7.2.13 所示,图中虚线矢

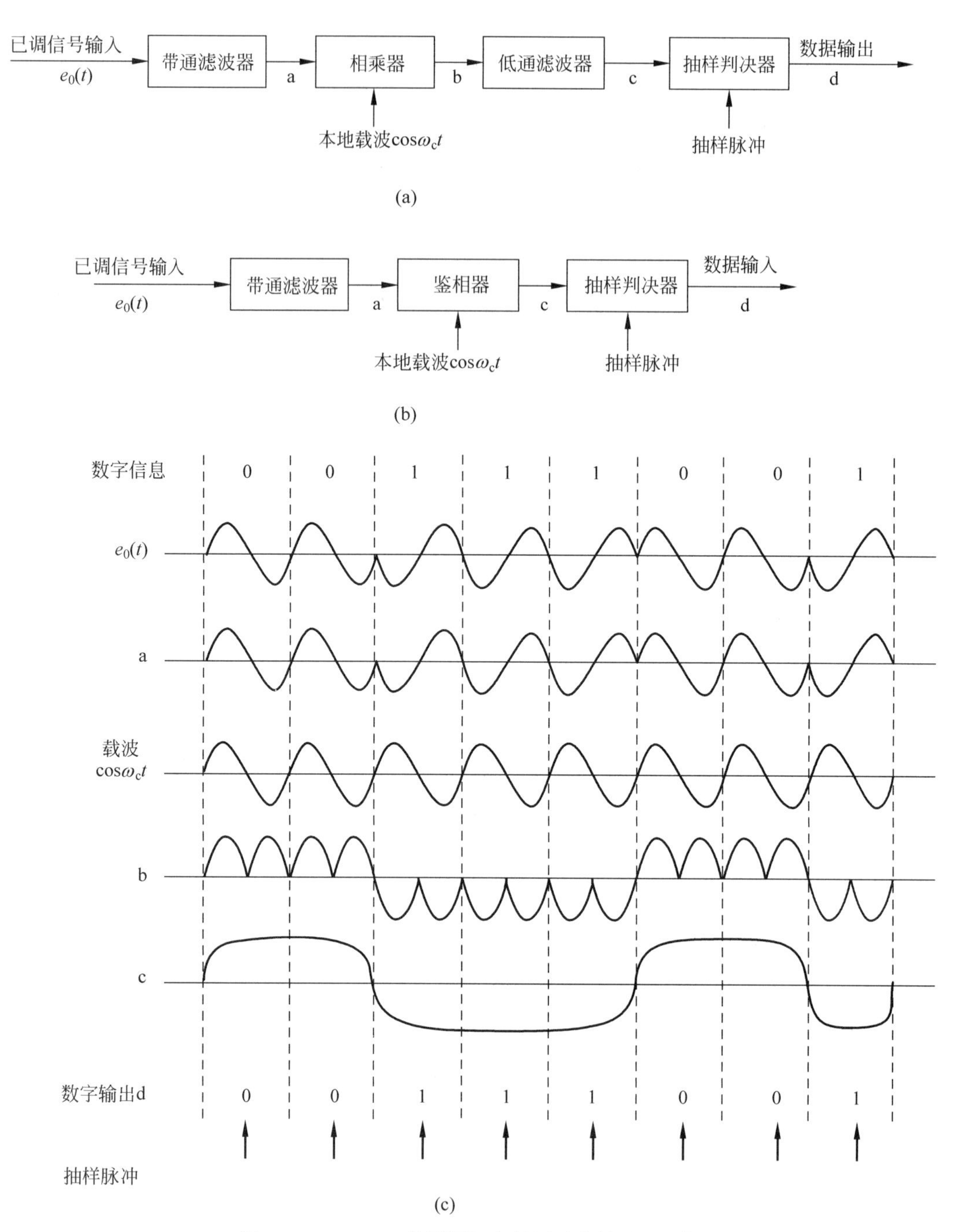

图 7.2.10　2PSK 信号调解方框图及信号过程示例

量位置称为基准相位或参考相位。在绝对移相中,它是未调制载波的相位;在相对移相中,它是前一码元载波的相位。如果假设每个码元中包含有整数个载波周期,那么,两相邻码元载波的相位差既表示调制引起的相位变化,也是两码元交接点载波相位的瞬时跳变量。根据 CCITT 的建议,图 7.2.13(a)所示的移相方式,称为 A 方式。在这种方式中,每个码元的载波相位相对于基准相位可取 0、π。因此,在相对移相时,若后一码元的载波相位相对于基准相位为 0,则前后两码元载波的相位就是连续的;否则,载波相位在两码元之间要发生突

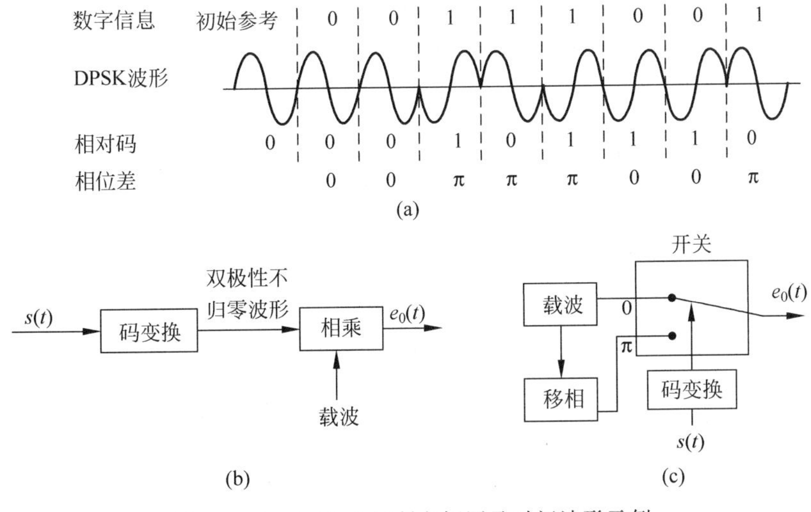

图 7.2.11 2DPSK 调制方框图及时间波形示例

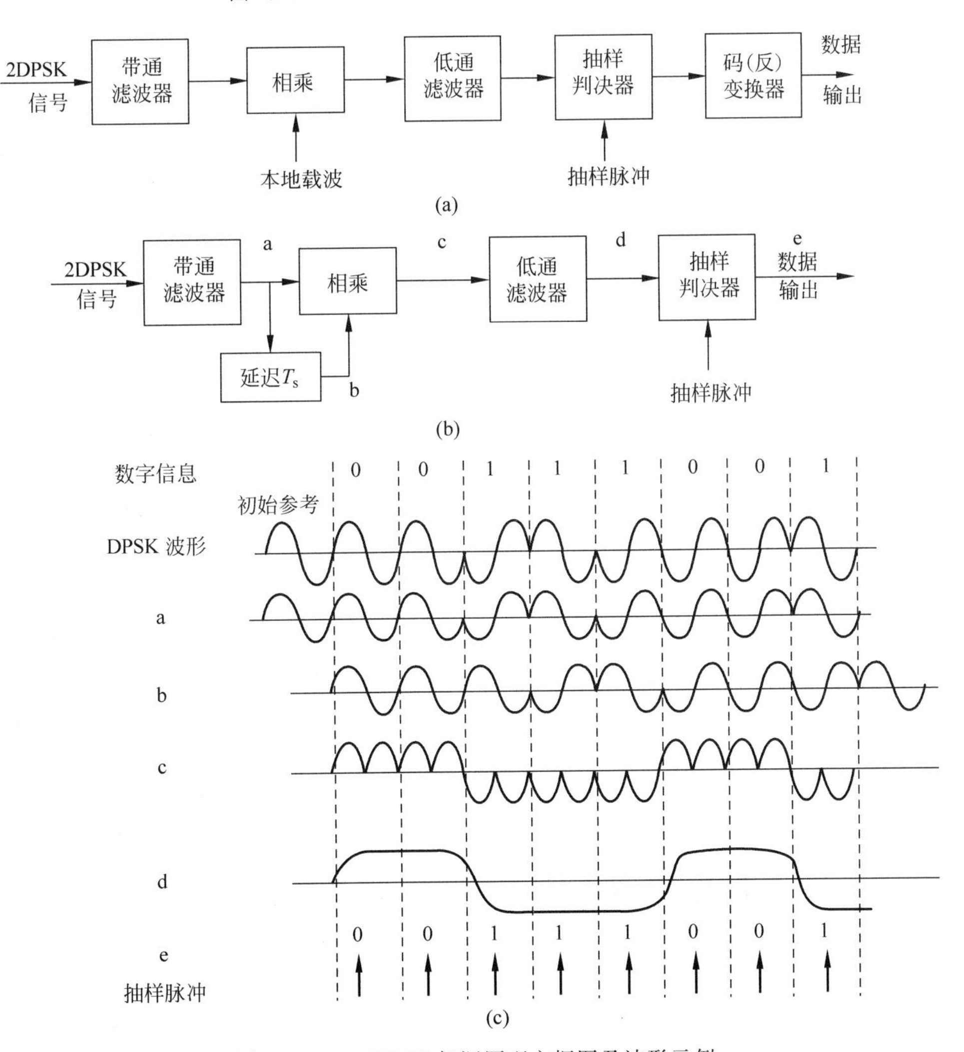

图 7.2.12 2DPSK 解调原理方框图及波形示例

跳。图7.2.13(b)所示的移相方式,称为B方式。在这种方式中,每个码元的载波相位相对于基准相位可取 $\pm\pi/2$。因而,在相对移相时,相邻码元之间必然发生载波相位的跳变。这样,接收端可以利用检测此相位变化以确定每个码元的起止时刻,即可提供码元定时信息。这是B方式在实际中被广泛采用的原因之一。

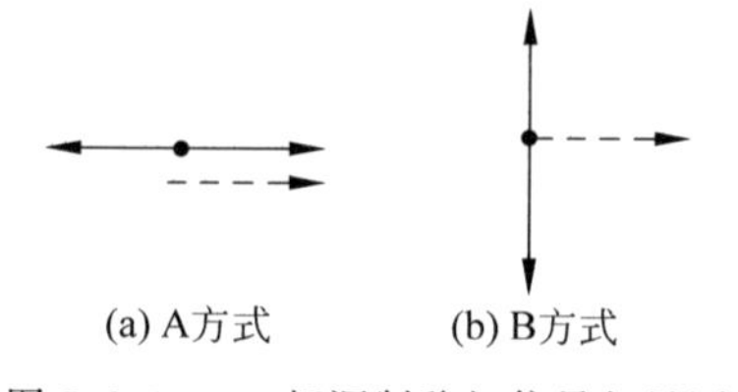

图7.2.13 二相调制移相信号矢量图

下面讨论2PSK信号的频谱。由式(7.2.25)与式(7.2.1)的比较可以发现,2PSK与2ASK的信号形式完全相同,区别仅在于 a_n 的取值。因此,可以采用求2ASK功率谱密度的方法来求2PSK的功率谱密度。即,2PSK的功率谱密度可以写成

$$P_E(f)=\frac{1}{4}[P_S(f+f_c)+P_S(f-f_c)] \tag{7.2.28}$$

相应的基带信号 $S(t)=\sum_n a_n g(t-nT_B)$ 是双极性矩形脉冲序列,因而上式成为

$$\begin{aligned}P_E(f)=&\frac{1}{4}f_B P(1-P)[|G(f+f_c)|^2+|G(f-f_c)|^2]\\&+\frac{1}{4}f_B^2(1-2P)^2|G(0)|^2[\delta(f+f_c)+\delta(f-f_c)]\end{aligned} \tag{7.2.29}$$

如果"0"与"1"出现概率相等,也就是 $P=1/2$,则式(7.2.29)变成

$$P_E(f)=\frac{1}{16}f_B[|G(f+f_c)|^2+|G(f-f_c)|^2] \tag{7.2.30}$$

又因为 $g(t)$ 的频谱 $G(f)$ 为

$$|G(f)|=T_B\left|\frac{\sin\pi f T_B}{\pi f T_B}\right|$$

所以式(7.2.30)还可写成

$$P_E(f)=\frac{T_B}{16}\left[\left|\frac{\sin\pi(f+f_c)T_B}{\pi(f+f_c)T_B}\right|^2+\left|\frac{\sin\pi(f-f_c)T_B}{\pi(f-f_c)T_B}\right|^2\right] \tag{7.2.31}$$

以上分析可以看出,二相绝对移相信号的功率谱密度同样由离散谱与连续谱两部分组成,但当双极性基带信号的两个符号以相等的概率($P=1/2$)出现时,将不存在离散谱部分。同时,还可以看出,其连续谱部分与2ASK信号的连续谱基本相同(至多相差一个常数因子)。因此,2PSK信号的带宽也与2ASK信号的带宽相同。2PSK功率谱图可以参照前面的2ASK。

2DPSK信号与2PSK完全相同,因此它们的频谱也完全相同,这里不再赘述。

我们即将在下面的分析中见到,二进制移相键控的抗噪声性能比二进制移频键控和二进制幅度键控优越,同时也因为二进制移相键控有较高信道频带利用率,所以被广泛应用于数字通信中。

7.3 二进制数字调制系统的抗噪声性能

本节将分别讨论二进制幅度键控、移频键控及移相键控系统的抗噪声性能。在数字通信中,信道噪声干扰会使传输产生错误,错误程度通常用误码率来衡量。因此,我们在这里分析由信道噪声所导致的系统误码率。

信道加性噪声通过对信号接收的影响而产生误码。在这里，信道加性噪声既包括实际信道中的噪声，也包括接收设备噪声折算到信道中的等效噪声。

7.3.1 2ASK 系统的抗噪声性能

1. 包络检波法的性能

设信道存在高斯白噪声，则带通滤波器的输出波形可表示为

$$y(t)=\begin{cases}a\cos\omega_c t+n(t) & (发送“1”时)\\ n(t) & (发送“0”时)\end{cases} \tag{7.3.1}$$

式中，窄带噪声 $n(t)=n_c(t)\cos\omega_c t-n_s(t)\sin\omega_c t$，其包络为

$$V(t)=\begin{cases}\sqrt{[a+n_c(t)]^2+n_s^2(t)} & (发送“1”时)\\ \sqrt{n_c^2(t)+n_s^2(t)} & (发送“0”时)\end{cases} \tag{7.3.2}$$

根据窄带随机信号的包络分布特性可知，发送“1”时一维概率密度函数服从广义瑞利分布

$$f_1(V)=\frac{V}{\sigma_n^2}I\left(\frac{aV}{\sigma_n^2}\right)\mathrm{e}^{-(V^2+a^2)/2\sigma_n^2} \tag{7.3.3}$$

发送“0”时包络的一维概率密度函数服从瑞利分布

$$f_0(V)=\frac{V}{\sigma_n^2}\mathrm{e}^{-V^2/2\sigma_n^2} \tag{7.3.4}$$

式中，σ_n^2 为 $n(t)$的方差，$I_0(x)$是第一类零阶修正贝塞尔函数。$f_1(V)$和 $f_0(V)$曲线示于图 7.3.1。波形 $y(t)$经包络检波器及低通滤波器后的输出由式(7.3.2)决定，抽样判决器对这一输出进行判决。由第 6 章的分析知道，最佳判决门限电平应取 $a/2$，若 $V(t)$的抽样值 $V>a/2$，判为“1”码；若 $V\leqslant a/2$，则判为“0”码。所以，发“1”错判为“0”的概率 P_{e1}，发“0”错判为“1”的概率 P_{e0} 分别为

$$P_{e1}=P\left(V\leqslant\frac{a}{2}\right)=\int_0^{a/2}\frac{V}{\sigma_n^2}I_0\left(\frac{aV}{\sigma_n^2}\right)\exp\left[-\frac{(V^2+a^2)}{2\sigma_n^2}\right]\mathrm{d}V \tag{7.3.5}$$

$$P_{e0}=P\left(V>\frac{a}{2}\right)=\int_{a/2}^{+\infty}\frac{V}{\sigma_n^2}\exp\left[-\frac{V^2}{2\sigma_n^2}\right]\mathrm{d}V \tag{7.3.6}$$

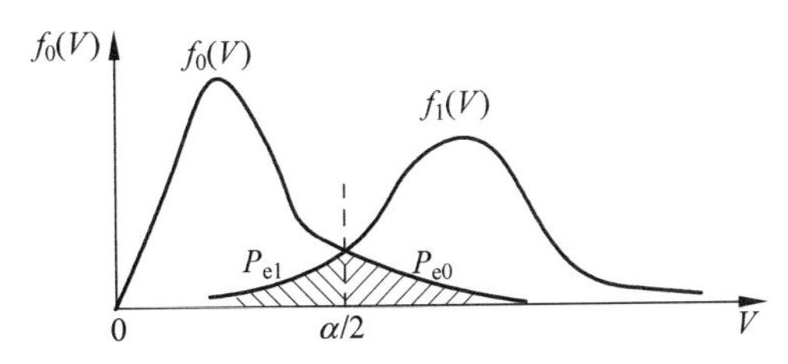

图 7.3.1 2ASK 信号包络检波误码率的图示

如果发“1”、发“0”的概率相等，即 $P(1)=P(0)=\frac{1}{2}$，则系统的总误码率为

$$P_e=P(1)P_{e1}+P(0)P_{e2}=\frac{1}{2}\left\{\int_0^{a/2}\frac{V}{\sigma_n^2}I_0\left(\frac{aV}{\sigma_n^2}\right)\exp\left(-\frac{V_2+a_2}{2\sigma_n^2}\right)\mathrm{d}V+\int_{a/2}^{+\infty}\frac{V}{\sigma_n^2}\exp\left(-\frac{V^2}{2\sigma_n^2}\right)\mathrm{d}V\right\} \tag{7.3.7}$$

当包络检波接收系统工作在大信噪比情况下$\left(\frac{a^2}{2\sigma_n^2}\gg 1\right)$,可利用下列近似关系式

$$I_0(x)\approx\frac{e^x}{\sqrt{2\pi x}}\quad(x\gg 1)\tag{7.3.8}$$

$$\operatorname{erfc}(x)\approx\frac{e^{-x^2}}{\sqrt{\pi}x}\quad(x\gg 1)\tag{7.3.9}$$

求得包络检波的误码率

$$P_e\approx\frac{1}{2}e^{-r/4}\tag{7.3.10}$$

式中$r=a^2/2\sigma_n^2$是输入信噪比。包络检波的误码率随输入信噪比增加而近似地按指数规律下降。

2. 同步检波法的性能

在图7.2.2(b)中,当乘法器的输入为式(7.3.1)所示的信号时,低通滤波器输出为

$$x(t)=\begin{cases}a+n_c(t) & (\text{发送“1”时})\\ n_c(t) & (\text{发送“0”时})\end{cases}\tag{7.3.11}$$

式中未考虑参数1/2,这是因为该参数不影响结果。式(7.3.11)是一单极性基带信号,其判决过程的分析已在上一章中介绍过。因此,当数字信号“0”和“1”的发送概率相等,系统的误码率可由上一章中的结果得到

$$P_e=\frac{1}{2}\operatorname{erfc}\left(\frac{a}{2\sqrt{2}\sigma_n}\right)=\frac{1}{2}\operatorname{erfc}\left(\frac{\sqrt{r}}{2}\right)\tag{7.3.12}$$

在大信噪比情况下,利用式(7.3.9)的近似关系可得

$$P_e=\frac{1}{\sqrt{\pi r}}e^{\frac{-r}{4}}\tag{7.3.13}$$

比较式(7.3.13)和式(7.3.10)可以看出,在信噪比r较大情况下,2ASK同步检测时的误码率低于包络检波时的误码率,不过,两者的误码性能差别不大。但是包络检波设备简单,同步检测需要稳定的本地相干载波信号而设备相对复杂。因此。大信噪比情况下多采用非相干解调。

7.3.2 2FSK系统的抗噪声性能

2FSK信号的解调同样可采用包络检波法和同步检波法。我们先讨论包络检波法接收移频信号时的性能,然后再讨论同步检测法的系统性能。

1. 包络检波法的性能

假定信道噪声为高斯白噪声,两路带通滤波器的输出分别为

$$y_1(t)=\begin{cases}a\cos\omega_1 t+n_1(t) & (\text{发送“1”时})\\ n_1(t) & (\text{发送“0”时})\end{cases}\tag{7.3.14}$$

$$y_2(t)=\begin{cases}n_2(t) & (\text{发送“1”时})\\ a\cos\omega_2 t+n_2(t) & (\text{发送“0”时})\end{cases}\tag{7.3.15}$$

式中,噪声$n_1(t)=n_{1c}(t)\cos\omega_c t-n_{1s}(t)\sin\omega_c t$,$n_2(t)=n_{2c}(t)\cos\omega_c t-n_{2s}(t)\sin\omega_c t$。于

是，两路包络检波器的输出包络分别为

$$V_1(t)=\begin{cases}\sqrt{[a+n_{1c}(t)]^2+n_{1s}^2(t)} & (\text{发送“1”时})\\ \sqrt{n_{1c}^2(t)+n_{1s}^2(t)} & (\text{发送“0”时})\end{cases} \tag{7.3.16}$$

$$V_2(t)=\begin{cases}\sqrt{n_{2c}^2(t)+n_{2s}^2(t)} & (\text{发送“1”时})\\ \sqrt{[a+n_{2c}(t)]^2+n_{2s}^2(t)} & (\text{发送“0”时})\end{cases} \tag{7.3.17}$$

同前面的讨论，发送“1”时，第 1 路包络的分布概率 $f_1(V_1)$为广义瑞利分布，第 2 路包络的分布概率 $f_1(V_2)$为瑞利分布；发送“0”时，第 1 路包络的分布概率 $f_0(V_1)$为瑞利分布，第 2 路包络的分布概率 $f_0(V_2)$为广义瑞利分布。

发送“1”时，如果包络 $V_1(t)$的抽样值 V_1 小于包络 $V_2(t)$的抽样值 V_2，就会产生错误判决而导致误码，其概率为

$$\begin{aligned}P_{e1}&=P(V_1<V_2)=\int_0^{\infty}f_1(V_1)\int_{V_1}^{\infty}f_1(V_2)\mathrm{d}V_2\mathrm{d}V_1\\&=\int_0^{\infty}\frac{V_1}{\sigma_n^2}I_0\left(\frac{\sigma V_1}{\sigma_n^2}\right)\exp\left(-\frac{V_1^2}{\sigma_n^2}\right)\exp\left(\frac{-\sigma^2}{2\sigma_n^2}\right)\mathrm{d}V_1\end{aligned} \tag{7.3.18}$$

对式(7.3.18)化简可得

$$P_{e1}=\frac{1}{2}\mathrm{e}^{-\frac{a^2}{4\sigma_n^2}}=\frac{1}{2}\mathrm{e}^{-r/2} \tag{7.3.19}$$

其中，$r=a^2/2\sigma_n^2$，σ_n^2 是包络检波器输出噪声的功率，并且假设两路噪声功率相同。

同理可求得发“0”时的错误概率

$$P_{e0}=P(V_2<V_1)=\int_0^{\infty}f_0(V_2)\int_{V_2}^{\infty}f_0(V_1)\mathrm{d}V_1\mathrm{d}V_2=\frac{1}{2}\mathrm{e}^{-r/2} \tag{7.3.20}$$

则当“0”“1”发送概率相等，即 $P(0)=P(1)=\frac{1}{2}$时，系统的总误码率为

$$P_e=P(0)P_{e0}+P(1)P_{e1}=\frac{1}{2}\mathrm{e}^{-r/2} \tag{7.3.21}$$

2. 同步检测法的性能

同步检测法时，两路带通滤波器的输出与包络检波法相同，见式(7.3.14)和式(7.3.15)。经由相乘器和低通滤波器，输入至抽样判决器的两路信号为

$$X_1(t)=\begin{cases}a+n_{1c}(t) & (\text{发送“1”时})\\ n_{1c}(t) & (\text{发送“0”时})\end{cases} \tag{7.3.22}$$

$$X_2(t)=\begin{cases}n_{2c}(t) & (\text{发送“1”时})\\ a+n_{2c}(t) & (\text{发送“0”时})\end{cases} \tag{7.3.23}$$

这里忽略了对结果没有影响的系数。由于 $n_{1c}(t)$和 $n_{2c}(t)$都是高斯随机过程，因而 $X_1(t)$和 $X_2(t)$的一维概率密度函数都是正态分布。

当发送“1”时抽样值 $X_1=a+n_{1c}$ 是均值为 a，方差为 σ_n^2 的正态随机变量；抽样值 $X_2=n_{2c}$ 是均值为 0，方差为 σ_n^2 的正态随机变量。此时。当 $X_1<X_2$ 时，将造成“1”码误判为“0”

码,其错误概率 P_{e1} 为

$$P_{e1}=P(X_1<X_2)=P(a+n_{1c}<n_{2c})=P(a+n_{1c}-n_{2c}<0) \tag{7.3.24}$$

令 $z=n_{1c}-n_{2c}$,则 z 也是高斯随机变量,且均值为 a,方差为

$$\sigma_Z^2=E[(z-\bar{z})^2]=2\sigma_n^2 \tag{7.3.25}$$

于是 P_{e1} 可由 z 的概率密度函数 $f(z)$ 求得

$$P_{e1}=\int_{-\infty}^{0} f(z)\mathrm{d}z=\frac{1}{\sqrt{2\pi}\sigma_z}\int_{-\infty}^{0}\exp\left[-\frac{(z-a)^2}{2\sigma_z^2}\right]\mathrm{d}z=\frac{1}{2}\mathrm{erfc}\sqrt{\frac{r}{2}} \tag{7.3.26}$$

同理可求得发送“0”错判为“1”的概率为 P_{e0}

$$P_{e0}=\frac{1}{2}\mathrm{erfc}\sqrt{\frac{r}{2}}=P_{e1} \tag{7.3.27}$$

于是 2FSK 接收系统的总误码率 P_e 为(假设发送“0”“1”的概率相等)

$$P_e=P(0)P_{e0}+P(1)P_{e1}=\frac{1}{2}\mathrm{erfc}\sqrt{\frac{r}{2}} \tag{7.3.28}$$

在大信噪比条件下,上式可近似为

$$P_e\approx\frac{1}{\sqrt{2\pi r}}\mathrm{e}^{-r/2} \tag{7.3.29}$$

比较式(7.3.29)和式(7.3.21)可以看出,2FSK 的同步检测的性能优于包络检波,但是两者相差较小。考虑到包络检波法的设备比较简单,因此,在能够满足信噪比要求的情况下,常选用包络检波方式。

7.3.3 2PSK 及 2DPSK 的抗噪声性能

1. 2PSK 的抗噪声性能

2PSK 信号只能使用相干解调。带通滤波器的输出为

$$y(t)=\begin{cases}a\cos\omega_c t+n(t) & (\text{发送“1”时})\\ -a\cos\omega_c t+n(t) & (\text{发送“0”时})\end{cases} \tag{7.3.30}$$

式中,窄带噪声 $n(t)=n_c(t)\cos\omega_c t-n_s(t)\sin\omega_c t$,其方差为 σ_n^2。经由相乘器和低通滤波器后,抽样判决器的输入端信号为

$$x(t)=\begin{cases}a+n_c(t) & (\text{发送“1”时})\\ -a+n_c(t) & (\text{发送“0”时})\end{cases} \tag{7.3.31}$$

假设信道噪声为高斯噪声,则

$$\begin{cases}f_1(x)=\dfrac{1}{\sqrt{2\pi}\sigma_n}\exp\left[-\dfrac{(x-a)^2}{2\sigma_n^2}\right] & (\text{发送“1”时})\\ f_0(x)=\dfrac{1}{\sqrt{2\pi}\sigma_n}\exp\left[-\dfrac{(x+a)^2}{2\sigma_n^2}\right] & (\text{发送“0”时})\end{cases} \tag{7.3.32}$$

对上述信号 $x(t)$ 的判决误码率已经在双极性基带波形的抗噪声性能中作了分析,即当 $P(0)=P(1)=1/2$ 时,对于 $x(t)$ 的最佳判决门限是 $V_d^*=0$,相应的系统误码率是

$$P_e=P(1)P_{e1}+P(0)P_{e0}=\frac{1}{2}\mathrm{erfc}\left(\frac{a}{\sqrt{2}\sigma_n}\right)=\frac{1}{2}\mathrm{erfc}(\sqrt{r}) \tag{7.3.33}$$

在大信号比下 $r\gg1$,上式成为

$$P_e\approx\frac{1}{2\sqrt{\pi r}}e^{-r}\tag{7.3.34}$$

2. 2DPSK 的抗噪声性能

2DPSK 的解调可以采用差分相干检测和极性比较法两种方法。下面先讨论差分相干检测的抗噪声性能。我们先求将"0"码误判为"1"码的错误概率 P_{e0}。发送"0"码时,加到乘法器的混有噪声的前后码元信号可以写为

$$\begin{aligned}y_1(t)&=a\cos\omega_c t+n_{1c}(t)\cos\omega_c t-n_{1s}(t)\sin\omega_c t\\y_2(t)&=a\cos\omega_c t+n_{2c}(t)\cos\omega_c t-n_{2s}(t)\sin\omega_c t\end{aligned}\tag{7.3.35}$$

式中,$y_1(t)$是无延时的输入波形;$y_2(t)$是经过延时的输入波形,也就是前一码元的波形。这两路信号经乘法器相乘之后由低通滤波器输出

$$x(t)=\frac{1}{2}\{[a+n_{1c}(t)][a+n_{2c}(t)]+n_{1s}(t)n_{2s}(t)\}\tag{7.3.36}$$

这个波形经抽样后按照下述规则判决:

$x>0$,判为"0"—— 正确判决

$x<0$,判为"1"—— 错误判决

于是,将"0"码错判为"1"码的概率 P_{e0} 是

$$\begin{aligned}P_{e0}&=P\{(a+n_{1c})(a+n_{2c})+n_{1s}n_{2s}<0\}\\&=P\{(2a+n_{1c}+n_{2c})^2+(n_{1s}+n_{2s})^2-(n_{1c}-n_{2c})^2-(n_{1s}-n_{2s})^2<0\}\end{aligned}\tag{7.3.37}$$

式(7.3.37)的变形利用了关系式

$$x_1x_2+y_1y_2=\frac{1}{4}\{[(x_1+x_2)^2+(y_1+y_2)^2]-[(x_1-x_2)^2+(y_1-y_2)^2]\}$$

进一步地,我们设

$$\begin{cases}R_1=\sqrt{(2a+n_{1c}+n_{2c})^2+(n_{1s}+n_{2s})^2}\\R_2=\sqrt{(n_{1c}-n_{2c})^2+(n_{1s}-n_{2s})^2}\end{cases}\tag{7.3.38}$$

则式(7.3.37)成为

$$P_{e0}=P(R_1<R_2)\tag{7.3.39}$$

由于式(7.3.38)中的 n_{1c}、n_{2c}、n_{1s}、n_{2s} 是相互独立的正态随机变量,根据前面章节的知识可知,R_1 是服从广义瑞利分布的随机变量,R_2 为服从瑞利分布的随机变量,即

$$\begin{cases}f(R_1)=\dfrac{R_1}{2\sigma_n^2}I_0\left(\dfrac{aR_1}{\sigma_n^2}\right)\exp\left(-\dfrac{R_1^2+4a^2}{4\sigma_n^2}\right)\\f(R_2)=\dfrac{R_2}{2\sigma_n^2}\exp\left(-\dfrac{R_2^2}{4\sigma_n^2}\right)\end{cases}\tag{7.3.40}$$

将式(7.3.40)代入式(7.3.39),可得

$$\begin{aligned}P_{e0}&=\int_0^{+\infty}f(R_1)\left[\int_{R_1}^{\infty}f(R_2)\mathrm{d}R_2\right]\mathrm{d}R_1\\&=\int_0^{+\infty}\frac{R_1}{2\sigma_n^2}I_0\left(\frac{aR_1}{\sigma_n^2}\right)\exp\left(-\frac{R_1^2+2a^2}{2\sigma_n^2}\right)\mathrm{d}R_1\end{aligned}\tag{7.3.41}$$

上式化简的结果为

$$P_{e0}=\frac{1}{2}e^{-r} \tag{7.3.42}$$

其中，$r=a^2/2\sigma_n^2$。同理可求得将"1"错判为"0"的错误概率为 P_{e1}，其结果与式(7.3.42)完全相同

$$P_{e1}=\frac{1}{2}e^{-r} \tag{7.3.43}$$

因此 2DPSK 差分相干检测的总误码率为

$$P_e=\frac{1}{2}e^{-r} \tag{7.3.44}$$

2DPSK 极性比较法(也就是相干解调)的误码率可在 2PSK 相干解调误码率的基础上推导得到。与 2PSK 相比较，2DPSK 相干解调增加了码变换器。由于码变换器输出的每一个码元是由输入的两个相邻码元决定，因此，解调出现的错码会影响后续的码变换运算，导致后继码元出错，即误码扩散。经过分析可以得出，如果码变换器输入码元序列的误码率为 P_e，则码变换器输出码元序列的误码率 P'_e 成为

$$P'_e=2(1-P_e)P_e \tag{7.3.45}$$

将式(7.3.33)的 2PSK 相干解调误码率代入式(7.3.45)，可得 2DPSK 相干解调的误码率为

$$P'_e=\mathrm{erfc}\sqrt{r}\left(1-\frac{1}{2}\mathrm{erfc}\sqrt{r}\right) \tag{7.3.46}$$

或

$$P'_e=\frac{1}{2}[1-(\mathrm{erfc}\sqrt{r})^2] \tag{7.3.47}$$

以上分析推导了各类二进制数字调制信号的抗噪声性能，表 7.3.1 是上述结论的总结，给出了不同调制信号、不同解调方式的误码率 P_e 和信噪比 r 之间的关系式，其中 $r=\frac{a^2}{2\sigma_n^2}$。

表 7.3.1 二进制系统误码率公式一览表

调制、解调方式	误码率 P_e 与信噪比 r 的关系	备　　注
相干 2ASK	$P_e=\frac{1}{2}\mathrm{erfc}\frac{\sqrt{r}}{2}$	见式(7.3.12)
非相干 2ASK	$P_e=\frac{1}{2}e^{-r/4}$	见式(7.3.10)
相干 2FSK	$P_e=\frac{1}{2}\mathrm{erfc}\sqrt{\frac{r}{2}}$	见式(7.3.28)
非相干 2FSK	$P_e=\frac{1}{2}e^{-\frac{r}{2}}$	见式(7.3.21)
相干 2PSK	$P_e=\frac{1}{2}\mathrm{erfc}\sqrt{r}$	见式(7.3.33)
非相干 2PSK	$P_e=\frac{1}{2}e^{-r}$	见式(7.3.44)
相干 2DPSK	$P_e=\mathrm{erfc}\sqrt{r}\left(1-\frac{1}{2}\mathrm{erfc}\sqrt{r}\right)$	见式(7.3.46)

7.4 二进制数字调制系统的比较

前面几节中,我们分析了几种主要二进制数字调制系统及其性能,下面作一简要比较。

1. 抗噪声性能

表7.3.1已经列出了各种二进制数字调制系统的误码率 P_e 与信噪比 r 的关系,为了更加直观地比较它们的性能,图7.4.1画出了相应的误码率曲线。可以看出,对同一种调制信号的解调,相干方式略优于非相干方式,它们基本上是 $\mathrm{erfc}\sqrt{r}$ 和 $\exp(-r)$ 之间的差异,当 $r\to\infty$ 时,它们趋于同一极限值;就不同调制体制而言,在相同误码率要求和采用相同解调方式的前提下,在信噪比要求上2PSK比2FSK小3dB、2FSK比2ASK小3dB。由此看来,在抗噪声性能方面,2PSK性能最好,2FSK次之,2ASK最差。

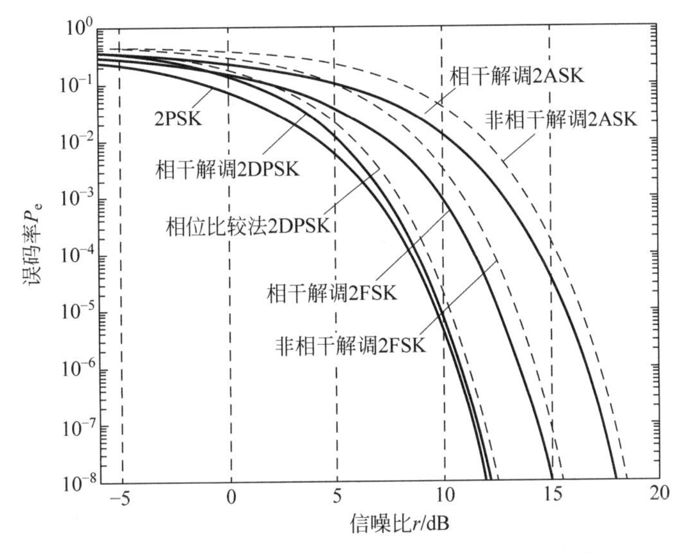

图7.4.1 二进制数字调制系统的误码率性能比较

2. 对信道特性变化的敏感性

误码率还受信道特性变化的影响。信道特性变化的影响之一是判决门限。在2FSK系统中,通过比较两路解调输出的大小来作出判决,不需要设置判决门限;在2PSK系统中,判决门限固定为零,与接收机输入信号的幅度无关。因此,这两种系统的接收机容易保持在最佳判决门限状态。对于2ASK系统,最佳判决门限与接收机输入信号的幅度 a 有关(当"0""1"等概发送时,最佳判决门限为 $a/2$),当信道特性发生变化时,输入信号幅度 a 将随着发生变化,从而导致最佳判决门限的改变。这样,接收机不容易保持在最佳门限状态,误码率将会增大。所以,2ASK的误码率性能易受信道特性变化的影响而恶化。

当信道存在严重的衰落时,接收端不容易得到相干解调所需的相干载波,会使相干解调的误码率增大,因而常采用非相干解调。但是,在相同误码率下,相干解调比非相干解调节约功率,所以,在发射机功率受到限制的场合下,可采用相干解调。

3. 频带宽度

当码元宽度为 T_B,也就是码速为 f_B 时,2ASK系统和2DSK系统的第一零点带宽均为

$2f_B$,而 2FSK 系统的第一零点带宽为$|f_2-f_1|+2f_B$。因此,从频带宽度或频带利用率上看,2ASK 和 2PSK 相同,2FSK 系统带宽较大,频带利用率较低。

4. 设备复杂程度

2ASK、2FSK 及 2PSK 这三种方式的发送端设备复杂程度相差不多,而接收端的复杂程度不仅与调制方式有关,还与所选用的解调方式相关。对于同一种调制方式,相干解调的设备比非相干解调复杂;而同为非相干解调时,2DPSK 设备最复杂,2FSK 次之,2ASK 最简单。

从以上几个方面的比较来看,各种二进制数字调制系统均有其利弊。在选择调制和解调方式时,除了对系统的要求作全面的考虑之外,应该抓住其中最主要的要求。目前用得最多的数字调制方式是相干 2DPSK 和非相干 2FSK。相干 2DPSK 主要用于高速数据传输,而非相干 2FSK 则用于低速数据传输中,特别是在衰落信道中传送数据的场合。

7.5 多进制调制系统

实际的数字通信系统常常采用信号状态数目大于二的多进制数字调制技术。多进制数字调制是利用多进制数字基带信号去调制载波的振幅、频率或相位,相应地有多进制数字振幅调制、多进制数字频率调和多进制数字相位调制三种基本方式。与二进制数字调制相比,多进制数字调制的显著优点是,在相同码元传输速率下,或者说在使用相同频率带宽的前提下,多进制数字调制系统能够实现更快的信息速率,因而具有更高的频带利用效率。正是基于这一最重要的特点,多进制调制方式获得了广泛的应用。在这里我们简要介绍上述几种多进制数字调制方式。

7.5.1 多进制数字振幅调制(MASK)

MASK 信号可以用下式表示

$$s(t)=\sum_n a_n g(t-nT_B)\cos\omega_c t \tag{7.5.1}$$

式中,a_n 取不同电平

$$a_n=\begin{cases}a_1 & (\text{概率为 } P_1)\\ a_2 & (\text{概率为 } P_2)\\ \vdots & \quad\vdots\\ a_L & (\text{概率为 } P_L)\end{cases}$$

且 $P_1+P_2+\cdots+P_L=1$。

由式(7.5.1)可知,MASK 的波形是多种幅度的同频载波键控信号的叠加,所以,MASK 信号的宽带与 2ASK 相同。即若符号速率为 f_B,则 MASK 频谱的第一个零点宽带为 $2f_B$。而 L 进制幅度控制键的信息传输速率是二进制的 $\log_2 L$ 倍。

如果 L 进制幅度键控信号接收机输入端的平均信噪比为 r,则相干检测的误码率为

$$P_e=\left(1-\frac{1}{L}\right)\operatorname{erfc}\sqrt{\frac{3r}{L^2-1}} \tag{7.5.2}$$

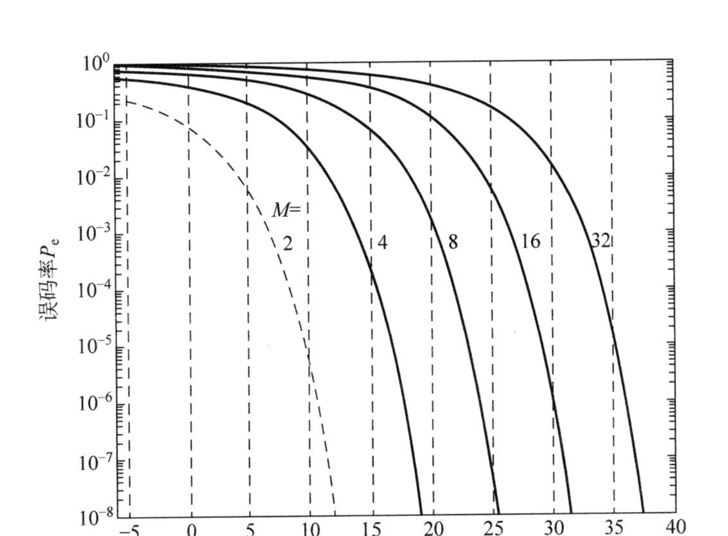

图 7.5.1 MASK 的误码率性能

图 7.5.1 示出 $L=2,4,8,16,32$ 时,系统误码率 P_e 与信噪比 r 的关系曲线。可以看出,随着进制数 L 的增加,相同信噪比所对应的误码率也随着增大。因此,多进制系统是以牺牲抗噪声性能来换取信号速率的提高。

7.5.2 多进制数字频率调制(MFSK)

MFSK 信号可表示为

$$s(t)=\sum_{n} g(t-nT_B)\cos(\omega_n t+\varphi_n) \tag{7.5.3}$$

式中,ω_n 取不同频率

$$\omega_n=\begin{cases}\omega_1 & (\text{概率为 } P_1)\\ \omega_2 & (\text{概率为 } P_2)\\ \vdots & \quad\vdots \\ \omega_L & (\text{概率为 } P_L)\end{cases}$$

且 $P_1+P_2+\cdots+P_L=1$。

MFSK 信号的宽带为

$$B_{MFSK}=f_L-f_1+2f_B \tag{7.5.4}$$

式中,f_L 为最高选用载频,f_1 为最低选用载频,f_B 是 MASK 的符号速率。可见,MASK 所占据的频带较宽。原则上,多频制具有多进制调制的优点,但由于使用较宽的频带,其频带利用率并不高,因此,多频制较少使用,一般在调制速率不高的场合应用。

MFSK 的误码率与信噪比 r 及进制数 M 有关。同时,相干检测的性能优于非相干检测,但随着信噪比 r 的增加两者趋于同一极限值。图 7.5.2 给出了相干检测和非相干检测在不同进制数 M 下的误码率曲线,图中实线对应相干检测、虚线对应非相干检测。

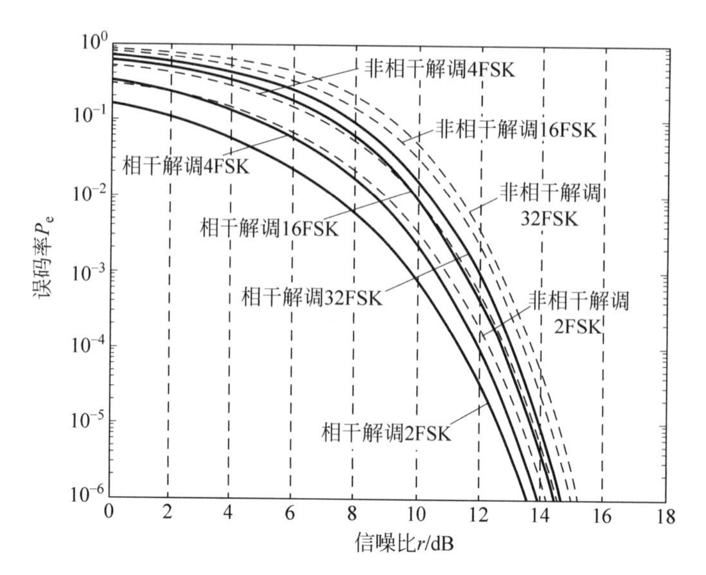

图 7.5.2 MFSK 的误码率性能

7.5.3 多进制数字相位调制(MPSK 及 MDPSK)

多进制数字相位调制是利用载波的多个不同相位(或相位差)来表征多个数字信号的调制方式,可分为绝对移相(MPSK)和相对移相(MDPSK)两种类型。由于具有较高的频谱利用率和较强的抗干扰性能,多进制数字相位调制是当前通信系统的主要调制方式之一。L 进制 MPSK 是把 2π 相位等间隔地分为 L 个相位点:$\varphi_1, \varphi_2, \cdots, \varphi_L$,分别对应于 L 种码元载波信号的初始相位。MPSK 信号可表示为

$$S(t) = \sum_n g(t - nT_B)\cos(\omega_c t + \varphi_n) \tag{7.5.5}$$

式中,φ_n 对应于 L 种信号,有 L 种取值

$$\varphi_n = \begin{cases} \varphi_1 & (\text{以概率 } P_1) \\ \varphi_2 & (\text{以概率 } P_2) \\ \vdots & \quad\vdots \\ \varphi_L & (\text{以概率 } P_L) \end{cases}$$

相对于 2PSK 信号来说,MPSK 信号的相邻符号间隔变小,则必然带来解调电路识别错误率的增加。因此,MPSK 系统的误码率是要大于 2PSK 的。大信噪比时,其误码率可由下式决定

$$P_{eMPSK} \approx e^{-r\sin^2(\pi/L)} \tag{7.5.6}$$

显然,MPSK 信号的宽带也是基带信号的 2 倍,即

$$B_{MPSK} = 2B_b = 2f_B \tag{7.5.7}$$

式中,B_b 是基带信号宽带,f_B 是码元速率,并且取频谱第一个零点作为频带截止频率。

目前多进制数字相位调制中使用最广泛的是四相制和八相制,其中四相制移相键控是微波和卫星数字通信最常用的一种数字调制方式。下面以四相制为例来说明多进制数字相位调制的原理。

1. QPSK 与 QDPSK 调制

四相绝对移相键控(Quadrature Phase Shift Keying,QPSK),即用载波信号的 4 个初始

相位对应信码的 4 种状态。按对应关系有 A 方式与 B 方式之分，如表 7.5.1 所示。在 QPSK 调制系统中，同样会产生相位模糊现象，因此也同样存在着四相相对移相控键(Quadrature Differential Phase Shift Keying，QDPSK)。相对于表 7.5.1 中的双比特对应关系，在 QDPSK 中是指前后码元初始相位差值的大小。信号与载波相位的对应关系也可以更形象地用矢量图来表示，如图 7.5.3。两种调制信号的波形示于图 7.5.4。

表 7.5.1　QPSK(QDPSK)的相位对应关系

信　　码	0　0	1　0	1　1	0　1
A 方式	0°	90°	180°	270°
B 方式	225°	315°	45°	135°

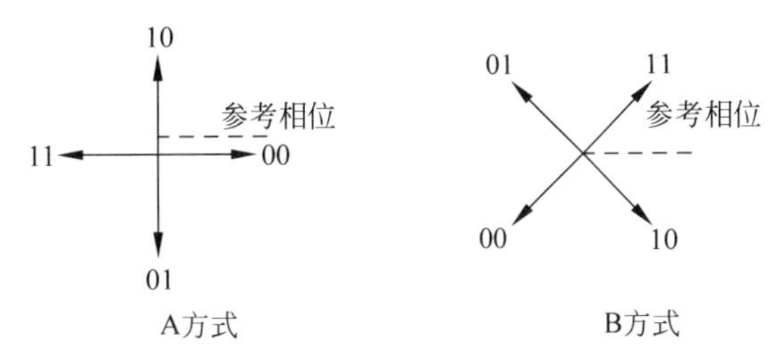

图 7.5.3　QPSK(QDPSK)信号矢量图

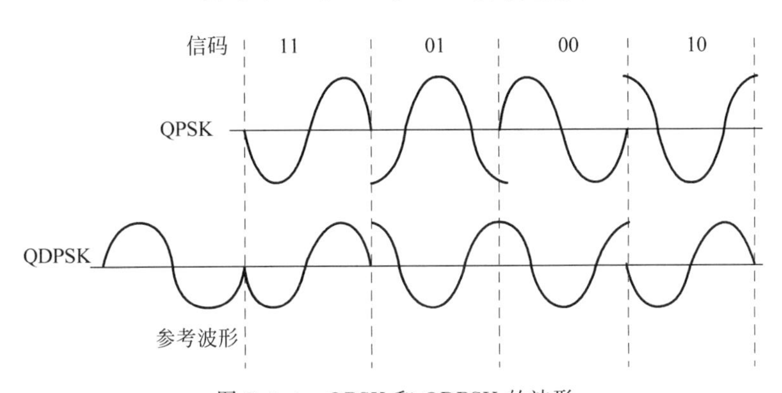

图 7.5.4　QPSK 和 QDPSK 的波形

QPSK 调制器如图 7.5.5(a)所示。双比特信息进入串/并转换器之后，同时并行输出。一个比特进入 a 信道，另一个进入 b 信道。a 信道的载波与参考载波 $\cos\omega_c t$ 同相，而 b 信道载波与参考载波相位正交。在 a 和 b 信道中，每个信道的调制过程与 2PSK 相同，本质上，QPSK 调制器是两个 2PSK 调制器的正交组合，图 7.5.5(b)示意了两路信号的正交组合构成 QPSK B 方式信号。

QPSK 调制也可以采取相位选择的方法，它的原理与 2PSK 相位选择调制相似。QDPSK 的调制方法可以采用先将绝对码变换成相对码，再作 QPSK 调制。这里的码变换是按照模 4 加法规则而进行的。

2. QPSK 与 QDPSK 解调

QPSK 接收器如图 7.5.6 所示。由于 QPSK 信号中的两路 2PSK 信号相互正交，故可以用两个正交相干载波 $\cos\omega_0 t$ 和 $\sin\omega_0 t$ 对它们分别解调，其解调原理就是前述的 2PSK 解调。两路解调输出经过并/串变换电路重新组合成串行数据。

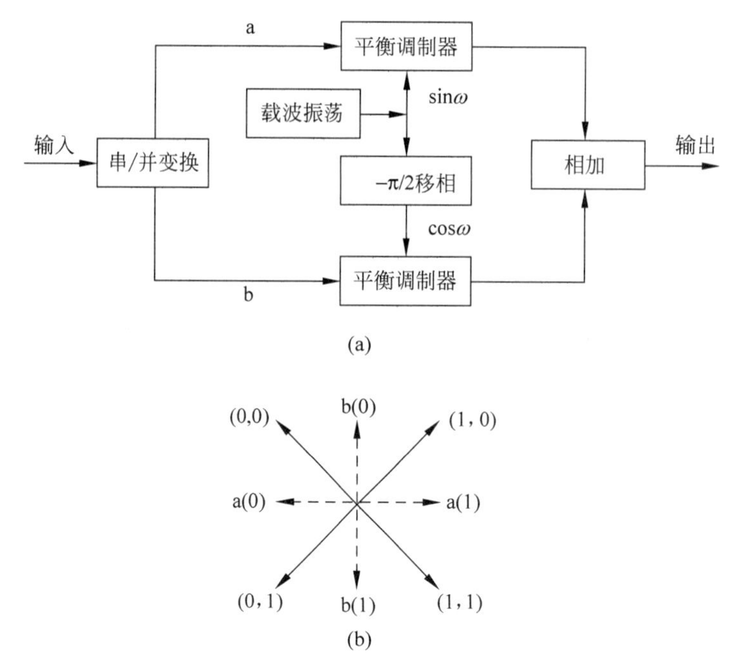

图 7.5.5 QPSK 调制器及信号合成

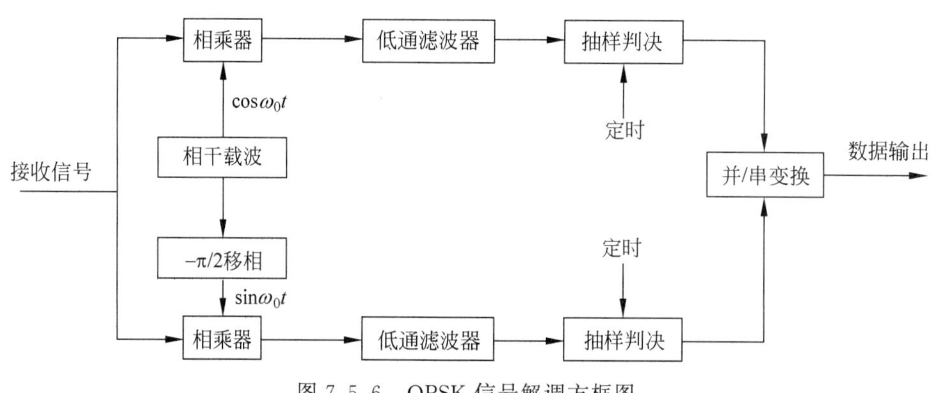

图 7.5.6 QPSK 信号解调方框图

QDPSK 信号的解调方法有极性比较法和差分相干检测，原理与 2DPSK 解调相似，可以看作是对两路 2DPSK 的分别解调，再经过组合成为串行数据输出。

7.5.4 振幅相位联合键控（APK）

从以上的多进制数字调制系统可以看出，与二进制系统相比较，多进制系统的频带利用率提高了，获得了更快的信息传送速率，但同时，随着进制数 M 的增加，信号空间中各信号点间的距离减小了，信号判决区域随之减小，判决错误概率也就相应增大。为了更加有效地利用信号空间、增加信号点之间的距离，从而改善误码率性能，在幅度键控和移相键控的基础上，提出了振幅相位联合键控（Amplitude Phase Keying，APK）。这种调制方式在 M 较大时可以获得较好的功率利用率，同时，设备组成也比较简单。APK 采用多相位、多幅度的联合调制获得较高频带利用率，适合高速率通信场合。

APK 信号可以表示为

$$s(t)=\sum_n a_n g(t-nT_B)\cos(\omega_c t+\varphi_n) \tag{7.5.8}$$

式中，$g(t)$是宽度为 T_B 的单个矩形脉冲；a_n 代表不同的幅度取值；φ_n 代表不同的相位取值：

$$a_n=\begin{cases}a_1 & (\text{以概率 } P_{11})\\ a_2 & (\text{以概率 } P_{12})\\ \vdots & \vdots\\ a_N & (\text{以概率 } P_{1N})\end{cases}\qquad \varphi_n=\begin{cases}\varphi_1 & (\text{以概率 } P_{21})\\ \varphi_2 & (\text{以概率 } P_{22})\\ \vdots & \vdots\\ \varphi_M & (\text{以概率 } P_{2M})\end{cases}$$

其中 $P_{11}+P_{12}+\cdots+P_{1N}=1, P_{21}+P_{22}+\cdots+P_{2M}=1$。显然，APK 信号的可能状态数为 $M\times N$。式(7.5.8)还可写成另一种形式

$$s(t)=\sum_n a_n g(t-nT_B)\cos\varphi_n\cos\omega_c t-\sum_n a_n g(t-nT_B)\sin\varphi_n\sin\omega_c t \tag{7.5.9}$$

令 $a_n\cos\varphi_n=x_n$，$-a_n\sin\varphi_n=y_n$，则式(7.5.9)成为

$$s(t)=\sum_n x_n g(t-nT_B)\cos\omega_c t+\sum_n y_n g(t-nT_B)\sin\omega_c t \tag{7.5.10}$$

可见，APK 信号可看作两个正交载波幅度调制信号之和，故又称正交幅度调制(Quadrature Amplitude Modulation，QAM)。因而，APK 信号可以用两路双边带调制信号的叠加得到。解调则采用正交相干解调。

$$s(t)=A_n\cos\omega_c t+B_n\sin\omega_c t \tag{7.5.11}$$

由式(7.5.11)可以看出，APK 信号可以用二维矢量空间内的点(A_n,B_n)表示，$n=1,2,\cdots,L$。这种信号点的集合称为星座图，如图 7.5.7(a)所示。

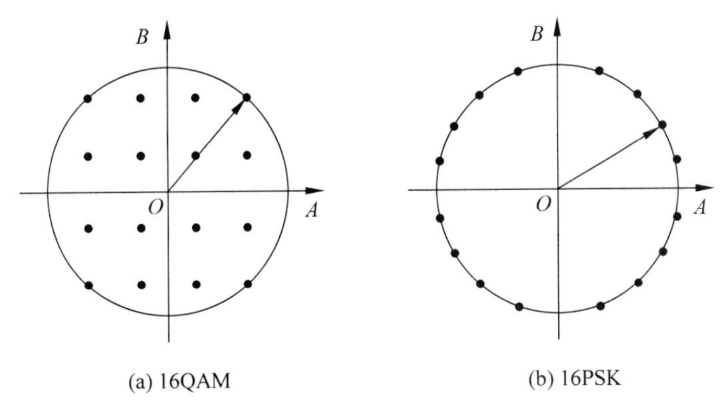

(a) 16QAM (b) 16PSK

图 7.5.7 16QAM 和 16PSK 的星座图

对于式(7.5.11)中 A_n 和 B_n 分别有四种取值状态的 APK 调制，通常称为 16QAM。16QAM 是十六进制的数字调制，图 7.5.7(a)是它的信号星座图。图中，16QAM 信号实际有 12 种相位和 3 种幅度，这些信号在 A 和 B 方向上是等距离分布的，这样做有效地增大了 QAM 相邻信号点之间的距离，降低判决的错误概率。

一般地，如果 QAM 信号的最大幅度值为 D，则其相邻信号点的距离为

$$d_{\text{QAM}}=\frac{\sqrt{2}D}{L-1} \tag{7.5.12}$$

式中,L 是星座图中每个坐标轴的电平数。对于 16QAM,$L=4$,相应的信号点距离为

$$d_{16QAM}=\frac{\sqrt{2}D}{3}\approx 0.47D \tag{7.5.13}$$

而对于图 7.5.7(b)的 16PSK 信号,相邻信号点间的距离是

$$d_{16PSK}\approx 2D\sin\left(\frac{\pi}{16}\right)=0.39D \tag{7.5.14}$$

可以看出,d_{16QAM} 超过 d_{16PSK} 约 1.64dB,换言之,d_{16QAM} 比 d_{16PSK} 具有更好的抗噪声干扰性能。实际上,图 7.5.7(a)的 16QAM 信号的平均信号功率小于图 7.5.7(b)的 16PSK 信号,如果在相同信号平均功率条件下进行比较,16QAM 信号的相邻点距离超过 16PSK 约 4.19dB。这是振幅相位联合键控调制方式的显著优点。图 7.5.8 给出了相同平均信噪比条件下的 MQAM 与 MPSK 的误码率性能比较。

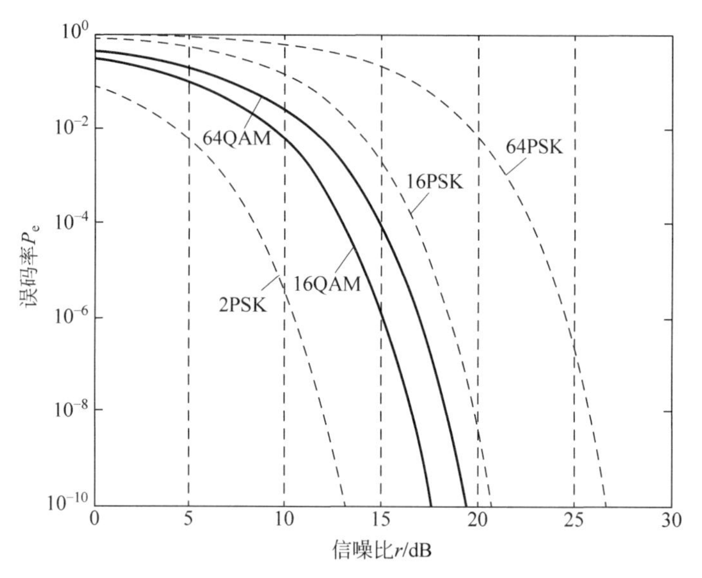

图 7.5.8 MQAM、MPSK、2PSK 的误码率性能比较

7.6 数字调制技术在现代通信中的改进发展

在现代通信中,需要解决的实际问题很多,为此,在前述的基本数字调制方式基础上又发展出一些新的、适应不同应用要求的改进型数字调制技术。这些新的数字调制技术的改进主要集中在以下方面:其一是节省频带,提高传输速率,典型的如很大进制数的 MQAM 技术的研究和实现;其二是改善频谱结构,抑制带外辐射;以及抗多径效应,减小码间干扰和提高纠错能力等方面的考虑。

随着现代通信业务的增长,传输信道日趋拥挤,无线通信尤其如此。这对调制的频带宽度和带外辐射提出了更高的要求,而原先的基本调制方式往往满足不了这种要求。因此,相继出现了多种改进调制技术。例如,QPSK 在码元转换时刻点上可能产生 180°的相位跳变,使得频谱高频滚降缓慢、带外辐射大。为了消除 180°的相位突变,在 QPSK 基础上提出了交错正交相移键控(Offset Quadrature Phase Shift Keying,OQPSK)。OQPSK 虽然消除了

180°的相位突变，但仍然存在90°的相位跳动，使得频谱中频成分不能很快地滚降。只有相邻码元之间不存在相位的瞬变，才能获得比较理想的效果，于是提出了最小频移键控(Minimum-Shift Keying，MSK)。之后，又有更进一步的改进形式，如正弦频移键控(Sinusoidal Frequency-Shift Keying，SFSK)、频移交错正交调制(Frequency Shift Offset Quadrature，FSOQ)等。

前述几种改进型数字调制方式的相位特性仅局限于一个码元内，限制了选择不同相位路径的可能性。因此，有必要把相位特性扩展到几个码元中进行，从而出现了平滑调频(Tamed Frequency Modulation，TFM)技术。它是由相关编码器和频率调制所组成，相关编码器通过改变数据的概率分布而实现改变基带信号频谱的目的。TFM的相关编码器的作用相当于一个滤波器，采用高斯滤波器来代替相关编码器，就构成了调制高斯滤波的最小频移键控(Gaussian-filtered Minimum Shift Keying，GMSK)。

此外，其他的调制方式还包括无码间串扰和抖动的交错正交相移键控(IJF-OQPSK)、部分响应的无码间串扰和抖动的交错正交相移键控(PR-IJF-OQPSK)以及互相关相移键控(XPSK)等，它们都可以达到加快频谱衰减的效果。

下面对几种主要的调制方式作简要介绍。

7.6.1　交错正交相移键控(OQPSK)

前文介绍的四相移相键控(QPSK)中，两正交支路数据在时间上是完全对准的，当两路数据同时改变相位时，会产生180°的相位跃变。这种相位倒相，会使信号通过带限信道时发生显著的包络变化而产生深调幅。这种深调幅信号经过通信设备中的非线性放大器时，幅度的波动会造成信号失真和频谱扩散，产生邻道干扰。

交错正交相移键控(OQPSK)，也称为参差四相调制，是对QPSK的改进。在OQPSK调制中，两数据流之间有一个比特(半个符号周期)延迟，由于时间错开，在任何传输点上只有一个二进制符号可以改变状态，合成的移相信号只可能出现±90°的相位跃变，带限滤波后的OQPSK信号包络不会过零点(深调幅)。这样，通过非线性设备时，OQPSK的幅度波动比QPSK小，最大的包络波动约为3dB，而普通QPSK则可能出现100%的包络波动。OQPSK比较适合在非线性的卫星系统和视距微波系统中应用。

图7.6.1给出了OQPSK的调制和解调方框图，图7.6.2则是相应的两正交支路数据流的时间关系。与QPSK相比较，OQPSK的调制和解调各增加了一个支路延时器。

7.6.2　最小频移键控(MSK)

最小频移键控(MSK)是FSK的一种改进形式。MSK的调制指数$h=0.5$，而且其相位在码元转换时刻是连续的。MSK时域表示式可写为

$$s(t)=\cos\left[\omega_c t+\frac{\pi a_k}{2T_B}t+\varphi_k\right]\quad((k-1)T_B\leqslant t\leqslant kT_B)\tag{7.6.1}$$

式中，ω_c是载波角频率；T_B是码元宽度；a_k是第k个码元数据($a_k=\pm1$)；φ_k是第k个码元的相位常数。

当$a_k=-1$时，信号频率f_1为

$$f_1=f_c+\frac{1}{4T_B}\tag{7.6.2}$$

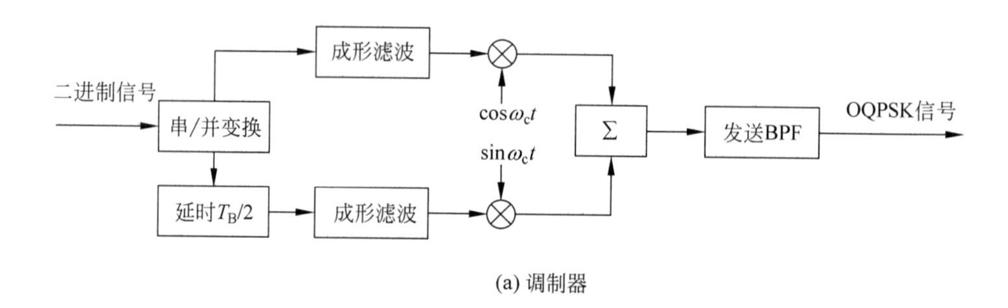

(a) 调制器

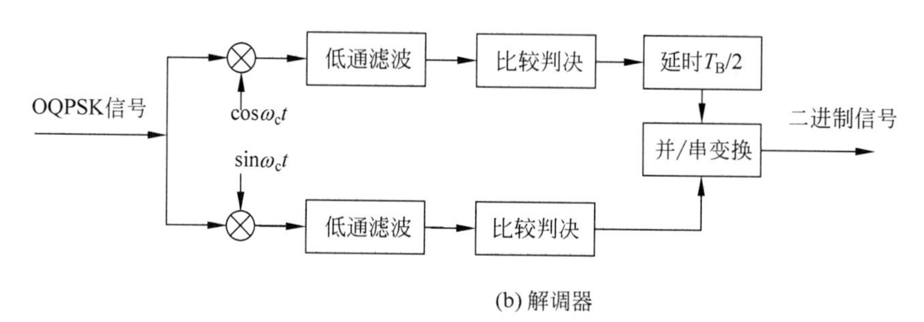

(b) 解调器

图 7.6.1 OQPSK 调制器和解调器

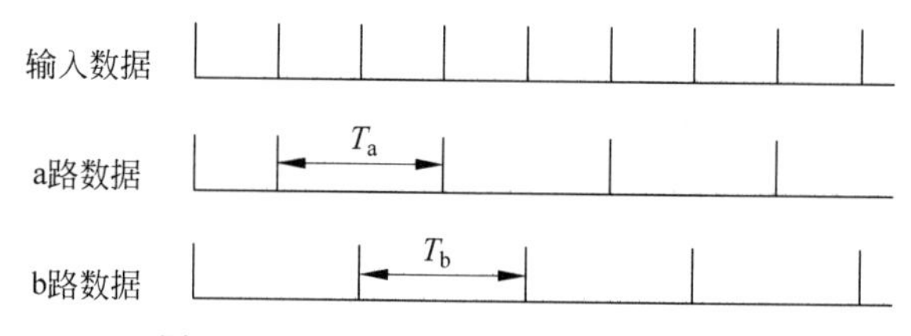

图 7.6.2 OQPSK 数据流的时间关系

当 $a_k=+1$ 时，信号频率 f_2 为

$$f_2=f_c-\frac{1}{4T_B} \tag{7.6.3}$$

可见，调制指数

$$h=\frac{f_1-f_2}{f_B}=0.5 \tag{7.6.4}$$

式(7.6.1)中相位常数 φ_k 的选择应保证信号相位在码元转换时刻连续。根据这一要求，可以导出以下的相位递归条件(相位约束条件)：

$$\varphi_k=\varphi_{k-1}+(a_{k-1}-a_k)\frac{\pi(k-1)}{2}=\begin{cases}\varphi_{k-1} & (a_k=a_{k-1})\\ \varphi_{k-1}\pm(k-1)\pi & (a_k\neq a_{k-1})\end{cases} \tag{7.6.5}$$

式(7.6.5)表明，MSK 信号在第 k 个码元的相位常数不仅与当前的 a_k 有关，而且与前一码元 a_{k-1} 及相位常数 φ_{k-1} 有关。也就是说，前后码元之间存在着相关性。对于相干解调来说，φ_k 起始参考值 φ_0 可以假定为 0，因此，由式(7.6.5)可以得到

$$\varphi_k=0 \text{ 或 } \pi \quad (\text{模 } 2\pi) \tag{7.6.6}$$

MSK 信号可用正交载波的调制方法产生。MSK 信号的解调一般采用相干解调的方法。相干解调 MSK 系统的误码率为

$$P_e=\frac{1}{2}(1-\text{erf}\sqrt{r})=\frac{1}{2}\text{erfc}\sqrt{r} \tag{7.6.7}$$

而相同信噪比 r 的 2PSK 相干解调系统误码率为

$$P_{e2PSK}=\frac{1}{2}\text{erfc}\sqrt{r} \tag{7.6.8}$$

可以看出,MSK 相干解调的抗噪声性能与 2PSK 系统相同,具有最优的抗噪声干扰性能。

MSK 信号的功率谱密度为

$$s(\omega)=32\pi^2 T_B\left(\frac{\cos z}{\pi^2-4z^2}\right)^2 \tag{7.6.9}$$

式中,$z=|\omega-\omega_c|T_B$。式(7.6.9)的归一化功率谱如图 7.6.3 所示。图中还一并给出了 2PSK 的功率谱密度。可以看出,MSK 信号的功率谱密度旁瓣峰值按频率的 4 次幂衰减,而 2PSK 信号的旁瓣峰值按频率的 2 次幂衰减。显然,MSK 信号的功率谱更加紧凑,它的第一个零点在 $0.75\frac{1}{T_B}$处,而 2PSK 的第一个零点则位于$\frac{1}{T_B}$处。因此,MSK 的频带利用率高,比较适合在窄带信道中传输,对邻道的干扰也小。

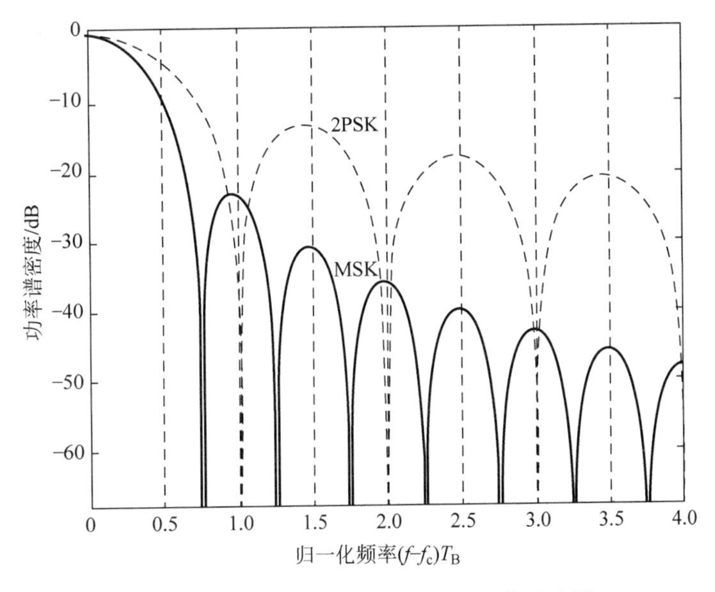

图 7.6.3 MSK 与 2PSK 信号的归一化功率谱

7.6.3 高斯最小频移键控(GMSK)

前述的 MSK 调制方式的突出优点是信号具有恒定的振幅及功率谱,在主瓣以外衰减较快。然而,在一些通信场合,例如移动通信中,对信号带外辐射功率的限制十分严格,通常要求衰减 70～80dB 以上。MSK 信号仍不能满足这样苛刻的要求,所以还需要对 MSK 作进一步的改进,于是提出了高斯最小频移键控(GMSK)。

GMSK 是在 MSK 调制器之前加入一高斯低通滤波器,也就是,用高斯低通滤波器作为 MSK 调制的前置滤波器,如图 7.6.4 所示。为了抑制高频成分、防止过量的瞬时频率偏移,以及便于相干检测,高斯低通滤波器应满足下列要求:

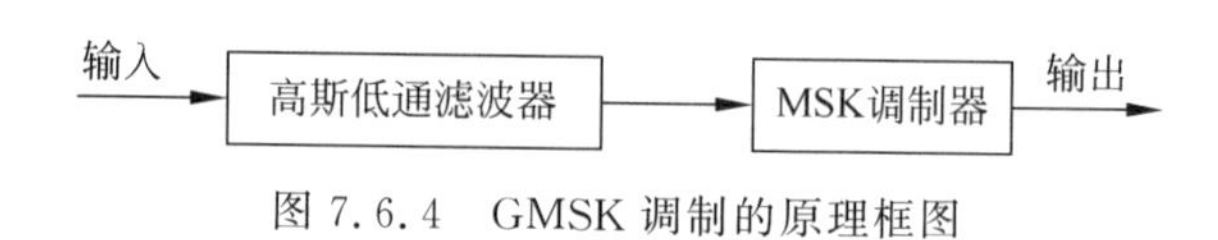

图 7.6.4 GMSK 调制的原理框图

① 带宽窄并且具有陡峭的截止特性。

② 具有较低的过冲脉冲响应。

③ 滤波器输出脉冲面积保持不变。

GMSK 是先将基带信号成形为高斯型脉冲,然后再进行 MSK 调制。由于成形后的高斯脉冲包络无陡峭沿,也无拐点,因此相位得到进一步平滑,其频谱特性优于 MSK。图 7.6.5 示出了 GMSK 信号的功率谱密度,并与 MSK 的功率谱密度相比较。图中,参变量 $B_b T_B$ 是高斯低通滤波器的归一化 3dB 带宽 B_b 与码元宽度 T_B 的乘积,$B_b T_B=\infty$的曲线是 MSK 信号的功率谱密度。由图可见,$B_b T_B$ 值越小,则 GMSK 信号的频谱结构就越紧凑。

需要指出,GMSK 信号频谱特性的改善是通过降低误比特率性能换来的。前置的高斯滤波器带宽越窄(即 $B_b T_B$ 值越小),输出功率谱就越紧凑,误比特率性能就越差。

GMSK 是欧洲移动通信 GSM 的标准调制方式。

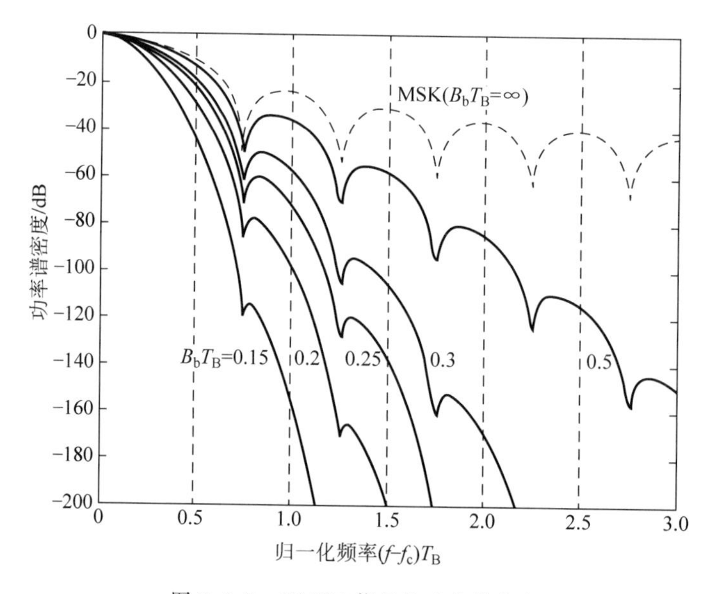

图 7.6.5 GMSK 信号的功率谱密度

7.6.4 正弦频移键控(SFSK)

SFSK 是 MSK 的另一种改进型调制方式。虽然 MSK 信号在相位上是连续的,但是当相邻两个符号极性变换时,相位在符号转换时刻会产生一个变化拐点,导致相位函数的斜率不连续,从而影响 MSK 信号频谱的衰减速度。SFSK 信号的调制方式是,在 MSK 相位变化的基础上,再叠加一个正弦变化,称为升余弦型相位路径。这种相位变化的处理使得在符号转换时刻的相位变化斜率是连续的,消除了 MSK 相位变化中的拐点。这样,SFSK 在保留了 MSK 信号优点的同时,使得频谱在主瓣以外衰减得更快。图 7.6.6 给出了 SFSK 的功率谱密度曲线,并与 MSK 的功率谱作比较。

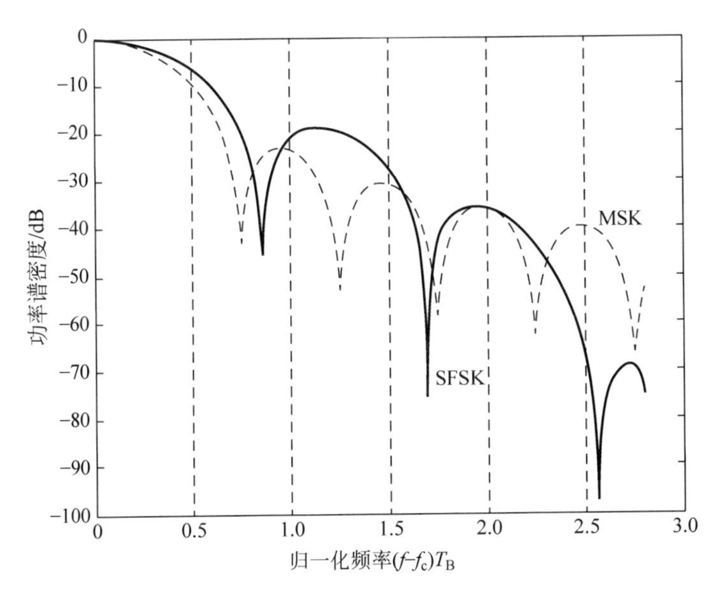

图 7.6.6 SFSK 信号的功率谱密度

7.6.5 平滑调频(TFM)

前面所介绍的 SFSK 对相位的平滑局限在一个符号间隔内,为了进一步改进频谱衰减,将这种平滑扩展到几个符号间隔中,采用类似于部分响应信号的相关编码技术,随着信息码元组合的不同,在一个符号间隔内相位变化值由原来的单一值变为多种值。这种利用相关编码技术的连续相位调制就是平滑调频(TFM)。由于 TFM 的平均相位变化率小于 SFSK,因而它的频谱特性衰减得更快。TFM 常用于移动通信。

7.6.6 无码间串扰和相位抖动的偏移四相相移键控(IJF-OQPSK)

加快频谱衰减的另一种有效方法是无符号间串扰和抖动的偏移正交相移键控(IJF-OQPSK)。IJF-OQPSK 的调制过程是,先将输入的二进制信息序列进行 IJF 编码,形成 IJF 基带信号,再对这种基带信号进行 OQPSK 调制。这里的 IJF 基带信号是指宽度为两倍符号间隔的升余弦脉冲。正负极性的升余弦脉冲分别用以表示信码“1”和“0”,由此得到的 IJF 基带信号是连续变化的信号,无跳变沿。经过 IJF 编码之后,原先的一路二进制信息被拆分成奇、偶两路 IJF 基带信号。这两路 IJF 基带信号经 OQPSK 调制后所得信号的相位平滑程度与 TFM 相近,其频谱衰减特性优于 MSK。

7.7 思考题

7.7.1 什么是数字频带传输?

7.7.2 数字调制和模拟调制有哪些异同点?

7.7.3 什么是幅度键控?2ASK 信号波形有何特点?2ASK 信号的功率谱密度有什么特点?

7.7.4　2ASK 信号的产生及解调方法如何?

7.7.5　什么是移频键控? 2FSK 信号波形有何特点? 2FSK 信号的功率谱密度有什么特点?

7.7.6　2FSK 信号的产生及解调方法如何?

7.7.7　什么是相移键控? 什么是绝对移相? 什么是相对移相?

7.7.8　与 2PSK 相比较,2DPSK 的优点是什么?

7.7.9　2PSK 信号和 2DPSK 信号可用哪些方法产生和解调? 它们是否可以采用包络检波法解调? 为什么?

7.7.10　2PSK 信号及 2DPSK 信号的波形有何特点? 2PSK 信号及 2DPSK 信号功率谱密度有什么特点?

7.7.11　比较 2PSK 信号和 2ASK 信号的功率谱密度特点。

7.7.12　试比较 2ASK 系统、2FSK 系统、2PSK 系统及 2DPSK 系统的抗噪声性能。

7.7.13　试比较 2ASK、2FSK、2PSK 及 2DPSK 的系统带宽。

7.7.14　试述多进制数字调制的特点。

7.7.15　什么是 APK 调制? 与 MPSK 相比较,APK 有何优点?

7.7.16　什么是最小移频键控? MSK 信号频谱有何特点?

7.7.17　什么是 GMSK 调制? GMSK 信号频谱有何特点?

7.7.18　什么是 OQPSK 调制? OQPSK 信号频谱有何特点?

7.7.19　什么是 SFSK 调制? 与 MSK 相比较,SFSK 有何特点?

7.7.20　什么是 TFM 调制? 什么是 IJF-OQPSK 调制?

7.8　习题

7.8.1　设发送数字信息为 011011100010,试分别画出 2ASK、2FSK、2PSK 及 2DPSK 信号的波形示意图。

7.8.2　设某 2FSK 调制系统的码元传输速率为 1000B,已调信号的载频为 1000Hz 或 2000Hz:

① 若发送数字信息为 011010,试画出相应的 2FSK 信号波形。

② 试讨论这时的 2FSK 信号应选择怎样的解调器解调。

③ 若发送数字信息是等概率的,试画出它的功率谱密度草图。

7.8.3　假设在某 2DPSK 系统中,载波频率为 2400Hz,码元速率为 1200B,已知相对码序列为 1100010111:

① 试画出 2DPSK 信号波形(注:相位偏移 $\Delta\varphi$ 可自行假设)。

② 若采用差分相干解调法接收该信号,试画出解调系统的各点波形。

③ 若发送信息符号“0”和“1”的概率分别为 0.6 和 0.4,试求 2DPSK 信号的功率谱密度。

7.8.4　设载频为 1800Hz,码元速率为 1200B,发送数字信息为 011010:

① 若相位偏移 $\Delta\varphi=0°$代表“0”、$\Delta\varphi=180°$代表“1”,试画出这时的 2DPSK 信号波形。

② 又若 $\Delta\varphi=270°$代表“0”、$\Delta\varphi=90°$代表“1”,则这时的 2DPSK 信号的波形又如何?

7.8.5　若采用 2ASK 方式传送二进制数字信息,已知码元传输速率 $R_B=2\times10^6$B,接收端解调器输入信号的振幅 $a=40\mu V$，信道加性噪声为高斯白噪声，且其单边功率谱密度 $n_0=6\times10^{-18}W/Hz$。试求：

① 非相干接收时，系统的误码率。

② 相干接收时，系统的误码率。

7.8.6　若采用2ASK方式传送二进制数字信息，已知发送端发出的信号振幅为5V，输入接收端解调器的高斯噪声功率 $\sigma_n^2=3\times10^{-12}W$，今要求误码率 $P_e=10^{-4}$。试求：

① 非相干接收时，由发送端到解调器输入端的衰减应为多少？

② 相干接收时，由发送端到解调器输入端的衰减应为多少？

7.8.7　对2ASK信号进行相干接收，已知发送"1"(有信号)的概率为 P，发送"0"(无信号)的概率为 $1-P$；已知发送信号的峰值振幅为5V，带通滤波器输出端的正态噪声功率为 $3\times10^{-12}W$：

① 若 $P=1/2, P_e=10^{-4}$，则发送信号传输到解调器输入端的过程中共衰减多少分贝？这时的最佳门限值为多大？

② 试说明 $P>1/2$ 时的最佳门限比 $P=1/2$ 时的大还是小？

③ 若 $P=1/2, r=10dB$，求 P_e。

7.8.8　若某2FSK系统的码元传输速率为 2×10^6B，数字信息为"1"时的频率 f_1 为10MHz，数字信息为"0"时的频率 f_2 为10.4MHz。输入接收端解调器的信号峰值振幅 $a=40\mu V$。信道加性噪声为高斯白噪声，且其单边功率谱密度 $n_0=6\times10^{-18}W/Hz$。试求：

① 2FSK信号的第一零点带宽。

② 非相干接收时，系统的误码率。

③ 相干接收时，系统的误码率。

7.8.9　在二进制移相键控系统中，已知解调器输入端的信噪比 $r=10dB$，试分别求出相干解调2PSK、极性比较法解调和差分相干解调2DPSK信号时的系统误码率。

7.8.10　已知码元传输速率 $R_B=2\times10^6B$，接收机输入噪声的双边功率谱密度为 $10^{-10}W/Hz$，今要求误码率 $P_e=10^{-5}$。试分别计算出相干2ASK、非相干2FSK、差分相干2DPSK以及2PSK等系统所要求的输入信号功率。

7.8.11　已知数字信息为"1"时，发送信号的功率为1kW，信道衰减为60dB，接收端解调器输入的噪声功率为 $10^{-4}W$。试求非相干2ASK系统及相干2PSK系统的误码率。

7.8.12　设发送数字信息序列为010110001101000，试按照表7.5.1的要求，分别画出相应的4PSK及4DPSK信号的所有可能波形。

7.8.13　已知2ASK系统的传码率为1000Baud，调制载波为 $a\cos120\pi\times10^6 t(V)$。

① 求该2ASK信号的频带宽度。

② 若采用相干解调接收，试求带通滤波器和低通滤波器的幅频特性。

7.8.14　已知2FSK系统的传码率为 10^3 Baud，"0"和"1"分别对应载波频率 $f_0=10kHz, f_1=15kHz$。在频率转换点上相位不连续：

① 求该2FSK信号占用的频带宽度。

② 求相干解调器中的两个带通滤波器及低通滤波器的幅频特性。

7.8.15　已知数字基带信号的信息速率为2048kbit/s，试问分别采用2PSK、4PSK、16QAM方式传输时，所需的信道带宽各为多少？相应的频带利用率为多少？

第8章 数字信号的最佳接收

CHAPTER 8

由于信道特性的不理想以及信道中存在噪声等不利因素，都将直接作用到接收端，从而对信号接收产生影响，因此，对于一个通信系统的质量而言，接收系统的性能非常关键。本章将以接收问题作为研究对象，着重分析从噪声中如何最好地提取有用信号，即着重讨论数字信号最佳接收的基本原理以及基本方法。

本章中，首先将介绍数字信号最佳接收判别准则，然后针对二进制数字信号，着重分析并推导确知信号的最佳接收机结构及性能，作为扩展给出了随相信号、起伏信号的最佳接收机结构及性能，以及多进制数字信号的最佳接收机结构。本章还将对实际数字接收机与最佳数字接收机的性能进行比较，并讨论匹配滤波器的原理及实现，分析使用匹配滤波器的最佳接收机的结构及性能，最后就理想信道情况下数字基带传输系统的最佳化进行研究。其中扩展部分用“*”号注明，以便读者灵活选取。

8.1 引言

8.1.1 最佳接收问题

1. 什么是最佳接收

大家知道，任何一个通信系统都可分为三部分：信号发射部分、信号传输(信道)部分、信号接收部分。若发射、传输以及接收的都是数字信号，即为数字通信系统。

通信的目的，就是要让信号从发射端发出，经信道传输，从而顺利到达接收端，使我们在接收端得到正确的结果。然而信道中有许多因素会对信号的传输产生不利的影响，例如信道特性的不理想，信道中存在的噪声，等等。这些都会影响信号的正确传输，使到达接收端的信号与原发射端信源送出的信号相比，发生了种种的变化，从而使我们在接收端得到错误的结果。

如果我们在接收端设计的接收机，能够抵抗一些信道中的干扰噪声，使在接收端收到的信号得到尽可能少的错误结果，是我们通信系统所希望的。

所谓数字信号最佳接收的问题，就是通过对数字通信系统的分析，来了解什么样的接收机能得到最佳的接收效果；对同样的接收机，什么样的数字信号形式在接收端得到的接收效果更好；以及与此相关的一些技术问题。

2. 解决最佳接收的两种方法

我们可以用两种方法来解决最佳接收问题：一种是用概率的方法，即用与数字通信系统的性能参数直接相关的统计判决方法，使系统的错误概率达到最小，又叫相关接收；另一种是使系统的输出信噪比达到最大的方法，即匹配滤波器方法。

本章首先用概率的方法分析最佳接收问题，然后介绍用匹配滤波器的方法来解决最佳接收问题。

8.1.2　数字通信系统的统计模型

由于实际中发送端所发送的数字信号对接收端来说是不确定的，而且信号在传输的过程中由于系统或传输衰减等方面的原因，可能发生种种畸变，或是受到随机噪声的干扰，因此在接收端所收到的信号也是一个不确定的随机数字信号，可用统计数学的方法进行分析和处理。

数字通信系统的模型我们已经很熟悉了，现在重画于图 8.1.1。

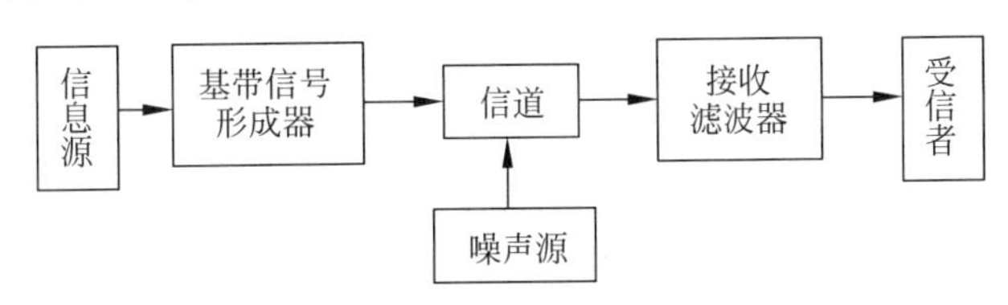

图 8.1.1　简化的数字通信系统模型

为了用统计数学的方法来分析数字通信系统中的随机数字信号接收问题，我们可以用一个如图 8.1.2 所示的统计判决模型来描述图 8.1.1 所示的数字通信系统。

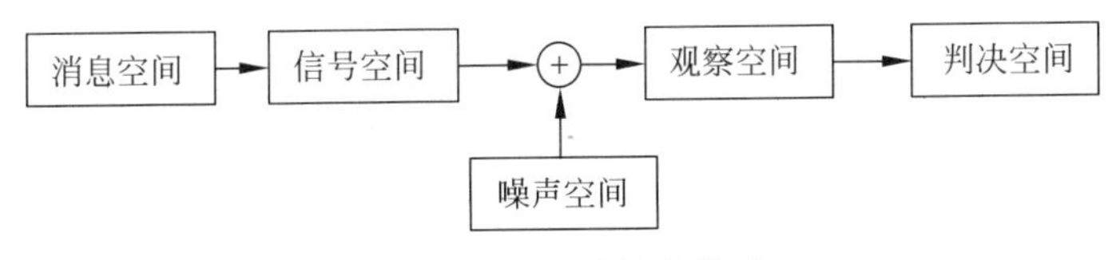

图 8.1.2　统计判决模型

由图 8.1.2 可见，这个统计判决模型由五个空间构成：消息空间代表信息源中要传送的消息；信号空间代表将消息转换为适合信道传输的信号；噪声空间代表噪声源中所产生的噪声；观察空间表示接收机收到的信号；而判决空间代表按照一定的判决准则进行判决后的所有可能结果。

8.1.3　模型参数的描述

1. 消息空间的参数描述

在消息空间中，以参数 x 表示离散信源所有可能的取值。设离散信源所有可能的取值有 m 个，则可以表示为 $x_1, x_2, \cdots, x_m$。若发送端对每一个可能取值的发送是互相独立的，则 x_i 的出现概率可以用一维概率分布 $P(x_i)(i=1,2,\cdots,m)$ 来表示，并且有下式成立：

$$\sum_{i=1}^{m} P(x_i) = 1 \tag{8.1.1}$$

当信源中各消息出现的概率相等，则为等概情况，有

$$P(x_1)=P(x_2)=\cdots=P(x_m)=\frac{1}{m} \tag{8.1.2}$$

2. 信号空间的参数描述

消息必须变换成信号才能在信道中传输。在信号空间中,以参数 s 来表示要发送的信号。因为 s 与 x 之间必须建立一一对应的关系,所以 s 的统计规律由 x 的概率分布所确定,即有

$$P(s_i)=P(x_i) \quad (i=1,2,\cdots,m) \tag{8.1.3}$$

且有

$$\sum_{i=1}^{m}P(s_i)=1 \tag{8.1.4}$$

3. 噪声空间的参数描述

设通信系统中的噪声是均值为0、方差为 σ_n^2 的高斯随机过程,用 $n(t)$表示。由前面第3章中窄带随机过程给出的结果,对于高斯白噪声,其在任意两个时刻上得到的值都是互不相关的,也是互相独立的;若该高斯白噪声是频带有限的,功率谱密度为 n_0,即最高频率分量为 f_H,由抽样定理,以 $2f_H$ 抽样频率对其抽样,则在抽样时刻得到的值也是互不相关的,因此也是互相独立的。

对于统计模型中的噪声空间,以 $n(t)$来描述该噪声。而在数字通信系统中,一般假设该噪声是均值为0、方差为 σ_n^2 的带限高斯白噪声,它的统计特性要用多维联合概率密度来描述。

令 $n(t)$的 k 维联合概率密度函数为 $f_k(n)$,在一个码元时间 $0\sim T$ 内,按 $2f_H$ 频率抽样,得到 $n(t)$在 k 个不同时刻的抽样值 $n_1,n_2,\cdots,n_k$ 都是互相独立的,因此有

$$\begin{aligned}f_k(n)&=f(n_1,n_2,\cdots,n_k)\\&=f(n_1)f(n_2)\cdots f(n_k)\end{aligned} \tag{8.1.5}$$

又因为每个抽样值都是正态分布的,其一维概率密度函数可以写成

$$f(n_i)=\frac{1}{\sqrt{2\pi}\sigma_n}\exp\left(-\frac{n_i^2}{2\sigma_n^2}\right) \tag{8.1.6}$$

所以

$$f_k(n)=\frac{1}{(\sqrt{2\pi}\sigma_n)^k}\exp\left(-\frac{1}{2\sigma_n^2}\sum_{i=1}^{k}n_i^2\right) \tag{8.1.7}$$

当 k 很大时,在一个码元时间 T 内收到的噪声平均功率可表示为

$$\frac{1}{k}\sum_{i=1}^{k}n_i^2 \tag{8.1.8}$$

因为抽样频率为 $2f_H$,所以 $k=2f_HT$,则式(8.1.8)可写为

$$\frac{1}{2f_HT}\sum_{i=1}^{k}n_i^2 \tag{8.1.9}$$

由帕塞瓦尔定理,一个码元时间 T 内的平均功率又可表示为

$$\frac{1}{2f_HT}\sum_{i=1}^{k}n_i^2=\frac{1}{T}\int_0^T n^2(t)\mathrm{d}t \tag{8.1.10}$$

而 $\frac{1}{2\sigma_n^2}=\frac{f_HT}{\sigma_n^2}\cdot\frac{1}{2f_HT}$,代入式(8.1.7)得

$$f_k(n)=\frac{1}{(\sqrt{2\pi}\sigma_n)^k}\exp\left(-\frac{f_H T}{\sigma_n^2}\cdot\frac{1}{2f_H T}\sum_{i=1}^{k}n_i^2\right) \tag{8.1.11}$$

利用式(8.1.10)可得

$$f(n)=\frac{1}{(\sqrt{2\pi}\sigma_n)^k}\exp\left(-\frac{f_H}{\sigma_n^2}\int_0^T n^2(t)\mathrm{d}t\right) \tag{8.1.12}$$

带限白噪声平均功率为 $\sigma_n^2=n_0 f_H$，即 $n_0=\sigma_n^2/f_H$，代入式(8.1.12)得到线性数字通信系统 $n(t)$ 的 k 维联合概率密度函数为

$$f(n)=\frac{1}{(\sqrt{2\pi}\sigma_n)^k}\exp\left(-\frac{1}{n_0}\int_0^T n^2(t)\mathrm{d}t\right) \tag{8.1.13}$$

式中，n_0 为噪声的单边功率谱密度，T 为一个码元的时间长度。

4. 观察空间的参数描述

观察空间的参数用 $y(t)$ 来表示，它对应于数字通信系统接收端收到的信号。由图 8.1.2 统计判决模型可得

$$y(t)=s(t)+n(t) \tag{8.1.14}$$

对于假设信道噪声是均值为 0、方差为 σ_n^2 的带限高斯白噪声时，由 3.6 节随机过程通过线性系统的分析表明，线性的数字通信系统的输出也将服从高斯分布，其方差仍是 σ_n^2，均值则随接收端收到的信号 $s_i(t)$ 变化，即对应于信号空间，均值为 $s_i(t)(i=1,2,\cdots,m)$。

(1) 二进制情况

在二进制系统中，信号空间为 $s_1(t)=0$，$s_2(t)=1$。当收到的信号为 $s_1(t)$ 时，观察空间为

$$y(t)=s_1(t)+n(t)=n(t) \tag{8.1.15}$$

其概率密度函数可表示为 $f_{s_1}(y)$。利用上面分析的结果，有

$$f_{s_1}(y)=\frac{1}{(\sqrt{2\pi}\sigma_n)^k}\exp\left(-\frac{1}{n_0}\int_0^T y^2(t)\mathrm{d}t\right) \tag{8.1.16}$$

这时 $y(t)$ 是均值为 0、方差为 σ_n^2 的高斯分布。

当收到的信号为 $s_2(t)$ 时，观察空间为

$$y(t)=s_2(t)+n(t)=1+n(t) \tag{8.1.17}$$

其概率密度函数可表示为 $f_{s_2}(y)$。同理，有

$$f_{s_2}(y)=\frac{1}{(\sqrt{2\pi}\sigma_n)^k}\exp\left\{-\frac{1}{n_0}\int_0^T [y(t)-1]^2\mathrm{d}t\right\} \tag{8.1.18}$$

这时 $y(t)$ 是均值为 1、方差为 σ_n^2 的高斯分布。通常也将 $f_{s_1}(y)$ 以及 $f_{s_2}(y)$ 称为似然函数。

(2) 多进制情况

对于 M 进制系统，信号空间为 $s_i(t)(i=1,2,\cdots,M)$。按上面的方法同样可以推导出，在观察空间收到的信号为 $s_i(t)$ 时，$y(t)$ 的概率密度函数为

$$f_{s_i}(y)=\frac{1}{(\sqrt{2\pi}\sigma_n)^k}\exp\left\{-\frac{1}{n_0}\int_0^T [y(t)-s_i(t)]^2\mathrm{d}t\right\} \tag{8.1.19}$$

式中，$y(t)$ 是均值为 $s_i(t)$、方差为 σ_n^2 的高斯分布，也常将 $f_{s_i}(y)$ 称为似然函数。

5. 判决空间的参数描述

判决空间用参数 γ 描述，它表示数字通信系统在接收端按一定的判决准则可能得到的

所有结果,它与消息空间相对应,即 γ_i 的可能取值与 x_i 的可能取值相同,当 x 有 M 个可能取值时,γ 也有 M 个可能取值,即为 $\gamma_1,\gamma_2,\cdots,\gamma_M$。

8.2 最佳接收准则

8.2.1 最小差错概率准则

我们以二进制数字通信系统为例来说明该准则。

在二进制数字通信系统中,发射端的消息空间只有两种状态 x_1 和 x_2,信号空间 s 也只有两种状态 s_1 和 s_2。设 $s_1(t)=0$,s_1 出现的概率为 $P(s_1)$;$s_2(t)=1$,s_2 出现的概率为 $P(s_2)$,$P(s_1)$ 和 $P(s_2)$ 也可称为先验概率,则有

$$P(s_1)+P(s_2)=1 \tag{8.2.1}$$

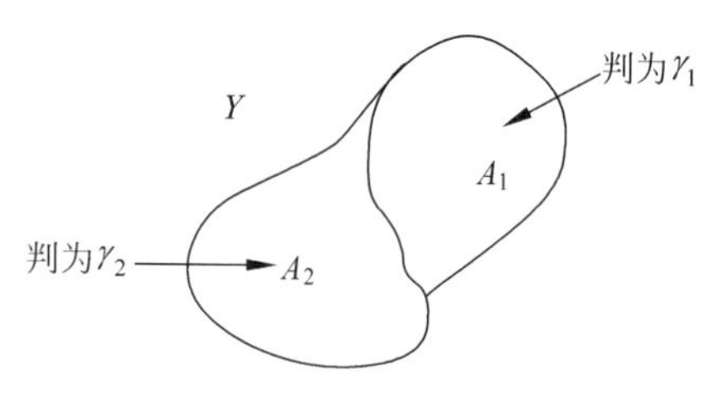

图 8.2.1 Y 域的几何表示

在系统的接收端,我们把观察空间所取的值域 Y 划分成两个区域 A_1 和 A_2,Y 中的每一个点对应 $y(t)$ 的一个实现,Y 域的几何表示如图 8.2.1 所示。

判决空间与消息空间相对应只有两种状态 γ_1 和 γ_2。设数字通信系统在无任何干扰等影响下正确传输时,发端发射信号为 s_1 时,收端 $y(t)$ 落入 A_1 域中判为 γ_1;发端发射信号为 s_2 时,收端 $y(t)$ 落入 A_2 域中判为 γ_2。实际中,由于噪声等影响,当发端发射信号为 s_1 时,收端 $y(t)$ 可能会落入 A_2 域中判为 γ_2,其错误转移概率为 $P(\gamma_2/s_1)$;发端发射信号 s_2 时,收端 $y(t)$ 也可能会落入 A_1 域中判为 γ_1,其错误转移概率为 $P(\gamma_1/s_2)$。这样,系统总的传输差错概率为

$$P_e=P(s_1)P(\gamma_2/s_1)+P(s_2)P(\gamma_1/s_2) \tag{8.2.2}$$

使式(8.2.2)的传输误差概率最小,即为最小差错概率准则。

8.2.2 似然比准则

上述的最小差错概率准则看上去很简单,但实际运用却不方便,为此进行一些数学推导,可以得到似然比准则。

由图 8.2.1 所示,错误转移概率 $P(\gamma_2/s_1)$ 可以表示为 $P(A_2/s_1)$,错误转移概率 $P(\gamma_1/s_2)$ 可以表示为 $P(A_1/s_2)$,所以式(8.2.2)可写为

$$P_e=P(s_1)P(A_2/s_1)+P(s_2)P(A_1/s_2) \tag{8.2.3}$$

假设系统总的正确判决概率为 P_c,则

$$P_c=1-P_e=P(s_1)P(A_1/s_1)+P(s_2)P(A_2/s_2) \tag{8.2.4}$$

以及

$$P_c=P(s_1)[1-P(A_2/s_1)]+P(s_2)P(A_2/s_2) \tag{8.2.5}$$

利用前面在观察空间的参数描述中所推导的结果可得,系统的发射端发送 s_1 时,接收端 $y(t)$ 的概率密度函数为 $f_{s_1}(y)$,叫似然函数,由式(8.1.16)表示。结合图 8.2.1 可得 $P(A_1/s_1)$ 为似然函数 $f_{s_1}(y)$ 在区域 A_1 中的积分:

$$P(A_1/s_1)=\int_{A_1} f_{s_1}(y)\mathrm{d}y \tag{8.2.6}$$

$P(A_2/s_1)$为似然函数 $f_{s_1}(y)$在区域 A_2 中的积分：

$$P(A_2/s_1)=\int_{A_2} f_{s_1}(y)\mathrm{d}y \tag{8.2.7}$$

当系统的发射端发送 s_2 时，接收端 $y(t)$的概率密度函数为 $f_{s_2}(y)$，也是似然函数，由式(8.1.18)表示。方法同上，可得 $P(A_2/s_2)$为似然函数 $f_{s_2}(y)$在区域 A_2 中的积分：

$$P(A_2/s_2)=\int_{A_2} f_{s_2}(y)\mathrm{d}y \tag{8.2.8}$$

$P(A_1/s_2)$为似然函数 $f_{s_2}(y)$在区域 A_1 中的积分：

$$P(A_1/s_2)=\int_{A_1} f_{s_2}(y)\mathrm{d}y \tag{8.2.9}$$

将式(8.2.7)和式(8.2.8)代入式(8.2.5)可得

$$\begin{aligned}P_c&=P(s_1)+P(s_2)P(A_2/s_2)-P(s_1)P(A_2/s_1)\\&=P(s_1)+P(s_2)\int_{A_2} f_{s_2}(y)\mathrm{d}y-P(s_1)\int_{A_2} f_{s_1}(y)\mathrm{d}y\\&=P(s_1)+\int_{A_2}[P(s_2)f_{s_2}(y)-P(s_1)f_{s_1}(y)]\mathrm{d}y\end{aligned} \tag{8.2.10}$$

式(8.2.4)又可写为

$$P_c=P(s_1)P(A_1/s_1)+P(s_2)[1-P(A_1/s_2)] \tag{8.2.11}$$

将式(8.2.6)和式(8.2.9)代入式(8.2.11)可得

$$P_c=P(s_2)+\int_{A_1}[P(s_1)f_{s_1}(y)-P(s_2)f_{s_2}(y)]\mathrm{d}y \tag{8.2.12}$$

按最小差错概率准则，希望传输误差概率 P_e 最小，也就是要求传输正确概率 P_c 最大。观察式(8.2.10)和式(8.2.12)，因为先验概率 $P(s_1)$和 $P(s_2)$是预先给定的常数，由发送端确定，与接收端无关，因此为使 P_c 尽可能的大，就要求积分区域 A_1 以及 A_2 内的被积函数大于零，即对于式(8.2.12)要求

$$P(s_1)f_{s_1}(y)-P(s_2)f_{s_2}(y)>0 \tag{8.2.13}$$

结合图 8.2.1，$y(t)$落在区域 A_1 内判为 γ_1；对于式(8.2.10)要求

$$P(s_2)f_{s_2}(y)-P(s_1)f_{s_1}(y)>0 \tag{8.2.14}$$

这时，结合图 8.2.1，$y(t)$落在区域 A_2 内判为 γ_2。将式(8.2.13)和式(8.2.14)整理可得：

$$\begin{cases}\dfrac{f_{s_1}(y)}{f_{s_2}(y)}>\dfrac{P(s_2)}{P(s_1)} & (\text{判为 }\gamma_1)\\[2ex]\dfrac{f_{s_1}(y)}{f_{s_2}(y)}<\dfrac{P(s_2)}{P(s_1)} & (\text{判为 }\gamma_2)\end{cases} \tag{8.2.15}$$

式(8.2.15)就是我们所说的似然比准则。它将最小差错概率转换成似然比的问题，使之操作更加方便。

8.2.3　最大似然准则

在二进制系统中，当两个先验概率相等时，有 $P(s_1)=P(s_2)$，而 γ_1 对应信号空间的 s_1，γ_2 对应信号空间的 s_2，则式(8.2.15)可写为

$$\begin{cases} f_{s_1}(y) > f_{s_2}(y) & (\text{判为 } s_1) \\ f_{s_1}(y) < f_{s_2}(y) & (\text{判为 } s_2) \end{cases} \tag{8.2.16}$$

这说明在系统的接收端收到 $y(t)$ 后，只需要计算似然函数 $f_{s_1}(y)$、$f_{s_2}(y)$，$f_{s_1}(y)$ 大就判为 s_1，$f_{s_2}(y)$ 大就判为 s_2，我们称之为最大似然准则，它是似然比准则的一个特例。

8.2.4 多进制最大似然准则

对于最佳接收准则，我们可以从二进制系统推广到多进制系统。设信号空间 S 可能发送的信号有 M 个，并且系统是先验等概的，即

$$P(s_1) = P(s_2) = \cdots = P(s_M) = \frac{1}{M} \tag{8.2.17}$$

利用上面的推导方法，可得多进制系统的最大似然准则为

$$f_{s_i}(y) > f_{s_j}(y) \quad (i, j = 1, 2, \cdots, M;\ i \neq j)(\text{判为 } s_i) \tag{8.2.18}$$

8.2.5 最大输出信噪比准则

上述几个准则都是从数字通信系统中传输误码率最小的角度来考虑最佳接收的问题，而从前面各章的分析可以看出，无论对模拟还是数字系统，其系统接收端信噪比的大小，也直接决定着系统接收质量的好坏，由此也可以得到一个最大输出信噪比条件下的最佳接收准则。

假设系统的信号功率受限，而且信道是有限带宽的，系统的干扰为高斯白噪声，设计与发送信号相匹配的滤波器，用来构成最佳接收系统。若用 ρ_i 来表示与输入信号 s_i 相匹配的对应滤波器在 $t = kT$ 时刻的取样输出，则可得最大输出信噪比判决准则为

$$\rho_i > \rho_j \qquad (\text{判为 } s_i)(i, j = 1, 2, \cdots, M;\ i \neq j) \tag{8.2.19}$$

其中 M 为信号空间 S 可能发送的信号数目。

8.3 确知信号的最佳接收

确知信号：它的所有参数(幅度、频率、相位、到达时间等)都确知。(例如，若数字信号通过恒参信道，则接收机输入端的信号为确知信号。)

随相信号(随机相位信号)：除相位 φ 外其余参数都确知的信号形式，即 φ 是信号的唯一随机参数(它的随机性体现于在一个数字信号持续时间 $(0, T)$ 内为某一值，而在另一持续时间内随机地取另一值。例如，用键控法从独立振荡器得到的 FSK 或 ASK 信号，随机窄带信号经强限幅后的信号，都可归为随相信号)。

起伏信号(随机振幅和相位的信号)：它的振幅 a 和相位 φ 都是随机参数，而其余的参数是确知的(例如，一般衰落信号属于起伏信号)。

作为最佳接收的基本分析方法，本节中将介绍确知信号的最佳接收问题。首先就二进制确知信号的最佳接收进行分析，进而引出多进制的情况。

8.3.1 二进制确知信号的最佳接收机

系统的条件假设：设到达接收机输入端的两个可能确知信号为 $s_1(t)$ 和 $s_2(t)$，它们的

持续时间为$(0,T)$，先验概率分别为$P(s_1)$和$P(s_2)$，且有相等的能量E。接收机输入端的噪声$n(t)$是高斯白噪声，均值为0，单边功率谱密度为n_0。

采用最佳接收准则：接收机的接收端在噪声干扰下，以**最小的错误概率（或似然比准则）**检测信号。

假设在$(0,T)$内，接收端观察空间处的$y(t)$为

$$y(t)=\{s_1(t)\quad 或\quad s_2(t)\}+n(t) \tag{8.3.1}$$

由前面的假设条件，参考式(8.1.13)，可得其对应的似然函数为：

$$f_{s_1}(n)=\frac{1}{(\sqrt{2\pi}\sigma_n)^k}\exp\left(-\frac{1}{n_0}\int_0^T[y(t)-s_1(t)]^2\mathrm{d}t\right) \tag{8.3.2}$$

$$f_{s_2}(n)=\frac{1}{(\sqrt{2\pi}\sigma_n)^k}\exp\left(-\frac{1}{n_0}\int_0^T[y(t)-s_2(t)]^2\mathrm{d}t\right) \tag{8.3.3}$$

利用式(8.2.15)所示的似然比准则，在先验概率不相等的情况下，若

$$P(s_1)\cdot\exp\left(-\frac{1}{n_0}\int_0^T[y(t)-s_1(t)]^2\mathrm{d}t\right)>P(s_2)\cdot\exp\left(-\frac{1}{n_0}\int_0^T[y(t)-s_2(t)]^2\mathrm{d}t\right) \tag{8.3.4}$$

则在判决空间判为$s_1(t)$出现；若

$$P(s_1)\cdot\exp\left(-\frac{1}{n_0}\int_0^T[y(t)-s_1(t)]^2\mathrm{d}t\right)<P(s_2)\cdot\exp\left(-\frac{1}{n_0}\int_0^T[y(t)-s_2(t)]^2\mathrm{d}t\right) \tag{8.3.5}$$

则在判决空间判为$s_2(t)$出现。

对不等式(8.3.4)的两边同时取对数可得

$$n_0\cdot\ln\frac{1}{P(s_1)}+\int_0^T[y(t)-s_1(t)]^2\mathrm{d}t<n_0\cdot\ln\frac{1}{P(s_2)}+\int_0^T[y(t)-s_2(t)]^2\mathrm{d}t \tag{8.3.6}$$

则在判决空间判为$s_1(t)$出现；同理，对不等式(8.3.5)的两边同时取对数可得

$$n_0\cdot\ln\frac{1}{P(s_1)}+\int_0^T[y(t)-s_1(t)]^2\mathrm{d}t>n_0\cdot\ln\frac{1}{P(s_2)}+\int_0^T[y(t)-s_2(t)]^2\mathrm{d}t \tag{8.3.7}$$

则在判决空间判为$s_2(t)$出现。

又因为$s_1(t)$与$s_2(t)$具有相同的能量，即

$$\int_0^T s_1^2(t)\mathrm{d}t=\int_0^T s_2^2(t)\mathrm{d}t=E \tag{8.3.8}$$

代入式(8.3.6)可得

$$n_0\cdot\ln\frac{1}{P(s_1)}+\int_0^T[-2y(t)s_1(t)]\mathrm{d}t<n_0\cdot\ln\frac{1}{P(s_2)}+\int_0^T[-2y(t)s_2(t)]\mathrm{d}t \tag{8.3.9}$$

再令

$$W_1=\frac{n_0}{2}\cdot\ln P(s_1),\quad W_2=\frac{n_0}{2}\cdot\ln P(s_2)$$

则有当

$$W_1+\int_0^T y(t)s_1(t)\mathrm{d}t > W_2+\int_0^T y(t)s_2(t)\mathrm{d}t \tag{8.3.10}$$

成立,则判为 $s_1(t)$ 出现;同理,对式(8.3.7)进行推导可得

$$W_1+\int_0^T y(t)s_1(t)\mathrm{d}t < W_2+\int_0^T y(t)s_2(t)\mathrm{d}t \tag{8.3.11}$$

成立,则判为 $s_2(t)$ 出现。

总结上述分析可得到结论:在接收机的判决空间,**最佳接收的判决规则**为

$$\begin{cases} W_1+\int_0^T y(t)s_1(t)\mathrm{d}t > W_2+\int_0^T y(t)s_2(t)\mathrm{d}t & (\text{判为 } s_1(t)) \\ W_1+\int_0^T y(t)s_1(t)\mathrm{d}t < W_2+\int_0^T y(t)s_2(t)\mathrm{d}t & (\text{判为 } s_2(t)) \end{cases} \tag{8.3.12}$$

其中

$$W_1=\frac{n_0}{2}\cdot\ln P(s_1),\quad W_2=\frac{n_0}{2}\cdot\ln P(s_2)$$

1. 最佳接收机结构

按照式(8.3.12)的判决规则可以画出二进制确知信号最佳接收机框图如图8.3.1所示。

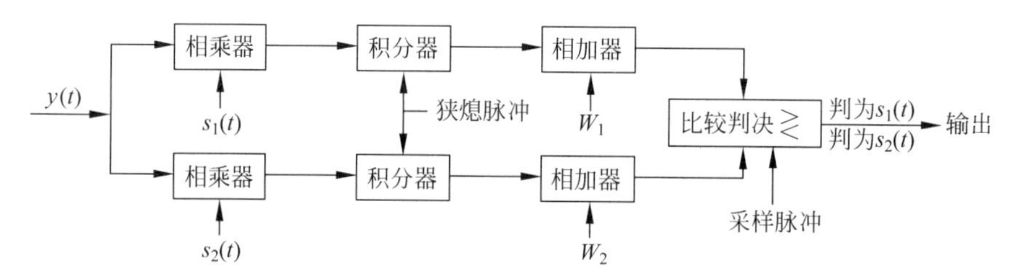

图8.3.1 二进制确知信号的最佳接收机框图

图8.3.1中的积分器是在每一个码元周期内对积分器的输入信号进行积分;图中的比较判决是在每一个码元结束时刻进行的,即 $t=kT$ 时刻;在每一次比较判决后,即 $t=kT_+$ 时刻,积分器会受到猝熄脉冲的清洗,使积分器的输出信号值归零,为下一个码元积分、比较判决作准备。

2. 输入信号先验等概的最佳接收

图8.3.1是在先验不等概的一般情况下得出的二进制确知信号最佳接收机框图,如果输入信号满足先验等概的条件,即 $P(s_1)=P(s_2)$,则由式(8.3.11)有 $W_1=W_2$,这时图8.3.1中的相加器可以省略,得到先验等概条件下的二进制确知信号最佳接收机框图如图8.3.2所示。图中积分器、比较判决等的工作方式同图8.3.1。

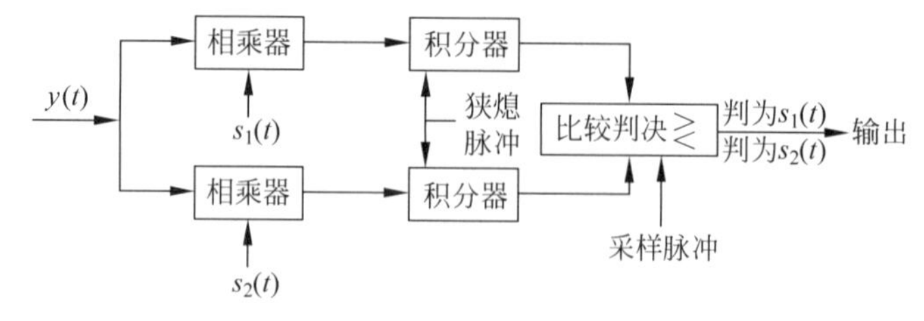

图8.3.2 先验等概时二进制确知信号的最佳接收机框图

8.3.2 二进制确知信号最佳接收机的性能

1. 性能的分析方法

上面所述的二进制确知信号最佳接收机是在最小错误概率准则下得到的，要分析它的性能，也就是要分析这个最佳接收机的误码率 P_e。

该最佳接收机发生误码的可能性有两种情况：

① $y(t)$确实包含着信号 $s_1(t)$，而最后比较判决的输出却为 $s_2(t)$。

② $y(t)$确实包含着信号 $s_2(t)$，而最后比较判决的输出却为 $s_1(t)$。

为此，假设发射端发送 $s_1(t)$时，最佳接收机的输出判为 $s_2(t)$所出现的概率为 $P_{s_1}(s_2)$；发射端发送 $s_2(t)$时，最佳接收机的输出判为 $s_1(t)$所出现的概率为 $P_{s_2}(s_1)$。故最佳接收机的总误码率 P_e 可以表示为

$$P_e = P(s_1)P_{s_1}(s_2) + P(s_2)P_{s_2}(s_1) \tag{8.3.13}$$

求解误码率 P_e，可得

$$P_e = P(s_1)\left[\frac{1}{\sqrt{2\pi}}\int_b^{\infty} e^{-\frac{z^2}{2}} dz\right] + P(s_2)\left[\frac{1}{\sqrt{2\pi}}\int_{b'}^{\infty} e^{-\frac{z^2}{2}} dz\right] \tag{8.3.14}$$

式中，$z=\dfrac{x}{\sigma_\xi}$，σ_ξ^2 是仅依赖于信道加性随机噪声 $n(t)$的高斯随机变量 ξ 的方差。

$$\sigma_\xi^2 = \frac{n_0}{2}\int_0^T [s_1(t)-s_2(t)]^2 dt \tag{8.3.15}$$

$$b = \sqrt{\frac{1}{2n_0}\int_0^T [s_1(t)-s_2(t)]^2 dt} + \frac{\ln\dfrac{P(s_1)}{P(s_2)}}{2\sqrt{\dfrac{1}{2n_0}\displaystyle\int_0^T [s_1(t)-s_2(t)]^2 dt}} \tag{8.3.16}$$

$$b' = \sqrt{\frac{1}{2n_0}\int_0^T [s_1(t)-s_2(t)]^2 dt} + \frac{\ln\dfrac{P(s_2)}{P(s_1)}}{2\sqrt{\dfrac{1}{2n_0}\displaystyle\int_0^T [s_1(t)-s_2(t)]^2 dt}} \tag{8.3.17}$$

式中，n_0 是加性噪声 $n(t)$的单边功率谱密度。式(8.3.14)的具体推导可以见“2. 误码率的计算”，具体分析见“3. 误码率与主要参数之间的关系”。

2. 误码率的计算

由式(8.3.13)可见，因为先验概率 $P(s_1)$和 $P(s_2)$一般是给定的，求解最佳接收机的总误码率 P_e，实质上是计算 $P_{s_1}(s_2)$和 $P_{s_2}(s_1)$。

(1) $P_{s_1}(s_2)$的计算

$P_{s_1}(s_2)$是在 $y(t)=s_1(t)+n(t)$的条件下，式(8.3.5)成立的概率。将 $y(t)=s_1(t)+n(t)$代入式(8.3.5)，可得

$$\int_0^T n(t)[s_1(t)-s_2(t)]dt < \frac{n_0}{2}\ln\frac{P(s_2)}{P(s_1)} - \frac{1}{2}\int_0^T [s_1(t)-s_2(t)]^2 dt \tag{8.3.18}$$

令

$$\xi = \int_0^T n(t)[s_1(t)-s_2(t)]dt \tag{8.3.19}$$

$$a=\frac{n_0}{2}\ln\frac{P(s_2)}{P(s_1)}-\frac{1}{2}\int_0^T[s_1(t)-s_2(t)]^2\mathrm{d}t \tag{8.3.20}$$

则式(8.3.19)可以写成

$$\xi<a \tag{8.3.21}$$

由式(8.3.19)知,ξ 是仅依赖于噪声 $n(t)$ 的随机变量,而 a 是一个确定值,因此,求解概率 $P_{s_1}(s_2)$ 便成为求解概率 $P(\xi<a)$,即

$$P_{s_1}(s_2)=P(\xi<a) \tag{8.3.22}$$

设 $n(t)$ 是高斯过程,其数学期望为零,则 ξ 是高斯随机变量。ξ 的数学期望为

$$E\xi=E\left\{\int_0^T n(t)[s_1(t)-s_2(t)]\mathrm{d}t\right\}=\int_0^T E[n(t)][s_1(t)-s_2(t)]\mathrm{d}t=0 \tag{8.3.23}$$

ξ 的方差为

$$\begin{aligned}D\xi=E[\xi^2]&=E\left\{\int_0^T\int_0^T n(t)[s_1(t)-s_2(t)]n(t+\tau)[s_1(t+\tau)-s_2(t+\tau)]\mathrm{d}t\,\mathrm{d}(t+\tau)\right\}\\&=\left\{\int_0^T\int_0^T E[n(t)n(t+\tau)][s_1(t)-s_2(t)][s_1(t+\tau)-s_2(t+\tau)]\mathrm{d}t\,\mathrm{d}(t+\tau)\right\}\end{aligned} \tag{8.3.24}$$

参考第3章关于白噪声自相关函数的分析,有

$$E[n(t)n(t+\tau)]=\frac{n_0}{2}\delta(\tau) \tag{8.3.25}$$

将式(8.3.25)代入式(8.3.24)得

$$D\xi=\frac{n_0}{2}\int_0^T[s_1(t)-s_2(t)]^2\mathrm{d}t=\sigma_\xi^2 \tag{8.3.26}$$

随机变量 ξ 的数学期望和方差都知道了,可以求出式(8.3.22)的概率为

$$P_{s_1}(s_2)=P(\xi<a)=\frac{1}{\sqrt{2\pi}\sigma_\xi}\int_{-\infty}^{a}\mathrm{e}^{-\frac{x^2}{2\sigma_\xi^2}}\mathrm{d}x \tag{8.3.27}$$

(2) $P_{s_2}(s_1)$ 的计算

$P_{s_2}(s_1)$ 是在 $y(t)=s_2(t)+n(t)$ 的条件下,式(8.3.6)成立的概率。将 $y(t)=s_2(t)+n(t)$ 代入式(8.3.6),并用与上面(1)中同样的分析方法,可以得到

$$P_{s_2}(s_1)=\frac{1}{\sqrt{2\pi}\sigma_\xi}\int_{a'}^{\infty}\mathrm{e}^{-\frac{x^2}{2\sigma_\xi^2}}\mathrm{d}x \tag{8.3.28}$$

其中

$$a'=\frac{n_0}{2}\ln\frac{P(s_2)}{P(s_1)}+\frac{1}{2}\int_0^T[s_1(t)-s_2(t)]^2\mathrm{d}t \tag{8.3.29}$$

(3) 总误码率 P_e 的计算

对于式(8.3.20),令

$$b=-\frac{a}{\sigma_\xi} \tag{8.3.30}$$

以及

$$z=\frac{x}{\sigma_\xi} \tag{8.3.31}$$

将式(8.3.30)及式(8.3.31)代入式(8.3.27)得

$$P_{s_1}(s_2)=\frac{1}{\sqrt{2\pi}}\int_b^{\infty}\mathrm{e}^{-\frac{z^2}{2}}\mathrm{d}z \tag{8.3.32}$$

同样对于式(8.3.29),令

$$b'=\frac{a'}{\sigma_\xi} \tag{8.3.33}$$

将式(8.3.31)及式(8.3.33)代入式(8.3.28)得

$$P_{s_2}(s_1)=\frac{1}{\sqrt{2\pi}}\int_{b'}^{\infty}\mathrm{e}^{-\frac{z^2}{2}}\mathrm{d}z \tag{8.3.34}$$

将式(8.3.32)及式(8.3.34)代入式(8.3.13)得

$$P_\mathrm{e}=P(s_1)\left(\frac{1}{\sqrt{2\pi}}\int_b^{\infty}\mathrm{e}^{-\frac{z^2}{2}}\mathrm{d}z\right)+P(s_2)\left(\frac{1}{\sqrt{2\pi}}\int_{b'}^{\infty}\mathrm{e}^{-\frac{z^2}{2}}\mathrm{d}z\right) \tag{8.3.35}$$

式(8.3.35)为总误码率,与式(8.3.14)相同。

3. 误码率与主要参数之间的关系

由式(8.3.14)可以看出:在最小错误概率的准则下,最佳接收机的误码率 P_e 与发射端的信号 $s_1(t)$ 及 $s_2(t)$ 本身的具体结构**无关**;而与两信号之差的能量**有关**;与先验概率 $P(s_1)$ 和 $P(s_2)$ **有关**;与噪声功率谱密度 n_0 **有关**。

(1) 误码率 P_e 与先验概率 $P(s_1)$ 和 $P(s_2)$ 的关系

- 当 $\frac{P(s_1)}{P(s_2)}=0$ 或 ∞(即 $P(s_1)=0,P(s_2)=1$;或 $P(s_1)=1,P(s_2)=0$),由式(8.3.14)可以看出,这时有 $P_\mathrm{e}=0$(即接收端预先知道了发射端发送的是什么,因此接收机不会输出错码)。
- 当 $\frac{P(s_1)}{P(s_2)}=1$(即先验等概时,$\ln\frac{P(s_1)}{P(s_2)}=0$),这时,由式(8.3.14)可以看出,$P_\mathrm{e}$ 只与两信号之差的能量以及 n_0 有关。
- 当 $\frac{P(s_1)}{P(s_2)}=10$,或 0.1 时,$\ln\frac{P(s_1)}{P(s_2)}\neq 0$,由式(8.3.14)可以看出,这时 P_e 将比先验等概时略小。

(2) 误码率 P_e 与两信号之差的能量之间的关系

对于式(8.3.14),设

$$K=\sqrt{\frac{1}{2n_0}\int_0^T[s_1(t)-s_2(t)]^2\mathrm{d}t} \tag{8.3.36}$$

表示两信号之差的能量,可得

- 在 K 一定时,先验等概时的 P_e 最大。
- 若先验不等概,则得到的 P_e 将比等概时略有下降。

4. 结论

通过对式(8.3.14)的分析,可以得出如下结论:

① 在 K 一定时,先验等概时的 P_e 最大,即对于系统的差错性能来说,先验等概是最不利的情况。

② 在确知先验概率的情况下,无论是否先验等概,误码率 P_e 是随着 K 的增加而下降的。

③ 实际中,若已知先验不等概,则按照图 8.3.1 来设计最佳接收机;若不知道先验概率分布,一般先假设系统是先验等概的,再按照图 8.3.2 来设计最佳接收机。

误码率 P_e 与先验概率以及 K 之间的关系曲线示于图 8.3.3,其中虚线为先验等概情况下误码率 P_e 与 K 之间的变化关系,实线为先验不等概情况下$\left(\dfrac{P(s_1)}{P(s_2)}=10,\text{或 }0.1\right)$误码率 P_e 与 K 之间的变化关系。

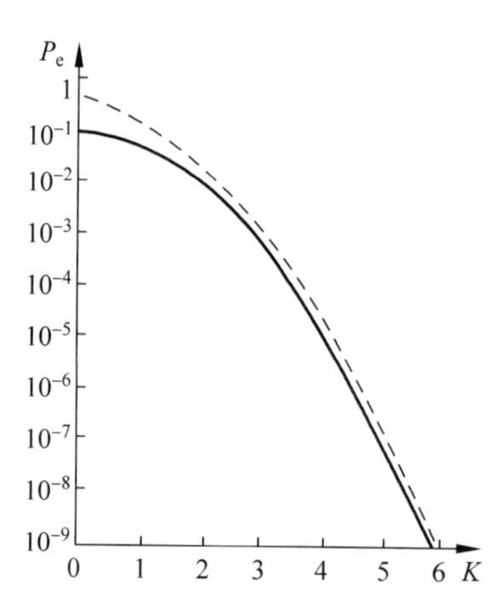

图 8.3.3 误码率 P_e 与先验概率,以及 K 之间的关系曲线

8.3.3 二进制确知信号的最佳形式

在数字通信系统中,常用的二进制确知信号有三种形式:

- 2ASK 信号(即 OOK 信号)
- 2FSK 信号
- 2PSK 信号

在信噪比相同的情况下,当先验等概时,按图 8.3.2 所设计的最佳接收机,对不同形式的二进制确知信号,它的抗噪声性能是否一样?哪一种最好呢?这就是本节要讨论的问题。

设 E_1 表示 $s_1(t)$在 $0\leqslant t\leqslant T$ 内的能量,E_2 表示 $s_2(t)$在 $0\leqslant t\leqslant T$ 内的能量,则

$$\rho=\frac{\int_0^T s_1(t)s_2(t)\mathrm{d}t}{\sqrt{E_1E_2}} \tag{8.3.37}$$

为信号 $s_1(t)$与 $s_2(t)$的互相关系数,其取值范围是$[-1,+1]$。

当 $E_1=E_2=E_b$ 时,经分析推导可以得出,在 E_b 和 n_0 一定时,误码率 P_e 是互相关系数 ρ 的函数:

$$P_e=\frac{1}{2}\left\{1-\mathrm{erfc}\left[\sqrt{\frac{E_b(1-\rho)}{2n_0}}\right]\right\} \tag{8.3.38}$$

式中,erfc(x)为误差函数。

分析式(8.3.38)可以看出,当信号能量和噪声的功率谱密度一定时,误码率 P_e 是互相关系数 ρ 的函数,而不同的二进制确知信号形式所得到的 ρ 是不同的,这样就可以得到误码率 P_e 与不同的二进制确知信号之间的关系,从而找出使误码率达到最低的二进制确知信号形式,即为最佳的二进制确知信号形式。

(1) 互相关系数 $\rho=-1$ 时的误码率 P_e

由误差函数 erfc(x)的特点,x 越大 erfc(x)也越大,则式(8.3.38)中的误码率 P_e 越小。然而 ρ 的取值范围是$[-1,+1]$,$\rho=-1$ 是 ρ 的最小值,因此这时得到的 P_e 也是最小值:

$$P_e=\frac{1}{2}\mathrm{erfc}\sqrt{\frac{E_b}{n_0}} \tag{8.3.39}$$

当二进制信号为 2PSK 信号形式时,可以求出 $\rho=-1$。

(2) 互相关系数 $\rho=0$ 时的误码率 P_e

当 $\rho=0$,误码率为

$$P_e=\frac{1}{2}\mathrm{erfc}\sqrt{\frac{E_b}{2n_0}} \tag{8.3.40}$$

式(8.3.40)中的误码率比式(8.3.39)的要大一些。此时 $\rho=0$,即信号 $s_1(t)$与 $s_2(t)$正交,这时的二进制信号为 2FSK 信号形式。

(3) 互相关系数 $\rho=+1$ 时的误码率 P_e

当 $\rho=+1$,误码率为

$$P_e=\frac{1}{2} \tag{8.3.41}$$

实际上从式(8.3.38)中可以看出,互相关系数 ρ 越接近$+1$,误码率就越大,其接收性能就越差,当 $\rho=+1$ 时,误码率 P_e 达到最差,为 1/2,相当于盲猜概率。当然,这是在两个信号的能量相等的情况下得出的结论。

(4) 两个信号的能量不相等时的误码率 P_e

若 $s_1(t)$的能量为 $E_1=0$,$s_2(t)$的能量为 $E_2=E_b$ 时,式(8.3.36)可写为

$$K=\sqrt{\frac{E_b}{2n_0}} \tag{8.3.42}$$

在先验等概的条件下,误码率为

$$P_e=\frac{1}{\sqrt{2\pi}}\int_K^{\infty}\mathrm{e}^{-\frac{z^2}{2}}\mathrm{d}z \tag{8.3.43}$$

将式(8.3.42)代入式(8.3.43)得

$$P_e=\frac{1}{2}\mathrm{erfc}\sqrt{\frac{E_b}{4n_0}} \tag{8.3.44}$$

式(8.3.44)中的误码率比式(8.3.40)的又要大一些。此时的二进制信号为 2ASK 信号形式,即 OOK 信号的形式,这是 OOK 的最佳接收情况。

式(8.3.39)、式(8.3.40)以及式(8.3.44)中所示的误码率与信噪比之间的关系曲线如图 8.3.4 所示,从图中可以清楚地看出,在二进制确知信号通信中:当解调系统按最佳接收机设计时,PSK 信号是最佳的信号形式之一(曲线③),FSK 信号次之(曲线②),ASK 信号最差(曲线①)。

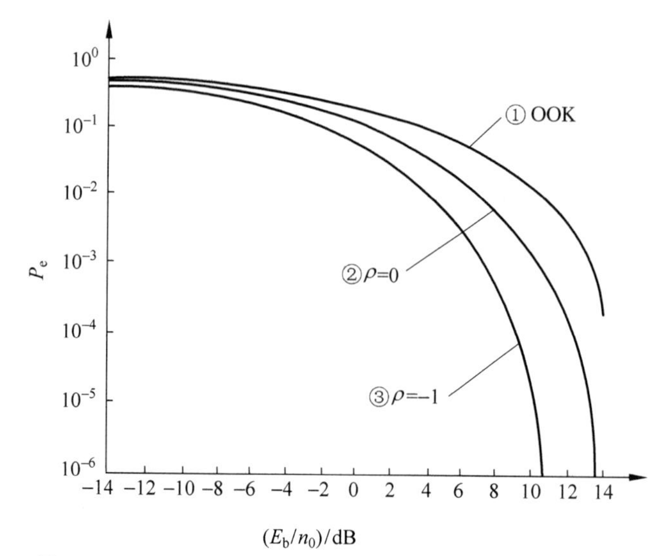

图 8.3.4 二进制确知信号误码率与能噪比之间的关系曲线

8.3.4 多进制确知信号的最佳接收机及其性能

假设在观察时间$(0,T)$内接收端收到的 $y(t)$将包含 m 个信号 $s_i(t)(i=1,2,\cdots,m)$中的一个,这些信号具有相等的先验概率,相同的能量,且它们是正交的,即

$$\int_0^T s_i(t)s_j(t)\mathrm{d}t=\begin{cases}E & (i=j)\\ 0 & (i\neq j)\end{cases} \tag{8.3.45}$$

式中,E 是信号的能量。

仍以最大似然准则为判决规则,则有

若 $\int_0^T y(t)s_i(t)\mathrm{d}t>\int_0^T y(t)s_j(t)\mathrm{d}t$,则判为 s_i 出现$(i,j=1,2,\cdots,m,i\neq j)$ (8.3.46)

按照式(8.3.46)的判决规则,可以构造出多进制确知信号的最佳接收机方框图如图 8.3.5。

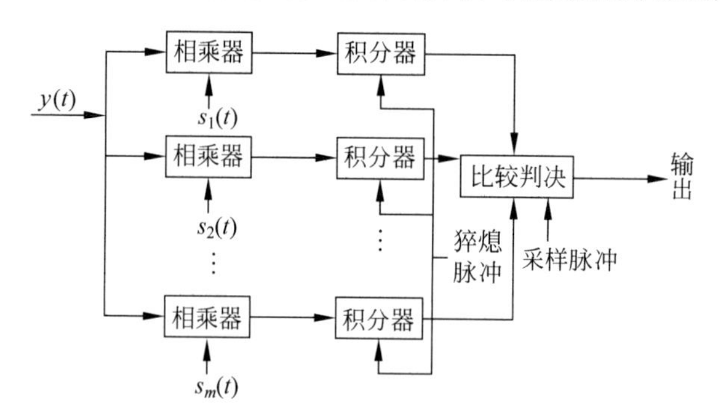

图 8.3.5 先验等概时 m 进制确知信号的最佳接收机方框图

由本节给定的假设条件和上面得到的判决规则,可以推出多进制确知信号的最佳接收性能为

$$P_e=1-\frac{1}{\sqrt{2\pi}}\int_{-\infty}^{+\infty}\left[\int_{-\infty}^{y+\left(\frac{2E}{n_0}\right)^{1/2}}\frac{1}{\sqrt{2\pi}}\mathrm{e}^{-x^2/2}\mathrm{d}x\right]^{m-1}\mathrm{e}^{-y^2/2}\mathrm{d}y \tag{8.3.47}$$

可见其最佳接收性能与信噪比 E/n_0 有关，与进制数 m 有关。经过分析还可以发现，在相同的误码率情况下，所需的信号能量将随着进制数 m 的增大而减小，由式(8.3.47)可得

$$P_e \to 0 \quad (\text{当 } m \to \infty \text{ 时}) \tag{8.3.48}$$

这说明，在极限条件下，其性能将达到香农定理所指出的极限。当然，实际中 m 是有限的，因此 P_e 也不可能为零。

8.4 随相信号的最佳接收机

什么是随相信号？随相信号(随机相位信号)是除相位 φ 外其余参数都确知的信号形式，即 φ 是信号的唯一随机参数(φ 的随机性体现于在一个数字信号持续时间$(0,T)$内为某一值，而在另一持续时间内随机地取另一值。例如：用键控法从独立振荡器得到的 FSK 或 ASK 信号，随机窄带信号经强限幅后的信号，都可归为随相信号)。本节着重讨论二进制随相信号的最佳接收机的设计及其性能等问题。

8.4.1 二进制随相信号的最佳接收机

1. 二进制随相信号的最佳接收结论及框图

假设到达接收机输入端的两个随相信号分别为：

$$\begin{aligned} s_1(t,\varphi_1) &= A_0\cos(\omega_1 t+\varphi_1) \\ s_2(t,\varphi_2) &= A_0\cos(\omega_2 t+\varphi_2) \end{aligned} \tag{8.4.1}$$

式中，φ_1 与 φ_2 分别代表每个信号的相位随机参数，在观察时间$(0,T)$内的取值服从均匀分布；A_0 是幅度；ω_1 与 ω_2 分别为两个信号的载频，并且是两个满足“正交”的载频；两个信号 $s_1(t,\varphi_1)$和 $s_2(t,\varphi_2)$是先验等概的；两个信号的持续时间是$(0,T)$，并且能量相等：

$$\int_0^T s_1^2(t,\varphi_1)\mathrm{d}t = \int_0^T s_2^2(t,\varphi_2)\mathrm{d}t = E \tag{8.4.2}$$

这时接收端的信号 $y(t)$可表示为

$$y(t) = \{s_1(t,\varphi_1) \quad \text{或} \quad s_2(t,\varphi_2)\} + n(t) \tag{8.4.3}$$

最佳判决准则选用最大似然准则作为判决规则。

由于信号不是确知信号，故其似然函数 $f_{s_1}(y)$和 $f_{s_2}(y)$分别依赖于随机相位 φ_1 与 φ_2，因此直接比较它们的大小是不能获得最佳判决的，而需要从 $y(t)$的联合概率密度函数 $f_{s_1}(y,\varphi_1)$或 $f_{s_2}(y,\varphi_2)$出发求解这时的似然函数 $f_{s_1}(y)$和 $f_{s_2}(y)$，再比较它们的大小，就可得到最佳判决的结果。

经推导可以得到如下结论：

若

$$\sqrt{\left[\int_0^T y(t)\cos\omega_1 t\,\mathrm{d}t\right]^2 + \left[\int_0^T y(t)\sin\omega_1 t\,\mathrm{d}t\right]^2} > \sqrt{\left[\int_0^T y(t)\cos\omega_2 t\,\mathrm{d}t\right]^2 + \left[\int_0^T y(t)\sin\omega_2 t\,\mathrm{d}t\right]^2} \tag{8.4.4}$$

则判 s_1 出现；

若

$$\sqrt{\left[\int_0^T y(t)\cos\omega_1 t\,\mathrm{d}t\right]^2 + \left[\int_0^T y(t)\sin\omega_1 t\,\mathrm{d}t\right]^2} < \sqrt{\left[\int_0^T y(t)\cos\omega_2 t\,\mathrm{d}t\right]^2 + \left[\int_0^T y(t)\sin\omega_2 t\,\mathrm{d}t\right]^2} \tag{8.4.5}$$

则判 s_2 出现。

按照式(8.4.4)及式(8.4.5)所示的判决规则,可以构建出二进制随相信号的最佳接收机框图,如图8.4.1所示。

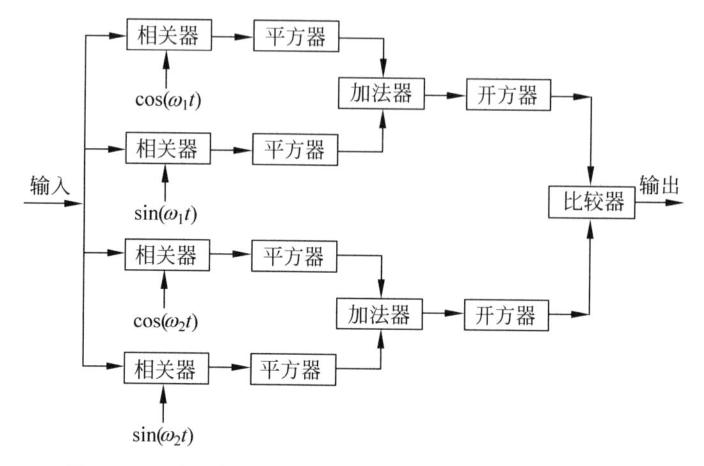

图 8.4.1 先验等概的二进制随相信号最佳接收机方框图

2. 结论的推导

由式(8.4.1)及其假设条件得知,φ_1 与 φ_2 的概率密度可表示为

$$f(\varphi_1)=\begin{cases}1/(2\pi) & (0\leqslant\varphi_1\leqslant 2\pi)\\ 0 & (\text{其他})\end{cases}\tag{8.4.6}$$

$$f(\varphi_2)=\begin{cases}1/(2\pi) & (0\leqslant\varphi_2\leqslant 2\pi)\\ 0 & (\text{其他})\end{cases}\tag{8.4.7}$$

根据概率论中求边际概率分布的知识,可以得到似然函数为

$$f_{s_1}(y)=\int_{A_{\varphi 1}} f(\varphi_1)f_{s_1}(y/\varphi_1)\mathrm{d}\varphi_1\tag{8.4.8}$$

$$f_{s_2}(y)=\int_{A_{\varphi 2}} f(\varphi_2)f_{s_2}(y/\varphi_2)\mathrm{d}\varphi_2\tag{8.4.9}$$

式中,$A_{\varphi 1}$ 及 $A_{\varphi 2}$ 分别是 φ_1 与 φ_2 的取值域$(0,2\pi)$;$f_{s_1}(y/\varphi_1)$及 $f_{s_2}(y/\varphi_2)$分别是出现信号 $s_1(t,\varphi_1)$和 $s_2(t,\varphi_2)$条件下观察到 y 的概率密度,所以它们仅依赖于噪声的特性,因此有

$$\left.\begin{aligned}f_{s_1}(y/\varphi_1)&=\frac{1}{(\sqrt{2\pi}\sigma_n)^k}\exp\left\{-\frac{1}{n_0}\int_0^T[y(t)-s_1(t,\varphi_1)]^2\mathrm{d}t\right\}\\ f_{s_2}(y/\varphi_2)&=\frac{1}{(\sqrt{2\pi}\sigma_n)^k}\exp\left\{-\frac{1}{n_0}\int_0^T[y(t)-s_2(t,\varphi_2)]^2\mathrm{d}t\right\}\end{aligned}\right\}\tag{8.4.10}$$

由式(8.4.6)到式(8.4.9)可以得到

$$\left.\begin{aligned}f_{s_1}(y)&=\int_0^{2\pi}\left(\frac{1}{2\pi}\right)\frac{1}{(\sqrt{2\pi}\sigma_n)^k}\exp\left\{-\frac{1}{n_0}\int_0^T[y(t)-s_1(t,\varphi_1)]^2\mathrm{d}t\right\}\mathrm{d}\varphi_1\\ f_{s_2}(y)&=\int_0^{2\pi}\left(\frac{1}{2\pi}\right)\frac{1}{(\sqrt{2\pi}\sigma_n)^k}\exp\left\{-\frac{1}{n_0}\int_0^T[y(t)-s_2(t,\varphi_2)]^2\mathrm{d}t\right\}\mathrm{d}\varphi_2\end{aligned}\right\}\tag{8.4.11}$$

将式(8.4.1)代入式(8.4.11),经整理得

$$f_{s_1}(y)=K_0\frac{1}{2\pi}\int_0^{2\pi}\mathrm{e}^{\frac{2}{n_0}\int_0^T y(t)A_0\cos(\omega_1 t+\varphi_1)\mathrm{d}t}\mathrm{d}\varphi_1$$

$$f_{s_2}(y)=K_0\frac{1}{2\pi}\int_0^{2\pi}\mathrm{e}^{\frac{2}{n_0}\int_0^T y(t)A_0\cos(\omega_2 t+\varphi_2)\mathrm{d}t}\mathrm{d}\varphi_2 \tag{8.4.12}$$

其中,

$$K_0=\frac{\mathrm{e}^{-\frac{E}{n_0}}\mathrm{e}^{-\frac{1}{n_0}\int_0^T y^2(t)\mathrm{d}t}}{(\sqrt{2\pi}\sigma_n)^k} \tag{8.4.13}$$

令

$$\begin{aligned}\xi(\varphi_1)&=\frac{2A_0}{n_0}\int_0^T y(t)[\cos\omega_1 t\cos\varphi_1-\sin\omega_1 t\sin\varphi_1]\mathrm{d}t\\&=\frac{2A_0}{n_0}\int_0^T y(t)\cos\omega_1 t\cos\varphi_1\mathrm{d}t-\frac{2A_0}{n_0}\int_0^T y(t)\sin\omega_1 t\sin\varphi_1\mathrm{d}t\\&=\frac{2A_0}{n_0}[X_1\cos\varphi_1-Y_1\sin\varphi_1]\end{aligned} \tag{8.4.14}$$

其中

$$X_1=\int_0^T y(t)\cos\omega_1 t\,\mathrm{d}t$$

$$Y_1=\int_0^T y(t)\sin\omega_1 t\,\mathrm{d}t \tag{8.4.15}$$

进一步整理得

$$\begin{aligned}\xi(\varphi_1)&=\frac{2A_0}{n_0}\sqrt{X_1^2+Y_1^2}\cos\left(\varphi_1+\arctan\frac{Y_1}{X_1}\right)\\&=\frac{2A_0}{n_0}M_1\cos(\varphi_1+\varphi_0)\end{aligned} \tag{8.4.16}$$

其中

$$M_1=\sqrt{X_1^2+Y_1^2}$$

$$\varphi_0=\arctan\frac{Y_1}{X_1} \tag{8.4.17}$$

将式(8.4.16)代入式(8.4.12)中,再进一步化简可得

$$f_{s_1}(y)=K_0\frac{1}{2\pi}\int_0^{2\pi}\mathrm{e}^{\frac{2A_0}{n_0}M_1\cos(\varphi_1+\varphi_0)}\mathrm{d}\varphi_1=K_0I_0\left(\frac{2A_0}{n_0}M_1\right) \tag{8.4.18}$$

以及

$$f_{s_2}(y)=K_0I_0\left(\frac{2A_0}{n_0}M_2\right) \tag{8.4.19}$$

其中

$$M_2=\sqrt{X_2^2+Y_2^2} \tag{8.4.20}$$

$$X_2=\int_0^T y(t)\cos\omega_2 t\,\mathrm{d}t \tag{8.4.21}$$

$$Y_2=\int_0^T y(t)\sin\omega_2 t\,dt \tag{8.4.22}$$

$$I_0(u)=\frac{1}{2\pi}\int_0^{2\pi} e^{u\cos(\varphi_1+\varphi_0)}d\varphi_1 \tag{8.4.23}$$

$I_0(u)$是零阶修正贝塞尔函数。这样判决似然函数 $f_{s_1}(y)$和 $f_{s_2}(y)$哪一个大的判决规则被转化为如下形式：

$$\begin{aligned}&若\ I_0\left(\frac{2A_0}{n_0}M_1\right)>I_0\left(\frac{2A_0}{n_0}M_2\right)\quad (判为\ s_1)\\&若\ I_0\left(\frac{2A_0}{n_0}M_1\right)<I_0\left(\frac{2A_0}{n_0}M_2\right)\quad (判为\ s_2)\end{aligned} \tag{8.4.24}$$

因为零阶修正贝塞尔函数是一个单调递增函数，所以判决准则可以转化为如下形式：

$$\begin{aligned}&若\ M_1>M_2\quad (判为\ s_1)\\&若\ M_1<M_2\quad (判为\ s_2)\end{aligned} \tag{8.4.25}$$

这就是式(8.4.4)及式(8.4.5)给出的结论。

8.4.2 二进制随相信号最佳接收机的性能

1. 先验等概条件下接收机的性能

误码率如式(8.3.15)所示，在先验等概的条件下，有

$$P_e=P_{s_1}(s_2)\quad [或\ P_e=P_{s_2}(s_1)] \tag{8.4.26}$$

当两个信号的能量相等时，经过推导可以得到

$$P_e=\frac{1}{2}e^{-h^2/2} \tag{8.4.27}$$

式中，$h^2=\frac{E_b}{n_0}$，$E_b=\frac{A_0^2T}{2}$是信号的能量。由此可见，等概、等能量并且正交的二进制随相信号的最佳接收机性能仅与输入信噪比(E_b/n_0)有关。

2. 2ASK 随相信号的性能

如果在上述条件下，二进制符号 $s_1(t)/s_2(t)$之中的一个恒为零，这就是所谓的非相干 OOK 调制方式。可以证明，此时的误码率为

$$P_e=\frac{1}{2}e^{\frac{-Z_0^2}{2}}+\frac{1}{2}\left[1-e^{\frac{E_b}{n_0}}\int_{Z_0}^{\infty}x e^{-\frac{x^2}{2}}I_0\left(\sqrt{\frac{2E_b}{n_0}}x\right)dx\right] \tag{8.4.28}$$

式中 Z_0 由下式确定

$$\ln I_0\left(\sqrt{\frac{2E_b}{n_0}}Z_0\right)=\frac{E_b}{n_0} \tag{8.4.29}$$

3. 多进制随相信号的最佳接收机设计

假设接收机输入端有 m 个先验等概、互不相关以及等能量的随相信号，则在接收端收到的波形为

$$y(t)=\{s_1(t,\varphi_1)\ 或\ s_2(t,\varphi_2),\cdots,s_m(t,\varphi_m)\}+n(t) \tag{8.4.30}$$

若仍以最大似然准则进行判决，利用前面的分析方法和讨论结果，可有判决规则为

$$若\ M_i>M_j;\quad j=1,2,\cdots,m, 但\ i\neq j\quad (判为\ s_i(t,\varphi_i)) \tag{8.4.31}$$

式中

$$M_i=\sqrt{X_i^2+Y_i^2}=\sqrt{\left(\int_0^T y(t)\cos\omega_i t\,\mathrm{d}t\right)^2+\left(\int_0^T y(t)\sin\omega_i t\,\mathrm{d}t\right)^2}$$

$$M_j=\sqrt{X_j^2+Y_j^2}=\sqrt{\left(\int_0^T y(t)\cos\omega_j t\,\mathrm{d}t\right)^2+\left(\int_0^T y(t)\sin\omega_j t\,\mathrm{d}t\right)^2} \qquad (8.4.32)$$

根据式(8.4.31)所示的判决规则，可以画出多进制随相信号的最佳接收机方框图如图8.4.2所示。

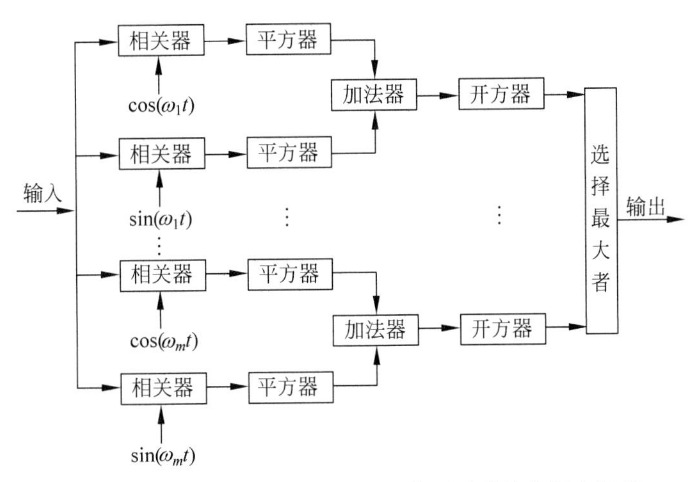

图8.4.2　先验等概的多进制随相信号最佳接收机方框图

8.5　起伏信号的最佳接收

所谓起伏信号(即：随机振幅和相位的信号)，是信号的振幅 a 和相位 φ 都是随机参数，而其余的参数是确知的信号形式。对于数字通信系统，常用的是数字信号通过瑞利衰落信道后的信号形式，这种信号，一般振幅服从瑞利分布、相位服从均匀分布。本节将介绍此类起伏信号的最佳接收机设计及其性能等问题，其原理和处理方法类似于前面随相信号的最佳接收问题。

8.5.1　m 进制FSK起伏信号的接收

假设有 m 个起伏信号：

$$\begin{cases} s_1(t,\varphi_1,a_1)=a_1\cos(\omega_1 t+\varphi_1) \\ s_2(t,\varphi_2,a_2)=a_2\cos(\omega_2 t+\varphi_2) \\ \qquad\vdots \\ s_m(t,\varphi_m,a_m)=a_m\cos(\omega_m t+\varphi_m) \end{cases} \qquad (8.5.1)$$

式中，$\omega_1,\omega_2,\cdots,\omega_m$ 是确知角频率，各角频率之间有足够大的频差，从而使各信号之间互不相关；$a_1,a_2,\cdots,a_m$ 分别为服从同一瑞利分布的随机变量；$\varphi_1,\varphi_2,\cdots,\varphi_m$ 分别为服从同一均匀分布的随机变量。

在$(0,T)$内到达接收机输入端的接收波形 $y(t)$ 为

$$y(t)=\{s_1(t,\varphi_1,a_1)\text{或}s_2(t,\varphi_2,a_2),\cdots,\text{或}s_m(t,\varphi_m,a_m)\}+n(t) \qquad (8.5.2)$$

用最大似然准则进行判决，可得判决规则为

若 $M_i > M_j$； $j=1,2,\cdots,m$，但 $i \neq j$，则判为 $s_i(t,\varphi_i,a_i)$ 出现 (8.5.3)

其中

$$M_i = \sqrt{X_i^2 + Y_i^2} = \left\{ \left[\int_0^T y(t)\cos\omega_i t\,dt \right]^2 + \left[\int_0^T y(t)\sin\omega_i t\,dt \right]^2 \right\}^{\frac{1}{2}} \tag{8.5.4}$$

其最佳接收机的结构同图 8.4.2 给出的随相信号最佳接收机方框图。

8.5.2 起伏信号最佳接收的性能

1. m 进制时的误码率

对于先验等概、互不相关以及等能量的起伏信号，可以求得最佳接收时的误码率为

$$P_e = \sum_{k=1}^{m-1} (-1)^{k+1} C_m^k \frac{1}{(k+1) + k\overline{h^2}} \tag{8.5.5}$$

其中，$\overline{h^2} = \dfrac{\overline{E}}{n_0}$ 为平均信噪比。

2. 二进制时的误码率

式(8.5.5)中，$m=2$ 时，为二进制情况，则有

$$P_e = \frac{1}{2 + \overline{h^2}} \tag{8.5.6}$$

式(8.5.5)和式(8.5.6)分别是起伏信号"非相干 FSK"接收时，多进制和二进制的最佳性能。

3. 有衰落时与无衰落时二进制"非相干 FSK"的性能比较

图 8.5.1 分别画出了有衰落和无衰落时二进制"非相干 FSK"性能曲线，可以说明有瑞利衰落时与无衰落时的性能差距，图中虚线表示无衰落的情况，实线则表示有衰落的情况。

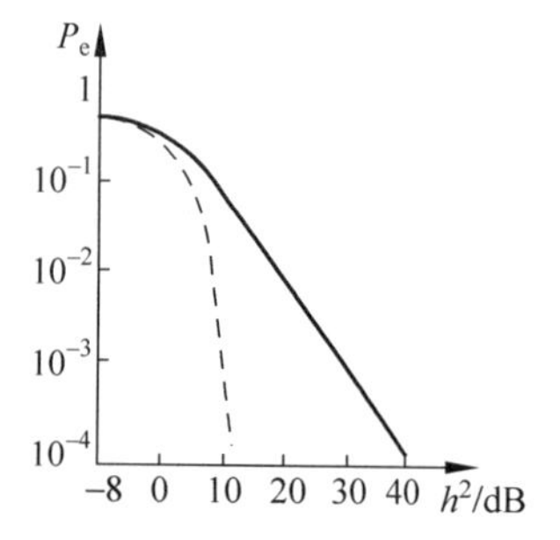

图 8.5.1 有衰落和无衰落时的性能比较曲线

比较图 8.5.1 中的两条曲线可以得到如下结论：

① 有衰落时的性能要比无衰落时的差。

② 当 $P_e = 10^{-2}$ 时，有衰落时比无衰落时信噪比大约要增多 10dB，而且随 P_e 下降一个数量级，大约需要再增加 10dB。

③ 所以，存在衰落对信号的接收性能影响很大。可见，在随参信道中传输的数字信号，抗衰落的措施是非常必要的。

8.6 实际接收机与最佳接收机的性能比较

8.6.1 实际接收机与最佳接收机的性能公式比较

将第 6 章二进制确知信号实际接收机的性能与本章最佳接收机的性能进行比较，示于表 8.6.1。

表 8.6.1　实际接收机与最佳接收机的性能比较

类　　型	实际接收机	最佳接收机
相干 OOK	$\frac{1}{2}\mathrm{erfc}\sqrt{\frac{r}{4}}$	$\frac{1}{2}\mathrm{erfc}\sqrt{\frac{E_b}{4n_0}}$
非相干 OOK	$\frac{1}{2}\exp\left(-\frac{r}{4}\right)$	$\frac{1}{2}\exp\left(-\frac{E_b}{4n_0}\right)$
相干 2FSK	$\frac{1}{2}\mathrm{erfc}\sqrt{\frac{r}{2}}$	$\frac{1}{2}\mathrm{erfc}\sqrt{\frac{E_b}{2n_0}}$
非相干 2FSK	$\frac{1}{2}\exp\left(-\frac{r}{2}\right)$	$\frac{1}{2}\exp\left(-\frac{E_b}{2n_0}\right)$
相干 2PSK	$\frac{1}{2}\mathrm{erfc}\sqrt{r}$	$\frac{1}{2}\mathrm{erfc}\sqrt{\frac{E_b}{n_0}}$
差分相干 2DPSK	$\frac{1}{2}\exp(-r)$	$\frac{1}{2}\exp\left(-\frac{E_b}{n_0}\right)$
同步检测 2DPSK	$\mathrm{erfc}\sqrt{r}\left[1-\frac{1}{2}\mathrm{erfc}\sqrt{r}\right]$	$\mathrm{erfc}\sqrt{\frac{E_b}{n_0}}\left[1-\frac{1}{2}\mathrm{erfc}\sqrt{\frac{E_b}{n_0}}\right]$

从表 8.6.1 中可以看出，二进制确知信号实际接收机的信噪比 r 与其最佳接收机的码元能量和噪声功率谱密度比 E_b/n_0 相对应，也就是说，实际接收机与最佳接收机的性能分析结果在公式形式上是一样的。

8.6.2　r 和 E_b/n_0 的相互关系

假设噪声 $n(t)$的单边功率谱密度为 n_0，数字信号 $s(t)$的持续时间为 T，能量为 E_b。对于实际接收机，有

$$r=\frac{S}{N}=\frac{S}{n_0B} \tag{8.6.1}$$

式中，S 为信号功率；N 为噪声功率；B 为带通滤波器的等效矩形带宽。

$$B=\frac{\int_{-\infty}^{+\infty}|H(\omega)|^2\mathrm{d}f}{2} \tag{8.6.2}$$

$H(\omega)$为系统的频率特性，且

$$|H(\omega)|_{\max}=1 \tag{8.6.3}$$

对于最佳接收机，有

$$\frac{E_b}{n_0}=\frac{ST}{n_0}=\frac{S}{n_0\left(\frac{1}{T}\right)} \tag{8.6.4}$$

式中，$1/T$ 为基带数字信号的重复频率。

比较式(8.6.1)和式(8.6.4)，若 $B=1/T$，则表 8.6.1 中实际接收机与最佳接收机的性能公式完全一样。而实际中，$B>1/T$，故在同样的输入条件下，实际接收机系统的性能总是比最佳接收机系统的差，这个差值将取决于 B 与 $1/T$ 的比值。

例如，对于二进制 ASK、PSK 信号来说，一般为使信号通过带通失真很小，$B=4(1/T)$。此时，为了获得相同的系统性能，即要使误码率 P_e 一样，则对普通接收机的 r 要提高 4 倍，

由于 10lg4=6dB,相当于信噪比要增加 6dB。

结论:在同样的输入条件下,实际接收机系统的性能总是比最佳接收系统的差。其差值取决于 B 与$\frac{1}{T}$的比值。

8.7 匹配滤波器的基本概念

8.7.1 匹配滤波器

本章前面所讨论的最佳接收,都是采用最小错误概率准则(或最大似然准则),得到接收机的最佳判决规则,从而得出最佳接收机的。从本节开始,研究另一种判决准则——最大输出信噪比准则——情况下接收机的最佳接收问题。

所谓匹配滤波器,是指在白噪声为背景的条件下,输出信噪比最大的最佳线性滤波器。即判决准则采用“最大输出信噪比准则”所得到的最佳接收机,称之为匹配滤波器。

数字信号通信中人们最关心的是在有噪声和干扰的情况下是否能正确地识别信号,输出信噪比越高越有利于系统的正确判决,即在接收机的输出端如果能获得最大的信噪比,就能最佳地判断信号的出现,从而提高系统的检测性能,而此时得到的最佳判决,要比输出较小的信噪比时的判决性能要好。因此,在输出信噪比最大准则下设计一个线性滤波器,具有重要的实际意义。

8.7.2 匹配滤波接收原理

设一个线性滤波器的传输特性为 $H(\omega)$,输入信号 $x(t)=s(t)+n(t)$是信号与噪声的混合波形,噪声 $n(t)$为白噪声,其双边功率谱密度为 $P_n(\omega)=n_0/2$,输出为 $y(t)$,并要求 $H(\omega)$在某一时刻 t_0 上有最大的信号瞬时功率与噪声平均功率的比值,则该数字信号传输系统模型如图 8.7.1 所示。

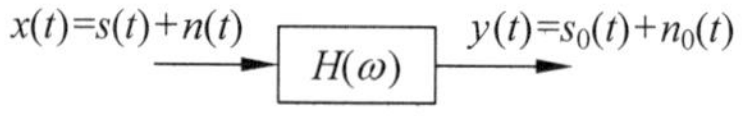

图 8.7.1 数字信号传输系统模型

1. 最大输出信噪比准则下的最佳线性滤波器特性 $H(\omega)$

由线性电路叠加原理有

$$y(t)=s_0(t)+n_0(t) \tag{8.7.1}$$

因为

$$S_0(\omega)=S(\omega)\cdot H(\omega) \tag{8.7.2}$$

所以

$$s_0(t)=\frac{1}{2\pi}\int_{-\infty}^{+\infty}[S(\omega)H(\omega)]\mathrm{e}^{\mathrm{j}\omega t}\mathrm{d}\omega \tag{8.7.3}$$

由第 2 章分析的系统输出噪声平均功率有

$$P_0(\omega)=P_n(\omega)|H(\omega)|^2=\frac{n_0}{2}|H(\omega)|^2 \tag{8.7.4}$$

$$R_0(\tau)=\frac{1}{2\pi}\int_{-\infty}^{+\infty}P_0(\omega)\mathrm{e}^{\mathrm{j}\omega\tau}\mathrm{d}\omega \tag{8.7.5}$$

$$\begin{aligned}N_0&=R_0(0)=\frac{1}{2\pi}\int_{-\infty}^{+\infty}P_0(\omega)\mathrm{d}\omega\\&=\frac{1}{2\pi}\int_{-\infty}^{+\infty}\frac{n_0}{2}|H(\omega)|^2\mathrm{d}\omega=\left(\frac{n_0}{4\pi}\right)\int_{-\infty}^{+\infty}|H(\omega)|^2\mathrm{d}\omega\end{aligned} \tag{8.7.6}$$

假设在 t_0 时刻的输出信号瞬时功率与噪声平均功率之比为

$$\begin{aligned}r_0&=\left.\frac{|s_0(t)|^2}{N_0}\right|_{t=t_0}=\frac{|s_0(t_0)|^2}{N_0}\\&=\frac{\left|\frac{1}{2\pi}\int_{-\infty}^{+\infty}[S(\omega)H(\omega)]\mathrm{e}^{\mathrm{j}\omega t_0}\mathrm{d}\omega\right|^2}{\frac{n_0}{4\pi}\int_{-\infty}^{+\infty}|H(\omega)|^2\mathrm{d}\omega}\end{aligned} \tag{8.7.7}$$

按照最大输出信噪比准则，要寻求最大 r_0 的线性滤波器，可归结为求解式(8.7.7)中 r_0 达到最大值时的 $H(\omega)$，在此可用许瓦尔兹(Schwarz)不等式的方法来求解。

许瓦尔兹不等式如下：

$$\left|\frac{1}{2\pi}\int_{-\infty}^{\infty}X(\omega)Y(\omega)\mathrm{d}\omega\right|^2\leqslant\frac{1}{2\pi}\int_{-\infty}^{+\infty}|X(\omega)|^2\mathrm{d}\omega\cdot\frac{1}{2\pi}\int_{-\infty}^{+\infty}|Y(\omega)|^2\mathrm{d}\omega \tag{8.7.8}$$

当 $X(\omega)=KY^*(\omega)$ 时，式(8.7.8)等号成立。其中 K 为常数。

将式(8.7.8)用于式(8.7.7)中，并令 $X(\omega)=H(\omega)$，$Y(\omega)=S(\omega)\mathrm{e}^{\mathrm{j}\omega t_0}$，可得

$$r_0\leqslant\frac{\frac{1}{4\pi^2}\int_{-\infty}^{+\infty}|H(\omega)|^2\mathrm{d}\omega\cdot\int_{-\infty}^{+\infty}|S(\omega)|^2\mathrm{d}\omega}{\frac{n_0}{4\pi}\int_{-\infty}^{+\infty}|H(\omega)|^2\mathrm{d}\omega}=\frac{\frac{1}{2\pi}\int_{-\infty}^{+\infty}|S(\omega)|^2\mathrm{d}\omega}{\frac{n_0}{2}}=\frac{2E}{n_0} \tag{8.7.9}$$

E 是信号 $s(t)$ 的总能量，$|S(\omega)|^2$ 为 $s(t)$ 的能量谱密度。

$$E=\frac{1}{\pi}\int_0^{\infty}|S(\omega)|^2\mathrm{d}\omega \tag{8.7.10}$$

此时，线性滤波器最大输出信噪比为

$$r_{0\max}=\frac{2E}{n_0} \tag{8.7.11}$$

而这时

$$H(\omega)=KS^*(\omega)\mathrm{e}^{-\mathrm{j}\omega t_0} \tag{8.7.12}$$

也就是最佳线性滤波器的传输特性。其中 $S^*(\omega)$ 为 $S(\omega)$ 的复共轭。

2. 结论

在白噪声干扰的背景下，按 $H(\omega)=KS^*(\omega)\mathrm{e}^{-\mathrm{j}\omega t_0}$ 设计的线性滤波器，将在给定时刻 t_0 上获得最大的输出信噪比($2E/n_0$)，该滤波器就是最大输出信噪比准则下的最佳线性滤波器，称为匹配滤波器。

3. 匹配滤波器的冲激响应

利用

$$h(t)=\frac{1}{2\pi}\int_{-\infty}^{+\infty} H(\omega)\mathrm{e}^{\mathrm{j}\omega t}\mathrm{d}\omega \tag{8.7.13}$$

可求出

$$h(t)=\frac{1}{2\pi}\int_{-\infty}^{+\infty} kS^{*}(\omega)\mathrm{e}^{-\mathrm{j}\omega\cdot t_0}\mathrm{e}^{\mathrm{j}\omega\cdot t}\mathrm{d}\omega \tag{8.7.14}$$

若 $s(t)$ 为实函数,则

$$S^{*}(\omega)=S(-\omega) \tag{8.7.15}$$

将式(8.7.15)代入式(8.7.14),得

$$h(t)=\frac{1}{2\pi}\int_{-\infty}^{+\infty} kS(\omega)\mathrm{e}^{\mathrm{j}\omega(t_0-t)}\mathrm{d}\omega \tag{8.7.16}$$

所以有

$$h(t)=Ks(t_0-t) \tag{8.7.17}$$

由式(8.7.17)可见,匹配滤波器的冲激响应是信号 $s(t)$ 的镜像信号 $s(-t)$ 在时间上平移 t_0 后得到的信号。

4. 物理上可实现的匹配滤波器

式(8.7.17)所示的匹配滤波器不一定是物理上可实现的,为了使式(8.7.17)所示的 $h(t)$ 物理上可以实现,要求

$$h(t)=0 \quad (t<0) \tag{8.7.18}$$

即

$$s(t_0-t)=0 \quad (t<0) \tag{8.7.19}$$

令 $t_0-t=\tau$,有

$$s(\tau)=0 \quad (t_0-t<0) \tag{8.7.20}$$

即有

$$s(t)=0 \quad (t>t_0) \tag{8.7.21}$$

这说明,物理可实现的匹配滤波器,其输入端信号 $s(t)$ 必须在它的输出最大信噪比时刻 t_0 之前消失,也就是说若信号在 t_1 时刻为零,当 $t_0\geqslant t_1$ 时满足式(8.7.21),此时的滤波器才是物理可以实现的。通常总是希望 t_0 尽量小一些,因此常选 $t_0=t_1$。

5. 匹配滤波器的输出 $s_0(t)$

已知匹配滤波器的冲激响应为 $h(t)$ 时,匹配滤波器的输出波形为

$$\begin{aligned} s_0(t) &= s(t)*h(t) \\ &= \int_{-\infty}^{+\infty} h(\tau)s(t-\tau)\mathrm{d}\tau \\ &= K\int_{-\infty}^{+\infty} s(t_0-\tau)s(t-\tau)\mathrm{d}\tau \end{aligned} \tag{8.7.22}$$

令 $t-\tau=-\tau'$,有

$$s_0(t)=K\int_{-\infty}^{+\infty} s(t_0-t-\tau')s(-\tau')\mathrm{d}\tau'=KR(t-t_0) \tag{8.7.23}$$

即匹配滤波器的输出波形为其输入信号自相关函数的 K 倍。通常情况下为了方便,分析时可取 $K=1$,则有

$$s_0(t)=R(t-t_0) \tag{8.7.24}$$

可见,求解匹配滤波器的输出波形有两种方法:

① 通过输入信号 $s(t)$ 与匹配滤波器的冲激响应 $h(t)$ 的卷积来求输出波形。

② 通过求输入信号的自相关函数 $R(t)$,再时移 t_0 即可得到输出波形(其中 t_0 为 $s(t)$ 的脉冲宽度)。

6. 应用举例

由上面的分析,可归纳解题步骤如下:

① 由已知的输入信号 $s(t)$ 求 $S(\omega)$。

② 按照式(8.7.12)求匹配滤波器的传输特性 $H(\omega)=KS^*(\omega)e^{-j\omega t_0}$,而 t_0 选 $s(t)$ 的脉冲宽度。

③ 由 $s(t)$ 得到 $s(-t)$,再位移 t_0,求出匹配滤波器的冲激响应 $h(t)=Ks(t_0-t)$,其中 $K=1$。

④ 用图解法求 $s(t)*h(t)$,从而得到匹配滤波器的输出波形 $s_0(t)$;或求输入信号的自相关函数 $R(t)$,再时移 t_0,得到匹配滤波器的输出波形 $s_0(t)$。

⑤ 求输入信号的能量 $E=\int_{-\infty}^{+\infty}s(t)^2\,dt$,或 $E=\frac{1}{\pi}\int_0^{\infty}|S(\omega)|^2\,d\omega$,从而得到系统的最佳输出信噪比 $r_{0\max}=\frac{2E}{n_0}$。

例 8.1 设接收机的输入信号是宽度为 T 的矩形脉冲 $s(t)=\begin{cases}1 & \left(-\frac{T}{2}\leqslant t\leqslant\frac{T}{2}\right)\\ 0 & (\text{其他})\end{cases}$,试求其匹配滤波器的特性。

解 首先可以求得输入信号 $s(t)$ 的频谱为:

$$S(\omega)=\int_{-\infty}^{+\infty}s(t)e^{-j\omega t}\,dt=\int_{-T/2}^{T/2}e^{-j\omega t}\,dt=T\,\mathrm{Sa}\left(\frac{\omega T}{2}\right)$$

根据式(8.7.12),设 $K=1$,则所求匹配滤波器的传输特性为

$$H(\omega)=S^*(\omega)e^{-j\omega t_0}=T\,\mathrm{Sa}\left(\frac{\omega T}{2}\right)e^{-j\omega t_0}$$

由上式可以求出匹配滤波器的冲激响应为

$$h(t)=s(t_0-t)=\begin{cases}1 & \left(t_0-\frac{T}{2}\leqslant t\leqslant t_0+\frac{T}{2}\right)\\ 0 & (\text{其他})\end{cases}$$

接收机的匹配滤波器应是物理可实现的,当 $t<0$ 时,应有 $h(t)=0$,所以应取 $t_0\geqslant T/2$。若在 $s(t)$ 信噪比达到最大的脉冲结束时进行取样,则 $t_0=T/2$,最终可得

$$h(t)=s\left(\frac{T}{2}-t\right)=\begin{cases}1 & (0\leqslant t\leqslant T)\\ 0 & (\text{其他})\end{cases}$$

$$H(\omega)=T\,\mathrm{Sa}\left(\frac{\omega T}{2}\right)e^{-j\omega T/2}=\frac{1}{j\omega}(1-e^{-j\omega T})$$

由上式可见,这时的匹配滤波器可用图 8.7.2 来实现。

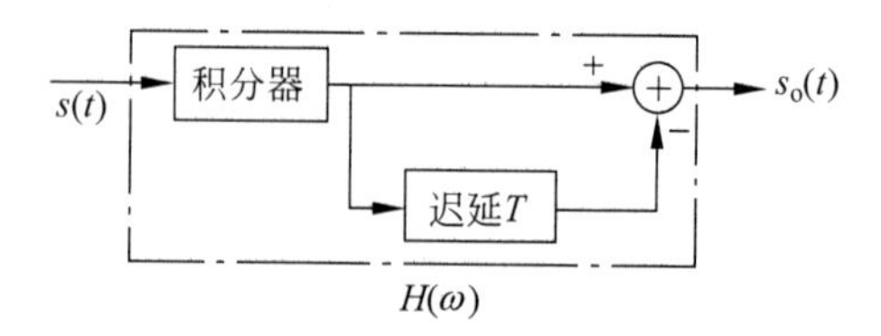

图 8.7.2　匹配滤波器的实现

另外，由式(8.7.22)可以求出匹配滤波器的输出信号 $s_o(t)$ 的频谱为

$$S_o(\omega)=S(\omega)H(\omega)=T^2\mathrm{Sa}^2\left(\frac{\omega T}{2}\right)\mathrm{e}^{-\mathrm{j}\omega T/2}$$

由式(8.7.24)求出匹配滤波器的输出信号 $s_o(t)$ 为

$$s_o(t)=R(t-t_0)=R(t-T/2)=\begin{cases}t+T/2 & (|t|\leqslant T/2)\\ 3T/2-t & \left(\frac{1}{2}T\leqslant t\leqslant\frac{3}{2}T\right)\\ 0 & (\text{其他})\end{cases}$$

此例题中，匹配滤波器的输入信号、冲激响应以及输出信号的波形示于图 8.7.3 中。

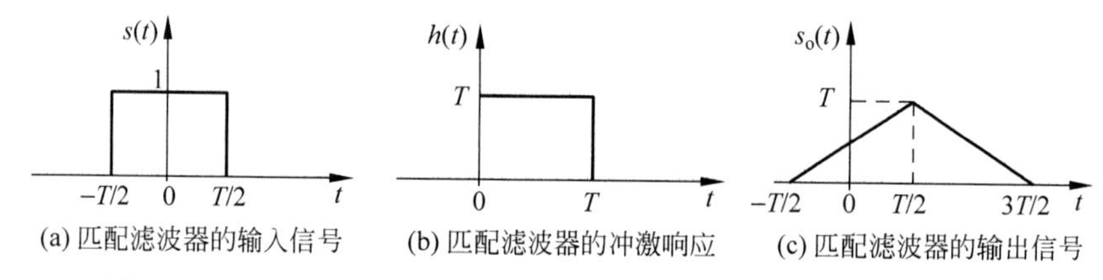

图 8.7.3　例 8.1 匹配滤波器的输入信号、冲激响应以及输出信号波形

例 8.2　设接收机的输入信号为 $s(t)=\begin{cases}\cos\omega_0 t & (0\leqslant t\leqslant T)\\ 0 & (\text{其他})\end{cases}$，求匹配滤波器的特性及输出波形。

解　输入信号 $s(t)$ 的频谱为

$$S(\omega)=\int_{-\infty}^{+\infty}s(t)\mathrm{e}^{-\mathrm{j}\omega t}\mathrm{d}t=\int_0^T\cos\omega_0 t\,\mathrm{e}^{-\mathrm{j}\omega t}\mathrm{d}t=\frac{1-\mathrm{e}^{-\mathrm{j}(\omega+\omega_0)\mathrm{T}}}{2\mathrm{j}(\omega+\omega_0)}+\frac{1-\mathrm{e}^{-\mathrm{j}(\omega-\omega_0)\mathrm{T}}}{2\mathrm{j}(\omega-\omega_0)}$$

$$H(\omega)=S^*(\omega)\mathrm{e}^{-\mathrm{j}\omega t_0}=\left[\frac{\mathrm{e}^{\mathrm{j}(\omega+\omega_0)\mathrm{T}}-1}{2\mathrm{j}(\omega+\omega_0)}+\frac{\mathrm{e}^{\mathrm{j}(\omega-\omega_0)\mathrm{T}}-1}{2\mathrm{j}(\omega-\omega_0)}\right]\mathrm{e}^{-\mathrm{j}\omega t_0}$$

匹配滤波器应是物理可实现的，可选 $t_0=T$，则

$$H(\omega)=\left[\frac{\mathrm{e}^{\mathrm{j}(\omega+\omega_0)\mathrm{T}}-1}{2\mathrm{j}(\omega+\omega_0)}+\frac{\mathrm{e}^{\mathrm{j}(\omega-\omega_0)\mathrm{T}}-1}{2\mathrm{j}(\omega-\omega_0)}\right]\mathrm{e}^{-\mathrm{j}\omega\mathrm{T}}$$

由式(8.7.17)，取 $K=1$，求出 $h(t)$ 为

$$h(t)=s(t_0-t)=s(T-t)=\begin{cases}\cos\omega_0(T-t) & (0\leqslant t\leqslant T)\\ 0 & (\text{其他})\end{cases}$$

为作图方便，设 $s(t)$ 的载频周期为 T_0，并且有 $T=kT_0$，k 为正整数，因此有

$$H(\omega)=\frac{1}{2}\left[\frac{1}{\mathrm{j}(\omega+\omega_0)}+\frac{1}{\mathrm{j}(\omega-\omega_0)}\right](1-\mathrm{e}^{-\mathrm{j}\omega\mathrm{T}})$$

$$h(t)=\begin{cases}\cos\omega_0 t & (0\leqslant t\leqslant T)\\ 0 & (\text{其他})\end{cases}$$

利用式(8.7.24)可求出匹配滤波器的输出信号 $s_o(t)$ 为

$$s_o(t)=\int_{-\infty}^{+\infty}s(\tau)h(t-\tau)\mathrm{d}\tau$$

这个积分可以分段进行：

对于 $t<0$，以及 $t>2T$ 区域：$s_o(t)=0$；

对于 $0\leqslant t\leqslant T$ 区域：$s_o(t)=\dfrac{t}{2}\cos\omega_0 t+\dfrac{1}{2\omega_0}\sin\omega_0 t$；

对于 $T\leqslant t\leqslant 2T$ 区域：$s_o(t)=\dfrac{2T-t}{2}\cos\omega_0 t-\dfrac{1}{2\omega_0}\sin\omega_0 t$。

因为当 $\omega_0\gg 1\text{rad/s}$ 时，$\dfrac{1}{2\omega_0}$ 可以忽略不计，整理后可得：

$$s_o(t)=\begin{cases}\dfrac{t}{2}\cos\omega_0 t & (0\leqslant t\leqslant T)\\ \dfrac{2T-t}{2}\cos\omega_0 t & (T\leqslant t\leqslant 2T)\\ 0 & (\text{其他})\end{cases}$$

这个匹配滤波器的输入、输出及冲激响应的波形如图 8.7.4 所示。

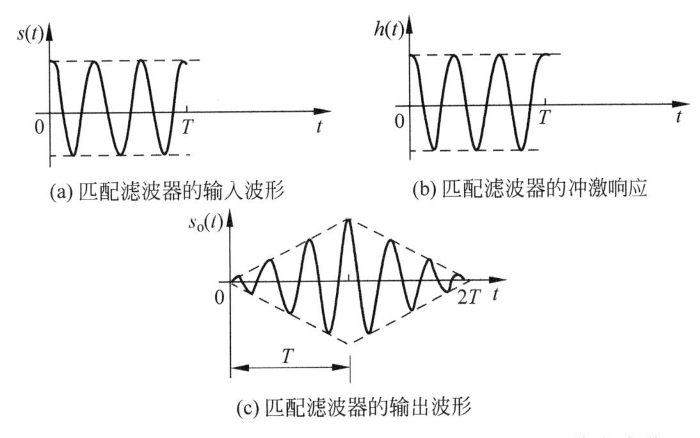

(a) 匹配滤波器的输入波形

(b) 匹配滤波器的冲激响应

(c) 匹配滤波器的输出波形

图 8.7.4 例 8.2 匹配滤波器的输入、冲激响应以及输出波形

8.7.3 匹配滤波器在最佳接收中的应用

现在来讨论匹配滤波器在二进制确知信号的最佳接收中的应用。设输入信号 $s(t)$ 是矩形脉冲

$$s(t)=\begin{cases}1 & (0\leqslant t\leqslant T)\\ 0 & (\text{其他})\end{cases}\tag{8.7.25}$$

与 $s(t)$ 匹配的滤波器 $h(t)$ 为

$$h(t)=Ks(T-t)\tag{8.7.26}$$

用这个匹配滤波器 $h(t)$ 作为接收端的线性滤波器，并设 $K=1$，从信道来的信号 $y(t)$

加入匹配滤波器 $h(t)$时,其输出为

$$u_0(t)=y(t)*h(t)=\int_{t-T}^{t}y(\tau)h(t-\tau)\mathrm{d}\tau \tag{8.7.27}$$

在 $t=T$ 时刻,输出为

$$u_0(t)=\int_{0}^{T}y(\tau)s(\tau)\mathrm{d}\tau \tag{8.7.28}$$

具有最大的信噪比 $r_{0\max}=2E/n_0$。

现有二进制确知信号 $s_1(t)$和 $s_2(t)$,分别有两个与之对应的匹配滤波器 $h_1(t)$和 $h_2(t)$,其中

$$h_1(t)=s_1(T-t)\quad(0<t<T) \tag{8.7.29}$$

$$h_2(t)=s_2(T-t)\quad(0<t<T) \tag{8.7.30}$$

可以构造如图 8.7.5 所示的匹配滤波器最佳接收机方框图。图中 $\rho_i(i=1,2)$为对应匹配滤波器输出在 $t=kT$ 时刻的取样数值。从图 8.7.5 可以看出,当 $y(t)$中含有的信号为 $s_1(t)$时,则在 $t=kT$ 时刻 A_1 点会得到最大的信噪比;若 $y(t)$中含有的信号为 $s_2(t)$时,则在 $t=kT$ 时刻 A_2 点会得到最大的信噪比。这样,只要在 $t=kT$ 时刻比较器进行比较判决,A_1 点信噪比大则判决输出为 $s_1(t)$;A_2 点信噪比大则判决输出为 $s_2(t)$。这就是在最大信噪比准则下的最佳接收机。

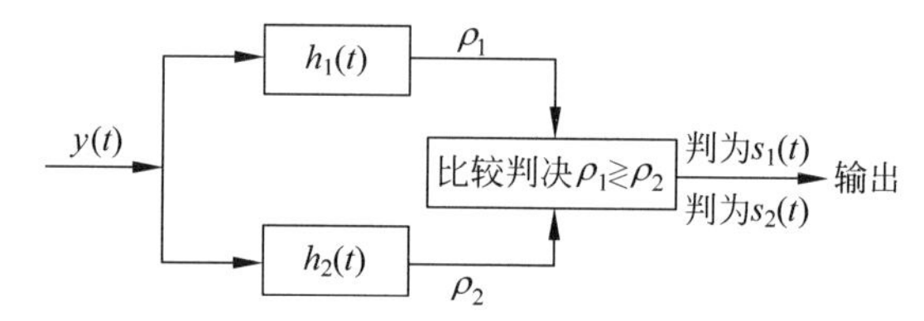

图 8.7.5 匹配滤波器的最佳接收机方框图

另外,对比图 8.3.2 可以看出,匹配滤波器在 $t=kT$ 时刻的输出值恰好等于相关器的输出值,也即匹配滤波器可以作为相关器,因此图 8.7.5 也可以用图 8.3.2 自相关器形式的模型来实现,需要注意的是:

① 相关接收器和匹配滤波接收器都需要在 $t=kT$ 时刻进行比较判决。

② 在讨论最小错误概率准则的最佳接收机时,对系统的噪声并没有强加限制,即无论是高斯白噪声,还是其他类型的噪声,相关接收都是满足最小错误概率准则下的最佳接收。

③ 对匹配滤波器接收而言,系统的噪声应是高斯白噪声,只有这样,才满足匹配滤波器最大输出信噪比的要求。

④ 当系统的噪声不是高斯白噪声时,相关接收不能看成是匹配接收,因为它不一定满足最大输出信噪比准则,但此时它仍满足最小错误概率准则。

⑤ 当系统的噪声为高斯白噪声时,相关接收器和匹配滤波接收器是相同的。

8.8 最佳基带传输系统

在第 6 章数字基带传输系统中,分析了基带信号在传输中如果消除了码间干扰,就能得到较好的系统性能,但这还不是最佳的系统性能,因为这时系统的错误概率还不是最小的。

按照本章的分析思想，若对无码间干扰基带系统的接收滤波器按照最小错误概率准则（或最大输出信噪比准则）来设计，就能使无码间干扰的基带系统达到最佳，即成为最佳基带传输系统。

设基带传输系统的结构如图 8.8.1 所示。

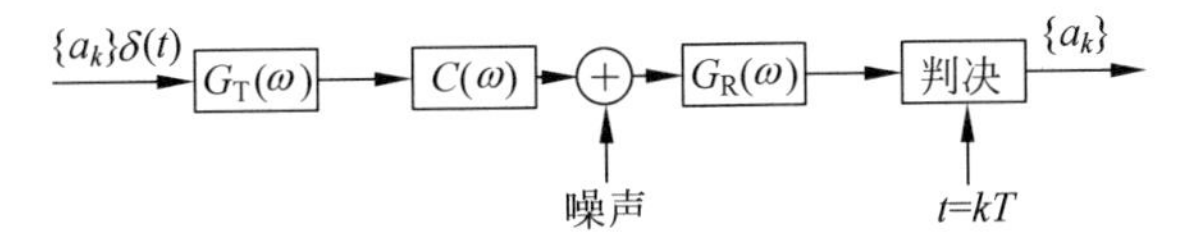

图 8.8.1　基带传输系统框图

基带系统的传输特性为

$$H(\omega)=G_{\mathrm{T}}(\omega)C(\omega)G_{\mathrm{R}}(\omega) \tag{8.8.1}$$

因为是无码间干扰的基带系统，则式(8.8.1)中的 $H(\omega)$要满足奈奎斯特准则的要求。在传输特性 $H(\omega)$表达式中，$G_{\mathrm{T}}(\omega)$是系统的发送滤波器特性，$G_{\mathrm{R}}(\omega)$是接收滤波器特性，$C(\omega)$是描述信道特性的。若假设信道具有理想特性，则有

$$C(\omega)=1(\text{或常数}) \tag{8.8.2}$$

这时，基带系统的传输特性为

$$H(\omega)=G_{\mathrm{T}}(\omega)G_{\mathrm{R}}(\omega) \tag{8.8.3}$$

因此，在 $H(\omega)$确定的情况下，就是要考虑如何选择 $G_{\mathrm{T}}(\omega)$和 $G_{\mathrm{R}}(\omega)$，能够使得基带系统达到最佳。

假设系统的噪声为高斯白噪声，那么由匹配滤波器一节的分析结果可得，接收滤波器的特性若为输入信号频谱的复共轭，则系统的误码率可以达到最小。而在这里输入信号的频谱就是发送滤波器的特性 $G_{\mathrm{T}}(\omega)$，因此有

$$G_{\mathrm{R}}(\omega)=G_{\mathrm{T}}^{*}(\omega)\mathrm{e}^{-\mathrm{j}\omega t_0} \tag{8.8.4}$$

由式(8.8.3)可得

$$G_{\mathrm{T}}(\omega)=H(\omega)/G_{\mathrm{R}}(\omega) \tag{8.8.5}$$

或

$$G_{\mathrm{T}}^{*}(\omega)=H^{*}(\omega)/G_{\mathrm{R}}^{*}(\omega) \tag{8.8.6}$$

将式(8.8.6)代入式(8.8.4)有

$$G_{\mathrm{R}}(\omega)=H^{*}(\omega)\mathrm{e}^{-\mathrm{j}\omega\cdot t_0}/G_{\mathrm{R}}^{*}(\omega) \tag{8.8.7}$$

即

$$G_{\mathrm{R}}(\omega)G_{\mathrm{R}}^{*}(\omega)=H^{*}(\omega)\mathrm{e}^{-\mathrm{j}\omega\cdot t_0} \tag{8.8.8}$$

则有

$$|G_{\mathrm{R}}(\omega)|^{2}=H^{*}(\omega)\mathrm{e}^{-\mathrm{j}\omega\cdot t_0} \tag{8.8.9}$$

式(8.8.9)左端为一实数，则右端也必为一实数，故可写为

$$|G_{\mathrm{R}}(\omega)|^{2}=|H(\omega)| \tag{8.8.10}$$

所以有

$$|G_{\mathrm{R}}(\omega)|=|H(\omega)|^{1/2} \tag{8.8.11}$$

满足上式的相位特性是可以任意选择的。因此，可以选择一个恰当的相位特性，使得

$$G_R(\omega)=H^{1/2}(\omega) \tag{8.8.12}$$

由式(8.8.5)和式(8.8.12)可得发送滤波器的特性为

$$G_T(\omega)=H^{1/2}(\omega) \tag{8.8.13}$$

式(8.8.12)、式(8.8.13)以及前面设计无码间干扰所要求的总传输特性 $H(\omega)$，构成了理想信道在高斯白噪声干扰下的最佳基带系统的设计方法。

经过分析，可以得到该最佳基带系统的噪声性能。在二进制情况下，系统的误码率为

$$P_e=\frac{1}{2}\mathrm{erfc}(\sqrt{E/n_0}) \tag{8.8.14}$$

这是在理想信道无码间干扰的情况下，二进制双极性基带信号在传输中的最佳误码率。在 M 进制情况下，系统的误码率为

$$P_e=\left(1-\frac{1}{M}\right)\mathrm{erfc}\left(\sqrt{\frac{3}{M^2-1}\cdot\frac{E}{n_0}}\right) \tag{8.8.15}$$

式(8.8.14)和式(8.8.15)的具体推导，可参考相关的书籍，在此不再赘述。

8.9 思考题

8.9.1 最佳接收的基本思想是什么？有几个基本准则？

8.9.2 什么是确知信号？什么是随相信号？什么是起伏信号？

8.9.3 二进制确知信号的最佳接收机结构是怎样得到的？

8.9.4 二进制确知信号的最佳形式是什么？

8.9.5 用什么方法能使普通接收机的误码性能达到最佳接收机的水平？

8.9.6 频带传输的相干接收与相关接收的共同点是什么？不同点是什么？

8.9.7 相干接收与相关接收方式的性能哪个好？

8.9.8 相关接收机实现最佳接收的准则是什么？简述该接收机理。

8.9.9 当发送多元信号 $s_i(t)$时，$i=1,2,\cdots,M$，其后验概率 $P(s_i|x)$的含义是什么？似然概率 $P(x|s_i)$的含义是什么？

8.9.10 最大输出信噪比准则的实现方法是什么？

8.9.11 若匹配滤波器输出的噪声功率 $N_o=n_0B$，B 的含义是什么？如何计算？

8.9.12 匹配滤波器为什么能输出最大信噪比？

8.10 习题

8.10.1 画出二进制确知 ASK(OOK)信号在先验等概条件下的相关器最佳接收机框图。设该系统非零信号的码元能量为 E_b，求其抗高斯白噪声的性能。

8.10.2 设有一基带传输系统，到达接收机输入端的二进制双极性信号为矩形脉冲，其峰-峰值为 2A，系统的加性噪声为高斯噪声，其单边功率谱密度为 n_0。试证明：非最佳接收机的误码率不小于最佳接收机的误码率。

8.10.3 设二进制 FSK 信号为

$$\begin{cases} s_1(t)=A\sin(\omega_1 t+\theta_1), & 0\leqslant t\leqslant T \\ s_2(t)=A\sin(\omega_2 t+\theta_2), & 0\leqslant t\leqslant T \end{cases}$$

且 $\omega_1=4\pi/T$，$\omega_2=2\omega_1$，θ_1 和 θ_2 为均匀分布的随机变量，$s_1(t)$为 1 码，$s_2(t)$为 0 码，并且等概出现。

① 构成相关检测器形式的最佳接收机结构。

② 设接收机输入代码为 11010，画出各点波形。

③ 若接收机输入高斯噪声功率谱密度为 $n_0/2$(W/Hz)，试求系统的误码率。

8.10.4 设二进制基带传输系统如图 8.10.1 所示，其中 $G_T(\omega)$为已知，并且信道为理想信道。若采用最佳非相干接收，求 $G_R(\omega)$。

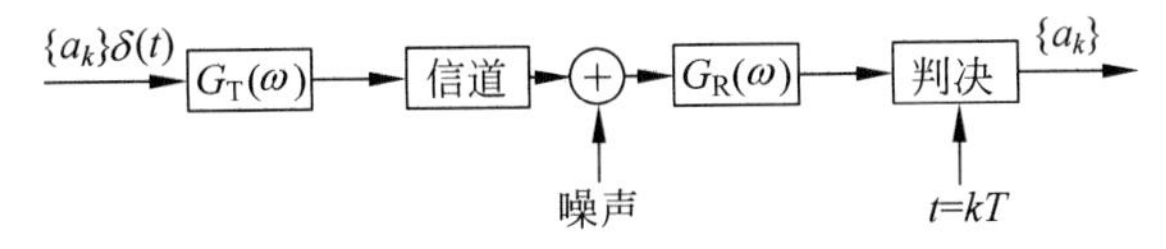

图 8.10.1 基带传输系统图

8.10.5 设二进制基带传输系统接收机输入信号如图 8.10.2 (a)(b)所示。若系统中加入的是高斯白噪声，其功率谱密度为 $n_0/2$(W/Hz)，系统采用匹配滤波器的最佳接收形式：

① 分别画出图 8.10(a)(b)所示的输入信号下匹配滤波器的单位冲激响应 $h_1(t)$、$h_2(t)$。

② 画出 $s_1(t)$输入下的输出波形 $y_{11}(t)$、$y_{21}(t)$。

③ 画出 $s_2(t)$输入下的输出波形 $y_{22}(t)$、$y_{12}(t)$。

④ 求系统的误码率。

8.10.6 一个最大输出信噪比接收系统的输入信号为 $s(t)$，如图 8.10.3 所示。

① 求匹配滤波器的单位冲激响应 $h(t)$的波形。

② 求输出信号 $s_o(t)$的波形。

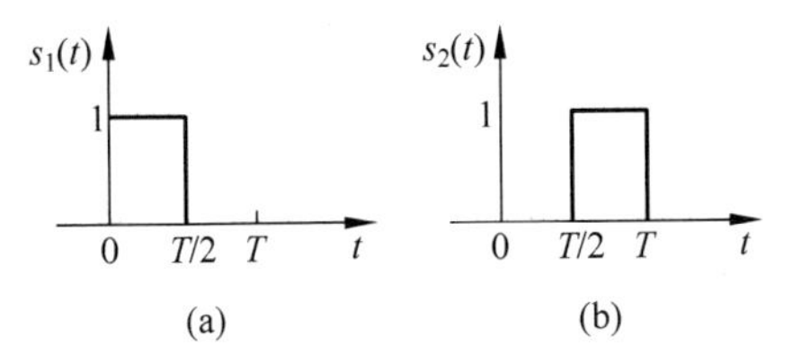

图 8.10.2 接收机的输入信号波形

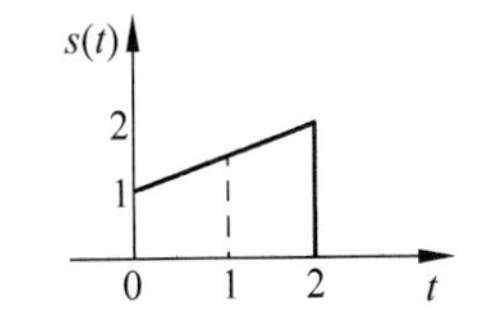

图 8.10.3 输入信号波形

8.10.7 设到达接收机输入端的二进制等概信号波形如图 8.10.4 所示，系统中加入的是高斯噪声，其功率谱密度为 $n_0/2$(W/Hz)：

① 画出匹配滤波器形式的最佳接收机框图。

② 确定匹配滤波器的单位冲激响应。

③ 求系统的误码率。

④ 设 $s_1(t)$为 1 码，$s_2(t)$为 0 码，当输入信息为 11010 时，画出匹配滤波器形式的最佳接收机各点波形。

8.10.8 基带传输系统的输入信号如图 8.10.5 所示。

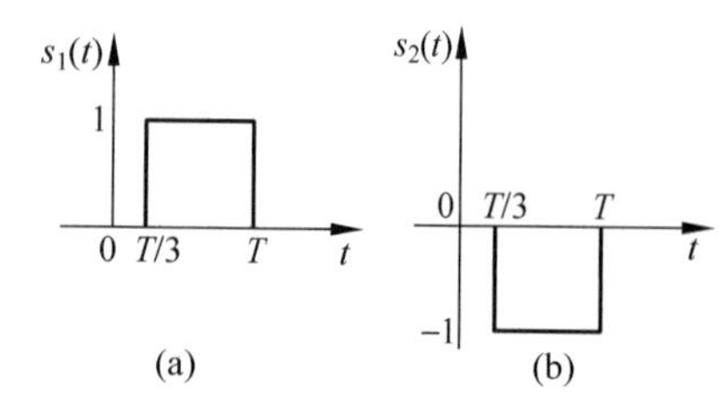

图 8.10.4 接收机的输入信号波形

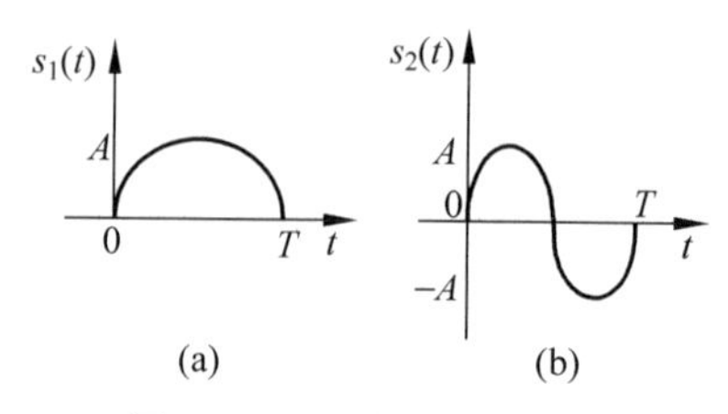

图 8.10.5 输入信号波形

① 画出匹配滤波器形式的最佳接收机框图。

② 确定匹配滤波器的单位冲激响应。

③ 求输入为 $s_1(t)$时各匹配滤波器的输出波形。

④ 求 $s_1(t)$和 $s_2(t)$的相关系数。

⑤ 求系统的误码率。

8.10.9 二进制 FSK 信号的码速率为 $R_B=1000\text{Baud}$,信号的波形为

$$\begin{cases} s_1(t)=A\sin 2000\pi t, & \text{表示码 1} \\ s_2(t)=A\sin 4000\pi t, & \text{表示码 0} \end{cases}$$

并且等概出现,高斯型噪声的功率谱密度为 $n_0/2$(W/Hz):

① 若用相关检测器的最佳接收机,画出其结构框图。

② 当输入信号由 1100 调制产生时,画出接收机各点的波形。

③ 求系统的误码率。

第9章 同步原理

CHAPTER 9

9.1 引言

无论是模拟通信系统或是数字通信系统，都要解决一个重要的实际问题——收发双方的同步。同步问题关系到通信能否正常进行并直接影响通信质量的好坏。通信系统的同步通常有载波同步、位同步、群同步(帧同步)和网同步等。

模拟或数字通信采用相干解调时，接收端需要一个与调制载波同频同相的相干载波。接收端对这个相干载波的获取就称为载波同步，或称为载波提取。

对于数字通信而言，除了有载波同步的问题之外，还有位同步的问题。数字通信的消息是由一串相继的码元序列传递的，为了从码元序列波形中恢复出原始的数字信号，解调时需要知道每个码元的起止时刻，因此，要在接收端产生一个"码元定时脉冲序列"以进行抽样判决。这个码元定时脉冲序列应满足：①脉冲重复频率和接收码元速率相同。②抽样判决时刻对准最佳抽样判决位置，即相位一致。我们把在接收端产生与接收码元的重复频率和相位一致的定时脉冲序列的过程称为位同步或码元同步，而这个定时脉冲序列就称为位同步脉冲或码元同步脉冲。

数字通信还需要有群同步或帧同步。数字通信中的消息数字流总是用若干码元组成一个"字"，又用若干"字"组成一"句"，这里的"字"或"句"又常被称为"帧"。因此，同样也需要知道这些"字""句"的起止时刻。接收端产生与"字""句"起止时刻相一致的定时脉冲序列的过程，称为群同步或帧同步。

通常，同步实现方法可分为插入导频法和直接法。由发送端发送独立的同步信息，接收端把该同步信息检测出来而得到同步信号的方法，称为插入导频法，又称外同步法。发送端不发送独立的同步信息，接收端设法从收到的信号中提取同步信息的方法，称为直接法，又称自同步法。插入导频法需要传输专门的同步信号，故要付出额外的功率和频带。但采用插入导频法时，接收端的同步恢复提取电路可以比较简单。因此，在实际应用中，应视具体情况而选用同步方法。

对于仅在两点之间进行的信号传输，有了载波同步、位同步和群同步之后，通信双方就可以正常进行信息交流了。然而，对于一个数字通信网，为了保证网内各用户之间可靠地进行数据交换，还必须在整个通信网内建立一个统一的时间节拍标准，即实现网同步。

同步是系统正常工作的前提，同步系统性能的降低会直接导致通信系统性能的降低，甚至使通信系统不能工作。因此,在数字通信系统中,要求同步系统具有比信号传输更高的可靠性。

9.2 载波同步

如前所述,载波同步方法可分为两种:一种是插入导频法,在发送端发送数据信号的同时,在适当的频率或时间位置上插入称为导频的正弦波,接收端提取导频信号而得到相干载波;另一种是直接法,不专门发送导频,接收端直接从数据信号中提取相干载波。

9.2.1 插入导频法

插入导频法可应用在以下两种情况的信号传输:一是对于本身不包含载波分量的信号,例如,抑制载波的双边带信号、单边带信号以及等概率的二相数字相位调制信号等;二是虽然信号本身含有载波分量但却很难将其从中分离出来,例如,残留边带信号。对于这些信号,可以采用插入导频法传送载波信息。插入导频的方法有频域插入法和时域插入法两种。在这里,我们以在抑制载波的双边带信号和残留边带信号中插入导频为例来介绍频域插入法,并简单介绍时域插入法。

1. 在抑制载波的双边带信号中插入导频

抑制载波的双边带调制在载频处的频谱分量为零,如图9.2.1所示。这样,可以在载频点上插入导频。值得注意的是,所插入的导频不是载波本身,而是将载波移相90°后的"正交载波"。调制信号是不含直流成分的$m(t)$,用于调制的载波为$a_c\cos\omega_c t$,插入的导频是该载波移相90°而形成的,为$-a_c\sin\omega_c t$,则插入导频后的输出信号为

$$U_0(t)=a_c m(t)\cos\omega_c t-a_c\sin\omega_c t \tag{9.2.1}$$

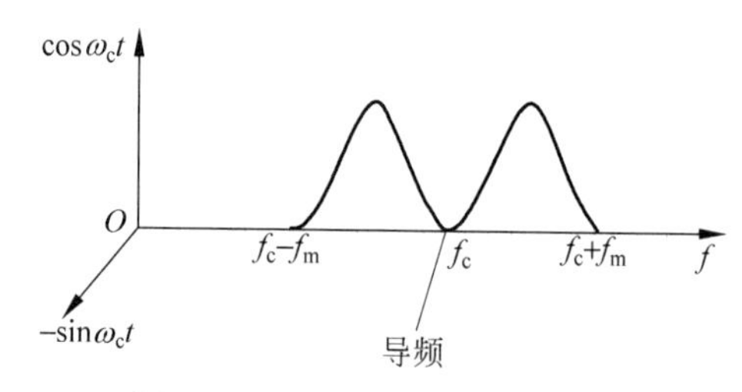

图9.2.1 插入导频法的频谱图

接收端收到上述信号$U_0(t)$之后,用一个中心频率为ω_c的窄带滤波器将导频$-a_c\sin\omega_c t$取出,再将它移相90°,就得到与调制载波同频同相的信号$\cos\omega_c t$。图9.2.2给出了实现框图。

下面我们来讨论为何将正交载波而不是调制载波本身作为导频信号。采用正交载波作为导频之后,图9.2.2(b)中的接收端相乘器输出$V(t)$为

$$V(t)=U_0(t)\cos\omega_c t=\frac{a_c}{2}m(t)+\frac{a_c}{2}m(t)\cos 2\omega_c t-\frac{a_c}{2}\sin 2\omega_c t \tag{9.2.2}$$

这样,由低通滤波器将$V(t)$中的高频成分滤除,就得到调制信号$m(t)$。但是,如果发送端直接将调制载波$a_c m(t)\cos\omega_c t$作为导频插入,则收端相乘器输出$V(t)$将出现一个附加的直流分量,这个直流分量和调制信号$m(t)$一起通过低通滤波器输出,会对信号产生影响。因此,发送端将正交载波作为导频信号。

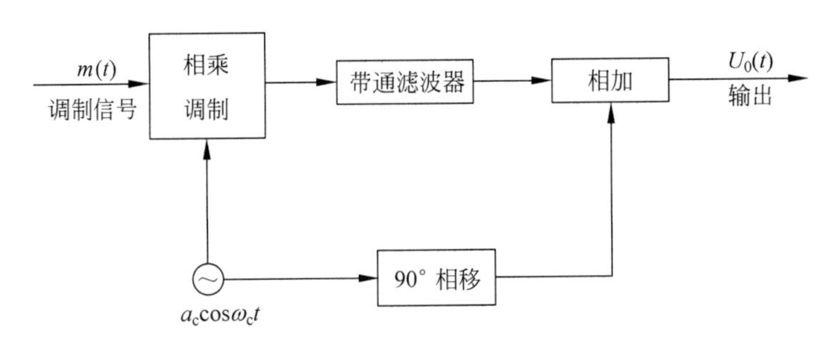

(a) 发送端方框图

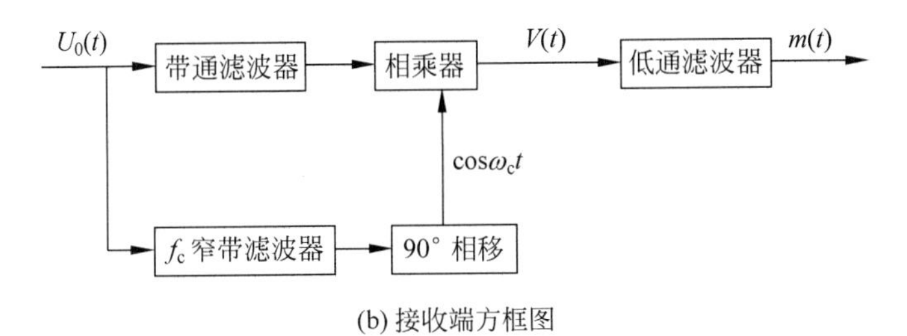

(b) 接收端方框图

图 9.2.2 插入导频法实现方框图

顺便指出，由于二相数字调相信号也是一种抑制载波的双边带信号，因此上面的插入导频方法完全适用。对于单边带调制信号，尽管不是双边带频谱结构，但插入导频的原理也是相同的。

2. 在残留边带信号中插入导频

残留边带的已调信号包含一个边带频谱的绝大部分以及另一个边带的小部分残留，图 9.2.3 是采用下边带的频谱图。由于载频 f_c 附近有信号分量，所以，如果直接在 f_c 处插入导频，那么该导频会受到 f_c 附近信号的干扰。因此，采用在信号频谱之外插入两个导频 f_1 和 f_2 的方案，在接收端对这两个频率进行变换来产生载波 f_c。设两导频与信号频谱两端的间隔分别为 Δf_1 和 Δf_2（见图 9.2.3），则有

$$f_1 = f_c - f_m - \Delta f_1$$

$$f_2 = f_c + f_r + \Delta f_2$$

式中，f_r 为残留边带形成滤波器传输函数中滚降部分所占带宽的一半（见图 9.2.3）；f_m 为调制信号的带宽。

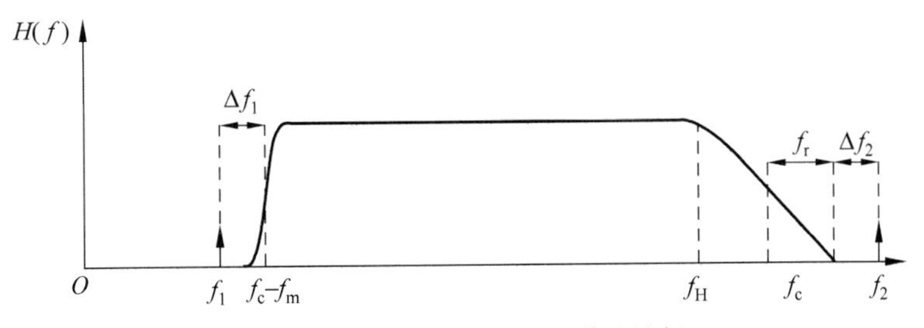

图 9.2.3 残留边带信号频谱及导频

下面讨论接收端如何从 f_1 和 f_2 提取所需要的 f_c，其方框图如图 9.2.4 所示。设两导频分别为 $\cos(\omega_1 t+\theta_1)$ 和 $\cos(\omega_2 t+\theta_2)$，其中的 θ_1 和 θ_2 是两导频信号的初始相位。如果

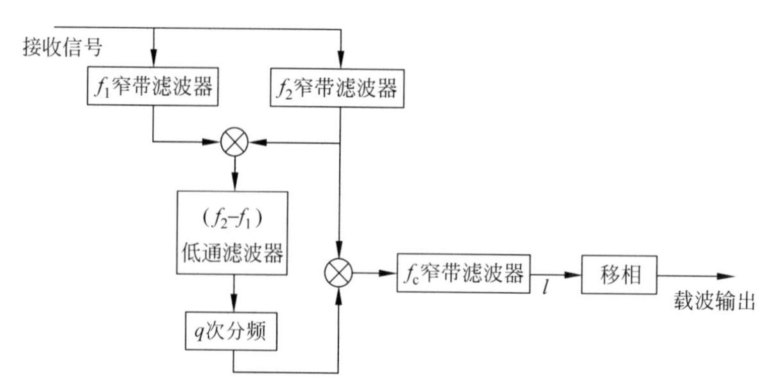

图 9.2.4 残留边带信号插入导频法的接收端原理框图

经信道传输后，使两个导频和已调信号中的载波都产生了频偏 $\Delta\omega(t)$ 和相偏 θ_t，那么提取出的载波也应该有相同的频偏和相偏，才能达到真正的相干解调。由图 9.2.4 可见，两导频信号经相乘器相乘后的输出应为

$$\cos[\omega_1 t+\Delta\omega(t)t+\theta_1+\theta_t]\cos[\omega_2 t+\Delta\omega(t)t+\theta_2+\theta_t]$$

滤波器输出差频信号为

$$\begin{aligned}\frac{1}{2}\cos[(\omega_2-\omega_1)t+\theta_2-\theta_1]&=\frac{1}{2}\cos[2\pi(f_r+\Delta f_2+f_m+\Delta f_1)t+\theta_2-\theta_1]\\&=\frac{1}{2}\cos\left[2\pi(f_r+\Delta f_2)\left(1+\frac{f_m+\Delta f_1}{f_r+\Delta f_2}\right)t+\theta_2-\theta_1\right]\end{aligned}\tag{9.2.3}$$

令$\left(1+\dfrac{f_m+\Delta f_1}{f_r+\Delta f_2}\right)=q$，则式(9.2.3)可写为

$$\frac{1}{2}\cos[2\pi(f_r+\Delta f_2)q\cdot t+\theta_2-\theta_1]\tag{9.2.4}$$

经 q 次分频后，得

$$a\cos[2\pi(f_r+\Delta f_2)t+\theta_q]\tag{9.2.5}$$

式(9.2.5)中的 θ_q 为分频输出的初始相位，它是一个常数。将式(9.2.5)与 $\cos[\omega_2 t+\Delta\omega(t)t+\theta_2+\theta_t]$相乘，取差频，再通过中心频率为 f_c 的窄带滤波器，就可得

$$\frac{1}{2}a\cos[\omega_c t+\Delta\omega(t)t+\theta_t+\theta_2-\theta_q]\tag{9.2.6}$$

已知接收端在考虑了信道所引起的频偏和相偏后，应该提取出的载波信号为$\dfrac{1}{2}a\cos[\omega_c t+\Delta\omega(t)t+\theta_t+\theta_c]$，其中的 θ_c 是相干载波所要求的初始相位。与式(9.2.6)比较，因 θ_2、θ_1、θ_c 和 θ_q 都是固定值，故将 1 点信号再经过移相电路，消除固定相移$[\theta_c-(\theta_2-\theta_q)]$，就可获得所需的相干载波

$$\frac{a}{2}\cos[\omega_c t+\Delta\omega(t)t+\theta_c+\theta_t]\tag{9.2.7}$$

由分频次数 q 的表达式看出，可以通过调整 Δf_1 和 Δf_2 得到整数的 q。增大 Δf_1 或 Δf_2，有利于减小信号频谱对导频的干扰，然而，所需信道的频带却要加宽。因此，应根据实

际情况正确选择 Δf_1 和 Δf_2。

插入导频法提取载波要使用窄带滤波器。这个窄带滤波器也可以用锁相环来代替，这是因为锁相环本身就是一个性能良好的窄带滤波器，因而使用锁相环后，载波提取的性能将有所改善。

3. 时域插入导频法

这种方法在时分多址卫星通信以及移动通信中应用较多。时域插入导频的方法是按照一定的时间顺序，在指定的时间段内发送载波标准（导频），即把导频插到每帧的数字序列中。这种插入的结果只在每帧的一小段时间内才出现导频，因此发送的导频是不连续的。为此，时域插入导频法的接收端常用锁相环提取相干载波，而不使用窄带滤波器，图 9.2.5 是这种方法的原理框图。在这里，锁相环的压控振荡器（Voltage Controlled Oscillator，VCO）频率应该尽可能接近载波标准频率，且有足够的频率稳定度，同时还需要考虑信道所引起的随机频偏及相移变化对锁相环的影响。

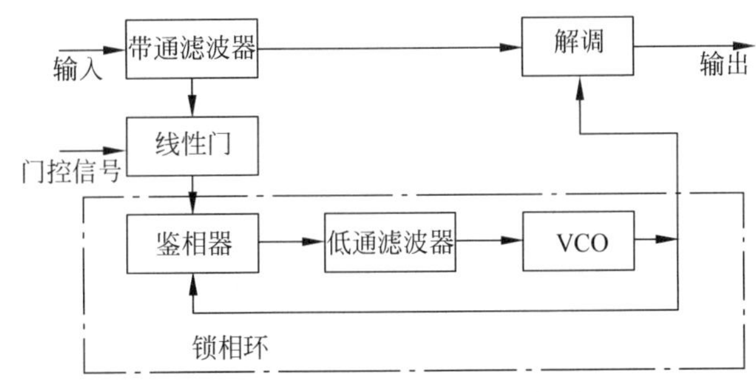

图 9.2.5 时域插入导频的提取

9.2.2 直接法

一些已调信号本身虽然不包含载波分量，但是对它们进行某种非线性变换之后可以产生相干载波，或者用特殊锁相环从中提取载波信息。

1. 平方变换法和平方环法

对于抑制载波的双边带信号

$$s(t)=m(t)\cos\omega_c t \tag{9.2.8}$$

由于调制信号 $m(t)$ 不包含直流分量，因而已调信号 $s(t)$ 中无载波分量。接收端将 $s(t)$ 通过一平方律电路之后

$$e(t)=s^2(t)=\frac{m^2(t)}{2}+\frac{m^2(t)}{2}\cos 2\omega_c t \tag{9.2.9}$$

信号功率 $m^2(t)$ 一般不为零，因而 $e(t)$ 中会有一个 $2\omega_c$ 频率分量。用窄带滤波器将 $2\omega_c$ 频率分量滤出，并经过二分频便可得到载波 ω_c，这一过程如图 9.2.6 所示。

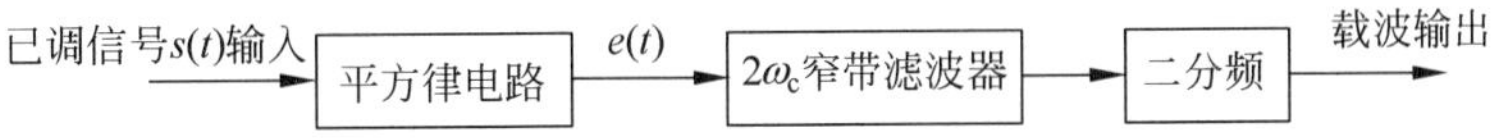

已调信号 $s(t)$ 输入 → 平方律电路 → $e(t)$ → $2\omega_c$ 窄带滤波器 → 二分频 → 载波输出

图 9.2.6 平方变换法提取载波

若调制信号 $m(t)=\pm 1$，则式(9.2.8)中的双边带信号 $s(t)$ 就是二相移相信号。图 9.2.6

中的二分频电路产生的载波存在180°相位含糊问题，这时，可采用相对移相调制以解决由此产生的数据恢复错误。

将图9.2.6中的窄带滤波器换成锁相环，就构成图9.2.7所示的平方环法。由于锁相环具有良好的窄带滤波、跟踪和记忆特性，因而具有比一般的平方变换法更好的性能。

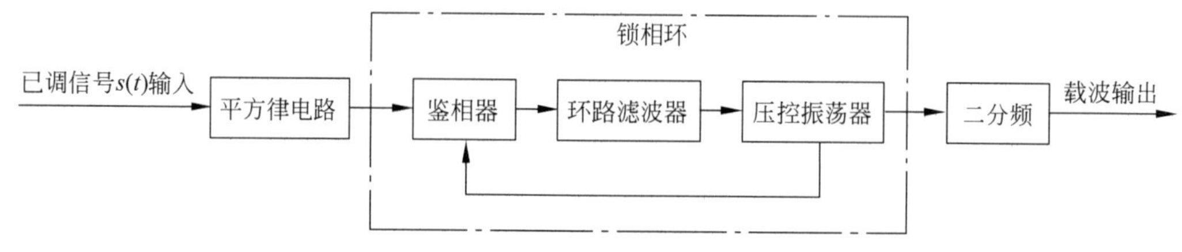

图9.2.7　平方环法提取载波

2. *M* 次方变换法和 *M* 次方环法

M 次方变换法是对多进制调制信号提取载波的，对MPSK信号就可以采用 *M* 次方变换法。对QPSK来说，可以采用四次方变换法，其原理方框图如图9.2.8所示。

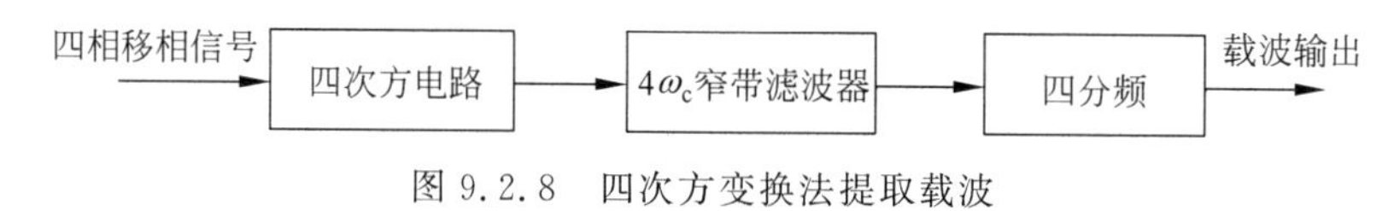

图9.2.8　四次方变换法提取载波

输入信号经过四次方运算后，消除了相位中的调制信息，产生了载波的四倍频分量。用四倍频载波窄带滤波器提取出 $4\omega_c$ 分量，再经过四分频，就得到载波。四次方变换法在$(0,2\pi)$范围内有 0、$\pi/2$、π、$3\pi/2$ 四种可能相位状态，因而具有四重相位模糊。

用锁相环代替图9.2.8中的窄带滤波器和四分频器，就成为四次方环法，如图9.2.9。四次方环法同样具有四重相位模糊，常见的解决办法是采用四相相对移相。

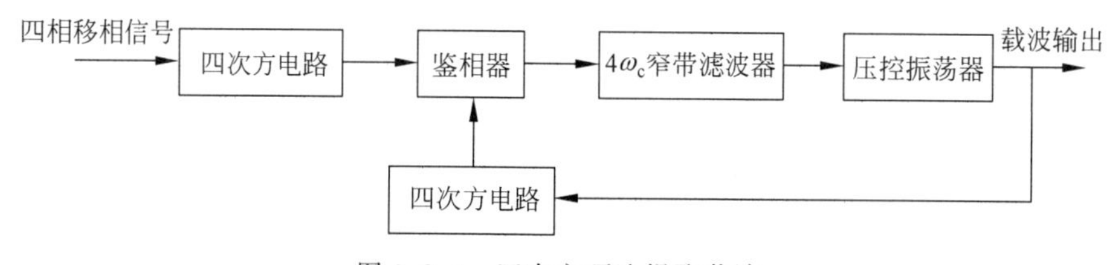

图9.2.9　四次方环法提取载波

3. 特殊锁相环法

特殊锁相环法也属于直接提取载波方法，常见的是同相正交环法，如图9.2.10所示。图中，加于两个相乘器的本地信号分别为压控振荡器的输出信号 $V_1=\cos(\omega_c t+\theta)$ 和它的正交信号 $V_2=\sin(\omega_c t+\theta)$，因而得名，有时也称为科斯塔斯(Costas)环。

当输入的抑制载波双边带信号为 $m(t)\cos\omega_c t$，则两个乘法器输出

$$V_3=m(t)\cos\omega_c t\cos(\omega_c t+\theta)=\frac{1}{2}m(t)[\cos\theta+\cos(2\omega_c t+\theta)] \tag{9.2.10}$$

$$V_4=m(t)\cos\omega_c t\sin(\omega_c t+\theta)=\frac{1}{2}m(t)[\sin\theta+\sin(2\omega_c t+\theta)] \tag{9.2.11}$$

低通滤波器允许低频信号 $m(t)$ 通过，其输出分别为

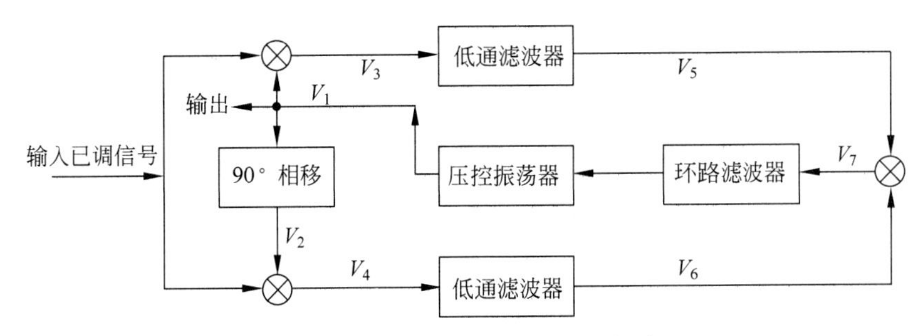

图 9.2.10 同相正交环法提取载波

$$V_5 = \frac{1}{2}m(t)\cos\theta \tag{9.2.12}$$

$$V_6 = \frac{1}{2}m(t)\sin\theta \tag{9.2.13}$$

V_5 和 V_6 经相乘器后输出

$$V_7 = V_5 V_6 = \frac{1}{8}m^2(t)\sin 2\theta \tag{9.2.14}$$

当 θ 较小时，有

$$V_7 \approx \frac{1}{4}m^2(t)\theta \tag{9.2.15}$$

式中 θ 是压控振荡器输出载波信号与已调信号载波之间的相位误差。用 V_7 去调整压控振荡器输出信号的相位，最后使稳态相位误差 θ 减小到很小的数值，这时，压控振荡器输出 V_1 就是载波信号。

同相正交环有以下的优点：一是工作频率等于载波频率，而平方环的工作频率是载波频率的两倍，因此，当载波频率较高时，同相正交环比平方环易于实现；二是当环路正常锁定后，同相鉴相器的输出 V_5 就是所需要解调的原始数字序列。因此，这种电路具有提取载波和相干解调的双重功能。

特殊锁相环还有逆调制环和判决反馈环等其他形式，它们的工作频率也都等于载波频率。

9.2.3 载波同步的性能指标

载波同步的主要性能指标有效率、相位精度、同步建立时间和同步保持时间等。

(1) 效率

为了获得载波信号而消耗的功率应尽量少。直接法由于不需要专门发送导频，因此效率较高；而插入导频法由于所插入的导频要消耗一部分功率，因此效率降低。

(2) 相位精度

所提取的载波相对载波标准的相位误差应该尽量小。相位误差通常由稳态相差和随机相差组成。稳态相差是指载波同步提取电路所引起的相位相差，随机相差是由随机噪声引起的相位误差。

(3) 同步建立时间

载波同步建立时间越短，同步建立就越快。

(4) 同步保持时间

同步保持时间越长,则载波同步的稳定性越好。

下面对上述几个性能指标作简要讨论。

1. 相位精度及对解调性能的影响

我们先来看稳态相差。用窄带滤波器提取载波时,如果窄带滤波器是简单的单调谐回路,品质因数为 Q,中心频率为 ω_0,则当 ω_0 与载波频率 ω_c 不相等时,窄带滤波器就会使输出的载波同步信号产生一稳态相差 $\Delta\varphi$,其值为

$$\Delta\varphi \approx 2Q\frac{\Delta\omega}{\omega_0} \tag{9.2.16}$$

其中,$\Delta\omega=|\omega_0-\omega_c|$,是窄带滤波器固有中心频率相对于载波频率的偏差。可见,Q 值越高所引起的稳态相差越大。

如果使用锁相环,则当锁相环压控振荡器中心频率 ω_0 与输入载波信号 ω_c 之间有频率差时,也会引起稳态相差,其值为

$$\Delta\varphi=\frac{\Delta\omega}{K_v} \tag{9.2.17}$$

式中,K_v 是锁相环路直流增益,$\Delta\omega=|\omega_0-\omega_c|$。可见,只要 K_v 足够大,就可以使 $\Delta\varphi$ 接近于零。

我们再来看随机相差。当载波信号叠加有随机噪声,那么载波的随机相差 θ_n 的分布概率密度函数为

$$f(\theta_n)=\sqrt{\frac{r}{\pi}}\mathrm{e}^{-r\theta_n^2} \tag{9.2.18}$$

式中,r 是信噪比,若载波信号幅度为 A,噪声方差为 σ^2,则 $r=A^2/2\sigma^2$。相应地,θ_n 的方差 $\overline{\theta_n^2}$ 为

$$\overline{\theta_n^2}=\frac{1}{2r} \tag{9.2.19}$$

可见,信噪比 r 越大,随机相差就越小。

载波同步的总相位误差是稳态相差和随机相差的代数和,可以表示为

$$\varphi=\Delta\varphi+\sigma_\varphi \tag{9.2.20}$$

式中,$\Delta\varphi$ 是稳态相差。$\sigma_\varphi=\sqrt{\overline{\theta_n^2}}$ 是随机相差,也称为相位抖动。

载波同步中的相位误差将导致接收端解调性能的下降。对于双边带调制信号 $s(t)=m(t)\cos\omega_c t$,如果接收端恢复的载波为 $s_c(t)=\cos(\omega_c t+\varphi)$,则采用相干解调得到的信号为

$$X(t)=\frac{1}{2}m(t)\cos\varphi \tag{9.2.21}$$

可见,有相位误差后,信号噪声的能量比(或功率比)下降到原来的 $\cos^2\varphi$ 倍,这会导致解调输出的误码率上升。

对于残留边带和单边带信号来说,相位误差不仅引起信噪比下降,而且还引起信号畸变。例如,对于保留上边带的单边带信号 $s(t)=\frac{1}{2}m(t)\cos\omega_c t-\frac{1}{2}\hat{m}(t)\sin\omega_c t$,当接收端采用载波信号 $s_c(t)=\cos(\omega_c t+\varphi)$进行相干解调时,低通滤波器的解调输出为

$$s(t)=\frac{1}{4}m(t)\cos\varphi+\frac{1}{4}\hat{m}(t)\sin\varphi \tag{9.2.22}$$

式中的第一项与原基带信号相比，由于 $\cos\varphi$ 的存在，信噪比下降了。而第二项是与原基带信号正交的项，它使得解调输出信号产生了畸变。

2. 建立时间和保持时间

对于使用窄带滤波器的载波提取电路，载波同步的建立时间和保持时间也和电路的 Q 值相关。如果窄带滤波器是简单的单调谐回路，谐振频率 ω_0 与 Q 值已知，则该回路的同步建立时间为

$$t_s=\frac{2Q}{\omega_0}\ln\frac{1}{1-k} \tag{9.2.23}$$

式中，$k\leqslant 1$。当窄带滤波器输出的载波信号幅度达到标准幅度的 k 倍时，就确认载波同步已建立。相应地，当输入信号丢失时，回路输出载波信号的保持时间为

$$t_c=\frac{2Q}{\omega_0}\ln\frac{1}{k} \tag{9.2.24}$$

如果用建立时间和保持时间内的载波周期数 N_s 和 N_c 来表示建立时间和保持时间，则由式(9.2.23)和式(9.2.24)可得

$$N_s=t_sf_0=\frac{Q}{\pi}\ln\frac{1}{1-k} \tag{9.2.25}$$

$$N_c=t_cf_0=\frac{Q}{\pi}\ln\frac{1}{k} \tag{9.2.26}$$

可以看出，建立时间短和保持时间长之间是矛盾的。Q 值高，保持时间虽然长，但建立时间也长；反之，若 Q 值低，建立时间短，但保持时间也短。

9.3 位同步

位同步是数字通信中很重要的一种同步技术。在模拟通信中，只有载波同步，没有位同步。但在数字通信中，一般都有位同步的问题。

位同步与载波同步有区别。载波同步信号一般要从已调信号中提取，而位同步信号一般可以在解调后的基带信号中提取，只有在特殊情况下才直接从频带信号提取。

位同步方法也有直接法和插入导频法两种。直接法也包括滤波法和锁相法。

9.3.1 插入导频法

这种方法与载波同步的插入导频法类似，它是在基带信号频谱的零点插入所需的导频信号，如图9.3.1所示。图9.3.1(a)是针对不归零矩形脉冲基带信号，其频谱的第一个零点在 $f=1/T$ 处，插入导频信号位于该频率点；图9.3.1(b)是针对经过相关编码的基带信号，其频谱的第一个零点在 $f=\frac{1}{2T}$ 处，插入导频信号就应在 $\frac{1}{2T}$ 处。

在接收端，对图9.3.1(a)所示的情况，经中心频率为 $f=1/T$ 的窄带滤波器，就可从解调后的基带信号中提取出位同步所需的信号，这时，位同步脉冲的周期与插入导频的周期是一致的；对图9.3.1(b)所示的情况，窄带滤波器的中心频率应为 $1/2T$，因为这时位同步脉

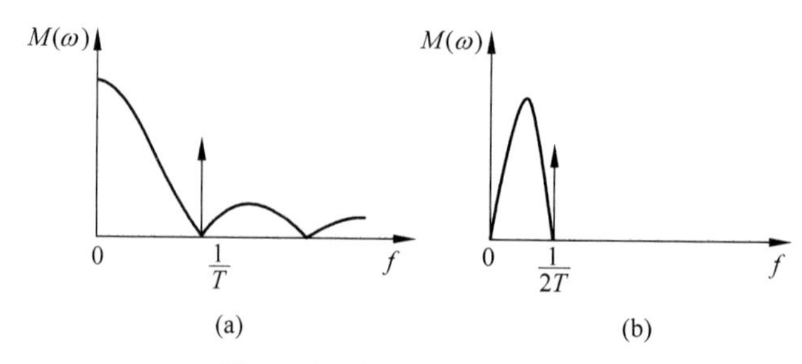

图 9.3.1 插入导频法频谱图

冲的周期为插入导频周期的 1/2,故需将插入导频倍频,才得到所需的位同步脉冲。

插入导频法还可以采用包络调制法。所谓包络调制法是用位同步信号的某种波形对已调信号载波进行附加的幅度调制,使其包络按照位同步信号波形而变化,在接收端通过包络检波分离出位同步信号。例如,对于相移信号

$$s_1(t)=\cos[\omega_c t+\varphi(t)] \tag{9.3.1}$$

采用位同步信号的升余弦波形

$$m(t)=\frac{1}{2}(1+\cos\Omega t) \tag{9.3.2}$$

对 $s_1(t)$进行幅度调制,其中,$\Omega=2\pi/T$,T 是码元宽度。幅度调制后的信号为

$$s_2(t)=\frac{1}{2}(1+\cos\Omega t)\cos[\omega_c t+\varphi(t)] \tag{9.3.3}$$

接收端对 $s_2(t)$进行包络检波,得到信号$\frac{1}{2}(1+\cos\Omega t)$,除去直流分量后就可获得位同步信号 $\cos\Omega t$。

此外,插入导频法中还有时域插入法,这时,位同步信号、载波同步信号和数据信号被分配在不同时间内传送,接收端用锁相环路提取位同步信号并保持一段时间,从而输出持续的位同步信号。

9.3.2 直接法

这类方法是发送端不专门发送导频信号,接收端直接从数字信号中提取位同步信号。有的信号本身已包含位定时频率分量,这时只需用窄带滤波器或锁相环路提取即可;对于不具有位定时频率成分的信号,则先经过非线性变换产生位同步频率分量,再用窄带滤波或锁相环路提取。

1. 滤波法

通常的不归零随机基带数字信号序列,不能直接从中滤出位同步信号。可以采用微分、全波整流的方法将不归零序列变换成归零序列,然后用窄带滤波器滤出位同步频率分量,如图 9.3.2 所示。图中的放大限幅器对基带波形整形,形成方波。微分全波整流输出信号 b 中含有位同步频率成分,经窄带滤波后提取该频率信号,再经移相电路及脉冲形成电路就可得到有确定起始位置的位定时脉冲。

另一种常用的波形变换方法是对带限信号进行包络检波。频带受限的二相移相信号经包络检波后可提取位同步信号。这是因为,二相移相系统中,当相邻码元信息符号相异时就

在载波相位上产生 180°的反转，由于频带受限，载波包络在相位反转处会发生幅度的"陷落"，如图 9.3.3(a)所示，经包络检波后，可得到图 9.3.3(b)所示的波形。图 9.3.3(b)中的波形可看作是一直流成分和图 9.3.3(c)中的波形叠加而成，将直流成分消去就可获得图 9.3.3(c)中的波形。再经窄带滤波器就可以提取图 9.3.3(c)中所包含的位同步信号分量。相对移相的信号形式与绝对移相一样，因此，也可采用这种方法提取位同步。在数字微波中继通信和时分多址数字卫星通信系统中常采用这种方案。

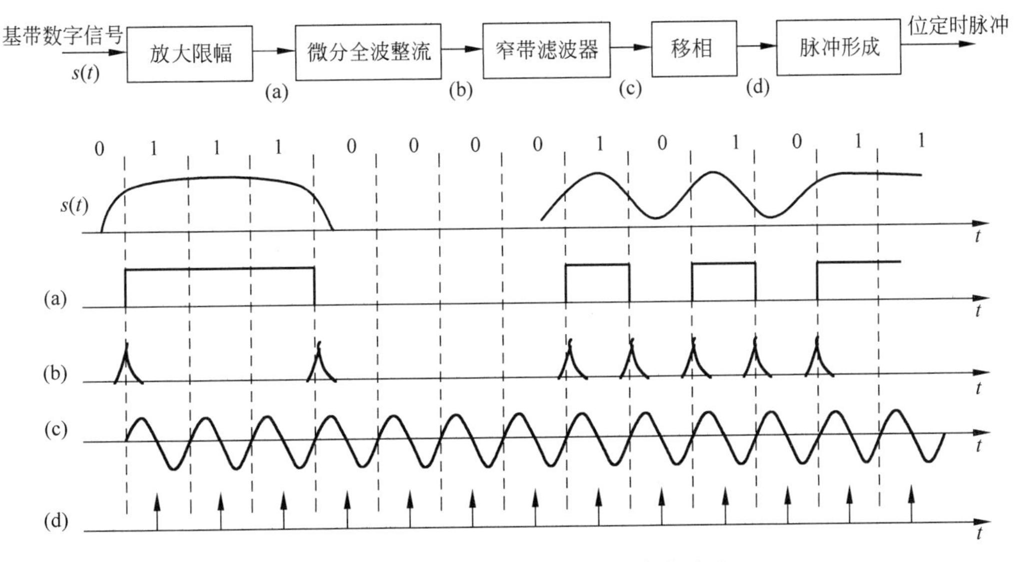

图 9.3.2 微分全波整流滤波法及各点波形

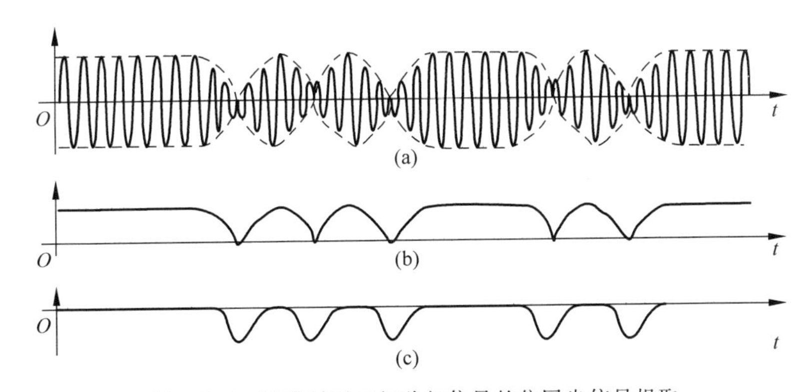

图 9.3.3 频带受限二相移相信号的位同步信号提取

2. 锁相法

位同步锁相法是在接收端利用鉴相器比较接收码元和本地产生的位同步信号的相位，若两者相位不一致，鉴相器就产生误差信号去调整本地位同步信号的相位，直至获得准确的位同步信号。顺便指出，前面的滤波法中的窄带滤波器也可以用锁相环路来代替。

(1) 数字锁相

数字通信常采用锁相法提取位同步信号，图 9.3.4 给出了原理方框图。高稳定度晶振产生的信号经整形电路变成周期性脉冲，经扣除门(或附加门)和或门送入分频器，最终输出位同步脉冲序列。显然，若接收码元速率为 F 波特，则位同步脉冲的重复频率是 F 赫兹，那么,晶振的振荡频率应为 nF 赫兹。整形电路输出的窄脉冲如图 9.3.5(a)所示,经扣除门、或门并经 n 次分频后,得到重复频率为 F 赫兹的位同步信号,如图 9.3.5(c)。如果图(c)中的信号没有准确地和接收码元同频同相,那么,相位比较器输出的误差信号(超前脉冲或滞后脉冲)通过扣除门或附加门实现调整。调整的原理是,当分频器输出的位同步脉冲超前于接收码元的相位时,相位比较器送出一超前脉冲,加到扣除门(常开)的禁止端,扣除一个 a 路脉冲,得到如图 9.3.5(d)所示的序列,这样,分频器输出脉冲的相位就延后 $1/n$ 周期(即 $360°/n$),如图 9.3.5(e)所示;若分频器输出的位同步脉冲相位滞后于接收码元的相位,则由加于附加门的 b 路脉冲序列发生作用。b 路脉冲序列示于图 9.3.5(b),与 a 路相位相差 180°。附加门在不调整时是封闭的,对分频器的工作不起作用。当位同步脉冲相位滞后时,相位比较器送出一滞后脉冲,加于附加门,使 b 路输出的一个脉冲通过“或门”,插入在 a 路脉冲之间,见图 9.3.5(f),使分频器的输入端添加了一个脉冲,分频器的输出相位相应地提前了 $1/n$ 周期,见图 9.3.5(g)。经过这样的反复调整,最终实现位同步。

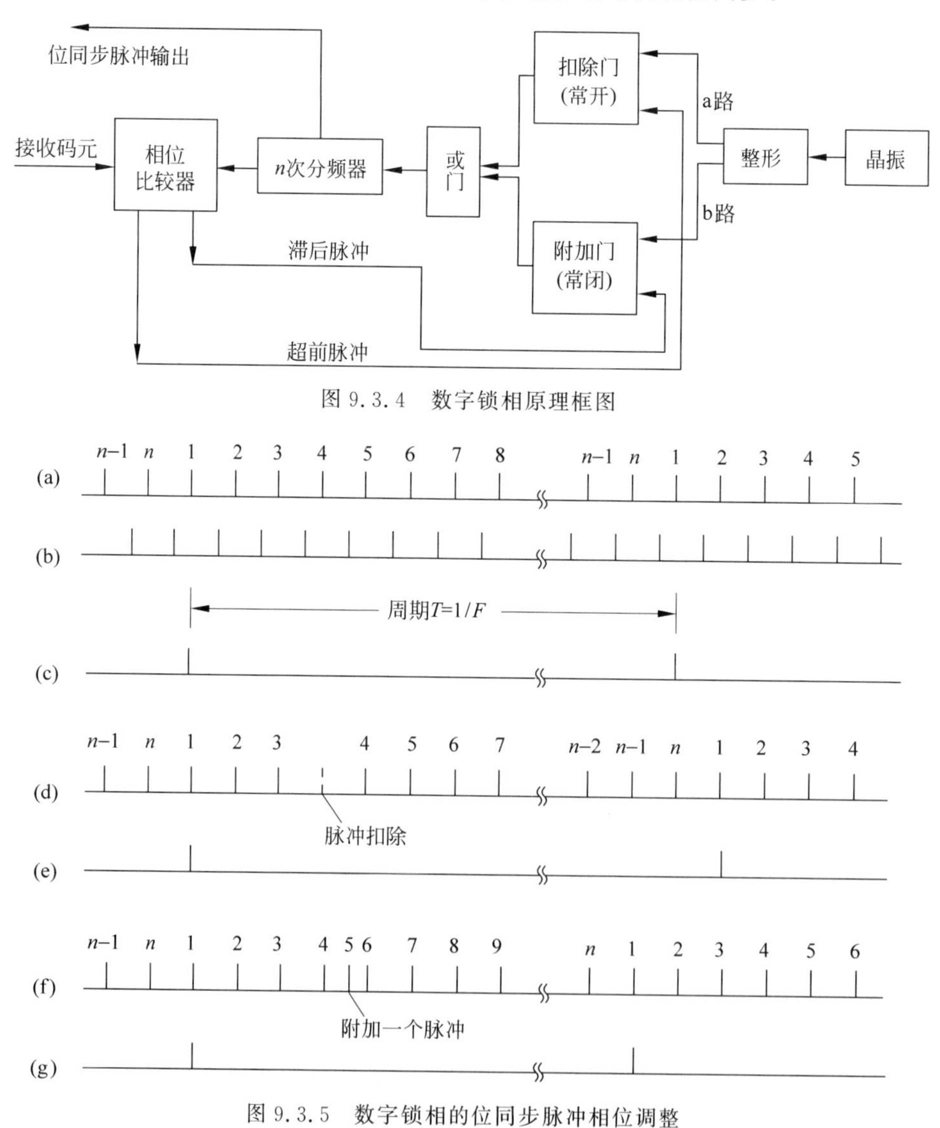

图 9.3.4　数字锁相原理框图

图 9.3.5　数字锁相的位同步脉冲相位调整

上面介绍的方法在抗干扰方面需要改进。如果干扰较大，输入的位同步相位忽而超前忽而滞后，就会引起锁相输出的相位抖动。为此，可以在数字锁相环的相位比较器之后加一个数字式滤波器，图 9.3.6 给出了两种方案。图 9.3.6(a)称为 N 先于 M 滤波器，包括一个计超前脉冲数和一个计滞后脉冲数的 N 计数器，超前脉冲和滞后脉冲还通过或门加于一 M 计数器。N(或 M)计数器在计满 N(或 M)个脉冲后，计数器输出一个脉冲。图 9.3.6 中，$N<M<2N$，无论哪个计数器计满，都会使所有计数器重新置"0"。

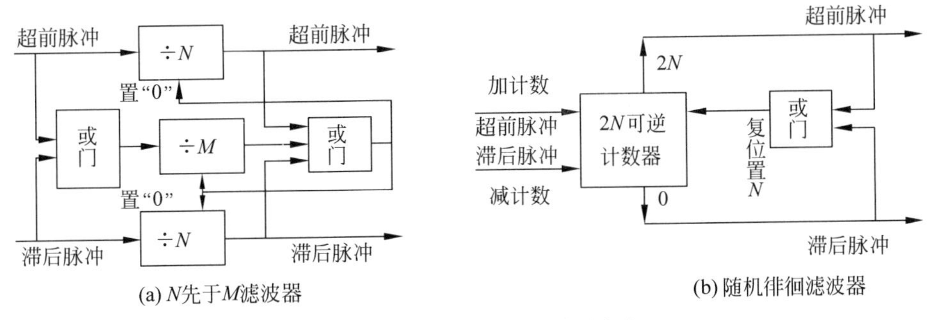

图 9.3.6 两种数字式滤波器方案

当鉴相器送出超前脉冲或滞后脉冲时，滤波器并不马上就将它送去进行相位调整，而要分别对输入的超前或滞后脉冲进行计数。如果位同步信号的相位确实超前了，则连续输入的超前脉冲就会使计超前脉冲的 N 计数器先计满(已规定 $N<M$，故 M 计数器未计满)。这时，滤波器就输出一超前脉冲去进行相位调整，同时将三个计数器都置"0"，准备再对后面的输入脉冲进行处理。位同步信号相位滞后情况下的工作过程也类似。如果是由于干扰的作用，使鉴相器输出零星的超前或滞后脉冲，而且这两种脉冲随机出现，那么，当两个 N 计数器都未计满时，M 计数器就已经计满了，并将三个计数器又置"0"，因此滤波器没有输出，这样就消除了随机干扰对同步信号相位的调整。图 9.3.6(b)的随机徘徊滤波器具有类似的作用，$2N$ 可逆计数器置位于 N，当鉴相器输出的超前脉冲与滞后脉冲相差不超过 N 时，则滤波器无输出。因而，这种滤波器也具有较好的抗干扰性能。

然而，加入上述的数字式滤波器之后，也使得相位调整速度变慢了。鉴相器需输出 N 个超前脉冲才能使位同步脉冲的相位调整一次，显然，调整时间是原先的 N 倍。为了克服这个缺点，可以采用图 9.3.7 给出的方案，其工作原理是：当连续的超前(或滞后)脉冲多于 N 个后，数字式滤波器输出的超前(或滞后)脉冲使触发器 C_1(或 C_2)输出高电平打开与门 1(或与门 2)，输入的超前(或滞后)脉冲就通过这两个与门加至相位调整电路；如果这时的鉴相器仍然继续输出超前(或滞后)脉冲，那么，由于这时触发器的输出已使与门打开，这些脉冲就可以连续地送至相位调整电路，而不需要再等待数字式滤波器计满 N 个脉冲后才能再次输出一个脉冲，这样就缩短了相位调整时间。对随机干扰来说，鉴相器输出的是零星的超前(或滞后)脉冲，这些零星脉冲会使触发器置"0"，这时整个电路的作用就和一般数字式滤波器的作用类同，仍具有较好的抗干扰性能。

(2) 早-迟门同步

另一种常用的锁相方法是早-迟门同步，图 9.3.8 是这种同步的实现框图。同步装置有两个分开的积分器，对接收信号的能量在一个码元间隔 T 内的不同时间区间积分。第一个积分器从一个周期的起点开始，称为早门；第二个积分器延迟 d 秒开始积分，称为迟门。两

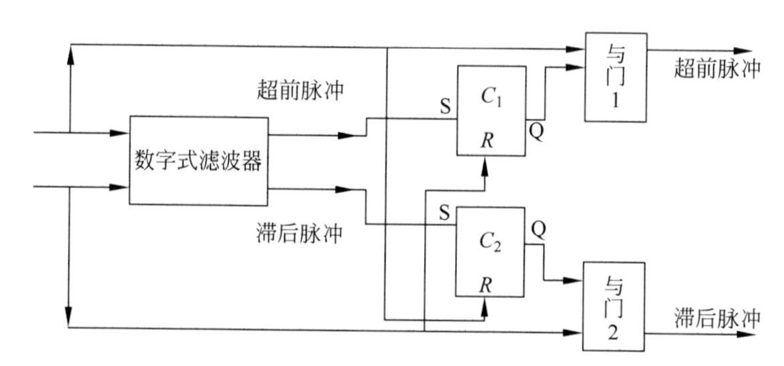

图 9.3.7　缩短相位调整时间的方案

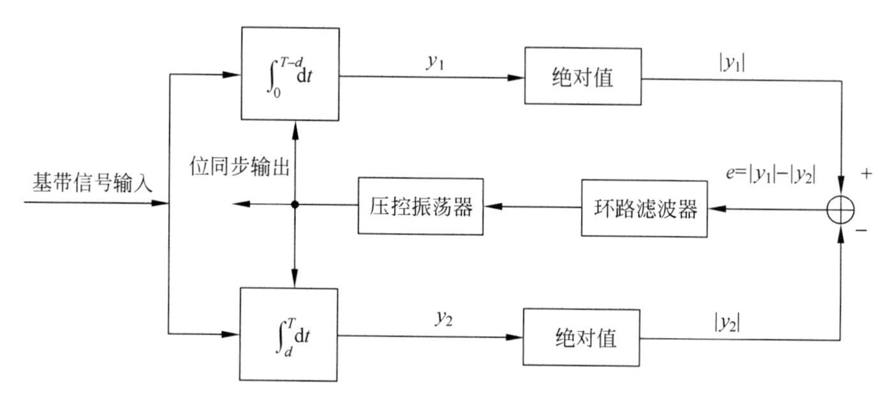

图 9.3.8　早-迟门同步原理框图

个积分器的积分时间相同,均为 $T\text{-}d$。这两个积分器的输出 y_1 和 y_2 的差值作为位同步相位误差的度量,去控制压控振荡器以修正位同步的相位。

早-迟门的工作原理可用图 9.3.9 说明。在完全同步时,两个完全在同一个码元周期内,他们的积分值相等,差值 e 为零,系统处于稳定的同步状态。如果处于图 9.3.9(b)所示的相位超前状态,此时,早门的一部分落到了前一码元周期中,而迟门完全在当前码元周期中,两者积分的差值 $e=-2\Delta$。该误差信号施加于图 9.3.8 中的压控振荡器,使其输出频率降低,从而延迟位同步相位,使它回复到接收信号的相位。同理,如果接收机的定时相位处于滞后状态,早门积分的能量将比迟门积分的能量大,误差信号的符号将相反,使压控振荡器输出频率提高,从而提前了位同步相位。

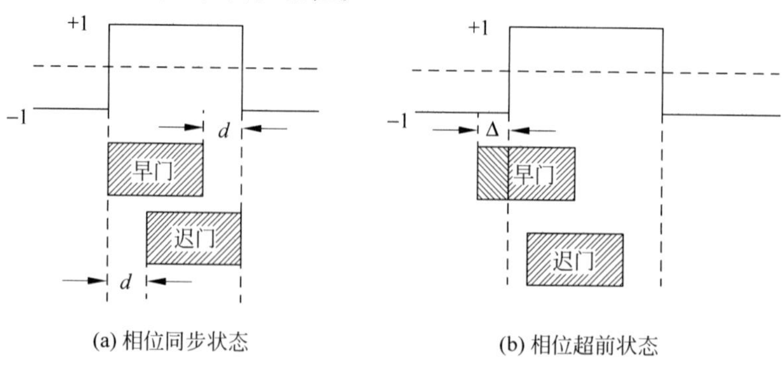

图 9.3.9　早-迟门的工作原理

值得注意的是，在前面的讨论中，码元周期之前和之后都有数据状态的改变。如果没有这种状态的改变，早门和迟门的积分能量在任何状态下都会相等，不会差生误差信号。为了解决这个实际问题，可以对数据进行编码，消除让环路失去锁定的、状态不改变的长序列。另一个实际问题是，不可能构造两个完全一样的积分器，所以，来自早-迟门环路两个分支的信号彼此间存在偏差。对于性能良好的积分器，这个偏差会很小；也可以改进环路设计，使得早门和迟门共享一个积分器，以时分方式工作，这时，每个门的积分时间各占半个码元周期。

9.3.3 位同步的性能指标

与载波同步相类似，位同步的性能主要有相位误差、建立时间和保持时间等。在这里，以数字锁相法位同步为例来讨论这些性能指标。

1. 相位误差及对系统性能的影响

数字锁相法的相位误差主要由于位同步脉冲的跳变调整所导致。因为每调整一步的相位跳变为 $2\pi/n$，n 是分频器的分频次数，所以最大的相位误差为

$$\theta_e = \frac{2\pi}{n} \tag{9.3.4}$$

用角度表示为 $360°/n$ 。n 越大，数字锁相的相位误差越小。

相位误差将影响接收机对基带信号的检测，一个典型的例子是采用匹配滤波器对基带信号进行积分和取样判决，如图 9.3.10 所示。当相邻码元波形没有变化时，位同步信号的相位误差并不影响判决性能。但是，当相邻码元的波形发生变化时，位同步信号的相位误差就使取样点的积分能量减小，见图 9.3.10(c)。从 t_1 到 t_3 为接收机匹配滤波器的一个码元积分区间，长度为一个码元周期 T，如果没有相位误差，这个时段一直对第二个码元的“0”信号积分，t_3 点的取样值应为 $-E$；但由于同步误差 T_e 的存在，从 t_1 到 t_2 的积分值为零，因而 t_3 点的取样值仅为 $(T-2T_e)$ 时间内的积分值，积分能量相应减小为 $(1-2T_e/T)E$。积分能量的减小导致取样判决点信噪比下降，从而使得接收机的误码率上升。

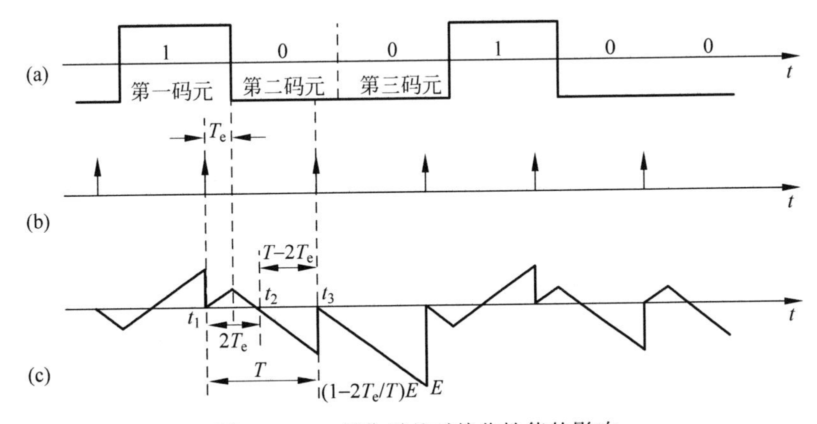

图 9.3.10 相位误差对接收性能的影响

2. 同步建立时间 t_s

同步建立时间是指从失步状态到建立同步所需要的最长时间。数字锁相的同步建立时间越短越好。若位同步脉冲的相位与输入信号码元的相位相差 $T/2$ 秒，由于数字锁相环每

调整一步为 T/n 秒,因此所需要的调整次数为

$$N=\frac{T/2}{T/n}=\frac{n}{2} \tag{9.3.5}$$

由于 $T/2$ 秒是最大的相位差,因而 $n/2$ 是可能的最大调整次数。又由于数字锁相是从相邻码元的电平变化中提取比所需的标准脉冲的,这种电平变化的出现概率为 1/2,因此,平均每 $2T$ 秒调整一次相位,故同步建立时间为

$$t_s=2T\cdot N=nT(\text{秒}) \tag{9.3.6}$$

3. 同步保持时间 t_c

数字锁相环的固有振荡频率与接收码元重复频率之间总存在频率差异,一旦输入码元信号中断,收端同步信号的相位就会逐渐发生漂移,直至失去同步。同步保持时间就是从同步状态漂移至失步状态所经历的时间,换言之,也就是接收端在输入信号中断的状态下,能够保持相位同步的时间。

设数字锁相环的固有频率与接收码元重复频率之间的频差为 ΔF,两个频率的平均值为 F_0,相应的周期为 T_0,则从零相位差漂移到同步状态容许的最大相位差 T_0/k(k 为一常数)所经历的时间就是同步保持时间 t_c,有如下关系式

$$\frac{T_0/k}{t_c}=\frac{\Delta F}{F_0} \tag{9.3.7}$$

解得

$$t_c=\frac{1}{\Delta Fk} \tag{9.3.8}$$

如果事先给定同步保持时间 t_c,则所允许的频率误差为

$$\Delta F=\frac{1}{t_ck} \tag{9.3.9}$$

该频率误差是由收发两端振荡器共同造成的。如果两振荡器的频率稳定度相同,则要求每个振荡器的稳定度不能低于

$$\frac{\Delta F}{2F_0}=\pm\frac{1}{2t_ckF_0} \tag{9.3.10}$$

4. 同步带宽 Δf_s

对于随机码元序列,数字锁相环平均每两个码元周期才能调整一次,而每次所能调整的时间为 T/n,因此,平均一个码元周期内的调整时间为 $T/2n$。显然,如果输入信号码元周期与数字锁相环的固有周期之差为

$$|\Delta T|>\frac{T}{2n} \tag{9.3.11}$$

那么,锁相环就无法使得收端位同步脉冲与输入信号相位同步。若两者频差为 Δf_s,则有下面的近似关系式

$$\frac{\Delta f_s}{F}=\frac{\Delta T}{T} \tag{9.3.12}$$

式中,F 是锁相环的振荡频率,$F=1/T$。这样,可以由式(9.3.11)和式(9.3.12)得到锁相环实现同步所允许的最大频率差,也就是同步宽带 Δf_s 为

$$\Delta f_s = \frac{F}{2n} \tag{9.3.13}$$

只要输入码元信号的重复频率与锁相环固有振荡频率的差异不超出式(9.3.13)中的值，就可以实现同步。

9.4 群同步

与载波同步和位同步类似，群同步通常也有两类方法：一类是在数字信息流中插入一些特殊码组作为每群的头尾标记，接收端根据这些特殊码组的位置实现群同步；另一类方法不需要额外的特殊码组，而是利用数据码组之间彼此不同的特性来实现自同步。插入特殊码组实现群同步的方法主要有连贯式插入法和间隔式插入法两种，此外，在电传机中曾经广泛使用起止式同步法。

9.4.1 起止式同步法

电传报文用5个码元代表一个字母或符号，在每个字母开头先发送一个码元宽度的负值起脉冲，在每个字母末尾再发送一个1.5码元宽度的正值止脉冲，构成7.5个码元宽度的一个字，如图9.4.1所示。收端根据正电平第一次转到负电平这一特殊规律，确定一个字的起始位置，因而实现了群同步。这种同步方式在7.5个码元中只有5个码元用于传输信息，效率较低；同时，止脉冲宽度与码元宽度不一致，会给同步数字传输带来不便。然而，起止同步有简单易行的优点，因此在电传机和RS-232串行接口中得到广泛的应用。

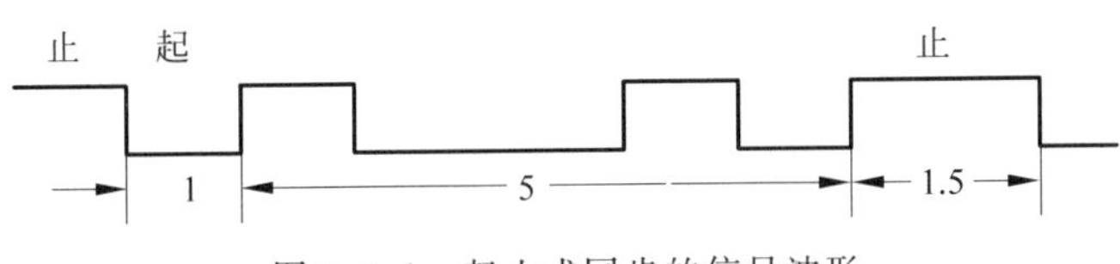

图9.4.1 起止式同步的信号波形

9.4.2 连贯式插入法

连贯式插入法又称集中插入法，是将帧同步码集中插入到每群的开头部分。这种方法的关键是构造作为群同步码组的特殊码组，这个特殊码组要求具有以下的特点：一是与之相同的组合在信息码流中出现的概率很小，以减小假同步的发生；二是具有良好的自相关特性，即尖锐单峰的自相关特性；三是要求识别器尽量简单。PCM30/32路系统中的基群帧同步码“0011011”就具有上述特点。目前，最常用的一类群同步码是巴克码。

对于码组为$\{x_1,x_2,\cdots,x_n\}$的群同步码，其自相关特性由自相关函数$R(j)$表征

$$R(j) = \sum_{i=1}^{n-|j|} x_i x_{i+|j|} \tag{9.4.1}$$

可见，在时延$j=0$时，码组序列中的全部元素都参与相关运算；而在$j\neq 0$时，码组序列中只有部分元素参与相关运算。通常把这种非周期序列的自相关函数称为局部自相关函数。

巴克码是一种非周期序列。一个n位的巴克码组为$\{x_1,x_i,x_3,\cdots,x_n\}$，其中$x_i$取值

为+1或-1，它的局部自相关函数为

$$R(j)=\sum_{i=1}^{n-|j|}x_i x_{i+|j|}=\begin{cases}n & (j=0)\\ 0\text{ 或 }\pm 1 & (0<|j|<n)\\ 0 & (|j|\geqslant n)\end{cases} \tag{9.4.2}$$

目前已找到的所有巴克码组如表 9.4.1 所列。

表 9.4.1 巴克码组

n	巴克码组
2	++
3	++-
4	+++-；++-+
5	+++-+
7	+++--+-
11	+++---+--+-
13	+++++--++-+-+

以表中 $n=7$ 的七位巴克码组{+++--+-}为例，它的自相关函数为

当 $j=0$ 时，$R(j)=\sum_{i=1}^{7}x_i^2=1+1+1+1+1+1+1=7$

当 $j=\pm 1$ 时，$R(j)=\sum_{i=1}^{6}x_i x_{i+1}=1+1-1+1-1-1=0$

相类似地，可以求得 $j=\pm 2,\pm 3,\pm 4,\pm 5,\pm 6,\pm 7$ 时的 $R(j)$ 值分别为 $-1,0,-1,0,-1,0$，相应的离散图谱如图 9.4.2 所示，在 $j=0$ 时出现尖锐的单峰。

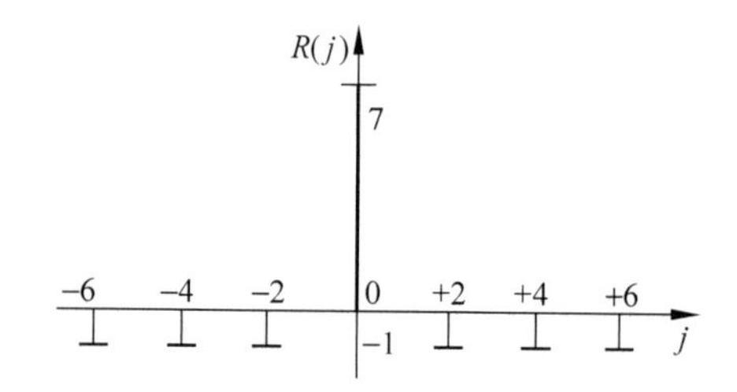

图 9.4.2 七位巴克码的自相关函数

巴克码识别器可以由移相寄存器、相加器和判决器构成。上述七位巴克码的识别器如图 9.4.3(a)所示，采用了七级移位寄存器。这七个移位寄存器预置成巴克码 1110010 状态，每一个寄存器的输入码状态与预置状态相同时得到+1电平输出，反之得到-1电平输出。这样，识别器实际上就是对输入的巴克码进行相关运算。当七位巴克码 1110010 恰好全部输入到识别器时，则相加得到输出+7，这时，识别器输出一群同步脉冲表示群的开始，如图 9.4.3(b)所示。

我们在后面将会讨论，接收端检测群同步时，可能会出现漏同步和假同步现象。同步码的选择应兼顾假同步和漏同步两者的发生概率，使它们尽可能小。PCM30/32 电话系统的基群帧同步码的选择就是基于这种考虑的。可以证明，在误码率为 10^{-3} 时，同步码组的长度 $n=7$ 是最佳的。进一步地，为了使得误码率等于 10^{-6} 时，能够较好权衡漏同步概率和假同步概率，CCITT 建议采用码组“0011011”作为 PCM30/32 电话系统的帧同步码。图 9.4.4 给出了该同步码组的识别电路，包括 7 级移位寄存器和与门电路。当同步码恰好全部输入到识别器中时，输出帧同步脉冲。

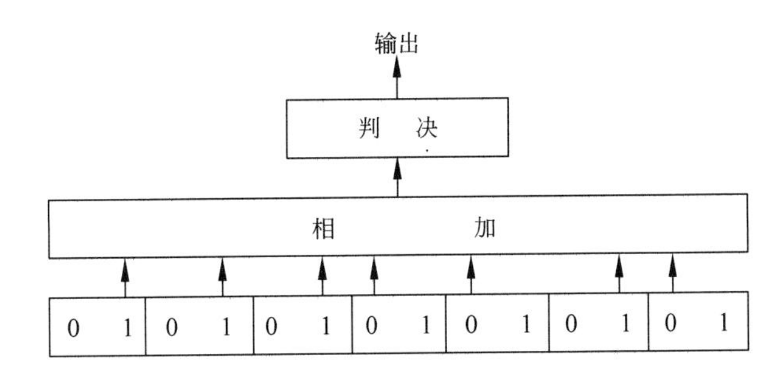

(a) 七位巴克码识别器

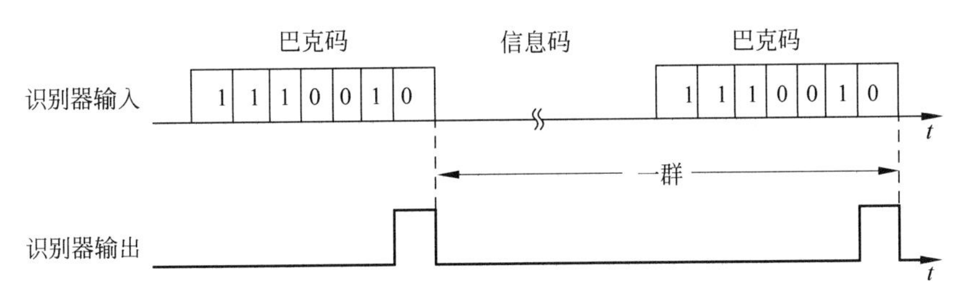

(b) 识别器工作波形

图 9.4.3 七位巴克码识别器及其工作波形

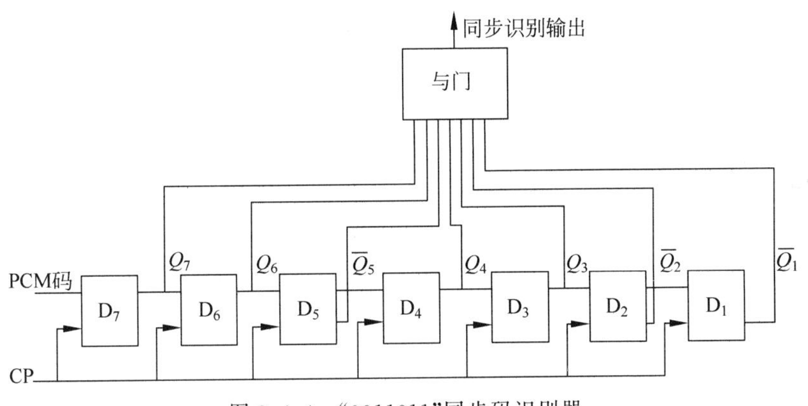

图 9.4.4 "0011011"同步码识别器

9.4.3 间隔式插入法

间隔式插入法又称分散插入法，即将群同步码组各比特位按一定间隔分散地插入到信息流中。这种方法主要用于多路电话数字通信中，典型的如 24 路 PCM 系统，图 9.4.5 是它的示意图。24 路语音编码信号复接在一帧之内，每路信号为 8 个比特，并且，每帧中加入 1 比特同步信号，这样，一帧共计 193 个比特，总的速率是 1.544Mbit/s。一个群同步码组构成一个复帧，接收端检出群同步信息后再得到分路定时脉冲。

目前，间隔式插入法的群同步识别有逐码移位法和 RAM 帧码检测法两种常用方法。逐码移位法是串行检测方法，接收端对输入的信码逐位比较检测，直到发现准确的同步码位置。逐码移位法在一个码元周期内只需进行一次比较，对电路工作速率要求不高，但完成同

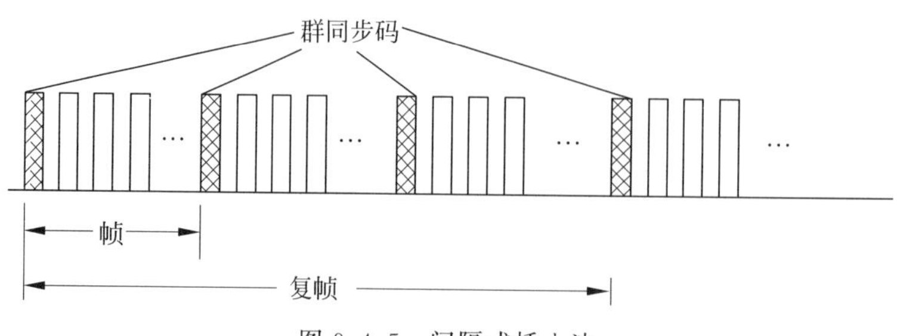

图 9.4.5 间隔式插入法

步检测的时间较长。RAM 帧码检测法是并行检测方法，由 RAM 保存一个复帧长度内的所有码元，当任何一个新的码元到来时，把已在 RAM 中存放的彼此相隔一帧的前$(n-1)$个码元读出，连同这个新到的码元一起进行同步码组校对识别，如果码型相符就输出同步脉冲，否则没有输出。由于需要保存一个复帧内的所有码元，并且在一个码元周期内要对 RAM 完成 n 次读或写操作，因而 RAM 帧码检测法要求识别器存储容量大、工作速度快，其优点是同步建立时间短。

9.4.4 自群同步

自群同步方法是将信息进行适当编码，使这些码既代表信息又具有分群的能力。一般地，码字需要兼有“唯一可译”和“可同步”两个特征才具备分群能力。

例如，将 4 种天气预报消息“晴”“云”“阴”“雨”分别编为二进制码 $\omega_1=0$、$\omega_2=101$、$\omega_3=110$、$\omega_4=111$ 进行发送。当接收端收到序列“1110110101”时，它将被唯一正确地译为“雨晴阴云”，不可能有别的译法。这种码就具有“唯一可译”特征，称为“唯一可译码”。可用图 9.4.6 的“码树”来构造这种码。码树的构造原则是：用作码字的节点不能再有分枝，例如图中的节点 0，110，101，111；有分枝的节点不能用作码字。

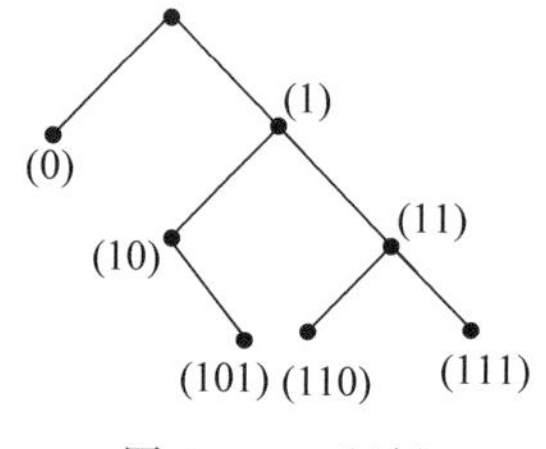

图 9.4.6 码树

如果单有“唯一可译”特征，码字还不能够获得分群能力。例如，如果上面例子中的序列“1110110101”丢失前两位，成为序列“10110101”，则将被错译为“云云”。因此，要使码字能够自群同步，不仅要求唯一可译而且还应该是“可同步”的，即在丢失了开头的一个或几个字符后，将是不可译的或是经过几个错译码字后自动回到正确译码状态。例如，如果用 $\omega_1=01$、$\omega_2=100$、$\omega_3=101$、$\omega_4=1101$ 分别表示 4 种天气“晴”“云”“阴”“雨”，发送的天气序列仍为“雨晴阴云……”，其相应的码字为 $\omega_4\omega_1\omega_3\omega_2=$“110101101100……”。当丢失第 1 位码元时，接收到的序列变成为“10101101100……”，这样，译码为 $\omega_4\omega_1\omega_3\omega_2$……，开头三个码被错译，从第四个码开始重新回到正确同步状态。

9.4.5 群同步系统的性能指标

对群同步系统的主要要求是短的同步建立时间和较强的抗干扰能力，可以用漏同步概率、假同步概率和群同步平均建立时间等指标来衡量。这里，以连贯式插入法为例来讨论。

1. 漏同步概率

漏同步概率是指由于干扰的影响导致同步码组中的一些码元发生错码，从而使识别器漏识别已达到的同步码组的现象。如果同步码组的码元数为 n，码元错误概率为 P，判决器容许码组中的最大错误码元个数为 m，那么，所有错误码元个数不超过 m 的同步码组都能被识别器识别，因而，不漏检的概率为

$$\sum_{r=0}^{m} C_n^r P^r (1-P)^{n-r}$$

于是，漏同步的概率为

$$P_1 = 1 - \sum_{r=0}^{m} C_n^r P^r (1-P)^{n-r} \tag{9.4.3}$$

2. 假同步概率

假同步概率是指由于消息码元中出现与同步码组相同的码序列而被识别器误认为同步码组，导致错误同步的现象。显然，如果判决器容许有 m 个相异的码元，那么，消息码元序列中与同步码组相异个数小于或等于 m 的所有组合都将被识别器误认为同步码组，产生假同步。由于随机消息码元序列中的"0"和"1"可认为等概率发生，都为 1/2，因而，每一种组合的发生概率都等于 2^{-n}。所以，假同步发生的概率可由下式求出

$$P_2 = 2^{-n} \sum_{r=0}^{m} C_n^r \tag{9.4.4}$$

3. 平均建立时间

对于连贯式插入法，如果漏同步和假同步都不出现，那么在最不利的情况下(即从同步位置之后的第一位开始搜索同步码组)实现群同步将需要一群的时间。设每群的码元数为 N，每码元的时间长度为 T，则一群的时间为 NT。在建立同步过程中，每出现一次漏同步或假同步最多要增加 NT 的时间才能建立起同步。因此，群同步的平均建立时间为

$$t_s = (1 + P_1 + P_2)NT \tag{9.4.5}$$

对于间隔式插入法，若采用逐码移位法检测同步码，其平均建立时间大致为

$$t_s \approx N^2 T \tag{9.4.6}$$

通常，群码元数 $N \gg 1$，因此，比较式(9.4.5)和式(9.4.6)可以看出，连贯式插入法的同步建立时间比间隔式插入法短得多，因而在数字传输系统中被广泛采用。

4. 群同步的保护

群同步过程中存在漏同步和假同步现象，这两种情况的出现概率越小越好。然而，比较式(9.4.3)和式(9.4.4)可以发现，要求漏同步概率小和要求假同步概率小是相互矛盾的。对于同一个识别器，其判决门限的选取不能够同时降低漏同步概率和假同步概率，如果漏同步概率减小了，则假同步概率就会增大；反之，如果假同步概率减小了，漏同步概率就会增大。考虑到实际应用中，是在不同场合要求这两个概率，一般地，我们希望同步建立要可靠，也就是在未同步时要求假同步概率 P_2 要小；而在同步建立之后，要具有较强的抗干扰能力，也就是漏同步的概率 P_1 要小。因此，为了改善同步系统性能，常用的群同步保护措施是将群同步的工作划分为两种状态：捕捉态和维持态。处在捕捉态时，也就是未同步状态，以降低假同步概率为目的；处在维持态时，也就是同步建立之后，以降低漏同步概率为目的。

图 9.4.7 给出了群同步保护措施的原理方框图。识别器的判决门限电平可调整，处在捕捉态时采用较高的门限电平，也就是减小式(9.4.4)中的 m 值，因而就减小了假同步概率

P_2；处在维持态时采用较低的门限电平，也就是增大式(9.4.3)中的 m 值，因而就降低了漏同步概率 P_1。为了进一步降低假同步和漏同步的概率，又增加两个保护计数器 N_1 和 N_2，在捕捉态时，只有当同一位置连续 N_1 次检测到同步码组时才确认同步建立；在维持态时，只有当 N_2 次未检测到同步码组时才确认同步丢失。状态寄存器保存当前的状态(捕捉态或维持态)，其输出信号用于调整识别器的判决门限电平，启动两个保护计数器之中的一个工作并禁止另一个工作。

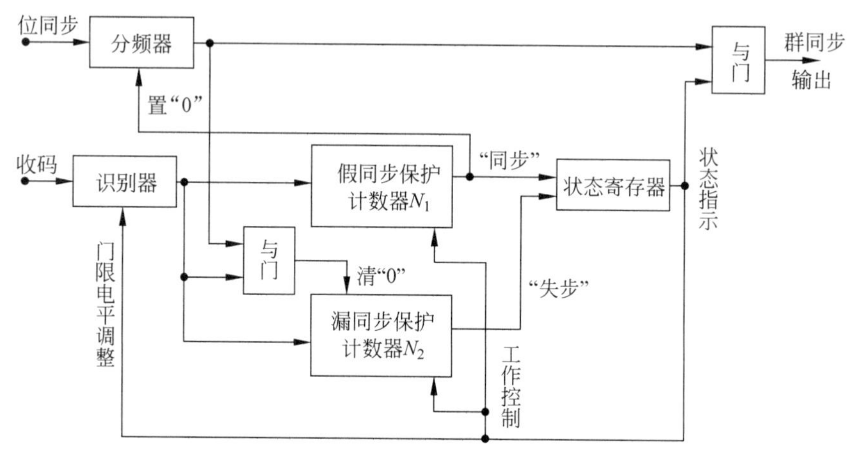

图 9.4.7　群同步保护原理图

同步系统的工作划分为捕捉态和维持态后，既提高了同步建立的可靠性，又增加了系统的抗干扰能力。

9.5 扩频同步

不论是直接序列扩频还是跳频扩频系统，接收端都需要一个与发送端同步的扩频序列以供解扩之用。接收机本地生成的扩频序列与接收信号的同步通常经过两个步骤完成：第一步是搜索和捕获接收信号的粗略相位，使得相位对准误差小于 1 个码元，通常称这一步为捕获或初始同步；第二步是在捕获的前提下，使相位误差进一步减小，使得所建立的同步持续保护下去，通常称这一步为跟踪。

9.5.1 捕获

捕获的任务是搜索不确定时间相位或频率的接收信号，使本地生成的扩频序列粗略同步到所接收的扩频信号上。常用的捕获方法有串行搜索法、序贯估计法、前置同步法、发射参考信号、突发同步法和匹配滤波器同步法等。

1. 串行搜索法

由于伪随机码序列具有良好的自相关性能，将本地伪随机码和接收伪随机码送入相关器作相关运算，当两者同步时就有峰值相关输出。串行搜索法通过对本地伪随机码的逐位滑动来达到与接收伪随机码的同步，图 9.5.1 是用于直序扩频串行搜索同步的原理方框图。由乘法器和积分器构成了相关器，在未同步时，相关器输出的电平低于比较器的门限值，这时，由时钟驱动本地伪随机码的相位滑动一个增量(通常为半个码片间隔)，然后再进行相关、比较，直到超过门限值时，认为捕获完成，于是，搜索控制器使得伪随机码产生器停止相位滑动，转入跟踪状态。这里的 λT 是搜索驻留时间，$\lambda \gg 1$。增大 λ 可以降低假同步概率，但捕获时间增长，因此，要适当选择 λ 值。

上述方法也可用于跳频信号的捕获。本地伪随机码产生器控制频率跳变，当积分器输出小于门限值时，本地伪随机码产生器相位滑动以改变跳频。直至本地跳频与接收信号对齐，完成捕获过程。需要指出，跳频信号的捕获不仅要求在某一个频率上的输出大于门限值，而且应该在后续的若干个输出都大于门限值。图 9.5.2 是相应的原理框图。

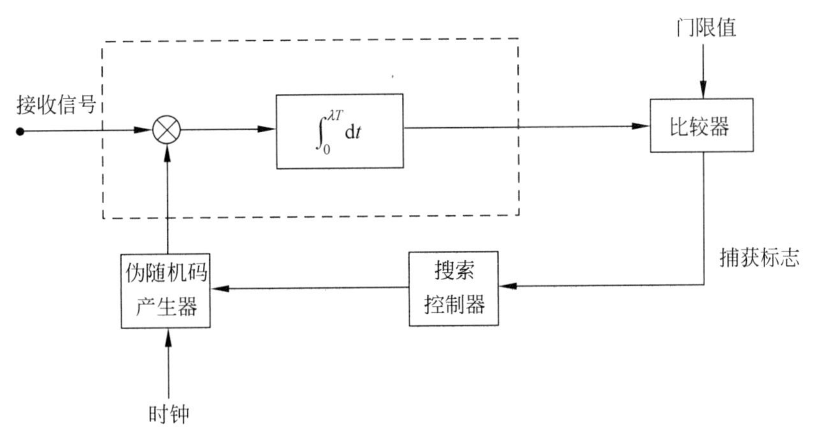

图 9.5.1 直序扩频信号的串行搜索捕获

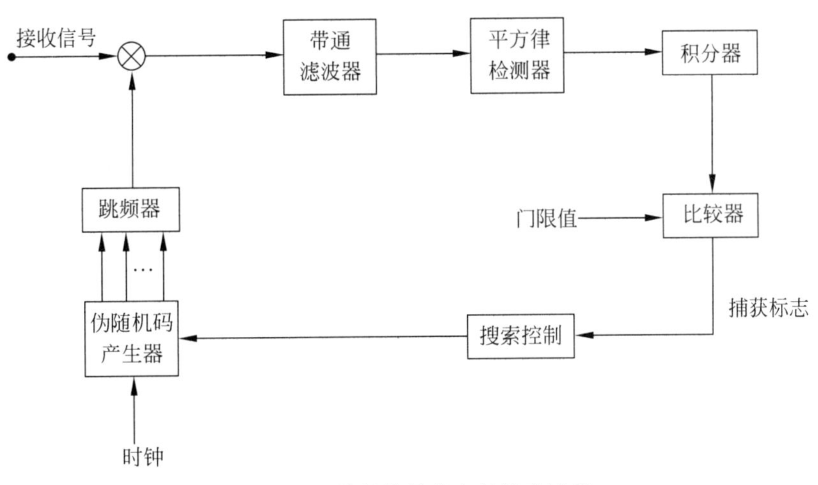

图 9.5.2 跳频信号的串行搜索捕获

2. 序贯估计法

快速序贯估计(Rapid Acquisition by Sequential Estimation，RASE)是一种快速搜索捕获方法，其原理如图 9.5.3 所示。初始时，开关处在位置 1，伪随机序列码片检测器将最初 n 个接收码片的最佳估计载入本地伪随机序列生成器的 n 级寄存器，满载后的寄存器决定了生成器开始运行的起始状态。显然，如果这最初 n 个码片的估计是正确的，则随后产生的伪随机序列也都是正确的。接下来，开关跳到位置 2，在经过 λT 时间的积分后，若输出超过了预置的门限电平，就确认捕获了同步。如果输出低于门限，则说明估计错误，开关重新跳

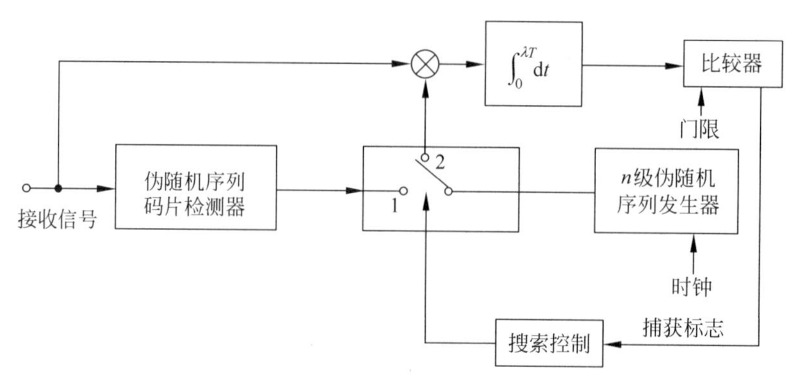

图 9.5.3 序贯估计捕获方法

回到位置1,寄存器的内容刷新为随后 n 个接收码片的估计,重复此过程直到完成捕获。

序贯估计具有很快的捕获能力,但对噪声和干扰比较敏感。

3. 前置同步码法

为了缩短串行搜索的捕获时间,可以将特殊的短编码序列用作前置同步码。捕获时间取决于同步码的长度,较短的同步码长度可使同步捕捉迅速,但也较易受到干扰而引起错误同步,典型的前置同步码长度在几百至几千比特。采用这种方法时,应该注意选择前置同步码的长度以不使其重复频率落在发送信息的频带范围内。

4. 发射参考信号法

如果需要接收机尽量简单,那么可以使用由发送端发射参考信号的方法解决捕获和跟踪问题。这种方法类似于插入导频法,接收机内不需要编码序列产生器或本地参考产生器,发射机产生参考信号并与载有信码的信号同时发到接收端。这种方法的缺点是抗干扰性能较差。

5. 突发同步法

突发同步方法是由发送端发送一短促的高峰值功率的脉冲信号,使接收机足以识别而迅速建立同步。这种方法较易受到干扰,但只要同步信号功率足够高,被干扰的可能性就可以很小。

此外,还有匹配滤波器同步法和并行搜索法等。匹配滤波器同步法是用一个与所用伪码序列匹配的匹配滤波器来检测同步。并行搜索法采用多个相关器对一段码片区域作并行搜索,硬件复杂程度较高,优点是可以缩短捕获时间。

9.5.2 跟踪

在捕获完成之后,就转入对接收信号的跟踪或同步。跟踪也是利用了伪随机码间的相关特性。

常用的跟踪方法是延迟锁定环跟踪,也称早-迟门环跟踪,原理方框图见图 9.5.4(a)。环中使用了一个伪码产生器,它在相邻的两级移存器上有两个参考码组输出,相位相差1码元。这两路参考码组对同一输入信号进行相关接收,输出的相关函数为三角函数,各宽2码元,彼此相差1码元,见图 9.5.4(b)。两路输出反相相加后,复合相关函数有两个三角形的峰,两峰之间为一直线。该复合相关函数经滤波器去控制压控振荡器 VCO,以决定时钟速率和调整相位。接收机的跟踪点被调整到复合相关特性直线段的中间，可以保持稳定，获得相位锁定。由于跟踪点位于直线段的中间，相距两个相关峰都有半个码元时间，因此不能直接用作信码接收。将其延迟半个码元时间($T/2$)，从而位于相位特性的峰值位置，再去解扩信号就可以得到最好的输出。

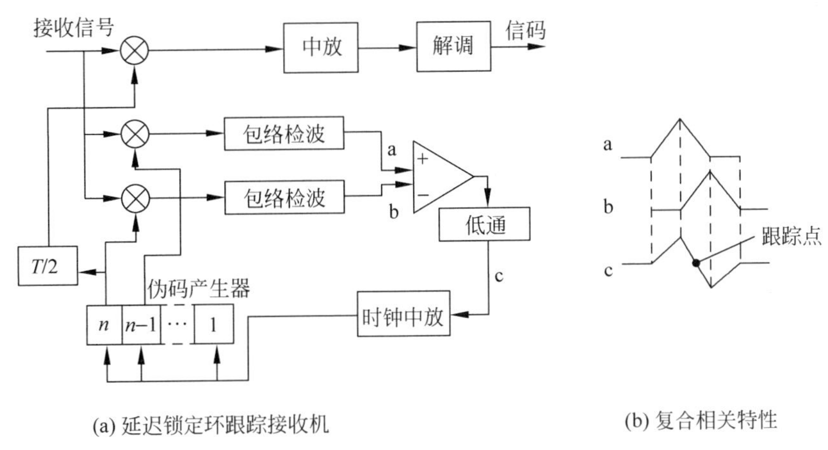

(a) 延迟锁定环跟踪接收机　　(b) 复合相关特性

图 9.5.4　延迟锁定环跟踪原理

图 9.5.4 的延迟锁定环的跟踪范围为$-\Delta/2\sim\Delta/2$($-T/2\sim T/2$)，如果改从伪码产生器的第 n 级和第 $n-2$ 级输出码组到两个相关器上，那么参照图 9.5.4(b)的复合相关特性可看出，跟踪范围将扩展为$-\Delta\sim\Delta$。这时，可将本地伪码产生器的第 n 级输出直接用于对接收信号的解扩，而不需要延时 $T/2$。这种跟踪方法称为双 Δ 值延迟锁定环跟踪。

对于跳频扩频系统，当系统实现捕获之后，相位误差已小于 $T/2$。为了保持同步和进一步减小相位误差，除了为实现捕获而每码元取样一次之外，还在 $T/2$ 处取样一次。间隔 $T/2$ 的这两个取样值的幅度差即给出了码组相位差的数值，也包含了相位差的符号，其复合特性也与图 9.5.4(b)相类似，用于调整本地时钟的相位，达到精确同步。

9.6　网同步

在通信网中进行数字信息的交换与复接时，网同步是十分必要的。例如，图 9.6.1 所示的复接系统中，合路器将 A、B、C 三个速率不同的支路数字流合并为一个速率较高的数字流，而分路器将一个速率较高的数字流分离为 A'、B'、C' 三个速率较低的支路数字流。在合路时，若用较高速率对各支路数据采样，则数据速率偏低的支路就会信息重叠而增码；若用较低速率对各支路数据采样，则数据速率偏高的支路就会信息丢失而少码。因此，为了保证数字信息的可靠复接和交换，必须使整个网的各转接点时钟频率和相位相互协调一致，即

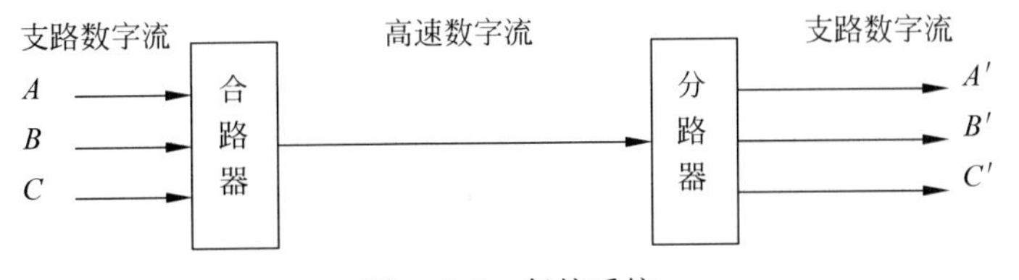

图 9.6.1　复接系统

实现网同步。数字通信网同步的主要方式有 3 种：主从同步法、相互同步法和独立时钟同步法。下面具体介绍这几种同步方法。

9.6.1 主从同步法

这种同步如图 9.6.2 所示，在整个通信网中设置一个高稳定度的主时钟源，它产生的时钟沿箭头所示方向逐站传送至网内的各站，使网内各站的频率和相位保持一致。

由于时钟传送到各站的线路延时不同，因而在各站会引入不同的时延，需要在各站设置时延调整电路。一种实际可行的方案是在各站的数字信号接收路径上设置缓冲存储器，通过对信码而不是时钟的缓冲存储而解决相位不一致的问题，如图 9.6.3 所示。

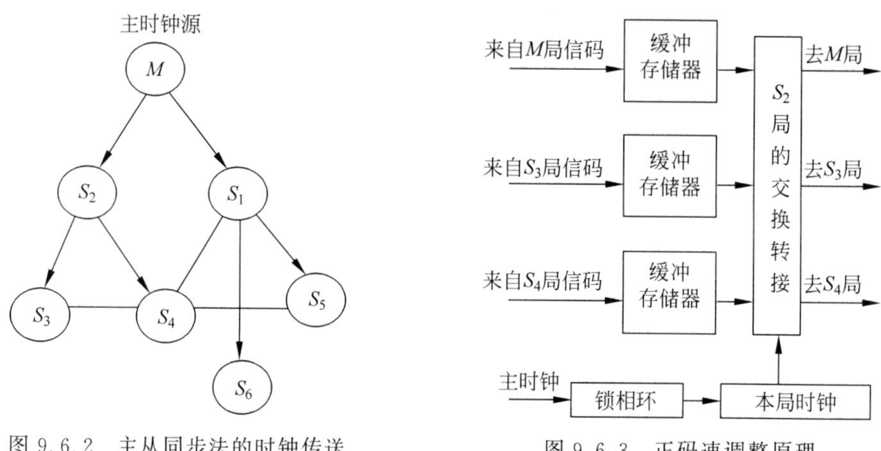

图 9.6.2 主从同步法的时钟传送

图 9.6.3 正码速调整原理

主从同步法的优点是时钟稳定度高、设备简单。主要缺点是，当时钟传递路径中的某一站发生故障时，不仅影响本站，还要影响它以下的各站，特别是当主时钟源出故障时，整个通信网的工作就被破坏。尽管如此，由于主从同步法简单易行，因而在小型通信网中应用广泛。

9.6.2 相互同步法

相互同步法的网同步实现方法是，网内各站都有自己的时钟，并把它们相互连接起来，使其相互影响，各站的时钟频率最终锁定在网内各站固有时钟频率的平均值上，这个平均值称为网频率。当某一站出故障时，网频率将平滑过渡到一个新的平均值，其他站仍然能够正常工作。这种方法的缺点是设备较复杂，优点是克服了主从同步法过分依赖主时钟源的缺点，提高了通信网工作的可靠性。

9.6.3 独立时钟同步法

独立时钟同步又称准同步，或称异步复接。这种方式是全网内各局都采用独立的时钟源，各局的时钟频率不一定完全相等，但要求时钟频率稍高于所传的信息码速率，并且信息码速率的波动也不会高于时钟频率。在传输过程中可以采用“填充脉冲”的方法或“水库法”调整数码速率。

1. 填充脉冲同步

填充脉冲同步方法又称正码速调整法。对于图 9.6.1 的复接系统，其填充脉冲同步原理可采用图 9.6.4 来说明。在合路器和分路器中各设置数据缓冲存储器。合路器缓冲存储器的工作过程是，支路数字流以 f_1 的速率写入缓冲存储器，合路器以 f 的速率（$f>f_1$）从缓冲存储器中读出数据。由于"写"得慢，"读"得快，为了不使存储器出现"取空"现象，每隔一段时间禁读一位并在该时刻塞入一个不代表信息的"填充脉冲"。各支路经过这样的码速率调整都变成速率为 f 的数码流，然后合路送出。

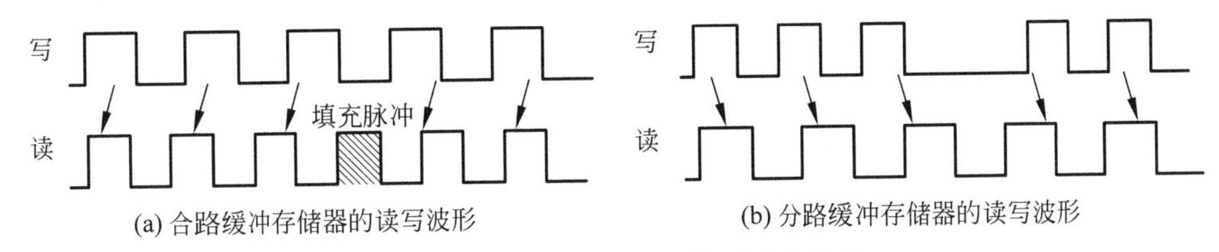

(a) 合路缓冲存储器的读写波形　　(b) 分路缓冲存储器的读写波形

图 9.6.4　正码速调整法的原理示意图

分路器缓冲存储器的工作过程是，数据流以速率 f 写入到缓冲存储器中，同时扣除"填充脉冲"，形成有许多空隙的不均匀数码流。缓冲存储器的读出速率是该不均匀数码流的平均速率 $\bar{f}_1$。可以利用锁相环得到这个速率时钟。结果，又恢复了原先的数码流。

这种同步方式的优点是各支路可以工作于异步状态，所以使用灵活方便。缺点是，由于速率 $\bar{f}_1$ 是从不均匀脉冲流中提取出来，所以存在相位抖动。

2. 水库法

水库法是在通信网的各站设置极高稳定度的时钟源和容量足够大的缓冲存储器，使得在很长的时间间隔内缓冲存储器都不会发生"取空"或"溢出"，就像水库一样既不会被抽干又很难将水灌满，因而无须进行码速率调整。

可以对缓冲存储器发生"取空"或"溢出"的时间间隔作估计。若存储器的位数为 $2n$，起始为半满状态的 n 位，存储器读写速率差为 $\pm\Delta f$，则发生一次"取空"或"溢出"的时间间隔 T 为

$$T=\frac{n}{\Delta f} \tag{9.6.1}$$

若数字流的速率为 f，则频率稳定度 S 为

$$S=\left|\frac{\pm\Delta f}{f}\right| \tag{9.6.2}$$

由式(9.6.1)和式(9.6.2)得到

$$T=\frac{n}{fS} \tag{9.6.3}$$

式(9.6.3)是"水库法"的基本公式。例如，当 $S=10^{-9}$，$f=2048\text{kb/s}$，$n=180$ 时，则 $T=24$ 小时，即存储器仅需 360 位就可以连续一天一夜不发生"溢出"或"取空"，这是很容易实现的。若采用更高稳定度的时钟源和更大容量的存储器，那么，就可以在更高速率的数字通信网中采用"水库法"同步，而只需要在很长时间间隔之后对同步系统作一次校准，以确保不出现"溢出"或"取空"。

9.7 思考题

9.7.1 数字通信系统的同步包括哪几种同步？他们各有哪几种同步方法？

9.7.2 对抑制载波的双边带信号、残留边带信号和单边带信号用插入导频法实现载波同步时，所插入的导频信号形式有何异同点？

9.7.3 对于抑制载波的双边带信号，插入导频法和直接法实现载波同步各有什么优缺点？

9.7.4 采用非相干解调方式的数字通信系统是否必须有载波同步和位同步？其同步性能的好坏对通信系统的性能有何影响？

9.7.5 采用数字锁相法实现位同步，其同步带宽取决于哪些因素？

9.7.6 当用窄带滤波器提取载波同步时，同步建立时间和保持时间取决于哪些因素？当用数字锁相法提取位同步时，同步建立时间和保持时间取决于哪些因素？

9.7.7 当用串行搜索法和前置同步码法实现扩频信号的捕获时，它们所花的搜索时间分别与什么因素有关？

9.7.8 试画出双 Δ 值延迟锁定环跟踪的原理构图，画出它的复合相关特性并标出跟踪点。

9.7.9 单路 PCM 系统是否需要加帧同步码？单路 ΔM 系统是否需帧同步？为什么？

9.7.10 在我国的准同步数字复接等级中，二次群的码元速率为 8448kbit/s，它是由四个基群复合而成的，而基群的码元速率为 2048kbit/s，试问为什么二次群的码元速率不是 8192kbit/s(基群码元速率的四倍)？

9.8 习题

9.8.1 若图 9.2.2 所示的插入导频法发端方框图中，$a_c\cos\omega_c t$ 不经 90°相移，直接与已调信号相加输出，试证明接收端的解调输出中含有直流分量。

9.8.2 已知单边带信号的表示式为 $S(t)=m(t)\cos\omega_c t+\hat{m}(t)\sin\omega_c t$，若采用与抑制载波双边带信号导频插入完全相同的方法，试证明接收端可正确解调；若发端插入的导频是调制载波，试证明解调输出中也含有直流分量，并求出该值。

9.8.3 已知单边带信号的表示式为 $S(t)=m(t)\cos\omega_c t+\hat{m}(t)\sin\omega_c t$，试证明不能用图 9.2.6 所示的平方变换法提取载波。

9.8.4 设有图 9.8.1 所示的基带信号，它经过一带限滤波器后会变为带限信号，试画出从带限信号中提取位同步信号的原理方框图和波形。

9.8.5 若七位巴克码组的前后全为“1”的序列加于图 9.4.3 的码元输入端，且各移存器的初始状态为零，试画出识别器的输出波形。

9.8.6 若采用七位巴克码 1110010 作为帧同步码，巴克码前后数字码流中的“1”“0”码等概出现，且误码为 P_e。若判决门限为 7，求假同步及漏同步的概率？

9.8.7 传输速率为 1kb/s 的一个通信系统，设误码率为 10^{-4}，群同步采用连贯式插入

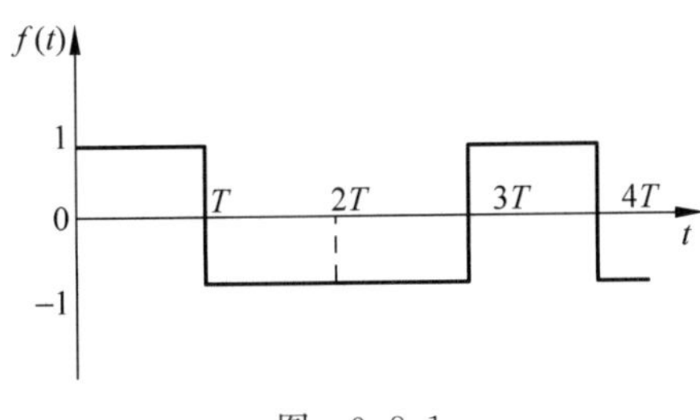

图　9.8.1

的方法，同步码的位数 $n=7$，试分别计算 $m=0$ 和 $m=1$ 时漏同步概率 P_1 和假同步概率 P_2 各为多少？若每群中的信息位为153，估算群同步的平均建立时间 t_S。

9.8.8　一个数字通信系统采用"水库法"进行码速率调整，已知数据率为8448kbit/s，存储器容量 $2n=128$ 位，时钟频率的稳定度为 $\left|\frac{\pm\Delta f}{f}\right|=10^{-10}$，计算每隔多少时间需要对同步系统校正一次？

第10章 先进的数字通信技术

CHAPTER 10

10.1 引言

随着通信以及相关技术的飞速发展，除了传统通信技术外，越来越多的先进的数字技术被应用到通信领域，本章我们就摘录了几个常见的数字通信技术进行介绍。包括交换技术、扩频通信、正交频分复用(OFDM)技术和多址技术四部分内容。

10.2 中继无线通信技术

10.2.1 基本概念

1. 历史发展

近年来，中继无线通信技术得到了学术界和工业界的广泛关注。中继通信系统最早由 Van der Meulen 在 20 世纪 70 年代提出，他研究了基于三节点模型的中继信道以及信道容量的上限和下限，证明了中继技术可以提高频谱效率和链路性能。1979 年，Cover 与同事研究了中继信道容量，从信息论的角度对中继信道容量进行了严格分析。随后 Sato 等一些学者从信息论角度对中继通信系统进行了深入研究。上述研究表明，在源节点与目的节点之间引入中继节点，点对点通信演变为多跳通信，原先的通信系统在中继的辅助下提高了通信链路质量。由于距离和路径损耗的非线性关系，传输信号经过中继节点转发时，多跳通信会使信号衰减大大减小，因此能够扩大通信覆盖范围、消除覆盖盲点从而提高通信质量。

2. 主要特点

经典的单中继三节点模型包括源(Source)、中继(Relay)、终端(Destination)三个节点，如图 10.2.1 所示。

该模型中的数据传输可分为两个时隙，在第 1 时隙，源节点向中继节点发送数据信息，中继节点接收来自源节点的发射信息；第 2 时隙，中继节点将第 1 时隙接收到的数据信息转发给目的节点。

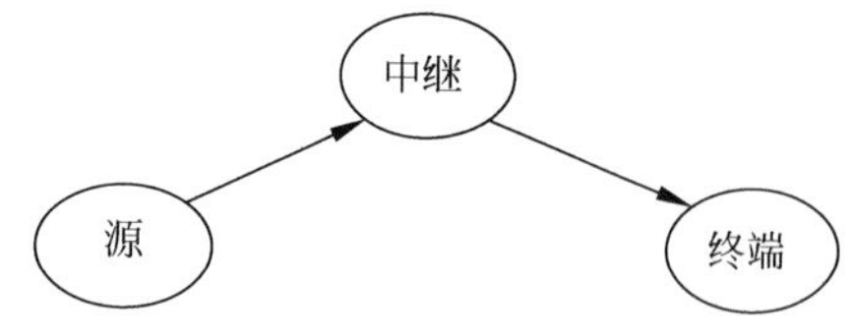

图 10.2.1 中继三节点模型

在中继系统中，源节点与中继节点以 FDMA、TDMA、CDMA 或 OFDMA 等方式接入无线信道，采用不同接入方式时，源节点与中继节点分别占用不同的频段、时隙、码段或子载波。中继的优势在于,原先的直传系统在中继节点的协助下,一方面可以实现源节点与目的节点之间的可靠通信,即提升系统的分集增益和扩大信号的覆盖范围来保证通信质量;另一方面引入中继后较长的通信距离被分为较短的两段或多段,每条传输链路距离变短,降低了系统总的发射功耗,从而提升整个系统的能效性能。

10.2.2　主要原理及技术

1. 单中继的主要原理

(1) 解码转发中继协议

解码转发(decode and forward,DF)是重要的中继传输方案之一。如图 10.2.2 所示,中继首先接收来自于基站的被噪声干扰的信号,对其进行解码处理后获得原始信息。然后,再对获得的信息重新编码,以一定功率发送给信宿用户。用户在此种情况下可以选择性地接收两路信号,或者进行信号的最大比合并。以下介绍基于最大比合并的解码转发协议的执行步骤。

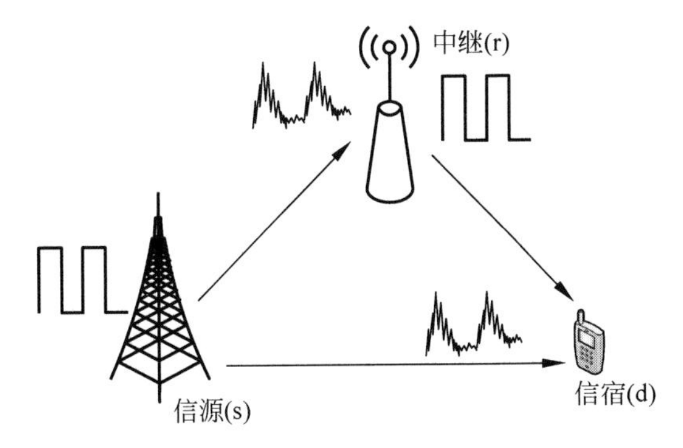

图 10.2.2　DF 中继通信模型

假设信源与中继之间、信源与信宿之间和中继与信宿之间的信道传输系数分别为 h_{sr}、h_{sd} 和 h_{rd}。在第一阶段,基站发射编码码元$\sqrt{P_s}x$,其中 x 代表功率归一化的发射码元(即 $E(|x|^2)=1$),P_s 代表基站发射码元的平均功率。由于无线信道的广播特性,在第一时隙末尾,中继站和信宿都可以接收到基站发射的信号。中继站 r 接收的信号表达式为

$$y_r=\sqrt{P_s}h_{sr}x+n_r \tag{10.2.1}$$

信宿 d 接收的信号表达式为

$$y_{d,1}=\sqrt{P_s}h_{sd}x+n_{d,1} \tag{10.2.2}$$

式中,n_r 和 $n_{s,1}$ 分别表示中继站 r 和信宿 d 遭受的噪声,功率均为 P_n。

在第一时隙结束后,中继站 r 会对 y_r 进行解码,恢复出符号 x。为保证中继站能成功解码,基站的最大传输速率是 $\log_2\left(1+\frac{P_s|h_{sr}|^2}{P_n}\right)$ bits/symbol。

在第二时隙,中继站 r 发射编码码元$\sqrt{P_r}x$,其中 P_r 代表码元的平均功率。信宿 d 接收的信号为

$$y_{d,2}=\sqrt{P_r}h_{rd}x+n_{d,2} \tag{10.2.3}$$

式中,$n_{d,2}$ 为噪声信号,功率为 P_n。

在第二时隙传输结束后，为了保证信宿 d 在两个时隙内接收的信号信噪比最大，需要采用最大比合并法合成 $y_{d,1}$ 和 $y_{d,2}$，最终得到的信号为

$$\begin{aligned} z &= \alpha y_{d,1} + \beta y_{d,2} \\ &= \alpha(\sqrt{P_s}h_{sd}x + n_{d,1}) + \beta(\sqrt{P_r}h_{rd}x + n_{d,2}) \\ &= (\alpha\sqrt{P_s}h_{sd} + \beta\sqrt{P_r}h_{rd})x + \alpha n_{d,1} + \beta n_{d,2} \end{aligned} \tag{10.2.4}$$

用户接收的信号 z 的信噪比为

$$\begin{aligned} \gamma &= \frac{\left|\alpha\sqrt{P_s}h_{sd} + \beta\sqrt{P_r}h_{rd}\right|^2}{(\alpha^2+\beta^2)P_n} \\ &= \left|\alpha'\sqrt{\frac{P_s}{P_n}}h_{sd} + \beta'\sqrt{\frac{P_r}{P_n}}h_{rd}\right|^2 \end{aligned} \tag{10.2.5}$$

这里，$\alpha' = \dfrac{\alpha}{\sqrt{\alpha^2+\beta^2}}$并且 $\beta' = \dfrac{\beta}{\sqrt{\alpha^2+\beta^2}}$。

根据柯西-施瓦茨(Cauchy-Schwartz)不等式得到

$$\gamma \leqslant \frac{P_s|h_{sd}|^2 + P_r|h_{rd}|^2}{P_n} \tag{10.2.6}$$

当 $\alpha = \sqrt{P_s}h_{sd}^*$ 且 $\beta = \sqrt{P_r}h_{rd}^*$ 时，可以满足接收信号的信噪比最大，最大的接收信噪比为 $\gamma_{max} = \dfrac{P_s|h_{sd}|^2 + P_r|h_{rd}|^2}{P_n}$。通过以上分析可知，单个解码转发中继的最大通信速率为

$$R_{DF} = \frac{1}{2}\min\left[\log_2\left(1 + \frac{P_s|h_{sd}|^2 + P_r|h_{rd}|^2}{P_n}\right), \log_2\left(1 + \frac{P_s|h_{sr}|^2}{P_n}\right)\right] \tag{10.2.7}$$

(2) 放大转发中继协议

放大转发(Amplify and Forward，AF)中继协议是另一种重要的中继协议。如图 10.2.3 所示，中继端接收来自于源端的被噪声干扰的信号，然后将它放大并重传给终端。在终端可选择接收两路信号，也可将把分别来自基站端和中继端的两路信号进行合并，然后对传输比特进行最终判决，以此得到最终的传输信息。以下介绍基于最大比合并的放大转发协议的执行步骤。

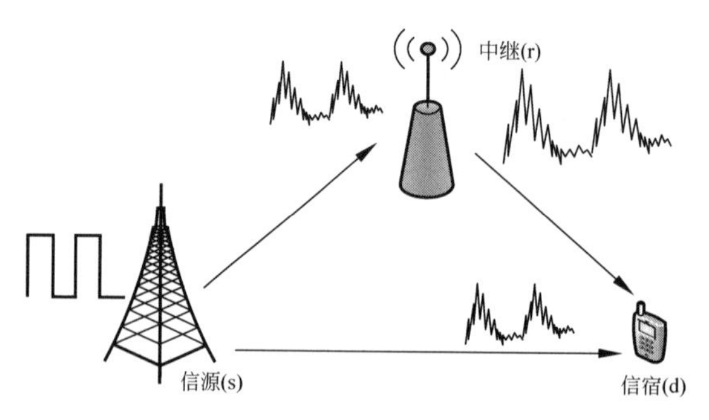

图 10.2.3　AF 中继通信模型

在 AF 协议的第一时隙，信宿收到的信号由来自信源的信号与噪声简单地相加而成，可以表示为：

$$y_{d,1} = \sqrt{P_s}h_{sd}x_s + n_{d,1} \tag{10.2.8}$$

中继接收的信号可以表示为

$$y_{r}=\sqrt{P_{s}}h_{sr}x_{s}+n_{r} \tag{10.2.9}$$

式中，x_{s} 代表功率归一化的发射码元（即 $E(|x_{s}|^{2})=1$）；P_{s} 代表基站发射码元的平均功率；n_{r} 和 $n_{d,1}$ 分别表示中继站 r 和信宿 d 遭受的噪声，功率均为 P_{n}。

在第二时隙，中继以增益值 β 对接收信号 y_{r} 放大转发后发射给信宿。假设中继的发射功率是 P_{r}，可推导得出增益 β 为：

$$\beta=\sqrt{\frac{P_{r}}{P_{s}|h_{sr}|^{2}+P_{n}}} \tag{10.2.10}$$

在第二时隙末尾，信宿收到的来自中继放大转发后的信号为：

$$y_{d,2}=h_{rd}\beta y_{r}+n_{d,2}=h_{rd}\beta(\sqrt{P_{s}}h_{sr}x_{s}+n_{r})+n_{d,2} \tag{10.2.11}$$

其中，$n_{d,2}$ 是信宿在第二时隙收到的噪声，功率是 P_{n}。

最终，信宿根据最大比原则合并两个时隙接收到的信号。可以证明最大比合并输出信号的信噪比是：$\gamma=\gamma_{1}+\gamma_{2}$，其中 γ_{1}、γ_{2} 分别代表信宿在两个时隙的接收信噪比：

$$\gamma_{1}=\frac{P_{s}|h_{sd}|^{2}}{P_{n}} \tag{10.2.12}$$

$$\gamma_{2}=\frac{P_{s}\beta^{2}|h_{sr}|^{2}|h_{rd}|^{2}}{P_{n}(1+|h_{rd}|^{2}\beta^{2})}=\frac{(P_{s}/P_{n})|h_{sr}|^{2}(P_{r}/P_{n})|h_{rd}|^{2}}{(P_{s}/P_{n})|h_{sr}|^{2}+(P_{r}/P_{n})|h_{rd}|^{2}+1} \tag{10.2.13}$$

通过以上分析可知，该协议的最大通信速率为：

$$\begin{aligned}R_{AF}&=\frac{1}{2}\log_{2}(1+\gamma_{1}+\gamma_{2})\\&=\frac{1}{2}\log_{2}\left[1+\frac{P_{s}|h_{sd}|^{2}}{P_{n}}+\frac{(P_{s}/P_{n})|h_{sr}|^{2}(P_{r}/P_{n})|h_{rd}|^{2}}{(P_{s}/P_{n})|h_{sr}|^{2}+(P_{r}/P_{n})|h_{rd}|^{2}+1}\right]\end{aligned} \tag{10.2.14}$$

2. 多中继的主要原理

（1）基于中继选择的协议

很多网络中存在多个中继节点，需要选择一个或者多个中继节点辅助信息的传输，如图 10.2.4。在中继选择中，从可用节点中选出“最佳”节点是很普遍的方法，其难点在于：①如何定义“最佳中继”。②如何在一组给定的信道状态集当中找到这个最佳中继节点。

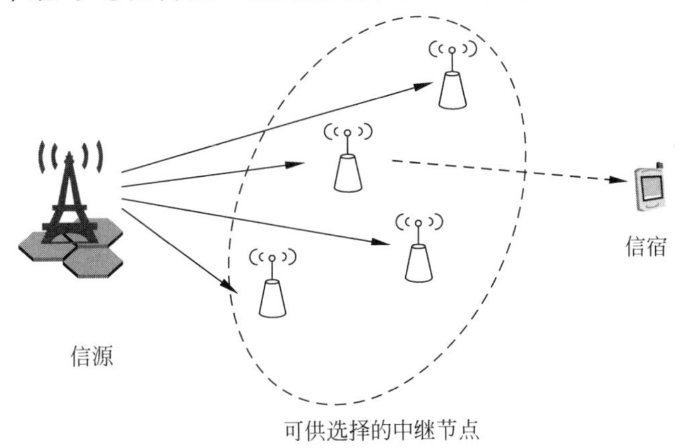

图 10.2.4 选择一个中继辅助通信场景示意图

首先需要根据具体的应用目标，定义“最佳”中继的选择标准。以下介绍文献中提出的一种选择方法。具体来说，定义第 k 个中继的综合信道强度为：

$$\eta_k = \min[|h_{s,k}|^2, |h_{k,d}|^2] \tag{10.2.15}$$

那么，拥有最强综合信道(最大 η_k 值)的中继节点就是被选择的“最佳”中继。

为选择最佳的中继，假定有一个中心控制节点知道所有的 $|h_{s,k}|^2$ 和 $|h_{k,d}|^2$。实际上，这需要相当大的信令开销，所以并不实用。为降低实现复杂度，可采用以下方法选择中继：

① 信宿发送一个简短的广播信号，以便各中继节点确定其 $|h_{k,d}|^2$。

② 信源发送数据分组，紧随其后还要发送“清除发送”消息。每个中继节点尝试着接收数据分组，并确定其 $|h_{s,k}|^2$，然后用公式(10.2.15)的准则来确定 η_k。

③ 每个中继节点都启动一个定时器，定时器的初始值为 K_{timer}/η_k，并开始倒计时，同时对来自其他中继节点的信号进行侦听。当定时器归零时，相应的中继节点将开始发送，除非另一中继节点已经开始发送。

显然，具有“最佳”信道的中继节点就是第一个进行发送的中继节点。如果在第一个节点的发送时刻和信号实际到达第二节点的时刻之间，第二个中继节点已经开始发送，可以通过使用不同的 K_{timer} 重复第三步来解决这种冲突。

(2) 基于波束成形的协议

不同中继节点之间的协作可以增强中继传输的性能，多个中继所提供的分集支路有助于更好地对抗衰落和干扰。同时，中继节点之间的协作也是交换信道状态信息所必需的。因此，在一组中继节点中选择出若干个中继节点后，采用波束成形技术来辅助信息传输，可以有效提高传输链路的通信质量，如图 10.2.5 所示。

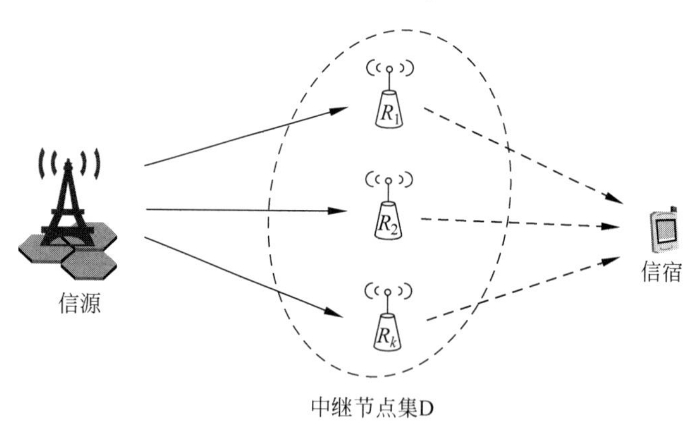

图 10.2.5 多个中继节点协作辅助通信

以无直接路径的中继通信为例，波束成形协议包括两个阶段：在第一阶段，信源广播信息，并且一个中继节点集 D 可以实现对信息的正确接收。在第二阶段，一旦各个中继节点的发射机信道状态信息已知，则在每个被选中的中继节点 k 处，可以给出正比于下式的最优发射系数：

$$\frac{h_{k,d}^*}{\left(\sum_{k\in D}|h_{k,d}|^2\right)^{\frac{1}{2}}} \tag{10.2.16}$$

这些中继节点相互协作，相干地发送数据到信宿。这类似于发送分集系统中的波束成形或最大比值传输。

在各中继节点采用放大转发的情况下，中继节点 k 采用的最优增益值为

$$w_k = K^{AF} \frac{|h_{s,k}||h_{k,d}|}{1+P_s|h_{s,k}|^2+P_k|h_{k,d}|^2} \frac{h_{s,k}^*}{|h_{s,k}|} \frac{h_{k,d}^*}{|h_{k,d}|} \tag{10.2.17}$$

其中，常数 K^{AF} 的选定应保证总的功率约束 $\sum_k |w_k|^2(1+P_s|h_{s,k}|^2)=P_r$ 得到满足。第 k 个中继节点的发射功率应满足

$$P_k \propto \frac{|h_{s,k}|^2|h_{k,d}|^2[1+P_s|h_{s,k}|^2]}{[1+P_s|h_{s,k}|^2+P_k|h_{k,d}|^2]^2} \tag{10.2.18}$$

获取各个中继节点的发射机信道状态信息并非易事：各中继节点不仅要确知到达信宿的信道，而且要知道各信道增益之和。可以通过各中继节点连续发送训练序列，随后由信宿给出反馈来实现。

10.2.3 应用举例

中继系统能够有效地提升通信覆盖范围，对包括分集增益、传输功率降低和系统容量提升等方面的系统性能有一定的改善。因此，无线中继通信已经被考虑应用于多种通信场景，例如蜂窝系统和多跳无线网络。目前，中继通信系统已经成为 3GPP LTE-A 架构的重要组成部分，如图 10.2.6 所示。

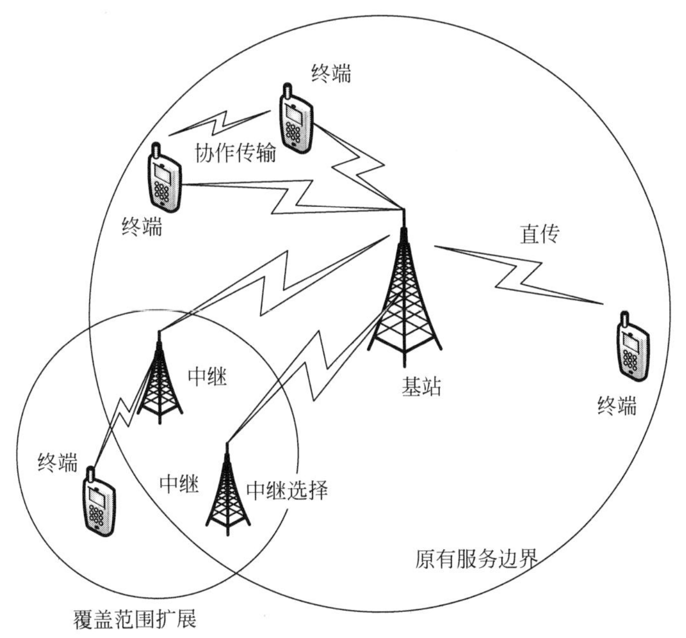

图 10.2.6 中继应用场景

1. 虚拟多输入多输出技术(Virtual MIMO)

通过增设专用中继节点或允许用户间协作传输，中继通信系统可以发掘网络的分布式空时特性，利用网络节点的闲置天线形成虚拟天线阵列，有助于获取更高的网络容量和更可靠的端到端通信链路，从而为提供更好的用户通信和服务体验奠定网络基础。通过实施特定的中继策略，增设专用中继节点可实现多种功能，如：通过中继转发不同的源信息，获取网络的复用增益，以提升端到端网络容量和通信链路的可靠性。若将其应用于蜂窝系统，结合适当的中继节点位置部署优化，可改善小区的覆盖盲点或显著提升蜂窝小区边缘用户的接入性能，如

图 10.2.7 所示。

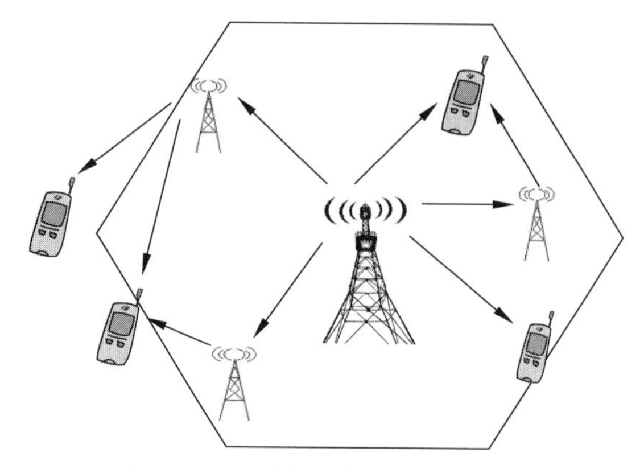

图 10.2.7 中继在蜂窝网中的应用

2. 多跳无线网络(Multi-hop Networks)

在无线传感器网络(Wireless Sensor Networks,WSN),无线局域网(WLAN)或无线网状网(Wireless Mesh Network,WMN)中,中继节点可辅助主路由节点转发信息,提升多跳路径通信质量,或降低路由节点能量消耗。若允许源节点相互协作(即源节点临时充当中继节点),结合高级的信号处理技术和通信协议,网络将变得更加灵活和智能化,可将其用在认知无线网络中以实现协作感知功能等。D2D(Device to Device)通信以近场通信的优势可以提高蜂窝网络的频谱效率和能量效率。将中继技术与 D2D 通信技术相结合,不仅能提高 D2D 链路的系统吞吐量,而且还能降低对同信道的蜂窝用户的干扰,同时提高 D2D 的通信范围,如图 10.2.8 所示。

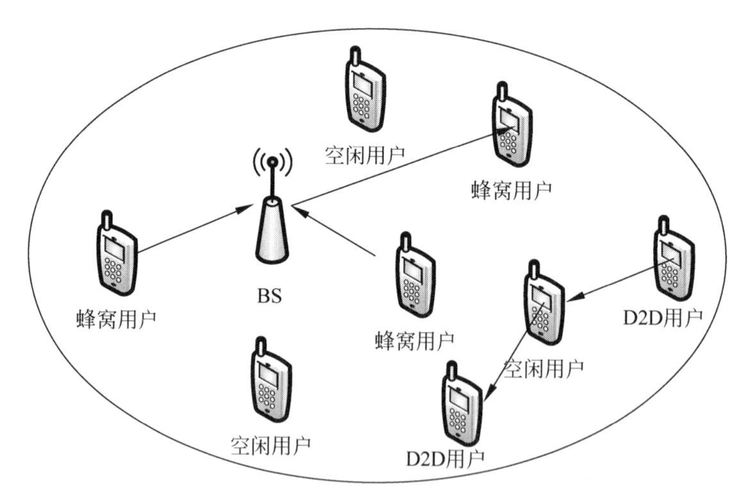

图 10.2.8 中继在无线网络中的应用

10.3 OFDM 技术

随着通信技术的不断成熟和发展,如今的通信传输方式多种多样,变化日新月异。近年来,随着 DSP 芯片技术的发展,傅里叶变换/反变换、高速 Modem 采用的 64/128/256QAM

技术、栅格编码技术(TrellisCode)、软判决技术(SoftDecision)、信道自适应技术、插入保护时段、减少均衡计算量等成熟技术的逐步引入,OFDM作为一种可以有效对抗信号波形间干扰的高速传输技术,引起了广泛关注。人们开始投入越来越多的精力开发OFDM技术在移动通信和宽带通信领域的应用。

10.3.1 基本概念

1. 历史发展

OFDM的英文全称为Orthogonal Frequency Division Multiplexing,中文含义为正交频分复用技术。这种技术是HPA联盟(HomePlug Powerline Alliance)工业规范的基础,它采用一种不连续的多音调技术,将载波的不同频率中的大量信号合并成单一的信号,从而完成信号传输。由于这种技术具有在杂波干扰下传输信号的能力,因此常常会被利用在容易受外界干扰或者抵抗外界干扰能力较差的传输介质中。

实际上,OFDM并不是如今发展起来的新技术,在20世纪60年代中期就被首次提出,它是由多载波调制(MCM)技术发展而来。美国军方在当时就建造了世界上第一个MCM系统,并随后衍生出采用多个子载波和频率重叠技术的OFDM系统。但在之后相当长的一段时间,OFDM技术的发展遇到了很多当时难以解决的问题。首先,OFDM要求各个子载波之间相互正交,尽管理论上发现采用快速傅里叶变换(FFT)可以很好地实现这种调制方式,但实际上,如此复杂的实时傅里叶变换设备在当时是根本无法完成的。此外,发射机和接收机振荡器的稳定性以及射频功率放大器的线性要求等因素也都是OFDM技术实现的制约条件。由于OFDM技术的这些要求在当时的技术条件下无法实现,所以一直没有形成大规模的应用,并极大地限制了其进一步的推广,因而仅在一些军用的无线高频通信系统中有过应用。直到20世纪70年代,人们提出了采用离散傅里叶变换来实现多个载波的调制,简化了系统结构,使得OFDM技术更趋于实用化。80年代以来,大规模集成电路技术的发展解决了FFT的实现问题,随着DSP芯片技术的发展,格栅编码(TrellisCode)技术、软判决技术(SoftDecision)、信道自适应技术等的应用,OFDM技术开始从理论向实际应用转化。20世纪90年代,OFDM开始被欧洲和澳大利亚应用于广播信道的宽带数据通信、数字音频广播(DAB)、高清晰度数字电视(HDTV)和无线局域网(WLAN)等。此外,还由于其具有更高的频谱利用率和良好的抗多径干扰能力,也被看作第四代移动通信的核心技术之一。

OFDM技术由于其频谱利用率高、成本低等原因越来越得到人们的关注。随着人们对于通信数据化、宽带化、个人化和移动化的需求,OFDM技术在固定无线接入领域和移动接入领域越来越得到广泛的应用。

2. 主要特点

OFDM是一种无线环境下高效的数据传输方式,其基本思想是在频域内将给定信道分成许多正交子信道,在每个子信道上使用一个子载波进行调制,并且各子载波并行传输。这样,尽管总的信道是非平坦的,具有频率选择性,但是每个子信道是相对平坦的,在每个子信道上进行的是窄带传输,信号带宽小于信道的相应带宽,因此就可以大大消除信号波形间的干扰。OFDM相对于一般的多载波传输的不同之处是它允许子载波频谱部分重叠,只要满足子载波间相互正交,则可以从混叠的子载波上分离出数据信号。由于OFDM允许子载波频谱混叠,其频谱效率大大提高,因而是一种高效的调制方式。

OFDM 技术属于多载波调制(Multi-Carrier Modulation, MCM)技术。有些文献上将 OFDM 和 MCM 混用,实际上不够严密。MCM 与 OFDM 常用于无线信道,它们的区别在于:OFDM 技术特指将信道划分成正交的子信道,频道利用率高;而 MCM,可以是更多种信道划分方法。

OFDM 技术的推出其实是为了提高载波的频谱利用率,或者是为了改进对多载波的调制。它的特点是各子载波相互正交,使扩频调制后的频谱可以相互重叠,从而减小子载波间的相互干扰。在对每个载波完成调制以后,为了增加数据的吞吐量,提高数据传输的速度,它又采用了一种叫作 HomePlug 的处理技术,来对所有发送数据信号位的载波进行合并处理,把众多的单个信号合并成一个独立的传输信号进行发送。另外 OFDM 之所以备受关注,其中一条重要的原因是它可以利用离散傅里叶反变换/离散傅里叶变换(IDFT/DFT)代替多载波调制和解调。

总结下来,OFDM 具有以下的一些优点:

① OFDM 技术的最大优点是对抗频率选择性衰落或窄带干扰。在单载波系统中,单个衰落或干扰能够导致整个通信链路失败,但是在多载波系统中,仅仅有很小一部分载波会受到干扰。对这些子信道可以采用纠错码来进行纠错。

② 可以有效地对抗信号波形间的干扰,适用于多径环境和衰落信道中的高速数据传输。当信道中因为多径传输而出现频率选择性衰落时,只有落在频带凹陷处的子载波及其携带的信息受影响,其他的子载波未受损害,因此系统总的误码率性能要好得多。

③ 通过各个子载波的联合编码,具有很强的抗衰落能力。OFDM 技术本身已经利用了信道的频率分集,如果衰落不是特别严重,就没有必要再加时域均衡器。通过将各个信道联合编码,则可以使系统性能得到提高。

④ OFDM 技术抗窄带干扰性很强,因为这些干扰仅仅影响到很小一部分的子信道。

⑤ 可以选用基于 IFFT/FFT 的 OFDM 实现方法。

⑥ 信道利用率很高,这一点在频谱资源有限的无线环境中尤为重要;当子载波个数很大时,系统的频谱利用率趋于 2Baud/Hz。

但是 OFDM 系统由于存在多个正交的子载波,而且其输出信号是多个子信道的叠加,因此与单载波系统相比,存在如下的缺点:

① 对频率偏移和相位噪声很敏感。

② 峰值与均值功率比相对较大,这个比值的增大会降低射频放大器的功率效率。

10.3.2 主要原理及技术

1. 基本原理

前面已经学习过,在单载波传输系统中,信号被顺序发射,每个信号占据整个带宽。由于信道存在多径延时,在接收端要对信道进行均衡。随着信号速率的提高,信号受信道的影响越来越严重,均衡器会越来越复杂。采用多载波调制技术可解决这一问题。从信道的角度来看,多载波技术相当于将整个信道分成若干个子信道,如果子载波的个数足够多,每个子信道可以看成一个频率非选择性信道,因此易于均衡。

OFDM 就是一种多载波技术,它的多载波调制和解调是通过离散傅里叶反变换

(IDFT)和离散傅里叶变换(DFT)实现的。采用 IDFT 实现调制和传统的频分复用(FDM)技术有很大的不同。在第 4 章中我们学习过,FDM 技术中每个子信道是不重叠的,为了防止信道间的干扰还要在信道间设置保护间隔,这导致了频带利用率的下降。而在 OFDM 中,子信道间是不加保护间隔的,因此可以有效地提高频带的利用率,如图 10.3.1 所示。

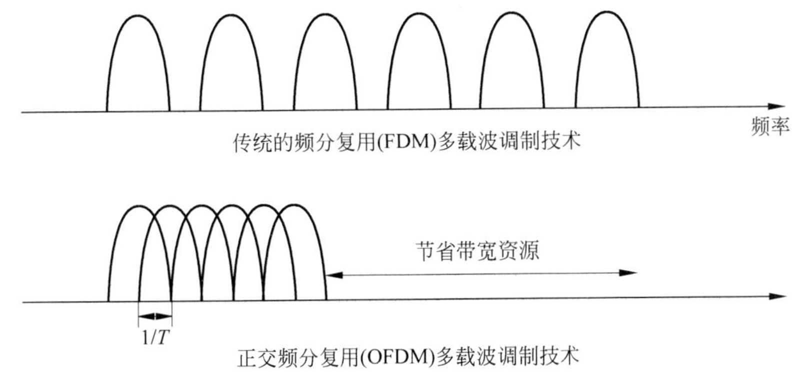

图 10.3.1 FDM 与 OFDM 频带利用率的比较示意图

OFDM 中的"正交"表示的是载波频率间精确的数学关系。按照这种设想,OFDM 既能充分利用信道带宽,也可以避免使用高速均衡和抗突发噪声差错。实际上,OFDM 是一种特殊的多载波通信方案,单个用户的信息流被串/并变换为多个低速率码流,每个码流都用一个子载波发送。OFDM 不用带通滤波器来分离子载波,而是通过快速傅里叶变换(FFT)来选出那些即便混叠也能够保持正交的波形。

设 OFDM 信号的符号周期为 T,N 个子载波的频率之间的最小间隔为 $1/T$,假设$\{f_k\}$是一组载波,各载波频率的关系为:$\{f_k\}=f_0+k/T$,式中,f_0 是发送的频率。则下式成立:

$$\int_0^T e^{j2\pi f_k t}(e^{j2\pi f_i t})^* \, dt=\begin{cases} T & (i=k) \\ 0 & (i\neq k) \end{cases} \tag{10.3.1}$$

可见子载波满足正交性条件,每个子载波的调制频谱为 $\sin x/x$ 形状,其峰值正对应于其他子载波的频谱中的零点。各子载波组合在一起,总的频谱形状非常近似矩形频谱,其频谱宽度接近于传输信号的奈奎斯特带宽,如图 10.3.2 所示。

所以 OFDM 系统的频谱利用率是比较高的,同时也简化了设备中带通滤波器的设计。另一方面,由于每个子载波上的信息是不相关的,相加后在时域内的合成信号非常近似于白噪声。而前面已经学习过,要克服多径衰落的影响,信道中传输的最佳信号形式应该具有白噪声的统计特性,这也说明了 OFDM 系统对抗多径衰落的潜力。

2. OFDM 系统

OFDM 系统收发机的典型框图如图 10.3.3 所示。

发端将被传输的数字信号转换成子载波幅度和相位的映射,并进行傅里叶反变换(IFFT)将数据的频谱表达转换到时域上,经过处理后射频发射到信道上。接收端进行与发端相反的操作。图中上半部分对应发射机链路,下半部分对应接收机链路。由于 IFFT 和 FFT 的操作类似,所以发射机和接收机可以使用同一硬件设备。下面我们就其中的核心技术学习其基本工作原理。

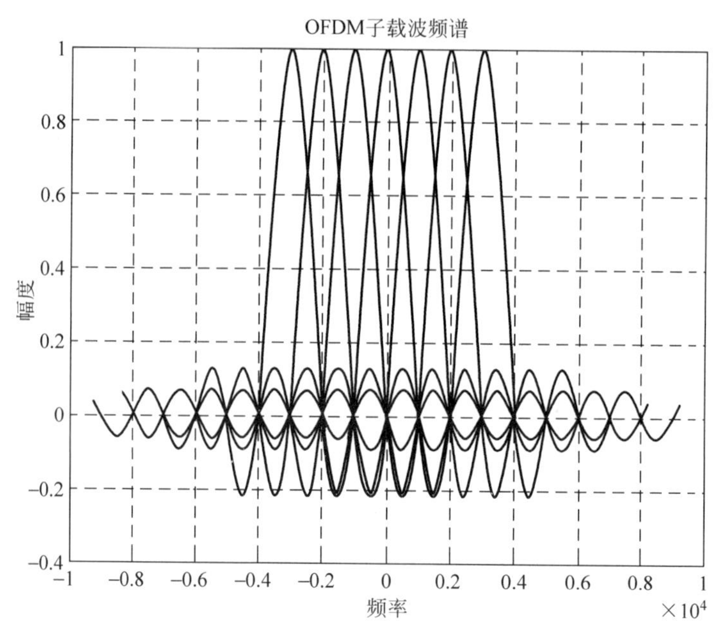

图 10.3.2 OFDM 信号频谱

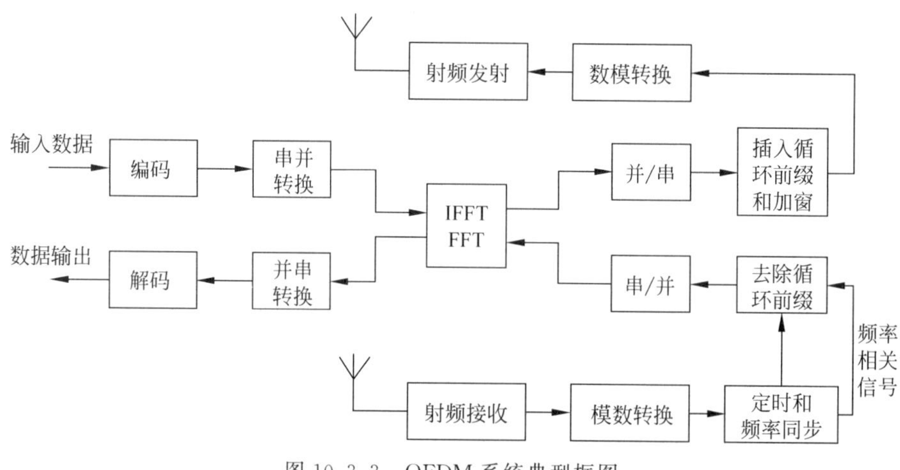

图 10.3.3 OFDM 系统典型框图

(1) 串并转换

数据传输的典型形式是串行数据流,每个数据符号的频谱可占据整个可利用的带宽。在并行数据传输系统中,许多符号被同时传输,减少了串行传输系统中常见的问题。OFDM 实际是一种并行数据传输系统,系统中每个传输符号的速率大约在几十 bit/s 到几十 kbit/s 之间,单个用户的信息流需要被串并转换为多个低速率码流,每个码流都用一个子载波发送。在接收端执行相反的并串转换,将各个子载波处来的数据转换回原始的串行数据。

需要说明的是,由于 OFDM 的调制模式可以自适应调节(参见下面调制原理部分),所以每个子载波的调制模式是可变化的,而每个子载波可传输的比特数也是可变化的,因此串并变换需要分配给每个子载波数据段的长度也是不一样的。

（2）调制解调原理

简单地说，OFDM的基本调制解调原理是高速串行数据经过串并转换后形成多路低速数据（不归零方波）分别对多个正交的子载波进行调制，叠加后构成OFDM发送信号。在接收端，用同样数量的载波进行相干解调，获得低速率数据流，再经过并串转换成原始的高速串行数据流。

设子载波的个数为N，OFDM信号的码元周期为T，经数据编码器（基带调制如QPSK）后形成复数序列，一个周期内传送N个符号序列$d_i(i=0,1,\cdots,N-1)$作为基带码型，用$d_i=a_i+\mathrm{j}b_i$表示，其数据速率为f_s，各个d_i间隔为Δt，经过串并转换后它分别调制N个子载波，进行频分复用，$f_i(i=0,1,\cdots,N-1)$是第i个子载波的载波频率。在符号周期$[0,T]$内，合成的OFDM信号为

$$D(t)=\mathrm{Re}\left\{\sum_{i=0}^{N-1}d_i\exp(\mathrm{j}2\pi f_i t)\right\}\quad (t\in[0,T]) \tag{10.3.2}$$

其中，$f_i=f_0+i\Delta f$，f_0为系统的发射载频，f_0为$1/T$的整数倍，Δf为各子载波间的频率间隔，$\Delta f=1/(N\Delta t)=1/T$，各载波相互正交。可得

$$\begin{aligned}D(t)&=\mathrm{Re}\left\{\sum_{i=0}^{N-1}d_i\exp\left[\mathrm{j}2\pi\left(f_0+\frac{i}{T}\right)t\right]\right\}=\mathrm{Re}\left\{\sum_{i=0}^{N-1}d_i\exp\left[\mathrm{j}2\pi\frac{i}{T}t\right]\times\exp(\mathrm{j}2\pi f_0 t)\right\}\\&=S(t)\times\exp(\mathrm{j}2\pi f_0 t)\end{aligned} \tag{10.3.3}$$

所以，合成的传输信号$D(t)$可用其低通复包络$S(t)$表示如下

$$S(t)=\sum_{i=0}^{N-1}d_i\exp\left(\mathrm{j}2\pi\frac{i}{T}t\right) \tag{10.3.4}$$

若以系统的符号传输速率f_s为采样速率对$S(t)$采样，则在一个周期T内共有N个采样值，采样序列$S(m)$可以用符号序列$(d_0,d_1,\cdots,d_{N-1})$的离散傅里叶反变换（IDFT）表示，即

$$S(m)=S(t)\big|_{t=m\Delta t}=\sum_{i=0}^{N-1}d_i\exp\left(\mathrm{j}2\pi i\frac{m}{N}\right)=\mathrm{IDFT}\{d_i\} \tag{10.3.5}$$

可见，以f_s为采样速率对$S(t)$采样所得的N个样值$S(m)$正是$\{d_i\}$的离散傅里叶反变换（IDFT）。因此，在发送端，可先由$\{d_i\}$进行IDFT求得$S(m)$，然后经过一个低通滤波器得到要发送的OFDM信号$S(t)$；在接收端，对接收到的$S(t)$采样得到$S(m)$，然后求DFT即得到$\{d_i\}$。所以，OFDM的调制和解调过程等效于IDFT和DFT，当$N=2^m$（m为正整数）时，可应用快速算法，实现很简单。OFDM的基本系统如图10.3.4所示。

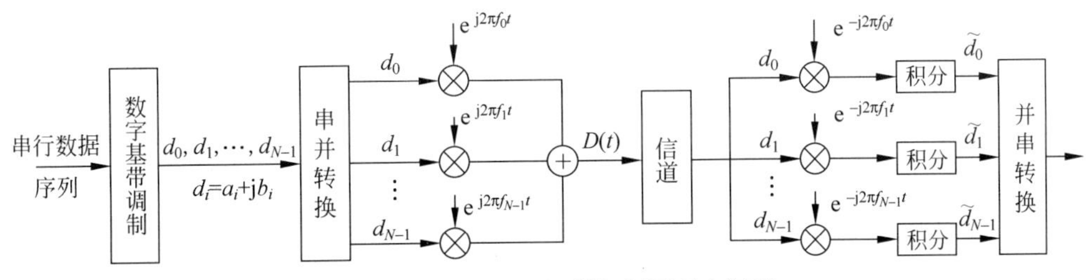

图10.3.4 OFDM调制解调原理方框图

OFDM每个载波所使用的调制方法可以不同。各个载波能够根据信道状况的不同选择不同的调制方式，比如BPSK、QPSK、8PSK、16QAM、64QAM等等，以频谱利用率和误码率之间的最佳平衡为原则。我们通过选择满足一定误码率的最佳调制方式就可以获得最

大频谱效率。无线多径信道的频率选择性衰落会使接收信号功率大幅下降，经常会达到30dB之多，信噪比也随之大幅下降。为了提高频谱利用率，应该使用与信噪比相匹配的调制方式。可靠性是通信系统正常运行的基本考核指标，所以很多通信系统都倾向于选择BPSK或QPSK调制，以确保在信道最坏条件下的信噪比要求，但是这两种调制方式的频谱效率很低。OFDM技术使用了自适应调制，根据信道条件的好坏来选择不同的调制方式。比如在终端靠近基站时，信道条件一般会比较好，调制方式就可以由BPSK(频谱效率1bit/s/Hz)转化成16QAM-64QAM(频谱效率4～6bit/s/Hz)，整个系统的频谱利用率就会得到大幅度的提高。自适应调制能够扩大系统容量，但它要求信号必须包含一定的开销比特，以告知接收端发射信号所应采用的调制方式。终端还要定期更新调制信息，这也会增加更多的比特开销。

OFDM还采用了功率控制和自适应调制相协调工作方式。信道好的时候，发射功率不变，可以增强调制方式(如64QAM)，或者在低调制方式(如QPSK)时降低发射功率。功率控制与自适应调制要取得平衡。也就是说对于一个发射台，如果它有良好的信道，在发送功率保持不变的情况下，可使用较高的调制方案如64QAM；如果功率减小，调制方案也就可以相应降低，使用QPSK方式等。

自适应调制要求系统必须对信道性能有及时和精确地了解，如果在差的信道上使用较强的调制方式，那么就会产生很高的误码率，影响系统的可用性。OFDM系统可以用导频信号或参考码字来测试信道的好坏。发送一个已知数据的码字，测出每条信道的信噪比，根据这个信噪比来确定最适合的调制方式。

(3) 保护间隔(GI)和循环前缀(CP)

在OFDM系统中，每个并行数据支路都是窄带信号，可近似认为每个支路都经历平坦衰落，这样就减小了频率选择性衰落对信号的影响。同时，每路子数据流速率的降低，减小了符号间干扰(ISI)。但是当传输信道中出现多径传播时，在接收子载波间的正交性将被破坏，使得每个子载波上的前后传输符号间以及各子载波之间发生相互干扰。为了解决这个问题，就在每个OFDM传输信号前插入一保护间隔(Guard Interval, GI)。它是由OFDM信号进行周期扩展来的。只要多径时延不超过保护间隔Δ，子载波间的正交性就不会被破坏。这样一来，加在每个子载波调制符号上的干扰就会变成一个简单的乘性衰减，这个衰减代表了相应子信道的传递函数。一般地说，信道传输特性的变化相对于OFDM信号周期是极缓慢的，因此，可用差分编码等测得这些子传递函数，对于接收信号进行补偿，就能正确恢复发送的符号。将持续期为T的每个OFDM符号人为地延长一个持续期为T_2的保护间隔，T_2的持续期应长于首先到达接收机的信号与最迟到达接收机的信号之间的时间差$\tau_{\max}$，即信道的最大时延扩展$\tau_{\max}<T_2$。在实际系统设计时，符号周期至少是保护间隔的4～5倍。在保护间隔内，仍传送T期的信号，保护间隔和符号有效期在图中阴影部分提供相同的信号波形，而接收机对接收信号仅在T长的时间内计值。有一点要说明的是，从保护间隔中取得的好处是以带宽效率的损失为代价的。

最初的保护间隔是用空数据填充的，这虽然消除了ISI，但却破坏了信道间的正交性。后来Peled和Ruiz提出了用循环前缀(Cyclic Prefix, CP)填充保护间隔的方法，即把Y个样值的最后M个复制到OFDM符号的前端作为保护间隔，如图10.3.5。利用循环卷积的概念，只要循环前缀的长度大于信道的冲激响应，信道间仍是正交的。

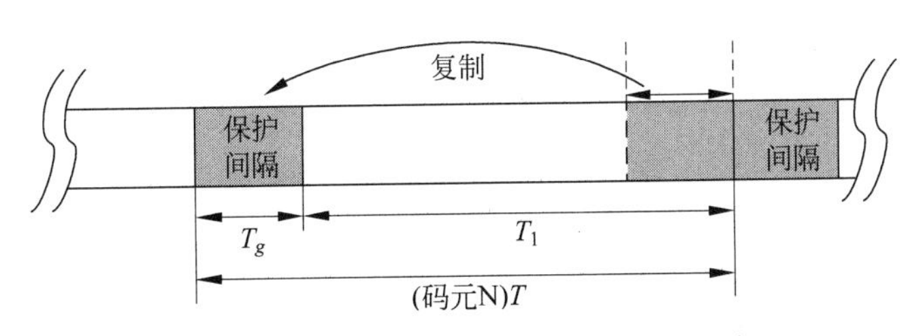

图 10.3.5 添加保护间隔的 OFDM 码元

(4) 升余弦窗

根据式(10.3.5)产生的 OFDM 符号,其功率谱密度图中旁瓣将具有很大的功率,因为根据 sinc 函数,边缘下降得很慢,为了克服功率谱这个问题,需要一个窗函数来降低旁瓣的电平,常用的升余弦窗函数为

$$w(t)=\begin{cases}0.5+0.5\cos[\pi+\pi t/(\beta T_r)] & (0\leqslant t\leqslant \beta T_r)\\ 1.0 & (\beta T_r<t\leqslant T_r)\\ 0.5+0.5\cos[(t-T_r)\pi/(\beta T_r)] & (T_r<t\leqslant(1+\beta)T_r)\end{cases} \tag{10.3.6}$$

式中,$\beta(1\leqslant\beta\leqslant 0)$为滚降因子。$T_r$ 代表符号间隔,略小于 OFDM 符号宽度。加窗后的 OFDM 信号可表示为

$$y(t)=\mathrm{Re}\left\{w(t)\sum_{i=0}^{N-1}d_i\exp\left(\mathrm{j}2\pi\frac{i}{T}t\right)\right\}\quad(0\leqslant t\leqslant T) \tag{10.3.7}$$

也可以用滤波器代替升余弦窗,改善频谱特性。但升余弦窗便于精确控制。如果使用滤波器,则设计时应特别注意,以免在 OFDM 符号的滚降沿产生波动,这种波动能够使 OFDM 符号产生畸变,从而降低了 OFDM 对时延扩展的抵抗力。

(5) 实现

由此,OFDM 信号的产生接收可以简单归结如下:

- 将输入信号由 0 填充后转换为串行符号,然后进行 IFFT,输出即为 OFDM 基带信号。
- 加入循环前缀以设定保护间隔。
- 加升余弦窗滤除子载波的带外功率。
- 接收端进行相应的反变换即可恢复出输入信号。

OFDM 系统有三个关键问题需要解决,即峰值平均功率比问题、同步问题和信道估计问题。它们也是目前研究的热点。由于篇幅关系,这里不再详细论述,有兴趣的读者可参见相关文献。

10.3.3 应用举例

如上所述,OFDM 能够提供很高的传输速率,对多径干扰、信道畸变、脉冲噪声也有很强的抵抗力。所以,OFDM 被广泛应用在了数字音频广播(DAB)、视频广播(DVB)和高速无线局域网,如 IEEE802.11 和 HIPERLAN 中。根据调制方式的不同,分别可以提供几兆到几十兆的传输速率。另外,欧洲的 ACTS 项目中也使用了 OFDM 技术。随着相关技术和应用的不断发展变化,OFDM 的应用研究也在不断更新。本小节只简单介绍几种最常见的应用实例。

1. 在非对称数字用户线(ADSL)中的应用

ADSL是由Bellcore的Joelechleider于20世纪80年代末首先提出的，利用电话网用户环路中的铜双胶线传送双向不对称比特率数据的方法。ADSL基本系统如图10.3.6所示，它由安装在电话线两端的一对高性能调制解调器组成，可提供三条信息通道：高速下行信道、中速双工信道和普通电话业务(POPT)信道。ADSL采用频分复用技术，利用滤波器分离不同信道的信息，ADSL设备发生故障，POPT业务不受影响。高速下行信道的速率范围为1.5～6Mbit/s，双工信道的速率范围为16～640kbit/s，每条信道还可以通过多路复用分割成多条低速信道。目前的ADSL模型可提供符合北美或欧洲标准的数字系列速率，而且还可提供可视(VOD)、接入Internet、远程医疗、远程教育等。今天，ADSL与全光纤用户网(FITL)以及光纤/同轴混合接入网(HFC)，成为实现宽带信息接入的重要手段。

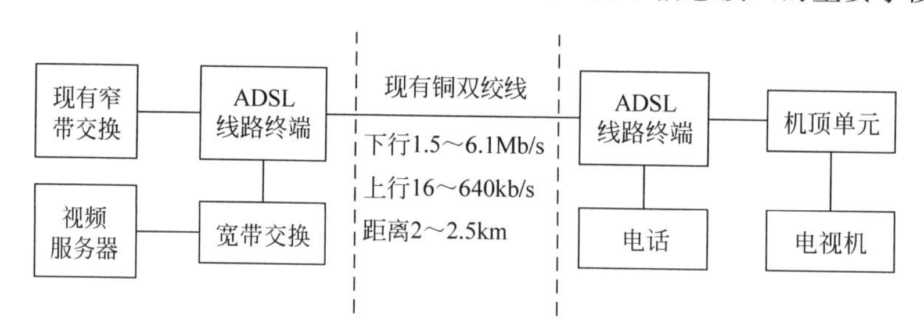

图10.3.6　ADSL基本系统图

ADSL技术是在对自适应数字滤波器技术，超大规模集成电路技术和对本地用户环路的充分了解的基础上，三方面综合发展的结果。它采用数字信号处理的方法和有创造性的算法将信息压缩，并通过双胶线进行传输。在调制技术方面，ADSL先后采用正交幅度调制(QAM)，无载波幅度相位调制(CAP)和离散多音(DMT)调制等三种调制技术。由于DMT比QAM能提供更高的下行速率和更远的传输距离，因而被美国国家标准学会(ANSI)选定为ADSL的传输实用标准。

2. 在高清晰度电视(HDTV)传输中的应用

HDTV地面广播传输系统信道最为复杂，环境十分恶劣，除噪声外，还有回波干扰和同频干扰(由于同播的要求)。HDTV传输系统实质是一个高速数字通信系统，受多径传输的影响很严重，且对传输质量的要求高。而我们知道OFDM方案是一种多载波系统，对多径传输有很强的抵抗能力。由于图像信号比话音信号对干扰更敏感，且HDTV对质量要求更高，所以要求控制回波的范围更长，一般要求负向回波控制范围达到$-2\mu s$，正向回波控制范围达到$20\sim30\mu s$。以回波控制范围为$(-2,30)\mu s$为例，要消除此范围的回波，需在每个OFDM周期前加$30\mu s$的保护带，后加$2\mu s$的保护带，这样保护间隔$T_g=(2+30)\mu s=32\mu s$。

选择OFDM信号周期T时需要考虑两方面因素：如果选择小的T，则子载波数量少，FFT的运算量小，但传码率降低，为保证HDTV的信息速率，需要使用更大的调制星座，这样为保证传输质量，需要增大发射功率；T增大，则情况相反。这是在运算量和性能之间的综合考虑。

例如，如取$T=64\mu s$，则一个8MHz的频道内可容纳512路子载波，需做512点的复FFT运算，实际最高传输速率等于$8\times64/(64+32)=5.33$Mbit/s。如取$T=128\mu s$，则8MHz的频道内共有1024路子载波，需做1024点复FFT运算，实际最高传输速率等于

6.4Mbit/s。注意到，一个 OFDM 周期内处理的符号数量，随着 T 的增加而大幅增加，但是目前大规模集成电路的发展非常迅猛，1024 点或 2048 点复数 FFT 运算已不是难题。

对于同频干扰，由于它主要集中在视频载频，色度副载频和伴音载频附近，因此可以采用在 OFDM 信号频谱开槽口的方法来阻止同频干扰，即不使用受同频干扰影响较严重的子载波传输信息，开槽后的 OFDM 频谱结构如图 10.3.7 所示。这种滤除同频干扰的方法，不需要增加额外设备。

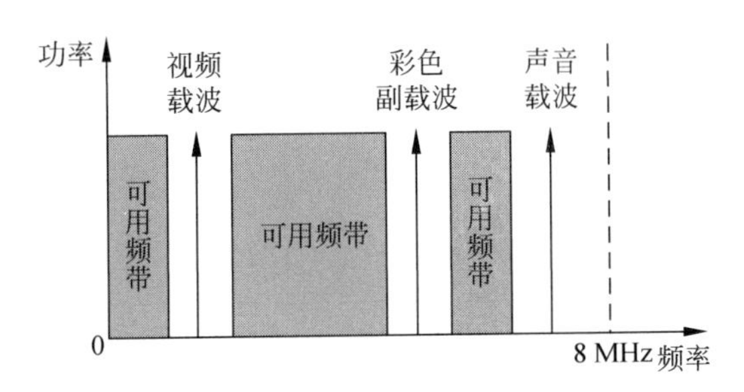

图 10.3.7　阻止同频干扰的 OFDM 频谱结构图

3. 在无线局域网中的应用——IEEE 802.11a

IEEE 的 802.11a 标准是无线局域网标准系列中的一个工作在 5GHz 频段上的物理层规范，它是 OFDM 第一次被用于分组业务通信当中。根据选用的信道编码速率和调制方式的不同组合，信息数据传输速率可达 6～54Mbit/s。表 10.3.1 列出了标准中的主要参数。

表 10.3.1　IEEE 802.11a 物理层参数

信息速率/(Mbit/s)	6，9，12，18，24，36，48，54
调制方式	BPSK，QPSK，16QAM，64QAM
信道编码速率	1/2，2/3，3/4
数据子载波数	48
导频子载波数	4
总子载波数	52
信道间隔	20MHz
子载波间隔	312.5kHz
−3dB 带宽	16.25MHz
有用符号持续时间	3.2μs
保护间隔	0.8μs
OFDM 信号持续时间	4μs

保护间隔时间 0.8μs 主要是针对上述室内无线信道特性的时延扩展为几十到几百纳秒而设计的，它能满足所有的室内环境。为了限制保护间隔带来的功率损耗小于 1dB，信号持续时间参数定为 4μs，也就确定了子载波间隔为 312.5kHz(1/3.2μs)。当采用 48 个子载波传送数据时，通过选用从 BPSK 到 64QAM 不同的调制方式，系统传送未编码数据速率对应为 12～72Mbit/s。考虑到部分子载波在深衰落情况下的纠错，标准选用了 3 种信道卷积编码方式，因此实际信息传送速率为 6～54Mbit/s。802.11a 中使用的是 52 个子载波，而

IFFT 算法是基于 $2N$ 点，因此考虑采用 64 点的 IFFT 实现。

图 10.3.8 显示了 802.11a 中的 OFDM 符号结构，它的前两部分是进行包检测、自动增益控制、频率估计、符号定位和信道估计的基础，第三部分是“SIGNAL”域定义包的长度和速率，最后是数据域。

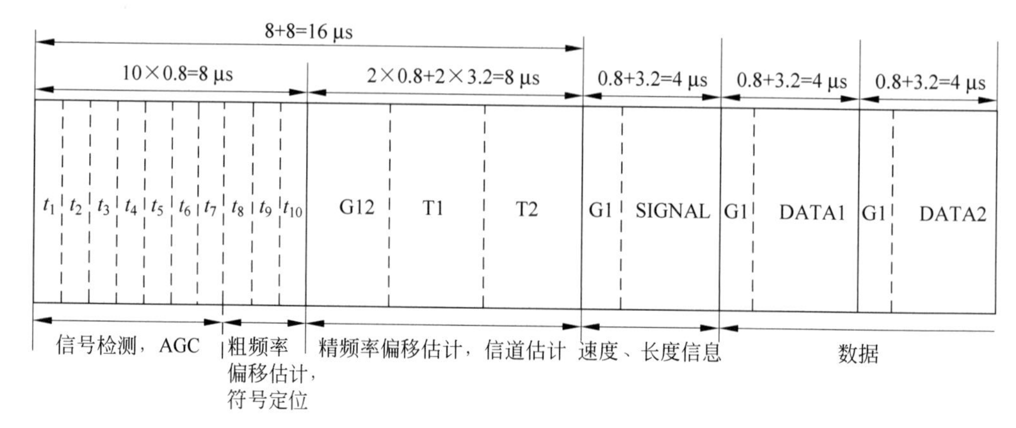

图 10.3.8 OFDM 符号结构

802.11a 标准早在 1999 年就被提出，但由于基于 802.11a 标准的无线局域网网卡成本比基于 802.11b 标准产品的成本高出不少，同时全球在 5GHz 频段上分配给无线局域网用的频点也不统一，实现全球漫游有一定的问题，使得基于 802.11a 标准的产品应用较少。为了解决这些问题，IEEE 在 2001 年提出了 802.11g 标准，这是一个混合的标准，它使用 2.4GHz 频段，兼容 802.11b 标准，同时又选用 OFDM 技术使其最高传输速率可达到 54Mbit/s。可以看出，OFDM 是目前提高无线局域网传输速率的首选技术。随着用户对数据传输速率需求的不断提高，无线局域网产品趋向于兼容 802.11a 和 802.11g 两个标准。

由于其独特特性，OFDM 已经得到了越来越广泛的应用，除了以上介绍的几种典型应用之外，OFDM 在移动通信系统、电力线通信系统等已经成为研究热点。

10.4 多址技术

10.4.1 概述

1. 多路复用和多址技术

第 4、第 5 章讲解过多路复用的概念(FDM 和 TDM)，简单地讲，复用就是多个信息源共享一个公共信道。信道复用方式可以大大提高线路利用率，通常在信道的传输能力大于每个信源的平均传输需求时可以采用这种技术。常用的复用技术除了以上提到的频分复用、时分复用以外，还有码分复用(Code Division Multiplexing，CDM)，光纤通信中还采用波分复用(Wave Division Multiplexing，WDM)。

多路复用技术大大提高了通信链路的利用率，但是在多路复用时并不是每个用户在每个时刻都占用着信道。为了充分利用频带和时间，总是希望每条信道为尽可能多的用户共享，而且尽量使信道时时都有用户在使用着。这样发展出了多址接入技术。它是多点通信系统内信道复用的一种方法，主要解决众多用户共享给定频谱资源的问题，多用于移动通信、卫星通信系统中。

多路复用和多址接入技术都是为了共享通信信道，两者有许多共同之处，但也有很多区别。在多路复用中资源是预先固定分配给用户的，而在多址技术中，资源通常是动态分配的，而且可以由用户在远端随时提出共享的要求。例如，以太网(Ethernet)就是一个多址接入的例子，卫星通信系统也是多址技术的典型实例。本节我们就来学习多址技术。

2. 通信系统中的多址技术

目前在移动通信系统中，使用的多址技术有很多，主要使用三大类的多址技术：频分多址(FDMA)、时分多址(TDMA)和码分多址(CDMA)技术。

频分多址(FDMA)通过使不同的移动台占用不同频率，即每个移动台可以占用不同的无线信道进行通话。时分多址(TDMA)中多个移动台可以占用同一个无线频率，但占用的时隙各不同，此时一个信道可供几个移动台同时进行通话，在同一频道下利用不同的时隙进行通信，彼此间不会串扰。因此，采用TDMA就会比FDMA容纳更多的移动客户。码分多址(CDMA)中多个移动台也占用同一个无线频率，但每一移动台被分配一个独特的随机的码序列，码序列之间是正交的，这样在一个无线信道中，此种编码方式可以容纳比TDMA还要多的客户数。

目前我国存在多种制式的移动通信系统：GSM采用的是FDMA和TDMA相结合的混合多址方式；PHS是一种微蜂窝移动通信系统，也采用TDMA制式，但它主要作为电话网的延伸形式出现；还有CDMA系统，顾名思义它主要采用CDMA制式，有WCDMA、CDMA2000和UWC-136等三种制式。

在无线通信环境的电波覆盖区内，如何建立用户之间的无线信道的连接，是多址接入方式内问题。因为无线通信具有大面积无线电波覆盖和广播信道的特点，网内一个用户发射的信号其他用户均可接收，所以网内用户如何能从播发的信号中识别出发送给本用户地址的信号就成为建立连接的首要问题。

当以传输信号的载波频率的不同划分来建立多址接入时，称为频分多址方式(FDMA)；当以传输信号存在的时间不同划分来建立多址接入时，称为时分多址方式(TDMA)；当以传输信号的码型不同划分来建立多址接入时，称为码分多址方式(CDMA)。图10.4.1分别给出了FDMA、TDMA和CDMA的示意图。

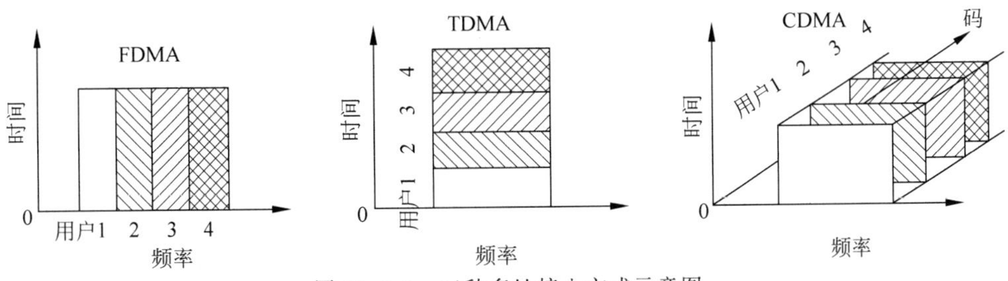

图10.4.1　三种多址接入方式示意图

蜂窝结构的通信系统特点是通信资源的重用。频分多址系统是频率资源的重用；时分多址系统是时隙资源的多用；码分多址系统是码型资源的重用。频分多址系统是以频道来分离用户地址的，所以它是频道受限和干扰受限的系统；时分多址系统是以时隙来分离的，所以它是时隙受限和干扰受限的系统，但一般说来，它只是干扰受限的系统。

10.4.2 多址技术特点

下面将分别介绍前述三种多址接入技术的特点，并对第五代移动通信系统中可能用到的非正交多址接入技术(NOMA)进行探讨。

1. 频分多址(FDMA)

在频分多址系统中，把可以使用的总频段划分为若干占用较小带宽的频道，这些频道在频域上互不重叠，每个频道就是一个通信信道，分配给一个用户。在接收设备中使用带通滤波器允许指定频道里的能量通过，但滤除其他频率的信号，从而限制临近信道之间的相互干扰。FDMA 通信系统的基站必须同时发射和接收多个不同频率的信号；任意两个移动用户之间进行通信都必须经过基站的中转，因而必须占用 4 个频道才能实现双工通信。不过，移动台在通信时所占用的频道并不是固定指配的，它通常是在通信建立阶段由系统控制中心临时分配的，通信结束后，移动台将退出它占用的频道，这些频道又可以重新分配给别的用户使用。

这种方式的特点是技术成熟，易于与模拟系统兼容，对信号功率控制要求不严格。但是在系统设计中需要周密的频率规划，基站需要多部不同载波频率发射机同时工作，设备多且容易产生信道间的互调干扰。

2. 时分多址(TDMA)

在时分多址系统中，把时间分成周期性的帧，每一帧再分割成若干时隙(无论帧或时隙都是互不重叠的)，每一个时隙就是一个通信信道，配给一个用户。然后根据一定的时隙分配原则，使各个移动台在每帧内只能按指定的时隙向基站发射信号，满足定时和同步的条件下，基站可以在各时隙中接收到各移动台的信号而互不干扰。同时，基站发向各个移动台的信号都按顺序安排在预定的时隙中传输，各移动台只要在指定的时隙内接收，就能在合路的信号中把发给它的信号区分出来。

与 FDMA 通信系统比较，TDMA 通信系统的特点如下：

TDMA 系统的基站只需要一部发射机，可以避免像 FDMA 系统那样因多部不同频率的发射机同时工作而产生的互调干扰。

频率规划简单。TDMA 系统不存在频率分配问题，对时隙的管理和分配通常要比对频率的管理与分配容易而经济，便于动态分配信道；如果采用话音检查技术，实现有话音时分配时隙，无话音时不分配时隙，有利于提高系统容量。

因为移动台只在指定的时隙中接收基站发给它的信号，因而在一帧的其他时隙中，可以测量其他基站发射的信号强度，或检测网络系统发射的广播信息和控制信息，这对于加强通信网络的控制功能和保证移动台的越区切换都是有利的。

TDMA 系统设备必须有精确的定时和同步，保证各移动台发送的信号不会在基站发生重叠或混淆，并且能准确地在指定的时隙中接收基站发给它的信号。同步技术是 TDMA 系统正常工作的重要保证，往往也是比较复杂的技术难题。

有些系统综合采用 FDMA 和 TDMA 技术，例如 IS-136 数字蜂窝标准采用 30kHz FDMA 信道，并将其再分割成 6 个时隙，用于 TDMA 传输。

3. 码分多址(CDMA)

对于 CDMA 的概念，通常可以用人们参加聚会时的情景去理解。在聚会上，所有用户在同一个房间中同时交谈，这种情景就像 CDMA 使用的技术。想象一下，房间中的每一个谈话都是使用一种你听不懂的语言进行的。从你的角度看，这些谈话听起来都像是噪音。如果你知道这些“语言(代码)”，就可以把不想听的谈话忽略过去，而只去听感到有兴趣的谈话。CDMA 系统也是使用类似的方法对话务流量进行过滤。当然即使是懂得所使用的语言，也不一定能够听得很清楚。你可以告诉讲话人讲得大声些，还可以示意其他人把声音放低些。这就类似 CDMA 系统使用的功率控制程序。

在 CDMA 通信系统中，不同用户传输信息所用的信号不是靠频率不同或时隙不同来区分，而是用各自不同的编码序列来区分，或者说，靠信号的不同波形来区分。如果从频域或时域来观察，多个 CDMA 信号是互相重叠的。接收机的相关器可以在多个 CDMA 信号中选出使用的预定码型的信号。其他使用不同码型的信号因为和接收机本地产生的码型不同而不能被解调。它们的存在类似于在信道中引入了噪声或干扰，通常称之为多址干扰。

在 CDMA 蜂窝通信系统中，用户之间的信息传输也是由基站进行转发和控制的。为了实现双工通信，正向传输和反向传输各使用一个频率，即通常所谓的频分双工。无论正向传输或反向传输，除去传输业务信息外，还必须传送相应的控制信息。为了传送不同的信息，需要设置相应的信道。但是，CDMA 通信系统既不分频道又不分时隙，无论传送何种信息的信道都靠采用不同的码型来区分。类似的信道属于逻辑信道。这些逻辑信道无论从频域或者时域来看都是相互重叠的，或者说它们均占用相同的频段和时间。

CDMA 蜂窝移动通信系统与 FDMA 模拟蜂窝通信系统或 TDMA 数字蜂窝移动通信系统相比具有更大的系统容量、更高的话音质量以及抗干扰、保密等优点，因而近年来得到各个国家的普遍重视和关注，并作为第三代数字蜂窝移动通信系统的首选方案。

CDMA 的基础是扩频技术，根据扩频技术的分类，CDMA 系统可分为直接序列扩频码分多址系统(DS-CDMA)、跳频码分多址系统(FH-CDMA)、跳时多址工作方式以及各种混合多址工作方式。

4. 非正交多址(NOMA)

在过去 20 年中，随着移动通信技术飞速发展，技术标准不断演进，4G 以正交频分多址接入技术(OFDMA)为基础，其数据业务传输速率达到每秒百兆甚至千兆比特，能够在较大程度上满足今后一段时期内宽带移动通信应用需求。然而，随着智能终端普及应用及移动新业务需求持续增长，无线传输速率需求呈指数增长，无线通信的传输速率仍然难以满足未来移动通信的应用需求。IMT-2020(5G)推进组《5G 愿景与需求白皮书》中提出，5G 定位于频谱效率更高、速率更快、容量更大的无线网络，其频谱效率相比 4G 需要提升 5～15 倍。

在实现良好系统吞吐量的同时，为了保持接收的低成本，在 4G 中采用了正交多址接入技术。然而，面向 5G 频谱效率提升 5～15 倍的需求，业内提出采用新型多址接入复用方式，即非正交多址接入(NOMA)。在正交多址技术中，只能为一个用户分配单一的无线资源，例如按频率分割或按时间分割，而 NOMA 方式可将一个资源分配给多个用户。在某些场景中，比如远近效应场景和广覆盖多节点接入的场景，特别是上行密集场景，采用功率复用的非正交接入多址方式较传统的正交接入有明显的性能优势，更适合未来系统的部署。目前已经有研究验证了在城市地区采用 NOMA 的效果，并已证实，采用该方法可使无线接入宏蜂窝的总吞吐量提高 50%左右。非正交多址复用通过结合串行干扰消除或类最大似然解调才能取得容量极限，因此技术实现的难点在于是否能设计出低复杂度且有效的接收机算法。

NOMA不同于传统的正交传输,在发送端采用非正交发送,主动引入干扰信息,在接收端通过串行干扰删除技术实现正确解调。与正交传输相比,接收机复杂度有所提升,但可以获得更高的频谱效率。非正交传输的基本思想是利用复杂的接收机设计来换取更高的频谱效率,随着芯片处理能力的增强,将使非正交传输技术在实际系统中的应用成为可能。

在NOMA中采用的关键技术:

1. 串行干扰删除(SIC)

在发送端,类似于CDMA系统,引入干扰信息可以获得更高的频谱效率,但是同样也会遇到多址干扰(MAI)的问题。关于消除多址干扰的问题,在研究第三代移动通信系统的过程中已经取得很多成果,串行干扰删除(SIC)也是其中之一。NOMA在接收端采用SIC接收机来实现多用户检测。串行干扰消除技术的基本思想是采用逐级消除干扰策略,在接收信号中对用户逐个进行判决,进行幅度恢复后,将该用户信号产生的多址干扰从接收信号中减去,并对剩下的用户再次进行判决,如此循环操作,直至消除所有的多址干扰。

2. 功率复用

SIC在接收端消除多址干扰(MAI),需要在接收信号中对用户进行判决来排出消除干扰的用户的先后顺序,而判决的依据就是用户信号功率大小。基站在发送端会对不同的用户分配不同的信号功率,来获取系统最大的性能增益,同时达到区分用户的目的,这就是功率复用技术。功率复用技术在其他几种传统的多址方案没有被充分利用,其不同于简单的功率控制,而是由基站遵循相关的算法来进行功率分配。

当然,NOMA技术的实现依然面临一些难题。首先是非正交传输的接收机相当复杂,要设计出符合要求的SIC接收机还有赖于信号处理芯片技术的提高;其次,功率复用技术还不是很成熟,仍然有大量的工作要做。

10.5 扩频通信

扩展频谱(spread spectrum)技术又称扩频技术,是近年发展非常迅速的一种技术。它不仅在军事通信中发挥出了不可取代的作用,而且已经渗透到了民用通信的各个方面,如卫星通信、移动通信、微波通信、无线定位系统、无线局域网、全球个人通信等。

扩频通信与传统的窄带通信相比,具有抗干扰、抗噪声、抗多径衰落、保密性、功率谱密度低、隐蔽性和低的截获概率、可多址复用和任意选址、高精度测量等优点。正是由于扩频通信技术的这些优点,自20世纪50年代中期美国军方开始研究,一直为军事通信所独占,广泛应用于军事通信、电子对抗以及导航、测量等领域。直到80年代初才被应用于民用通信领域。为了满足日益增长的民用通信容量的需求和有效地利用频谱资源,各国都纷纷提出在数字蜂窝移动通信、卫星移动通信和未来的个人通信中采用扩频技术,目前扩频技术已广泛应用于蜂窝电话、无绳电话、微波通信、无线数据通信、遥测、监控、报警等系统中。扩频通信与光纤通信、卫星通信,一同被誉为进入信息时代的三大高技术通信传输方式。

本节将介绍扩频通信的有关基本概念、工作原理及特点等。

10.5.1 基本概念

所谓扩频通信，可简单表述如下：它是一种信息传输方式，其信号所占有的频带宽度远大于所传信息必需的最小带宽；频带的展宽是通过编码及调制的方法实现的，并与所传信息数据无关；在接收端则用相同的扩频码进行相关解调来解扩及恢复所传信息数据。

这一定义包含了以下三方面的意思：

1. 信号的频谱被展宽了

前面已经学习过，传输任何信号（信息）通常都被限制在一定的频谱范围之内。例如，人类的语音信号的频谱带宽为300～3400Hz，电视图像信息的带宽为数兆赫兹，为了充分利用频率资源，人们往往都是尽量采用大体相当带宽的信号来传输信息。在无线电通信中射频信号的带宽与所传信息的带宽是相比拟的。如用调幅信号来传送语音信息，其带宽为语音信息带宽的两倍；电视广播射频信号带宽也只是其视频信号带宽的一倍多。一般的调频信号，或脉冲编码调制信号，它们的带宽与信息带宽之比也只有几到十几。前面几章学习过的通信方式都属于窄带通信。而扩展频谱通信信号带宽与信息带宽之比则高达100～1000，因此我们也称它为宽带通信。

2. 采用扩频码序列调制的方式来展宽信号频谱

我们知道，在时间上有限的信号，其频谱是无限的。例如，很窄的脉冲信号，其频谱则很宽。信号的频带宽度与其持续时间近似成反比。又例如，1μs的脉冲的带宽约为1MHz。因此，如果用所传信息调制很窄的脉冲序列，则可产生很宽频带的信号。

下面介绍的直接序列扩频系统就是采用这种方法获得扩频信号。这种很窄的脉冲码序列，其码速率是很高的，称为扩频码序列。这里需要说明的一点是所采用的扩频码序列与所传信息数据是无关的，它与一般的正弦载波信号一样，丝毫不影响信息传输的透明性。扩频码序列仅仅起扩展信号频谱的作用。

3. 在接收端采用相关解调来解扩

正如在一般的窄带通信中，已调信号在接收端都要进行解调来恢复所传输的信息。在扩频通信中接收端则用与发送端相同的扩频码序列与收到的扩频信号进行相关解调，恢复所传输的信息。换句话说，这种相关解调起到解扩的作用，把扩展以后的信号又恢复成原来所传的信息。这种在发端把窄带信息扩展成宽带信号，而在接收端又将其解扩成窄带信息的处理过程，会带来一系列好处。扩频和解扩处理过程的机制，是理解扩频通信的关键所在。

扩频技术包括以下几种方式：直接序列扩展频谱简称直扩（DS），跳频（FH），跳时（TH），线性调频（Chirp）。此外，还有这些扩频方式的组合方式，如FH/DS、TH/DS、FH/TH等。在通信中应用较多的主要是DS、FH和FH/DS。

10.5.2 工作原理及主要工作方式

1. 理论基础

简单地说，香农（Shannon）定理就是扩频技术的理论基础。在本书的前面部分我们学习过有关信道容量的香农定理，如下式

$$C = B\log_2(1 + S/N) \tag{10.5.1}$$

式中，C 是信道容量，单位为比特每秒(bps)，它是在理论上可接受的误码率下所允许的最大数据速率；B 是要求的信道带宽，单位是 Hz；S/N 是信噪比。C 表示通信信道所允许的信息量，也表示了所希望得到的性能；带宽 B 则是付出的代价，因为频率是一种有限的资源；S/N 表示周围的环境或者物理特性(障碍物、干扰发射台、冲突等)。下面来简要证明一下扩频的理论来源。

显然，在恶劣环境(噪声和干扰导致极低的信噪比)时，从式(10.5.1)可以看出：提高信号带宽 B 能够维持或提高通信的性能，甚至于信号的功率可以低于噪声功率。

修改上述公式的对数底数可得：

$$C/B=(1/\ln 2)\ln(1+S/N)=1.443\ln(1+S/N) \tag{10.5.2}$$

在扩频技术应用中，信噪比较低(正如以上所提到的，信号功率甚至可以低于噪声功率)。假定较大的噪声使信噪比远远小于1(即 $S/N\ll 1$)，应用 MacLaurin 级数：

$$\ln(1+x)=x-x^2/2+x^3/3-x^4/4+\cdots+(-1)^{k+1}x^k/k+\cdots$$

则 Shannon 表示式近似为：

$$C/B=1.443\ln(1+S/N)=1.443\left[S/N-\frac{1}{2}(S/N)^2+\frac{1}{3}(S/N)^3-\cdots\right]\approx 1.443S/N$$

可进一步简化为：

$$C/B\approx S/N \text{ 或 } N/S\approx B/C \tag{10.5.3}$$

可见，在信道中对于给定的信噪比要无差错发射信息，仅仅需要提高发射的带宽。这个原理似乎简单、明了，但是由于对基带扩频(扩展到一个非常大的量级)的同时还需要相应地解扩处理，具体实现起来将非常复杂。

2. 工作原理

(1) 扩频系统

扩频通信的一般工作原理如图 10.5.1 所示。

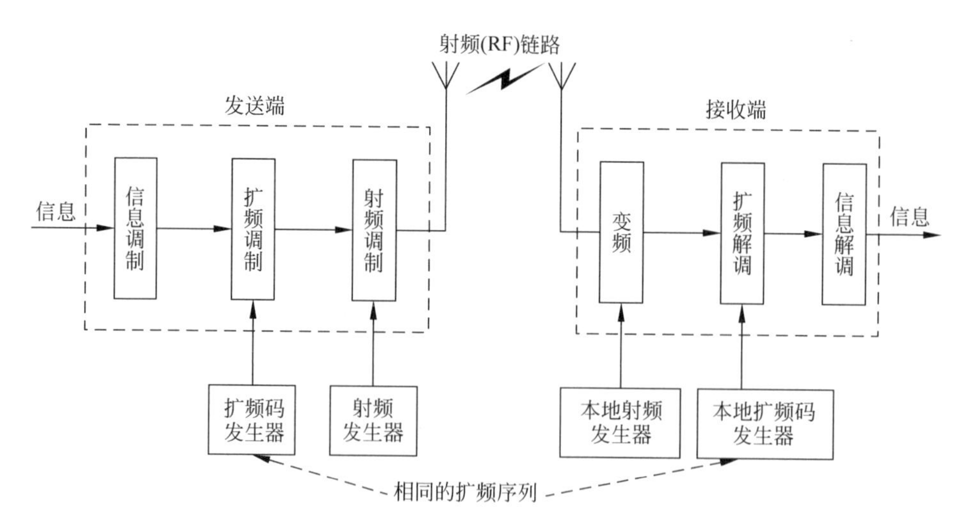

图 10.5.1 扩频通信原理

在发送端输入的信息先经信息调制形成数字信号，然后由扩频码发生器产生的扩频码序列去调制数字信号以展宽信号的频谱。展宽后的信号再调制到射频发送出去。

在接收端收到的宽带射频信号，变频至中频，然后由本地产生的与发端相同的扩频码序列去相关解扩。再经信息解调，恢复成原始信息输出。

由此可见，一般的扩频通信系统都要进行三次调制和相应的解调。一次调制为信息调制，二次调制为扩频调制，三次调制为射频调制，以及相应的信息解调、解扩和射频解调。

与一般通信系统比较，扩频通信就是多了扩频调制和解扩部分。扩频通信系统中最难以实现的电路是接收通道，特别是对 DSSS 的解扩，因为接收端必须重新恢复原始信息，并且做到实时同步。

扩频通信系统具备 3 个主要特征：①载波是一种不可预测的，或称之为伪随机的宽带信号；②载波的带宽比调制数据的带宽要宽得多；③接收过程是通过将本地产生的宽带载波信号的复制信号与接收到的宽带信号相关来实现的。

实现扩频通信最关键的技术在于扩频码的作用，这里我们简明扼要地学习一下常用的扩频序列如何实现扩频。扩频码通常称为伪随机码(PRN)或伪随机序列(PN)，有关伪随机序列的产生请参阅相关文献。

(2) 扩频与解扩

扩频调制作用于通用调制器(如 BPSK)的前端或直接转换，没有接受扩频的代码保持不变，如通信信道中的噪声就没有经过扩频。解扩正好是它的反过程。图 10.5.2 是信号带宽扩频和解扩后的变化示意图。

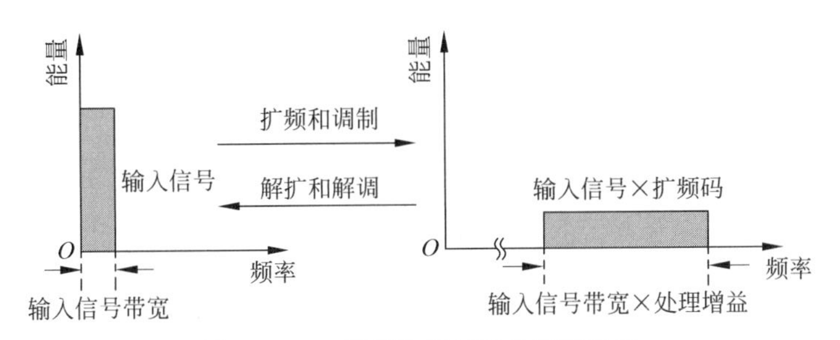

图 10.5.2 扩频和解扩后的带宽效果

可见，扩频占用了更宽的频带，浪费了有限的频率资源。然而，所占用的频带可以通过多用户共享同一扩大了的频带得到补偿，见图 10.5.3。与规则的窄带技术相比，扩频过程是一种宽带技术。

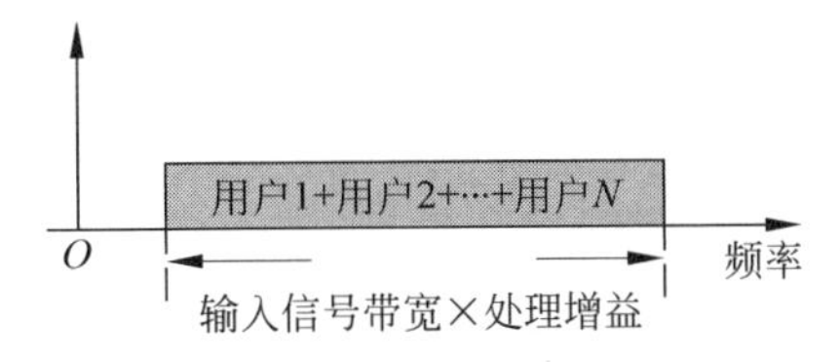

图 10.5.3 通过多用户来弥补带宽浪费

3. 主要工作方式

实现扩频通信的基本工作方式有 4 种：

① 直接序列扩频(Direct Sequence Spread Spectrum)工作方式，简称直扩(DS)方式。

② 跳频扩频(Frequency Hopping)工作方式，简称跳频(FH)方式。

③ 跳时扩频(Time Hopping)工作方式，简称跳时(TH)方式。

④ 线性调频(Chirp Modulation)工作方式,简称 Chirp 方式。

如在计算机无线网的通信中,目前使用最多、最典型的扩频工作方式是直序扩频和跳频扩频这两种工作方式。

(1) 直接序列扩频

所谓直接序列(DS)扩频,就是直接用具有高码率的扩频码序列在发端去扩展信号的频谱。而在收端,用相同的扩频码序列去进行解扩,把展宽的扩频信号还原成原始的信息。直接序列扩频的原理如图 10.5.4 所示。

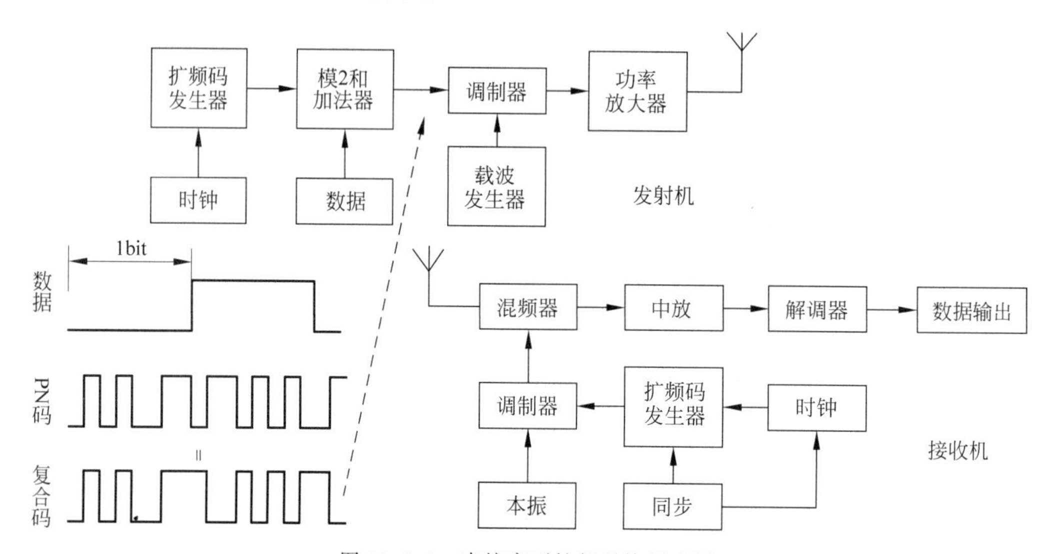

图 10.5.4 直接序列扩频系统原理图

在发射机端,要传送的信息先转换成二进制数据或符号,与伪随机码(PN 码)进行模 2 和运算后形成复合码,再用该复合码去直接调制载波。通常为提高发射机的工作效率和发射功率,扩频系统中一般采用平衡调制器。抑制载波的平衡调制对提高扩频信号的抗侦破能力也十分有利。在接收机端,用与发射机端完全同步的 PN 码对接收信号进行解扩后,经解调器还原输出原始数据信息。

(2) 跳频扩频

所谓跳频(FH),是指用一定码序列进行选择的多频率频移键控。也就是说,用扩频码序列去进行频移键控调制,使载波频率不断地跳变,所以称为跳频。我们已经学习过的简单的频移键控如 2FSK,只有两个频率,分别代表传号和空号。而跳频系统则有几个、几十个、甚至上千个频率,由所传信息与扩频码的组合去进行选择控制,不断跳变。

通常我们所接触到的无线通信系统都是载波频率固定的通信系统,如无线对讲机、汽车移动电话等,都是在指定的频率上进行通信,所以也称作定频通信。这种定频通信系统,一旦受到干扰就将使通信质量下降,严重时甚至使通信中断。

例如:电台的广播节目,一般是一个发射频率发送一套节目,不同的节目占用不同的发射频率。有时为了让听众能很好地收听一套节目,电台同时用几个发射频率发送同一套节目。这样,如果在某个频率上受到了严重干扰,听众还可以选择最清晰的频道来收听节目,从而起到了抗干扰的效果。但是这样做的代价是需要很多频谱资源才能传送一套节目。如果在不断变换的几个载波频率上传送一套广播节目,而听众的收音机也跟随着不断地在这几个频率上调谐接收，这样，即使某个频率上受到了干扰，也能很好地收听到这套节目。这就变成了一个跳频系统，如图10.5.5(a)所示。发端信息码序列与扩频码序列组合以后按照不同的码字(跳频图案，如图10.5.5(b))去控制频率合成器。

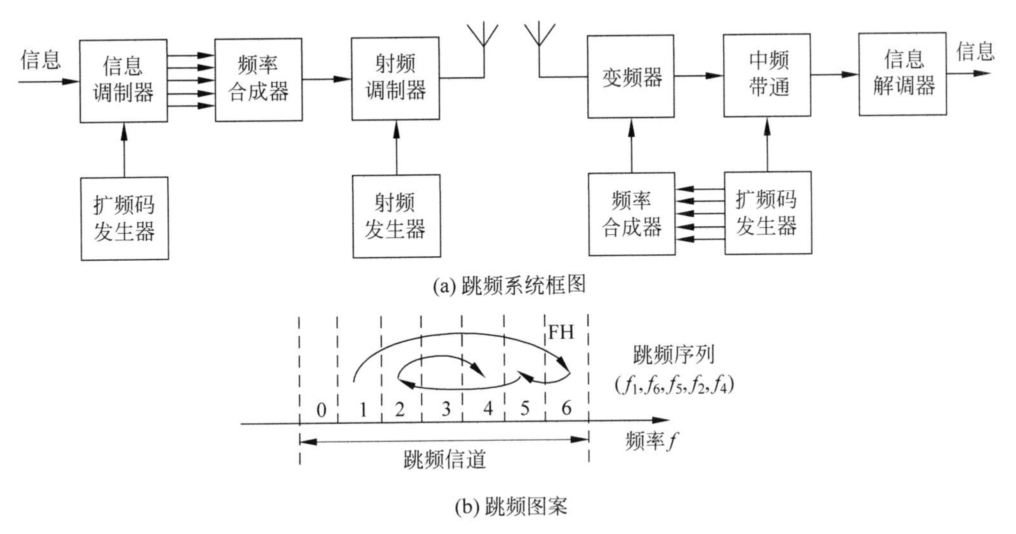

(a) 跳频系统框图

(b) 跳频图案

图10.5.5　跳频扩频系统原理图

在接收端，为了解调跳频信号，需要有与发端完全相同的本地扩频码发生去控制本地频率合成器，使其输出的跳频信号能在混频器中与接收信号差频出固定的中频信号，然后经中频带通滤波器及信息解调器输出恢复的信息。跳频系统占用了比信息带宽要宽得多的频带。

(3) 跳时扩频

与跳频相似，跳时(TH)是使发射信号在时间轴上跳变。把时间轴分成许多时片，在一帧内哪个时片发射信号由扩频码序列去进行控制。可以把跳时理解为：用一定码序列进行选择的多时片的时移键控。跳时也可以看成是一种时分系统，不同之处在于它不是在一帧中固定分配一定位置的时片，而是由扩频码序列控制的按一定规律跳变位置的时片。跳时系统的处理增益等于一帧中所分的时片数。

由于简单的跳时扩频技术是利用伪随机序列控制功率放大器的通/断来实现，抗干扰性不强，该项技术到目前为止没有大的突破，因此很少单独使用。跳时通常都与其他方式结合使用，组成各种混合方式。图10.5.6是跳时扩频的原理示意图。

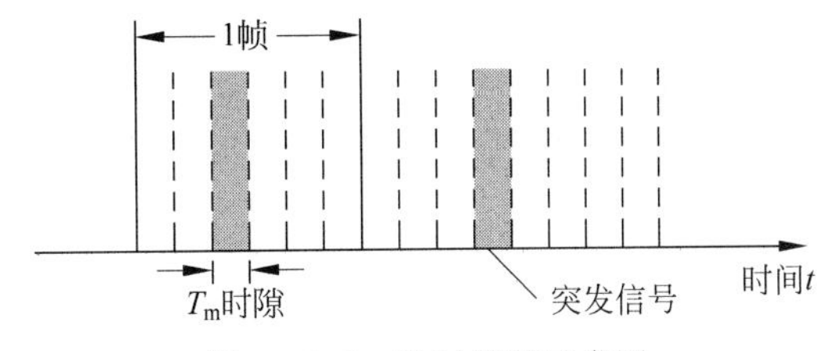

图10.5.6　跳时扩频示意图

(4) 混合方式

在上述几种基本扩频方式的基础上，可以组合起来，构成各种混合方式。例如，DS/

FH、DS/TH、DS/FH/TH 等等。

一般说来,采用混合方式在技术上要复杂一些,实现起来也要困难一些。但是,不同方式结合起来的优点是能得到只用其中一种方式得不到的特性。例如,DS/FH 系统,就是一种中心频率在某一邻带内跳变的直接序列扩频系统,其信号的频谱如图 10.5.7 所示。

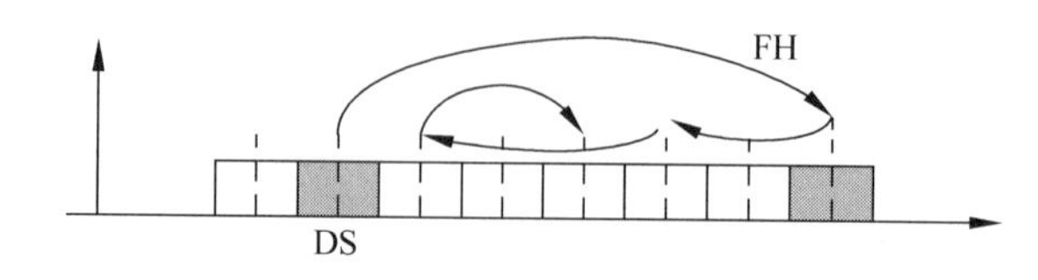

图 10.5.7 DS/FH 系统信号的频谱

由图 10.5.7 可见,一个 DS 扩频信号在一个更宽的频带范围内进行跳变。DS/FH 系统的处理增益为 DS 和 FH 处理增益之和。因此,有时采用 DS/FH 反而比单独采用 DS 或 FH 获得更宽的频谱扩展和更大的处理增益。相对来说,其技术复杂性比单独用 DS 来展宽频谱或用 FH 在更宽的范围内实现频率的跳变还要容易些。

对于 DS/TH 方式,它相当于在扩频方式中加上时间复用。采用这种方式可以容纳更多的用户。在实现上,DS 本身已有严格的收发两端扩频码的同步。加上跳时,只不过增加了一个通一断开关,并不增加太多技术上的复杂性。

对于 DS/FH/TH,它把三种扩频方式组合在一起,在技术实现上肯定是很复杂的。但是对于一个有多种功能要求的系统,DS、FH、TH 可分别实现各自独特的功能。

因此,对于需要同时解决诸如抗干扰、多址组网、定时定位、抗多径和远近效应问题时,就不得不同时采用多种扩频方式,这里就不详细介绍了。

10.5.3 主要特点

由于扩频通信能大大扩展信号的频谱,发端用扩频码序列进行扩频调制,以及在收端用相关解调技术,使其具有许多窄带通信难以替代的优良性能,能在“军转民”后,迅速推广到各种公用和专用通信网络之中。主要有以下一些特点。

1. 易于重复使用频率,提高了无线频谱利用率

无线频谱十分宝贵,虽然从长波到微波都得到了开发利用,仍然满足不了社会的需求。在窄带通信中,主要依靠波道划分来防止信道之间发生干扰。为此,世界各国都设立了频率管理机构,用户只能使用申请获准的频率。

而扩频通信发送功率极低(1～650mW),且采用了相关接收这一高技术,可工作在信道噪声和热噪声背景中,易于在同一地区重复使用同一频率,也可与现今各种窄道通信共享同一频率资源。所以,在美国及世界绝大多数国家,扩频通信不需申请频率,任何个人与单位可以无执照使用。

2. 抗干扰性强,误码率低

扩频通信在空间传输时所占有的带宽相对较宽,而收端又采用相关检测的办法来解扩,把有用宽带信息信号恢复成窄带信号,而把非所需信号扩展成宽带信号,然后通过窄带滤波技术提取有用的信号。这样,对于各种干扰信号,因其在收端的非相关性,解扩后窄带信号中只有很微弱的成分,信噪比很高,因此抗干扰性强。

在目前商用的通信系统中，扩频通信是唯一能够工作于负信噪比条件下的通信方式。

对于各种形式人为的（如电子对抗中）干扰或其他窄带或宽带（扩频）系统的干扰，只要波形、时间和码元稍有差异，解扩后仍然保持其宽带性，而有用信号将被压缩，见图 10.5.8 所示。对于脉冲干扰，带宽将被展宽到 B，而有用信号恢复（压缩）后，保证高于干扰，见图 10.5.9 所示。

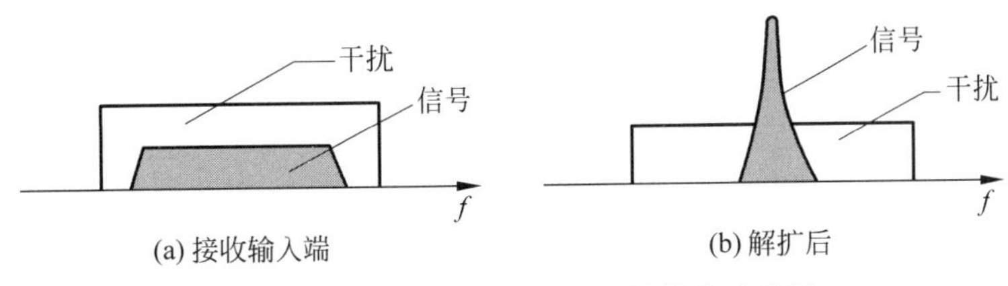

图 10.5.8 扩频系统抗宽带干扰能力示意图

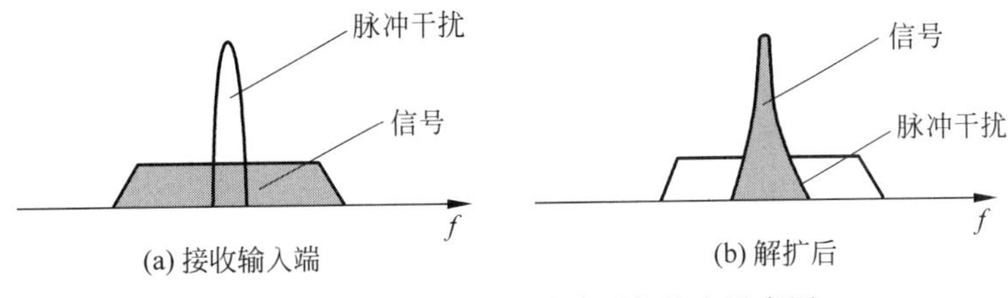

图 10.5.9 扩频系统抗脉冲干扰能力示意图

由于扩频系统这一优良特性，误码率很低，正常条件下可低到 10^{-10}，最差条件下约 10^{-6}，完全能满足国内相关系统对通道传输质量的要求。

3. 隐蔽性好，对各种窄带通信系统的干扰很小

由于扩频信号在相对较宽的频带上被扩展了，单位频带内的功率很小，信号湮没在噪声里（参见图 10.5.8(a)），一般不容易被发现，而想进一步检测信号的参数（如伪随机编码序列）就更加困难，因此其隐蔽性好。

再者，由于扩频信号具有很低的功率谱密度，它对目前使用的各种窄带通信系统的干扰很小。

4. 可以实现码分多址

扩频通信提高了抗干扰性能，但付出了占用频带宽的代价。

如果让许多用户共用这一宽频带，则可大为提高频带的利用率。由于在扩频通信中存在扩频码序列的扩频调制，充分利用各种不同码型的扩频码序列之间优良的自相关特性和互相关特性，在接收端利用相关检测技术进行解扩，所以在分配给不同用户码型的情况下可以区分不同用户的信号，提取出有用信号。这样一来，在一宽频带上许多用户可以同时通话而互不干扰。

5. 抗多径干扰

无线通信的多径干扰始终是一个难以解决的问题。在以往的窄带通信中，采用两种方法来提高抗多径干扰的能力：

一是把最强的有用信号分离出来，排除其他路径的干扰信号，即采用分集/接收技术。

二是设法把不同路径来的不同延迟、不同相位的信号在接收端从时域上对齐相加，合并成较强的有用信号,即采用梳状滤波器的方法。

这两种技术在扩频通信中都易于实现。利用扩频码的自相关特性,在接收端从多径信号中提取和分离出最强的有用信号,或把多个路径来的同一码序列的波形相加合成,这相当于梳状滤波器的作用。另外,频率跳变扩频系统中,由于用多个频率的信号传送同一个信息,实际上起到了频率分集的作用。

6. 能精确地定时和测距

我们知道电磁波在空间的传播速度是固定不变的光速。人们自然会想到如果能够精确测量电磁波在两个物体之间传播的时间,也就等于测量两个物体之间的距离。

在扩频通信中如果扩展频谱很宽,则意味着所采用的扩频码速率很高,每个码片占用的时间就很短。当发射出去的扩频信号在被测物体反射回来后,在接收端解调出扩频码序列,然后比较收发两个码序列相位之差,就可以精确测出扩频信号往返的时间差,从而算出二者之间的距离。测量的精度决定于码片的宽度,也就是扩展频谱的宽度。码片越窄,扩展的频谱越宽,精度越高。

7. 适合数字话音和数据传输,以及开展多种通信业务

扩频通信一般都采用数字通信、码分多址技术,适用于计算机网络,适合于数据和图像传输。

8. 安装简便,易于维护

扩频通信设备是高度集成,采用了现代电子科技的尖端技术,因此,十分可靠、小巧,大量运用后成本低,安装便捷,易于推广应用。

10.5.4 扩频通信技术的应用现状

扩频通信技术最初是在军事抗干扰通信中发展起来的,后来又在移动通信中得到广泛的应用,因此扩频技术的历史经历了两个发展阶段,而目前它在这两个领域仍占据重要的地位。跳频系统与直扩系统则分别是在这两个领域应用最多的扩频方式。一般而言,跳频系统主要在军事通信中对抗故意干扰,在卫星通信中也用于保密通信,而直扩系统则主要是一种民用技术,在移动通信系统中的应用则成为扩频技术的主流。因此,CDMA 技术成为目前扩频技术中研究最多的对象,其中又以码捕获技术和多用户检测(MUD)技术代表了目前扩频技术研究的现状。

展望未来,由于扩频技术自身的理论和技术都已趋于完善,其再一次实现大发展的机遇存在于与其他新技术的结合之中。

10.6 交换技术

当今社会是信息的社会,要完成彼此间信息的快速交流,就离不开信息网络。我们知道,要保证网络中各用户间的直接通信可以使用全连接网,又叫全连通网,如图 10.6.1(a)所示。但是这种点对点的通信方式不仅通信线路众多,而且使得传输线路利用率大大降低,一般在实际中很少使用。那么现代通信网中使用的是怎样的信息交换方式呢?一个通信网络通常使用不同用户的信息流共享某一条通信线路,如图 10.6.1(b)所示。在共享链路的两端就需要使用交换技术。

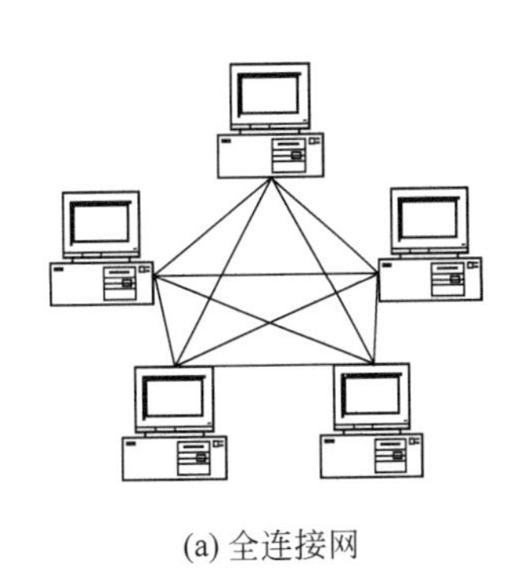

(a) 全连接网

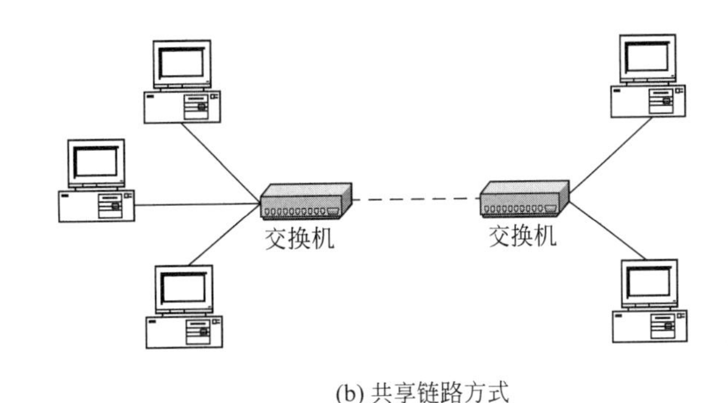

(b) 共享链路方式

图 10.6.1 全连接网示意图

随着通信技术的发展，根据不同的通信业务的需要，在现代通信网中，采用的交换技术经历了四个发展阶段：电路交换、报文交换、分组交换、异步传输模式(ATM)交换和无交换设备的多址接入等。其中电路交换主要用于语音通信，分组交换主要用于数据通信。电路交换和分组交换是实现计算机网络交换的两大主流技术。而ATM交换是在光纤大容量传输媒体的环境中分组交换技术的新发展，它采用分组交换和电路交换的长处，主要应用于B-ISDN通信和网络通信等要求高速数据传输的通信网络中。

目前伴随着通信电子技术的迅猛发展，特别是Internet网络规模的不断扩大以及通信业务不断提高的需求，作为电信网络核心技术之一的交换技术也有了新的突破，在传统的电路交换、分组交换技术的基础上，一些新兴的交换技术发展起来了，如综合交换机技术、软交换技术、光交换技术以及多层交换技术等。随着这些技术的不断完善，将在通信网络世界中得到更广泛的应用。

本节将分别对以上主要交换技术的基本原理进行介绍。

10.6.1 电路交换

1. 系统组成

电路交换(circuit switching)是一种采用公共控制方式，在源端和目的端之间实时地建立起电路连接，并构成一条信息通道，专供两端用户通信的交换技术。电路交换属于电路资源预分配系统，即在一次通信接续中，电路资源预先分配给一对用户固定使用，不管电路上是否有数据传输，电路一直被占用着，直到通信双方要求拆除电路连接为止。在通话时，这一条物理链路始终由通话双方占据，从而使其他的信号不能使用这条通路。因此，这种交换系统的优点是实时性强，时延小，交换设备成本较低。但同时也带来线路利用率低，电路接续时间长，通信效率低，不同类型终端用户之间不能通信等缺点。电路交换比较适用于信息量大、长报文，经常使用的固定用户之间的通信。

电路交换作为最早出现的一种交换技术，一直是话音通信领域的主要技术，并因其良好的性能在ISDN时代也能保留一席之地。图10.6.2是一个电路交换系统的典型组成框图，电路接续网络和控制系统是公共控制方式的电路交换系统的主要组成部分。用户接口又称用户电路，是用户线和电路接续网络间的接口电路，每个用户有一个用户接口，其基本功能是监视用户的呼出和呼入信号，并将其送到控制系统。中继接口又称中继器，它在局间接续时起配合作用。控制系统负责接收和存储用户脉冲，并将其转换为控制信号。电路接续网

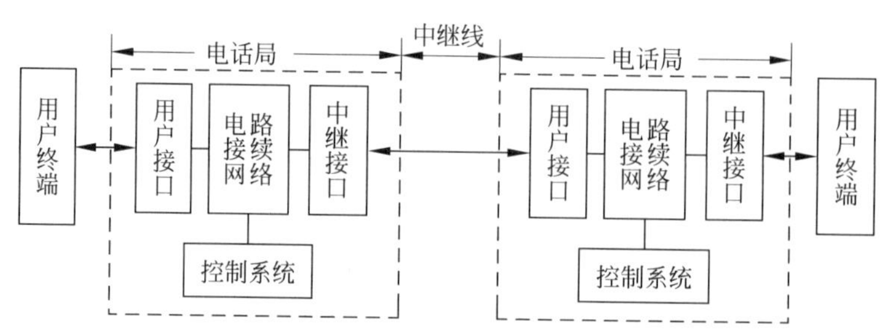

图 10.6.2 电路交换系统组成

络主要用来为用户提供接续通路,不同的交换制式接续网络不同。

2. 电路交换过程

如前所述,通过电路交换完成的通信,就是在两个站点之间有一条专用的通信通路。图 10.6.3 是一个简单的交换网络,例如要完成站点 C 到站点 E 的通信,经由电路交换的通信包括三个步骤:

(1) 电路建立

发送任何信号之前,必须首先建立一条点对点的电路。从 C 点出发到节点 1 的链路已经存在,要到达 E,节点 1 必须找到通往 E 的下一个路径。根据路由信息,节点 1 选择与节点 3 之间建立通路,类似地,节点 3 和节点 6 也建立通路,最后站点 C 到站点 E 的通信电路建立完成。

(2) 数据传送

此时,通信电路已经建立,从站点 C 发出的信息就可以经过节点 1、3、6 传输到站点 E 了。通常这些连接都是全双工的。

(3) 电路断链

经过一段时间的数据传输后,由两个站点之中的某个站点发起动作,连接被终止。动作信号传播到节点 1、3、6,取消分配的专用资源,至此电路断链。

3. 电路交换原理

整个网络的交换是建立在节点之间的交换基础上的,本节就来介绍单个电路交换节点的内部交换技术:空分交换和时分交换。

(1) 空分交换(space division switching)

空分交换就是信号通路与信号通路之间是从物理上(空间分隔)被分隔开的。用这种方式构成的交换机就是空分交换机。图 10.6.4 是一个简单的 8×8 的空分交换矩阵,具有 8 条全双工的 I/O 线。每个站点通过一条输入线和一条输出线与该矩阵相连接。只要闭合相应的交叉点,就可以完成对应线路之间的相互连接。

空分交换机的复杂性是由其所需交叉点的数量来衡量的,当用户数很多时,交换的复杂性将增大,实际中通常采用多级交换机。多级交换减少了交叉点的数量,提高了网络连接的可靠性。但是这种网络的控制电路要比单级时复杂。此外,需要说明的是,空分交换机不一定要采用 $N\times N$ 的矩阵,也可以采用 $N\times K(K\neq N)$的矩阵,此时除了要考虑交换网络的复杂性外,还需要考虑阻塞性问题,更详细内容请参看相关文献。

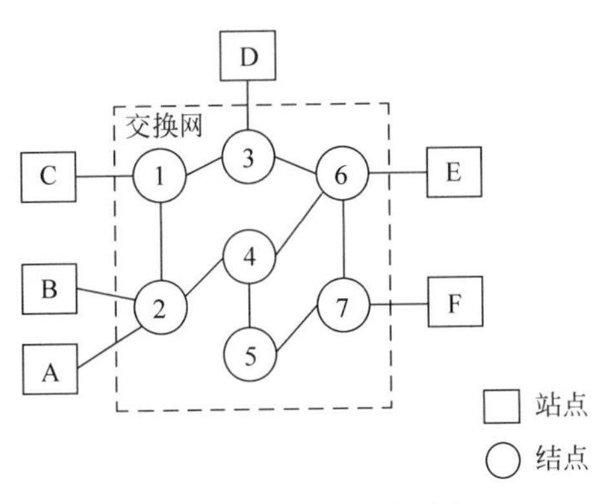

图 10.6.3 电路交换示例

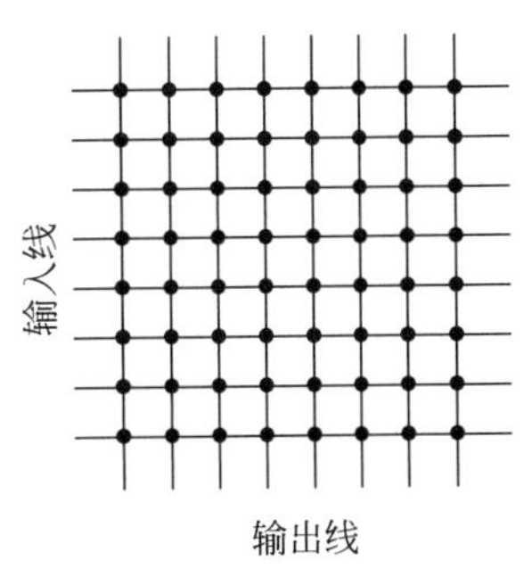

图 10.6.4 空分交换矩阵

(2) 时分交换(time division switching)

随着数字化技术的发展,老式的空分交换机渐渐退出了历史舞台,取而代之的是时分交换机。时分交换是以时分复用(TDM)技术为基础形成的一种数字交换方式。时分交换机中,输入链路和输出链路是在时间上分隔开的,而不是在空间上分隔,因此被称为时分交换机。

具体地,时分交换是把时间划分为若干互不重叠的时隙,由不同的时隙建立不同的子信道,通过时隙交换网络完成话音的时隙搬移,从而实现入线和出线间话音交换的一种交换方式。以 PCM30/32 系统为例,图 10.6.5 中有 n 条 PCM 复用线进入数字交换网络,第 1 条 PCM 复用线的第 2 个时隙的 8bit 编码与第 n 条 PCM 复用线的第 3 个时隙完成交换,PCM_2 的第 3 个时隙与 PCM_1 的第 30 个时隙进行交换。

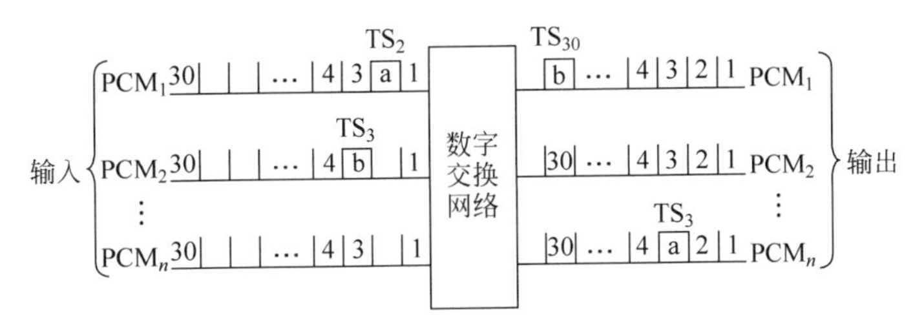

图 10.6.5 时隙交换示意图

10.6.2 分组交换

1. 数据交换方式

在多个数据终端设备(DTE)之间,为任意两个终端设备建立数据通信临时互连通路的过程称为数据交换(data switching)。为适应不同用户的通信要求和特点,数据交换的方式有多种。例如,前述的电路交换就是主要用于电话通信的一种交换方式。为克服电路交换中不同类型用户终端之间不能进行互通,通信电路效率低和呼损等缺点,报文交换应运而生。

(1) 报文交换(message switching)

报文交换的基本原理是"存储—转发"(store-and-forward)。具体地,当发送方的信息到达报文交换用的计算机时,先存放在外存储器中,由中央处理机分析报头,确定转发路由,并选到与此路由相应的输出电路上进行排队,等待输出。一旦电路空闲,立即将报文从外存储器取出后发出,完成整个报文的交换。

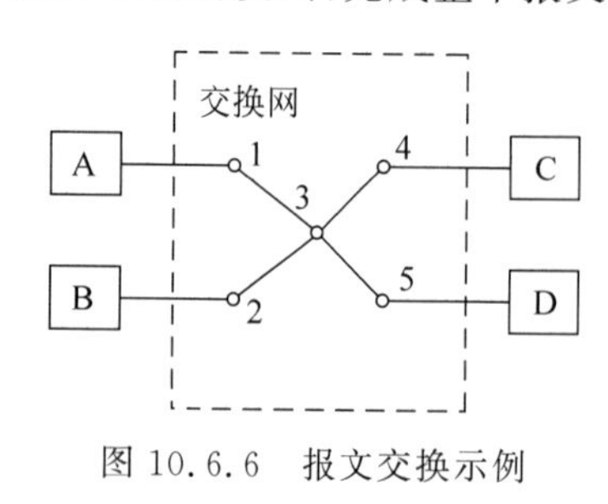

图 10.6.6　报文交换示例

例如图 10.6.6,站点 A 想要向站点 C 发送一个报文(信息的一个逻辑单位),它把站点 C 的地址(编码方式,称为地址码)附加在要发送的报文上。然后把报文通过网络从节点 1 到节点 4 进行发送,在每个节点中(如要通过多个节点才能发送到站点 4)完整地接收整个报文且暂存这个报文,然后再发送到下一个节点。在交换网中,每个节点通常是一台通用的小型计算机,它具有足够的存储容量来缓存进入的报文。

简言之,报文交换具有以下优点:

① 线路效率较高。

报文交换方式不需要在两个站点之间建立一条专用通路,每份报文的头部都含有被寻址用户的完整地址,所以每条路由不是固定分配给某一个用户,而是由多个用户进行统计复用(许多报文可以用分时方式共享一条节点到节点的通道)。这样有效地提高了中继电路的利用率。

② 不需要同时使用发送器和接收器来传输数据,网络可以在接收器可用之前暂时存储这个报文。

③ 在电路交换网上,当通讯量变得很大时,就不能接受某些呼叫。而在报文交换上却仍然可以接收报文,只是传送延迟会增加。

④ 报文交换系统可以实现一点多址传输,即把一个报文发送到多个目的地。

⑤ 能够建立报文的优先权。

⑥ 容易实现不同类型终端间的通信。

⑦ 报文交换网可以进行速度和代码的转换,因为每个站都可以用它特有的数据传输率连接到其他点,所以两个不同传输率的站也可以连接,另外还可以转换传输数据的格式,便于实现不同类型终端间的通信。

但是,报文交换的主要缺点是时延大且变化,不利于实时通信。如果报文很长,则要进行高速处理和大容量存储,设备庞大昂贵。因此,报文交换主要应用于公众电报和电子信箱业务。

(2) 分组交换(packet switching)

为了实现不同类型数据终端设备之间的通信,同时满足数据通信系统的实时性要求,人们在“存储－转发”原理基础上,发展出了一种新的数据交换方式——分组交换。

分组交换兼有电路交换和报文交换的优点,它是在计算机技术发展到一定程度,在传输线路质量不高、网络技术手段还较单一的情况下,应运而生的一种交换技术。分组交换比电路交换的电路利用率高,比报文交换的传输时延小,交互性好。

2. 分组交换原理

分组交换也称包交换,它是将用户传送的数据划分成一定的长度,每个部分叫作一个分组。在每个分组的前面加上一个分组头,用以指明该分组发往何地址(如图 10.6.7 所示),然后由交换机根据每个分组的地址标志,将他们转发至目的地,这一过程称为分组交换。进行分组交换的通信网称为分组交换网。

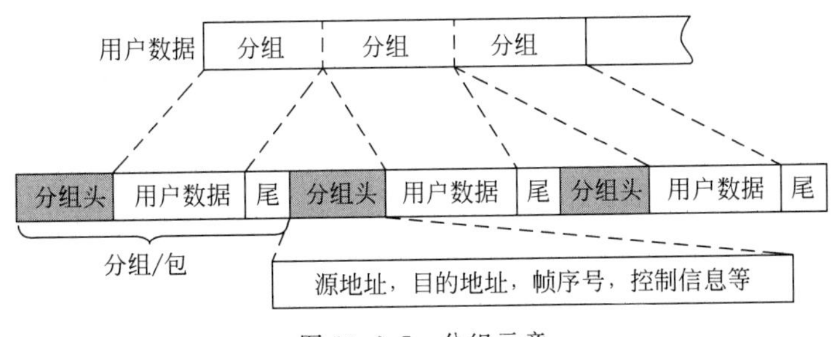

图 10.6.7　分组示意

分组交换在线路上采用动态复用技术传送按一定长度分割为许多小段的数据——分组。每个分组标识后，在一条物理线路上采用动态复用的技术，同时传送多个数据分组。把来自用户发端的数据暂存在交换机的存储器内，接着在网内转发。到达接收端，再去掉分组头将各数据字段按顺序重新装配成完整的报文。

分组拷贝暂存起来的目的是为了纠正错误。实际上，很多报文都是被分为多个分组，每次一个地向网络传送的。那么网络中是如何将这些分组流沿一定路由传送的呢？目前的网络中是通过两种方式，数据报(datagram)和虚电路(virtual circuit)来管理这些分组流的。

(1) 数据报方式

在数据报方式中，每个分组被视为是独立的，任何一个分组都与以前发送的分组没有关系。以图 10.6.8 的网络为例，假设 A 站发出的报文由三个分组 1-2-3 组成，首先它将分组传送到节点 2。节点 2 必须为每个分组选择路由，经过判断，节点 2 把分组、送到了去节点 4 的队列中。节点 4 经过判断，得知到节点 6 的路由更合理，因此节点 4 把分组 1 送到了节点 6。对于分组 2 也是一样的处理。但是对于分组 3，节点 4 发现此时到节点 6 的队列比到节点 5 的队列长很多，因此它将分组 3 送到了节点 5。这样，不同的分组虽然具有相同的目的地址，但不一定经过相同的路由，数据传输方式是不连续的。最后到达站点 E 的顺序就可能与发出的顺序不同。站点 E 负责将打乱顺序的分组重新组合。此外，在网络传送中，分组还可能会丢失，站点 E 还要负责检测分组的丢失问题，并解决如何恢复。在这种技术中，被单独对待的一个分组就被称为一个数据报。

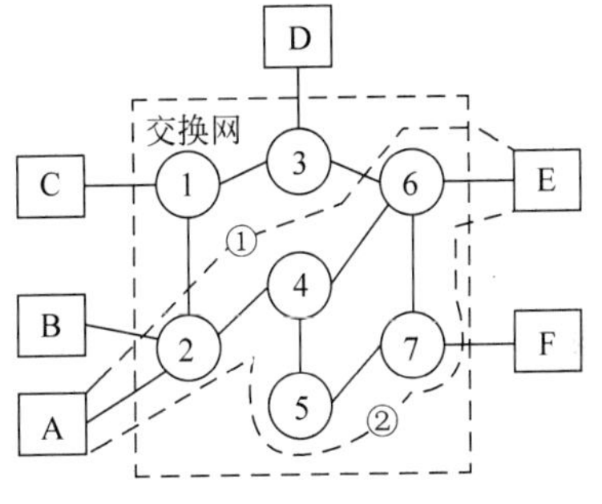

图 10.6.8　虚电路路径

这种通信方式，由于不需要经历呼叫建立和呼叫拆除，因此对短报文传输效率较高。但是，分组传输时延较大，且离散度大，技术上也较复杂。适合有处理能力的智能终端和短信息通信。

(2) 虚电路方式

在虚电路方式中，在发送分组之前，首先要建立一条预定的路由，实现逻辑上的连接。以图 10.6.8 为例，在虚电路方式中，A 站点首先发送一个特殊的控制分组给节点 2，即所谓的呼叫请求分组。此分组请求建立一条通往站点 E 的逻辑连接，节点 2 经路由选择后决定将这个请求及后面的所有分组都送到节点 4，节点 4 经过路由选择决定将它们送到节点 6，节点6将请求分组传送到站点E。如果站点E接受请求，就向节点6返回一个呼叫接受分组。这个接受分组将经过节点4和节点2返回到站点A，这时站点A和站点E之间就可以通过这个建立好的路由交换数据了。由于该路由在逻辑连接期间是固定的，这使得它看起来像电路交换网中的一条电路，因此被称为虚电路。数据交换结束，此虚电路将通过一个"清除请求"分组终止连接。可见，虚电路方式的分组交换也要经过类似于电路交换的"呼叫建立"、"数据传输"和"电路断链"的过程。图10.6.8中虚线①和②分别是两条虚电路路径。

与数据报方式相比，虚电路方式不需要节点为每个分组选择路由，对于使用同一条虚电路的所有分组只要做一次路由选择就可以了。对于大数据量通信，虚电路方式的数据传输率更高。因此，现在通信中比较多的网络选择了虚电路方式。

3. 分组交换特点

在分组交换方式中，由于能够以分组方式进行数据的暂存交换，经交换机处理后，很容易地实现不同速率、不同规程的终端间通信。总结起来，分组交换的特点主要有：

- 线路利用率高。
- 不同种类的终端可以相互通信。
- 信息传输可靠性高。
- 分组多路通信。
- 计费与传输距离无关。

4. 分组交换网

分组交换网即是利用分组交换技术构成的交换网络，是一个分布式的分组交换节点的集合。在实际中，要构成一个分组交换网，还必须考虑外部接口、路由选择和拥塞控制等问题。本章就不详细展开论述了。

10.6.3 ATM交换

ATM(Asynchronous Transfer Mode)即异步交换模式，又叫异步转移模式，是一种融合了电路交换方式和分组交换方式优点而形成的新型交换方式。ATM是B-ISDN中的一种基本交换方式，也是B-ISDN网络的核心技术。通常我们用"ATM网络"表示采用ATM技术的B-ISDN。本章将主要介绍ATM的基本概念及工作原理。

1. ATM基本概念

(1) ATM信元

在ATM交换方式中，信息被组织成固定长度的信元在网络中传输和交换。信息的传输、复用和交换都是以信元(cell)为基本单位，是ATM的基本特征。异步是指包含来自一个特定用户信息的信元不需要周期性地出现。图10.6.9是ATM和STM(Synchronous Transfer Mode)的传输方式示意图，从图中可以看出，STM是传统的时分复用方式的传输，要求每路信号要周期性地出现；而ATM传输中利用增加信头来标识该信元属于哪一路信号，接收端通过对信头的识别和交换处理可以准确地恢复原始信号。因此ATM信元是ATM传输交换中的基本单位。ITU-T建议的信元格式如图10.6.10所示。每个ATM信元53个字节，其中5个字节是信头(header)，48个字节是信息段(information field)。信头中包含这个信元的路径信息、优先度、一些维护信息和信头的纠错码。

图10.6.10中，UNI为用户-网络接口；NNI为网络-节点接口；GFC为一般流量控制

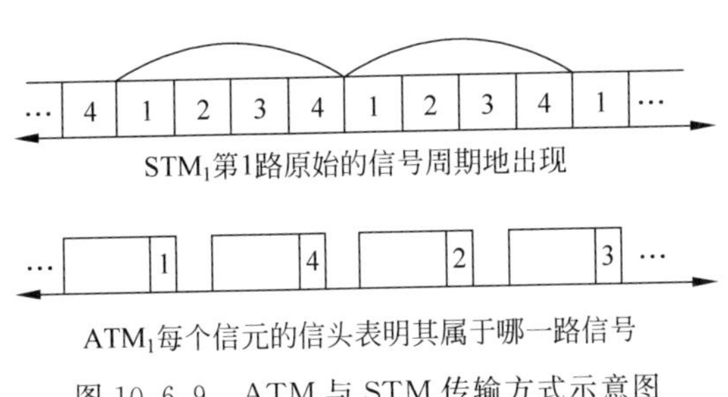

图 10.6.9 ATM 与 STM 传输方式示意图

域；VPI 为虚路径标识符；VCI 为虚通道标识符；PT 为净荷类型，即后面 48 个字节信息域的信息类型；RES 为保留位，可以用作将来扩展定义，现在指定它恒为 0；CLP 为信元丢弃优先权，在发生信元冲突时，CLP 用来说明该信元是否可以丢掉；HEC 为信头校验码，这个字节用来保证整个信头的正确传输。

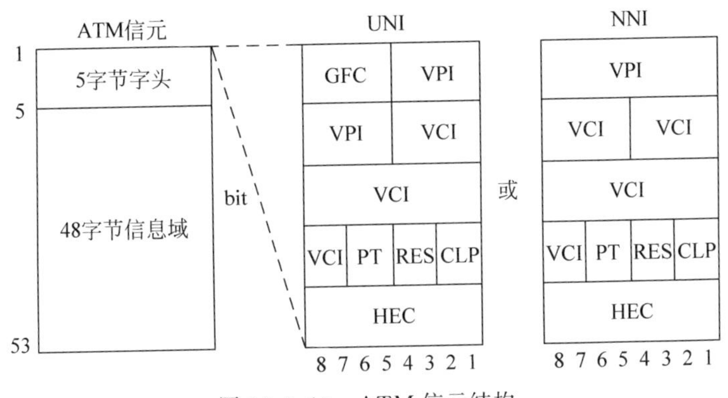

图 10.6.10 ATM 信元结构

ATM 不严格要求信元交替地从不同的源到来，每一列从各个源来的信元，没有特别的模式，信元可以从任意不同的源到来，而且，不要求从一台计算机来的信元流是连续的，数据信元可以有间隔，这些间隔由特殊的空闲信元(idle cell)填充。ATM 网络根据 VPI 和 VCI 进行寻址。

无论选用何种传输媒体、操作速率或帧形式，ATM 的信元长度始终不变地保持 53 字节，正是由于使用固定长度的信元，使得我们只需开发较低成本的硬件即可完成所需的基于信元头所规定内容的信元交换，而无需更复杂的成本更高的软件。

(2) 虚通路 VP 和虚通道 VC

在 ATM 中一个物理传输通道被分成若干的虚通路(Virtual Path，VP)，一个 VP 又由上千个虚通道(Virtual Channel，VC)所复用。ATM 信元的交换既可以在 VP 级进行，也可以在 VC 级进行。虚通路 VP 和虚通道 VC 都是用来描述 ATM 信元单向传输的路由。每个 VP 可以用复用方式容纳多达 65536 个 VC，属于同一 VC 的信元群拥有相同的虚通道识别符(VC Identifier，VCI)，属于同一 VP 的不同 VC 拥有相同的虚通路识别符 VPI，VCI 和 VPI 都作为信元头的一部分与信元同时传输。传输通道、虚通路 VP、虚通道 VC 是 ATM 中的三个重要概念，其关系如图 10.6.11 所示。

ATM 的呼叫接续不是按信元逐个地进行选路控制，而是采用分组交换中虚呼叫的概念，也就是在传送之前预先建立与某呼叫相关的信元接续路由，同一呼叫的所有信元都经过

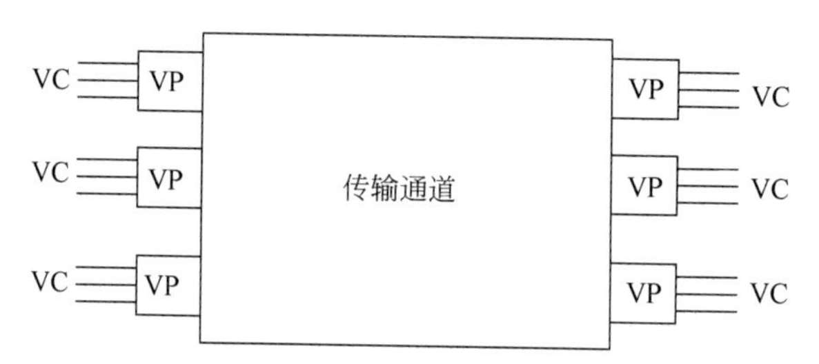

图 10.6.11 传输通道、虚通路 VP、虚通道 VC 的关系

相同的路由，直至呼叫结束。其接续过程是：主叫通过用户网络接口 UNI 发送一个呼叫请求的控制信号，被叫通过网络收到该控制信号并同意建立连接后，网络中的各个交换节点经过一系列的信令交换后就会在主叫与被叫之间建立一条虚电路。虚电路是用一系列 VPI/VCI 表示的。在虚电路建立过程中，虚电路上所有的交换节点都会建立路由表，以完成输入信元 VPI/VCI 值到输出信元 VPI/VCI 值的转换。

虚电路建立起来以后，需要发送的信息被分割成信元，经过网络传送到对方。若发送端有一个以上的信息要同时发送给不同的接收端，则可建立到达各自接收端的不同虚电路，并将信元交替送出。

在虚电路中，相邻两个交换节点间信元的 VCI/VPI 值保持不变。此两点间形成一条 VC 链，一串 VC 链相连形成 VC 连接 VCC(VC Connection)。相应地，VP 链和 VP 连接 VPC 也以类似的方式形成。

VCI/VPI 值在经过 ATM 交换节点时，该 VP 交换点根据 VP 连接的目的地，将输入信元的 VPI 值改为新的 VPI 值赋予信元并输出，该过程为 VP 交换。可见 VP 交换完成将一条 VP 上所有的 VC 链路全部送到另一条 VP 上，而这些 VC 链路的 VCI 值保持不变(如图 10.6.12 所示)。VP 交换的实现比较简单，往往只是传输通道的某个等级数字复用线的交叉连接。

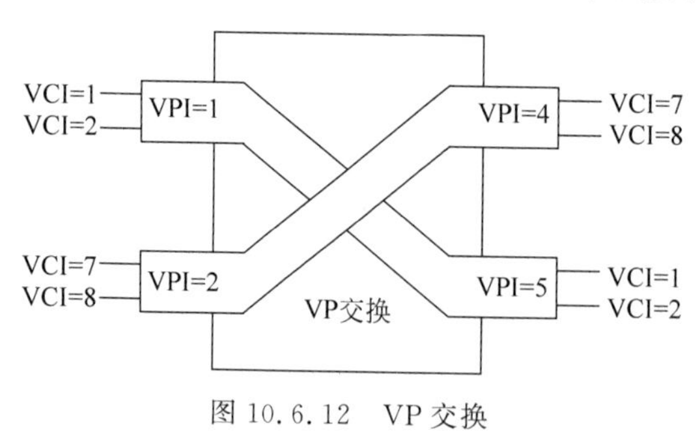

图 10.6.12 VP 交换

VC 交换要和 VP 交换同时进行，因为当一条 VC 链路终止时，VP 连接(即 VPC)就终止了，这个 VPC 上的所有 VC 链路将各自执行交换过程，加到不同方向的 VPC 中去，如图 10.6.13 所示。

2. ATM 交换原理

(1) ATM 交换工作原理

ATM 交换结构应该能够完成两方面基本功能，一是空间交换，即将信元从一条传输线上交换到另一条上，又叫路由选择；另一功能是时间交换，即将信元从一个时隙转移到另一时隙。下面介绍 ATM 交换的原理。

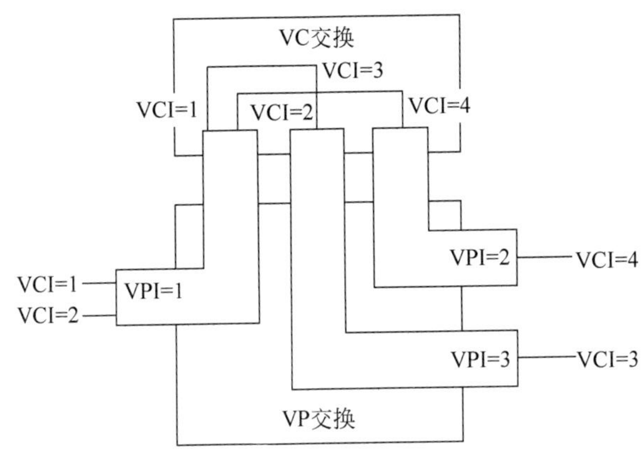

图 10.6.13 VC 交换过程

ATM 交换机从基本构成上可分为接口部分、交换层和控制部分，接口部分位于交换机的边缘，为交换机提供对外的接口。接口可分为两大类，一类是 ATM 接口，提供标准的、ATM 接口；另一类是业务接口，提供与具体业务相关的接口。

ATM 接口部分完成物理层、ATM 层的功能。业务接口部分完成业务接口处理、AAL 层和 ATM 层的功能。业务接口的处理包括物理层、数据链路层甚至更高层的功能，如业务数据帧结构的识别、分离或组装用户数据和信令。业务信令经过分析转换为 ATM 信令，由交换机的控制模块进行处理，业务数据则根据不同的业务类型，进行不同类型的 ATM 适配。

交换层是整个交换机的核心，它提供了信元交换的通路，通过交换层的两个基本功能(排队和选路)，将信元从一个端口交换到另一个端口上去，从一个 VP/VC 交换到另一个 VP/VC。交换部分还完成一定的流量控制功能，主要是优先级控制和 ABR 业务的流量控制。

控制部分是交换机的中央枢纽，它完成 ATM 信元处理、资源管理和流量控制中的连接接纳控制，以及设备管理、网络管理等功能。在实现时，设备管理和网管多在外接的管理维护平台上完成。

(2) ATM 交换的特点

① 采用统计时分复用。

传统的电路交换中用(Synchronous Transfer Mode，STM)方式将来自各种信道上的数据组成帧格式，每路信号占固定比特位组，在时间上相当于固定的时隙，即属于同步时分复用。在 ATM 方式中保持了时隙的概念，但是采用统计时分复用的方式，取消了 STM 中帧的概念，在 ATM 时隙中存放的实际上是信元。

② 以固定长度(53 字节)的信元为传输单位，响应时间短。

ATM 的信元长度比 X.25 网络中的分组长度要小得多，这样可以降低交换节点内部缓冲区的容量要求，减少信息在这些缓冲区中的排队时延，从而保证了实时业务对于短时延的要求。

③ 采用面向连接并预约传输资源的方式工作。

ATM 方式采用的是虚电路形式，同时在呼叫过程中向网络提出传输所希望使用的资源。考虑到业务具有波动的特点和网络中同时存在连接的数量,网络预分配的通信资源小于信源传输时的峰值速率(PCR)。

④ 在ATM网络内部取消逐段链路的差错控制和流量控制,而将这些工作推到了网络的边缘。

X.25运行环境是误码率很高的频分制模拟信道,所以X.25执行逐段链路的差错控制。又由于X.25无法预约网络资源,任何链路上的数据量都可能超过链路的传输能力,因此X.25需要逐段链路的流量控制。而ATM协议运行在误码率较低的光纤传输网上,同时预约资源保证网络中传输的负载小于网络的传输能力,因此ATM将差错控制和流量控制放到网络边缘的终端设备完成。

⑤ ATM支持综合业务。

ATM充分综合了电路交换和分组交换的优点,既具有电路交换"处理简单"的特点,支持实时业务、数据透明传输,在网络内部不对数据作复杂处理,采用端－端通信协议;又具有分组交换的特点,如支持可变比特率业务,对链路上传输的业务采用统计时分复用等。所以ATM支持话音、数据、图像等综合业务。

从以上分析可知,ATM融合了电路交换方式和分组交换方式优点,使得一个单一的网路能够支持语音、数据和视频的传送,所以ATM技术被认为是一个一体化的技术。

3. ATM交换结构

交换结构将决定ATM网络的规模和性能,其设计方法将影响它的吞吐量、信元阻塞、信元丢失以及交换延迟等。交换机路由方法、交换机性能和扩展特性、支持广播和多点转发的能力等都取决于交换结构。交换机主要功能是提供将输入端口的信元快速有效地路由到输出端的方法。而ATM交换机将进行单个信元的输入处理、信头的转换以及信元输出处理,以确保信头按输出端口要求转换和信元进入合适的物理链路。交换设计可分为下列两大类:时分交换结构,包括共享存储和共享总线;空分交换结构,包括Banyan、Delta以及循环交换。

10.7 思考题

10.7.1 什么是中继传输,主要特点是什么?

10.7.2 中继传输的主要应用场景有哪些?

10.7.3 什么是OFDM?试简述其工作原理。

10.7.4 试述OFDM和FDM技术的差别。

10.7.5 OFDM技术有哪些主要应用,试举例说明。

10.7.6 在HDTV系统中采用OFDM技术,如信号周期$T=256\mu s$,实际最高传输速率等于多少?

10.7.7 多址技术和多路复用技术有何区别和联系?

10.7.8 移动通信系统中主要有哪些多址方式(除了教材中提到的还有哪些?)?它们各自的特点是怎样的?

10.7.9 什么是扩频技术?如何理解扩频通信?它的理论基础是什么?

10.7.10 简述扩频通信的工作原理。

10.7.11　扩频通信的主要工作方式有哪些，它有哪些特点？

10.7.12　简述电路交换的过程。

10.7.13　报文交换和分组交换有何区别和联系？

10.7.14　分组交换中，数据报方式和虚电路方式有何不同？

10.7.15　ATM交换的主要特点有哪些？它与电路交换和分组交换相比，各自的优缺点是什么？

附录 APPENDIX 常用数学函数表和数学公式

附录 1　余误差函数表 erfc(*x*)

x	0.00	0.01	0.02	0.03	0.04	0.05	0.06	0.07	0.08	0.09
0.0	1.000000	0.988717	0.977435	0.966159	0.954889	0.943628	0.932378	0.921142	0.909922	0.898719
0.1	0.887537	0.876377	0.865242	0.854133	0.843053	0.832004	0.820988	0.810008	0.799064	0.788160
0.2	0.777297	0.766478	0.755704	0.744977	0.734300	0.723674	0.713100	0.702582	0.692120	0.681717
0.3	0.671373	0.661092	0.650874	0.640721	0.630635	0.620618	0.610670	0.600794	0.590991	0.581261
0.4	0.571608	0.562031	0.552532	0.543113	0.533775	0.524518	0.515345	0.506255	0.497250	0.488332
0.5	0.479500	0.470756	0.462101	0.453536	0.445061	0.436677	0.428384	0.420184	0.412077	0.404064
0.6	0.396144	0.388319	0.380589	0.372954	0.365414	0.357971	0.350623	0.343372	0.336218	0.329160
0.7	0.322199	0.315334	0.308567	0.301896	0.295322	0.288844	0.282463	0.276178	0.269990	0.263897
0.8	0.257899	0.251997	0.246189	0.240476	0.234857	0.229332	0.223900	0.218560	0.213313	0.208157
0.9	0.203092	0.198117	0.193232	0.188436	0.183729	0.179109	0.174576	0.170130	0.165768	0.161492
1.0	0.157299	0.153190	0.149162	0.145216	0.141350	0.137564	0.133856	0.130227	0.126674	0.123197
1.1	0.119795	0.116467	0.113212	0.110029	0.106918	0.103876	0.100904	0.098000	0.095163	0.092392
1.2	0.089686	0.087044	0.084466	0.081950	0.079495	0.077100	0.074764	0.072486	0.070266	0.068101
1.3	0.065992	0.063937	0.061935	0.059985	0.058086	0.056238	0.054439	0.052688	0.050984	0.049327
1.4	0.047715	0.046148	0.044624	0.043143	0.041703	0.040305	0.038946	0.037627	0.036346	0.035102
1.5	0.033895	0.032723	0.031587	0.030484	0.029414	0.028377	0.027372	0.026397	0.025453	0.024538
1.6	0.023652	0.022793	0.021962	0.021157	0.020378	0.019624	0.018895	0.018190	0.017507	0.016847
1.7	0.016210	0.015593	0.014997	0.014422	0.013865	0.013328	0.012810	0.012309	0.011826	0.011359
1.8	0.010909	0.010475	0.010057	0.009653	0.009264	0.008889	0.008528	0.008179	0.007844	0.007521
1.9	0.007210	0.00691	0.006622	0.006344	0.006077	0.005821	0.005574	0.005336	0.005108	0.004889
2.0	0.004678	0.004475	0.004281	0.004094	0.003914	0.003742	0.003577	0.003418	0.003266	0.003120
2.1	0.002979	0.002845	0.002716	0.002593	0.002475	0.002361	0.002253	0.002149	0.002049	0.001954
2.2	0.001863	0.001776	0.001692	0.001612	0.001536	0.001463	0.001393	0.001326	0.001262	0.001201
2.3	0.001143	0.001088	0.001034	0.000984	0.000935	0.000889	0.000845	0.000803	0.000763	0.000725
2.4	0.000689	0.000654	0.000621	0.000589	0.000559	0.000531	0.000503	0.000477	0.000453	0.000429
2.5	0.000407	0.000386	0.000365	0.000346	0.000328	0.000311	0.000294	0.000278	0.000264	0.000249
2.6	0.000236	0.000223	0.000211	0.000200	0.000189	0.000178	0.000169	0.000159	0.000151	0.000142
2.7	1.34E-04	1.27E-04	1.20E-04	1.13E-04	1.07E-04	1.01E-04	9.49E-05	8.95E-05	8.44E-05	7.96E-05
2.8	7.50E-05	7.07E-05	6.66E-05	6.27E-05	5.91E-05	5.57E-05	5.24E-05	4.93E-05	4.64E-05	4.37E-05
2.9	4.11E-05	3.87E-05	3.64E-05	3.42E-05	3.21E-05	3.02E-05	2.84E-05	2.67E-05	2.5E-05	2.35E-05
3.0	2.21E-05	2.07E-05	1.95E-05	1.83E-05	1.71E-05	1.61E-05	1.51E-05	1.41E-05	1.33E-05	1.24E-05
3.1	1.16E-05	1.09E-05	1.02E-05	9.58E-06	8.97E-06	8.40E-06	7.86E-06	7.36E-06	6.89E-06	6.44E-06

续表

x	0.00	0.01	0.02	0.03	0.04	0.05	0.06	0.07	0.08	0.09
3.2	6.03E−06	5.64E−06	5.27E−06	4.93E−06	4.60E−06	4.30E−06	4.02E−06	3.76E−06	3.51E−06	3.28E−06
3.3	3.06E−06	2.85E−06	2.66E−06	2.49E−06	2.32E−06	2.16E−06	2.02E−06	1.88E−06	1.75E−06	1.63E−06
3.4	1.52E−06	1.42E−06	1.32E−06	1.23E−06	1.15E−06	1.07E−06	9.92E−07	9.23E−07	8.59E−07	7.99E−07
3.5	7.43E−07	6.91E−07	6.42E−07	5.97E−07	5.55E−07	5.15E−07	4.79E−07	4.45E−07	4.13E−07	3.83E−07
3.6	3.56E−07	3.30E−07	3.06E−07	2.84E−07	2.64E−07	2.44E−07	2.27E−07	2.10E−07	1.95E−07	1.80E−07
3.7	1.67E−07	1.55E−07	1.43E−07	1.33E−07	1.23E−07	1.14E−07	1.05E−07	9.74E−08	9.01E−08	8.33E−08
3.8	7.7E−08	7.12E−08	6.58E−08	6.08E−08	5.62E−08	5.19E−08	4.79E−08	4.42E−08	4.08E−08	3.77E−08
3.9	3.48E−08	3.21E−08	2.96E−08	2.73E−08	2.52E−08	2.32E−08	2.14E−08	1.97E−08	1.82E−08	1.67E−08
4.0	1.54E−08	1.42E−08	1.31E−08	1.20E−08	1.11E−08	1.02E−08	9.37E−09	8.62E−09	7.93E−09	7.29E−09
4.1	6.7E−09	6.16E−09	5.66E−09	5.20E−09	4.77E−09	4.38E−09	4.03E−09	3.70E−09	3.39E−09	3.11E−09
4.2	2.86E−09	2.62E−09	2.40E−09	2.20E−09	2.02E−09	1.85E−09	1.70E−09	1.55E−09	1.42E−09	1.30E−09
4.3	1.19E−09	1.09E−09	1.00E−09	9.15E−10	8.37E−10	7.66E−10	7.01E−10	6.41E−10	5.86E−10	5.35E−10
4.4	4.89E−10	4.47E−10	4.08E−10	3.73E−10	3.41E−10	3.11E−10	2.84E−10	2.59E−10	2.36E−10	2.16E−10
4.5	1.97E−10	1.79E−10	1.63E−10	1.49E−10	1.36E−10	1.24E−10	1.13E−10	1.03E−10	9.35E−11	8.51E−11
4.6	7.75E−11	7.05E−11	6.42E−11	5.84E−11	5.31E−11	4.83E−11	4.39E−11	3.99E−11	3.63E−11	3.30E−11
4.7	3.00E−11	2.72E−11	2.47E−11	2.24E−11	2.04E−11	1.85E−11	1.68E−11	1.52E−11	1.38E−11	1.25E−11
4.8	1.14E−11	1.03E−11	9.33E−12	8.45E−12	7.66E−12	6.94E−12	6.28E−12	5.69E−12	5.15E−12	4.66E−12
4.9	4.22E−12	3.82E−12	3.45E−12	3.12E−12	2.82E−12	2.55E−12	2.31E−12	2.09E−12	1.88E−12	1.70E−12
5.0	1.54E−12	1.39E−12	1.25E−12	1.13E−12	1.02E−12	9.21E−13	8.31E−13	7.50E−13	6.76E−13	6.09E−13
5.1	5.49E−13	4.95E−13	4.46E−13	4.02E−13	3.62E−13	3.26E−13	2.94E−13	2.64E−13	2.38E−13	2.14E−13
5.2	1.92E−13	1.73E−13	1.56E−13	1.40E−13	1.26E−13	1.13E−13	1.02E−13	9.13E−14	8.20E−14	7.37E−14
5.3	6.61E−14	5.94E−14	5.33E−14	4.78E−14	4.29E−14	3.85E−14	3.45E−14	3.09E−14	2.77E−14	2.49E−14
5.4	2.23E−14	2.00E−14	1.79E−14	1.60E−14	1.43E−14	1.28E−14	1.15E−14	1.03E−14	9.20E−15	8.23E−15
5.5	7.36E−15	6.58E−15	5.88E−15	5.26E−15	4.70E−15	4.20E−15	3.75E−15	3.35E−15	2.99E−15	2.67E−15
5.6	2.38E−15	2.13E−15	1.90E−15	1.69E−15	1.51E−15	1.35E−15	1.20E−15	1.07E−15	9.53E−16	8.49E−16
5.7	7.57E−16	6.74E−16	6.00E−16	5.34E−16	4.76E−16	4.23E−16	3.77E−16	3.35E−16	2.98E−16	2.65E−16
5.8	2.36E−16	2.09E−16	1.86E−16	1.65E−16	1.47E−16	1.30E−16	1.16E−16	1.03E−16	9.13E−17	8.10E−17
5.9	7.19E−17	6.38E−17	5.66E−17	5.02E−17	4.45E−17	3.94E−17	3.49E−17	3.10E−17	2.74E−17	2.43E−17
6.0	2.15E−17	1.91E−17	1.69E−17	1.49E−17	1.32E−17	1.17E−17	1.03E−17	9.14E−18	8.08E−18	7.14E−18
6.1	6.31E−18	5.58E−18	4.93E−18	4.35E−18	3.85E−18	3.40E−18	3.00E−18	2.65E−18	2.33E−18	2.06E−18
6.2	1.82E−18	1.60E−18	1.41E−18	1.25E−18	1.10E−18	9.67E−19	8.52E−19	7.51E−19	6.61E−19	5.82E−19
6.3	5.12E−19	4.51E−19	3.97E−19	3.49E−19	3.07E−19	2.70E−19	2.38E−19	2.09E−19	1.84E−19	1.61E−19
6.4	1.42E−19	1.24E−19	1.09E−19	9.60E−20	8.43E−20	7.40E−20	6.49E−20	5.70E−20	5.00E−20	4.38E−20
6.5	3.84E−20	3.37E−20	2.95E−20	2.59E−20	2.27E−20	1.99E−20	1.74E−20	1.52E−20	1.33E−20	1.17E−20
6.6	1.02E−20	8.94E−21	7.82E−21	6.84E−21	5.98E−21	5.23E−21	4.57E−21	3.99E−21	3.49E−21	3.05E−21
6.7	2.66E−21	2.32E−21	2.03E−21	1.77E−21	1.55E−21	1.35E−21	1.18E−21	1.03E−21	8.95E−22	7.80E−22
6.8	6.80E−22	5.93E−22	5.16E−22	4.50E−22	3.92E−22	3.41E−22	2.97E−22	2.59E−22	2.25E−22	1.96E−22
6.9	1.70E−22	1.48E−22	1.29E−22	1.12E−22	9.74E−23	8.46E−23	7.35E−23	6.39E−23	5.55E−23	4.82E−23
7.0	4.18E−23	3.63E−23	3.15E−23	2.74E−23	2.37E−23	2.06E−23	1.78E−23	1.55E−23	1.34E−23	1.16E−23
7.1	1.01E−23	8.73E−24	7.56E−24	6.55E−24	5.67E−24	4.91E−24	4.25E−24	3.67E−24	3.18E−24	2.75E−24
7.2	2.38E−24	2.06E−24	1.78E−24	1.54E−24	1.33E−24	1.15E−24	9.9E−25	8.55E−25	7.39E−25	6.38E−25
7.3	5.50E−25	4.75E−25	4.10E−25	3.53E−25	3.05E−25	2.63E−25	2.27E−25	1.95E−25	1.68E−25	1.45E−25
7.4	1.25E−25	1.08E−25	9.26E−26	7.97E−26	6.86E−26	5.90E−26	5.08E−26	4.37E−26	3.76E−26	3.23E−26
7.5	2.78E−26	2.39E−26	2.05E−26	1.76E−26	1.51E−26	1.30E−26	1.12E−26	9.58E−27	8.22E−27	7.06E−27
7.6	6.05E−27	5.19E−27	4.45E−27	3.82E−27	3.27E−27	2.81E−27	2.40E−27	2.06E−27	1.76E−27	1.51E−27
7.7	1.29E−27	1.11E−27	9.48E−28	8.12E−28	6.94E−28	5.94E−28	5.08E−28	4.34E−28	3.71E−28	3.17E−28
7.8	2.71E−28	2.32E−28	1.98E−28	1.69E−28	1.44E−28	1.23E−28	1.05E−28	8.98E−29	7.66E−29	6.53E−29
7.9	5.57E−29	4.75E−29	4.05E−29	3.45E−29	2.94E−29	2.51E−29	2.14E−29	1.82E−29	1.55E−29	1.32E−29

续表

x	0.00	0.01	0.02	0.03	0.04	0.05	0.06	0.07	0.08	0.09
8.0	1.12E−29	9.55E−30	8.13E−30	6.91E−30	5.88E−30	5.00E−30	4.25E−30	3.61E−30	3.07E−30	2.61E−30
8.1	2.22E−30	1.88E−30	1.60E−30	1.36E−30	1.15E−30	9.78E−31	8.29E−31	7.04E−31	5.97E−31	5.06E−31
8.2	4.29E−31	3.64E−31	3.08E−31	2.61E−31	2.21E−31	1.87E−31	1.59E−31	1.34E−31	1.14E−31	9.62E−32
8.3	8.14E−32	6.89E−32	5.83E−32	4.93E−32	4.16E−32	3.52E−32	2.98E−32	2.51E−32	2.12E−32	1.79E−32
8.4	1.51E−32	1.28E−32	1.08E−32	9.11E−33	7.69E−33	6.48E−33	5.47E−33	4.61E−33	3.89E−33	3.28E−33
8.5	2.76E−33	2.33E−33	1.96E−33	1.65E−33	1.39E−33	1.17E−33	9.86E−34	8.3E−34	6.98E−34	5.87E−34
8.6	4.94E−34	4.15E−34	3.49E−34	2.94E−34	2.47E−34	2.07E−34	1.74E−34	1.46E−34	1.23E−34	1.03E−34
8.7	8.66E−35	7.26E−35	6.10E−35	5.11E−35	4.29E−35	3.60E−35	3.02E−35	2.53E−35	2.12E−35	1.78E−35
8.8	1.49E−35	1.25E−35	1.04E−35	8.73E−36	7.31E−36	6.12E−36	5.12E−36	4.28E−36	3.58E−36	3.00E−36
8.9	2.51E−36	2.09E−36	1.75E−36	1.46E−36	1.22E−36	1.02E−36	8.52E−37	7.12E−37	5.94E−37	4.96E−37
9.0	4.14E−37	3.45E−37	2.88E−37	2.40E−37	2.00E−37	1.67E−37	1.39E−37	1.16E−37	9.65E−38	8.04E−38
9.1	6.70E−38	5.58E−38	4.64E−38	3.86E−38	3.21E−38	2.67E−38	2.22E−38	1.85E−38	1.54E−38	1.28E−38
9.2	1.06E−38	8.83E−39	7.34E−39	6.09E−39	5.06E−39	4.20E−39	3.49E−39	2.90E−39	2.40E−39	1.99E−39
9.3	1.65E−39	1.37E−39	1.14E−39	9.42E−40	7.81E−40	6.47E−40	5.36E−40	4.44E−40	3.68E−40	3.05E−40
9.4	2.52E−40	2.09E−40	1.73E−40	1.43E−40	1.18E−40	9.77E−41	8.08E−41	6.68E−41	5.52E−41	4.56E−41
9.5	3.77E−41	3.11E−41	2.57E−41	2.12E−41	1.75E−41	1.45E−41	1.19E−41	9.85E−42	8.12E−42	6.70E−42
9.6	5.52E−42	4.55E−42	3.75E−42	3.09E−42	2.55E−42	2.1E−42	1.73E−42	1.42E−42	1.17E−42	9.64E−43
9.7	7.94E−43	6.53E−43	5.37E−43	4.42E−43	3.63E−43	2.99E−43	2.45E−43	2.02E−43	1.66E−43	1.36E−43
9.8	1.12E−43	9.18E−44	7.53E−44	6.18E−44	5.07E−44	4.16E−44	3.42E−44	2.80E−44	2.30E−44	1.88E−44
9.9	1.54E−44	1.26E−44	1.04E−44	8.49E−45	6.95E−45	5.69E−45	4.66E−45	3.81E−45	3.12E−45	2.55E−45

附录 2　正态概率积分表

$$\Phi(x)=\int_{-\infty}^{x}\frac{1}{\sqrt{2\pi}}e^{-\frac{v^2}{2}}dv$$

x	0.00	0.01	0.02	0.03	0.04	0.05	0.06	0.07	0.08	0.09
−4.9	0.00000048	0.00000046	0.00000043	0.00000041	0.00000039	0.00000037	0.00000035	0.00000033	0.00000032	0.00000030
−4.8	0.00000079	0.00000075	0.00000072	0.00000068	0.00000065	0.00000062	0.00000059	0.00000056	0.00000053	0.00000050
−4.7	0.00000130	0.00000124	0.00000118	0.00000112	0.00000107	0.00000102	0.00000097	0.00000092	0.00000088	0.00000083
−4.6	0.00000211	0.00000201	0.00000192	0.00000183	0.00000174	0.00000166	0.00000158	0.00000151	0.00000143	0.00000137
−4.5	0.00000340	0.00000324	0.00000309	0.00000295	0.00000281	0.00000268	0.00000256	0.00000244	0.00000232	0.00000222
−4.4	0.00000541	0.00000517	0.00000494	0.00000471	0.00000450	0.00000429	0.00000410	0.00000391	0.00000373	0.00000356
−4.3	0.00000854	0.00000816	0.00000780	0.00000746	0.00000712	0.00000681	0.00000650	0.00000621	0.00000593	0.00000567
−4.2	0.00001335	0.00001277	0.00001222	0.00001168	0.00001118	0.00001069	0.00001022	0.00000977	0.00000934	0.00000893
−4.1	0.00002066	0.00001978	0.00001894	0.00001814	0.00001737	0.00001662	0.00001591	0.00001523	0.00001458	0.00001395
−4.0	0.00003167	0.00003036	0.00002910	0.00002789	0.00002673	0.00002561	0.00002454	0.00002351	0.00002252	0.00002157
−3.9	0.00004810	0.00004615	0.00004427	0.00004247	0.00004074	0.00003908	0.00003747	0.00003594	0.00003446	0.00003304
−3.8	0.00007235	0.00006948	0.00006673	0.00006407	0.00006152	0.00005906	0.00005669	0.00005442	0.00005223	0.00005012
−3.7	0.00010780	0.00010363	0.00009961	0.00009574	0.00009201	0.00008842	0.00008496	0.00008162	0.00007841	0.00007532
−3.6	0.00015911	0.00015310	0.00014730	0.00014171	0.00013632	0.00013112	0.00012611	0.00012128	0.00011662	0.00011213
−3.5	0.00023263	0.00022405	0.00021577	0.00020778	0.00020006	0.00019262	0.00018543	0.00017849	0.00017180	0.00016534
−3.4	0.00033693	0.00032481	0.00031311	0.00030179	0.00029086	0.00028029	0.00027009	0.00026023	0.00025071	0.00024151
−3.3	0.00048342	0.00046648	0.00045009	0.00043423	0.00041889	0.00040406	0.00038971	0.00037584	0.00036243	0.00034946
−3.2	0.00068714	0.00066367	0.00064095	0.00061895	0.00059765	0.00057703	0.00055706	0.00053774	0.00051904	0.00050094
−3.1	0.00096760	0.00093544	0.00090426	0.00087403	0.00084474	0.00081635	0.00078885	0.00076219	0.00073638	0.00071136

续表

x	0.00	0.01	0.02	0.03	0.04	0.05	0.06	0.07	0.08	0.09
−3.0	0.00134990	0.00130624	0.00126387	0.00122277	0.00118289	0.00114421	0.00110668	0.00107029	0.00103500	0.00100078
−2.9	0.00186581	0.00180714	0.00175016	0.00169481	0.00164106	0.00158887	0.00153820	0.00148900	0.00144124	0.00139489
−2.8	0.00255513	0.00247707	0.00240118	0.00232740	0.00225568	0.00218596	0.00211821	0.00205236	0.00198838	0.00192621
−2.7	0.00346697	0.00336416	0.00326410	0.00316672	0.00307196	0.00297976	0.00289007	0.00280281	0.00271794	0.00263540
−2.6	0.00466119	0.00452711	0.00439649	0.00426924	0.00414530	0.00402459	0.00390703	0.00379256	0.00368111	0.00357260
−2.5	0.00620967	0.00603656	0.00586774	0.00570313	0.00554262	0.00538615	0.00523361	0.00508493	0.00494002	0.00479880
−2.4	0.00819754	0.00797626	0.00776025	0.00754941	0.00734363	0.00714281	0.00694685	0.00675565	0.00656912	0.00638715
−2.3	0.01072411	0.01044408	0.01017044	0.00990308	0.00964187	0.00938671	0.00913747	0.00889404	0.00865632	0.00842419
−2.2	0.01390345	0.01355258	0.01320938	0.01287372	0.01254546	0.01222447	0.01191063	0.01160379	0.01130384	0.01101066
−2.1	0.01786442	0.01742918	0.01700302	0.01658581	0.01617738	0.01577761	0.01538633	0.01500342	0.01462873	0.01426212
−2	0.02275013	0.02221559	0.02169169	0.02117827	0.02067516	0.02018222	0.01969927	0.01922617	0.01876277	0.01830890
−1.9	0.02871656	0.02806661	0.02742895	0.02680342	0.02618984	0.02558806	0.02499790	0.02441919	0.02385176	0.02329547
−1.8	0.03593032	0.03514789	0.03437950	0.03362497	0.03288412	0.03215677	0.03144276	0.03074191	0.03005404	0.02937898
−1.7	0.04456546	0.04363294	0.04271622	0.04181514	0.04092951	0.04005916	0.03920390	0.03836357	0.03753798	0.03672696
−1.6	0.05479929	0.05369893	0.05261614	0.05155075	0.05050258	0.04947147	0.04845723	0.04745968	0.04647866	0.04551398
−1.5	0.06680720	0.06552171	0.06425549	0.06300836	0.06178018	0.06057076	0.05937994	0.05820756	0.05705343	0.05591740
−1.4	0.08075666	0.07926984	0.07780384	0.07635851	0.07493370	0.07352926	0.07214504	0.07078088	0.06943662	0.06811212
−1.3	0.09680048	0.09509792	0.09341751	0.09175914	0.09012267	0.08850799	0.08691496	0.08534345	0.08379332	0.08226444
−1.2	0.11506967	0.11313945	0.11123244	0.10934855	0.10748770	0.10564977	0.10383468	0.10204232	0.10027257	0.09852533
−1.1	0.13566606	0.13349951	0.13135688	0.12923811	0.12714315	0.12507194	0.12302440	0.12100048	0.11900011	0.11702320
−1.0	0.15865525	0.15624765	0.15386423	0.15150500	0.14916995	0.14685906	0.14457230	0.14230965	0.14007109	0.13785657
−0.9	0.18406013	0.18141125	0.17878638	0.17618554	0.17360878	0.17105613	0.16852761	0.16602325	0.16354306	0.16108706
−0.8	0.21185540	0.20897009	0.20610805	0.20326939	0.20045419	0.19766254	0.19489452	0.19215020	0.18942965	0.18673294
−0.7	0.24196365	0.23885207	0.23576250	0.23269509	0.22965000	0.22662735	0.22362729	0.22064995	0.21769544	0.21476388
−0.6	0.27425312	0.27093090	0.26762889	0.26434729	0.26108630	0.25784611	0.25462691	0.25142890	0.24825223	0.24509709
−0.5	0.30853754	0.30502573	0.30153179	0.29805597	0.29459852	0.29115969	0.28773972	0.28433885	0.28095731	0.27759532
−0.4	0.34457826	0.34090297	0.33724273	0.33359782	0.32996855	0.32635522	0.32275811	0.31917751	0.31561370	0.31206695
−0.3	0.38208858	0.37828048	0.37448417	0.37069998	0.36692826	0.36316935	0.35942357	0.35569125	0.35197271	0.34826827
−0.2	0.42074029	0.41683384	0.41293558	0.40904588	0.40516513	0.40129367	0.39743189	0.39358013	0.38973875	0.38590812
−0.1	0.46017216	0.45620469	0.45224157	0.44828321	0.44433000	0.44038231	0.43644054	0.43250507	0.42857628	0.42465457
−0.0	0.50000000	0.49601064	0.49202169	0.48803353	0.48404656	0.48006119	0.47607782	0.47209683	0.46811863	0.46414361
0.0	0.50000000	0.50398936	0.50797831	0.51196647	0.51595344	0.51993881	0.52392218	0.52790317	0.53188137	0.53585639
0.1	0.53982784	0.54379531	0.54775843	0.55171679	0.55567000	0.55961769	0.56355946	0.56749493	0.57142372	0.57534543
0.2	0.57925971	0.58316616	0.58706442	0.59095412	0.59483487	0.59870633	0.60256811	0.60641987	0.61026125	0.61409188
0.3	0.61791142	0.62171952	0.62551583	0.62930002	0.63307174	0.63683065	0.64057643	0.64430875	0.64802729	0.65173173
0.4	0.65542174	0.65909703	0.66275727	0.66640218	0.67003145	0.67364478	0.67724189	0.68082249	0.68438630	0.68793305
0.5	0.69146246	0.69497427	0.69846821	0.70194403	0.70540148	0.70884031	0.71226028	0.71566115	0.71904269	0.72240468
0.6	0.72574688	0.72906910	0.73237111	0.73565271	0.73891370	0.74215389	0.74537309	0.74857110	0.75174777	0.75490291
0.7	0.75803635	0.76114793	0.76423750	0.76730491	0.77035000	0.77337265	0.77637271	0.77935005	0.78230456	0.78523612
0.8	0.78814460	0.79102991	0.79389195	0.79673061	0.79954581	0.80233746	0.80510548	0.80784980	0.81057035	0.81326706
0.9	0.81593987	0.81858875	0.82121362	0.82381446	0.82639122	0.82894387	0.83147239	0.83397675	0.83645694	0.83891294
1.0	0.84134475	0.84375235	0.84613577	0.84849500	0.85083005	0.85314094	0.85542770	0.85769035	0.85992891	0.86214343
1.1	0.86433394	0.86650049	0.86864312	0.87076189	0.87285685	0.87492806	0.87697560	0.87899952	0.88099989	0.88297680
1.2	0.88493033	0.88686055	0.88876756	0.89065145	0.89251230	0.89435023	0.89616532	0.89795768	0.89972743	0.90147467
1.3	0.90319952	0.90490208	0.90658249	0.90824086	0.90987733	0.91149201	0.91308504	0.91465655	0.91620668	0.91773556
1.4	0.91924334	0.92073016	0.92219616	0.92364149	0.92506630	0.92647074	0.92785496	0.92921912	0.93056338	0.93188788
1.5	0.93319280	0.93447829	0.93574451	0.93699164	0.93821982	0.93942924	0.94062006	0.94179244	0.94294657	0.94408260
1.6	0.94520071	0.94630107	0.94738386	0.94844925	0.94949742	0.95052853	0.95154277	0.95254032	0.95352134	0.95448602
1.7	0.95543454	0.95636706	0.95728378	0.95818486	0.95907049	0.95994084	0.96079610	0.96163643	0.96246202	0.96327304
1.8	0.96406968	0.96485211	0.96562050	0.96637503	0.96711588	0.96784323	0.96855724	0.96925809	0.96994596	0.97062102
1.9	0.97128344	0.97193339	0.97257105	0.97319658	0.97381016	0.97441194	0.97500210	0.97558081	0.97614824	0.97670453

续表

x	0.00	0.01	0.02	0.03	0.04	0.05	0.06	0.07	0.08	0.09
2.0	0.97724987	0.97778441	0.97830831	0.97882173	0.97932484	0.97981778	0.98030073	0.98077383	0.98123723	0.98169110
2.1	0.98213558	0.98257082	0.98299698	0.98341419	0.98382262	0.98422239	0.98461367	0.98499658	0.98537127	0.98573788
2.2	0.98609655	0.98644742	0.98679062	0.98712628	0.98745454	0.98777553	0.98808937	0.98839621	0.98869616	0.98898934
2.3	0.98927589	0.98955592	0.98982956	0.99009692	0.99035813	0.99061329	0.99086253	0.99110596	0.99134368	0.99157581
2.4	0.99180246	0.99202374	0.99223975	0.99245059	0.99265637	0.99285719	0.99305315	0.99324435	0.99343088	0.99361285
2.5	0.99379033	0.99396344	0.99413226	0.99429687	0.99445738	0.99461385	0.99476639	0.99491507	0.99505998	0.99520120
2.6	0.99533881	0.99547289	0.99560351	0.99573076	0.99585470	0.99597541	0.99609297	0.99620744	0.99631889	0.99642740
2.7	0.99653303	0.99663584	0.99673590	0.99683328	0.99692804	0.99702024	0.99710993	0.99719719	0.99728206	0.99736460
2.8	0.99744487	0.99752293	0.99759882	0.99767260	0.99774432	0.99781404	0.99788179	0.99794764	0.99801162	0.99807379
2.9	0.99813419	0.99819286	0.99824984	0.99830519	0.99835894	0.99841113	0.99846180	0.99851100	0.99855876	0.99860511
3.0	0.99865010	0.99869376	0.99873613	0.99877723	0.99881711	0.99885579	0.99889332	0.99892971	0.99896500	0.99899922
3.1	0.99903240	0.99906456	0.99909574	0.99912597	0.99915526	0.99918365	0.99921115	0.99923781	0.99926362	0.99928864
3.2	0.99931286	0.99933633	0.99935905	0.99938105	0.99940235	0.99942297	0.99944294	0.99946226	0.99948096	0.99949906
3.3	0.99951658	0.99953352	0.99954991	0.99956577	0.99958111	0.99959594	0.99961029	0.99962416	0.99963757	0.99965054
3.4	0.99966307	0.99967519	0.99968689	0.99969821	0.99970914	0.99971971	0.99972991	0.99973977	0.99974929	0.99975849
3.5	0.99976737	0.99977595	0.99978423	0.99979222	0.99979994	0.99980738	0.99981457	0.99982151	0.99982820	0.99983466
3.6	0.99984089	0.99984690	0.99985270	0.99985829	0.99986368	0.99986888	0.99987389	0.99987872	0.99988338	0.99988787
3.7	0.99989220	0.99989637	0.99990039	0.99990426	0.99990799	0.99991158	0.99991504	0.99991838	0.99992159	0.99992468
3.8	0.99992765	0.99993052	0.99993327	0.99993593	0.99993848	0.99994094	0.99994331	0.99994558	0.99994777	0.99994988
3.9	0.99995190	0.99995385	0.99995573	0.99995753	0.99995926	0.99996092	0.99996253	0.99996406	0.99996554	0.99996696
4.0	0.99996833	0.99996964	0.99997090	0.99997211	0.99997327	0.99997439	0.99997546	0.99997649	0.99997748	0.99997843
4.1	0.99997934	0.99998022	0.99998106	0.99998186	0.99998263	0.99998338	0.99998409	0.99998477	0.99998542	0.99998605
4.2	0.99998665	0.99998723	0.99998778	0.99998832	0.99998882	0.99998931	0.99998978	0.99999023	0.99999066	0.99999107
4.3	0.99999146	0.99999184	0.99999220	0.99999254	0.99999288	0.99999319	0.99999350	0.99999379	0.99999407	0.99999433
4.4	0.99999459	0.99999483	0.99999506	0.99999529	0.99999550	0.99999571	0.99999590	0.99999609	0.99999627	0.99999644
4.5	0.99999660	0.99999676	0.99999691	0.99999705	0.99999719	0.99999732	0.99999744	0.99999756	0.99999768	0.99999778
4.6	0.99999789	0.99999799	0.99999808	0.99999817	0.99999826	0.99999834	0.99999842	0.99999849	0.99999857	0.99999863
4.7	0.99999870	0.99999876	0.99999882	0.99999888	0.99999893	0.99999898	0.99999903	0.99999908	0.99999912	0.99999917
4.8	0.99999921	0.99999925	0.99999928	0.99999932	0.99999935	0.99999938	0.99999941	0.99999944	0.99999947	0.99999950
4.9	0.99999952	0.99999954	0.99999957	0.99999959	0.99999961	0.99999963	0.99999965	0.99999967	0.99999968	0.99999970

附录3 贝塞尔函数表

Ⅰ. 第一类0阶贝塞尔函数表 $J_0(x)$

0	0.0	0.1	0.2	0.3	0.4	0.5	0.6	0.7	0.8	0.9
0	+1.00000	+0.99750	+0.99002	+0.97763	+0.96040	+0.93847	+0.91200	+0.88120	+0.84629	+0.80752
1	+0.76520	+0.71962	+0.67113	+0.62009	+0.56686	+0.51183	+0.45540	+0.39798	+0.33999	+0.28182
2	+0.22389	+0.16661	+0.11036	+0.05554	+0.00251	−0.04838	−0.09680	−0.14245	−0.18504	−0.22431
3	−0.26005	−0.29206	−0.32019	−0.34430	−0.36430	−0.38013	−0.39177	−0.39923	−0.40256	−0.40183
4	−0.39715	−0.38867	−0.37656	−0.36101	−0.34226	−0.32054	−0.29614	−0.26933	−0.24043	−0.20974
5	−0.17760	−0.14433	−0.11029	−0.07580	−0.04121	−0.00684	+0.02697	+0.05992	+0.09170	+0.12203
6	+0.15065	+0.17729	+0.20175	+0.22381	+0.24331	+0.26009	+0.27404	+0.28506	+0.29310	+0.29810
7	+0.30008	+0.29905	+0.29507	+0.28822	+0.27860	+0.26634	+0.25160	+0.23456	+0.21541	+0.19436
8	+0.17165	+0.14752	+0.12222	+0.09601	+0.06916	+0.04194	+0.01462	−0.01252	−0.03923	−0.06525
9	−0.09033	−0.11424	−0.13675	−0.15766	−0.17677	−0.19393	−0.20898	−0.2218	−0.23228	−0.24034
10	−0.24594	−0.24903	−0.24962	−0.24772	−0.24337	−0.23665	−0.22764	−0.21644	−0.20320	−0.18806
11	−0.17119	−0.15277	−0.13299	−0.11207	−0.09021	−0.06765	−0.04462	−0.02133	+0.00197	+0.02505

续表

0	0.0	0.1	0.2	0.3	0.4	0.5	0.6	0.7	0.8	0.9
12	+0.04769	+0.06967	+0.09077	+0.11080	+0.12956	+0.14688	+0.16261	+0.17659	+0.18870	+0.19884
13	+0.20693	+0.21289	+0.21669	+0.21830	+0.21773	+0.21499	+0.21013	+0.20322	+0.19434	+0.18358
14	+0.17107	+0.15695	+0.14137	+0.12449	+0.10648	+0.08754	+0.06786	+0.04764	+0.02708	+0.00639
15	−0.01422	−0.03456	−0.05442	−0.07361	−0.09194	−0.10923	−0.12533	−0.14007	−0.15333	−0.16497
16	−0.17490	−0.18302	−0.18927	−0.19360	−0.19597	−0.19638	−0.19483	−0.19134	−0.18597	−0.17878
17	−0.16985	−0.15929	−0.14719	−0.13370	−0.11896	−0.10311	−0.08633	−0.06878	−0.05065	−0.03211
18	−0.01336	+0.00543	+0.02405	+0.04234	+0.06010	+0.07716	+0.09337	+0.10856	+0.12259	+0.13532
19	+0.14663	+0.15642	+0.16461	+0.17111	+0.17587	+0.17885	+0.18004	+0.17943	+0.17703	+0.17288

Ⅱ. 第一类 1 阶贝塞尔函数表 $J_1(x)$

0	0.0	0.1	0.2	0.3	0.4	0.5	0.6	0.7	0.8	0.9
0	+0.00000	+0.04994	+0.09950	+0.14832	+0.19603	+0.24227	+0.28670	+0.32900	+0.36884	+0.40595
1	+0.44005	+0.47090	+0.49829	+0.52202	+0.54195	+0.55794	+0.56990	+0.57777	+0.58152	+0.58116
2	+0.57672	+0.56829	+0.55596	+0.53987	+0.52019	+0.49709	+0.47082	+0.44160	+0.40971	+0.37543
3	+0.33906	+0.30092	+0.26134	+0.22066	+0.17923	+0.13738	+0.09547	+0.05383	+0.01282	−0.02724
4	−0.06604	−0.10327	−0.13865	−0.17190	−0.20278	−0.23106	−0.25655	−0.27908	−0.29850	−0.31469
5	−0.32758	−0.33710	−0.34322	−0.34596	−0.34534	−0.34144	−0.33433	−0.32415	−0.31103	−0.29514
6	−0.27668	−0.25586	−0.23292	−0.20809	−0.18164	−0.15384	−0.12498	−0.09534	−0.06522	−0.03490
7	−0.00468	+0.02515	+0.05433	+0.08257	+0.10963	+0.13525	+0.15921	+0.18131	+0.20136	+0.21918
8	+0.23464	+0.24761	+0.25800	+0.26574	+0.27079	+0.27312	+0.27275	+0.26972	+0.26407	+0.25590
9	+0.24531	+0.23243	+0.21741	+0.20041	+0.18163	+0.16126	+0.13952	+0.11664	+0.09284	+0.06837
10	+0.04347	+0.01840	−0.00662	−0.03132	−0.05547	−0.07885	−0.10123	−0.12240	−0.14217	−0.16035
11	−0.17679	−0.19133	−0.20385	−0.21426	−0.22245	−0.22838	−0.23200	−0.2333	−0.23228	−0.22898
12	−0.22345	−0.21575	−0.20598	−0.19426	−0.18071	−0.16548	−0.14874	−0.13066	−0.11143	−0.09125
13	−0.07032	−0.04885	−0.02707	−0.00518	+0.01660	+0.03805	+0.05896	+0.07914	+0.09839	+0.11652
14	+0.13338	+0.14878	+0.16261	+0.17473	+0.18503	+0.19343	+0.19985	+0.20425	+0.20660	+0.20688
15	+0.20510	+0.20131	+0.19555	+0.18788	+0.17840	+0.16721	+0.15444	+0.14022	+0.12469	+0.10803
16	+0.09040	+0.07198	+0.05296	+0.03354	+0.01389	−0.00576	−0.02525	−0.04436	−0.06292	−0.08075
17	−0.09767	−0.11352	−0.12815	−0.14142	−0.15322	−0.16342	−0.17194	−0.17871	−0.18366	−0.18677
18	−0.18799	−0.18735	−0.18485	−0.18052	−0.17443	−0.16663	−0.15723	−0.14631	−0.13399	−0.12041
19	−0.10570	−0.09002	−0.07353	−0.05639	−0.03878	−0.02088	−0.00286	+0.01510	+0.03282	+0.05012

Ⅲ. 第二类 0 阶贝塞尔函数表 $N_0(x)$

0	0.0	0.1	0.2	0.3	0.4	0.5	0.6	0.7	0.8	0.9
0	$-\infty$	−1.53424	−1.08111	−0.80727	−0.60602	−0.44452	−0.30851	−0.19066	−0.08680	+0.00563
1	+0.08826	+0.16216	+0.22808	+0.28654	+0.33790	+0.38245	+0.42043	+0.45203	+0.47743	+0.49682
2	+0.51038	+0.51829	+0.52078	+0.51808	+0.51041	+0.49807	+0.48133	+0.46050	+0.43592	+0.40791
3	+0.37685	+0.34310	+0.30705	+0.26909	+0.22962	+0.18902	+0.14771	+0.10607	+0.06450	+0.02338
4	−0.01694	−0.05609	−0.09375	−0.12960	−0.16334	−0.19471	−0.22346	−0.24939	−0.27230	−0.29205
5	−0.30852	−0.32160	−0.33125	−0.33744	−0.34017	−0.33948	−0.33544	−0.32816	−0.31775	−0.30437
6	−0.28819	−0.26943	−0.24831	−0.22506	−0.19995	−0.17324	−0.14523	−0.11619	−0.08643	−0.05625
7	−0.02595	+0.00418	+0.03385	+0.06277	+0.09068	+0.11731	+0.14243	+0.16580	+0.18723	+0.20652
8	+0.22352	+0.23809	+0.25012	+0.25951	+0.26622	+0.27021	+0.27146	+0.27000	+0.26587	+0.25916
9	+0.24994	+0.23834	+0.22449	+0.20857	+0.19074	+0.17121	+0.15018	+0.12787	+0.10453	+0.08038
10	+0.05567	+0.03066	+0.00559	−0.01930	−0.04375	−0.06753	−0.09042	−0.11219	−0.13264	−0.15158

续表

0	0.0	0.1	0.2	0.3	0.4	0.5	0.6	0.7	0.8	0.9
11	−0.16885	−0.18428	−0.19773	−0.2091	−0.21829	−0.22523	−0.22987	−0.23218	−0.23216	−0.22983
12	−0.22524	−0.21844	−0.20952	−0.19859	−0.18578	−0.17121	−0.15506	−0.13750	−0.11870	−0.09887
13	−0.07821	−0.05693	−0.03524	−0.01336	+0.00848	+0.03008	+0.05122	+0.07169	+0.09130	+0.10986
14	+0.12719	+0.14314	+0.15754	+0.17028	+0.18123	+0.19030	+0.19742	+0.20252	+0.20557	+0.20655
15	+0.20546	+0.20234	+0.19723	+0.19018	+0.18129	+0.17064	+0.15837	+0.14460	+0.12947	+0.11315
16	+0.09581	+0.07762	+0.05877	+0.03945	+0.01985	+0.00018	−0.01938	−0.03862	−0.05737	−0.07543
17	−0.09264	−0.10882	−0.12382	−0.13751	−0.14974	−0.16041	−0.16942	−0.17670	−0.18217	−0.18580
18	−0.18755	−0.18743	−0.18544	−0.18161	−0.17600	−0.16866	−0.15968	−0.14915	−0.13720	−0.12394
19	−0.10952	−0.09408	−0.07779	−0.06080	−0.04330	−0.02545	−0.00744	+0.01055	+0.02834	+0.04576

Ⅳ. 第二类1阶贝塞尔函数表 $N_1(x)$

0	0.0	0.1	0.2	0.3	0.4	0.5	0.6	0.7	0.8	0.9
0	−∞	−6.45895	−3.32382	−2.29311	−1.78087	−1.47147	−1.26039	−1.10325	−0.97814	−0.87313
1	−0.78121	−0.69812	−0.62114	−0.54852	−0.47915	−0.41231	−0.34758	−0.28473	−0.22366	−0.16441
2	−0.10703	−0.05168	+0.00149	+0.05228	+0.10049	+0.14592	+0.18836	+0.22763	+0.26355	+0.29594
3	+0.32467	+0.34963	+0.37071	+0.38785	+0.40102	+0.41019	+0.41539	+0.41667	+0.41411	+0.40782
4	+0.39793	+0.38459	+0.36801	+0.34839	+0.32597	+0.30100	+0.27375	+0.24450	+0.21357	+0.18125
5	+0.14786	+0.11374	+0.07919	+0.04455	+0.01013	−0.02376	−0.05681	−0.08872	−0.11923	−0.14808
6	−0.17501	−0.19981	−0.22228	−0.24225	−0.25956	−0.27409	−0.28575	−0.29446	−0.30019	−0.30292
7	−0.30267	−0.29948	−0.29342	−0.28459	−0.27311	−0.25913	−0.24280	−0.22432	−0.20389	−0.18172
8	−0.15806	−0.13315	−0.10724	−0.0806	−0.05348	−0.02617	+0.00108	+0.02801	+0.05436	+0.07987
9	+0.10431	+0.12747	+0.14911	+0.16906	+0.18714	+0.20318	+0.21706	+0.22866	+0.23789	+0.24469
10	+0.24902	+0.25084	+0.25019	+0.24707	+0.24155	+0.23370	+0.22363	+0.21144	+0.19729	+0.18132
11	+0.16371	+0.14464	+0.12431	+0.10294	+0.08074	+0.05794	+0.03477	+0.01145	−0.01179	−0.03471
12	−0.05710	−0.07874	−0.09942	−0.11895	−0.13714	−0.15384	−0.16888	−0.18213	−0.19347	−0.20282
13	−0.21008	−0.21521	−0.21817	−0.21895	−0.21756	−0.21402	−0.20839	−0.20074	−0.19116	−0.17975
14	−0.16664	−0.15198	−0.13592	−0.11862	−0.10026	−0.08104	−0.06115	−0.04079	−0.02016	+0.00053
15	+0.02107	+0.04127	+0.06093	+0.07986	+0.09786	+0.11479	+0.13046	+0.14474	+0.15750	+0.16861
16	+0.17798	+0.18552	+0.19118	+0.19490	+0.19667	+0.19648	+0.19433	+0.19027	+0.18435	+0.17663
17	+0.16721	+0.15617	+0.14366	+0.12979	+0.11471	+0.09857	+0.08155	+0.06382	+0.04555	+0.02694
18	+0.00816	−0.0106	−0.02915	−0.04731	−0.0649	−0.08175	−0.09769	−0.11258	−0.12627	−0.13864
19	−0.14956	−0.15894	−0.16669	−0.17274	−0.17704	−0.17956	−0.18029	−0.17922	−0.17637	−0.17178

Ⅴ. 第一类变型0阶贝塞尔函数表 $I_0(x)$

0	0.0	0.1	0.2	0.3	0.4	0.5	0.6	0.7	0.8	0.9
0	1.00000	1.00250	1.01003	1.02263	1.04040	1.06348	1.09205	1.12630	1.16651	1.21299
1	1.26607	1.32616	1.39373	1.46928	1.55340	1.64672	1.74998	1.86396	1.98956	2.12774
2	2.27959	2.44628	2.62914	2.82961	3.04926	3.28984	3.55327	3.84165	4.15730	4.50275
3	4.88079	5.29449	5.74721	6.24263	6.78481	7.37820	8.02768	8.73862	9.51689	10.36896
4	11.30192	12.32357	13.44246	14.66797	16.01044	17.48117	19.09262	20.85846	22.79368	24.91478
5	27.23987	29.78886	32.58359	35.64811	39.00879	42.69465	46.73755	51.17254	56.03810	61.37655
6	67.23441	73.66279	80.71791	88.46155	96.96164	106.2929	116.5373	127.7853	140.1362	153.699
7	168.5939	184.9529	202.9213	222.6588	244.341	268.1613	294.3322	323.0875	354.6845	389.4063
8	427.5641	469.5006	515.5927	566.2551	621.9441	683.1619	750.4612	824.4499	905.7973	995.2400
9	1093.588	1201.735	1320.661	1451.447	1595.284	1753.481	1927.479	2118.865	2329.385	2560.963

续表

0	0.0	0.1	0.2	0.3	0.4	0.5	0.6	0.7	0.8	0.9
10	2815.717	3095.976	3404.307	3743.535	4116.772	4527.442	4979.317	5476.55	6023.714	6625.846
11	7288.489	8017.752	8820.359	9703.718	10675.98	11746.14	12924.08	14220.71	15648.02	17219.24
12	18948.93	20853.12	22949.48	25257.49	27798.57	30596.34	33676.81	37068.65	40803.44	44915.94
13	49444.49	54431.3	59922.88	65970.49	72630.58	79965.37	88043.39	96940.18	106739	117531.4
14	129418.6	142511.8	156933.7	172819.6	190318.4	209594.3	230828.2	254219.5	279987.9	308375.6
15	339649.4	374103.4	412061.8	453881.9	499957.3	550722.1	606654.5	668281.8	736184.9	811004.4
16	893446.2	984288.4	1084389	1194693	1316242	1450186	1597791	1760453	1939710	2137259
17	2354970	2594905	2859335	3150767	3471962	3825965	4216134	4646170	5120152	5642580
18	6218412	6853119	7552728	8323886	9173924	10110922	11143789	12282350	13537437	14920994
19	16446190	18127548	19981079	22024439	24277099	26760525	29498393	32516807	35844553	39513377

Ⅵ. 第一类变型 1 阶贝塞尔函数表 $I_1(x)$

0	0.0	0.1	0.2	0.3	0.4	0.5	0.6	0.7	0.8	0.9
0	0.00000	0.05006	0.10050	0.15169	0.20403	0.25789	0.31370	0.37188	0.43286	0.49713
1	0.56516	0.63749	0.71468	0.79733	0.88609	0.98167	1.08481	1.19635	1.31717	1.44824
2	1.59064	1.74550	1.91409	2.09780	2.29812	2.51672	2.75538	3.01611	3.30106	3.61261
3	3.95337	4.32621	4.73425	5.18096	5.67010	6.20583	6.79271	7.43575	8.14042	8.91279
4	9.75947	10.68774	11.70562	12.82189	14.04622	15.38922	16.86256	18.47907	20.25283	22.19935
5	24.33564	26.68044	29.25431	32.07989	35.18206	38.58816	42.32829	46.43550	50.94618	55.90033
6	61.34194	67.31938	73.88589	81.10000	89.02610	97.73501	107.3047	117.8208	129.3776	142.0790
7	156.0391	171.3834	188.2503	206.7917	227.1750	249.5844	274.2225	301.3124	331.0995	363.8539
8	399.8731	439.4843	483.0477	530.9598	583.6570	641.6199	705.3773	775.5115	852.6635	937.5389
9	1030.915	1133.646	1246.676	1371.039	1507.879	1658.453	1824.145	2006.479	2207.134	2427.958
10	2670.988	2938.466	3232.859	3556.888	3913.547	4306.135	4738.284	5213.995	5737.677	6314.182
11	6948.859	7647.596	8416.883	9263.865	10196.42	11223.21	12353.80	13598.71	14969.54	16479.06
12	18141.35	19971.91	21987.83	24207.93	26652.96	29345.75	32311.49	35577.93	39175.63	43138.28
13	47502.99	52310.66	57606.37	63439.78	69865.63	76944.22	84742.03	93332.31	102795.8	113221.4
14	124707.3	137361.4	151302.9	166663.0	183586.4	202232.6	222777.4	245414.3	270357	297840.7
15	328124.9	361495.6	398267.8	438789.1	483442.3	532649.7	586876.6	646636	712493.3	785072.1
16	865059.4	953213.0	1050368	1157445	1275460	1405531	1548892	1706903	1881065	2073030
17	2284622	2517849	2774929	3058304	3370668	3714992	4094550	4512953	4974183	5482629
18	6043133	6661033	7342213	8093165	8921044	9833742	10839961	11949297	13172332	14520735
19	16007374	17646438	19453578	21446049	23642884	26065069	28735751	31680455	34927331	38507424

Ⅶ. 第二类变型 0 阶贝塞尔函数表 $K_0(x)$

0	0.0	0.1	0.2	0.3	0.4	0.5	0.6	0.7	0.8	0.9
0	∞	2.427069	1.752704	1.372460	1.114529	0.924419	0.777522	0.660520	0.565347	0.486730
1	0.421024	0.365602	0.318508	0.278248	0.243655	0.213806	0.187955	0.165496	0.145931	0.128846
2	0.113894	0.100784	0.089269	0.079140	0.070217	0.062348	0.055398	0.049255	0.043820	0.039006
3	0.034740	0.030955	0.027595	0.024611	0.021958	0.019599	0.017500	0.015631	0.013966	0.012482
4	0.011160	0.009980	0.008927	0.007988	0.007149	0.006400	0.005730	0.005132	0.004597	0.004119
5	0.003691	0.003308	0.002966	0.002659	0.002385	0.002139	0.001918	0.001721	0.001544	0.001386
6	0.001244	0.001117	0.001003	0.000900	0.000808	0.000726	0.000652	0.000586	0.000526	0.000473
7	0.000425	0.000382	0.000343	0.000308	0.000277	0.000249	0.000224	0.000201	0.000181	0.000163
8	1.46E−04	1.32E−04	1.18E−04	1.07E−04	9.59E−05	8.63E−05	7.76E−05	6.98E−05	6.28E−05	5.65E−05

续表

0	0.0	0.1	0.2	0.3	0.4	0.5	0.6	0.7	0.8	0.9
9	5.09E−05	4.58E−05	4.12E−05	3.71E−05	3.34E−05	3.01E−05	2.71E−05	2.44E−05	2.19E−05	1.97E−05
10	1.78E−05	1.60E−05	1.44E−05	1.30E−05	1.17E−05	1.05E−05	9.48E−06	8.54E−06	7.69E−06	6.93E−06
11	6.24E−06	5.62E−06	5.07E−06	4.56E−06	4.11E−06	3.71E−06	3.34E−06	3.01E−06	2.71E−06	2.44E−06
12	2.20E−06	1.98E−06	1.79E−06	1.61E−06	1.45E−06	1.31E−06	1.18E−06	1.06E−06	9.58E−07	8.64E−07
13	7.78E−07	7.02E−07	6.33E−07	5.70E−07	5.14E−07	4.63E−07	4.18E−07	3.77E−07	3.40E−07	3.06E−07
14	2.76E−07	2.49E−07	2.25E−07	2.02E−07	1.83E−07	1.65E−07	1.48E−07	1.34E−07	1.21E−07	1.09E−07
15	9.82E−08	8.86E−08	7.99E−08	7.20E−08	6.50E−08	5.86E−08	5.29E−08	4.77E−08	4.30E−08	3.88E−08
16	3.50E−08	3.16E−08	2.85E−08	2.57E−08	2.32E−08	2.09E−08	1.89E−08	1.70E−08	1.54E−08	1.38E−08
17	1.25E−08	1.13E−08	1.02E−08	9.18E−09	8.28E−09	7.47E−09	6.74E−09	6.08E−09	5.49E−09	4.95E−09
18	4.47E−09	4.03E−09	3.64E−09	3.28E−09	2.96E−09	2.67E−09	2.41E−09	2.18E−09	1.97E−09	1.77E−09
19	1.60E−09	1.44E−09	1.30E−09	1.18E−09	1.06E−09	9.58E−10	8.65E−10	7.81E−10	7.05E−10	6.36E−10

Ⅷ. 第二类变型1阶贝塞尔函数表 $K_1(x)$

0	0.0	0.1	0.2	0.3	0.4	0.5	0.6	0.7	0.8	0.9
0	∞	9.853845	4.775973	3.055992	2.184354	1.656441	1.302835	1.050284	0.861782	0.716534
1	0.601907	0.509760	0.434592	0.372548	0.320836	0.277388	0.240634	0.209362	0.182623	0.159660
2	0.139866	0.122746	0.107897	0.094982	0.083725	0.073891	0.065284	0.057738	0.051113	0.045286
3	0.040156	0.035634	0.031643	0.028117	0.024999	0.022239	0.019795	0.017628	0.015706	0.013999
4	0.012484	0.011136	0.009938	0.008872	0.007923	0.007078	0.006325	0.005654	0.005055	0.004521
5	0.004045	0.003619	0.003239	0.002900	0.002597	0.002326	0.002083	0.001867	0.001673	0.001499
6	0.001344	0.001205	0.001081	0.000969	0.000869	0.000780	0.000700	0.000628	0.000564	0.000506
7	0.000454	0.000408	0.000366	0.000329	0.000295	0.000265	0.000238	0.000214	0.000192	0.000173
8	1.55 E−04	1.40 E−04	1.26 E−04	1.13E−04	1.01 E−04	9.12E−05	8.20 E−05	7.37E−05	6.63E−05	5.96E−05
9	5.36E−05	4.82E−05	4.34E−05	0.000039	3.51E−05	3.16E−05	2.84E−05	2.56E−05	2.30 E−05	2.07E−05
10	1.86E−05	1.68E−05	1.51E−05	1.36E−05	1.22E−05	1.10 E−05	9.92E−06	8.93E−06	8.04E−06	7.24E−06
11	6.52E−06	5.87E−06	5.29E−06	4.76E−06	4.29E−06	3.86E−06	3.48E−06	3.13E−06	2.82E−06	2.54E−06
12	2.29E−06	2.06E−06	1.86E−06	1.68E−06	1.51E−06	1.36E−06	1.23E−06	1.10E−06	9.95E−07	8.96E−07
13	8.08E−07	7.28E−07	6.56E−07	5.91E−07	5.33E−07	4.80E−07	4.33E−07	3.90E−07	3.52E−07	3.17E−07
14	2.86E−07	2.58E−07	2.32E−07	2.09E−07	1.89E−07	1.70E−07	1.53E−07	1.38E−07	1.25E−07	1.12E−07
15	1.01E−07	9.14E−08	8.25E−08	7.44E−08	6.71E−08	6.05E−08	5.45E−08	4.92E−08	4.43E−08	4.00E−08
16	3.61E−08	3.25E−08	2.93E−08	2.65E−08	2.39E−08	2.15E−08	1.94E−08	1.75E−08	1.58E−08	1.43E−08
17	1.29E−08	1.16E−08	1.05E−08	9.44E−09	8.51E−09	7.68E−09	6.93E−09	6.25E−09	5.64E−09	5.09E−09
18	4.59E−09	4.14E−09	3.74E−09	3.37E−09	3.04E−09	2.75E−09	2.48E−09	2.24E−09	2.02E−09	1.82E−09
19	1.64E−09	1.48E−09	1.34E−09	1.21E−09	1.09E−09	9.83E−10	8.87E−10	8.00E−10	7.22E−10	6.52E−10

附录4 三角函数公式

Ⅰ. 基本关系

$\sin^2\alpha+\cos^2\alpha=1$　　$\sec^2\alpha-\tan^2\alpha=1$　　$\csc^2\alpha-\cot^2\alpha=1$

$\tan\alpha\cdot\cot\alpha=1$　　$\sin\alpha\cdot\csc\alpha=1$　　$\cos\alpha\cdot\sec\alpha=1$

$\tan\alpha=\dfrac{\sin\alpha}{\cos\alpha}$　　$\cot\alpha=\dfrac{\cos\alpha}{\sin\alpha}$

Ⅱ. 诱导公式表

函数角	sin	cos	tan	cot	sec	csc
$-\alpha$	$-\sin\alpha$	$\cos\alpha$	$-\tan\alpha$	$-\cot\alpha$	$\sec\alpha$	$-\csc\alpha$
$\frac{\pi}{2}\pm\alpha$	$\cos\alpha$	$\mp\sin\alpha$	$\mp\cot\alpha$	$\mp\tan\alpha$	$\mp\csc\alpha$	$\sec\alpha$
$\pi\pm\alpha$	$\mp\sin\alpha$	$-\cos\alpha$	$\pm\tan\alpha$	$\pm\cot\alpha$	$-\sec\alpha$	$\mp\csc\alpha$
$\frac{3\pi}{2}\pm\alpha$	$-\cos\alpha$	$\pm\sin\alpha$	$\mp\cot\alpha$	$\mp\tan\alpha$	$\pm\csc\alpha$	$-\sec\alpha$
$2\pi\pm\alpha$	$\pm\sin\alpha$	$\cos\alpha$	$\pm\tan\alpha$	$\pm\cot\alpha$	$\sec\alpha$	$\pm\csc\alpha$
$n\pi\pm\alpha$	$\pm(-1)^n\sin\alpha$	$(-1)^n\cos\alpha$	$\pm\tan\alpha$	$\pm\cot\alpha$	$(-1)^n\sec\alpha$	$\pm(-1)^n\csc\alpha$

Ⅲ. 加法公式

$$\sin(\alpha\pm\beta)=\sin\alpha\cos\beta\pm\cos\alpha\sin\beta$$

$$\cos(\alpha\pm\beta)=\cos\alpha\cos\beta\mp\sin\alpha\sin\beta$$

$$\tan(\alpha\pm\beta)=\frac{\tan\alpha\pm\tan\beta}{1\mp\tan\alpha\tan\beta}$$

$$\cot(\alpha\pm\beta)=\frac{\cot\alpha\cot\beta\mp1}{\cot\beta\pm\cot\alpha}$$

Ⅳ. 和差与积互化公式

$$\sin\alpha+\sin\beta=2\sin\frac{\alpha+\beta}{2}\cos\frac{\alpha-\beta}{2}$$

$$\sin\alpha-\sin\beta=2\cos\frac{\alpha+\beta}{2}\sin\frac{\alpha-\beta}{2}$$

$$\cos\alpha+\cos\beta=2\cos\frac{\alpha+\beta}{2}\cos\frac{\alpha-\beta}{2}$$

$$\cos\alpha-\cos\beta=-2\sin\frac{\alpha+\beta}{2}\sin\frac{\alpha-\beta}{2}$$

$$\tan\alpha\pm\tan\beta=\frac{\sin(\alpha\pm\beta)}{\cos\alpha\cos\beta}$$

$$\cot\alpha\pm\cot\beta=\pm\frac{\sin(\alpha\pm\beta)}{\sin\alpha\sin\beta}$$

$$\tan\alpha\pm\cot\beta=\pm\frac{\cos(\alpha\mp\beta)}{\cos\alpha\sin\beta}$$

$$\sin\alpha\sin\beta=-\frac{1}{2}[\cos(\alpha+\beta)-\cos(\alpha-\beta)]$$

$$\cos\alpha\cos\beta=\frac{1}{2}[\cos(\alpha+\beta)+\cos(\alpha-\beta)]$$

$$\sin\alpha\cos\beta=\frac{1}{2}[\sin(\alpha+\beta)+\sin(\alpha-\beta)]$$

Ⅴ. 倍角公式

$$\sin2\alpha=2\sin\alpha\cos\alpha=\frac{2\tan\alpha}{1+\tan^2\alpha}$$

$$\cos2\alpha=\cos^2\alpha-\sin^2\alpha=2\cos^2\alpha-1=1-2\sin^2\alpha=\frac{1-\tan^2\alpha}{1+\tan^2\alpha}$$

$$\tan2\alpha=\frac{2\tan\alpha}{1-\tan^2\alpha}$$

$$\cot2\alpha=\frac{\cot^2\alpha-1}{2\cot\alpha}$$

$$\sec2\alpha=\frac{\sec^2\alpha}{1-\tan^2\alpha}=\frac{\cot\alpha+\tan\alpha}{\cot\alpha-\tan\alpha}$$

$$\csc2\alpha=\frac{1}{2}\sec\alpha\sec\alpha=\frac{1}{2}(\tan\alpha+\cot\alpha)$$

Ⅵ. 半角公式

$$\sin\frac{\alpha}{2}=\pm\sqrt{\frac{1-\cos\alpha}{2}}$$

$$\cos\frac{\alpha}{2}=\pm\sqrt{\frac{1+\cos\alpha}{2}}$$

$$\sec\frac{\alpha}{2}=\pm\sqrt{\frac{2\sec\alpha}{\sec\alpha+1}}$$

$$\sec\frac{\alpha}{2}=\pm\sqrt{\frac{2\sec\alpha}{\sec\alpha-1}}$$

$$\tan\frac{\alpha}{2}=\pm\sqrt{\frac{1-\cos\alpha}{1+\cos\alpha}}=\frac{1-\cos\alpha}{\sin\alpha}=\frac{\sin\alpha}{1+\cos\alpha}$$

$$\cot\frac{\alpha}{2}=\pm\sqrt{\frac{1+\cos\alpha}{1-\cos\alpha}}=\frac{1+\cos\alpha}{\sin\alpha}=\frac{\sin\alpha}{1-\cos\alpha}$$

附录5 定积分的求法

Ⅰ. 分部积分法

$$\int_a^b f(x)g'(x)\mathrm{d}x=\int_a^b f(x)\mathrm{d}g(x)=f(x)g(x)\Big|_a^b-\int_a^b f'(x)g(x)\mathrm{d}x$$

Ⅱ. 变量替换法

若函数 $\varphi(x)$在区间$[a,b]$上有连续导数 $\varphi'(x)$，同时函数 $f(u)$在区间$[\varphi(a),\varphi(b)]$上连续，并且 u 从 $\varphi(a)$单调地变到 $\varphi(b)$，则：

$$\int_a^b f[\varphi(x)]\varphi'(x)\mathrm{d}x=\int_{\varphi(a)}^{\varphi(b)}f(u)\mathrm{d}u$$

Ⅲ. 参数求导法

若 $f(x,t)$在有界区域 $R(a\leqslant x\leqslant b,\alpha\leqslant t\leqslant\beta)$上连续，并且存在连续偏导数$\frac{\partial}{\partial t}f(x,t)$，则当 $\alpha\leqslant t\leqslant\beta$ 时，有：

$$\frac{\mathrm{d}}{\mathrm{d}t}\int_a^b f(x,t)\mathrm{d}x=\int_a^b\frac{\partial}{\partial t}f(x,t)\mathrm{d}x$$

参 考 文 献

[1] 汪荣鑫. 随机过程[M]. 西安：西安交通大学出版社，1995.

[2] 沈民奋，孙丽莎. 现代随机信号与系统分析[M]. 北京：科学出版社，1998.

[3] 朱华，黄辉宁，李永庆，等. 随机信号分析[M]. 北京：北京理工大学出版社，1990.

[4] 曹志刚，钱亚生. 现代通信原理[M]. 北京：清华大学出版社，1992.

[5] 樊昌信，张甫翊，徐炳祥，等. 通信原理 [M]. 5 版. 北京：国防工业出版社，2001.

[6] Proakis J G. Digital Communications[M]. New York：McGraw-Hill，1983.

[7] Meulen E C Van der. Transmission of Information in a T-terminal Discrete Memory Less Channel [D]. Univ. California，Berkeley，CA，1968.

[8] Cover T M，Gamal A E. Capacity Theorems for the Relay Channel [J]. IEEE Transactions on Information Theory，1979，25(5)：572-84.

[9] Andreas F Molicsh. 无线通信[M]. 田斌，帖翊，任光亮，译. 2 版. 北京：电子工业出版社，2015.

[10] Li Q，Hu R Q，Qian Y，et al. Cooperative Communications for Wireless Networks：Techniques and Applications in LTE-advanced Systems[J]. IEEE Wireless Communications，2012，19(2)：22-29.

[11] Nosratinia A，Hunter T E，Hedayat A. Cooperative Communication in Wireless Networks[J]. IEEE Communications Magazine，2004，42(10)：74-80.

[12] 谢显中. 认知与协作无线通信网络[M] . 北京：人民邮电出版社，2012.

[13] Yang Y，Hu H，Xu J，et al. Relay Technologies for WiMAX and LTE-Advanced Mobile Systems[J]. IEEE Communications Magazine，2009，47(10)：100-105.

[14] Liu P，Tao Z F，Lin Z N，et al. Cooperative Wireless Communications：A Cross-layer Approach [J]. IEEE Wireless Communications，2006，13(4)：84-92.

[15] Del Coso A，Spagnolini U，Ibars C. Cooperative Distributed MIMO Channels in Wireless Sensor Networks [J]. IEEE Journal on Selected Area in Communications，2007，25(2)：402-414.

[16] Oyman O，Laneman N J，Sandhu S. Multihop Relaying for Broadband Wireless Mesh Networks：From Theory to Practice [J]. IEEE Communications Magazine，2007，45(11)：116-122.

[17] Hasan Z，Bansal G，Hossain E，et al. Energy-efficient Power Allocation in OFDM-based Cognitive Radio Systems：A Risk-return Model[J]. Wireless Communications IEEE Transactions，2009，8(12)：6078-6088.

[18] 桂海源. 现代交换原理[M]. 北京：人民邮电出版社，2002.

[19] 张曙光，李茂长. 电话通信网与交换技术[M]. 北京：国防工业出版社，2002.

[20] Stallings W. 数据与计算机通信[M]. 张娟，王海，林东，等译. 5 版. 北京：电子工业出版社，2000.

[21] 王文博，郑侃. 宽带无线通信 OFDM 技术[M]. 北京：人民邮电出版社，2003.

[22] 赵曙光，卢鑫，胡智勇. 正交频分复用技术[J]. 通信技术，2003(10)：46-50.

[23] 樊昌信. 通信原理教程[M]. 北京：电子工业出版社，2005.

[24] 徐家恺，等. 通信原理教程 [M]. 北京：科学出版社，2003.

[25] 储钟圻. 数字通信导论[M]. 北京：机械工业出版社，2003.

[26] Sklar B. 数字通信——基础与应用[M]. 徐平平，宋铁成，叶芝慧，译. 北京：电子工业出版社，2002.

[27] Proakis J G. 数字通信(原第 4 版)[M]. 张力军，张宗橙，郑宝玉，等译. 北京：电子工业出版社，2003.

图书资源支持

感谢您一直以来对清华大学出版社图书的支持和爱护。为了配合本书的使用，本书提供配套的资源，有需求的读者请扫描下方的“书圈”微信公众号二维码，在图书专区下载，也可以拨打电话或发送电子邮件咨询。

如果您在使用本书的过程中遇到了什么问题，或者有相关图书出版计划，也请您发邮件告诉我们，以便我们更好地为您服务。

我们的联系方式：

地　　址：北京市海淀区双清路学研大厦 A 座 701

邮　　编：100084

电　　话：010-83470236　010-83470237

资源下载：http://www.tup.com.cn

客服邮箱：tupjsj@vip.163.com

QQ：2301891038（请写明您的单位和姓名）

教学资源 · 教学样书 · 新书信息

人工智能科学与技术
人工智能|电子通信|自动控制

资料下载 · 样书申请

书圈

用微信扫一扫右边的二维码，即可关注清华大学出版社公众号。